走入年轻人的内心深处　把握年轻人的人生脉搏　洞悉年轻人的

学会生存——年轻人一定要懂的人生经验大全集

陈　静　主编

外文出版社
FOREIGN LANGUAGES PRESS

图书在版编目（CIP）数据

年轻人一定要懂的人生经验大全集 / 陈静主编 . — 北京：外文出版社，2012
（学会生存）
ISBN 978-7-119-07515-0

Ⅰ . ①年…　Ⅱ . ①陈…　Ⅲ . ①人生哲学－青年读物　Ⅳ . ① B821-49

中国版本图书馆 CIP 数据核字 (2012) 第 034675 号

总 策 划：杨建峰
责任编辑：王　蕊
装帧设计：松雪图文
印刷监制：高　峰 + 苏画眉

敬启

本书在编写过程中，参阅和使用了一些报刊、著述和图片。由于联系上的困难，我们未能和部分作品的作者(或译者)取得联系，对此谨致深深的歉意。敬请原作者(或译者)见到本书后，及时与本书编者联系，以便我们按照国家有关规定支付稿酬并赠送样书。联系电话：010－84853028　联系人：松雪

学会生存——年轻人一定要懂的人生经验大全集

主　　编：陈　静
出版发行：外文出版社有限责任公司
地　　址：北京市西城区百万庄大街 24 号　　邮政编码：100037
网　　址：http://www.flp.com.cn
电　　话：008610-68320579（总编室）　008610-68990283（编辑部）
　　　　　008610-68995852（发行部）　008610-68996183（投稿电话）
印　　刷：北京鹏润伟业印刷有限公司
经　　销：新华书店 / 外文书店
开　　本：889mm × 1194mm　1/16
装　　别：平
印　　张：27.5
字　　数：700 千
版　　次：2012 年 4 月第 1 版第 1 次印刷
书　　号：ISBN　978-7-119-07515-0
定　　价：59.00 元

前　言

人生经验，是指那些能超越生活表象而体现生活本质的认识与理解，是长时期积累下来的智慧。年轻人刚走进社会，从浪漫走进现实，一切都是那么的难以适应。仅仅受过良好的教育还是远远不够的，年轻人要实现从“校园人”到“社会人”的转变，首先要做的就是不断积累人生经验。

人生不是一个轻松的过程，毫无规划或目标的生活，只能增加人生的败笔。人一生始终需要自我规划并不断调整方向，而且在这期间又不可有丝毫松懈，如果只是庸庸碌碌、一无所知地走下来，将来很可能只会过那种或困窘、或四处奔波、或平淡无奇、或一成不变的生活。

俗话说：“三分做事，七分做人。”人的一生无非在用自己的实际行动回答两个问题：一是如何处世；二是如何做人。人的价值体现在做人，不懂做人、不会做人者，到头来仿佛竹篮打水——一场空。年轻人如果不懂得为人处世、不知道积累人生经验，必然不会把事情做好，也不会把人做好，当然在人生的旅途中更不会一帆风顺。

年轻人需要选择正确的人生方向，掌握必备的人生经验，这样才不会迷失前进的方向，也不会被成功拒之于门外。在痛苦、失落、惶惑和烦恼中，年轻人需要从前人经验中获取前进的智慧；在面对青春的烦躁、事业的迷茫时，年轻人需要点亮理性的明灯；在面临挑战、心情沮丧或遭受挫折时，年轻人需要积攒拼搏奋斗的力量。而这些，其实质都是在积累人生经验。积累了人生经验的年轻人善于处理问题，从而赢得他人的尊重和社会的认可，同时也发展和提升了自己。缺乏人生经验的年轻人不会处理问题，事业上一败涂地，生活也处于一片茫然之中。

据有关资料统计，凡是进入社会后在短期内取得成就的年轻人，都是对自己心态养成、能力锤炼、习惯培养等方面付出了极大努力的实干者。也就是说，只有那些肯静下心来认真学习、不断提高自己能力的人，才能不断走向成功。

在现实生活中，有些年轻人虽然有想法、有头脑，做事也有效率，但是却不能得到上司的赏识和同事们的拥戴；有些年轻人虽然没有太强的能力和聪明的头脑，却能够得到大家的认同与拥护，并在自己的事业上一帆风顺。这是为什么呢？究其原因在于缺乏人生经验，不懂得为人处世的道理。具有人生经验并懂得为人处世的年轻人能够使自己在人际交往中左右逢源，在事业上平步青云。

有位哲人总结年轻人要经历两大转折：

从毕业到就业，从校园到社会——参加工作；

从单身到结婚，从个人到多人——建立家庭。

能否顺利地完成两大人生转折、从容地面对人生的各种挑战，能否获得成功、拥抱幸福，取决于年轻人心灵的成长度和心智的成熟度。而这种心灵的成长度和心智的成熟度，则是完全依靠人生经验来获取的。面对浩瀚的人海、激烈的竞争、人际交往的纠葛，年轻人只要以完美的人生经验为指导，拥有讨人喜欢的本领，学会处世的本事，便可以赢得知心的好友、甜美的爱情、幸福的婚姻、成功的事业……

本书是迄今为止故事精彩、文字优美、内容全面、道理实用、分类系统的关于年轻人人生经验的经典之作，本书以实用、方便为原则，将日常生活中使用率高的人生经验介绍给广大年轻人，让年轻朋友少走弯路，少爬高坡。

真心希望年轻朋友们能够暂时停下来，仔细阅读本书，结合本书所讲的人生经验回顾自己的道路，反思自己的行为，决定自己前进的方向，规划自己未来的人生。希望广大年轻人从本书中学好“人生经验”这门课，不断完善自己，从而快速走向成功，为自己创造更大的辉煌！衷心祝福每一位年轻人看完本书后能够有所长进，能够得到幸福的生活，在人生道路上潇洒畅游。

目　录

第一篇　修身篇

第三篇　社交篇

第四篇　职场篇

第五篇　财富篇

第六篇 生活情感篇

第一章　良好的修养是立身之本

理解别人

记得某本书上记载了这样一个故事：

如果一个哑巴要买钉子，他会用双手将锤子锤钉子的动作比划出来。售货员看见了，问："您是买锤子吗？"哑巴摇了摇头，把比划钉子的手举起来。售货员明白了，他是要买钉子。

那么，问题出来了：如果买剪子的是一个盲人，他该怎么办呢？

许多人没有考虑清楚就说："这太简单了，当然是像哑巴一样用手比划喽！"答案真的如此吗？你仔细想一想，如果你是那个盲人，你会怎么办？

答案就是：盲人用嘴说出剪刀的用途。

由此我们可以看出，对于同一个问题，不同的人会有不同的理解。因此，我们要学会站在不同的角度去思考问题。

当你把换位思考学会后，就会在遇到困难和问题时站在他人的角度去对待困难和问题，设身处地地为他人着想。只有真正做到这些的时候，我们才会更多地去体谅别人。

换位思考也常用在工作中。部门与部门之间、个人与集体之间、员工与员工之间，由于利益的冲突或组织协调等多方面的因素，矛盾与分歧不可避免地会产生。但只要在工作中懂得换位思考，多从其他同事的工作角度出发，考虑问题时多为对方想想，多一分理解与宽容，相信在我们身边就不会有不愉快的事情发生。

肯尼斯·库第在他的著作《如何使人们变得高贵》中说："暂停一分钟，把你高度感兴趣的事情，跟你漠不关心的事情互相作个比较。那么，你就会明白，世界上抱着这种态度的人有很多。这就意味着，要想与人相处，成功与否全在于你能不能以同情的心理去理解别人的观点。"

这一点，肯尼斯先生有自己独到的见解：多年来，我经常在我家附近的一处公园内散步和骑马，作为消遣和休息。我跟古代高卢人的督伊德教徒一样，对一棵橡树十分崇拜。因此，当我一季又一季地看到一些不必要的大火将那些嫩树和灌木烧毁时，就觉得十分伤心。那些火灾并不是吸烟者的错，而全是由那些公园野餐、在树下煮蛋和做热狗的小孩子们引起的。有时火势太猛，甚至为了扑灭它，把消防队也惊动了。

在公园的一块告示牌上写着：任何人引起公园失火必将受罚或被拘留。但告示牌立在一个偏僻的角落里，很少有人看到。公园里有骑马的警察，整个公园应该在他们的管辖范围内才对，但他们并未尽职。有一次，我慌慌张张地跑到一位警察面前，告诉他公园里有一处着火了，希望他赶快找人来救火。但他竟然漠不关心，说这不关他的事，因为他负责的辖区不包括那儿。从此，我再到公园骑马的时候，就像那儿的管理员一样，试图去保护公共财产。

刚开始，我对孩子们的想法并不了解。一看到树下有火，我就骑马来到这些孩子们面前，警告他们说："如果你们使公园发生火灾，就会被关押起来。"我命令他们把火扑灭，如果他们拒绝，我就威胁说要叫人把他们抓起来。我只是将我的怒气尽情发泄出来，根本没有顾及他们的看法。结果呢？那些孩子服从了——但并不是发自内心的服从。等我骑马跑过山丘之后，他们很可能又把火点燃了，而且希望烧光整个公园。

随着年岁的增长，我了解了为人处世方面的知识，变得通情达理了，更懂得站在他人的角度来看问题。于是，我不再下命令了，我会跟这些玩火的孩子们说："玩得痛快吗？你们晚餐想煮点什么？……我孩提时也对烧火堆很迷恋，现在依然还是很喜欢。但你们应该知道，在这个公园里烧火是十分危险的，我知道你们会很小心。但其他人就没有你们小心了。他们来了，看到你们生起了一堆火，他们也生起了火，而离开时忘记把火弄熄了，结果火烧得很大，树木都烧死了。如果我们不多加小心，以后这儿就会成为光秃秃的一片。我真的很高兴看到你们玩得十分开心。可是，能不能请你们现在立刻拨开火堆旁边的所有枯叶子。另外，在你们离开之前，用很多的泥土，掩盖住火堆。你们愿不愿意呢？下一次，如果你们还想生火，能不能麻烦你们改到山丘的那一头，就在沙坑里起火。在那儿就会很安全了……真的谢谢你们。孩子们！祝你们玩得痛快。"

这种说法有着很好的作用，那些孩子们愿意合作了，不勉强、不憎恨。他们并没有被强迫接受命令，他们保住了面子，我也会觉得舒服一点，因为我事先把他们的想法考虑进去了，再来处理事情。

以后，当你请求任何人把火灭掉，或请求他买一罐"阿福塔"牌清洁液，或请求他向红十字会捐出50元之前，请放下手中的活儿，把眼睛闭上，试着从别人的观点来仔细想一想整件事。不妨问问你自己："他这么做的原因何在？"不错，这要花费你很多时间，但这能使你结交到朋友，得到更好的结果，减少摩擦和困难。

在日常生活中，人与人交往出现不同的见解在所难免，而不同的见解会使人与人之间言行举止有异，这些事情都很正常。如果多些理解，就不会因他人与己见不同而生出隔阂，进而产生矛盾。只要不是原则性极强的问题，理解就成为了解决矛盾的最好方法。其实，正是由于人与人之间存在不同的见解，才会让这个世界变得更有生机，从而产生了许多新生事物。退一步说，正因为自己的见解不同于他人的见解，才会使得自己去从另一个角度思考问题。也许自己固有的见解原本就是错的，他人的不同见解反而会帮助自己反省，从而把自己错误的认识与观点纠正，并获得新的进步。因此，正确对待不同见解，不仅不是理亏，反而是一种理智的态度。而要真正做到这一点，"理解"是必不可少的。理解他人，理解环境，理解我们所处时代的方方面面；不固执，不偏激，不斤斤计较，更没有必要为了小事跟他人纠缠不放，弄得自己伤神又伤心。

理解是一缕精神阳光，借助这缕"阳光"，可以使我们的思路澄清，使我们的心灵得到净化，使我们在工作、学习和生活中显得更充实、自在和快乐。

投之以桃，报之以李

人际关系的成功取决于你能否善待别人。一个乐于助人的人，人们都愿意与之交往，自己也能从中受益。可绝大多数人只考虑自己的需求，不会善待他人，对别人的需求一无所知，这是多么幼稚、荒唐。不错，你注意的当然是自身的需要，但除了你自己，也许没有人会对你产生兴趣了。

善待他人就是善待自己。一个人在帮助别人时，无形之中就把感情投了进去。别人会牢牢记住你的帮助，只要一有机会，他们就会主动报答的。这是你最好的人际互动。

在一个寒冬的夜晚，一对中年夫妇带着一个受伤的孩子去住小旅店。可是，在这种鬼天气，这间小旅店已经没有空房间了。“这已是我们寻找的第十六家旅社了，到处客满，我们已经走投无路了。”这对中年夫妻望着店外发愁地说。

店里的职员也非常着急，怕他们被冻坏，便建议说：“假如你们愿意，今晚就住在我的床铺上吧。我在店堂里休息就行。”这对夫妻非常感激，第二天要照店价付客房费，职员坚决拒绝了。临走时，中年夫妻开玩笑地说：“你总有一天会成就一番事业的。”

“那是我奋斗的目标。谢谢您。”他随口答应着，并坚持送他们一家三口走出很远。

三年后的一天，职员的柜台上放着一封发自纽约的信函，一张往返纽约的机票夹在信中，信中邀请他去拜访当年睡他床铺的那个三口之家。职员到达纽约后，中年夫妻把他引到第五大道和三十四街交汇处，指着一幢摩天大楼说：“这座星级宾馆现在属于你了，我们正式把总经理一职交给你。”

年轻的职员因为一次友善的助人行为，实现了自己的梦想，这个真实的故事就发生在著名的奥斯多利亚大饭店经理乔治·波菲特和他的恩人威廉先生一家之间。

能设身处地为他人着想，了解别人的所思所想，必有收获。任何一种真诚而博大的爱，都会在现实中得到应有的回报。你铺就的良好人缘，将会助你一臂之力。卡耐基曾在演讲中讲到这样一个动人的故事：

有一个小男孩生活得十分艰苦，在寒冷的冬季，他身着单薄的衣衫，被冻得瑟瑟发抖。为了攒学费，他必须每天这样上街推销商品。劳累了一整天的他此时感到十分饥饿，但全身上下就仅能找出一角钱。怎么办呢？他决定向下一户人家讨口饭吃。当一位美丽的女孩把房门打开时，这个小男孩却有点不知所措了。他没有要饭，只乞求给他一口水喝。这位女孩看出了他的饥饿，就给他拿了一大杯牛奶。之后，小男孩问这需要多少钱，小女孩则回答说，妈妈教育我要对人施爱，不必付一分钱。小男孩十分感激地说：“我由衷地祝福你！”说完，男孩离开了这户人家。此时，他不仅感到自己浑身是劲，也感到自己的前途将会一片光明。他放弃了退学的念头，把书继续念下去，并决心一定要取得成绩。

几年后有一位美丽的女孩得了重病，被转到大城市由专家们会诊治疗。当年的那个小男孩如今已是大名鼎鼎的霍华德·凯利医生了，医治方案的制订他也参与了其中。当他从病历上看到那女孩的来历时，若有所感，然后就向病房奔去。凯利医生一眼就认出床上躺着的病人就是那位曾帮助过他的恩人，他回到自己的办公室，决心要尽自己最大的努力把恩人的病医治好。在他的治疗下，这个女孩奇迹般地康复了。

凯利医生要求把医药费通知单送到他那里，他在通知单上签了字。当医药费通知单送到这位特殊的病人手中时，她不敢看，因为她确信，治病的费用将会把她的全部家当花光。最后，她还是鼓起勇气，把医药费通知单打开了，旁边的那行小字引起了她的注意，她还轻声读了出来：“医药费——一满杯牛奶。霍华德·凯利医生。”

她叫起来：“数年前的小男孩原来就是他呀！”

在现实生活中，这种所谓的“因果报应”，只不过是怀有感恩之心的被帮助者对施惠者的一种报偿而已。

帮助他人就如同帮助自己，这会使别人和你更加幸福美满。

分享的快乐

1789年,英吉利海峡对面的法国,在大革命中血流成河,许多人都命丧断头台,包括无数的贵族。然而资产阶级革命在英国也发生过,一些贵族带头发动了“光荣革命”,但结果却是贵族与资产阶级相安无事,以至弹冠相庆。他们在没有大的流血冲突下,使资产阶级革命胜利完成。资产阶级与贵族互不侵犯各自的利益,为什么?因为英国的王公贵族懂得一个道理:利益必须分享,才能使大家和谐共处。否则,就只能争斗。

于是,英国贵族主动与资产阶级谈判,让出了一些原本属于他们的利益,只保留其中一部分。资产阶级对贵族提出的条件很满意。资产阶级就认可了贵族的这些利益。

要想获得最大的利益,就要懂得与他人分享。

一只乌鸦停在了一棵树上,嘴里衔着一大块食物。许多乌鸦立刻飞来,追随这个富有者。那只嘴里叼着东西的乌鸦已经很累了,气喘吁吁,它不可能一下子吞下这块大东西,它也不能飞下去,在地上从容不迫地把这块东西啄碎。如果那样做的话,乌鸦们会猛扑过去,一场混战就将在此开始。它只好停在那儿,保卫嘴巴里的那块东西。

最后它筋疲力尽,只见它摇晃了一下,突然将含在嘴里的东西掉了下去。所有的乌鸦都猛扑上去,在这场混战中,一只非常机灵的乌鸦抢到了那块东西,立刻展翅飞去。

同第一只乌鸦一样,第二只也被弄得筋疲力尽,于是又是一场混战,那个幸运儿又被所有的乌鸦追赶着……

把快乐分给大家,快乐就会成倍地增加。相反,如果紧握不放,想个人独自占有所有利益,那就只能不断地与人斗争了。

不会与别人分享,最终的结果只会让自己什么也得不到。

尊重是基本态度

孟德斯鸠说:“人生而平等,无高低贵贱等级的差异。我们没有权力因为后天的给予而对别人颐指气使,也没有理由抱怨后天的际遇。在人之上,要视别人为人;在人之下,要视自己为人。它能帮助我们如何做人。”

因此,在任何时候,我们都应该把对他人的狭隘与偏见丢掉,平等地待人。

玫琳凯是美国著名的管理专家,成名之前在一家化妆品公司做推销员。

有一次,她参加了一整天的销售练习,希望能同销售经理握一下手,那位经理刚刚作了一场十分鼓舞人们士气的演讲。玫琳凯整整排了3个小时的队,好不容易该她和那位经理见面了。但遗憾的是,那位经理根本没有拿正眼看她,只是从她的肩膀上方望过去,看看排队的人还有多少,甚至根本没有察觉他应当与玫琳凯握手。玫琳凯等了3个小时,竟是这样的接待在迎接她。她觉得自己的人格被侮辱了,于是,她立志做一个经理:“如果有一天人们排队来和我握手,我将给每一个来到我面前的人全然的注意——不管那时的我有多累。”

后来,玫琳凯真的实现了自己的愿望。她拥有了一家以她的名字命名的化妆品公司,而且具有相当大的规模,也有很多人慕名来找她握手,她也确实履行了自己的诺言。她说:“我有很多次站在长长的队伍前,与不同人士握手时间长达数小时。一旦感觉疲劳了,我总是想起自己从前排队和那位经理握手的情形。一想起他不正眼瞧我带给我的伤害,我立即打起精神,直视握手者的眼睛,与之进行亲切的交流……”

在人之上，要视别人为人；在人之下，要视自己为人。这既是态度问题，也是道德问题。其实，一个人对另一个人的态度在现实生活中有着举足轻重的作用。

一天晚上，正在营帐外散步的艾森豪威尔看见一个士兵正在营帐背后黯然神伤，便走了过去：“嗨，我今天也不高兴，我们可以一起走走吗？”士兵看到艾森豪威尔突然出现，非常紧张，可万万没想到这位尊敬的将军竟会来邀他散步，而且是在他最无助之时，于是他们进行了十分轻松的谈话。这位士兵说：“那天晚上，他不再是指挥千军万马的将军，我也不再是默默无闻的小兵，我们同其他朋友一样无所不谈。”正是那次谈话，使这个一向都很悲观的士兵乐观了起来，十分英勇地参加到了今后的战斗中。

某著名企业总部大厦楼下的花园里，有一张长椅上坐着一个妇女和一个小男孩，不远处有一位正在修剪花草的老人。

这时，中年妇女把一团卫生纸掏了出来，一甩手就把它扔到老人刚修剪过的草地上。老人没说什么，只是走过去把纸捡了起来并扔到了垃圾箱中。

过了一会儿，一团卫生纸再次被中年妇女扔了过来。老人再次走过去把那团纸扔到垃圾箱中，然后继续干他的事。这样连续了 7 次。

中年妇女指了指修剪灌木的老人对男孩说：“你看到了吧，假如你学习不努力，将来就只能做这种低贱的工作。”

老人放下剪刀走过来，对中年妇女说：“这里是私家花园，按规定只允许这个公司的人进。”

中年妇女高傲地掏出一张证件朝老人晃了晃，说：“我就是这个企业的员工！”

老人沉吟了一下说：“你的电话能借我用一下吗？”

中年妇女勉为其难地给了老人手机，又借机开导男孩：“你看这老头多么穷，年纪这么大了，居然没有手机，你以后一定要努力学习！”

不久，匆匆走过来的一位男人，毕恭毕敬地站在了老人面前。老人对男人说：“我现在提议，免去这位女士在本公司的职务。”

眼前这一幕惊呆了这个中年妇女。她认出那个刚来的男人正是公司主管任免各级员工的一位高级职员。“你为什么会听一个老头的话呢？”她大惑不解地问道。

“老头？难道你不知道集团的董事长正是这位老人吗？”

中年妇女一下子瘫坐在长椅上。

不管一个人的身份和工作多么卑微，我们都应尊重他，这能体现出我们的良好品质。年轻人不但应该用宽广的胸怀来包容这个社会，更要尊重别人。

一个人损失了金钱，还可以再赚回来，一旦伤害了他的自尊心，则不是那么容易弥补的。

真诚待人

美国心理学家诺尔曼·安德林在 1968 年曾设计过一张表，列出了 555 个描写人的形容词，让人们指出他们最喜爱哪些品质。结果表明，被人选中的选项中，位居前几位的竟有 6 个是与“真诚”有关；而在评价最低的人品中，“虚伪”居于首位。这说明真诚的人能给人安全感，从而受人欢迎；人们讨厌虚伪的人，不愿与他交朋友。

真诚的关怀，温馨芳香；真诚的赞扬，催人向上；真诚的交流，获取信任；真诚的合作，赢得成功。心灵的沟通和慰藉能帮助人们相处，多一点真诚，少一点伪善，我们将会拥有一个更加和谐的社会。生活就像山谷回声，你付出什么，就得到什么；你耕种什么，就收获什么。你真诚地对待别人，别人也会真诚地对待你。

在别人需要帮助的时候，尽自己最大的能力帮助他们，而别人得到的并非是你失去的。在一些人固有的思维模式中，只有牺牲自己才能帮助他人，别人得到了自己就一定会失去。

大家也许听过这样一个故事：

一个生气的男孩来到山腰上对着山谷大喊："我恨你！我恨你！"山谷传来回应："我恨你！我恨你！"男孩吃了一惊，回家把一切都告诉了他妈妈，在山谷里有个可恶的小男孩对他说恨他。于是，他被妈妈带回了山腰上并让他喊："我爱你！我爱你！"男孩按他妈妈的意思做了，这回他发现有个可爱的小男孩在山谷里对他喊："我爱你！我爱你！"

我们每个人，会接触到各种各样的人。他们中有与自己合得来的，也有合不来的。虽然我们有选择同什么人交往的权利，甚至可以尽量不与自己性格不合的人交往，但这选择绝不英明。因为在任何时候，我们都生活在一个集体之中，这就注定必须和这样那样的人相处。因此，我们只有积极主动地努力适应对方的性格特点，对身边的每一个人都真诚相待，才能建立良好的人际关系。

自己从不让步，却一味地批评别人"那个人有缺点……""这个人令人讨厌……"，想这样同别人建立良好的人际关系根本就是天方夜谭。与合得来的人能建立起良好的人际关系，谁都能做到。可是，对与自己性格不合或自己不喜欢的人，我们也应该努力适应他们，真诚地对待他们，并同他们友好相处，这才可以说是一个出色的"外交家"。

人际交往中的真诚不等于双方无话不谈，它要求我们本着善意和理性，把那些真正对对方有好处的东西送给对方。

我们要把握住一点，利他是真诚的核心和灵魂，也就是与人为善。如果对别人来说，"谎话"更适宜和容易接受，又不会使任何的利益受到伤害，我们不妨放弃对"完全诚实"的固执；但在任何时候，都绝不能为了个人利益而放弃诚实。一个人对其他人表现出完全的不诚实时，可能会得到很多钱财，但是，他绝对不可能永远自欺欺人。

在生活中很难做一个真诚的人，因为它来不得半点虚假和功利，需要实实在在地付出、奉献。一个处处为他人着想，绝不为个人利益放弃诚实的人，他会被大家真诚地接纳，愿意和他交往。所以，要想给人留下好印象，真诚必不可少。

如果你用真诚对待身边的人，你也会收获别人的真诚，赢得更多的东西。

诚信乃处世之本

诚实的美誉比天下任何一个广告都能打动人。诚实是真诚做人的最好的证明方式。

每个人都应该具备正直、诚实的品格。正直就是公正、坦率，诚实就是忠诚、老实，实事求是。不论何时何地，都要摆明事实，不讲假话、空话、套话，不误导别人。

孔子说："诚信乃安身立命之本。"一个诚实的人，因为有正义公理作为后盾，所以能无畏地面对世界，大多数人都会信赖他，并取得长久不衰的发展；而一个虚假的欺骗者，只能骗人一时，最终会沦落到遭人唾弃的境地。

小花的家里有一片茶园，每逢周末，她都和妈妈把茶叶拿到集市上去卖。后来，妈妈染上了重病，再也不能去卖茶叶了，家里的状况也越来越糟，好长时间都买不起一斤肉。小花只好独自一人去把茶叶卖掉。临走时，妈妈撑着病恹恹的身子，虚弱地靠着门交代："小花，卖了茶叶，记着买点肉回来。"

她在集市上摆了大半天的摊，却很少有人问津。偶尔有人想要时，又怕茶叶不够量。她就照实直说："500克的包装，实际上只有400克。"尽管她诚心诚意，可人家听了她的实话反而抬腿就走。眼看太阳快下山了，却没有一个人来买她的茶叶。小花慌了，便提着篮子去推销。一路问到菜市场，也没有人买，她很沮丧。

小花在一个卖猪肉的摊位前站住了："师傅，您要茶叶吗？清明茶哩。"

那师傅手一挥："不要。"

她又大着胆子问："要不，你给肉，我给你茶叶好吗？"

那师傅朝她一望："怎么换？"

小花一听有希望，忙说："我的茶叶一斤12.5元，肉5元一斤，是吧？我用一袋茶叶换你两斤肉，怎么样？"

那师傅心动了，把她的茶叶接过来，看了看又用手掂量了一番盯着她问："够不够斤两？"

"你有秤，最好称称看……"没容小花说清楚，一个妇女走过来要买肉，把她的话打断了。那师傅只好把小花放在一边，手脚麻利地砍了肉，过秤后装在那妇女的篮子里。妇女付钱后正要走，看到了小花篮子里的茶叶："这茶叶不错，一包多少钱呢？"

"一斤12.5元，一包10元。"小花说。

那妇女便拿过两包茶叶看了后又掂了掂，给卖肉师傅并说："你称一下看。"小花正要解释，没想到卖肉师傅接过就放在了秤上，肯定地告诉那女人："你看，一包500克，足量！你就买个放心吧。"

小花一听，愣住了，显而易见，卖肉师傅的肉也会缺斤少两。

她鼓起勇气，对他们说："不对，我的茶叶只有400克。"

他俩都愣住了。片刻之后，篮子里的肉被那妇女甩在了案板上，并对肉店老板冷冷地说："给我退钱！"

小花被卖肉师傅狠狠地白了一眼，但卖肉师傅也只好无奈地退了钱。那妇女接过钱，对小花说："小姑娘，你很诚实。跟我走吧，你的茶叶我都要了。"

小花跟着妇女来到了一家土特产公司，进了办公室后，她对小花说："小姑娘，你这种茶叶我想全部收购，货多吗？"

小花惊呆了，点头不迭。

她接着说："你有多少我要多少，但要换上名副其实的包装袋，生意场上诚信尤为珍贵。这一点，你比我更懂。"

因为诚实，小花差点卖不出去一包茶叶；也因为诚实，茶叶有了销路，她家里的境况从此大有好转。不为一点私利放弃诚信，这是一种闪光的品格，也是诚信的价值。要自始至终地坚持自己的原则，履行自己的诺言，只有这样做，才能实现自己的目标。在物质日益丰富的今天，我们往往容易受名利的诱惑，因一时鼠目寸光而丢失了"诚信"，最后，我们的青春和未来也会一同丢失。

为人处世，唯有诚实，方可赢得信任。

学会感恩

孟子说："人之有德于我也，不可忘也；吾有德于人也，不可不忘也。"要懂得感激他人，除了幸福快乐，你还能获得其他的东西。

有一个寺院的住持，设立这样一个规定：每到年底，寺里的和尚都要对住持说两个字。第一年年底，新和尚被住持问到心里有什么话想说的，新和尚说："床硬。"第二年年底，新和尚又被住持问了同样的问题，新和尚说："食劣。"第三年年底，新和尚没等住持提问，就说："告辞。"住持望着新和尚的背影，自言自语地说："要想修成正果，必须把心中的魔驱走。可惜！可惜！"

住持所说的"魔"，就是抱怨。这个新和尚只考虑到自己要什么，却从来没有想过他得到了什么，不会感恩。感恩是一种处世哲学，也是生活中的大智慧。一个智慧的人，不应该总斤斤计较个人得失，也不应该一味索取使自己的私欲膨胀。学会感恩，为自己已有的而感恩，感谢生活的赠予。只有这样，生活中的美好才会被你发现。

早晨，在美国洛杉矶的一家旅馆里，有三个黑人孩子埋头在餐桌上写着东西。在就餐的时间、就餐的地方，这三个孩子做的事却与吃饭无关。有一个中国人非常好奇，走了过去。在得到了这些孩子的应允后，他在他们旁边坐了下来。看到这样一个肤色不同的外国人到来，他们没有一丝扭捏，而是热情地与他聊起了天。这三个孩子中，老大是男孩，十二三岁，戴着眼镜，老二是女孩，八九岁，另外一个小男孩五六岁，是老三。他从谈话中得知，他们和母亲是暂时住在这家酒店里的，因为他们搬家的缘故，新房仍在安顿之中。

当被问及他们在干什么时，老大回答说正在写感谢信。他一副理所当然的神情让这个中国人满脸疑惑，这三个小孩一大早写什么感谢信呀？他愣了一阵后，追问道："写给谁的？""给妈妈。"他心中的疑团一个接一个地产生。"为什么？"他又问道。

"我们每天都写，一天都不会忘。"孩子回答道。哪有每天都写感谢信的？真是不可思议！他凑过去，看了一眼他们每人手下的那张纸。老大的纸上写着八九行字，妹妹写了五六行，小弟弟只写了二三行。再细看其中的内容，却是诸如"路边开着漂亮的野花"、"昨天吃的比萨饼很香"、"昨天妈妈给我讲的故事很有意思"之类的简单语句。他心头一震：原来，他们写给妈妈的感谢信不是专门感谢妈妈给予了他们多大的帮助，而是记录下他们幼小心灵中感觉很幸福的一点一滴。他们感谢母亲辛勤的工作，感谢同伴热心的帮助，感谢兄弟姐妹之间的相互理解……他们对许多我们认为是理所当然的事儿都心存感激。

"感恩"不一定要感谢大恩大德，"感恩"可以是一种生活态度，一种对美的发现并欣赏的道德情操。人生在世，很多时候都会遇到不顺心的事儿。如果我们囿于这种"不如意"之中，终日惴惴不安，生活会变得了无意趣。相反，如果我们像这些孩子一样，拥有一颗"感恩"的心，善于发现事物的美好，感受平凡中的美丽，我们就会以坦荡的心境、开阔的胸怀去应对生活中的酸甜苦辣，让原本平淡的生活焕发出迷人的光彩！

当你用一颗感恩的心来体会时，不一样的人生将会被你发现。不要因为冬天的寒冷而失去对春天的希望，我们应感谢上苍，让一年有了四季之分。

俗话说："滴水之恩，当涌泉相报。"别人对我们的帮助，一定要谨记于心，懂得感激。因为别人的帮助不是"理所当然"的，世界上没有谁生来就是该帮助你的。这点点滴滴都是人情，不但要心存感激，还要给予别人同样的爱心。

拥有了一颗感恩的心，你就没有了埋怨，没有了嫉妒，没有了愤愤不平，一颗从容淡然的心也将属于你。

第二章　方圆做事才可成功

勿轻言承诺

一个做生意的父亲被孩子问："如何才能成功？"商人说："无他，不寡信即可。"孩子又问："如何才能不寡信？"商人回答："不轻诺。"

不轻易承诺，才不会背信弃义。有的人不假思索就答应了别人的要求，事后又做不到，甚至忘得一干二净，这样的人别人也不会信任他。人们在社会上行走更不能轻易许诺。在我们对别人承诺之前,一定要慎言慎行,正所谓"一诺千金",做承诺时要慎重。要知道,承诺一旦被许下了就等于欠下了一笔债,能不给就不给,一定要给时也要悠着点。

世间万物总在不停地变化,有句话说得好:"计划总没有变化快。"你怎能保证几小时、几天,甚至几年后,这承诺不会变质?对于复杂的事情而言,要想拥有信誉,必须遵守承诺,失去了信誉别人就不会信任你。虽然承诺会给人能干的感觉,却无异于给自己安置了一枚不定时的炸弹,不仅让自己很辛苦,而且一旦没有完成自己的承诺,个人能力还会遭到对方的怀疑,让对方对你不信任。

张萌是公司新招聘来的中层,有一次她把自己超前的思想在公司会议上表达了出来,公司领导以及销售部和设计部都给予了她好评,而且她在阐述自己想法的同时,还强调如果按照她的方法做一定会成功。产品部经理当即表示要张萌把一份详细的计划书写出来给他,公司一定会认真考虑。此话一出,张萌欣喜若狂。作为公司的新人,居然受到了领导的重用,因此她开始暗自庆幸。

可是新产品在制作的过程中出现了问题,对此公司上下都很恐慌。当公司追查产品的问题责任时,毫无疑问把矛头指向了张萌。而负责这个项目的产品部经理、参与产品研讨的销售部经理、设计部经理却安然无事。张萌迫于无奈,愤怒地离开了公司。

张萌走上这条路的原因,和她轻易承诺有着直接关系,让别人抓住了她的话柄。在出现责任问题时本来该承担责任的领导拿出了她的保证书从而拉她做了替罪羔羊,自己却不承担任何责任。如果张萌这种自我夸大和轻易许诺的毛病依然不改,也许今后还会悲剧重演。一件事情中,最终决定成败的往往取决于你对实际情况的掌握程度,一定不要在事态不明时便草率地承诺。工作如此,帮人也是如此。在答应他人之前,先把自己的能力掂量一番,以免弄得自己没面子,又耽误别人的事。

生活中那些爱面子之人总是会轻易做出承诺,即使打肿脸也要充胖子。人们往往希望与人为善,希望别人能多尊重自己,于是为了满足自我虚荣而夸口承诺帮助别人,事后才发现凭自身能力很难完成这个承诺。

某年的春节晚会上演的一部小品就淋漓尽致地展现了这些"打肿脸充胖子"人的心态。小品中的主人公仅仅在公司担任小职员,得不到领导的重视和同事的尊重。为了使局面得到扭转,他夸口自己认识很多朋友,为了给同事买一张卧铺车票而连夜蹲点守候。结果仅仅是为了满足一下自己的虚荣心,这种人是很可悲的。

刘伟在上海工作的时间很短,一位对他不错的学长来上海玩,刘伟接待了他。学长上午过来的,两个人在城里转了转,是时候吃午饭了。刘伟口袋里只有100元钱,由于刚工作不久,对他来说,这已经是他能拿得出来招待同学的"巨额"资金了。

刘伟本打算找个小餐馆随便吃点儿,可附近只有一家中档的餐厅,刘伟只有把学长带了进去。开始点菜的时候,学长问他的看法,刘伟很肯定地说:"随便吧,吃什么都行!"

看学长拿着菜单翻来翻去,刘伟的心一直悬着:一定不要超过100元呀。一顿饭吃完了,刘伟没有一点食欲,学长却一个劲儿地说饭菜还挺可口。服务员拿来了账单,直接递给了刘伟,看着账单,他只有发愣的份,结果学长递给服务员200元。

从餐厅出来后,学长笑着对他说:"我对你现在的生活处境十分了解,也了解你进餐厅之后的感受。其实我多次询问你的意见,就是希望你能量力而行,这样你自己会好过一点。"学长告诉他自己是故意为难他的,并委婉地建议他改改性格,毕竟在社会上行走,单为挣面子而许下承诺于己是不利的。

人人都爱面子,很多人有"树活一张皮,人活一口气"的想法,尤其初入社会者,会把它当做自己的座右铭。于是很多人会夸下海口,因此常常为一个小小的面子问题而逞强好胜,结果往往是让自己更"丢人",甚至不利于以后的生活。所以,不要做死要面子活受罪的事,自己办不到的事要说出来。在事情尚未完全确定之前,轻易做出承诺是不可取的,一个不能实现的承诺对失望者来说是一种蹂躏。平时我们应该慎言慎行，做出承诺前要考虑清楚。在答应接受某个任务或请求时，明智的人总是这样回答：“这件事情我需要先考虑一下再做决定。”

在事情尚未完全确定之前，轻易做出承诺是不可取的，一个不能实现的承诺对失望者来说是一种蹂躏。

言而有信

中国有句古话叫“言必信，行必果”，就是要求我们要言而有信。如果我们总是习惯满口答应别人的请求，事后却忘得一干二净，让人在期待之中空等一场，放了人家的“鸽子”，其结果往往是热望变冰凉，由此衍生的还有恼怒的情绪。所以，在我们不能保证把一件事做好之前，回答别人请求时应该用“尽量”或“争取”之类的词汇，以免出现“放鸽子”的情况，给人留下言而无信的印象，如果承诺了就要竭尽全力去履行它。

一个小伙子在某报社做记者。上司想让他去采访一个事件。其实这次采访任务非常有难度，上司也清楚这对小伙子有些困难，于是问他有没有问题，想派人去帮帮他。可是小伙子却不假思索地拍着胸脯回答道：“没问题，包您满意！”有小伙子的这句话，上司心头的石头沉了下来。

结果3天过去了，小伙子那儿没有一点动静。上司问他进展如何，小伙子这才老老实实地回答：“这件事比我想的困难多了。”这时，采访的最佳时间已经过了，其他报社已经抢先一步了。尽管上司当时没说什么，可是他对小伙子的印象一下子变了，在他眼中小伙子就是一个草率、鲁莽的人，引起了上司的反感。

有些年轻人初入社会，一味地讲求“圆”，而把自己的能力和原则扔到了一边，为了面子经常会答应他人一些能力之外的事，或者费很大力气才能做到的事，而这样做的结果是做好了便罢，做不好就是吃力不讨好。千万别以为承诺会给自己争面子，轻易承诺只会让自己日后没有周旋的余地。人生在世冲动在所难免，能否遵守承诺却关乎一个人的诚信问题，也关乎道德。很多人并没有认识到轻许诺言的危害，许下诺言后才意识到自己根本不可能把它实现，即使自己有一千一万个正当理由，也会让对方心生芥蒂，而且牵扯到利益的时候可能会弄得两败俱伤。

假如故事中的小伙子在答应上司以前认真分析一下困难在什么地方，并说出自己的想法，大概再晚上几天上司也会理解他。但是他并没有这样做，而是轻率地答应了，并使上司失望了，所以最后落得工作没做好又给人留下一种鲁莽、毛糙的感觉，后来还被打入了“冷宫”。假如他能在事前多想想，仔细权衡一下，尽管并不能保证他一做就会成功，可是却能增加他成功的几率，而且也会给人留下成熟稳重的印象。

除了不要轻易许诺之外，我们更应该知道，既然答应了，就要100%做到，不要因为一些小事损坏了自己的形象。凡事都得留些余地，这是实用的处世哲学，做事稍微圆滑些不是错，想把好的印象留给他人也不是错，然而若是轻易答应别人，而后却不能履行则是大忌，这不仅没能“圆”成，还得罪了人。

马超在一家医药器械用品公司上班，因为他刚从事这个行业，因此不熟悉销售中的很多事情，每抢到一笔业务花费的时间都要比其他人多一倍。有一次，马超经过一位朋友的牵线搭桥认识了一家医院负责采购器械的主任。

在有三四个竞争者的情况下，马超日夜努力，从资料到公司的信誉，从机器价格到性能，都认真地介绍给这位主任听，终于说动了那位主任前往马超所在的公司观看样机。马超的努力没有白费，经过详细考察，双方约定第二天上午在当地一家有名的酒店讨论有关合同的事儿。

那天晚上，马超因为眼看做成这笔大生意而高兴，所以多喝了几杯，过去几日他辛苦地奔忙，非常疲劳，以至于第二天醒来的时候约定的时间就已经到了。当马超赶到这家酒店时，这位主任已经离开，和另外一个厂家的销售签订合同去了。马超非常气愤，指责对方出尔反尔，却没想到该主任说，时间就是金钱和效益，守时就是守信誉。一个缺乏时间观念的人，在长期的合作中如何让人信赖？因此，他宁可花大价钱同马超的竞争对手签订合同，也不愿意和不守信用的马超合作。

马超是很可怜的，在最后的关头因为放人鸽子而导致功亏一篑。他不仅把一大笔生意丢掉了，而且也影响了自己的信誉，成了一个不守信用的人。通过这个故事我们可以看出，想做出一番成绩，首先得讲信用。假如你有了 3 次甚至更多的对同一个人没有履行诺言的记录，对方对你的话就不会相信了。而这种记录会伴随你的一生，可能是你永远抹不去的污点，也是人际交往的毒药，这往往会让你遭遇各种滑铁卢事件。

既然答应了，就要百分之百做到，不要因为一些小事损坏了自己的形象。

说到做不到会坏事

我们无论做什么事，都该言而有信，这样才能保证事情圆满成功。一个现在说的是一套，明天又变成了另一套的人，是没有诚信可言的。一个没有诚信的人，别人凭什么信任你呢？要知道，有多少人信赖我们，我们成功的机会就会有多少次。“信”是什么？“信”是一种人格魅力，说到就能做到，而不是说假话，说大话，或者说话不算数。把无信的印象留给别人，将成为你人生永远的污点。

一位开发商在交房时承诺一年之内能办完房产证并交到房主手中，而且在购房合同中也写了这一项。可是一年时间过去了，房产证依然没有交到房主们手中，又半年过去了，依然没有，两年时间过去了……一直到了第五年，有房主去问开发商，他还是以前的老话——今年你们就能拿到了。

也许有些时候，人们也能从言而无信上获得好处，有了这种走“捷径”的想法，便不想再照原来说的做了，或者编出若干理由搪塞问题。细想来，很多人言而无信不是因为能力问题，而是源于聪明过度，有时太过聪明反而会害了自己。

一家面馆最大的特色是面碗最干净。他们的招牌是每个面碗一定要洗 30 遍才能够装面卖给客人。一位留学生去这个面馆兼职做洗碗工，主管对他说这里的工作是很简单，却会很累。这位留学生则承诺可以做到老板要求的那样，他心想：不就是把面碗多洗几遍吗？

前 5 天，留学生都按照规定把每个碗洗上 30 遍。到了第 6 天，留学生想：这里的人也太傻了，洗 30 遍也没有比洗 15 遍干净多少呀！于是趁主管不注意，偷偷把面碗洗了十来遍就算洗完，主管看到了他的举动。

主管走过去对他说：“你被解雇了。你觉得自己很聪明是吗？就是由于你太自以为是了，才在根本上不能完成一件事，才不能信守承诺。”

在生活和工作中，我们同样想走所谓的捷径，可是不劳而获根本就不可能。在该讲原则的时候若是一味地变通、圆滑，说一套做一套，即使那时没有人当面拆穿你，可是长此以往，最终还是会为你的言而无信付出代价。

信守承诺最能在时间上得到体现，约的 3 点，5 点还不见人，说的今天又拖到后天，结果后天又模棱两可，从始至终答复都是不明确的。人家怎会心里不打鼓，怎样能交给你做一些重要的事？做事的结果总是打折扣,不能很好地完成,该10分的总是完成8分或9分,借钱说3个月还,结果3年还没有还的意思,这些行为都是不信守承诺的表现,也是为人最厌烦的行为。想受人欢迎,就要注意千万不能把这种印象留给他人。

李波答应一位同事周末帮他去探望医院的一个病人,结果周六出去玩,回家的时候已经晚了,而周日还有别的安排。

开始的时候,李波想:这只是一件小事,也是随口答应的,过些时日再说吧。可是他转念一想:说话要算话才行,不然,以后何以立足,再说了,同事委托我是因为信任我,如果在这件小事上我都令他失望了,也许他从此不会再信任我了。于是,在周日中午,他抽出一些时间去了医院。

上班的时候,同事问他是如何安排周末的,李波明白同事是不好意思直接开口问事情办了没有。于是他把自己的行程"汇报"了一下,并告诉同事放心,他已经去医院看过病人了。

同事看李波这么忙,还帮自己的忙,打心里感激他。在以后的工作中,这位同事格外配合李波的工作。

不信守承诺的人其实就是说了假话或大话后,总会为自己找借口,为了更好地生存,为了更好地获得利益,他们只好说假话欺骗别人。可事实上,实践才是检验真理的唯一标准,做不到的事情不要信口开河,否则与说假话无异。要做到说话算话,首先要做的就是说实话。

秦华毕业后,在一家公司做设计。工作一年,觉得并不开心,他对一位老朋友抱怨说:"在单位工作不像做学生那么开心、单纯,这种生活让我无法适应。人与人之间勾心斗角得很厉害,说一句实话就会传到领导的耳朵里,我就因为乱说话领导把我批评了好几次。所以我现在一天到晚都要说假话,要不就是和一些同事闲聊,出校门时的热情已经完全没有了。最重要的是,现在我还被同事们排挤,我也没怎么招惹他们,真不知道他们为什么总对我流露出厌恶的表情,这简直让我受不了……"

明眼人都看得出来,同事们不喜欢秦华的原因,很可能就是因为他现在不喜欢说真话,这让人们觉得和他交往起来没有安全感,不可靠。给别人留下这种印象,他怎么可能有好的人缘呢?在生活中,对于承诺这件事我们更应该采取慎重的态度,少说话多做事,以免给人留下言而无信的印象。

实践是检验真理的唯一标准,做不到的事情不要信口开河,否则与说假话无异。

巧对变故

清朝末年,在上海闸北区有一家梨膏店,生意做得非常大,"天知道"的牌匾就挂在店门口。"天知道"梨膏店的对面是一家水果店,是这家水果店帮助梨膏店发迹的。

光绪八年,水果店从山东莱阳运到上海闸北区50篓梨,因为路途遥远,梨没有得到很好的保鲜,到达目的地时已开始坏了,即使很便宜都卖不出去。

一对夫妻住在对面的小店里,正没有粮食吃,看到对面的水果店扔掉很多烂梨,他们就拣回家削去皮,挖掉烂眼,吃起来觉得很甜,于是,他们把削了皮的碎梨切成块状,一个铜钱能买五块,生意非常好。

夫妻二人又到这家水果店买了很多烂梨,把梨削好放到大缸里用糖腌起来,结果味道更好了,一上市就卖得很火。

后来,夫妇二人到处收烂梨,削去皮后放到锅里熬成梨汁,制成膏糖。在没有梨吃的春天,梨膏糖就成了人们的最佳选择,这种东西一下子成了南方的特产。

有一年，朝廷的钦差大臣在上海闸北区出巡时买了梨膏糖，发现很好吃，于是向慈禧太后敬献。正赶上慈禧太后咳嗽，吃后觉得美味又止咳，就传旨叫夫妇二人进贡梨膏糖。这下这对夫妻的生意越做越大，开了许多梨膏店。

水果店老板在知道了制作梨膏糖的原料是烂梨以后，非常嫉妒，于是就在夜间写了“天知道”三个大字，贴在了梨膏店大门上。

第二天，夫妇二人一开门，“天知道”这三个字就映入了眼帘，他们愣了一下，就明白有人捣乱。丈夫哈哈大笑说：“我正发愁我们的店应该叫啥，今天有人把写好的名字送到门口，真是太好了。我家店里的梨膏糖连皇太后都吃过，理应叫‘天知道’。它就是我们店的招牌了。”丈夫把招牌写得非常大，来的人都会问店名的含义，由这对夫妇解释后，生意就更好了。

水果店老板看这对夫妻把生意做得如此兴旺，骂人的话也被人利用了，就更生气了。他又在梨膏店的墙上画了一只缩头乌龟。

第二天，梨膏店夫妇二人又是一愣，但接着一起说：“乌龟就是我们的商标，梨膏糖可以止咳、延年益寿，龟代表长寿。”从那时起，上海驰名商标中就多了这样一个商标。

什么是智慧？梨膏店夫妇二人的行为就是一种智慧。如果他们只知道去同别人争论，恐怕就连自己的生意也会毁掉，可是他们并没有那么做，而是把每一次挫折当成机会，趋利避害。哪怕自己被别人踩在脚下，也能趁人抬脚的时候，抓着人家的鞋带起来，这就是一种借力的智慧，同时也是一种圆滑的智慧。真是“好风凭借力，送我上青云”，这对夫妻靠着借势借力走向了成功。聪明人总是善于借力来使自己走得更远，聪明人能有效整合身边的一切有利资源，把它们转化成自己的优势，而不是怨天尤人。如果你善于借势，你取得成功的几率也会更大。

当然，借势更多的时候不是像上面故事中说的借“敌人”之势，只有少数的人才拥有如此智慧，作为初入社会的年轻人，所借之势很多都是来自于朋友或贵人。在借势之前，你必须明白，再有能力的人如果仅凭个人之力，也难成功。会借势的人其实只是把人际资源配置好，这相当于自己奋斗好多年，能更快获得成功。

人际关系被很多年轻人忽略，这往往是因为他们只看重结果，却不会长远地考虑问题。如果你的每一次请求都被别人拒绝了，你也许就会认为这个人永远不会帮到你，从而与此人断绝来往，这种人就不会维护自己的人脉网。在社会上，如果有人相助的话，会比其他人先成功，因为贵人可以有很多办法给你创造成功的捷径。所以古往今来，那些欲成就大事者，往往都能将别人的力量为自己服务，成就自己的事业。你也许很有能力，但贵人往往能帮助你最大限度地发挥你的能力。

纵观历史上的风流人物，没有人一开始就风光无限，他们大多是先隐蔽在一些大人物的背后，借助别人的声望使自己的声势壮大起来，借别人的面子来笼络各路豪杰，一旦时机成熟，或者反客为主，或者另起炉灶，或者借着别人的力量一路攀升。比如三国时期的曹操，挟天子以令诸侯，东征西伐，开口一个“孤今承帝命，奉诏伐罪”，闭口一个“吾今奉诏讨汝”，在战争中，他借助了君王之力。

一个人要在社会上成就一番大业，靠的不仅是出众的才能，还需要一个能够使他的才华得以施展的平台和环境，这样才能充分发挥自己的能力。当然，这也需要自己去创造这个环境。当你遇到困难的时候，要懂得运用自己手中的人脉资源，这是一条通往成功的捷径。虽然你的成功不一定要依靠别人，但是有贵人相助能让你成功得更快，让你的人生顺风扬帆，实现自己的计划。很多成功的人物都善于借势，他们懂得借助巨人的力量让自己轻松地拥有更高的名利与权力，也让英雄有了用武之地。

当然，自己要去找寻那个贵人，不要羞于开口，也不要羞于和他人攀关系。借助贵人朋友不丢人，也许你不需要他做一些具体的事，只看他的面子，别人就会对你礼让几分。那么贵人在什么地方呢？如何借助他们的力量呢？

(1)不要只认为自己的长辈和上司才有相对大的权力。这种想法并不完全对，所以在寻找依附的力量时，眼光不要太肤浅，应该深入观察，那个能帮助你一臂之力的人就一定能够找到。

(2)要别人帮助你，那么你得先帮助别人。与有能力帮助自己的人交流的规则同样应该是“我能为他做什么”，而不是“他能为我做什么”。有能力的人更讨厌没完没了地付出与被利用，所以要记得回报对方。

(3)将自己的人脉关系维护好。对一个想成功的年轻人而言,想得到成功就必须懂得编织及维护自己的人脉网,并及时从中发现自己的贵人。要记住一点,每一个人都可能是你的贵人,你的人生很有可能会因几句话而改变,关键在于你能不能抓住这个贵人,并借贵人之力开启成功的大门。

当你发现生命中的贵人时,要善于把握住机会,因为你的快速成功需要他们帮忙。

与人为善己得力

在我们的人生路上,磕磕碰碰在所难免。可是我们并不都知道,在前进的道路上为别人把脚下的绊脚石搬开,有时正是为自己铺路。帮助别人发财,自己也能沾上光。

许多年轻人刚进入社会,听得最多的也许是社会的冷漠与无情,于是过日子总是板着脸。事实上,这是一种偏激的想法,你看社会上那些如鱼得水的人,冷漠与无情的又有几个呢?哪个不是抱着一颗感恩的心热情处世?那些真正的成功人士总会乐于助人。

这样的经历是否也发生在你身上?在你需要帮助的时候,遇到过许多冷脸人,那种冷漠让人在三伏天里都感觉像是冰冻天气。试想,若是这样的人在落难时求助于你,你会帮忙吗?答案一定是不会,也就是说他翻身的机会又少了一个。既然这样,我们又何必做那个冷漠的人呢?

有一首歌的歌词是:“请让我来帮助你,就像帮助我自己;请让我来关心你,就像关心我自己。这世界会变得更美丽。”很多时候,帮助别人是很简单的事儿,而伸手与不伸手却会造成不同的结局。主动帮助别人,未必都能得到相应的回报,可是至少会把你的善意传递给你周围的人。在社会中一个好的口碑也许不会让你少受一次伤害,但是一定会帮助你在受到伤害后有机会复原,不至于在你需要帮助的时候别人都冷眼相对。正所谓“赠人玫瑰,手留余香”,在社会上,更深层的意义却蕴含在这句话中:帮助别人就相当于在帮助自己。

一场激烈的战斗正在进行,一位军官忽然发现一架敌机俯冲下来了。按照人的本能和平时的训练,这位军官应立刻卧倒,但是他没有这样做,因为他发现一个士兵还站在不远处。他没顾上多想,纵身一跃把小战士扑倒在地上。

随着巨烈爆炸,他们的身上沾满了飞溅起来的泥土。在他们站起来时,这位军官不禁被眼前的景象吓呆了:刚才自己站的那个地方被炸成一个大坑。士兵是幸运的,但这位军官更加幸运,因为他在帮助别人的同时也帮助了自己。

故事中军官的幸运或许是凑巧,但这种凑巧也能在生活中出现,也可以说,这几乎是一种必然的凑巧。佛家有云:“种善因,得善果。”这句话非常有道理,帮助别人即是帮助自己,说得再直白一些,帮助别人成功你并不吃亏。如果你助人成功了,你的恩情别人会铭记在心,肯定会给你一些回报的。能帮人时且帮人,尤其是在自己没有任何损失的情况下。

要知道,在我们人生的道路中,磕磕碰碰在所难免,这时我们的心里或多或少会有一种寻求帮助的渴望。可是如果我们在别人遇到困难的时候,却没有给予帮助,抱着“多一事不如少一事”的想法敷衍对方,那么我们也得不到对方的帮助。俗话说投桃报李,有时我们帮助别人搬开脚下的绊脚石,恰恰就是为自己铺路。别人总会记得你的好,忘恩负义者总是少数。不要小心眼儿,能帮不帮,生怕别人位置比自己高,日子比自己过得好,这样的人不会有什么大作为的。

朱军曾经在上海一家国企的企划部工作,他待人接物非常周到有礼,而且爱帮助别人,口碑非常好。

有一次,朱军接待了一家的广告公司的业务经理,朱军热情主动地给这位业务经理找好了相关负责人员，并帮他说了几句好话，结果这位业务经理成功地把订单搞定了。

3 年以后，这件事早被朱军置于脑后，直到朱军不得不离开这个国企的时候，一个意外的电话让朱军回想起这件事。打电话的人正是当年的业务经理，现在他是一家广告公司的总经理。当初朱军帮了他的大忙，在他偶然得知朱军马上要离开这个国企的消息时，很自然地就想起自己公司企划经理的职位一直空着，而这个职位的薪水可比朱军以前的薪水高出很多。

俗话说："得道多助，失道寡助。"良好的人脉关系和口碑能助我们成功，人脉除了亲戚朋友的余荫外，更多的是靠自己的帮助和努力换来的。帮助别人越多，你就能得到更多的帮助，你成功的概率就越大。

马云在开创淘宝时，他的口号是"为大家开店创造免费的平台"。后来，这个网络平台在产生一大批成功的淘宝卖家的同时，马云也有了一番成就——淘宝网成了中国最大的电子商务网站。可以说，马云助人发财了，自己也得到了最大的利益。

助人不吃亏，因为你的成功也需要他人帮助。经常听到一些人说"助人为乐"，不要觉得这没有任何意义，深奥的成功之道蕴含在其中。种田的人都明白春种秋收的道理，假如你平时能够到处结缘助人，还怕别人不把你当做朋友，不帮助你吗？也许你只是在无意间说了一句好话，做了一件好事，经过一段时间，你所播下的种子就可能起了作用，意外地得到一些助力，这可能是帮助你成功的因素。

很多年轻人虽然明白互相帮助的道理，随口就能说出相关的词汇和句子，可是有一个有趣的现象：那就是随着年龄的增长，人们不再那么频繁地互相帮助了。现在很多年轻人甚至把"不要和陌生人说话"当成一种流行语。许多人怕别人对自己的帮忙产生误会或者给自己引来不必要的麻烦，于是渐渐变得"铁石心肠"，似乎还认为这才是"大彻大悟"了，甚至对那些乐于助人的人嘲笑一番。更有甚者等着看好戏，以为自己才是最聪明的人，感觉在没有义务要帮助别人的前提下去帮助别人，只有冤大头才会这样做。如果你也是这样想，那就大错特错了。帮助别人不是耽误自己或者会让自己损失的事，事实上，当你帮助别人的时候，自己也会收获颇多。

首先，你能收获一种好习惯。正所谓习惯成自然，一旦养成了一种习惯，就很难改变了。习惯形成性格，性格决定命运。好习惯这个东西十分奇妙，你在社会中能自己有意识地或者强化训练自己好的行为习惯，将是人生的一笔宝贵的财富。一个人能主动帮助别人，并养成乐于助人的习惯，那么你就更接近成功了。有句名言是："机会总是垂青有准备的人"，帮助别人恰恰是做准备工作。

其次，更多人将会支持你。在家靠父母，出门靠朋友。现在的社会生存除了自身要有过硬的技能之外，人脉的作用至关重要。一个人成功有多大，就看他的人脉有多广。帮助和奉献能使自己获得许多人脉。只要你用心观察，肯定你身边走得最顺的人，除了拥有过硬的专业技能外，就是人脉比较广。

最后，收获好的口碑。成功需要好的口碑，年轻人要走得好、走得顺，就要力争有好的口碑。一个热心、真诚帮助别人的人口碑肯定会很好。老话已经告诫我们：好事不出门，坏事传千里。现在的社会圈子，说大就大，说小也小，如果想在社会上一帆风顺，除了扎实自己的硬件设施以外，更要着重修养自己的品德，而帮助别人就是一种好的品德修养。

在社会中一个好的口碑也许不会让你少受一次伤害，但是一定会帮助你在受到伤害后有机会复原，不至于在你需要帮助的时候别人都冷眼相对。

助人患难中

互惠互利在社会生存中十分重要。帮助别人，也可以看成是在自己的人情信用卡上储蓄——特别是在人患难之际施以援手。

一个人在社会上的力量总是那么单薄，不可能把生活中所有问题都顺利解决掉，每个人都离不开他人的帮助。你怎样对别人，别人也会同样地对你，正所谓"投之以桃，报之以李"。年轻人应该尽早认识到这一点，在他人需要帮助之时，挑一个最好的时机，适时地伸出援手，即使当时看上去得不到什么利益，但却是为自己的人情账上储蓄了一笔存款，当你需要的时候，你也会得到别人的帮助。特别是在他人患难之时伸出援手，救落难英雄于困顿，一旦对方翻身之后，他们必定会回报你的。

有一天，刚进入公司的王言正在公司门口等班车，一位不太熟悉、交流不多的同事也在等车，王言只隐约记得这位同事跟自己不是一个部门的。当时这位同事生了病，所以手脚不是很灵便。在这位同事上车的时候，王言悄悄地伸出了援助之手。在以后的日子里，王言慢慢地发现，有些同事对他比以前热情了，他不知道是那位同事在领导面前替他美言了几句。后来，在一次工作调动中，王言意外地发现那位同事居然是公司的一位高层。毫无疑问，在调动的过程中，王言得到了这位同事的照顾。回想当初，王言只是在同事需要帮助的时候伸出援助之手，就得到了如今同事的帮助。

在社会上行走，出现紧急事件是在所难免的，这时有得力的人帮忙，事情也就容易解决。然而这种帮助靠临时抱佛脚是没有用的，只有在平时就发现和培养人际关系，方能有效。一般人都有“肥水不流外人田”的想法，如果你在对方需要帮助的时候拉人一把，对方肯定会把你当成自己人看待，这样事情就好办多了。

如玉是一家企业的秘书。有一次，经理出席一个重要场合需要一篇发言稿，经理点名要如玉的同事张先生写，并要求在3天内交上来。张先生是单位的老笔杆子了，发言稿对他而言是小菜一碟，可是这两天张先生的妻子因病住院了，眼看张先生正为这事儿发愁，如玉就主动把任务接了过来。

如玉用了整整一个晚上，绞尽脑汁写好了发言稿。第二天，她拿给张先生把关，张先生对她的发言稿称赞有加，只是个别地方用词不妥，张先生稍加改动，然后马上送去了经理室。果然，经理看后也很满意，张先生把情况如实向经理汇报了。经理听完连发感慨，一是自己事先对张先生家里的情况一无所知，没有体谅老同事辛苦；二是表扬如玉，主动请缨帮助他人，而且保质保量地完成任务。

事后，如玉对朋友说，当初真没想到她会因此得到经理的赞赏，毕竟只是想帮助同事而已。不过这件事情也给了她一个启示：在别人有困难之时伸出援助之手，不但可以赢得对方的尊重，还有可能得到其他人的赞赏。因为你在帮助别人的同时，也把自己的能力和胸襟展示了出来。

人们都说在这个冷酷的社会中只有敌人，这是偏激的想法。人们或许会因为共同的利益而产生竞争，事实上，在社会中建立良好的人际关系，有利于每个人的生存和发展。许多真正的“老江湖”都表示，在帮助别人时，任何一种努力都不会白费。谁都可能会遇到困难。假如在别人遭遇不幸时，给予亲切的慰问，把你的温暖和帮助传递给别人，不仅能够帮助别人尽快地从困苦中解脱出来，还会因此多一个好朋友。要知道，“雪中送炭”式的友情比“锦上添花”式的友情稳固得多。

在别人最需要帮助之时，伸出援助之手，拉人一把，别人往往会由衷地感激你，并且会在今后的合作中更主动地配合帮助你。如果你在平日里就喜欢乐善好施且成人之美，你就一定会为自己储蓄下很多友情和人情，而这些储蓄是会在你遇到困难时给予回报的。

在别人需要的时候，伸出援助之手，就会得到大的回报。

水至清则无鱼，人至察则无徒

人太聪明了，反而没有朋友。因为过于聪明的人往往不会放过别人身上的任何瑕疵，他们总希望别人就是自己理想中的样子，甚至要求别人十全十美。

有一个笑话很有意思。

一女子到婚姻介绍所征婚，工作人员问她有什么样的择偶标准。她说："他必须是讨人喜欢、有教养、能说会道、爱说爱笑、爱好体育、消息灵通……还有一条，我希望他每天都陪在我身边。我要他讲话，他就得开口，我感到厌烦，他就得住嘴。"听了她的要求后，工作人员回答说："我懂了，小姐。电视机会是你最好的选择。"

苛求别人完全符合自己的想象无异于缘木求鱼。

人如果能明察是非善恶，那当然是好的，但过于苛刻地要求别人，又有谁受得了呢？"精明"的人过于分毫必究，容易猜忌成性，以至于最后容不下任何人，就必然失去朋友。

小雨最近很不开心，她不知道同事为什么总针对她。明明刚才同事们还聚在一起窃窃私语呢，可等她一过去同事立刻停止了谈话，并都散开了。

小雨和同事的关系闹得如此之僵，以至于她觉得根本无法继续在这个公司待下去了。这其中的缘由又是什么呢？原来，刚刚大学毕业的小雨在公司里担任考核督察的职务，主要负责公司的纪律和考勤。她很敬业，每天都很详细地记录下所有同事的工作状态。

她的考核记录本上记载着：小余某日打印时把两大张白纸浪费掉了；老刘某日迟到了1分38秒；小王某日给家里打电话时用的是公司的电话；老何某日打瞌睡11分钟；小张某日上厕所用了37分钟……事无巨细，记录了她认为不合要求的事。才半个多月，记录本上已经是密密麻麻了。同事们谁也不愿意和她说话，谁也不愿意和她一块吃午饭，小雨被公司的同事孤立了。她开始反思自己："我做错了吗？"

小雨的症结在于她还没懂得"小事讲风格，大事讲原则"的道理。为人处世，切忌过于苛刻，应该有些雅量。在坚持大原则的前提下，对于原则无关的小过失尽量进行宽恕，以求得人与人之间的和谐相处。为人处世，有时候"难得糊涂"比明察秋毫的效果可能更好。

为了鱼的生存，水太清澈了反而不好，否则鱼将无处藏身；人的关系，不能过分紧张，否则将无法相处。水的过分清澈与人际关系的过分紧张，都会破坏生存环境。

你应该知道，世界上的每一个人都是唯一的，每个人都有着自己独特的价值观和处理事情的思维方式。你无法用你的要求去要求别人，如果世界都千篇一律，那么这个世界就太单调了。正是因为大家各有不同，才使世界变得如此五彩缤纷。

"水至清则无鱼，人至察则无徒"这句俗语流传至今的原因，恐怕还是由于它具有劝告人们待人少苛责、多宽容的积极意义。人过于斤斤计较就会没有朋友，他们常常拿自己的尺度来丈量他人的长短，注定会有失败的友情。

当然，这并不是说我们可以逃避困难和矛盾，当"老好人"。它的真正宗旨是：我们在工作、处事、交际中把自己的位置定位好，对朋友、同事不要过于苛刻。"察"本身是没什么问题的，而超出一定的限度后就成了"主察"。这就要求我们为人处世时要适中，可是我们却掌握不好这个尺度，不是太过，就是不及，结果总是不能尽如人意。但是不要因为不好掌握就不去掌握，慢慢来，仔细观察，虚心学习，一定能渐渐把握好分寸。

当你高高在上，觉得自己能把别人的心思看穿，觉得自己可以俯视一切的时候，你就要小心了。人不可能十全十美，也做不到完全无过。自己都做不到的事，却要求他人能做到，这是一种不成熟的表现。所以做人不能太过严苛，要包容谅解别人的小缺点、小过失，并尽量发现别人的优点。否则，到头来落得个孤家寡人，身陷孤立无援之境，那也是自找的。

人"聪明"过了反而会变得愚钝。

拜冷庙，烧冷灶

待人处世如同照镜子一样，什么长相照出什么模样来。你怎么对待别人，别人也将怎么对待你。当别人失意时，你是选择雪中送炭，还是落井下石，将决定在你失败时是孤军奋战，还是众人助之。

当朋友落难的时候，应尽自己最大的努力帮助他。如果你袖手旁观，甚至还在背后踹上一脚，那你就埋下了祸根。再伟大的人也有失势的时候，这时你给予的帮助会让受助之人永生难忘。即使你没有能力帮忙，那你至少不能幸灾乐祸，在言语上的抚慰也能温暖他人的心。落难英雄，不需要你给予多么大的恩惠，只要你能做出善意的姿态，一个温暖的举动足矣。

都说真正的朋友不是锦上添花，而是雪中送炭。每个人都希望在困难之时有朋友能陪在自己身边，能伸出帮助的手。同理，当你的朋友遇到困难，甚至有时到了没钱吃饭之时，你不要像愚蠢的小人那样把朋友当乞丐撵走，而是给他两个馒头，说一声："朋友，来。我这里没有什么能帮得上的，前面路途遥远，吃饱了再上路吧。"你如果这样做的话，那个人肯定一辈子都记得你的恩惠。

> 老陈曾是某单位的负责人，以前他在位的时候，家门前总是人来人往，很多人来送礼。可是，当他卸任后，就很少有人再去他家了。老陈知道这就是人情冷暖的世态，自己有利用价值的时候这些人都来了，失去了利用价值后这些人又都走了。
>
> 正当他心情落寞的时候，自己以前未曾留意过的一位下属带着礼物来看望他。见面那天，老陈都把他的名字给忘了，他只是依稀记得这个年轻人叫小林。可就是这个自己连名字都不知道的年轻人，安慰了受伤的老陈，毕竟还能有人想着他。当天晚上，老陈和小林聊得很开心，两人如同至交好友谈到很晚才告别。
>
> 两年后，老陈时来运转，一家大公司聘他作为顾问。当公司准备招聘经理助理的时候，老陈没有忘记当年那位在自己失意时来看望自己的小林，把小林引荐给了公司。后来，小林凭借老陈的推荐和他自己在面试过程中的优异表现，成功地加入了这家公司。

小林的故事，说明了雪中送炭的感情支持远好过于锦上添花的献媚。如果小林看望老陈不是在他落难之时，而是选在老陈红极一时的时候，那么，小林说不定连门都进不去，因为他前面的人实在太多了。所以，请你记住不要忘记那些正在受苦受难的朋友，并给那些事业上不顺之人一些安慰。

为什么有些人烧香不去挑那些香火旺盛的热庙，而要去那些平日里冷清的寺庙？热庙热闹，大家一拥而上。人多了，神仙早已眼花缭乱。你跟着人家后面去顶礼膜拜，动作做得再虔诚，参拜做得再五体投地，神仙也不见得会对你产生兴趣！因为人家现在高高在上，有众多人的追捧，你起的作用当然可以忽略掉，你姓甚名谁，哪里人氏，有什么愿望，有多少期盼，在你踏出庙门的那一刻，神仙已经把什么都忘光了。

冷庙的菩萨就不一样了。去冷庙的人实在太少了，你如果恭恭敬敬地去烧香，菩萨自然会对你另眼相看。同样的一炷香，在冷庙与热庙烧，竟会有完全不同的效果。热庙的菩萨把你敬的香忽略掉，冷庙的菩萨觉得你敬的香特别虔诚，当你遇到难处时，冷庙的菩萨会给予你一个帮助。

在家靠父母，出外靠朋友。生活在这个复杂的社会上，我们都需要他人的帮助。让冷庙的菩萨成为你的朋友吧，因为在关键时刻冷庙菩萨可能会向你伸出援手。趁自己有能力时，多结交些潦倒英雄，因为英雄再潦倒他也是英雄。

英雄落难，壮士潦倒，都是人之常情。一旦否极泰来，大鹏仍会扶摇直上，远飞万里的。从现在起，多注意一下你周围的朋友，看看哪些是落难的英雄。若有上香的必要，一定要把握住机会，因为当别人能够一飞冲天之时，你也可能顺带沾光。

给予失意之人援助之手，其实就是在为自己将来喝水挖井，特别是在别人患难的时候伸出援手，真心助人，将来肯定会得到他人的回报。

其实,这么做并不是说只为了取得好的回报,更重要的目的在于让你明白这是一个利人利己的双赢选择。人与人的交往应该是平等的。因此交落难朋友并不是要心机,在更大程度上,这种品质十分可贵。就算是为了将来的回报而选择在朋友落难时伸出援助之手,也总算是帮了朋友的忙,总比在别人失意时落井下石好得多。

掌握谢绝的艺术

别人的愿望你都能满足吗?当然不能。你能满足每个人提出的要求吗?当然不能。这个道理很简单,如果你真能做到的话,那你就不是凡人了。

告诉你自己,你有权说“不”。告诉那些你不喜欢的人,你就是不愿和他待在一起;告诉那些动不动就来找你帮忙的人,你也很忙,你的时间和精力都是有限的。

老师总喜欢教我们做人要怎么恭敬,怎么谦让,却很少有人教我们如何谢绝。有的人明明知道有些事超出了自己的能力范围,还要赔着笑脸苦苦死撑,既不敢肯定地说“行”,也不敢断然地说“不”。可是这种不明确的态度只会使自己陷入更加“悲惨”的境地,你会接到海量的“请求”,从此你将被“帮助别人”的圈子困住。“人善被人欺,马善被人骑”这个俗语可能就是从这样的处境中总结出来的。因此,要在适当的时候说“不”。

你要懂得如何谢绝。在学会谢绝的同时,还要知道谢绝不是简单地说“不”。谢绝归谢绝,但谢绝的话得仔细掂量,说不好可能会落下后遗症。谢绝是可以的,但谢绝的方法不要过于僵硬,使别人难堪。

小刘朋友的儿子要去澳洲留学,小刘便以发邮件的方式求助在澳洲的朋友老毕,希望他能在澳洲接待一下朋友的儿子,因为那个孩子从未出过远门,在澳洲又人生地不熟。

小刘马上收到了老毕的回复,他是这样说的:“你这份热心真让我感动,但我觉得他最好能学会独立。因为在澳洲,每个人靠的都是自己的勤奋,所以你要告诉你朋友的孩子,无论在哪里都要学会自强自立,无论现在可以依靠谁,最后都要靠自己。你可以给他我的联系方式,他以后遇到困难可以来找我。”

小刘知道,老毕的话是委婉的谢绝,但话都说到这个份儿上了,小刘也不好再多说什么了。不管老毕谢绝的原因是什么,但他谢绝的话说得合情合理,分寸掌握得恰到好处。

在人际交往中,我们总会遇到一些让人为难的事情。例如,有同学邀你外出游玩,可你被其他事情缠身无法前去;有人送给你礼物,你由于某种原因不能收下。面对这种“难题”,给对方一个断然的“不”字,难免有伤情面;如果不谢绝,心里又难办。那么,该如何拿捏谢绝这门难以掌握的学问呢?

首先,将你的真诚和善意表现出来。因为谢绝的态度说到底就是对别人的想法持有反对态度,就是不接受别人的安排。既然已经不同意别人的想法了,那就要尽量想方设法修补因此产生的感情裂缝。真诚能表现出最起码的尊重,不能让别人觉得你是故意从中作梗。否则,以后朋友就没得做了。

“谢绝”这两个字,要记得“绝”字前面还有一个“谢”字。如果别人盛情邀请你,但你又不便于接受,那么你至少应该感谢别人的好意。这样一来,对方即使被回绝,仍觉得你很懂礼貌。

其次,应阐明你自己的理由。“谢绝”不仅仅只是两个字,后面肯定还跟着原因。如果有恰当的原因,一定要诚恳地表达清楚。

如果你有难言之隐,或者暂时不想把理由告诉对方,你就要找一个合适的借口。欺骗不是找借口的目的,而是为了照顾到对方的感受。事实上,借口是很难避免的。例如,一个令你讨厌的同事找机会跟你亲近,邀请你周末出去游玩。这时你可以对他说:“对不起,我周末和同学约好了去看电影。”

第三,一定要在适当的时机谢绝别人。当你打定主意要谢绝别人的时候,一定不要犹豫不决。

谢绝要趁早，别把他人的时机耽误了。如果你希望谢绝来得委婉一点，一定要让对方明确你的态度，不要绕了半天别人还不知所云。

第四，一定要果断谢绝别人。有的人在面对朋友的请求时，往往拉不下脸面来，不敢实话实说，可是这样的态度对谁都不利。你模棱两可、态度模糊，朋友以为你能够做到，但事实上你又做不到。这样一来，你会同时把朋友的事情和自己的名誉给破坏掉。所以，在对待别人的请求时，要实话实说。其实，谢绝本身并没有那么可怕，别人有求于你的时候，也多少会有被拒绝的思想准备。

最后，谢绝时要看被谢绝的对象。当你谢绝那些总喜欢坚持自己意见的人时，要认真考虑如何把伤害减小到最低。这种人一般自尊心较强，一口拒绝必定会让他们难堪。所以，遇到这种人，你应该彻头彻尾听一遍对方的话。听完之后，你再决定如何去说服对方。

只有救世主才会天天去听每个人提出的要求，即便如此还有些要求不能如愿。

一定要保住别人的面子

“面子”俗称“脸皮”，它是一个人外在尊严和地位的象征。如果哪一天别人说你脸皮厚，那就说明你的面子已经荡然无存了。

出门在外一定要给别人面子。身为社会中的“江湖人”，你应该明白给别人留面子的重要性。在为自己争面子的同时，也不忘把面子留给他人。

特别是在公众场合，被驳面子是大家都不愿意的，因为这意味着被驳者一段时间内抬不起头，意味着以后被别人戳脊梁骨说：“看那人，太丢人现眼了。”

面子问题讲到严重时甚至会危及性命。“士可杀，不可辱”就说明了这个道理——面子不到万不得已不可撕。如果你不够重视这个问题，直来直去伤了别人的面子还不以为意，明里暗里你都可能会吃亏。别人会记在心里，仇恨你，诅咒你，甚至暗中堵你的门路。

夏平刚进公司，一次一个同事需要他帮忙把报表打印出来。夏平想这正是个学习的好机会，于是仔细研究起来。过了一会儿，他发现其中算错了一个数据，不由得大声喊道：“快过来，你犯了个大错！”当时，办公室所有人的目标都转移到了这边。接着，那个同事便板着脸从夏平手里夺回报表，若有所指地说道：“新来的小伙子就是聪明能干啊！真厉害，一下子就把错误发现了！”说得夏平的脸一阵儿红一阵儿白。

夏平原以为给同事指出了错误，同事会感谢他，没料到会是这样的结果。不但如此，夏平往后的日子也没有好过，那位同事总是想抓住夏平工作中的错误，稍有不对就让夏平拿回来返工，夏平十分后悔把这个同事得罪了。

虽然事情过去了很久，那位同事还是心存芥蒂，夏平没想到一句话带来了如此大的不便。夏平现在算是明白了：“要不是当初在众人面前指出同事的错误，要不是当时大惊小怪，如果能私底下心平气和地和同事交流，事情就不会发展到今天这样了。”

在职场里，职场新人要想保护自己就必须给同事留足面子。即使你能力再强，也不要锋芒毕露、恃才傲物，要知道别人最讨厌那种自以为是的人。有的新人刚进公司，就极度渴望表现自己，逮到同事的小辫就不罢手，非得把同事说得一无是处才认为自己的价值能够得到体现。

当众不要使别人出丑，不要揭别人短。赢了，不要赢得太多，因为一次的输赢不是你的最终目的；论功行赏的时候，不是你的功劳不要抢，还要记住不要把别人的镜头挡住了。

得意的时候不要忘形，不管面对什么样的角色。如果，你抓住了别人把柄准备予以痛击，这时候你应该停下来考虑一下，你即将采取的行动划不划算。牺牲你的人缘，换来一个小小的胜利，是否真的值得？做人应铭记，有时候，保住别人的面子相对于分清小对小错可能更为重要。

自以为有知识、有见解是年轻人的通病，一旦看到别人的短就马上书生意气大加评论，其实全然不知自己已经酿下了大错。

不要自以为剥掉别人的面子会显得很强，其实，最愚蠢的行为就是把别人的自尊伤害了。因为“面子”哲学的潜在含义是，不到万不得已，绝不先下手。

伤人面子，等于把人最敏感的地带给触动了。某个人在公开场合丢了面子，这说明别人开始怀疑起了他的能力及人格。因此，无论是谁身处此境，最先的反应肯定是怒火中烧，而不是去分析面子丢得应不应该、合不合理，因为你去要求一个已经情绪化的人理智些，根本就不可能。

一个不屑的眼神、一种难听的腔调、一个不怀好意的手势，带来的后果都可能是灾难性的。不要以为别人会赞同你的看法，他真正会记住的是你否定了他的智慧和判断力，打击了他的自尊心，伤害了他的感情，认为你对他充满了敌意。即便他很得体地掩饰掉这件事，但感情上的愤怒依然是存在的，一有机会，他一定会反击。

作为一个年轻人，一定要懂得“面子”的重要性，否则处理失当会很大程度上影响到你的人际关系和事业。胸怀大度的人，甚至会给敌人留面子，因为朋友和敌人都不会永远存在。有时候把面子留给敌人，其实是给自己留条后路，这也就是很多老于世故的人不轻易在公开场合批评别人的缘故。

事实上，给人面子并不难，有的时候其实就是几句话的事儿。只要你不头脑发热、三思而后行，就会处理好面子的事。

如果你不想与别人为敌，最好保全别人的面子。

感情是长期投资

与人交往，不能太过于计较，平时多投入，少支取，才是处世之道。

如同其他事业一样，感情也需要投资，但不要期望你刚为感情投了点儿资，马上就能得到回报。这就像你刚刚存了100元钱，第二天就要把它取出来，不仅没有利息，而且还可能会被银行出纳员说一通。如果10年后你再去取的话，银行不但不会嫌你烦，反而会对你这个忠诚的客户礼遇有加，而且你还会获得相当可观的利息。

感情投资，要学会多储存，少支取。不要老是让别人把欠你的人情还你，那样你的朋友只会觉得你是个小心眼儿、势利鬼，这样你的朋友就会一个一个弃你而去。

建立关系容易，但却很难将人际关系维护好。多年的友谊需要认真地经营，长期而稳定的感情需要慢慢地积累。这和钓鱼的道理一样，只有那些善于放长线而又有耐心的人最终才能钓到大鱼。

某小企业的老板长期将某些大电器公司的工程承包了下来。这位小老板对这些公司的职员下足了工夫，不仅总是热情款待公司的要人，对年轻的职员也毫不例外。

这位老板先找到各公司员工的个人资料，经过分析后，他开始对一些员工予以重点感情投资。比如：当某位年轻职员获得佳绩时，他会以私人关系给予祝贺；当某经理助理获得晋升时，他会在高级餐馆请此人吃饭；当某主管生日时，他也会送去一份合适的礼物。这些大电器公司里有不少人受过这家小企业老板的恩惠，心里都十分感激这个小老板。

这样一过就是七八年，小企业老板一如既往地付出小恩小惠，更为“神奇”的是，他居然从来不借自己所积累的人情行“方便”之实。后来，在这个行业走下坡路之时，许多小承包商都垮掉了，只有这个小老板的公司依然有如此之多的业务。

看完这个故事，你应该明白什么是“放长线”了吧，这个小企业老板做了七八年的“亏本”生意，他亏了吗？没有，长期的“亏本生意”最后却挽救了他的事业。

这样的人经常能在生活中遇到，帮了别人就觉得有恩于人，于是心里成天盘算着怎么找个机会捞回来，日不甘食，夜不能寐，因为他觉得不捞回来心里很难受。这其实是一种危险的心态，最可能引发的后果是：既投了资，自己感情账户的收入也没有增加。

现在这个时代投资与回报是大家经常谈到的话题，可并不是人人都懂，尤其是在感情这个特殊领域。如果你本身资金不足的话，只能一次存一点零钱，那你就别指望能快速地一次性从银行里取出大额的支票。感情投资也一样，那些一心想要索取的人最后只会落得竹篮子打水一场空的下场。

在感情投资中，急功近利的做法看似不违背商业法则，实则大有区别。感情投资的急功近利，使你看见了显性的回报，把隐性的收益忽视了；感情投资的急功近利，使你想到了等价交换，却忽视了信誉缺失后会急剧扩大交易成本；感情投资的急功近利，使你满眼都是利益，却不去培养感情。实际上，没有人愿意和满眼都是金子的人交往。

人与人之间既存在这种显性的社会契约关系，又存在着一种隐性的契约关系，感情就是其中的一种。储蓄感情是一个长期的过程，正所谓“路遥知马力，日久见人心”，赢得好人缘需要长远的眼光。要在别人遇到困难时主动帮助，不计回报，日积月累，人缘才会因此而留下来。这样，在你遇到困难时才会有更多的人支持你。

感情储蓄就像银行存款，存得越多，时间越长，红利就越大。

惹不起，躲得起

世界之大，无奇不有。不知道你有没有遇到过这种厉害角色，他能让你吃不了兜着走。更令你郁闷的是，他却偏偏针对你。遇到这种情况，怎么办？惹不起，那就躲吧。

> 小黄的上司不但为人尖刻，还总是想从下属那儿得到好处。小黄每次和上司出去吃饭，到结账时上司总是拿出100元大钞，然后对小黄说：“今天身上没带零钱，你先付吧，回头给你。”
>
> 像小黄这样刚进来的员工，薪水本来就少，只够糊口的份，还遭到上司如此残酷的“剥削”。一次这样，两次三次还是这样，最终，小黄再也忍受不了了，远远看到上司，就像避瘟神一样赶紧躲开了。
>
> 小黄明明知道上司在欺负人，但又不敢发作，因为自己依然是他的手下，一旦撕破了脸皮，结果可想而知。

如果你也遇到类似小黄的情况，如果你还打算留在这个公司，你只能先考虑暂时做段时间的“乌龟”。因为你还年轻，还没有修炼到“道高一尺，魔高一丈”的地步，只能把自己的“能量”小心翼翼地保存起来。你也不要担心这种人会一直欺压你，山外有山，人外有人，这种小人迟早会遇到对手。

三十六计，走为上策。如果你暂时不知如何去处理那些让你头疼的事情，最好迅速撤离现场，越快越好。

> 袁杰最近遭到同事的排挤，他对此很郁闷，自己一直都很本分，只是埋头做自己的事，可即使这样还是被办公室政治浪潮给卷了进去。要问是怎么回事？原因很简单，最近公司业务主管的候选名单中就有他和另两名候选人——马斌和崔浩。其实袁杰知道自己资历尚浅，根本就没有和别人争当领导的意思，但他已身处旋涡之中，由不得他辩白。
>
> 自消息宣布以后，办公室就一直汹涌澎湃，先是有人检举崔浩贪污受贿，后有马斌的私生

子照片曝光。明枪暗箭，你来我往，使办公室已无宁日。刚开始由于袁杰的低调，还没有被卷入进来，可后来因为袁杰的沉默，使马斌和崔浩都把他当做了目标。

一次，总经理要求他们三个候选人各自做一个项目计划书，成绩要计入最后的总成绩。由于袁杰出差去了，要耽搁几天，总经理就让马斌和崔浩负责通知袁杰，可他俩私下商量后，故意叫文秘把通知书放在了袁杰不易发现的地方了。

一个星期后，交计划书的时候到了，马斌拿着计划书不无得意地走过来，脸上挂着轻松的神情，笑嘻嘻地问袁杰："你的计划书进度如何？"

"计划书？"

"你不会是忘了吧？"

"什么计划书啊？"

"这么大事，你也敢忘，你真行！"

袁杰越听越糊涂，便问马斌："你赶紧告诉我是怎么回事，我怎么什么也不记得了。"

"你看你，上周的星期五，崔浩不是让秘书给你送去通知书吗？难道你不小心当废纸扔啦！"

袁杰顿时傻眼了："前天，整理了一下文件，难道真是……"

马斌一副很惋惜的样子说："糟了，还有半天时间，你抓紧赶吧，我这里有份资料，你看看能不能用。"

袁杰心里清楚，要想在一下午的时间内完成根本不可能。

袁杰后来仔细一想，"不对，自己从来不会粗心到乱放重要文件。即使是这样，马斌和崔浩也应该通知一声的，比如要讲讲总经理的要求，可他俩从来没说起过……哦，明白了，他们是故意的。"

"如果直接把这件事告诉总经理，崔浩、马斌、秘书沆瀣一气，有口难辩，何况自己又拿不出切切实实的证据来，即使总经理相信自己所说的话，最后还是自己受批评。"最后，袁杰没有交计划书，只是对总经理说，最近事儿太多了，还没有完成。袁杰因此领受了一顿批评，在接受总经理训责的时候，袁杰瞟了马斌和崔浩一眼，发现他俩笑得都很得意。

袁杰知道如果继续这样下去，他俩的招数会越来越狠，思来想去，只有摆脱与他们之间的"恶性竞争"，才能脱离苦海。于是，袁杰主动去向总经理请缨，希望能外派到西部的子公司去开拓业务，总经理有点明白了，看着这个踏实的年轻人，便答应了袁杰的请求。

几年后，袁杰以分厂厂长的身份回到总部，此时，已没有了马斌和崔浩的身影。原来，袁杰走后不久，他们互相倾轧、结党营私，最后被炒了鱿鱼。

要是一直待在那儿，说不定就会"牺牲"在他们的争斗之中，袁杰暗自庆幸当初离开的决定做得及时。

江湖险恶，这种形容并不为过，事实上还真有这样险恶的江湖。

如果你实在惹不起，那就躲吧。起码这样能将自己的实力保存下来，再创佳绩。

平时多烧香，急时有人帮

你有没有这样的经历，当你遇到困难的时候，正准备打电话向某人求助，却突然感觉自己有点儿唐突。这个人与你有着不错的关系，可好久没联系了，贸然求助，担心别人会不理睬你。于是，你放下电话，犹豫着是拨还是不拨。

遇到这样的困境，说明你的人际交往太随意了，随交随散，一点儿也不知道如何经营交情。你是个真正的“现世主义者”，对以前的老关系不加理会，只愿局限在自己目前的小天地里。平时没有去拜访本该拜访的老朋友，没有联系本该联系的同学，如果是这样的话，你就不要抱怨你的行为没有人为你“埋单”。

一句话十分贴切地形容了上面讲的窘境，那就是“平时不烧香，临时抱佛脚”。平素你不愿去烧香，到大难临头时才去抱住佛祖的脚，大声乞怜：“佛祖快来解救我吧。”对于这样的信徒，如果你是佛祖，相信你也会假装听不见的。

如果你平时常去佛祖跟前烧香跪拜，表明你是真正出于对佛祖的敬意，佛祖也看得出来你的参拜不是出于纯粹的交换关系。那么一旦你有困难，念在你平日的热忱，佛祖肯定会帮助你。

为什么非得等到自己渴了，才对以前忘了挖井之事感到懊悔！为什么非得等到下雨了，才后悔自己没有带伞！

你也许很忙，没有多少时间来进行过多的应酬。日子一长，原本牢靠的关系就会变得松懈，朋友之间逐渐变得淡漠。但是，不要忘了交情的绳索需要新的内容进行维持，如果你把它扔在那儿一直不管不顾，交情之绳总有一天会朽断的。一定要记住：珍惜你和别人之间宝贵的缘分，即使再忙，也要串串门。如果实在没有时间走动，打个电话沟通一下感情也是好的。

你的视野不要仅停留在目前你以为有用的关系上，因为最后能用得着的人可能出乎你的意料。所以，你最好不要做出谁对你无用、谁对你有用这样的结论。多烧香的目的就是要广结善缘，自己身边的每个人都应该得到你的善待。

只有在平时广结善缘、用心待人、多留人情，才能安然无恙地度过大灾大难的风雨。

抱着“有事有人，无事无人”态度的人，同老鼠一样拥有十分短浅的目光，永远看不到超过“三寸”远的地方。俗话说得好：“晴天留人情，雨天好借伞。”真正善于求人的人都知道在平时下工夫，这样别人才会在紧急时候向你伸出援助之手。

人难逃一个“情”字。人际交往中，平时应该多将一些感情投资在你身边的人身上。说得通俗一点，平时烧香就是在积累人情资源，等你遇到“金融危机”的时刻，才会有人愿意帮助你。

两年前，老王为了打工来到了城里。他为人热心，又乐于助人，不管是街坊邻居，还是老乡、工友，只要看见别人有困难他都会伸出援助之手。就拿隔壁的大妈来说，因为长年的风湿病拿不起重物，老王就经常帮她搬米袋、煤气罐；刚进城市的老乡小冬，站稳脚跟也是靠了老王的帮助，老王不但让他暂住到自己家，还为他找了一份工作。说起老王，认识他的人没有人不竖大拇指的。

前不久，老王的妻子外出买菜，迎面而来的大卡车把她撞倒了，右腿被撞成粉碎性骨折，可肇事司机逃走了。妻子被送进医院后，老王为高额的医疗费犯了愁。

老王的老乡和街坊知道这个情况后，都给予他帮助。隔壁的老大妈拿出了自己多年的积蓄，一块上班的老莫叫自己的妻子陪老王在医院轮流照顾病人，还嘱咐老王：“家里的事儿交给大伙儿，我们自会帮你打理好的。”就连平时最抠门的简小七也把半个月的工资拿了出来，他说：“老王这人太好，他有难我于心不忍。”后来，在众人的帮助下，终于找到了肇事司机，老王把这个难关渡过了。

你应该知道在城市里生活不是易事！像老王这样一个没有文化的农村人，能够得到街坊乡邻的帮助，一来说明老王确实值得大家帮助，二来也说明他平时在待人处世上下了很多工夫。

在外面混必须得结人情、树人缘，遇到急事别人才会伸出援手。别人欠了你的人情，自然会在你陷入困境时还给你的。“平时多烧香，急时有人帮”，做人能到如此，也算是人情练达了吧。

人在旅途，既需要别人的帮助，又需要帮助别人。从这个意义上说，要想积善行德平时就必须烧香，不要小看对一个失意的人说一句暖心的话，不要小看将要跌倒的人轻轻扶一把，你的一个小动作，也许别人正需要。相反，精于算计的人整天总是掰着手指头计算自己赚了多少，亏了多少，这种人走到最后会发现只剩下自己孤军奋战。

真正有长远眼光的人会早做准备，未雨绸缪，到了紧急之时才会临危不乱。

第三章　该糊涂时不妨糊涂一些

太较真只能撞南墙

人生在世，总会有些磕磕碰碰。彼此相处，哪怕个个心地善良，也难免会发生摩擦。

你可能听过看过，或自己有过这样的感受：朋友之间因为一句闲话而成为了“敌人”；邻里之间因为孩子打架伤了和气；夫妻之间因为家庭琐事劳燕分飞……其实很多时候都是我们自己导致了此局面：针锋相对、以毒攻毒、冤冤相报，无尽无休，直到双方都在“战场”上败阵。发顿脾气出口气很容易，但代价太大了，其结果就如同为了赶走一只聒噪的乌鸦而把那棵枝繁叶茂的大树砍掉了，得不偿失。

我们与家人、朋友、同事甚至路人在不同的场合中交往接触，出现分歧、矛盾都是常有的事，但只要不是原则性问题，各自都替对方多想一点，便有利于减少矛盾、保持人际间的融洽，于人于己均是有益的。尤其在当今社会，人们总会太过于计较个人利益，因此，我们更应该提倡这种宽容的精神。

李新和石旭大学毕业后，在一家公司工作，由于两人年龄相近，说话又很投机，很快就成了一对好朋友。可随着时间的流逝，李新却发现自己对石旭已无法忍耐了：李新有时会看一些言情、武侠之类的小说，石旭就说那是低俗读物，应该多买一些高雅的书籍来看；李新星期天希望看看足球联赛，他却偏被石旭拉去钓鱼了，说是可以修身养性……两人之间的友谊渐渐出现了裂痕。

不久之后发生的一件事，终于使两人的关系破裂了。那天李新陪几个同事上街去买书，回来的时候车上特别挤，李新忘记买票就被挤下来了。李新也没把这事儿放在心上，就和同事开玩笑说：“得，咱也逃了回票！省两元钱买根冰棍吃。”就是这么一件小事，让石旭知道了，他觉得李新的品德出了问题，就对李新冷嘲热讽，最后还说：“我可真有福，认识了你这么‘光荣’的朋友！我都替你觉得丢人！”听完了这番话，李新忍无可忍，他跳起来一边收拾自己的东西，一边骂道：“我告诉你，我也不稀罕和你当朋友，自以为了不起，不把别人当回事，我瞎了眼才会认识你这种人！我这就搬走，不敢让你丢了人，从今以后，咱们谁也不认识谁！”李新搬到了其他同事那里，怨气难消，从那之后再也没理过石旭。当初的一对好朋友，如今形同陌路。

人非圣贤，孰能无过。互相谅解是与人相处之道，经常以“难得糊涂”自勉，求大同存小异，有度量，能容人，你就会有许多朋友，且左右逢源，诸事遂愿；相反，太过吹毛求疵，什么鸡毛蒜皮的小事都要论个是非曲直，容不得人，别人就不会愿意与之接触，最后，你只能关起门来“称孤道寡”，让人见了你就想躲。

生活并不是纯美的，之中隐藏着各种矛盾，宽容之心能主导矛盾的发展。年轻人之间的交往总会有一些矛盾存在，一时的误解也最易将双方置于矛盾的境地。一个人如果心胸狭窄，经常为了自己的一点私利斤斤计较，结果只会激化矛盾，不仅伤害感情，甚至还会带来更恶劣的后果。

网上有一篇报道，说的是两个大学生在宿舍听歌时，因喜好不同，对歌曲有了不同的评价，竟然打骂起来。在舍友的劝说下，甲同学被推回了另一个宿舍。本来以为事情就此结束了，谁想到回到宿舍的甲同学越想越气，拿起一把水果刀，向乙同学的宿舍闯去，狠狠地在乙同学的胸部捅了两刀。一个青春的生命就这样毫无价值地结束了，另一个青春激扬的青年也被黑暗的牢房紧锁着。

无可否认，在我们的生活工作中，也会有不开心的事发生，如果你只是一味地锱铢必较，即使这事很小很小，也会因为你的任性而一发不可收拾。不过，要是你用一颗宽容的心去对待，大事化小，小事化无，你才能愉悦地活着。所以说，学会宽容，于人于己都有益处。

换个角度来说，要看到他人的优点，用理解、同情和爱心去影响别人，使他既能认识自己的缺点，又能心悦诚服地改正，你就会处处碰到信赖和爱戴自己的朋友，也会因此得到良好的人际关系。

矛盾和纠葛无处不在，而要化解它们，心存包容是最好的办法。

难得糊涂

“人皆养子望聪明，我被聪明误一生。惟愿孩儿愚且鲁，无灾无难到公卿。”这首劝世诗出自宋代大诗人苏东坡之手。

苏东坡才华横溢，却一生多灾多难，经历官场的大起大落，深刻地体会了聪明与愚钝的哲学。他认为聪明是一种天赋，但是“愚钝”一点却可以给人带来坦然的心胸与愉快的精神，还可以把心理上的痛苦和疲惫都消除掉。在为人处世中，许多时候装得迟钝一点、傻一点、糊涂一点，其利远大于敏感。

这就不难理解为什么在朋友圈中，最受欢迎的人往往不是最有才华的人。也就是说，我们每个人喜欢有才华的人都是有一定限度的，在我们可以接受的限度内，才华与吸引力是成正比的。可限度一旦被超越，我们更倾向于逃避或拒绝，那么，他对我们的吸引力就会下降。而当他偶尔犯错误的时候，他的吸引力反而会增强，因为这拉近了他与普通人之间的距离。

年轻人如果太过精明，有时并不是好事。认真过了头，在外人看来就是冒傻气。所以，有时装装糊涂，要要滑头，凡事不那么较真，做事就会更顺利一点，同时也能使场面圆满。因此，聪明人总会尽其所能将自己的实力掩饰起来，以假装的愚笨来反衬他人的高明，力图以此获得他人的青睐与赏识。

下面的故事是出自小张之口：

当我还是一家百货公司的员工时，曾经为了和某大企业家缔结合同好几次拜访对方的府邸，但都没有成果。一天，不知道遇到了什么高兴的事，这个古怪的老头突然开始滔滔不绝地说起他由贫穷到富有的经历。

“今天就说这么多吧！”这个古怪的大富翁说完就站起来，我也打算站起来，不料一不留神“砰”的一下跌得四脚朝天！大富翁看见我这个大男人竟然跌地不起，“你这东西真没用！”他这么说着却笑得合不拢嘴。

古怪富翁终于加到了我们公司客户行列之中，这是因为怜惜我这个“没用的东西”的结果。

为人处世中，要卸下别人对你的警惕，造成亲近之感，只要你很巧妙地、不露痕迹地在他人面前暴露某些无关痛痒的缺点，出点小洋相，表明自己只是一个普通人，这样就会使原有的那种紧张化为乌有，并让对方慢慢“接纳”。

职场中，如果你的确比你上司的能力强，就有必要装装糊涂，不让领导感到不如你。多数领导都希望下属比自己差，然而事实却经常与他开玩笑，工作中他会时时发现下属在某些方面有杰出表现,甚至超过了自己。一旦发现下属比自己更厉害,他会显得坐立不安,还会把各种压力施加在下属身上。因此,当你的才能高于上司时,不可锋芒毕露,以免引发上司的猜忌之心。为了不伤领导的面子,明智的下属应该尽力使领导那固执的自尊不受到任何刺激。

王琪到公司任职时,部门经理对他有戒心,因为部门经理在很多方面都比不过王琪,部门经理是自学成才的“土八路”,王琪是留过学的博士。王琪一上班,部门经理就拍拍他的肩膀说:“老弟,我随时准备交班。”一丝凉意在眉宇间透了出来,可王琪知道自己的身份,部门经理是上司,他是经理的助理,他们之间是上下级的关系,而且王琪从未想过“抢班夺权”。

于是王琪为了装糊涂绞尽了脑汁,以消除上司对他的戒心,因为如果王琪稍有张扬,他的才气就会喷涌勃发,立刻会将上司的无能反衬出来。在业务会上,王琪对自己的真知灼见、远见卓识有意打下埋伏,经常给经理留下思维空间去总结。平常王琪尽量表现“俗”一点,向经理请示汇报,不擅自做主,特别是一些决策性的工作,王琪总会让经理去做决定。有一次,经理出差不在家,有一笔生意其实王琪看得很准,肯定能赚大钱的,他还是请示了远在千里之外的经理,说自己吃不准,请经理定夺,把“功劳”让给经理。经过一段时间的相处,经理不再对王琪产生戒心,他把好多重大决策权都主动下放给王琪,使王琪能尽情地将自己的才能发挥出来,没有后顾之忧。

在更多的时候,上司需要提拔那些忠诚可靠但表现却平平的下属,因为他认为这会对他的事业更加有利。因此当你对某项工作有了好的可行的办法后,不要直接阐发意见,而要在私下里或用暗示等办法及时告知领导。久而久之,这尽管会给群众留下不好的形象,甚至还有点“弱智”,但领导却会更加赏识你。

一个人如果过分认真,那么必将一事无成。

小事糊涂,大事清醒

做人之难,往往在于不能把握“糊涂”与“精明”两个词。毫无疑问,每个年轻人都不想糊涂,但是,是是非非在人与人相处之时不可避免。究竟该怎样处理呢?答案是:大事与小事相对,精明与糊涂孪生。意思是说,精明的去对应大事,而对那些无关原则性的小事,则应该糊涂。

其实,精明与糊涂两者间只有一步之遥。比如,在现实生活中,这些人就在我们身边,他们表面上含含糊糊,稀里糊涂,可是处理大事时,一就是一,二就是二。

还有一类人,总对无关紧要的事情“精明”,什么东家长西家短,说起来头头是道,可是大事一找上门就真的糊涂了。其结果正如清代名臣左宗棠所言:“凡小事精明,必误大事。”

左宗棠在为人处世中头脑一直都很清醒。他认为,精明与糊涂是一对矛盾的字眼,人们又比较倾向于“精明”一词,这是人之常情,谁不首先考虑自己呢?但有些时候,如果在为人处世中运用糊涂,或许就会游刃有余。

左宗棠的“凡小事精明,必误大事”是一种大智慧的体现。与左宗棠“同乡布衣之交,共事日久,相知最真”的杨昌浚是这样评价左宗棠的一生的:“凡有利于国家之事,知无不言,言无不尽;见无不为,为无不力。”也就是说,左宗棠处理国家大事上十分较真,从未糊涂过。另外,在教育子女这样事关家庭利益的大问题上也从未糊涂过,而在一些小事上,左宗棠不会斤斤计较。比如,在他一生的交往中,胡雪岩是一个特殊的人物。如果真要是不分大事小事一概计较的话,左宗棠肯定看不惯胡雪岩的许多行为。但是左宗棠从未去计较这些,而是只关注公务大事,别的一概不过问,从而既能同胡雪岩一直交朋友,又保证了公务的处理。

年轻人一生要经历不可计数的事情，如果事事都要认真盘算，势必会使自己筋疲力尽。所以，对一些不重要的小事最好能忍一时之气，糊涂处之，对待与个人名利有关的问题，更应如此。俗语说："大事不糊涂。"就是告诉人们糊涂地去处理小事，而真正遇到大事则需要保持清醒的头脑，大智慧要在关键之时显现出来。

公元995年，宋太宗让吕端担任宰相一职，当时和他有同样声望的还有名臣寇准。寇准办事干练，很有才能，但却有着刚烈的性子。吕端担心自己当了宰相后寇准心中不平衡，如果耍起脾气来，会影响到朝政，他于是就请太宗另下了一道命令，让担任参知政事（副宰相）的寇准和他轮流掌印，并一同到政事堂中议事，太宗批准了这事，也平和了寇准的情绪。后来，太宗又下诏说，朝中大事先由吕瑞处理后再上报给我。但吕端遇事总是与寇准一起商量，从不专断。过了一段时间，吕端又主动让寇准当宰相，自己去当参知政事。

这种主动让权，在世人的眼中自然是"糊涂"的举动。

吕端这种对个人利益淡然处之的"糊涂"，实在难能可贵，后人应该多向他学习。但真正使他名传千古的，还是由于他的"大事不糊涂"。

公元997年，宋太宗病危。当时得宠的宦官王继恩与皇后事先串通好了，暗中勾结了许多大臣，图谋让楚王赵元佐（太宗的长子）继承皇位，一场宫廷政变在紧锣密鼓地展开着。太宗一咽气，皇后马上就派王继恩召见吕端，逼着吕端点头让楚王做皇帝。其实在他们刚开始谋划的时候，吕端就已经听说过，现在听到皇后召他入宫，知道局势可能有变，就果断地把王继恩锁在了自己家的书房中，然后入宫觐见。果然，皇后在他面前把楚王继位的问题提了出来，吕端毫不客气地顶了回去："先帝在的时候已经明确了太子，我们怎能违背他的意思呢？"由于谋变的关键人物王继恩已经被控制了起来，皇后一下子不知所措。吕端趁热打铁，率领大臣共同保太子（真宗）继位。接着，又把那几个犯上作乱的分子发配到外地，这场争端就这样平息了，确保了政权的稳固。

吕端能精明地应对大局、大节问题，但在事关个人利益的问题上却能"糊涂"了事，这跟他的个人品质是有很大关系的。对于今天的人来说，更要把这种"糊涂"的精神为己所用。

年轻人在办一件关系全局的事时，要用精明成大事，相反对生活中的一些小事，宜糊涂为之，不必斤斤计较。许多经历风霜、洞明世事的人都这么认为：很多情况下，糊涂是机敏、理智的表现，是一种优良的交际武器，如果运用恰当，你将会为自己开拓出新天地。

"糊涂"与"精明"有着非常微妙的关系，要分清场合用之。

谨慎占上风

有的年轻人和人交谈时，时常把它看成是一种竞赛，不分出高下不罢休。工作、生活中只要是他人的意见与自己不相同时，就要把对方卷入争辩中，不把对方辩得哑口无言绝不善罢甘休。长此以往就养成了这种习惯，无论在什么情况下，不管在什么场合，也不管自己是否有理，一到要用嘴巴的时候，他绝不会吃亏。由于长期的磨炼，他早已练就了一身抓别人语言漏洞的"好"本事，一旦进入了"战场"，他便使出浑身解数将对方击败；即使理在对方，他也能把黑白颠倒。

如果将这样的本事运用到适当的场合，这种人或许是个人才，但是在日常生活中，这种人会被他人排挤。因为他们没有意识到，生活中并不是辩论赛场，也不是谈判桌，与之打交道的，并非是想一较口才高低的辩论者，也不是争夺利益的人，他们只不过是工作或生活中的一些朋友。即使争辩过他们，让他们相信了自己的观点是对的，又有什么实际意义呢？只不过会落得个善辩的"光荣称号”罢了，最后大家都不愿再与之交往了。

所以，为了与他人有更好的沟通，必须舍弃那些竞赛式的谈话方式，而采用一种随性、不具侵略性的谈话方式。这样当你在表达意见时，才能让别人更容易接受，而不会产生排斥感。真正善于说话的人对“放弃也是一种成功”的道理理解得十分透彻。有些事情假如你非要辩解清楚，不仅达不到目的，反而会将自己的精力浪费掉。

一个青年军官由于与同僚进行了激烈争辩而被林肯责罚。“凡决意成功的人，”林肯说，“不能费时于个人的成见，更不能费时去承受结果，包括他发脾气，使自己的自制力丧失了。与其为争路权而被狗咬，不如给狗让路。即使将狗杀死，受伤的伤口也不能愈合。”所以，我们要使他人信服，应将“避免与他人争论”铭记于心。

如果你辩论能获得胜利，但这种胜利是空洞的，因为对方永远不会对你产生好感。你的胜利使对方的论点被攻击得千疮百孔，你会很有成就感，但对方会自惭形秽，他的自尊心受到了伤害，他会怨恨你。争强疾辩不可能消除误会，只能靠技巧、协调、宽容以及用同情的眼光才能把别人的观点改变。

“您好，”小姜对老总说，“您在我昨天给您的文件上签字了吗？”老总转动眼睛想了想，然后翻箱倒柜地在办公室里折腾了一番，最后耸了耸肩，摊开两手无奈地说：“对不起，你的文件我未曾见过。”如果是刚从学校毕业时的小姜，一定会义正词严地说：“我看着您的秘书在桌子上放下了文件，您可能将它卷进废纸篓了！”可现在的小姜不会这样说。既然老总能睁眼说瞎话，又何必与他计较呢？于是小姜故作糊涂地说：“那好吧，我再回去好好找找。”于是，小姜下楼回到自己的办公室，把电脑中的文件重新调出再次打印，当小姜给老总这些文件时，他连看都没看就签了字，其实他比小姜更心知肚明文件原稿在哪儿。

是的，这就是小姜用来解决与上司冲突的办法。他不赞成在冲突发生以后为了争口气大闹一场，因为吵闹不能解决问题，反倒会被炒了鱿鱼，还是实际些吧！说到实际，谁是谁非也并不重要，即便上司错了，你也应该想办法为上司开脱，解决冲突的前提是合作。

在你进行辩论的时候，或许百分百保证自己是对的。但从改变对方的思想来说，你大概毫无建树，一如你错了一样。辩论解决不了误会，而需用理解来看对方观点以使对方产生同情的欲望。遇到解释不清的事情时，首先应让自己冷静下来。

冤家宜解不宜结，还是少结冤家比较好一些。如果你还想待在某一单位，发展自己的事业，想有所作为的话，就应该学会变通，最好“怀忍让之心”，不要与他人争辩。

只要矛盾没有发展到绝境，总是可以化解的。

装糊涂的郑板桥

郑板桥是清代著名书画家、诗人，“难得糊涂”和“吃亏是福”都是出于他手，这两条字幅富有深刻的哲理。凭借着这种达观大度的心态，郑板桥活得自在舒服。

郑板桥用“难得糊涂”来形容自己的仕途，这是指一个人在非原则问题上不计较，不纠缠细小问题，对不便回答的问题装作不懂，对危害自身的询问假装不知，将即将发生的矛盾以装糊涂处之。

“装糊涂”意思是说，隐藏自己对人和事的真实想法，让人感觉好像很笨，其实自己心里比谁都清楚。那为什么要“装糊涂”呢？

一是因为自己的力量比较小，如果挺身而出与对手直接决战，往往大败，甚至血本无归。这种“表面傻内里精明”的手段，实际上能使对方受到迷惑，让别人以为自己软弱可欺，对自己放松警惕，便于慢慢地把对手的弱点一个个找出来。

“知渊中鱼者不祥”，知道了别人的想法，有时反而会招祸。保持常态，不动声色，是一种自我保全之策。

齐国有一位官员叫做隰斯弥，住宅正巧和齐国权贵田常的官邸相近。田常为人深具野心，后来欺君叛国，挟持君王，自任宰相执掌大权。隰斯弥虽然对田常的居心产生了怀疑，不过依然保持常态，不露声色。

一天，隰斯弥前往田常府邸进行礼节性的拜访，以表示敬意。田常却破例带他到邸中的高楼上观赏风光。隰斯弥站在高楼上向四面观望，能够看到东、西、北三面的景观，然而院中的大树却阻挡了南面的视线，于是隰斯弥明白了田常带他上高楼的用意。隰斯弥回到家中，立刻命人把那棵阻碍视线的大树砍掉。正当工人开始砍伐大树的时候，隰斯弥突然又叫工人住手。家人感觉奇怪，于是询问究竟。隰斯弥回答道：“俗话说‘知渊中鱼者不祥’，意思就是如果能看穿别人的心思，并不是好事。现在田常正在图谋大事，就怕他的意图被他人看穿，如果我按照田常的暗示，砍掉那棵树，只会让田常感觉我机智过人，对我自身的安危有害而无益。不砍树的话，他最多埋怨我几句，嫌我不能善解人意，但还不致招来杀身大祸。所以，为了保命，我还是装糊涂的好。”

这一段故事告诉我们，通常惹祸全因自己知道了太多，有时“装糊涂”也是聪明人的一种明哲保身之策。

“糊涂”也是一门学问，糊涂不代表不聪明，而是一种处世之道。有个成语叫“视而不见”，就是很好的解释。对有些事情，即使被你看见了，也要视而不见。例如，对上司的某些不良行径，你比谁都清楚，但是在力量不足时最好装作不知道、不在意，故意让自己糊涂。

夏莉是一个聪明的女人，也很讨人喜欢，大家之所以愿意和她交朋友，是因为她懂得装聋作哑，而且总能帮别人保守秘密。同事们都爱跟她聊天，不会担心聊过之后，她会泄露什么“天机”。这样的倾听者最受人欢迎。

一次偶然的机会，夏莉发现了一个秘密：已婚的老板居然有一个小三。

那天，本来她和朋友约好在餐厅吃饭，当她们坐下不久，她的目光注意到了刚进门的一对男女，仔细一看，却发现那是她的老板和一个年轻的女孩。女孩的样子很羞涩，绝对不会是他的妻子。

朋友提醒夏莉说：“那是你的老板吧？要不要过去跟他打个招呼？”“嘘！别说话！”她按住朋友的手，小声对她说，“我们还是换个地方吃饭吧！”很显然，她不想让老板发现这一幕被她看到了。

她们偷偷地跑出餐馆，给她的老板和他的情人留下了更大的空间。

其实，每个人的内心都有属于自己的秘密。在这个堡垒里，他是主人，有至高无上的权威，一旦这个堡垒被攻破，再也没有隐私，他便会因缺乏安全感而慌乱，甚至会报复窥见他隐私的人，以保持堡垒不再被侵犯。所以，有时候，我们偶然知道了他人的秘密，也要学会装聋作哑。

年轻人刚进社会时没有丰富的经验，与其处事圆滑，不如保持朴实的个性；与其事事较真、逞强，倒不如“糊涂”一些。

若愚才是大智，如果只是精明能干，吃不了半点亏，那么总有一天会吃更大的亏。

做人不要精明露骨

对人，不必精明；对朋友，傻点更好。交际中的精明容易把本应该淳朴真挚的关系，人为地复杂化，给人刁钻的感觉，使众人敬而远之。这样精明的结果，只能让大家都弃他而去。

在日常生活中，有些人非常精明。他们总在算计着别人，以为别人都不如他们聪明，日子过得很累、很紧张。许多生活中的过于精明者，性情都不开朗，有着十分过敏的神经，这恐怕和他们长期处于一种紧张感中有直接的关系。

实际上，生活中有许多人只是表面上看着聪明，却并没有聪明的实质。冷眼看这种人机关算尽，竟办出一件件蠢事，简直是令人可笑。这其中蕴含的道理很简单，一个机关算尽的人迟早有一天会把自己也算进去。俗语说“搬起石头砸自己的脚”，正好是“聪明反被聪明误”的绝妙写照。

东汉末年的杨修，就是因为“聪明”过了头，结果使曹操产生了忌恨心理，最终把他杀了。

刘备攻打汉中之时，把曹操给惊动了，他率领40万大军迎战。曹刘两军在汉水一带对峙。曹操屯兵日久，进退两难，这时正赶上厨师把做好的鸡汤端了过来。曹操见碗底有鸡肋，有感于怀，正沉吟时，有将官入帐询问夜间号令。曹操随口说：“鸡肋！鸡肋！”这个号令就这样被人们传了出去。行军主薄杨修即令随行军士收拾行装，准备归程。众将大惊，便邀杨修到帐问个究竟。杨修解释说：“鸡肋者，食之无肉，弃之有味。今进不能胜，退恐人笑，在此无益，来日魏王必班师矣。”大家都相信了杨修的话，便都去打点自己的行李。曹操知道后，怒斥杨修造谣惑众，扰乱军心，便把杨修斩了。

后人罗贯中这样形容杨修：“身死因才误，非关欲退兵。”这是很切中杨修要害的。

杨修的愚蠢之处就是不知道灾祸可能是由于耍小聪明引来的。这样的人算聪明吗？显然不算。多少年来，他被提拔得很慢，显然是因为曹操不喜欢他。曹操对他的厌恶、疑心越来越深，他也没有意识到，该聪明时他却没有表现出聪明之处。如果他迎合曹操，不表现他的小聪明，那么他成功的几率就会很大。人们也许会说，杨修的死，关键在于曹操的聪明和多疑，但是，作为上级都讨厌自己的属下看穿自己的思考用意。显然，杨修最终非失败不可，这可算是“聪明反被聪明误”的典型。他的才太外露了，从谋略来看，算不上是真正的才干，至少他不知道韬光养晦，不知道大智若愚，不知道保护自己。

明代大政治家吕坤以自己丰富的阅历和对历史人生的深刻洞察，提出了一个结论：古今得祸，精明人十居其九。他在《呻吟语》中提出一段十分精辟的话：“精明也要十分，只须藏在浑厚里作用。古今得祸，精明人十居其九。今之人唯恐精明不至，乃所以为愚也。”

这就是说，真正聪明的人会使用自己的聪明，平常深藏不露，时机未到千万不可使用，一定要貌似浑厚。一味耍小聪明，那往往是招灾引祸的根源。无论从事何种职业，切忌耍小聪明。

在日常生活中，由于把别人当傻子而导致聪明反被聪明误的下场，这样的人很多。莎士比亚曾说过：“愚笨的人往往认为自己很聪明，而聪明的人却觉得自己十分愚笨。”一知半解、自以为是的人，犯错误的原因大都是耍小聪明引起的，真正聪明的人，善于从自知之明中发现生活的甜蜜；肤浅愚蠢的人，往往得不到什么好的结果。

真正的智者，在他们的人生词典里，只能将“愚蠢”二字翻出来，但绝对找不到“聪明”一词。小聪明只能得意于一时，要想长久得意，必须拥有大智慧。

客观的经验告诉年轻人，做人不要太精明，否则会招致他人的厌恶。

大智若愚

《词源》里是这样解释大智若愚的：有大智慧的人，不显山露水，不卖弄聪明，表面笨拙，却十分聪明。它出自《苏东坡文集》：“大勇若怯，大智若愚。”

可见，这里的“若愚”只是一种迷惑人的策略，而不是真正的愚笨。对于那些不情愿去做的事，可以以智回避之。本来有大勇，却让人觉得怯弱，本来很聪敏，硬装出很愚拙的样子，这样可以使自己的人格得到保全，同时也避免做随波逐流之事。

装傻不等于真傻。有很多看似有聪明的外表、做事也很严明的人实际上是真傻，因为他已把自己的优劣长短暴露得一览无余。很多挺聪明的人反而会学会装傻，尽管他们也许比那些公认的聪明者要高明许多，但他们深知不必要的锋芒毕露有害无益，因此也就深藏起自己，装起傻来。这就把“大智若愚，大巧若拙”的含义体现了出来。

说装傻不是真傻，在于一个“装”字。如果别人看出来你是装的，会适得其反，这样不如直接表现出真实的你来。只有装得自然、装得自如、装得跟真的一样，才会产生预想的效果。

与王曾同朝的宰相丁谓有两大绝招。一个绝招是把仁宗孤立起来，不让他接近其他的臣僚。文武百官见到仁宗的机会只能是正式朝会上，朝会一散，各自回家，谁也不准单独留下来和皇上交谈。第二个绝招是排除异己。凡是稍有头脑，不附和丁谓的执政大臣，丁谓总会将他赶出朝中。丁谓拥有至高的权力，自以为稳如泰山，可以高枕无忧。

副宰相王曾看在眼里，记在心里。他整天装得傻里傻气，在宰相丁谓面前总是唯唯诺诺，发表的意见总与丁谓相同，朝会散后，他也从不打算撇开丁谓去单独谒见皇上。日子久了，丁谓对他无任何戒心。

一天，王曾哭哭啼啼地向丁谓说：“我有一件家事把我难倒了，很伤心。”丁谓关心地问他啥事为难。他撒谎说：“我从小父母就去世了，是我姐姐养育我的，恩情犹如父母。老姐只有一个独生子，在军队里当兵。但他身体弱，受不了当兵的苦。姐姐多次向我哭泣，求我想法子将外甥的兵役免去……”丁谓说：“这事很容易办吧？你朝会后单独向皇上奏明，只要皇上一点头，不就成了？”王曾说：“我身居执政大臣之位，不敢让皇上为我私事担忧。”丁谓笑着说：“你别书生气了，还有什么顾虑吗？”王曾装作犹豫不决的样子嗫嚅地说：“我不便为个外甥的小事而擅自留身……”丁谓爽快地回答他：“没事儿，我答应让你留身。”王曾听了，非常感激，而且几滴眼泪还冒了出来。可是几次朝会散后，仍没看到王曾留身求情。丁谓又问王曾：“你外甥的问题解决了吗？”王曾摇摇头，装作很难过的样子：“姐姐总没完没了地向我唠叨我也不好受……”说着说着，又要哭了。丁谓这时不知道是真同情王曾，还是想借此施恩，表示对王曾的关心，竟一再动员王曾明天朝会后独自留身，将外甥的困难向皇上奏明，请求皇上免除外甥的兵役。

第二天大清早，文武百官朝见仁宗和刘太后以后，各自打马回家，请求留身的人只有副宰相王曾。他的请求马上就被宰相批准了，把他带到太后和仁宗面前，自己退了下去。但是他还是不太放心，便守在阁门外不走，想打听王曾和皇上的谈话内容。

王曾一见太后和仁宗，便把丁谓的种种罪恶揭发了，一边说，一边从衣袖里拿出一大沓书面材料，都是丁谓的罪证。这是王曾早就准备好了的，太后和仁宗听了王曾的揭发，大吃一惊。刘太后气得五内生烟，发誓要把丁谓除掉。至于仁宗呢？他早就对丁谓的专权跋扈痛恨到了极点，只是丁谓深得太后的宠信，他投鼠忌器，不敢出手。今天和王曾沟通了思想，太后又站在了自己这边，自然更不会手软。

飞扬跋扈、不可一世的丁谓竟然被外表懦弱、看似迂腐的王曾扳倒，这是他做梦都想不到的事。

大智若愚，实乃养晦之术。大智若愚，重在一个“若”字，“若”将巨大的假象与骗局设计了出来，把真实的野心、权欲、才华、声望、感情隐藏了起来。这种甘为愚钝、甘当弱者的糊涂做人法，实际上是精于算计的隐蔽，它鼓励人们不求争先、不露真相，却让自己这一生过得明明白白的。

大智若愚，不仅可以将有为示无为，聪明装糊涂，而且可以装作什么都不知道，然后静待时机，表现出自己的过人之处，打对手一个措手不及。

年轻人可以常用“糊涂”来迷惑对方耳目，宁可有为而示无为，万不可无为示有为，本来糊涂反装聪明，这样只会适得其反。

敢于吃亏

郑板桥曾留下两条字幅:“难得糊涂”与“吃亏是福”。人们应该去推敲后一句,细细想来,实际上,又有几个人肯吃亏,又有几个人真的认为“吃亏是福”呢?

吃亏,不是什么好事,但吃亏之后却有可能带来好的结果。“吃亏是福”不是简单的阿Q精神,而是福祸相依的生活辩证法,属于人生哲学的范畴。“吃亏是福”道出的是一种潇洒的生活态度,做人的方法中就包含着敢于吃亏这一点。

香港首位“千亿富豪”李嘉诚说过这样一句话:“一件事看起来会吃亏,往往会变得非常有利。”李嘉诚经常向人谈起他当年生意场上的经历,说做生意要不怕吃亏,一时吃亏,长远来看却往往有利。

李嘉诚22岁时就开始了个人经商之路。有一家贸易公司曾向他订购一批玩具输往外国,当货物已随船付运,可以向对方收取货款时,贸易公司的负责人来电通知,说由于外国买家财务方面的问题,无法收货,但贸易公司愿意赔偿损失。李嘉诚根据对市场行情的分析,认为这批玩具会找到下一个买家。因此就没有让这家贸易公司给赔偿金,目的是建立一个相互信任的关系,以期今后有合作的机会。

当李嘉诚转型做塑料花时,有一天,一位美国商人找到李嘉诚,说推荐他的是贸易公司负责人,认为李嘉诚的工厂是全香港规模最大的塑料花厂,希望能够跟李嘉诚合作。李嘉诚后来才知道,那位贸易公司的负责人与这位美国商人有过生意往来,并在这位美国商人的面前称赞李嘉诚,说他是一位完全值得信任的生意伙伴。这位美国商人最后同李嘉诚鉴了6个月订单,日后又成为了永久的客户,使李嘉诚的塑料花业务发展得越来越好。

可见,吃亏并非是损失,吃亏是一种谦让的精神,这种品德能成全他人。吃亏是福,因为人都有趋利的本性,你吃点儿亏,让别人得利,就能使别人的积极性最大限度地得到调动,使你的事业兴旺发达。

为人处世之道,只有不怕吃亏,遇事多退让几步,才算是高明之举。我们应以宽厚的态度待人,因为给人家以方便,日后别人也会给你方便。否则,如果人们看到利益就进一步,看到祸患就先躲开它,也许在幸福来临前,灾祸就已发生了。

其实,越是不肯吃亏的人,越是可能吃亏,而且往往吃亏也会越多、越大。唯有不计较吃亏的人,才会真正有福。吃亏,虽然放弃了本该属于自己的东西,但也不失为一种心计、一种品质。要做到不计较吃亏,甚至主动吃亏,忍让与糊涂是必不可少的。

李亚东大学毕业后,就去了一家出版社从事编辑工作,他为人十分热心,同事们都知道,只要是找亚东帮忙,他绝对不会拒绝,李亚东的口头禅是“吃亏就是占便宜”。出版社的工作很忙,老板又不愿增加人手,所以编辑部的人偶尔也会去支援发行部、业务部。其他的人多干一些活就提出抗议,怨声载道。只有李亚东像旋转不停的陀螺,让他做什么事,他都不会拒绝、埋怨。

甚至是那些搬书、装书的力气活儿,李亚东也二话不说就去做,有同事悄悄对李亚东说:“图什么呀?又不给加工资,他就是把你当成苦力了呀!”李亚东却只是一笑:“吃亏就是占便宜嘛!”同事摇摇头。

后来,老板使唤最多的人就是李亚东,他像每个部门的临时助手一样,一时人手不够,连员工都知道可以去叫李亚东帮忙。李亚东参与过取稿、跑印刷厂、邮寄、直销等所有的业务流程。

渐渐地,李亚东把出版社的整个运作流程都弄清楚了,几年之后,他成立了自己的文化公司。那些“吃亏”时锻炼出来的经验,帮了他的大忙,他上手运作非常容易。

成功的人都是很聪明的人,最明白“吃亏是福”的道理,虽然他们的好多行为在别人眼里可能是多余的,但是他们心里清楚,自己的努力将会换来明日的成功。

新人刚到公司，老板是不会让他去完成那些重要的工作项目的。如何让工作能力得到老板的信任呢？这完全体现在工作开始的那些项目。虽然不是很起眼或者很重要的工作内容，但也应该吃点亏，将工作一丝不苟地完成，这其实就是在给自己积蓄成功的资本。

对处于弱势的年轻人来说，有必要主动吃一些亏。如果不想吃亏，不甘心吃亏，就可能什么都得不到。让我们记住：吃亏就是占便宜。它将对我们以后的人生，有莫大的贡献。

做人的可贵之处是乐于退让，事实就是如此，自己主动吃点亏，往往能做好棘手的事情，顺利解决那些很难处理的问题。

海纳百川

常言道："水至清则无鱼，人至察则无徒。"绝对的真理在世间是不存在的，正邪善恶交错，所以，我们立身处世的基本态度，必须能包容世间的清浊。能容天下的人才能为天下人所容，一个能创大事业的人，宽宏的气度必不可少。

纵观历史，帝王如果没有海纳百川的宽宏大度，就不可能开创事业。包容是一种气度，它没有宝石那么华贵，却如天空一般的浩然。只有以广阔的胸怀容纳他人的过错，消释恩怨，同时压制自己的妒贤忌才之心，大家才会拥护你。

做人要胸襟宽广，要有宽容平和之心，这不仅是一种魅力，它还能帮助人们成就一番事业。本杰明·富兰克林是举世闻名的成功者，他之所以能够取得如此众多的杰出成就，是因为他有端正的工作态度和高尚的人品。

富兰克林是一个世代打铁工匠家庭的孩子，12 岁的小富兰克林流落到费城，有一个叫凯牟的小人雇佣富兰克林去他的印刷铺子帮忙。当时富兰克林已经是一个熟练工人，他想，既然答应接受这份工作，就应该尽力做好。于是，他就每天把一些技术教给其他工人，甚至还向一些人传授了自己发明的制作字模的方法。

几个月后，凯牟发现自己廉价雇佣来的工人已经基本把排版印刷技术掌握了，于是就开始无缘无故找富兰克林的麻烦，将他的工资无缘无故克扣掉。富兰克林生气地说："凯牟，别绕弯子了，你可以赶我走。不过，你放心，我富兰克林不会因为你的卑鄙把错误的技术传给他们。将来你解雇他们的时候，他们凭借自己的手艺也能找个活干。"说完，富兰克林收拾行李就离开了铺子。

屡次遭受生活的打击和磨难，而不愤世嫉俗，仍有着一颗宽容、平和的心，对别人不斤斤计较，这正是富兰克林的大胸怀。

所谓胸怀，就是一股用天下之材尽天下之利的气度，当然，还包括相当程度的包容——对异己的包容、对陌生人的包容、对不如己者的包容。包容不是怯懦胆小，而是懂得如何与人相处。经历一次忍让，就会获得一次人生的机会；经历一次包容，一道爱的大门便会因此打开。只有这样，才会形成一种从广大处寻觅人生的态度，提升生命的境界。

美国南北战争中盖茨堡战役爆发后第 3 天，南方军总司令向南撤军。他们发现洪水淹没了前方的桥梁，后面还有乘胜追击的北方军队。对此，林肯非常高兴，他认为消灭南方军的时机到了。他下令梅德将军，让他马上进攻李将军的军队。

梅德将军在接到命令以后，并没有依着林肯的意思去做，而是拖延时间不去进攻。时间一拖延，河水就退下去了，李将军趁机逃回波特麦。

林肯在悲愤之余，给梅德写了一封措辞严厉的信："假如你当时听从我的指挥包围了他们，李将军和他的部队早被我们捕获，我想这场战争就算结束了。对那一天的情况，你只要用三分之一的力量就把他们轻松拿下，而你却不能如期完成。那么，当你在靠近南方且更加恶劣的状况下，你又怎么能够将我交给你的任务完成呢？你还指望我相信胜算如往昔一样吗？你已经失去了大好的时机，而我对此感到十分痛心。”

林肯的这封严厉的信会使梅德将军感到震惊和懊悔吗？也许。可是这封信一直没有在梅德将军面前出现过，因为林肯压根就没把这封信寄出去，林肯死后人们才发现了这封信。由此可见，林肯这一世界伟人所具备的包容性和忍耐性。

林肯的这种强者有理的退让，是一种包容。强者包容他人的过失，使无谓的斗争不至于发生。

一个有志于事业成功的人，他人生必修课中一定要有包容。你可以地位低下，也可以资质平庸，但万万不可缺乏度量。敞开胸怀，便真正领略了广阔的生命空间和内涵，站的位置也就比别人更高，看问题和处理事情也会比别人更加透彻、更加有效。敞开胸怀，便将人生的弱点提炼出来，走出生命的盲区，由此你将成为生活的智者。

年轻人刚走上社会，与他人磕磕碰碰在所难免，但别忘了在自己的心里装满包容，这样就会多了一份成功的保障。

第四章　年轻人摆正自己的心态

心态决定命运

心态是横在人生之路上的双向门，大家能够把它转向一边，进入成功；也可以把它转到另一边，进入失败。

别人对你的评价往往是各不相同的，最好的办法就是自我满足。如果连自己都不满意，就是被别人吹上天也无济于事。所以，我们不能委屈自己去迎合他人。我们常常走不出生活的无奈，常常做一些自己不喜欢又不得不做的事，因为能使别人高兴。有一个女孩选择了自己不喜欢的专业，因为爸爸喜欢；嫁给了一点好感都没有的男人，因为爸爸喜欢。一个人应当决定自己的命运，不要把这个权力毫不在乎地给予别人，哪怕是那些真心爱你，衷心祝你幸福的人。

建立积极的心态，要从正面看问题，对待人生，乐观地应对困难接受挑战。这对一个人的为人处世至关重要。这是因为，人生在世，十有八九的事都不如意。

在日常生活中，我们经常会碰到许多困扰和麻烦：工作不称心，事情处理不公平，经济条件不宽裕，身体欠佳，期望的事情不能实现，好心未得好报，受冤枉挨批评。对这类事情，如能持积极心态，就会想得开，心胸也就会豁达，就能妥善对待、处理好这些事情，一切顺畅。如果总是想不开，越想越气，自控能力减退，情绪失去控制，言行也会变得反常。甚至为了一点小事，大闹一场，出言不逊，开口伤人，降低了人品，人际关系严重受损。事后冷静下来想一想，为一点小事大发脾气，根本不值得。

消极的态度往往使人从阴暗面看问题：看社会，一片黑暗；看同事，没一个好人；看工作，一塌糊涂。也就是看到什么都不舒服，遇见谁都不高兴。这是消极心态者的典型特征。有的消极心态者，一谈到领导就有气，认为领导都是坏人。要认识到建立忠诚心态的作用及意义。“诚能动人，真诚可以胜天。”理解了这一点，也就明白了真诚的效用。

刘备三顾茅庐请诸葛亮，就是典型一例。诸葛亮被刘备的真诚感动，鞠躬尽瘁，为辅佐刘备成就大业付出了一生的心血。诸葛亮为什么会这样？是刘备真诚所致。大事如此，小事也不例外。宋朝时宋太祖派兵打仗，接纳了许多降兵，降兵怀疑宋太祖不能善待他们。宋太祖为了打消他们的疑虑，便从中挑选了一些勇士当做自身的近卫军，环绕在自己的营盘周围安然而睡。结果，降兵大为感动，成为一支劲旅。可见，你对别人真诚，他人必将用真诚待你。

塑造壮丽的人生，就要有突破常规的气魄和创新的意识。不论是拓展生活，开创命运，还是宣扬新思想，都要敢于摆脱陈规，标新立异，说人所不能说、不敢说和没有说过的话，做人所不能做、不敢做和没有做过的事。要善于从常规中解脱出来，掌握从不同方面看问题的技巧，分析、解决问题。这样一来，你的见解就会"无穷如天地，不竭如江河"，你的智慧就将"不可胜穷也"。

所以，一个具有高智商的人未必就能完全掌控自己的命运，缺少良好心态的帮助，智商再高的人也只会受到生活的嘲弄。

高智商比不上好心态，只有好的心态才能调动智商朝着成功的方向迈进。

改变心态的意义

改变心态就能正视自己，能正视自己就可以合理地规划人生。这样一来，命运也就随之改变，这就是改变心态的意义。

明朝有一个叫袁了凡的人，他母亲家世代行医。因自己不得不承担母亲家业的责任，袁了凡一直立志于医学。有一天，一位白发老翁出现在袁了凡面前，说："我乃演算精准的易家，百发百中。现在，我就帮你推算一下将来。"袁了凡半信半疑地听这个老翁算命。从出生年龄、母亲的年龄、父亲的年龄，到家族的人数都算得一丝不差，而且哪一年自己生过病，性情上有哪些特性，也都推算得丝毫不差。于是，袁了凡告诉这位老翁现在正在苦读医学。谁知老翁说："你命中注定要做官，赶快放弃医术吧。"袁了凡很是烦恼："母亲祖上的家业我不能不继承，如果现在要让我改变志向，必须母亲同意才可以。既然您这么有信心，那就请帮我说服母亲吧。"老翁见了袁了凡的母亲，母亲也惊叹于老翁的易术，答应了袁了凡让他去做官。当时中国的科举制度甚是严格，老翁算到了袁了凡在科试中能得几点，能考第几名，并且不光这次，下次的考试能中得什么名次，能做到什么官也算出来了。甚至还算出，袁了凡的寿命是 57 岁，一生无子，等等。

袁了凡听从老翁的话去科试，结果，两次考试成绩与老翁的话没有丝毫误差。袁了凡在惊叹老翁易术高明的同时，也认为自己的一辈子必定同老翁说的一样。就这样，袁了凡成了一个不折不扣的宿命论者。

一天，袁了凡去庙里参禅。当时，庙里有一位有名的禅师，法号云谷。袁了凡与云谷禅师三天三夜一起打坐参禅，心里一点迷惘和杂念都没有。三日坐禅完后，云谷禅师感叹："施主是在哪里修炼而来？我当禅主许多年了，像施主这般心无二念，把不静之心扔得这么干净的还是第一次见到。"袁了凡说："我这一生乃是定数，所以从现在起烦恼对我毫无作用。能像这样，我已经很满足了。"云谷禅师听了袁了凡的话后，忍不住大笑起来。袁了凡很吃惊，疑惑地看着禅师。云谷禅师说："施主真乃愚者。真如此，人活着有什么意义？"于是，云谷禅师把古今圣贤、仁者的例子一一道给袁听，原来积德积善能改变天的命数。袁对禅师的话很有感触。就这样，袁了凡每天都在想怎么使自身的功德善举越积越多，每天只要能遇到积德行善的机会就不会放过。结果，那白发老翁的卦开始乱了，一个一个地随之破灭。袁了凡的运命开始改变，且都是朝着好的方向变。本来命中无子，结果也生了儿子。57 岁寿命终尽，可是他却活到了 86 岁。

袁了凡的故事证明，大多数人不能实现奇迹，这并非是因自身不可以，而是因为不能除去身上存在的人性弱点。

每个人的内心都有一些顽固的东西阻碍着自己潜能的发挥，像虚荣、猜疑、刚愎、嫉妒、自卑、懦弱、贪婪、恐惧。所以，我们通往成功的路是不断去除各种障碍的过程，实际上也就是一个不断通过调整心态来调整自我定位，并因此使潜能得到释放的过程，一个克服自身弱点、战胜自己、改变命运的过程。

改变心态就能正视自己，能正视自己就可以合理地规划人生。

平淡才是真

爱有很多种，伟大的爱、真诚的爱、平凡的爱……然而，伟大的爱毕竟有限，生活中多的是平平淡淡之爱，而平淡的爱不等同爱得平平淡淡。

这年秋天，李频旅美的父亲归来。在各种礼物中，有一枚金戒指十分特殊，只是样子很老式，这是送给母亲的。她戴在手上来回抚弄，喃喃地说："简直是一模一样啊。"

原来父母亲结婚时，祖母送给他们唯一的礼物就是这样一枚金戒指，是父母当时唯一的结婚纪念品。

后来，这枚戒指丢了。

母亲为此哭了好多次，祖母每次问及这枚戒指，他们不敢直说，只说还收在柜子里。

父亲说："在美国这么多年，时时想着的就是这枚戒指。美国林林总总的店铺里，竟找不出这样一枚样式古老的戒指。最后，只能用自己的记忆中的样子，画个纸样，请商店依样打造。结果，花的手工费比所有金子还贵。"

这一刻，李频内心的感动难以言表，想父母在这失落了戒指的20年中，不是已经找到了那一份比戒指更为珍贵的感情吗？

冬天，全家请假回乡看望年迈的祖母。祖父早已过世，祖母也将近90岁了，两眼昏花，耳朵也不灵了。那一天，母亲坐在祖母身旁，将有戒指的手伸出来，说："妈，您看，这不是您送我的结婚戒指吗？"

老眼昏花的祖母拉了母亲的手摸了又摸，看了又看，竟没有看出这戒指早已并非当年的戒指了。祖母流着泪，对父亲说："这戒指，是1925年我结婚时，你父亲送给我的结婚戒指，你们一定要好好地收藏啊。"

整整60年，60年人生坎坷，60年风云变幻，虽说戒指已不是原来的戒指，只是这一份情感，地老天荒，竟不曾改变。这一刻，泪水已悄悄模糊了李频的双眼。

只要爱得执著，爱得用心，平淡也是伟大的。爱与被爱，同样是一种幸福。

没有任何借口

年轻人总是爱把失败归结于自身之外的因素。有人就因为生存环境差、个人起点低，便认定自己一辈子无所事事。于是，在有意无意间，把自己所有的潜能都封存起来，并振振有词地把自己的一事无成归咎于环境起点。

实际上,这完全是消极的心态在作祟。

不管你身陷顺境还是逆境,消极被动的心态都会使你慢慢丧失活力与创造力。

小张又失业了,她向朋友讲述自己的工作"遭遇":第一个老板是个严肃的中年人,那时她刚毕业,老板却安排给她一大堆工作,还总看她不顺眼,拼命地找碴。终于,千方百计在试用期满之前让她走人。第二个老板是个"海归",开始的时候,她在那里工作十分顺利。可时间一长,这个老板也开始变得爱找碴,后来,竟因一个很小很小的失误,炒了她鱿鱼!接着遇到的第三个老板……

所谓当局者迷,旁观者清。朋友听了小张的陈述,给她做了分析:做第一份工作时,她没有经验,工作做得漏洞百出。但真正让老板生气的不是她的失误,而是她的工作态度。交代一样做一样,从不主动去学习,能逃躲的就不会主动去做,遇到困难就放弃。做第二份工作时,老板最初很看好她,因为交给她的工作都做得很好。可一段时间后,她开始盲目满足,工作对她来说成了"混"饭吃的工具,根本就不想再付出努力,老板盛怒之下就炒了她。以后的经历也大致如此,她就这样带着消极的工作情绪,一份一份地换工作,这就是她很难找到合适工作的原因所在。

小张以为自己倒霉透了,但却没有找到令她"倒霉"的真正原因。没有哪个老板会喜欢工作消极被动的员工,她真正该做的是改掉毛病,立志进步。一个人一旦养成了消极被动的工作习惯,就会变得不思进取,目光狭窄,最后跌入好吃懒做、一事无成的深渊。所以,无论你面对的是怎样的环境,都要保持积极进取的劲头。

A和B从师范院校毕业后,A被分配到山里的小学当老师,B却被幸运地分到了城市小学任教。被分配到山村小学的A抱怨自己的命不好,开始将课余时间消磨在麻将桌上,上课之前懒得备课,整天思考着如何可以调回城。一次,教育局局长突然来听课,没有任何准备的他被开除了。他难过地想:"假如当初我留在城里,那我一定会努力的,说不定现在已经是教学骨干了!"而B呢?由于来到了城里,他与领导同事相处得不错,工作轻松,他觉得就这样过一辈子挺不错。他对教学方法不再钻研,不再认真备课,很多孩子都把他叫做"催眠大师"。一段时间后,学校引进竞争机制,B被淘汰了。他想:如果当初我被分到农村,那我肯定要好好上进,争取早日进城,而现在……

这两人之所以失败,是他们把消极被动的种子种在了心中。其实,环境是不能成为他们消极被动的借口的。一个人一旦形成了消极的心态,那么处于顺境便盲目满足、放弃努力,遇到成功便自我满足、停滞不前;处于逆境便丧失信心、轻易退缩,遇到困难便轻言放弃,怨天尤人。这就是消极的种子最容易破土发芽的环境。

无论身处什么样的具体环境,一旦养成了消极被动的工作态度和习惯,就非常容易导致不思进取、目光狭窄,慢慢地失去了创造力和动力,忘记了自己当初信誓旦旦的人生信条与职业规划,最终走向好逸恶劳、一事无成的深渊。工作上的绝望和消极,必然会对人的其他方面产生可怕的负面影响。想想看,一个人悲观地看待世界,满眼灰色,为周围的朋友、同事所不屑,该是多么的可悲!

环境的好坏改变不了事情的本质,事情的本身在于人如何处置自己。保持积极主动的精神,身处其中,仍坚持做自己,这样的环境再"坏"也是好环境。反之,再"好"的环境也是坏环境。总之,顺境或逆境都不能成为失败的借口。

二十几岁时,应该要为成功找方法,而不是为失败找借口!

条条大路通罗马

年轻时，假如对自己的能力认不清，只因耻为人后，就放弃学习，又找不到适当的方向，到头来什么都落空了。其实，幸福生活的道路有很多条。

在现实生活中，也许你是一个始终与“第一名”无缘的人。目睹着别人的出色表现，自己却永远居于人后，心里会不会觉得有些自卑呢？其实，你完全没有必要为此烦恼。一个人成功与否有很多不同的判断标准，只要你愿意换个角度，你也可以位列第一。

恽寿平是清代很有名的画家，他早期是画山水的，自从见到王石谷之后，自以为山水画不能超过对方，便专攻花卉，成为海内崇拜的对象。在更早以前的唐代也有一位以画火闻名的张南本，据说原来是与画家孙位一起学画山水，也因为自认无法超越孙位而改学画火，终于独得其妙。

艺术家追求完美，难免有傲骨，耻为天下第二名手，不愿落人之后。似前二者凭借真才实学，舍他人既行的道路，自辟蹊径，独创一家，岂不最好。

夏农是一个幽默活泼的小伙子，很得朋友的喜爱。知道他有了女朋友，关系要好的一个朋友开玩笑问他：“在你的心目中我排第几？”他想也不想回答：“第一。”朋友不相信地看着他，问：“你真会说假话，应该是你女朋友排第一还差不多。”夏农狡黠地一笑，然后说：“你当然排第一，只不过是另一行而已。”

夏农的话说得实在棒极了！在各行各业中，每个人都期望得到第一的位置。其实，要拿到第一也容易，就看你能否站在别的角度——只要“另起一行”，每个人就都是第一了。而这个世界，自然少了许多莫名的地位纷争，这不是很好吗？

当记者是海俊青从小的理想。然而，大学毕业后，几经波折，他却成了教师。看着昔日同窗的得意样子，他心里极不平衡。聪慧的妻子就劝他说：“你又何必拿自己的短处去比人家的长处呢？你也有很多自己的优点啊！”妻子的话点醒了海俊青，他决定凭着自己流畅的文笔闯出一片天地。海俊青选择了当地一家颇有影响力的报社，然后便向那家报社大量投稿，丝毫不计较稿费的高低。这家报社办了很多副刊，海俊青悉心加以研究后，专门为它们量身定做写文章，作品几乎篇篇都被采用。

海俊青的作品被这家报社的编辑竞相争抢，终于有一天，该报社的领导联系了海俊青：只要你海俊青愿意，随时可以来上班。

海俊青的梦想终于实现了。

我们可以从海俊青的经历中获得一个十分重要的启发：生活的路不只一条。如果你不甘于平庸，你完全可以另起一行，得到你想要的成功。

古今中外，还有很多名人经过重新定位而获得令人称羡的成就。

阿西莫夫是一个科普作家，也是自然科学家。一天上午，他坐在打字机前打字的时候，突然意识到：“我不能成为一个了不起的科学家，却能够成为一个第一流的科普作家。”于是，他把全部精力放在科普创作上，终于成了当代世界最著名的科普作家。

在现实生活中，每个人都想将自己的能力最大限度地发挥。但是，由于种种原因，你无法在自己从事的行业里取得令人满意的成就。还有许多人是在自己毫无兴趣甚至讨厌的岗位上，干着并非自己所愿意干的工作。在这种情况下，千万不要着急。生活其实就如走路，当你发现此路不通或者不是你最理想的道路时，你就可以停下来，甚至可以尝试走另外一条路，直至走出精彩的人生。

一个人成功与否有很多不同的判断标准，只要你愿意换个角度，你也可以位列第一。

不完美的美

人生并非事事十全十美，每个人都会有这样那样的遗憾。伟大的音乐家贝多芬双耳失聪，著名的文学家鲁迅与弟弟周作人失合多年，杰出的物理学家霍金身患肌肉萎缩症……这些伟大的人物尚且如此，更何况凡夫俗子的我们。可正是这些缺憾才更体现出世界的精彩，人性的坚强。空气稀薄、生存困难的高原不就美在它空旷的荒漠和纯净的环境？断臂的维纳斯不就美在残臂让人感知的残缺美吗？失去听力和视力的海伦不就美在处于黑暗寂寞中仍然对美好执著追求的生命力？

也正是这些缺憾才形成了不同的生命个体，让每一个人都拥有了唯一的性格，生命反而因为这些缺憾变得真实、可爱，充满生机和活力，更具吸引力，让这个世界呈现各种精彩。

承认自己的不完美可以让你保持一种内心的平和，这是成熟心态的体现。拥有了这种心态，就能正视自己和别人身上的缺陷。在对自己的各个方面做评价或定位时，也就更加客观、切合实际。

人无完人，缺陷每个人都存在，当一个人懂得承认自己的不完美时，他也就真正地开始成熟起来了。

人有缺陷并不可怕，可怕的却是故意掩盖，自欺欺人。在对方面前大胆袒露自己的缺陷，往往出自于内心的诚恳和对别人的坚信。那透明的真诚理所当然也换来了对方的信赖与爱慕。把自己的缺陷袒露人前，也就同时把自己的真诚一丝不留地呈献给了他人。但是，在日常生活中往往有这样的情况，越是刻意掩饰自己的缺陷，自己活得越累，甚至有时还会感到尴尬。因为缺陷是客观存在的，掩饰只会弄巧成拙。真实袒露的、告知自己的缺陷，会使对方理解缺陷、容纳缺陷，还能有意识地弥补缺陷，这正是生活幸福和谐的基础。

缺陷或大或小、或多或少，人人都有。然而，面对缺陷，许多人总爱掩饰。掩饰缺陷也许是人的天性，毕竟能面对很多人袒露自己缺陷的人，实属不多。因此，袒露缺陷确实需要勇气，要战胜自己的懦弱，战胜自己的虚荣，更要战胜他人的偏见。所有这些，没有超人的勇气是做不到的。

在国画课上，黄教授经常发现有些学生尽力掩盖自己作品的不足，有时画得差，干脆就不拿出来了。遇到这种情况，黄教授就会对他们说：“刚开始学画总会有许多不足，否则你们也就不必学了！这就好比去找医生看病，是因为自身感到不舒服，每个病人总是尽量把自己的症状说出来，以便医生诊断。学画交作业给老师，就是希望老师找到错误，加以指正，你们又何必掩饰自己的缺点呢？”

老王四十多了才结婚。他的新娘和他的年纪不相上下，是个过气歌星，还离过两次婚，朋友都觉得他有点亏。

一天，老王驾着新买的二手车，跟朋友出去。路上，他调侃道：“年轻的时候，我就盼望着能开宝马，买不起啊；现在还买不起，其实买辆二手车也挺不错。”

朋友左右看看说：“是二手啊，但看起来马力也足，挺不错的。”

“是的呀！”他大笑了起来，“旧车也非常不错啊。就像我太太，经过生活的磨炼，现在也没有以前的娇气、浮华气了，而且做得一手好菜，又懂得做家务。说老实话，当前正是她十分完美的时候，反而被我遇上了，我真是幸运呀！”

“你说得挺有道理的！”朋友陷入了沉思。

他拍着方向盘，继续说：“其实，反思一下自己，我完美吗？我还不是千疮百孔，有过许多荒唐。正因为我们都走过了这些，因而两人都慢慢成熟，懂得忍让，彼此珍惜。这种不完美，正是一种完美啊!”

正因为老王能够承认自己的不完美,他对爱人才不苛求完美。结果,两个有瑕疵的人组成了一个幸福的家庭。从某种意义上看,人一辈子都活在对与错、善与恶、完美与缺陷的现实中。我们既然能从自己完美与优秀的实际中获益,为什么就不能从自己的缺陷中受益呢?

我们应该明白,存在缺点并非什么坏事,那些认为自身条件已经足够好以至于无可挑剔、不必改变现状的人往往缺乏进取心,缺少挑战自我争取更大成功的动力。相反,承认自己的缺陷,对自己的长处与短处有正确的认识,可以使我们处在一种相对清醒的状态,遇事也容易做出最理智的判断。

年轻时,要知道人是注定要与缺陷相伴,与完美存在一定距离的。所以,不完美也是一种完美。

把自己定位为一个不完美的人是一种豁达、成熟,更是一种智慧!

好决策来源于好心态

在决策过程中,特别是在危机时刻,只有沉稳的心态,才可以对利弊加以正确分析,进而制定出最正确的决策。

大家一定对世界有名的通用电气公司有所了解。杰克·韦尔奇是世界上最受称道的首席执行官,担任通用电气公司的首席执行官董事长长达17年,亲手为美国企业界的重组画下了一张极具价值的蓝图。

20世纪80年代,美国遇到了制约全美公司业务发展的巨大阻力——通货膨胀。通货膨胀使那些二流产品与服务供应商的生意难以为继。

韦尔奇要求各业务部门主管都思考一个问题:怎样做才能在当前市场上占据统治地位。随后,他们必须做出果断的决策:哪些业务可以培育,哪些应该放弃。韦尔奇的策略并没有获得通用电气董事们的认可,他们认为仅仅因为一项业务处于该领域第3或第4的位置就放弃毫无必要。然而,他们的抱怨不能使杰克·韦尔奇改变决策。就这样,韦尔奇在短短的5年间就砍掉了25%的企业,裁减了10多万个工作岗位。

在韦尔奇担任GE最高负责人之前,大多数的公司企业负责人要向一个群部负责人汇报工作,群部负责人又向高一级部门负责人汇报,直到最高的公司负责人。而且,每一级都有自己的一套班子,负责财务、推销计划以及检查每一个企业的情况。韦尔奇把这些“群”和“部”解散,把公司的行政人员从1700人减少到1000人,解决了组织上的障碍。他觉得有必要将现有的管理层次减少,以促使高级管理人员最大限度地发挥其潜能。他称这项策略行动为“减少层次”,旨在创立一种形式不拘泥、组织开放的机构。现在,企业负责人与业务最高负责人办公室之间没有任何阻隔,可以直接沟通。

经裁员,公司行政对员工的干预大大减小。过去,企业每月都向总部提出一份财务报告——虽然人们不怎么使用它。现在,公司财务主任丹尼斯·戴默曼让各企业把两个月的数字留在他们自己手里,他的财务班子把更多的精力用于改进“影响最终结果的事情”,如存货、应收账款、现金流动状况等。财务班子不用一天只关注财务数字,而是用更多的时间来评估可能做成的生意。

杰克·韦尔奇的积极行动,善于进取,不屈服于压力和不满足于现状的积极心态,成就了他无人可以与之匹敌的首席执行官的位置,他用非凡的意志和毅力造就了今日的通用。

出现禽流感时,家禽被大量捕杀,禽类食品需经严格检查,所有与禽类有关的产业都受到极大的冲击和影响。世界上大大小小的禽类产品的公司纷纷解体、破产。在这种情况下,肯德基的相关决策者,在紧要关头有了正确决策。他向世界保证,肯德基的产品在整个操作进行过程中对消毒严格重视,进入生产流水线的每一只鸡都经过严格的检验、检疫程序,并推出了相应的优惠条件和监督措施。在这一决策的指引下,肯德基不仅走出了经营困境,而且大赚了一笔,不能不说是决策者的非凡智慧和积极心态起了巨大作用。

肯德基作为一个国际型的餐饮公司,在全球声誉显赫。瘟疫严重的紧要时刻,如果决策者头脑不够镇静、心态不够平和,在压力前面就会很快选择放弃。然而,在经过镇定、平和、周密的调查和推理之后,他们的决策使危机变成了契机。其实,不管在哪个领域和行业,心态的好坏都会直接影响到决策的结果。因此,也就有了一夜暴富和一夜赤贫的区别。

在决策过程中,男人也许有更多的优势,但也有不少女性以积极创新的思维模式,果敢、稳重的心态特征成就了自己的伟大事业。

1989 年,靳羽西做出惊人决策:投资中国,开办属于自己的美容事业。

靳羽西当电视节目主持人的时候,使用了许多世界著名品牌的化妆品和护肤品,但她觉得必须经过认真挑选、细致搭配才能使自己真正漂亮起来。当时,中国年轻的女孩子们不会真正把自己收拾得漂漂亮亮,而且那些舶来品的价格也非常高,超出了大多数中国人的消费能力,中老年女性也找不到能让自己变得美丽的东西。靳羽西说:“在我的尝试一次次失败之后,我只是想为亚洲女性配制一些能将她们的特点发挥出来的产品。这些产品不但能够迅速配色,在使用上也十分便利,价格也符合中国内地的消费层次。销售这些产品的过程中,还可以指导她们如何使用这些产品,让她们建立独一无二的美的自信。”一切看起来都很偶然,似乎充满了随意性。靳羽西是在一种良好愿望的促使下无意中掘到这个商机无限的市场空间。开始的一段时间里,事情并不顺利,因为靳羽西不像许多成功的商人那样有丰富的从商经验,甚至可以说她从来就不是个商人。

她不断在美国和中国、市场上和研究所之间忙碌,不断调查、分析、研究,甚至在自己脸上做试验。她在中国的知名度和良好的个人形象,对她的生意十分有帮助。很快,她的羽西品牌在中国内地就已经像她的脸一样家喻户晓了。靳羽西明智的决策发挥了效用,她的化妆品在内地赢得了广泛的市场。

良好的心态对于决策者来说极为重要,一丝慌乱、急躁都可能造成决策的严重失误。

一个成功的决策者必定是一个心态沉稳的楷模。

过去控制不了未来

年轻人要学会用长远的眼光来审视自己,正确看待成功与失败。过去的成功与失败都已经过去,是不能主宰我们目前的状态的。我们应挣脱过去给我们的束缚,从现在出发来思索我们的未来。

美国有一个故事很有名,故事的主人公曾经担任美国田纳西州州长,卸任后从商,成为世界 500 家最大企业之一的公司总裁。可是,她小时候的遭遇却非常坎坷。

1920 年,她出生在美国田纳西州的一个小镇上,是一个私生女,她的母亲给她取了个小名叫奇奇——按照习惯,一个人不仅要有名,还必须有姓,可她没有父亲,所以只有小名。奇奇慢慢懂事了,感觉自己与其他小孩有些不同,她没有爸爸。

奇奇不知道自己的父亲是谁,她一直和妈妈生活,母女相依为命。上小学以后,她受到的歧视并没有因此而减少,很多人都用冰冷、鄙夷的眼光来看她,以为她是缺乏教养的孩子。

在他人的心理暗示中,奇奇也不断地对自己进行心理暗示,因而变得越来越懦弱,自我封闭,逃避现实,不愿意与人接触,越来越变得孤独。

奇奇最不愿意同妈妈到市场上购物,因为她总能感到有人在背后指指戳戳,窃窃私语:“那是个没有父亲,没有教养的孩子!”

13岁那年,镇上来了一个牧师,从此,奇奇的一生也发生了变化。

奇奇总是听母亲说这个牧师是个好人,她见别的孩子和父母一起,手牵手地走进教堂就很羡慕。看着这些人高高兴兴地从教堂里出来,而她只能通过聆听教堂庄严神圣的钟声和偷看人们面部表情去想象教堂里发生的神圣的事情。

一天,等其他人都进入教堂以后,她终于鼓起勇气,偷偷地溜了进去,在最后一排坐下听讲。

这位牧师正在说:“过去不等于未来。如果过去成功了,并不意味着未来也会成功;如果过去失败了,也不等于未来还要失败。过去的成功或失败,都只是过去的事情,未来只能靠现在来决定。每个人都应该面对现实,重视现在。现在选择什么,做什么,就决定了我们的未来是什么!失败了不要气馁,要挣扎着再向成功冲刺。成功了也不能态度傲慢,要想想后面还有更多的困难在等待。失败和成功并非最终的结果,都只是人生过程的一个事件,一段经历,一朵浪花。在这个世界上,不会有永恒的成功,也没有永远的失败。”

奇奇的悟性很强,她被牧师的话深深震撼,她感到一股暖流在温暖着她那冷漠、孤寂的心。但是,她马上提醒自己:“我必须马上离开,趁别人还未曾发现自己之前。”

有了第一次,就会有第二次、第三次……每次去教堂聆听牧师讲话,就是她最喜欢干的事情。她每次都是偷听,尽管牧师的话是很激动人心的,但还是很难阻止别人的冷眼,因为她懦弱、胆怯、自卑,以为自己缺少进教堂的资格,认为自己跟别人不一样。

有一次,她又偷偷地溜进了教堂,听得入了迷,居然忘记了时间。直到教堂的钟声清脆地敲响,她才惊醒过来。可是,已经来不及抢先“逃”走了。

先离开教堂的人们将她出逃的路堵住了!她低着头,尾随人群,慢慢朝门外移动。眼看快到门口时,一只手搭在她的肩上,她惊惶地沿着这只手向上望,此人正是牧师。牧师温和地问:“你是谁家的孩子?”这是奇奇多年来最不愿听到的话,这句话就像通红的烙铁,直直地戳在她流着血的幼小心灵上。

牧师的声音不大,但却极具穿透力,这是作为一位牧师多年锻炼出来的。人们停止了走动,几百双眼睛一齐注视着奇奇,教堂里变得十分安静。

奇奇被完全惊呆了,不知所措,眼里噙着快要掉下来的泪水。这个牧师目睹此景,脸上立即浮起慈祥的笑容,说:“噢!我知道了,我已经知晓你是哪家的孩子,你是上帝的孩子。”

牧师的话激起了教堂里热烈的掌声。虽然那些平时瞧不起奇奇的人未曾跟奇奇讲一句抱歉的话,但掌声就是理解,就是认可,就是歉意,压抑在奇奇心灵上整整13年的冰封被“博爱”瞬间融化……她终于抑制不住内心的喜怒哀乐,眼泪夺眶而出。

奇奇的心态从此发生了巨大的变化。

60多岁时,奇奇的回忆录出版了,在书的扉页上写下了这样一句话:过去不等于未来!

是的,“过去不等于未来”,就是要求我们用发展的眼光去看待自己,去面对失败和成功,这些都不能主宰自己目前的心态。过去的已经过去了,未来的还没有到来,只有现在是最现实的。过去决定了现在,而不能决定未来,只有现在的作为及选择才能决定未来,这就是我们积极思维最重要的表现。

年轻时,要明白人生最重要的不是你从哪里来,而是你要前往何处。只要你对未来充满希望,你此刻就能拥有力量。不管你过去怎样,那都已经过去了。

只要调整好心态，明确自己的目标，积极地去行动，那么成功就会属于你。

自卑可以被打败

没有人是十全十美的，对于每一个人来讲，有缺陷，确实是一件非常残酷的事情，可你不能因此自卑消沉。既然缺陷无法改变，那么就要正视它，将它当做前进的助推器。这样一来，缺陷也就有了价值，你的自我定位就不会受到影响。

“假如我能站起来吻你，这个世界该有多美啊！”

这是张海迪对自己的丈夫说过的一句话。可是，张海迪却无法站起来，命运让她坐在轮椅上过了一生。那么，在张海迪眼里，难道这个世界就很丑恶吗？显然不是。她有一个爱她的丈夫，有一个令许多健全人都羡慕的温馨的家。她不会因为自己的缺陷而躲避他人的目光，相反，她更注重与人的沟通。她会请别人给她倒水、会让人帮她取她够不到的东西、会让人推着她出席各种活动。做这些的时候，她丝毫不会觉得羞于见人，感到自卑，所以，她活得洒脱、活得幸福。

1973 年，全家人从农村返回莘县县城，那时的她最渴望的是有份工作。但由于身体条件所限，张海迪一直待业在家。为此，她很痛苦。

后来，经过家人的开导和帮助，她学起了针灸，并为周围的人治病。在不断学习和帮助他人的过程中，她看到了自己的价值，并从自卑的阴影中走了出来，结果使自己活得光彩自信。

美国的国会议员爱尔默·托马斯曾说：

“我 15 岁时，常常为自卑和恐惧忧虑所困扰。比起同龄的少年，我长得实在太高了，而且瘦得像支竹竿。我有 6.2 英尺高，体重却只有 118 磅。虽然我比别人高，在棒球比赛或赛跑各方面却都不如别人。他们常取笑我，将‘马脸’的外号送给我。我的自卑感特强，不喜欢见任何人，又由于居住在农庄里，离公路远，也碰不到几个陌生人，平常我只见到父母及兄弟姐妹。

“如果我任凭烦恼与自卑占据我的心灵，恐怕一辈子将于事无成。一天 24 小时，我随时为自己的身材而自怜，任何事都无法做。我的尴尬与惧怕实在难以用文字形容。我的母亲了解我的感受，她曾当过学校教师，因而告诉我：‘儿子，你得去接受教育。你的体能状况既然这样，你只有靠智力谋生。’

“可是，父母没钱支付我的学费，我必须自己想办法。我在冬季捉到一些貂、浣熊、鼬鼠类的小动物，春天来时出售得了 4 美元。再买回两头猪，养大后，第二年秋天挣得 40 美元。以这笔钱，我到印第安纳州去上师范学校。住宿费一周 1.4 美元，房租每周 0.5 美元。我的衬衫很破旧，是我妈妈做的（为了不显脏，她有意用咖啡色的布），外套也是父亲以前的，他的旧外套、旧皮鞋都不合我用，皮鞋旁边有条松紧带，已经一点弹性也没有了。我穿着走路时，鞋子会随时滑落。我没有脸去和其他同学交往，只有成天在房间里温习功课。我内心深处最大的愿望是，有一天我能在服装店买件合身而体面的衣服。”

想想当时爱尔默·托马斯面临的处境是多么悲惨，生活的困窘和生理的缺陷时时围绕着他。但托马斯没有消沉，在克服了自卑之后，他未来的人生道路走得十分顺畅。50 岁那年，托马斯成为俄克拉荷马州的国会议员。

研究那些有成就者的经历，你将会深刻地认识到，他们之中有非常多的人之所以成功，是因为他们开始的时候有一些会阻碍他们的缺陷，促使他们付出更多的努力而得到更多的回报。正如威廉·詹姆斯所说的:“我们的缺陷对我们往往有意外的帮助。”

不错,很可能密尔顿就是因为眼睛看不见了,才决定要创作更多更好的诗篇,而贝多芬也是因为耳朵聋了,才发誓作出更好的曲子。海伦·凯勒之所以能有光辉的成就,很大程度上是因为她无法听、无法看。

“假如我没有这样的残疾,”那个在地球上创造生命科学基本概念的人写道,“我也许不会做到我所完成的这么多工作。”达尔文坦承,他的残疾给了他许多出乎意料的帮助。

在现实之中,我们必须要承认自己在许多方面“确不如人”,这是很自然的事。

但是,这种现实的差距并不代表我们就是一个缺乏能力的“弱者”,更不应把这种差距变为给自己低点定位的借口。

在成功与失败之间,在自信与自卑之间,实际上仅有寸许之别。任何选择上的错误都有可能造成一种无法弥补的事实——永远失败。

缺陷并不可怕,可怕的是自卑。所以,我们要超越自卑,不要让自卑掌握我们的未来。我们每个人都不会是十分完美,毫不知足,我们有各自的缺陷,但我们也有自己突出的优点。

突出你的优点,正视你的缺陷,超越自卑吧!

心态左右人生

年轻时,不管人生遭遇什么,都会有两个机会,一个是好机会,一个是坏机会。在好机会中,藏匿着坏机会,而坏机会中,又隐含着好机会。关键在于我们用什么样的目光,什么样的心态,什么样的视角去对待它。

美国加州有位刚刚大学毕业的年轻人在冬季的征兵中被选中,即将到最艰苦也最危险的海军陆战队去服役。

获悉这一消息后,他忧心忡忡。祖父见到孙子寝食难安的样子,便开导他说:“哦!这没什么好担心的。到了海军陆战队,你会面临两个机会,一个是留在内勤部门,一个是分配到外勤部门。如果你分配到内勤部门,就根本没有必要害怕了。”

年轻人问爷爷:“那要是我被分配到外勤部门呢?”

爷爷说:“那同样会有两个机会,一个是留在美国本土,另一个是被分配到海外的军事基地。如果你被分配在美国本土,那也根本不用担心了。”

年轻人问:“那么,若是被分配到国外的基地呢?”

爷爷说:“那也还有两个机会,一个是被分配到友善的国家,另一个是被分配到不友善的国家。如果把你分配到和平友好的国家,那也是一件值得庆幸的好事呀。”

年轻人问:“爷爷,那要是我不幸被分配到不友善的国家呢?”

爷爷说:“有两个机会同样在你面前,一个是留在总部,另一个是被派到前线去作战。如果你被分配到总部,那又有什么需要担心的呢?”

年轻人问:“那么,若是我不幸被派往前线作战呢?”

爷爷说:“那同样有两个机会,一个是安全归来,另一种是不幸受伤。如果你能够安全归来,那担心岂不多余?”

年轻人问:“那要是不幸负伤了呢?”

爷爷说:“也有两个机会,一个是只负了点轻伤,根本没有什么生命危险,另一个是身受重伤,会危及生命安全。如果只是负了点于生命并无大碍的轻伤,那有什么担心的必要呢?”

年轻人又问:“那要是不幸身负重伤呢?”

爷爷说："你同样拥有两个机会，一个是仍然活着，保全了性命，另一个是救治完全无效。如果尚能保全性命，还担心其他干什么呢？"

年轻人再问："那要是救治完全不起作用怎么办啊？"

爷爷听后哈哈大笑："那你人都死了，又有什么好担心的呢？"

一个人在一生之中，经常会遇到诸多选择。尤其是面对那些"未知"的抉择，我们常常会因为"未知"而感到害怕、感到担忧。这是因为，我们首先不自觉地运用了那种消极颓废、悲观沮丧的心态，先入为主地去看待那"未知"的一切。我们太害怕失败，我们太看重得失，我们把那"未知"的一切，都看成了坏机会。假如有了担忧得失的心态，有了失败的担忧，便样样无所适从，便事事瞻前顾后。结果，反倒丧失了许多好的机会。所以说，心态左右人生。

好机会与坏机会的区分，关键在于我们的心态。

学会进退自如

心态好才能在社会上找到合适自己的位置，但很多人都抱怨自己想要的位置未能得到，能得到的位置却不适合，进退两难可以形容他们的处境，进有心无力，退又不服气。怎么办？用比尔·盖茨的话说就是："改变你能改变的，接受你不能改变的。"

一个清晨，在花园中散步的国王突然发现所有的花草树木都已枯死了。他非常诧异，就问花园门口的一棵橡树，它们到底碰到了什么问题。原来，橡树觉得自己不像松树那样高大俊秀，所以不想活了；松树则憎恶自己不能像葡萄那样硕果累累；而葡萄藤也感觉活着无望，因为它终年匍匐在地上，不能挺起胸膛……就这样，园中所有的树木花草都选择了自杀。

如今，只剩下一株心安草仍旧不停地吐露芬芳。国王见状，很高兴地对它说："早啊！心安草。当别的花草树木都已对自己气馁的时候，只有你还顽强地生活着，真让我欣慰。但你为什么能这样快乐？"

"是啊，我很快乐。虽然我身上没有什么值得骄傲的地方，而我却从来不沮丧。因为我知道，如果你需要一棵树，你肯定会去种植它，你希望我只做一株小小的心安草。"

在加拿大魁北克省，有一条山谷很奇异。它南北走向，有东西两个坡面，特别之处就在于它的西坡长满女贞、柏、杨等各种树，而东坡只有雪松一种树。为什么同一座山脉的两个坡面，植被覆盖会有如此巨大的差异呢？针对这一奇怪的景色，许多植物学家和地理学家的考察也并不能解答。一直到1993年，有一对婚姻濒于破裂边缘的夫妇，来到魁北克准备做一次浪漫之旅，希望找回往日的爱。来到这个山谷的时候，天空下起了大雪。他们支起帐篷，望着满天飞舞的大雪，发现因为风向的特殊性，东坡的雪总比西坡的大且密。不一会儿，雪松上就落了厚厚的一层雪。不过，当雪积到一定程度，雪松那富有弹性的枝丫就会向下弯曲，直到雪从枝上落下。这样反复地积，反复地弯，反复地落，雪松完好无损。可其他的树，却因为没有这个本领，被压断了树枝。妻子注意到这一情况，对丈夫说，东坡肯定也长过杂树，只是不会弯曲才被大雪摧毁了。少顷，两人都顿悟了，紧紧地拥抱在一起。

世界是多样的，人生也是如此。不要用别人的生活来规划自己，只有一直有好的心态，才能在生活中进退自如。

平衡只会一事无成

心态太过浮躁不利于个人的生存、发展，但一味求稳的心态对人的生存、发展也不利。一味求稳的人往往谨慎、周密、积极、务实，但惧怕冒险、考虑过多，常会在无形中降低自己的定位点，从而错失良机。

诸葛亮在《出师表》中说："先帝知臣谨慎，故临崩寄臣以大事也。"尽量展示自己谨慎的性格。诸葛亮是中国人心目中智慧的化身，如果分析他的性格的话，他是失败的。过于谨慎的个性使他的战略定位失误并失去了仅存的能够成功北伐的机会。

《三国演义》中一出祁山一节写到：

诸葛亮用马谡的反间计使曹睿解除了司马懿的兵权后，开始北伐中原，曹睿派驸马夏侯惇为大都督来迎战诸葛亮。于是，魏延向诸葛亮献策："夏侯惇乃无用之人，懦弱无谋。延愿得精兵五千，取路出褒中，循秦岭以东，当子午谷而投北，不出十日，可抵长安。夏侯惇若闻某骤至，必然弃城尔后望横门邸阁遁走。某却从东方而来，丞相可大驱士马，自斜谷而进，如此行之，则咸阳以西，一举可定也。"

孔明笑曰："此非万全之计也。汝认为中原无智勇之人，倘有人进言，于山僻中以兵截杀，非惟五千人受害，亦大伤锐气。决不可用。"魏延又曰："丞相可从大路行走，彼必尽起关中之兵，于路迎敌，则旷日持久，何时而得中原？"孔明曰："吾从陇右取平坦大路，依法进兵，何忧不胜！"遂不用魏延之计。

其实，魏延这个奇袭之计符合兵家之法，妙不可言。后来，司马懿重掌兵权之后，分析说："如果是我进兵，我一定要从子午谷进攻，奇袭长安，这样夺得长安就如囊中取物。"魏延与司马懿可谓英雄所见略同，可过于谨慎的诸葛亮却未用此计，十分可惜。

后来邓艾率五千精兵，偷渡阴平，逢山开路，遇水搭桥，奇袭成都，一举成功。他没按正规进攻路线来攻打成都，躲开了剑门关姜维的大军，灭了蜀汉政权。此计与魏延之计如出一辙。

诸葛亮北伐中原能够成功的仅有的机遇就出现在这儿，因为魏主曹睿连续犯了两个错误：一是中了马谡的反间计，将司马懿的兵权解除；二是派不谙战事的夏侯惇为帅来拒蜀。这正好给了诸葛亮天赐之机，如果将这个机会把握住的话，按魏延之计，率五千精兵直取长安，自己再率军出斜谷，那么成功就在咫尺之间。

机会是均等的，也是短暂的，成功者的素质就在于能抓住稍纵即逝的机遇，哪怕是瞬间也不错过。只有如此，才能成功。古往今来成功之人，全都如此，只要机会闪现，他们便绝不放过。

孔明虽是一个聪明之人，但他失去了一个千载难逢的一统天下的机会。他博古通今，智慧超群，但却性格谨慎，不敢冒险，最终使他一辈子都不能北伐成功。

诸葛亮个性谨慎细微还使他角色定位出现偏差。唐代赵蕤的《长短经》上说："知人，是君道；知事，是臣道。无形的东西，才是有形的万物的主宰，源头不可见的东西，才是世事人情的根本。"这是警示我们应发挥人才的功用，不要细大不择，都由一个人去完成。所以说，会办具体事的人只是办事的人，而会使用人的人才可以称得上是领导者。刘邵在《人物志》中也说："一个官员的责任是以一味协调五味，一个国家的统治者是以无味调和五味。大臣们能做好某种工作为有才能，帝王却是因用人而有才能；大臣们以出谋划策、能言善辩为有才能，帝王以善于听取臣民们的意见为有才能；大臣们以能身体力行为有才能，帝王以赏罚得当为有才能。最高统治者正是因为事事精通，不必事事躬亲，才可以领导诸多有才之人。"

谨慎精细性格的人常常会关注一些细小之事，诸葛亮便是这样。他什么事都不分大小地自己去做，结果累死五丈原。他诱司马懿出战，就非常能展现他性格上的弱点。

诸葛亮知道司马懿因胆怯而缺乏出战的勇气，就想惹怒他。一天，诸葛亮率蜀兵进驻五丈原，派人送去一封书信和一盒礼物。司马懿接过盒子，打开一看，却是妇人的头饰和素衣，再看那封信，居然是嘲笑他身为大将，却和关在闺房里的妇人一样，躲着不敢迎战，没有一点大丈夫的气概。

司马懿大怒，但他压制着不愿表露出来，装出一副笑脸道："诸葛亮竟把我看成妇人了！"说罢，吩咐把盒子收起来，重赏来人。

接着，他又问来人道："你们丞相平时饮食的情况如何，他忙吗？"来人回道："丞相每天理事都到深夜，凡是刑棍在二十以上的，必须亲自定夺。然而，一天的食物却吃不上几升。"司马懿对身边的部将说道："诸葛亮的确鞠躬尽瘁，只是不肯信托别人，所以事无巨细，什么都要自己管，身为主帅是不可以这样的。况且他食少事烦，准是活不多久了！"

使者回到蜀营，把司马懿接受衣服和那番话都告诉了诸葛亮。诸葛亮听后，不觉叹了一口气说："唉，知我者，司马懿也！"原来，诸葛亮由于操劳过度，神思不宁，有时还吐血。

此事发生不久，诸葛亮就因劳累过度，病逝于五丈原。

诸葛亮无论是作为历史人物还是文学形象，其贤相形象楷模应该是千古不变的。然而，作为一个政治家，他做得是否成功，却仍有商量的余地。

诸葛亮的品德是无可指责的。但是，治理国家的人除了要德行高尚以外，权谋变化也是极其重要的。

做事稳定是应该肯定的，但凡事不能太过，太过了就站到事情的对面去了。因此，做事不能用过于求稳的心态来指导自己，否则会因此导致定位错误。

成大事者行动时自然要深思熟虑，但还要有锐气和冒险精神，一味求稳只能一事无成。

获得自由，淡泊名利

人生在世，谁都想名利双收。可假如对名利得失看得很重，期望自己位高权重，腰缠万贯，这样通常会备受折磨，轻者身心劳累，重者害人害己。实际上，如此一来，定位的起点就偏离了正确的方向。

金钱的多少跟快乐成不了正比。在生活中，很多人很有钱，但却不开心。对金钱垂涎欲滴，整日挖空心思、绞尽脑汁想得到它的人，恐怕永远也不会快乐，而且身心劳累。四大吝啬鬼之一的严监生，都快死了，连话都说不出来时，还是大瞪着两眼，直竖着两根指头不肯咽气。这样的人，"辛苦"经营了一辈子，挣下了万贯的家财，本来是可以带着"成就感"心满意足地去了，可他却怎么也不愿咽下仅剩的一口气。旁边的族人皆不明白严监生直竖的两根指头到底是什么意思，还是赵氏比较机灵，她发现严监生的两眼死死地瞪着桌旁的油灯。油灯里有两根灯草，严监生伸着两根指头不就是不满意燃着的两根灯草吗？按照严家的规矩，本着"节俭"的原则，必须灭掉一根灯草才好。于是，赵氏赶紧跑过去熄掉了一根灯草。这招真是灵验，灯草刚熄，严监生就咽气了。

世上类似于严监生这样临死还被自己无尽的贪欲摧残的人虽然很少，但为了名、为了利，整日处心积虑，乃至绞尽脑汁的人比比皆是。生命对每一个人来说都是一次单程旅行，没有回头路可走。所以，尽量使自己的灵魂沉浸在轻松、自在的状态，这就是最好的。

严监生毕竟只存在于小说中，现实生活中的胡长清却是被名利二字引向了不归路。胡长清身居副省长的要职，是要名有名、要利有利之人，但他仍旧感到不满足。他嫌副省长之名太过严肃，也想附庸风雅，来个青史留名。他身为一个重要领导，到哪儿都少不了给人家题词，这可是留下墨宝的好机会。社会上不少善于钻营、溜须拍马之人摸透了胡长清的心思，在付出了极大的代价讨得胡副省长的"手迹"之后赞扬不绝，搞得胡长清变得飘飘然，还真以为他除了当副省长之外还应该当个书法家协会副理事长才行。更为可笑的是，痴于虚名到了极点的胡长清，在入狱之后，知道自己罪不可赦，要不了多久就会被判死刑，于是跪在狱警面前，痛哭流涕地对狱警说他不想死，他愿意坐牢，在牢中他会给狱警们写书法，让狱警们拿着他的“墨宝”去卖个好价钱。他未曾可知，从他东窗事发之日起，以前所有留下的“墨宝”，早不知让别人扔到哪个垃圾堆里去了。可叹一个胡长清，折腾了很久混上了副省长，却怎么也摆脱不了无尽欲望的控制，要钱不怕多，要名嫌名小，最终落得个万人唾弃的悲剧结局。这就是最典型的因名利之心过重导致心态失衡，最终招祸的例子。

每个人不可避免地都有名利之心，但一个人要求富贵，必须取之有道、符合国法。就生活的价值而言，如果我们能够体味人生的酸甜苦辣，未曾虚度光阴，心灵阳光充实，则不管我们是贫是富皆可以满足了。当代人很多都很浮躁，总是费尽心机地追逐名利地位。一旦愿望实现不了，便口出怨言，甚至生出不良之心，采用不义手段来为自己谋利，结果只会因此使自己遭难。庄子曾说过：“不为轩冕肆志，不为穷约趋俗，其乐彼与此同，故无忧而已矣。”这句话大意是说，那些不慕名利的人，不会因为高官厚禄而沾沾自喜，也不会因生活窘困、前途无望而趋炎附势、随波逐流，在荣辱面前一样达观，也就没有什么忧愁。庄子主张“至誉无誉”。在他看来，最大的荣誉就是没有荣誉。他把荣誉看得很淡，认为名誉、声望、地位什么都算不上。尽管庄子的“无欲”“无誉”观有许多偏激之处，但当我们为官爵、金钱所累的时候，何不从庄子的训教中找到一些可以使用和借鉴的东西呢？

富贵荣华生不带来，死不带走。假如我们对这一点看破，对于世间的荣华富贵不执著、不贪恋，则我们的心胸自然就会平静如水。

活着就是幸福

生活并不在于拥有财富才有价值，才幸福，而是拥有生命就是真正的幸福。

在休斯敦的住宅区里，如果住的是平房的话，通常前后都有院子。喜欢养花弄草的人都会把前院收拾得五颜六色，修剪得有模有样。黄昏散步，路过不同的花和草，也是让人心情愉悦的一件事。特别是在夏天，草长得疯快，剪草机的声音此起彼伏，草香四溢。剪草通常得用电动剪草机，而像贝蒂太太如此修草的，却极其罕见。贝蒂太太家花园的草是用割草机割过后，再用尖刀一下一下细细地修剪过的。路过的人，总会被这片草地的美所折服，贝蒂太太干干瘦瘦，眼睛却显得炯炯有神，只要天气不坏，她总是戴着一顶大草帽，不厌其烦地在那片草地上忙碌。

贝蒂夫妇退休多年，现在七十多岁了，儿女都没有和他们生活在一起。贝蒂先生身体不好，他动得不多，常常看见他坐在临窗的椅子上，苍老的脸上流露出满足的笑容。

贝蒂太太极健谈、热情。见到年轻人，她会走上去和他们聊天，问问近来好不好，学校忙不忙，有没有想家，也会亲切地给他们一个拥抱。

有时候，邻居的中国留学生做了中国炒面，会端一盘过去。贝蒂太太看见了，会向姑娘活泼地眨眨眼睛，也不去接，直直地走到屋子旁，敲敲开着的门，朝着贝蒂先生大声地讲：“打扰一下，贝蒂先生，有美女来访。”然后，自己也情不自禁地笑起来。姑娘笑着放下炒面，走过去拉拉贝蒂先生的手。他用有些呆滞的眼神看着，问：“怎么，还没有恋爱？”

“没有啊，贝蒂先生，我忙得一塌糊涂，根本没时间谈恋爱呢。”“我们还恋爱呢，你说是不是，老头子？”贝蒂太太拥着贝蒂先生那瘦得见了骨头的肩膀，很亲切地吻他憔悴的脸。贝蒂先生回过头，四目对视，温馨柔情在静静地流淌。

9月下旬，街上还有人薄衣飘飘地享受夏天最后的余温。第一阵凉风里，秋天不可抗拒地来临，贝蒂先生病逝了。

整整一个星期，草坪上没有了贝蒂太太的影子，几株杂草也长得很高了。她家的窗子放下了薄纱帘子。邻居很担心，前去叩门，那常开的大门紧紧闭着，上面贴着一张贝蒂太太手写的字条：亲爱的邻居，我很好，我很好，请放心，我需要的只是时间而已，谢谢。

贝蒂太太再出现的时候，已经要穿着风衣了。草仍然碧绿，只是贝蒂太太瘦了些，精神还可以。见到送中国炒面的姑娘，她脸上浮现出一抹虚弱的微笑，走上前将她紧紧地拥住。姑娘心一酸，眼睛就不禁红了。

“Are you OK?”姑娘叹叹气然后问道。“I am fine.”贝蒂太太笑笑说，“你看，”她指着她的花圃，“你看，花开花落，草长草枯，生命就是这样的。”她叹口气，将头抬起望望天空，眼睛斜斜地望向贝蒂先生常坐的那个窗子，像是对贝蒂先生说：“亲爱的，我还活着，就会好好地生活下去。你说是不是，亲爱的？”

因为活着，所以幸福！

第五章　年轻人修正自己的性格

性格决定命运

人们通过改变自己的性格，进而改变自己的命运。这个发现关系到每个人的成长与快乐，它告诉我们人人都可以获得幸福和快乐，人人都会拥抱成功，获得的途径就是从改变自己的性格开始。

我们每个人的命运都不是先天注定的，我们的性格并非天生。良好的性格是后天不断地锤炼与打磨而逐步形成的。

自然状态下的铁矿石几乎毫无用处，但是，假如将它投入熔炉煅烧，然后进一步提纯，再进行锤炼，放入一个流筒模型之中，它就能变成很精细的器皿。

人的性格也一样。只有不停地打磨，克服不良的性格，将性格向好的方向转化，才能发挥它的作用，帮助自己获得成功。

成功在一定程度上意味着获得尊敬，意味着最大限度地实现自我价值。但成功不是某些人的专利。只要你有强烈的成功意识，只要你坚定不移、态度上进，只要你信心十足、拥有坚定而崇高的信念，只要你能够发挥你的性格优势，即使你是一个小人物，也能成功。成功并不偏爱某些特殊人群，成功之于任何人都是平等的。

“平民首相”詹姆斯·梅杰是一位杂技师的儿子，16岁时就被迫辍学。他曾因算术不及格没有当成公共汽车售票员，饱尝了失业之苦。但这并没有打垮年轻的梅杰，这位能力非凡、具有坚定信念的小伙子终于依靠自身的奋斗走出了困境。经过外交大臣、财政大臣等8个政府职务的锻炼，他最终成为了首相，登上了英国的权力之巅。有趣的是，他也是英国历史上唯一领取过失业救济金的首相。

也许有人因为自己文凭太低而消沉，哀叹生不逢时。但每个人都应有一颗坚持的心，只要意志不倒，我们就会成功。

高尔基说得好，社会是一所大学。当我们融入社会，积极对社会思考时，当我们为自己在这个社会找到坐标后，我们就有成功的可能。

每个人都是一座金矿，每个人都有无比巨大的潜能，而发掘者只有我们自己。人生的命运就掌握在自己的手中，人生成功与否由自己来决定。假如深谙这些道理，我们就不会因为自己是一个穷人、是一个下层人物而怨天尤人、牢骚满腹或愤愤不平，懒于行动而坐以待毙。下定决心，勇往直前，拼搏奋斗，成功就属于我们自己。

每个人性格中都有优点和不足。如果整天抓着自己的弱点不放，那么你将会越来越弱。我们应该学会强调自己的优势，这样才可以变得自信和成功。

不要把自我想象的缺陷误以为是真的缺陷。多数有自卑性格的人总是把注意力放到自己身上，喜欢放大自己的缺点，总以为自己处处低人一等，因而看不到成功的希望。相反，接受自己，放大自己的优点，成功也就在不远处。

很多人把自己性格上的弱点当做失败的理由，拒绝跳出自己编织的网，也就永远走不出失败的沼泽。

实际上，性格完全可用后天的自我修养来完善。所谓性格的自我修养，是指个人为了培养优良性格而进行的自觉的性格转变以及控制行为的活动。自我修养是培养优良性格的必要途径，又是个人掌握自己的必备能力。

所有美好都来自于修饰。世上的每个人，无论他多伟大、多有名……都不过是一棵需要不断修剪的树，任何性格，都是在不断的修补中日臻完美；任何人，都是在不断的打磨中锤炼成才的。

使用同一种材料，一个人也许会盖成宫殿，一个人可能会筑成茅舍，一个人可能会建成仓库，一个人可能会建成别墅。同样是红砖和水泥，建筑师可以将它们建成别致的东西，农民只能盖鸡舍。人的良好性格也在于自我创造。不经过一番努力，良好的性格就不会自发地形成。它需要经过不断的自我审视、自我约束、自我节制的训练。正是因为这种不断的付出，才会使人感到振奋，令人心旷神怡。

著名科学家富兰克林年轻的时候下决心克服一切坏的习惯和性格弱点。为此，他给自己制订了一份性格修养计划，即节制、静默、守秩序、果绝、诚恳、勤劳、真诚、节俭、公平、稳健、整洁、宁静、坚贞和谦逊。同时，为了督促自己逐步完成这些项目，他把这13项内容记录在小本子上，画出7行空格，每晚都做一番自省，如果白天犯了某一种过失，就在相应的空格里记上一个黑点。

就这样，富兰克林持之以恒，每晚都花一些时间自省，终于让这些代表性格缺陷的黑点符号逐渐消失了。富兰克林晚年撰写自传时，还特别谈起青年时代训练良好性格的付出，认为自己的成绩应当归功于自我节制。

玉不琢，不成器。自我修养在个人性格的发展过程中发挥着重大作用，它是教育的补充力量，也是良好性格的发展方式。一个人的性格，未经过精心的自我完善，不可能自然而然地达到优良高尚的境界。

伟人也好，庸才也好，任何人的优良性格都是在后天实践活动过程中，不断进行自我修养的结果。

性格召示命运

1. 性格的类型

人的心理可分4种根本机能：思考——事物概念化，是以逻辑的方式判断理解的知性机能；感情——属于主观判断，是对事物评价的机能；感觉——透过感觉器官，直接并具体地认知事物的机能；直觉——通过无意识的管道，将知觉传达给我们的机能。

人一般有两种性格：外向或者内向。外向型的人，心理活动多倾向于外部，活泼开朗，活动能力强，容易适应环境的变化。内向型的人，遇事沉着，处事慎重，交际面窄，适应环境能力差。

综合两种性格与四种根本机能，八种不同类型的人的性格形成了：外向思考型、外向感情型、外向感觉型、外向直觉型、内向思考型、内向感情型、内向感觉型、内向直觉型。

每一个人至少具有一种性格类型，兼容其他，完全只有一项的情况是不存在的。

2. 外向思考型

这种类型的人比较通情达理，不独断、不任性，行事比较理智，通常会在进行客观的分析和仔细考虑之后，再做出结论。他们压抑感情、崇尚思考，对艺术活动、兴趣培养、朋友交际等，不是排斥就是阻止。

这一类型的人，对人对己都采用相同的基准，不管是与人相处，还是区分美丑善恶，都会以这个基准为优先。他们会根据自己的分析和观察制订一套模式，关于时代潮流他们知觉敏感。但他们深信，这种理性的生活方式是最好的，反之则是错误的。他们对原则过度追求，所以有时反而显得目光短浅、缺乏弹性。

模式舒缓有余的人，懂得生存之道、组织能力强、激奋人心，勇于改变环境气氛，在经营事业上具有统率能力；模式刻板缺乏思想的人，强迫别人向自己学习，好争辩。

这是两个极端，而外向思考型的许多人介于两者之间。

男性中外向型思考的人所占比例大，思考机能在男性身上表现得较为发达。

3. 外向感情型

这种类型的人以女性为主。感情第一，思考其次，但她们的思考机能并没有停滞，有时反而十分活跃，但始终都只是感情的附属品。

她们太注重感情，会有一定的顺应性，没有对理性坚定的主见。比如，美术馆中某位著名画家的作品，只因世人都说有价值，她们就以为有价值。又比如择偶，只要身份、年龄、职业、收入、背景等常识性的要求合适，虽然二者相处并不愉快，也会依世间的标准而感觉幸福。

因过于顺应，有时会给人肤浅之感、矫饰、忸怩作态。她们看起来总是时时沉醉于感情中，但转眼间又投入一种完全不同的感情，给人浮躁、善变的印象。

这种类型的人适于做中介人，有良好的知识修养，生活方式健康。她们一般拥有良好的人际关系，社交频繁，能与人和谐相处。

4. 外向感觉型

这一类型的人对客观事实十分敏锐，注重具体的事实。当他们凭感觉具体地享受某种事物时，必定能体会出生命的喜悦。

他们乐观愉快，最关心的事情就是晚餐吃什么好菜，什么电视节目好看。只要每天生活得快乐，他们就能满足，是典型的快乐主义者。拜感觉所赐，他们一般善于接触，拥有庞大的业务资料或人际资源，因而业绩显著。

这一类型的人和外向思考型类似，但缺乏理想，不能律己，只重现实，喜好交友，约会时绝对不会令对方觉得无聊。穿着打扮不差，对眼前的事物却过于在意，给人虚荣的印象。他们如果过度注重感觉，就会变得喜欢追根究底，猜疑心重，气量狭小。

一般而言，这种人不愿意受道德的束缚，想要过毫无束缚的生活。

5. 外向直觉型

这一类型的人，具有洞察客观事实背后的可能性的能力。他们看重的不是实际，而是可能性，并且对可能性不懈地追求。安定的生活环境对他们而言，就像地狱一般令人窒息。

当他们开始追逐可能性时，基于对自身直觉的自信，会表现得非常热衷，勇往直前，简直可以称为冒险家。但是，一旦遇到瓶颈无法突破，热情就会立马衰减下来，甚至干脆放弃。

他们具有很强的把握机会的能力，而对新的可能性出现时，他们能立即将过去的一切抛开，全身心地投入进去。

这类人的生活规则，完全依照自己的直觉。他们对一般的道德、法律、宗教等并不十分热衷，也不懂得尊重他人的主张、信仰和生活习惯，常被评为目中无人、冷酷残忍、缺乏道德。企业家、商人、政治家等，有不少是这一类型的人。

这一类型的人，男性似乎不及女性多。

6. 内向思考型

这一类型的人和外向思考型一样崇尚理性，只不过方向是对内而非对外。他们在自己的内心建立起一个理性的世界，绝不因麻烦、危险、他人评价、情感等原因而放弃。因为不在乎客观的东西，对别人的意见也不接受，单纯地为理性而理性，其方式就显得主观、顽固和倔强。

他们对旁人有些漠不关心，旁人对他们而言就像一种累赘，他们常给人自我、冷淡、旁若无人的印象。有些时候，他们也会显得恭敬、亲切、和蔼，但表现得却不合时宜，因为这并不是发自他们的内心，而是担心害怕被他人坑害，采取了“防患于未然”的对策。所以，他们特意表现出来的恭敬态度，反而更像一种讽刺，显得轻浮又不高明。

因此，这一类型的人很容易被人误解，由于他们社交能力差，又不懂得如何博取别人的好感。了解他们的人，会对他们的随和充实的内心赋予很高的评价；不了解的人，则认为他们冷漠、孤僻、夜郎自大。

他们的优点是具有抽象的思维模式，缺点则是过于主观而无法与现实相容。他们不愿意与周遭事物和人际关系妥协，摩擦在所难免。同时，对别人的评价他们也不在意，也不爱好自我宣传。只有遇到相知之人，才能展现其深沉的魅力。

7. 内向感情型

内向感情型的人，以女性居多。她们的感情受主观、内在的因素控制，不易为人觉察，因而常成为他人眼中“沉默、孤僻、厌恶粗俗的人”。

对于了解不深的人，她们显得彬彬有礼、捉摸不定，对他人有些无动于衷。但事实上，她们只是对相交不深的人很难表现得亲切、热诚，所以有了拒绝、冷漠的姿态。

她们对外界事物的确不太关心，多半会用善意的中立态度来评判，时不时地也会显出优越、批判的态度，因而易给人骄傲自大的印象。

但她们并不冷淡，一旦她们内在的情感倾泻出来，能量将非常巨大。比如，当她们对某人产生同情时，绝不会是泛泛的，而是非常深刻的同情。就是由于过度深刻，她们甚至更会陷入感同身受的悲哀中，无法说出安慰、鼓励这些矫饰的话。所以，她们会被周围的人，特别是外向型的人视为冷淡。

8. 内向感觉型

这一类型的人，对自己的内在感觉和思想掌握得非常准，且对此非常看重。他们的内在非常丰富，感觉细腻而敏锐，但又不像外向感觉型那样容易将感觉和情绪形之于外。他们习惯将细腻丰富的感情藏在心底，自我欣赏，或通过音乐、艺术等形式传递出来。但结果往往是，他们的表达不能够被人们所理解。

对于他们而言，内心感觉的变化和愉悦值得细细品尝，这方面的愉悦是人生最重要的幸福。他们对人性非常了解，对于社会人文也有独到看法，因而天赋都非常高。一旦这一类型的人取得成功，往往能成为某一领域的大师。音乐家、影视人、画家中，这一类人比较多。

但对于外人来说，这类人往往有些古怪、疯狂，难以理解。特别是初次见面的人，多数不会对他们产生良好的印象。而一旦更为深入地了解他们后，就会被其美好的内在所深深吸引，并为之折服。

9. 内向直觉型

这类型的人可能成为预言家或艺术家，因为他们面对不断变幻的内部条件，能够敏锐地抓住自己内心的感觉，不会受其他事物的迷惑。

他们给人的印象是讨厌和现实接触，也不尽力去适应现实，一副“现实生活怎么样都无所谓”的样子。其实，他们只是对“作为社会的一部分，对周围的人多少会发生联系和影响”的意识相当薄弱，对外界事物没什么反应，才被外向型的人认为是故意轻视世俗。

这一类型的人很少会去思考人生的道理，或为此而苦恼。他们讲话主观性强，难以被人理解，又缺乏令人心服口服的论据。

他们一般有为人腼腆、太过客气、缺乏自信、犹豫不决的印象，既不善于人际关系，也不太会表现，显得毫无内涵，极为无趣。其实，他们同内向感觉型相同，有着非常丰富的内在，只是不善于表现罢了。

法国著名作家司汤达说："做一个杰出的人，光有一个合乎逻辑的脑袋远远不够，还要有一种强烈的气质。"

气质这个概念很古老。早在古希腊时期，有一个叫希波克拉底的医生便提出，人的体内含有4种体液，它们是血液、黏液、黄胆汁和黑胆汁，这4种体液构成了人体的性质。其他的古代医学家为了说明人体的性质和区别，气质这一术语便产生了，并且根据这4种体液中哪一种在人体内占优势，将人的气质分成4种类型：血液在体内所占比重大的称为多血质；黏液占优势的称为黏液质；黄胆汁占优势的称为胆汁质；黑胆汁占优势的称为抑郁质。

古代人对气质分类依据纵然不太科学，但这种分类方法一直沿用到现在。现代心理学家认为，气质是个体心理活动和行为的典型的、稳固的动力特征。人的心理活动的动力特征不同，就会表现出不同的气质特征。气质特征会使一个人身上彰显独特的色彩，从而使其内心反应和行为表现具有不同于其他人的特点。

在现实生活中，我们会经常遇到气质迥然有异的人。俄国生理学家巴甫洛夫根据长期的观察和研究，指出气质是人的高级神经活动的外部表现。他根据神经活动的基本特征，将神经活动分成4种类型，分别对应于4种气质类型。

一是活泼型。神经活动强、平衡、灵活、反应灵敏是这种类型的特点，外表活泼，能很快地适应迅速变化的外界环境，相当于多血质。

二是安静型。神经活动强、平衡、不灵活。这种类型和黏液质非常相像，他们不太灵活，难以兴奋，反应迟缓。

三是不平衡型，相当于胆汁质。这种人处在较强的神经负担下，容易造成神经活动的分裂，容易形成好战、放荡不羁的性格。

四是弱型，相当于抑郁质。弱型的儿童经常表现得行为忙乱，注意力分散，经不起长时间的太强或太弱的刺激。

了解了这几种气质类型的特点，你或许会急于判断一下自己以及亲朋好友属于哪一种气质类型的人。但是，你可能会发现很难将自己简单地归于哪一类。你比较直率热情，同时自制力也很强，或者稳定安静而又具有灵活性，这是很正常的。上面我们说的只是4种典型的气质类型及其特点，大多数人可能具有这种或那种类型的特征，有可能主要偏向于一种类型，或者是具有几种气质特征混合而成的。所以，不能单纯地把一个人归入某一种气质类型。在现实生活中，以某一种气质类型为主和混合型气质类型的人居多。

我们经常听到有人说："你这个脾气怎么就是改不掉啊？真是江山易改，禀性难移！"人的脾气难改，实际上指的是人的气质不容易改变。

一个人的气质为何不易改变呢？这是因为气质与遗传因素特别是和大脑高级神经系统的特性密切相关。在后天的生活中，气质就形成了一个人心理活动的稳定的典型的动力特征。这种动力特征首先表现在人的心理活动的速度、灵活性和强度方面，如感知的速度、灵敏性及注意力集中时间的长短、反应的快慢等。另外，还表现在心理过程的速度，包括情绪、情感的强弱程度，以及一个人内心活动的倾向等方面。例如，有的人倾向于外部事物，对人热情，乐于交际；有的人倾向于内部，与别人交往感到不自在，比较喜欢独处。若是对生病的朋友，外倾的人可能拉着朋友的手，问寒问暖，同情之心溢于言表；内倾的人可能只是用眼神给予朋友以安慰，并默默地为朋友端茶倒水。

正是因为人的神经类型是由遗传决定的，是相对稳定的，人的气质因而有很强的稳定性，这就是“禀性难移”的原因所在。但是，人的神经类型也是可以随时改变的。人生活在社会环境中，必然要受到环境的影响。在教育环境的作用下，一个人的高级神经活动也会不断得到塑造和改变。因此，本性难移是不完全的，人的气质也是可以在一定程度上改变的。

林则徐曾经脾气暴躁，经常被小事激怒。后来，他意识到自己的这个毛病，下决心要改掉它。于是，他手书“制怒”二字挂在书房里，时时提醒自己。终于，他靠着坚强的意志改掉了这个毛病。

气质是我们每个人都具有的一种宝贵的先天禀赋，既有遗传的色彩，又有生活的印记。它使我们每个人在行动中表现出独特的性格。各种气质都与众不同，因而无所谓优劣之分。多血质的人不必沾沾自喜，抑郁质的人也不必怨天尤人；具有多血质气质倾向的人不一定会成功的，具有抑郁质气质也的人不会注定失败。不管属于何种气质，明智的人都能利用自己的禀赋，使自己的生活丰富多彩，使事业乘风破浪。没有完美的人，自然没有完美的气质。我们要善于发现自己气质中的弱点，并努力去克服它，从而让自己的气质不断完善。若你是抑郁质的人，就要注意增强自信心；若你是黏液质的人，就要练习提升反应的速率；若你是胆汁质的人，就要努力克服急躁、易冲动的特点。对于我们每个人来说，重要的是认清自己，正确而客观地评价自己，在实践中逐步地完善和丰富自己。我们应该意识到：“江山易改，禀性也能移。”

各种气质都与众不同，因而无所谓优劣之分。

根据性格规划自己

年轻人要知道：每个人的性格都有不足和优点。一味去弥补自己性格缺点的人，只会使自己停滞不前；而发挥自己性格优点的人，却可以使自己出类拔萃。

一个人的性格特征将决定其婚姻选择、交际关系、生活状态、职业选择以及创业成败等，从而在根本上影响一个人一生的命运。如果将一个人比作一栋大厦，那么性格就是这座大厦的钢筋骨架，而知识和学问等则是融于骨架间的混凝土。钢筋骨架决定着大厦能建成高耸入云的摩天大楼还是低矮的简易楼房，性格则决定着你的一生是平平常常、悲剧不断还是建功立业、让人敬仰。

每个人的人生道路都不可能是一帆风顺的，处于逆境时，要学会充分地调节内在自我的情感，及时调整好情绪。经常利用性格的强项，避免性格的缺点，你的人生就有可能立于不败之地。

既然性格影响着一个人的命运，我们就要正视自己的性格，合理地利用自己的性格优点，这样才能达到成功的顶峰。不能正视自己性格缺点的人，只能在成功的脚下徘徊。我们可以列举出自己身上诸多性格的优点，也可以列举出一系列性格的缺点。然而，性格的优点和缺点，就像一个硬币的两面，它们相辅相成、相互依存，谁也不可能离开谁。“最大的长处所在，往往也是最大短处的根源；最大优势的发挥，经常显露最大的弱势。”每个人只有看清自己的优点，明白自己的缺点，善待自己，不断地使自己完善，才可能获得成功。

知道了性格优劣及价值悬殊之后，我们就应将目光投向自己的性格深处。

人类一方面贵为“万物之灵”，是大自然的最高主宰者；另一方面，人类也是有弱点的。19 世纪，墨西哥版画家阿·波萨特创作过一幅题为《七种不应有的恶习》的版画，画面上有 7 只魔鬼般的动物，行动飘忽地向一个人扑去。这 7 只动物分别代表懒惰、妒忌、谗言、骄傲、酗酒、发怒、吝啬 7 种恶习。其实，人类的恶习远不止这些，常见的还有粗暴、愚蠢、懈怠、粗心、轻佻、胆怯等。

人的性格总会表现出两面性——既有优点，又有不足。人性的组合总会表现出许多矛盾，性格中相反的两极总是在互相抗争。假如积极因素击败了消极因素，这个人便表现为良好的性格；反之,就会呈现出低劣的性格。每个人的性格都是极其丰富和复杂的,一个人对世界的认识很大程度上是从自我认识开始的。及时对自己的性格进行分析,将有助于张扬性格中的优点,舍弃或弥补性格中的缺憾,认清自己,救治缺陷,才会拥有更圆满的人性和人生。

不同的性格优点不同,同时,不同的性格也包含着不同的弱点。每一个热爱生活的人都应该使性格中积极的一面处于上风,并努力消除性格中的不良因素。只有这样,才能使生活呈现无限的亮色。

发挥自己性格优点的人可以使自己出类拔萃。

根据性格来选择工作

年轻人每个人的个性都与众不同,找工作时就要根据自己的性格来选择工作。不可否认的是,一个人的工作成就与其学历、努力程度都有关系,但这些关系并非是决定性的,关键是性格特点与所从事工作的契合程度。试想,一个喜欢思考,文静沉默而不擅长与人打交道的人,如果从事推销工作,就算施尽全身能力恐怕也难尽人意。所以,先对自己的性格进行定位,根据这一定位的指导来选择工作,对事业、人生的成功意义重大。

人的性格不可能完美无缺,总会有这样那样的"毛病"。因此,及时为自己的性格会诊、定位显得非常重要,这个世界上的人没有最好的性格,只有更好的性格。你只有不断地对自己的性格扬弃和优化,才会获得理想的人生。进行性格定位,可以确切地知道自己喜欢什么,从而能去做与自身性格吻合、自己喜欢的事情。

一定要从事自己热爱的事情才会有所成就。但实际上,很多人在寻找工作的时候,都不知道自己要做什么,总是做一些自己不喜欢做的事。

一位工程师不喜欢现在的工作想跳槽却下不了决心,因为他做现在这个工作已经很多年了。如果突然换一份其他工作,他害怕会不适应新的工作。

想要改变现状,但又抛不开过去的包袱,必然不能有所突破。

既然知道自己再继续做下去也不会有兴趣,就要果断地决定:转行!做自己喜欢的事情毕竟是令人兴奋的,也更容易激发自身的创造力和想象力,并最终取得卓越的成就。

每个人都必须当机立断去从事自己热爱的事情。当知道自己已经走错方向时,就要及时地掉转头,朝正确的方向走,才能达到理想的目的地。假如明知走错而还要向前,最终必定会一败涂地。

要改变自己目前的状况,要使自己更加自信,要让自己做事更有成效,我们就必须做出更好的决定,采取更好的行动。

从事你热爱的事情其实是很困难的。大多数的人多半都在做他们讨厌的工作,却又逼着自己把讨厌的事情做到最好。他们常常丧失动力,时常遇到事业的瓶颈,而没有办法突破。他们不断地征求别人的意见,却还是照着一般的生活方式进行,凡事没有进展,原地踏步,这些肯定不是他们所期望的。但是,由于种种原因,他们当中却很少有人尝试改变自身的现状。其实,要找到自己真正喜欢的工作,只需要把自己认为理想和完美的工作条件列出来就一目了然了。

你的能力就是你的资本。你能做什么?这是你对自己最好的质问。如果一个人位置不当,用他的短处而非长处进行工作,他就会在永久的卑微和失意中沉沦。反之,如果选择自己的长处来工作的话,则会使潜力无限发挥并最终成功。以下就有几个典型故事印证了这一点。

多年前,有一位男孩愿意牺牲一切,只想实现自己的歌剧演员梦。他的父母花钱让他上课,就像如今的父母花钱让小孩上音乐课、舞蹈课一样。但几年的练习之后,他的老师对他是否能成为职业演员充满疑问,不抱希望。"孩子,"老师告诉他,"你的声音听起来就像风吹着百叶窗!"

然而,男孩的母亲十分信任她的孩子,因为她曾经热切地参与他的演唱会,每天在房间里倾听他认真练习。因此,她送他到另一位更有经验的老师那儿学习。为了给儿子付学费她没钱买新鞋,有时甚至挨饿。这个男孩名叫卡罗素,后来成为那个时代最伟大的男高音——因为他的母亲倾听了他的心声,引导他发展了天赋。

英国著名将领兼政治家威灵顿小的时候,连他母亲都以为他是弱智。他几乎是学校里最差的学生,别人都说他迟钝、呆笨又懒散,什么都不行。他什么特长也没有,而且没想过要入伍参军。在教师和父母看来,他的刻苦和毅力是唯一可取的优点,但在46岁时,他打败了当时世界上除了他以外最伟大的将军拿破仑。

伽利略是被迫去学医的,但当他被迫学习解剖学和生理学的时候,他学习着欧几里得几何学和阿基米德数学,偷偷地思考研究很难的数学问题。他从比萨教堂的钟摆上发现钟摆原理的时候,年仅18岁。

再也没有比一个人的事业使他受益更大的了。事业增强其体质,锻炼其肌体,促进其血液循环,敏锐其心智,纠正其判断,将其潜在的才能唤醒,迸发其智慧,使其投入生活的竞赛中。

二十几岁在选择职业时,首先应该思考的并非赚钱多少或怎样最能成名,而是应该选择最能让你全心全意投入的工作,选择能使你的品格发展得最坚强和最善于团结人的工作,应该选择与你的个性最吻合的工作,应该选择最能使你无限发挥潜能的工作。

先对自己的性格进行定位,根据这一定位的指导来选择工作,对事业、人生的成功意义重大。

以人为镜

如果没有参照,我们永远也无法完全了解自身,也不懂得自己究竟拥有什么样的才能。直到某一天,我们看见有个人因为某项才能而取得了成就,而自己也恰好有这些才能时,我们才会恍然大悟:"哦,原来这也是项本事,那我能够做得比他更好。"

这就是能力的觉醒。事实上,很多人都因此找到了人生的定位,发现了原先不知道的自身优势。

克里夫·杨是澳大利亚的一个普通农民,他的生活十分困难,甚至没钱买匹马或摩托车用来牧羊。在暴风雨到来前,他必须出去召回他的羊群,有时候要夜以继日地跑两三天。这是一件又苦又累的活,但他必须这样做。事情常常有利有弊,结果是他提高了身体素质,锻炼了自己的腿脚。

澳大利亚每年都会举行从悉尼到墨尔本的耐力长跑比赛,全程875千米,要跑上五天(每18小时,可以休息6小时),有150人报名参赛,都是训练良好的长跑高手。

这一年,克里夫·杨已经61岁了,他也报了名。

"他行吗?""能跑下来吗?"人们对他毫无信心,许多人甚至劝他不要参赛。他却信心十足地说:"我能行!我经常跑上两三天追赶羊群,这次只是再多待两三天,没问题!"

参赛的选手通通是30岁以下的青年,比赛一开始就把克里夫·杨远远甩在后面。但他闷不出声,只用均匀的速度不停地向前跑。同龟兔赛跑一样,在其他选手休息的间隙他稍稍休息一会又接着向前跑。于是,跑到晚上时,他已将多名选手抛在身后。跑到第二天,他竟超过了大部分选手。最后,他以5天15小时4分的好成绩取得第一名,比以前的记录整整缩短了9个小时。

1997年,76岁的克里夫·杨再露头角,力图成为年龄最长的环澳长跑参赛者,为无家可归的儿童募集资金。整个赛程16000千米,他已完成了6520千米后因母亲生病而被迫退出比赛。

2000年,他在一项1600千米比赛中跑完了921千米。一星期后在他盖里布兰德的家中病倒,从此以后就没有跑的力气了,轻度中风结束了他英雄般的长跑生涯。

2003年11月2日,久病之后的克里夫·杨,这位世界长跑运动史上的传奇人物溘然辞世,享年81岁。

“杨氏碎步”因被认为更符合空气动力学、更省力而被一些超级马拉松选手纷纷效法。据悉,在墨尔本长跑的优胜者中,至少有3名是凭“杨氏碎步”取胜的。而如今的有上进心的选手再也不能花大量时间睡觉了,他们必须像克里夫·杨那样日夜不停地奔跑,才有机会超过其他的人。

克里夫·杨本来可能在墨尔本郊外的农场做一辈子牧羊人,根本未曾意识到自身有长跑的才能。但是,他在得知有这样一项耗时5天的马拉松比赛后,发觉自己也可以完成,便来碰碰运气,证实一下自己。这一证实,就一发不可收拾——他成为人类长跑史上的神话,成为一个传奇。

而这一切的转变,只因为他发现自己也能像长跑选手那样跑得很远、很久。

其实,我们每个人都可能具有某种特别的才能,但自己没有发现。这时候,参照他人来定位自己,就显得更加重要。比如,自从观看莫奈的《日出印象》后,凡·高得到了启示,发现自己最喜欢的东西就是颜色,并运用印象画派技法开创了“表现主义”的风格,一位艺术巨匠就此诞生。

参考他人来为自己定位,是了解自己、挖掘自身特质最实用的方法,也是最简便、最好操作的方法。如果你是一颗藏在贝壳中的珍珠,看到鹅卵石因其圆润细腻的质地而受宠,一定会生出许多别的想法吧。

如果没有参照,我们永远也无法完全了解自身,也不懂得自己究竟拥有什么样的才能。

成功藏在想法中

成功在于你的想法中。为了成功,你首先必须相信你会成功。以下就是你在每一位成功人士身上都会发现的技能、天赋和特征。

1. 成功的人心怀梦想

他们存在十分明确的任务感和显著的目的性,他们清楚地知道他们想要的是什么,不会轻易地被别人的想法和观点所左右。他们的意志力非常坚定,头脑睿智而富有思想,对于成功的渴求,为他们带来了出人意料的收获,他们总是能完成一些其他人认为不可能完成的任务。

获得成功必须要有合理的想法。所有杰出人士关注的都是事情的结果,从不为自己寻找借口。很多人都会为自己没能办好事情而找借口,想尽办法去解释。但是,渴望成功的人是不会找借口来解脱的。

2. 成功的人有野心

他们渴望完成工作,拥有高度的热情、使命感和自信心。他们非常自律,拼命工作,甚至加班加点。对于成功,他们的欲望非常强烈,为了完成工作,他们愿意付出任何代价。

成功源自于工作努力,而生命中的快乐也来源于工作和因此而获得的成功。

3. 成功的人是专注的

他们专注于最为重要的目标,不会受到其他事物的干扰。他们一定不办事拖沓,对于他们准备的重大方案,不到最后一刻,不会让方案就此搁笔。他们的工作是繁忙而卓有成效的。

4. 成功的人知道如何将事情办好

他们能够在最大限度内运用自己的知识、技能、精力和天赋。他们做那些必须做的事情，而不仅仅是那些喜欢做的事情，他们努力上进并高效地完成工作。

快乐在于工作的进展和完成之中，而并不在于最终的结果。

5. 成功的人敢于对他们的行为负责

借口不是他们的挡箭牌，他们不埋怨别人，也从不抱怨。

6. 成功的人总是不断地在寻求解决问题的方案

他们拥有可以识破机遇的头脑。当机遇被他们发现时，会很好地利用这些机遇。

7. 成功的人具有决断力

他们仔细研究各种相关的因素和事实，充足地思考和讨论，然后果断地做出决定。成功的小技巧：在当你做出决定以前请多花一些时间去思考和制订周密的计划，这样你就会做出更好的决定。

8. 成功的人勇于承认错误

当你犯错误的时候，承认它、改正它，然后继续前进。绝不可浪费精力、时间、金钱或者其他的东西去为一个错误或错误的决定而辩解。

当人们做错了事情的时候，他们也许会向你坦白。如果他们能很好地解决这些错误，他们就会向他人承认自己犯了错，甚至因自己的率直和宽广胸怀而自豪。但当人对自己的错误不敢正视，而将错误藏藏掖掖的时候，往往会变得更有戒心和更为愤怒。

9. 他们具备成功所需要的技能、天赋和严格的培训经历

成功的人拥有与众不同的培训经历，或者是技能，或者是天赋。他们明白成功需要什么，如果他们还不具备这些，他们就会努力去寻找具备这些东西的人。

10. 成功的人知道如何与他人共事和合作

他们的性格偏外向，在他们的周围聚集着许多为他们提供帮助与支持的人，而他们则是领袖。

11. 成功的人是狂热的

他们会因自己正在做的事情而激动，并将这种激动传递给他人。他们能将人们笼络在周围，因为人们愿意与他们一起工作，变成生意上的搭档。

性格并无好坏之别，我们每个人的性格都有好的一面，也有不好的一面，关键是我们怎么去运用性格。我们应该努力学习，向成功人士多取经，努力向成功型性格靠拢。这样一来，每一种性格的人都可以成功。

我们应该努力学习，向成功人士多取经，努力向成功型性格靠拢。

找到自己的特质

如同世上没有相同的两片树叶一样，上天造人也从来没有重复过。然而，很多时候，我们对别人的特质会羡慕，觉得他们的优点是那样突出，而自己又是那样平凡。

其实，我们大可不必羡慕别人。与其花费那个时间，不如好好地正视一下自己，挖掘出属于自身的真正特质来。天生我才必有用，特质决定了每个人拥有不同的命运。

但是，我们有多少人真正去发挥和找寻过自己的魅力和特质呢？聪明的人，在羡慕别人的精细；善良的人，在别人的气度下无比崇拜；坚强的人，在赞赏别人的灵慧；努力的人，在嫉妒别人的天分。很多人忽视了，自己钦佩的那些人，也是一点点培养、积累自己的特质，才成长为现在这个样子。当然，他们也可能曾向自己钦佩的人模仿过，但他们从来都没有放弃自己的天分和本质，最终走上了真正属于自己的路。

著名主播王小，刚刚进入电视台做主持人时，非常想学习另一位著名主持人说话的方式。但后来她却发现，始终学不会。于是，王小最终选定了自己的路，坚持自己的风格，挖掘自己的特质，后来终也取得了成功。

做回你自己。只有这样，你才能打造出属于自己的人生。

我们所具备的特质远远比学过的东西重要。每个人都不一样，能找到自己合适位置的人，就可以过得五光十色；在与自己不搭调的环境中左冲右突的人，却可能碰得头破血流。

有人问了：那我们怎样发现自己合适的位置呢？要知道，这样的幸运只会降临到少数人的头上。对此，回答有二：首先，这不是幸运，而是可以由自己来改变和规划的东西；其次，最大限度地挖掘自己的特质，就能找准人生的位置。

每个人的特质都与众不同。

特质对发展的作用

一个人的特质如何，决定了他可以发挥到何种程度。就像一个努力想要成为作家的人，不管他再怎么勤奋写作，如果对文字缺少良好的感觉，也始终写不出感人肺腑的文章。

现在是一个能人辈出的时代，是天才绝对不会被淹没，除非你刻意掩藏自己的天分。即使你是一个天才，如果没有挖掘出自己的特质，也会对环境感到不适应，或许还会觉得自己一无是处，就此碌碌无为地打发了一生。

做人做事，光有努力和坚持的态度远远不够，关键在于有没有找对自己的路。路找对了，你就可以事半功倍，成功有望；路找错了，你就可能一事无成，一无所获。

刘翔最开始练习的并非跨栏而是跳高。经过刻苦的锻炼，刘翔的横杆在快速提高一段时间后，再提高变得十分困难，加大训练量也收效甚微。教练对刘翔无奈地说："你的腿再长5厘米就好了。以你现在的情况顶多是个亚洲冠军。你好好考虑一下，是否放弃跳高……"

1996年，12岁的刘翔从此改练跨栏。

2004年雅典奥运会110米栏赛场上，刘翔闪电般第一个到达终点，一举成名。

假如当年刘翔继续练跳高，或许最终只是个亚洲冠军。

在能够充分展示自己特质的舞台上，每个人都能够成为跨栏的刘翔。特质决定发展，特质是支持我们持续地、正确地发展自己才能的推力。

战国时期，秦昭王听说孟尝君贤能，就先派泾阳君到齐国作人质，并希望与孟尝君见面。孟尝君为此很受感动，准备去秦国，而门客都不同意他去，他便取消了这次出行的计划。公元前299年，孟尝君终于被派往秦国，秦昭王喜出望外，立即把秦国的宰相给了孟尝君。有的臣僚劝说秦昭王："孟尝君的确贤能，可他是齐王的同宗，现在在秦国做宰相谋划事情必定是先替齐国打算，而后才考虑秦国，秦国可要危险了。"于是，秦昭王就罢免了孟尝君的宰相职务，并把他囚禁起来，图谋将他除掉。孟尝君感到情况紧急，就让人冒昧地去见秦昭王的宠妾请求解救。那个宠妾提出条件说："我希望得到孟尝君的白色狐皮裘。"他来的时候有一件白色狐裘带在身边，价值千金，天下没有第二件，到秦国后就献给了秦昭王，再也没有别的狐皮裘了。孟尝君为这件事发愁，问遍了门客，也想不出办法。这时，有一位能力差但会偷盗的人讲："我能拿到那件白色狐皮裘。"于是，他当夜化装成狗，潜入秦宫的仓库中，盗出那件狐皮裘，拿来献给了秦昭王的宠妾。这位宠妾心满意足，便替孟尝君向秦昭王说情，秦昭王将他释放了。

孟尝君获释后，更换了出境证件，改了姓名从城里逃走了，在夜半时分到了函谷关。秦昭王后悔释放了孟尝君，便来找他，发现他已经逃走了，就马上派人前去追捕。按照规定，函谷关到鸡叫时才能放客人出关。孟尝君担心追兵赶来而心急如焚。门客中有个能力较差的人会学鸡叫，他一学鸡叫，周围的鸡都跟着叫起来了。孟尝君立即出示证件，逃出函谷关。约过了一顿饭的工夫，秦国追兵果然到了函谷关，但孟尝君早已逃之夭夭。当初，孟尝君把这两个人安排在门客中的时候，门客都感到非常丢人，觉得脸上无光。结果孟尝君在秦国遭到劫难，反而靠着这两个人获得解救。从此，人们都佩服孟尝君招贤纳士不分等级的做法。

天生我才必有用。每个人的特质都不同，用好了，即使是鸡鸣狗盗之人，也能立下大功；用不好，即使是天才，也拿不到世界冠军。

只有在最适合自己发挥的地方，我们才可以做得比他人更好，才能将其他竞争者远远地甩在后面。

在分工越来越精细的现代，我们想要在某一领域取得成就，就要将自己的特质善加利用。

不要忽视兴趣

兴趣是人们最大的优势，一个人可能有多种能力，但他能够做得最成功的东西，必定是他最感兴趣的东西。如果我们渴望在竞争中占据优势，最好的办法就是追寻自己的兴趣，因为兴趣就是我们最大的优势。

每个人的体内都潜藏着某项才能，但它们可能正在酣睡，一旦被激发就势如破竹，而能够引导这些才能的就是兴趣。如果缺乏兴趣的引导，我们固有的才能就会变得迟钝并失去力量。

德国著名数学家、科学家高斯，8 岁的时候到了乡村的小学念书。他的数学老师布特纳是一个城里人，十分傲慢。他认为，穷人的孩子天生很愚蠢。

有一天，布特纳出了一道算术难题：计算 1 + 2 + 3 + …… + 100 = ?

学生们动笔演算起来 1 加 2 等于 3，3 加 3 等于 6，6 加 4 等于 10……再加下去，数越来越大，很不好算。

不到十分钟，小高斯就举起了答案，“老师，最后的结果是这样的吗?”布特纳头也不抬，挥着那肥厚的手，说：“去，回去再算！错了。”他想这么快不可能有结果。

但高斯仍然坚持要让老师看看自己演算的答案，布特纳只好不耐烦地从书中抬起头来，问：“是多少?”高斯很肯定地回答：“5050。”

布特纳愣住了。这是一个正确的答案。他结结巴巴地问：“你，你用什么方法算出来的呢?”高斯解释道：“因为 1 加上 100 是 101，2 加上 99 是 101，3 加上 98 是 101，像这样一直加下去 50 加上 51 也是 101，一共有 50 组，和都是 101，所以答案就是 5050。”

独到的数学思路，出众的计算能力，使布特纳不敢小看高斯。后来，他还特意从汉堡买了最好的算术书送给高斯，说：“你已经超过了我，我什么也不可能教给你了。”

正因为高斯对数学一直充满浓厚的兴趣，终于成为“欧洲最伟大的数学家”，有“数学王子”“数学家之王”的美誉，甚至被称为“人类的骄傲”。人们对他的学术奉献非常推崇，称他为人类有史以来“三位最伟大的数学家之一”，与阿基米德、牛顿齐名。

高斯是幸运的，因为他能够在自己感兴趣的地方发挥能力，终身翱翔在数学的美丽世界中。世界也是幸运的，因为他们有了一个十分伟大的数学家，贡献出许多有利于人类发展的知识和理论。

从事感兴趣的事情，能最大限度地激发我们的才能，让它如永不枯竭的泉水一般汩汩冒出。兴趣既是才能的导师，也是才能的源泉。人类在发展的历程中，所有有所建树的大人物，都是在自己有兴趣的领域大展才能，他们推动着历史的车轮滚滚前进，将兴趣这一最大的优势发挥到极致。

兴趣能够最大地激发我们的才能，使它发扬光大。

特长是最好的财富

每个人都有特长，每个人的特长都与众不同。当然，不是所有的特长都“看上去很美”，比如吃、喝、玩、乐、打哈哈；而有的特长却一听就很高尚，比如琴、棋、书、画。

《淮南子》“道应训”篇记载，楚将子发喜好结交有特殊才能的人，并把他们招揽到麾下。

有个其貌不扬、号称“神偷”的人，也被子发待为上宾。

有一次，齐国进犯楚国，子发率军迎敌。三次交战，楚军都被打败了。子发旗下不乏智谋之士、勇悍之将，但在强大的齐军面前，仍然无计可施。

这时“神偷”请战。他在夜幕的掩饰下，将齐军主帅的帷帐偷了回来。

第二天，子发派使者将帷帐送还给齐军主帅，并对他说：“我们的士兵出去打柴捡到您的帷帐，特地赶来奉还。”

当天晚上，“神偷”又去将齐军主帅的枕头偷来，又由子发遣人送回。

第三天晚上，“神偷”连齐军主帅头上的发簪子都偷来了，子发同样找人送回。

齐军上上下下听闻此事，甚为恐惧，主帅惊骇地对幕僚们说：“如果再不撤退，恐怕子发要派人来取我的人头了。”于是，齐军不战而退。

这样的“神偷”，难道没有用处吗？由此可见，特长并无好坏之分，只有用得是不是地方。用对了地方，特长就是人生的财富。

南宋理宗景定四年（公元1263年）的一个清晨，黄浦江边一艘船正要抛锚起航。忽然，舱底上来一个蓬头垢面的青年女子，跪到船主面前，央求将她带到闽广海南。

原来，这人就是年仅18岁的黄道婆。多年来，她跟棉纺织业结下了不解之缘，手拴到了棉纱上，心织到了棉布里，总思考如何提高工效。有一天，她看到了从闽广运来的棉布，色泽美观，质地紧密。后来，又见识到海南的黎族、云南高原上的彝族所生产的匹幅长阔而洁白细密的“慢吉贝”、狭幅粗疏而色暗的“粗吉贝”等，不由得对那些地方产生向往，暗想若是能学到那里的纺织技术，该多好啊！

黄道婆的家乡乌泥径，是南宋统治集团重点搜刮地区。近年来，很多人贫苦异常，便抛家弃业，漂泊天涯，另寻活命地方。黄道婆的婆家没有破产，而她却无法继续生活。尽管她比蜜蜂勤快，比牛马还累，却仍会受骂挨打夺寝禁食。上这艘船的前一天，黄道婆天刚放亮就下地干活，太阳落山才回家，疲乏得进门躺在床上就和衣睡着了。残暴的公婆不问三七二十一，恶骂不止。黄道婆挣扎着爬起来分辩几句，便马上被拖下床来毒打一顿。丈夫不加宽慰反而加鞭助棍。打完后，还把她锁进了柴房，不让她睡觉和吃饭。胸怀壮志的黄道婆痛苦到了极点，再也不甘忍受这封建牢狱的折磨，决心挣脱封建礼教枷锁，摆脱这个黑暗的家庭。她知道，长江岸边，没有她的活路，便确定就此弃乡远航，探访最新的纺织技术，实现夙愿。半夜，她打穿了屋顶，逃出来，奔向黄浦江边，躲进商船舱底……

老船主听黄道婆倾吐了痛苦的遭遇和求艺愿望，看着她一身破衣烂衫，满脸血痕泪水，不由得又敬重、又同情，便当即点头应允了她的请求。于是，黄道婆登上船头，遥望乌泥径，洒泪告别了自己的出生地，随船南渡。那时，交通工具简陋，航海技术低劣，黄道婆不避风险，忍着颠簸饥寒，闯过惊涛骇浪，先到了占城，随后到了崖州。她看到当地棉纺织业非常发达，便谢过船家，在海南落了脚。

崖州的木棉和纺织技术强烈地吸引着黄道婆，朴实的黎族人民真诚地招待她，欢迎她。她同这些兄弟姐妹结下了深厚的友谊，喜欢上了那里的座座大山、片片阔林。她拿起了著名的黎幕、鞍搭、花被、缦布，瞅着那光彩明亮的黎单、五色鲜艳的黎饰，爱不释手，喜不自禁，赞美不止。为了早日掌握黎家技术，她刻苦学习黎族语言，心记、耳听、口练，努力和黎族人民打成一片，虚心地拜他们为师。她对黎族的纺棉工具加以研究，学习纺棉技术，废寝忘食，争分夺秒，像着了迷一样。每学好了一道工序，会用一种工具，她的心就仿佛吃了蜜一样甜。灿烂的友谊之花，结出了丰硕的技术之果。黎族人民不仅在生活上热情照顾黄道婆，而且把自己的技术毫不保留地教给了她。聪明的黄道婆把全部精力都倾注在棉织事业上，又得到这样无私的帮助，很快就熟悉了黎家全部织棉工具，学会了她们超前的纺织技术。黄道婆的满头青丝换上了白发，丰润的脸上刻下道道深而密的褶皱，但她还是精神抖擞、深钻细研、刻苦实践、锲而不舍，三十年如一日，终于成为一个技艺精湛的棉纺织家。她有力地影响和推动了我国棉纺织业的发展，她的业绩在我国纺织史上灿然发光。人民对她无比崇敬、热爱，她逝世的时候，纷纷捐资将她安葬在上海县曹行乡。上海群众曾不断地为她兴立祠庙，其中规模宏大的先棉祠，在每年4月黄道婆的诞辰都有人赶来致祭。

黄道婆既没有如花的美貌，也没有轰动一时的历史事件，却留下了永远的好名声。她本是一名普通的老百姓，纺织是她唯一的特长，根本入不了当权者的“法眼”。但是，心灵手巧的黄道婆就凭着这一项特长，最大限度地给老百姓带去了实惠，在历史上占据了“著名纺织革新家”的重要地位。

有特长的人，假如可以对自己的才能加以善用，就能使它变成人生的巨大财富。很多人都在感叹自己一无所有，要钱没钱，要权没权，要门路没门路，一辈子都不能发达。其实，你很可能正坐拥宝库而不自知，只要对自己的特长善加利用，人生就将与众不同。

只要对自己的特长善加利用，人生就将与众不同。

健全的个性带来成功

心理研究成果显示，一个人性格的好与坏在很大程度上对其事业成功与否、家庭生活幸福与否、人际关系良好与否起决定性作用。健全的个性是事业成功的基础、家庭幸福的根基、人际关系良好的基石。

心理学家多次告诫世人：改善你的个性，健全你的个性，扼住命运的咽喉，做命运的主人。要改善自己的个性，健全自己的个性，前提就是认识找到自己性格中存在的缺陷，对症下药，为明天的成功打下一个良好的基础。

最早关于性格心理学的学说是卡雷努思根据古希腊名医希波克拉底的“液体病理说”所提出来的“四气质说”。“四气质说”将人的性格总体上分为“阳刚”、“平淡”、“忧郁”及“急躁”几大类，不同的个体都是其中的一种，这种学说直到今天也让人深有同感。卡雷努思在指出不同的性格对人的一生有不同的积极作用之后，又提醒世人，不同的性格仍有其弱点，必然对人的一生产生消极影响。对如下问题我们要重视：作为独立的个体，我们该怎样完善自己的个性？作为将来的人夫或人妻、人父或人母，我们如何培养孩子健全的个性呢？

哪些是健康、健全的个性呢？心理学者杰拉德指出：能将内心对重视你的人敞开是性格健全的重要特征。同时，要拥有健康的性格，向别人敞开心扉是最佳的手段。

在通常情况下，为了尽力去适应社会，不与社会发生冲突，大部分人都会不同程度地压抑自己。在社会生活中，这是必需的，只是压抑过分就有身心障碍产生。所以，杰拉德强调，即使在社会生活中频频压抑自己的人，至少应该要有地方发泄胸中的郁闷和不满情绪的地方。这是拥有健康性格的必要条件之一，但是，自我开放并不是越高越好。

人与人之间的交往，若一方抱着很高的期望，另一方却关起心灵的大门，两人便无法沟通和交往。所以，敞开自己心怀绝对是发展密切朋友关系的重要条件。然而，一见面或在公开场合过度吐露自己细腻复杂的心情，只会让听话的人迷惑不解，不知所措。所以，自我开放必须看场合，而且要适可而止，才能培养健康的人格。

显然，“健全”包含“健康”和“全面”两方面的含义。健康的个性已经解释过了，现在再谈谈全面。这里要澄清一个误解。有人认为，所谓全面的个性，就是各种性格都囊括，全都融合在一个人身上，这其实不对。个性之所以为个性，必然有与众不同的地方，方能称其为个性。一个什么样的个性都有的人，现实生活中是一定不存在的。即使是那些左右逢源、八面玲珑的交际高手，也不可能什么样的个性都有。至于伟人，他们更是以某方面突出的个性魅力来吸引、感染着群众。

“个性”这个词本来就已表明了它的独特性，既然如此，那么，全面的个性是什么意思呢？我们认为，它是对一个人个性成熟的理论描述，成熟的个性即是一种全面的个性，它以某种突出的性格特征为代表，将其他性格特征融入其中，从而使代表性的性格特征更加完善，取长补短，尽显人格魅力。

社会发展到今天，人的各方面仍没有得到全面发展。由于种种原因，人所固有的气质的某些消极方面被不断强化，走极端的人比比皆是。当今时代是一个充满激烈竞争的市场经济社会，机会不会白白送上门，人的心理随时会承受各式各样的失败、压力、挫折。瞬息万变的信息要求我们能准确把握信息的诸多方面，有能力获取信息，占有信息。全球日益成为一个地球村，我们有同国内外各种人士进行交流的可能和机会，这就需要我们拥有丰富的阅历和在各种环境中从容自如的应变力……复杂的社会需要健全的个性。

伴随社会的进一步完善，人的全面发展有了更多的可能。在未来的社会，没有健全的个性，人的才华非但不能充分体现，反而会不知所措，举步维艰。

社会越是文明，越是进步发达，大家就越要保持自己的处世原则，对发展方向进行准确的规划。要成为杰出的人才，健全的个性更不可少。

了解自己，把握方向

人生就像汪洋大海，我们就像驾驭着自己躯壳的舵手，必须顺利、圆满地驶向彼岸。假如对自己了解不够，就会像不够了解自己船只的船长一样，在大风大浪前面束手无策。

战国时期，齐威王的相国邹忌长得相貌堂堂，身高八尺多。一天早晨，邹忌穿戴好衣帽，照着镜子，对他的妻子说：“我与城北的徐公比，谁漂亮？”他的妻子说：“您漂亮极了，徐公哪里比得上您呢？”城北的徐公，是齐国的美男子。邹忌不认为自己会胜过徐公，就又问他的妾：“我同徐公比，谁漂亮？”妾说：“徐公根本就不可以同您相提并论。”第二天，有客人从外面来。邹忌同他坐着闲聊，又问他：“我同徐公比，谁漂亮？”客人说：“徐公不及您美丽啊。”又过了一天，徐公来了，邹忌仔细地看他，自己感觉不如徐公美丽，再照镜子看看自己，觉得自己远远不如徐公漂亮。夜晚躺在床上想着这件事，终于明白了：“妻子认为我漂亮，是偏爱我；妾认为我漂亮，是害怕我；客人认为我漂亮，是有求于我。”

于是，邹忌上朝拜见齐威王，说：“我确实知晓自己不如徐公好看。可是，我的妻子偏爱我，我的妾害怕我，我的客人有求于我，他们都说我的漂亮胜过徐公。如今齐国有方圆千里的疆土，百余座城池，宫中的妃子没有谁不偏爱您，朝中的大臣没有谁对您不害怕，全国范围内的人没有谁不有求于您。由此看来，大王您受蒙蔽很深啦！”

这则故事给我们的启示是人要是不能清楚地了解自己，就会迷失在别人或环境制造的假象中，就不能作出准确的判断。而周围的人各有各的目的和意图，是很乐意给我们制造这种假象的。

对自己清楚认识的人，懂得自己的斤两，知道什么事可以做，什么事不可以做。可以做的事情，他们知道如何去实行；不可以做的事情，他们懂得怎样采取对策。

刚即位的汉惠帝看到丞相曹参成天都邀请人聊天喝酒，似乎根本就没有用心为他治理国家似的。惠帝感到很纳闷，又想不明白究竟为何，只以为是曹相国嫌他太年轻了，看不起他，所以不想竭尽全力辅佐他。

有一天，惠帝就对在朝廷担任中大夫的曹窋（曹参的儿子）说："你若有空时，就顺便试着问问你父亲，你就说：'高祖刚死不久，现在的皇上却很年轻，还没有治理朝政的经验，正要丞相多加辅佐，一起治理好国事。可是，现在您身为丞相，却整天与人喝酒闲聊，一不向皇上请示报告政务；二不过问朝廷大事。假如这样长久持续下去您怎么能治理好国家和安抚百姓呢？'你问完后，看你父亲怎么回答，回来后将答案回禀给我。不过，你千万别说是我让你去问他的。"曹窋领会了皇帝的意思，找了个机会，一边侍候他父亲，一边按照汉惠帝的旨意跟他父亲闲谈，并规劝了曹参一番。曹参听了儿子的话后大发脾气，大骂曹窑说："你小子懂什么朝政，这些事你可以问吗？还是该你管的呢？你还不赶快给我回宫去侍候皇上。"一边骂，一边拿起板子把儿子狠狠地打了一顿。

曹窋遭到父亲的打骂后，兴致低落地回到宫中并向汉惠帝诉苦。惠帝听了之后，就更加感到莫名其妙了，不知道曹参为什么会发那么大的火。

第二天下了朝，汉惠帝把曹参留下，责备他说："因为什么原因你打曹窋呢？他说的那些话是我的意思，也是我派他去劝说你的。"曹参听了惠帝的话后，立即摘帽，跪在地下不断叩头谢罪。汉惠帝叫他起来，又说："你有什么想法，请照直说吧！"曹参想了一下，就大胆地向惠帝禀告说："请陛下好好地想想，您跟先帝相比，谁更贤明英武呢？"惠帝立即说："我怎么可以跟先帝相比呢？"曹参又问："陛下看我的才能与萧何相国比较，谁强呢？"汉惠帝笑着说："我看你不如萧相国。"

曹参接过惠帝的话说："陛下说得非常正确。既然您的贤明比不上先帝，我的德才又比不上萧相国，那么先帝与萧相国在统一天下以后，陆续制定了那么多完备有效的法令，在执行中又都是卓有成效的，难道我们还能制定出胜过他们的规章法令吗？"接着，他又诚恳地对惠帝说："现在，陛下是继承守业，而不是在创业。因此，我们这些做大臣的，就更应该遵照先帝遗愿，谨慎从事，恪守职责。对已经制定并执行过的法令规章，更不可以随意变更。现在我如此按规矩行事，不是很好吗？"汉惠帝听了曹参的解释，便说："我明白了，你不必再说了！"

在朝廷曹参当了三年丞相，极力主张清静无为不扰民，遵照萧何制定好的法规治理国家，使西汉经济进步，政治清明，人民生活日渐提高。他死后，百姓们编了一首歌谣称颂他说："萧何定法律，明白又整齐。曹参接任后，遵守不偏离。施政贵清静，百姓心欢喜。"

假如曹参对自己不够了解，认为具备比萧何更杰出的才华，擅自改变先朝遗留下来的法令法规，就会失了身为丞相的分寸，把国事搞得一塌糊涂。

其实，了解自己并不难，但收获却无限大。这种了解就像一把最公平的标尺，时时提醒我们不犯错误，校正我们的偏差，使我们在明确的航道上最迅速、最直接地到达人生的目的地。

了解自己比了解别人可能更难，但我们又必须比谁都要了解自己。

第六章　年轻人可以做错事，不可以做错人

忍的学问

在现实生活中，我们会遇到很多需要自己忍让的人或事。处于不利地位的时候，我们应该学会先忍一步，别违背中庸之道，而选择走极端，那样往往会使情况向对自己更不利的一面转变。我们所说的“忍”并非不反抗，更不是不讲原则，亦不是低声下气任人摆布，而是在忍耐中等待机会，用明智的思考去博取更大的成功。也许初入社会，你经常会做错事，这不要紧。假如不懂得一点隐忍之道，事事急躁、火暴，那一定会成事不足败事有余。那这样的人就会招人厌恶，也就是说，这样的人实际是做错了人。

做人做事必须讲原则，可是在不违背自己本性和社会道德准则的范围内，学会忍耐是必要的社会生存法则。

有句话说得好：忍人之不能忍，方能为人上人。忍，不但是修身养性的良药，更是一种高深的处世之道。每个成功者，几乎都是以惊人的耐力度过人生最痛苦的阶段，走上成功之路的。

陈程是一个名牌大学的高才生，大学毕业后他来到上海。这时的他内心有无数憧憬，早就渴望大展宏图了。可是，在这个人才遍地的大城市里，他所学的东西好像根本没有用武之地。于是，他变得整日抱怨不已，说自己怀才不遇，理想无法实现。王刚是陈程的朋友，同时也是一个大型商场的销售总监，看到陈程每日苦痛郁闷的样子，决定帮他一下。

一天，王刚约了几个同是从流水线上渐渐发展成为朋友的人，叫上陈程，一起去一家饭店吃饭。因为是事先商量好的，在餐桌上，几位朋友轮流聊起了自己创业的艰辛史，其中有两个人虽然只有初中学历，可现在他们的事业都蒸蒸日上。陈程受到了大家的感染，第二天就打电话给王刚说他有工作了，在一家饭店当服务生。虽然这是一份看上去不太体面的工作，可是王刚依然替他高兴，庆幸陈程迈出了人生的第一步。

一个月以后，陈程打电话给王刚说自己升职了，因为老板认为他善于交际，就让他做了大堂领班。过了半年时间，陈程被提升为总经理助理，而且老板对他的才华十分欣赏，没用一年的时间就提拔他做了副总经理。

陈程非常高兴，他没有忘记帮过他的王刚。于是，他请王刚去吃饭。席间陈程感慨地说，假如不是当时王刚摆下的那个用心良苦的饭局，他现在还不知道在哪里漂泊呢。王刚对他说：“假如你无法放下架子，始终以一个大学生自居，别人再怎么样也帮不了你呀！”

现实正是如此，一步登天很容易，但只有“高人”才可以有这样的奇迹。所以慢慢忍耐，等我们长成“高人”的时候再说。有些人不屑于做小事，总是好高骛远，心浮气躁，所谓的大事其实已变成诸多空想，结果一事无成。要忍住浮躁之气，把自己摆在正确的位置上，一步一个脚印地向前，才会有所成就。放下自己的身份，也是一种忍耐。假如你有真才实学，自然不必担心没有人发现。只有我们先放下心中的那杆秤，才能取得一定的成就。

忍耐本身已经是一种能耐了，它是每个成功人士必须具备的素质，要能忍住一时的委屈，才可能为以后的人生打下基础。保持冷静的头脑，智慧地运用忍，把它作为成功路上的垫脚石而不是绊脚石。

一位推销员来到一家大公司，他想跟总经理谈下一笔生意。按照惯例，他是一定要过秘书这一关的。秘书恭恭敬敬地把他的名片递到总经理手上，一如预期，总经理非常不厌烦地把名

片丢回去，说：“又是推销，赶快让他走！”秘书很无奈地将名片退回，还给了站在门外目睹了这一切的推销员。推销员不敢苟同地又把名片递给秘书，对秘书说：“没关系，我下次再来拜访，所以还是请总经理把名片留下吧。”秘书没能抵抗住推销员的坚持，无奈之下只有硬着头皮再次走到总经理办公室。

总经理当时就火冒三丈，他把名片撕成两半，丢到秘书脸上。秘书开始后悔进来了，她没想到会是这样的场景，只是愣在原地不知所措。总经理叹了口气，从包里拿出20元钱说：“20元买他一张名片，总可以了吧！”

谁想到在秘书把撕成两半的名片和20元钱拿给推销员时，推销员却异常开心，他大声说：“请你跟总经理说一声，20元能买两张名片，这么说来，我还欠他一张。”接着推销员又递出一张名片交到秘书手中。此时从办公室传来笑声，总经理出来说：“你是位优秀的推销者，相信雇佣你的公司也是优秀的，所以我同意和你合作。”

忍天下难忍之事，成常人难成之事。当我们不能摆脱烦恼时，不要急着往前冲，不妨先后退两步。正所谓退一步海阔天空，能让我们把前面的路看得更清楚，从而做出正确的判断。可以忍耐，我们便可勇敢向前。忍耐即是成功之路，在这条路上必然充满了诱惑和坎坷。只有我们敢于挑战这些阻碍我们的因素，才有可能化险为夷，在劣势中取得成功。当然，在大是大非面前不能一味地委曲求全，那是真正软弱无能、任人欺凌的无用之人。

能做到忍住小事，忍住激愤，忍住困苦，忍住了别人眼中的懦弱，你成功的概率也会大很多。

忠言逆耳利于行

一位哲人说：“批评极少受到欢迎，最需要批评的人往往是最不喜欢批评的人。”事实确实如此，当我们在受到别人的批评时，第一反应常常是横眉冷对，而不是诚恳聆听。即使是善意的批评，我们都常因怒火而忽视其中的善意。而事实上，静下心来想想，批评其实是种关心，人生在世能有人去批评你，就说明他还在关注你，而非对你漠不关心。批评你的人是在及时地为你扫除“灰尘”，要想少犯错误少走弯路必须接受批评，才能少走弯路。有句话叫“揭短短变长，护短长变短”，说的就是这个意思。

有些人非常喜欢被溜须拍马，乐意被人戴高帽子，尽管表面上装出一副“欢迎批评”的样子，可是心中却是非常排斥批评，忌讳别人“揭短”。假如有人冒犯了他们，他们就会使用手中的权力或者各种手段找那些人的麻烦。这样的人把自己的尊严看得比真理还重要，但结局常常是周围的朋友都是拍马溜须之人，没有一个坦诚相待的。长此以往，难免脱离群众，成了孤家寡人，这种事情确实可悲。

正所谓“一样米养百样人”。人分很多类，在处世方法上各不相同。你也许会发现，有许多人喜欢天天和你说好听的话，有的人看到你不对就批评和指责，有些人非常热情，也有的人非常冷漠，只考虑自己的利益。在这么多种人里，分辨好坏是很难的，而你是不是常常鲁莽地把挑自己毛病的人归为“拒绝来往户口”呢？

再有，周围的人对自己的一生影响很大，许多人因为朋友而成功，也有许多人因为朋友失败，更有甚者因朋友而倾家荡产。也许你会说，既然“朋友”如此可怕，那么不如不交朋友。这种想法则更是错得离谱，在社会上没有朋友几乎是寸步难行。所以，你总是要面对“交朋友”这个问题。交到好朋友，你能受益一生，至少不会受到伤害。反之，却常常是误入歧途。当你发现一个朋友不好时，常常为时晚矣。虽然很难分辨朋友的好坏，但有一类朋友一定是值得交往的，那就是会批评和指责你的人。

和那种只会说好话的人比起来，那些喜欢挑你毛病的人的确可能让你厌烦，因为他说的你都不喜欢听。也许在你正得意的事上，他会泼你冷水；在你有满腹的计划时，他会毫不犹豫地指出其中的问题。于是你知道他不会说好听的话，便开始慢慢远离他。可是假如选择和这种朋友断交，你就是傻子，因为他不是你的敌人，而是你最好的朋友。

生活在二战时期的乔治，在维也纳曾是一位小有名气的律师。可是因为战争的原因他被迫逃去瑞典，从那时起他开始了默默无闻的生活。

乔治知道，除非他能找到一份工作，否则自己将无法生存下去。庆幸的是乔治的外语不错，能熟练地说好几个国家的语言。于是，他想如果在一家进出口公司担任秘书工作应该不是问题。可是，几乎他拜访的所有的公司都回信告诉他，由于战争原因他们不需要这个职位，不过他们会把乔治的名字存在档案中，在需要的时候会联系他。

本来就很沮丧的乔治在看到其中一家公司的回信后变得非常气愤，信中这样写道：你对公司生意几乎不了解，而且你完全不懂这项工作的性质，你连用瑞典文写求职信都是错误百出，语法也不通顺，不要说我们现在根本不需要秘书，即便是需要，也不会录用你。

乔治当时就拿起笔来准备反驳并痛骂那个发信人。写到一半时，他停了下来，心想：这个人或许说得有道理？我的确学过瑞典文，但这并不是我的母语，或许我真的犯了很多我不知道的错误。如果事实真是这样，如果我想得到一份类似的工作，就一定要努力学习。虽然这个人是用这种难听的话来表达他的意思，可是对我来说却是一个警钟。我怎么能谩骂帮助自己的人呢，相反，我还要感谢他。

于是，乔治又拿出一张稿纸写道："您能在百忙之中看到并回复我的信，我非常地感谢，而且您还指出了我许多错误和不足的地方，这无疑很有帮助。对于我对贵公司生意不甚了解的问题，我表示歉意。我之所以写信给你，是因为我知道你是这一行的领导人物。我并不知道我的信上有很多文法上的错误，对此我表示惭愧，现在我准备重新开始努力学习瑞典文以改正我的错误，希望我下一封瑞典文求职信将非常准确。"

出乎意料的是，乔治居然在几天之后收到了那家公司的来信，信上说让乔治去他们公司面试。乔治不解地前去面试，最后获得了一份梦寐以求的工作。

对于那些批评你的人，也许你常持愤怒反驳的态度，可是忽略了指出你错误的人恰恰是你最应该感谢的对象，因为他给你提供了一次改掉缺点、完善自我的好机会。乔治因此获得了理想的工作，你如果能做到这一点，收益也许比他还大。因为赞美固然会让自己风光无限，而批评则会让你变得冷静。

在社会上行走的人，都会尽量做到不得罪人，所以很多朋友都是宁可说好听的话让人高兴，也不说让人厌烦的话。当然，并不是说所有赞美你的人都是"坏人"，但是站在朋友的立场上，如果他只会说好话，那就是没尽到一个做朋友的义务，或者根本算不上是朋友，不仅不指责，还进一步"赞美"的人则更是居心叵测了。即使这种人不害你，他对你的成功也起不到促进作用，与这样的人交往无异于浪费时间。

不过，很多人在遇到说好话的人时不知对错，感觉很快乐，而这些只说好话的朋友则可能是顺着你的意思让你高兴了，他们在利用你，许多人为朋友所累就是这个缘故。相比较而言，那些让你讨厌的"乌鸦"朋友就比较实在，至少他不会拖累你，他的出发点是为你好。就像美国总统杰克逊说的："批评你的人是你最好的朋友，因为他让我们更加小心谨慎地做事。"

对于批评你的人，不能因为他说你的不是而产生怨恨，而应该感谢他们，不管他是出于恶意还是善意，不管他的批评让你恼羞成怒还是幡然醒悟。恶意的批评虽然让你痛苦，可是你把心态调整好，就会发现批评无所谓善恶，因为在这个竞争无处不在的时代，批评是一种激发你改正和向上的力量。

所以，从现在开始感谢批评你的领导，不管他的脾气多么刁钻古怪，无论他是平易近人还是严厉，他都是你认识性差异的启蒙老师。感谢批评你的朋友，无论你们的价值观是不是类同，朋友的指责甚至是谩骂都有可能让你变得智慧且包容。感谢你的竞争对手，无论是情敌还是职场中的竞争者，缺少对手的游戏将是枯燥的，他们的加入让竞争显得扣人心弦，他们也将成为你前进的动力。感谢所有批评你的人，因为不管他们是在老生常谈还是花样翻新，且不说批评会让你更加完美，起码能锻炼你的耐力和适应能力。

赞美固然会让自己风光无限，而批评则会让你变得冷静。

勿做社会“隐形人”

张强是个内向的人，他进一家公司5个月之后，感觉自己被遗忘了。当初他是被大老板亲自招聘到公司的，可是自从进来以后，他和大老板说话的机会也没有了。由于不擅长搞好人际关系，顶头上司对他不闻不问，不过倒是经常找他的搭档——一个活跃的女孩聊天。张强感觉自己在上司眼中好像是多余的，虽然想多参与一些工作，可每次都是出力不少，但到了论功行赏的时候却没他的份。张强这才明白，假如不让上司彻底了解自己，即使闷头做得再好也没用。

在生活中，类似的事情常有发生，比如当你进入某个场合一段时间，做了很多努力却没有任何人关注你和认可你——毋庸置疑，此时你可能已经陷入“隐形人”的尴尬境地。在社会中处于“隐形”地位的人常常是孤独和寂寞的。让他们痛苦的不是他人的排斥，而是自己的存在毫无意义。同时，这种“隐形”的状态会阻碍他们自身的发展，被“隐形”会让很多机遇失之交臂。而对于这类人本身，他们也会在“隐形”的尴尬中越陷越深，走不出来。

社会中的“隐形人”都是一点点形成的。作为一个初来乍到者，如果不主动去和别人打招呼，自然会被人逐渐遗忘，就像上文中提到的张强。所以，你一定要明白究竟该谁主动。比如在平时，多向人主动问好或者请教一些问题，并且不忘记说声谢谢——这些很普通的一句话都将成为双方沟通的桥梁。如果你连主动向别人表示重视都做不到，那么别人怎么可能还去重视你呢？

小敏是个性格内向的人，她默默地做了很多工作。可是让她苦恼的是尽管自己工作很尽心、很努力，但晋升的机会总是与之擦肩而过，而且也得不到上司的青睐。让她伤心的是，上司曾不止一次把她的成绩归给别人，有一次上司过来视察，居然根本想不起她的名字。

故事中小敏的“隐形人”算是做到极致了，付出很多，但顶头上司都记不起她的名字。在这个社会中，究竟还有多少默默无闻，数年甚至数十年如一日的“隐形人”呢？事实上，这些“隐形人”大多是老实人，他们始终坚信：只要努力了，就一定会得到应有的奖励。他们自以为每个人都在别人的视野中，别人对自己的努力自有明见。这类人的想法太过一厢情愿了。有这种想法的人实在应该反思一下了！事实上，很多人都容易患“眼疾”，即使你再努力，如果一直在不声不响地工作，对方都可能视而不见。严格说来，这有一部分原因在自身。通常，人们都喜欢把注意力放在比较高调的人和事上，而那些规规矩矩、踏踏实实的“隐形人”反而容易被忽视，甚至是有意被忽视，“隐形人”在现实中基本和吃亏画上等号。

李飞是一名室内设计师，他有创意、有头脑、肯努力，唯独缺乏毛遂自荐的勇气。他觉得只要自己努力了，老板总会看到的，如果主动向老板推销自己，肯定会被他看不起。

抱着这样的想法，他每天奋战在工作的第一线，常常为了一张设计而几天几夜泡在工作室内，直到最后交出完美的成绩单。因为李飞是一个不善于表达自己的人，虽然他能从自己的设计图中得到足够的自我肯定和满足，但是老板并不知道他背后的含辛茹苦，李飞没给老板留下特别的印象。因此，当一张完美的设计图呈现在老板眼前时，他认为是整个设计部一起努力的结果，从来没有因为李飞是总设计师而对他刮目相看。于是，李飞付出比其他人多几倍的辛苦，薪水却和别人拿的一样多。每次一想到自己付出的辛苦和老板的漠不关心，他都觉得委屈。在这种强烈的不平衡下，李飞提出了辞职。此时，老板平日的视而不见变成了心如明镜，他以高薪挽留住了李飞。李飞才明白，时而高调一些是对的，过于低调反而把自己变成了隐形人。

千万别抱着付出总有回报的想法不放，因为你的付出可能回报给别人。所以你应该让别人知道你的存在，知道你的能力，这样才能达到自己的目的。除非你想继续坐冷板凳，在角落中顾影自怜，不然每做完一件自认圆满的事情，都要让别人知道，让别人了解你的能力。要知道无声无息的人永远只有白白奉献的份。所以，从现在开始告别社会"隐形人"的身份。

1. 表现自我不是错

影响"隐形人"发展多半是认知上的错误。"隐形人"担心别人批评自己好大喜功，在惯性的思想深处，一直以"谦虚"为美德，不喜欢张扬，但同时对别人的"争功"行为存在非议和嫉妒心理。事实上，想改变"隐形人"的现状，扭转观念是关键。表现自我绝对不是可耻的，这个世界上假如没有表现的人，恐怕就没有天才和蠢材之分了。

你可以看看在短期内成功的人是怎样回答成功问题的，相信他们大多数说的都是"靠能力"。然而这个能力并不是通常意义上的"真材实料"，能力的种类很多，拥有能力的人也很多，但被成功挑选上的却只有那么几个。生活就像不断地走秀，一个人作秀的能力决定他在社会舞台上的号召力。

2. 张扬，但不要过分张扬

一个人在名片的职称上印上一个"副总"，这是很正常的，可气的是，他在"副总"后还加有解释——本公司没有老总。结果，看到他名片的人都笑了。

人在社会飘，仅仅"敢于表现"是不够的，还要表现得有技巧，自己的表现欲不能让人感觉太强。假如你过分张扬，别人反而会觉得你没什么本事，认为你在弄虚作假，适得其反。所以，当有机会时，要以一种恰到好处的方式表现自己。比如请别人从客观的角度助你一臂之力，这样就可以在不知不觉间让人注意到你的才干及成绩，这比敲锣打鼓的自夸效果好得多。

3. 必要的时候做点大话训练

缺少足够的信心和胆魄，也是很多人不敢表现自我的重要原因。敢吹牛的人至少有两个优势：首先他比较自信，对自己的未来充满信心；其次他心理承受力较好，不担心失败后的冷嘲热讽。敢说大话的人自我感觉和心理素质较好，而自卑的人则不敢说大话。

心理学的研究表明，适度的吹牛能够调节人的心理平衡，增加自信心，有利于身心健康。其道理非常简单：因为人是有欲望、有追求的动物，在竞争如此激烈的社会中遭遇失败和挫折很正常，所以受尊重被肯定的心理需求满足不了，这样累积下来，就会产生自卑的情绪。这时，作为一种心理的自救程序，说大话就可以启动，借机张扬一下自己的理想，为自己加油，同时也能引起别人的关注。当然，也要注意说大话不要过度。

现代社会中，做"无名英雄"可能会导致真的无名，想在"江湖"飘的人最好避开做"无名英雄"的尴尬。

己所不欲，勿施于人

人好像磁铁一样，吸引思想相近、志同道合的人，排斥异己。假如你喜欢结交慷慨大方、乐于助人的人，自己也一定要身先士卒——毕竟种什么因，收什么果。你所有的思想，最终都会回到你自己的身上。

早在很久以前，孔子就已经告诉世人："己所不欲，勿施于人。"这句话道出了做人的真谛。"己所不欲，勿施于人"是让我们用一种换位思考的态度去处世。你希望过什么样的生活，就会让别人也过同样的生活；你不希望别人那样对待你，就不要那样对待别人。

某杂志社做了一项调查：你对他人最赞赏的品质是什么？结果显示，排在第一位的是"乐于助人"。可是这家杂志社又对很多人做了一次匿名调查，结果却显示很多人认为自己在别人陷入困境时会"安静地走开"。人们在自己遇到难题的时候希望得到别人的帮助，可是在他人遇到麻烦时却置若罔闻。难怪很多人感慨世风日下，其真正原因也许就在此。在社会上打拼，如果你真的是这种人或者正在学习这种人，甚至自以为这才是为人的首选，那就大错特错了。

你自己不愿意承受的事情却要加到别人头上，换位思考一下，别人又怎么能喜欢你？即使本无利益冲突，当别人了解你是这样一个人时，怎能不让人对你怀有戒心？一旦你给周围的人留下这种印象，再想挽回声誉让人喜欢和帮助你恐怕就很难了。

以国家来说，哪个国家都不希望受到侵略和剥削，那自身就也不要去侵略和剥削别的国家；以个人来说，你当然不乐意损害自己的利益，那如果你做了有可能伤害别人的事，又怎么能认为别人不记恨你呢？

马辉工作了几年之后有了些积蓄，于是回老家自己开工厂生产食品。厂子虽然不大，可是在他的老家来说算得上是大名鼎鼎了，他挣了很多钱。因为马辉不甘心满足于现状，一心想扩大自己的经营，所以更加努力。刚开始的时候，附近的商店或者超市都会及时付款，毕竟他也是刚刚起步的小厂子，可随着经营规模的扩大，有很多人看他发起来了，就产生了忌妒心理。于是有些超市或商店的经营者开始赊账，拿货的时候只给少量订金而不给现金，等到拖不下去的时候，就采取不讲理的手段——我这儿实在没现钱，家里倒是有些粮食或其他东西，你看着好就拿去。

马辉当然不能按他们说的办，毕竟大家都是熟人，所以对赖账的人也无计可施。时间一长，他开始琢磨：我也同样对待我的上家？于是他在支付了一点儿订金的情况下，进了很多原料，即使是在食品卖出后，他依然赊欠上家。这样一来，他不仅自己有大笔钱可以挥霍，而且允许部分商户赊账，还有了很多结余，他把钱存起来，准备给自己买辆新车。

不过，欠债还钱是天经地义的事情，原料也不是白捡的。于是，马辉家每到年节时候都有债主上门讨债，他在拖不过去的时候，也说只有拿生产的食品抵债，或者干脆把债主领到欠自己钱的商户那里，让商户拿粮食之类的抵账。马辉游走在这两头之间，有时还能得一些额外的好处。

好事不出门，坏事传千里。马辉很快就臭名远扬，没有人再愿意和他做买卖，他只好自己辛辛苦苦地跑到很远的地方购买原料。不知内情的人以为他生意越来越好，知情人却明白他因为进货渠道远了，成本增加，生意每况愈下。可悲的是马辉依然恶习不改，反而变本加厉愈演愈烈，这导致他的资金和原材料流通不畅，最后马辉又回到起点。

初入社会，更应及早明白"己所不欲，勿施于人"的道理，以免惹火上身，伤害自己。假如背其道而行之，其结局往往是让自己身败名裂，而且以这样的方式入世，是闯不出什么名堂的。事实上，很多人会友善地想到其他人的一个重要原因就在于他们明白——种瓜得瓜种豆得豆。我们当然可以这样的方式对待他人，然而这种非公平的待遇终究也会跑到自己身上。更明确地说，这并不属于因果报应，而是一种必然的反应，你对别人的所作所为，都会让人对你产生一种评价——正如上文所说，好事不出门，坏事传千里。有个"自私自利"的坏名声，没有人愿意接近你，而你所想吸引的人则往往与你的希望相背离，毕竟物以类聚，人以群分，一个自私的人身边的朋友通常也是自私的。

你可能做不到像大禹治水一样推己及人地去做人做事，但至少对待周围的人要厚道。当你不想在某事上失利时，也不要试图让他人在这件事上失去利益。假如一味地想以这种不体面的想法去发家致富，最终可能落得个鸡飞蛋打的下场。

“己所不欲，勿施于人”是实现“人和”的润滑剂。

别钻牛角尖

做人事事都较真肯定不行，凡事只认死理，钻牛角尖，于人于己都有百害而无一利。

以游戏人生的心态玩世不恭地做人，当然不可取，可是太认死理，喜欢钻牛角尖同样不可取。要知道“人至察则无徒”，过于钻牛角尖，就会看不惯别人的行为，这样的人连一个朋友也容不下，将自己与世隔绝。

赵朴初先生在《宽心谣》中曾说：“日出东海落西山，愁也一天，喜也一天。遇事不钻牛角尖，人也舒坦，心也舒坦。”的确如此，没必要钻牛角尖让自己和大家都不舒服。你可以看看我们平时看到的镜子，它是很光滑的，可是在高倍放大镜下，就会出现凹凸不平的山峦；肉眼看上去干净的东西，用显微镜观摩，就细菌遍布了。想一下，假如我们总是戴着显微镜看别人，恐怕他就是罪不容诛、不可救药了。我们毕竟是凡人，人非圣贤孰能无过？要想和人相处得好，就应该互相谅解，经常以“难得糊涂”自勉，求同存异。做到宽容大度才会有很多朋友，左右逢源，诸事遂愿。若我们真要“明察秋毫”，眼里揉不进一粒沙子，任何琐碎小事都要弄个究竟，那么结果就是你容不得别人，别人也会躲你远远的。最终，你只能成为让人“敬而远之”的孤家寡人。

爱钻牛角尖的人总有自己的道理，认为自己较真儿就是认真的体现。事实上，这两者不是一件事。认真是对自己应负的责任或所做的事情认真，是正面的。而较真儿则是对多变的微妙人际关系等认死理，是负面的。这种态度常常出现在无依据可循而瞬息万变的事情上，这样会导致身边的人际关系不和谐。谁都不可能十分完美，对于人际交往不能较真儿，毕竟它没有影响到我们做人做事的原则。

李丽在家人和同事的眼中是个性情孤僻的女孩。在单位，她人际关系处理得不好，吃不开；在生活中，她朋友很少，甚至连一个能陪她一起逛街的人都没有。她也曾尝试去多认识一些人，多与他人交往，但常常是因为她对别人某个地方“看不惯”就较真儿，结果新建立起来的人际关系很快就被她扼杀在萌芽状态。

就拿她们办公室来说，新来的小姑娘雪梅，人非常开朗大方，一口一个大哥、大姐地叫着。看到李丽和自己大小差不多，雪梅更显得亲热了，开始的时候每天中午她们都一起吃饭、聊天。

有人和自己交朋友，李丽自然非常高兴，很快她们就无话不谈，平时相互之间帮个小忙、带些东西都是很正常的。按理说，即便她们不能成为知心好友，起码也会成为关系很融洽的同事。

可最终的结果却不是这样。她们相处一段时间后，李丽就对雪梅拖沓懒散的作风有了看法。有一次，雪梅借了李丽一张非常珍贵的影碟，说是下周上班时还给她。这张影碟在李丽看来很宝贵，这可是她花了好多钱托朋友从签售会上买到的，一般不外借。可是为了不伤害两个人刚刚建立起来的关系，她忍痛借了出去。在这之前，她还一直对雪梅强调下周上班一定要还回来。

但是周一雪梅却忘带了，她一直向李丽道歉，并保证第二天带过来。这时李丽就不高兴了，不过还没说什么。可是在第二天，雪梅居然又忘带了，还碟的时候已是周三了。

李丽这次真生气了，她怀疑雪梅的不守约是故意的，以便多看两天影碟。另外她认为雪梅这种马马虎虎的性格其实是源于她不爱惜自己的东西，甚至认为这是不尊重自己。后来，李丽对雪梅的看法越来越不好，开始有意识地关注她身上的其他缺点。慢慢地，李丽和雪梅的关系越来越僵，她又回到了没有朋友的困境中。

一个人假如把什么事都要分辨得一清二楚，一点儿都不通融，这样的人很难交到朋友。我们在人际关系中，对别人无伤大雅的缺点要睁只眼闭只眼。他太唠叨，他很邋遢，他因为一句话没说对得罪了你……这是可饶恕的缺点或错误，不该为此就小题大做，使双方关系疏远。对别人缺点或错误的有意模糊，并不是姑息纵容，也不是认可他们的缺点或错误，而是因为这样的错误或缺点仅是你自己看不惯，而不是真的原则性问题。

戴眼镜的人都有过这样的经验：戴上眼镜的时候，非常容易看到别人脸上的缺陷，甚至能看到青春痘或者皱纹。也许对方本身是个美女或帅哥，可是看清了的小细节反令美貌大打折扣。可是当摘掉眼镜时，看同一个人就可能比平时漂亮。事实上，对方的脸还是以前的那张脸，只是因为模糊，人们不会把注意力放在这上面，自然就觉得他漂亮了。在处理人际关系的时候，模糊原则依然适用，因为这个世界上的每个人都有各自的缺点。可能只是毛病多少的问题，有的人不懂得收敛，有的人隐藏得好一点儿。这样的话，我们在和他人打交道时就不必"因噎废食"，死钻牛角尖了。

虽然人们都知道这些话说起来很有理，但听起来容易做起来难，可是也不能因为做起来难就不做，若是一味地钻牛角尖，最终非弄个鱼死网破的下场不可。若真如此，也无碍于他人一丝一毫，只是枉费了大好的人际关系和自己的前途。仔细想想，时间能够治愈一切，小事儿过几秒就忘了，有些本身就说不清楚的事儿更没必要去较真了。

人生这套马车假如安上方方正正的轮子，那一定会寸步难行！

智慧胜过任性

年轻人初入社会，往往不知道谦虚地面对周围的人，反而以为要得到他人尊重就须表现自己。于是有很多年轻人喜欢耍个性，总是意气用事，根本不考虑后果，最终吃了不少亏。

田华是新到单位的大学生，有一次单位开会，领导希望每个员工结合自己工作提出一些意见和建议。田华心想：这次该自己表现了，因为他学的就是管理专业。他非常积极地响应了领导的号召，在不到一个月的时间内，就结合自己所学的专业写了一份好几页的建议书，从工作流程、部门设置等许多方面，提出了不少问题，并提出了改进意见。

在他把建议书交上去以后，领导在大会中对他进行了一番表扬，而他也认为自己获得了荣誉，毕竟自己是科班出身，在管理理论上没人比自己厉害。然而此举得罪了不少老人，田华很快受到排挤。

所以，在社会上行事应该理智一些，即使有时真要跳火坑，也要记得带上灭火器才行。

和周围的人建立良好关系是十分必要的，在社会上多长几个心眼是必需的，拿捏好和别人的距离，首先要尊重别人。应记住与人搞好关系：你在别人面前使不得小性子，不能轻易发脾气。如果与人发生冲突，没有人有义务包容你。

阿雪是家里的独生女，从小家里人都溺爱她。小时候她要什么，父母就给什么，从小到大她都没学会如何独立地做事。刚入大学的时候，她看见父母走了，居然还哭鼻子。大学四年，她轻轻松松、稀里糊涂地就这么过来了，自然没学到本领。

在阿雪上班第一天，公司给她配的电脑出了点故障，她不知道该怎么办，就细声细气地问身边那个戴眼镜的同事能不能帮忙。可她的声音太小，恰巧这位同事也在忙工作，好像没听见她的请求。她见第一次请同事帮忙，就吃了闭门羹，于是她悲从中来，怄了半天气，决定不再和那个同事说话。

公司分给阿雪的任务，她在规定时间内没完成，于是领导就让同事小雨帮她的忙。可人家帮了一两次，她还一而再再而三地让人家帮忙。小雨后来不愿意再帮她了，让她自己完成时，她又哭了："你们这些人一点同情心都没有，都是铁石心肠啊，看到我做不完也不愿帮我。"小雨无奈，哄着她说："我再帮你最后一次吧。"后来，小雨觉得自己成了"冤大头"，看到阿雪就敬而远之。

还有一次，主管让阿雪整理一份资料，由于她不知道其中一份的分类，于是去问主管。恰巧主管遇到烦心事，不爱搭理人，便跟她说回去查完之后再来问。阿雪以前可从没受过这样的对待，眼泪就流出来了，主管从没遇到过此类问题，哄了半天她才不哭。

公司业绩考核，阿雪业绩很差，按照公司规定要被辞退。她知道后连忙向同事求情，希望博得大家的帮助，可同事摊摊手，说无能为力，她哭着说："你们这些人心怎么这么狠啊，我被炒鱿鱼你们也不帮我。"

千万不要给别人留下任性的印象，在任何场合，任性的人都是不招人待见的。

多动动脑筋，想方设法让别人觉得你有主见、有思想、头脑灵活，而不要让人觉得你只是个任性的孩子。

冲动是魔鬼

年轻人初入社会，难免浮躁冲动。有句话叫："冲动是魔鬼。"事实确实如此，冲动常常让人不分青红皂白，意气用事，不经过理性思考就做出错误的判断，从而伤人伤己，造成不必要的损失，甚至是弥天大错。

很多年轻人常常会因为冲动而做出许多后悔的事情来，如果我们事事都做到三思而后行，就会避免许多错误和损失。无论是在愤怒的时候，还是无限悲伤凄苦的心境中，都要理智思考、冷静判断我们要处理的问题，以免因冲动而犯错。

一位客人在一家商店里买了 3 支牙刷，回家后发现其中一支有问题，于是就拿去换。"您好，上午我在您的商店里买了 3 支牙刷，有一支是有问题的，您看……"

店主非常热情地说："没关系，我们立刻给您换。小张，你赶紧去里面把牙刷换一个新的来。"然后店主对客人说："不好意思，请您稍等一下。"

客人拿到新的牙刷后，临走时非常客气地说："你们的服务态度真好，真会做生意。谢谢你们，再见了。"

事情如果这么结束就好了，可是正当顾客要往外走的时候，店员小李又把他叫住了："喂，你等一下。我告诉你，今天算你走运，碰上我们店主高兴，今后可没这样的好事了。如果我们天天都为顾客换牙刷，那我们的生意怎么做啊？谁知道你买的牙刷是不是你家孩子给弄坏的？你买的时候怎么不检查好呢？"

这位客人本来心怀感激，听了小李的话可恼火了，他指着店员喊道："你的意思是我无理取闹、专贪小便宜了？你以为你是在施舍我吗？你以为我在这大热天，乐意跑这一趟啊？你们卖的东西不好还想不认账？有你们这样做生意的吗……"

在这场纠纷中，主客双方都是冲动之人，都是为逞一时口舌之快，说了一些不负责任的"过头"话。现在分析一下这件事，导火索就是小李脱口而出的一句话，且不说小李的一句话让事情很难平息了，仅就这种相互挖苦的后果来说，损失最大的还是商店一方。这位店员不但遭到了顾客"有力"的还击，也赶走了一位客户。假如这件事传扬开来，那么商店失掉的不仅仅是一个客户了。这样看来，小李的冲动是损人不利己的。

所以，在和他人交往的时候，说话行事都要注意要尊重别人，要有分寸，不要伤害别人。礼让一点,谦虚一点,忍耐一点,这不是怯懦的表现,而是为了消除无谓的攻击。要学会控制自己的脾气,冲动损人且不利己。冲动之下的言语大多是挖苦的意味很浓,这是伤害别人自尊心的行为。特别是与不熟识的人打交道时,更要注意自己的言行,不要因冲动去伤害别人的自尊。否则很难弥补这种错误造成的后果,如同别人被伤害的自尊很难弥补一样。

在日常交往中,懂得克制自己浮躁情绪的人,一定让人感觉平易近人,这对于我们的交际是有利的。即使是在对方发火的时候,我们也应保持冷静,为自己找台阶下,不再增加火药气氛,以防关系进一步恶化。

假如真的有人惹你生气了,可以用别的方法发泄,但千万不要火上浇油,因为在气头上做出的事往往使你后悔莫及,造成尴尬。如果实在控制不住,也不应该说出一些绝情的话,激起对方的反抗之心。与人发生冲突时,不如说“我们私下再谈谈,之后再决定要怎么做”。在这期间,你应该考虑对方是故意而为还是无心的。如果是无心的,尽量不要得罪人;如果是有意的,则需要明白他为什么这样做。这种方法比冲动地与人对峙好得多,要知道气头上的任何决定多半会引起反作用,双方都撕破脸于己而言是不利的,冲动只会给双方都造成负担。

不妨每天问问自己,什么事情是应当预防的,每天回忆一下,这一天内都发生了什么事,自己是如何解决这些问题的,并从中总结经验和教训。假如发现自己有自言自语的现象,注意自己的言语,是不是隐藏着某种想法。比如自我安慰,当发现自己到了要发火的边缘,或碰到和自己设想的情况不一样的时候,要用自我暗示的方法,放松心情。也许有人会激起你强烈的情绪反应,这时要采取的态度不是针尖对麦芒,而是回避,这样才能不卷进对抗的旋涡。

当然,言语仅是冲动的一个表现方面,有时候,冲动的性子也是极易被有心人利用的,这较言语来说更危险。

孙鹏最近陷入了困境,他刚从一家知名单位跳槽到另一家更有实力的单位。为了能够尽早融入新团队,孙鹏非常注意和新上司建立融洽的关系,对新上司的要求几乎有求必应,即使是一些私事,他也会赴汤蹈火尽力做好。

他觉得上司很器重自己,私下里总是跟自己称兄道弟的,而且还时常将一些更重要的任务给他。孙鹏顿生知遇之感,于是他抱着“为朋友两肋插刀”的态度,对上司交代的所有任务都尽最大努力去完成。虽然有时他甚至会因为上司的任务太难而与其他人发生冲突,可是他仍然不遗余力地为上司做事。

但是慢慢地,他发现原来上司给他的任务都是一些吃力不讨好的活儿,很多任务直接关系到多个部门的利益。后来一好朋友向他透露,原来上司交代给孙鹏的任务一直都是单位里难啃的骨头,公司里的“老油条”对这类任务都是避之唯恐不及的,能推则推。可是孙鹏的上司不同,他懂得明哲保身、善于玩弄权术,遇到类似的任务,他总会找到一个“替罪羊”去处理。“替罪羊”成功了,他便成功了;“替罪羊”失败了,他也没事。孙鹏听后恍然大悟,没想到自己的“好心”,居然成了老板手中操控的棋子。

也许在小时候我们就知道该为朋友两肋插刀,与朋友有福同享、有难同当。可是这话用在复杂的社会中却未必适合,还要注意对方是不是你的朋友,别因为他的一两句好话就乱了阵脚。不要冲动,克制住你的“豪情万丈”,冷静地分析他人的动机。千万不要白白被“插了刀”,才明白自己是被利用了。

生活中确实存在一类龌龊小人,他们总是披着“朋友”的外衣,闲时跟人称兄道弟,战时让你牺牲阵地。为了自己的利益,在面临重大问题的时候,他们会毫不犹豫地把“弟兄们,跟我上”变成了“弟兄们,给我上”。所以,那些“豪情万丈”的人,这时应该理智地思考,不要冲动地替人上战场,这样才能避免自己身上插的全是“朋友”的“刀”,而朋友却毫发无损。

在日常交往中,懂得克制自己浮躁情绪的人,一定让人感觉平易近人,这于我们的交际是有利的。

理智与情感

年轻的我们随着成长都有自己的情绪，我们固然无法做到心如止水，没有丝毫情绪的波澜，但我们却应该学会理性地把自己的情绪控制住，要时常在心里提醒自己，不要被琐事所烦。

有一句话这样说："恼怒是片刻的疯狂，所以，你要控制情绪，要不然你会被情绪控制。"人发怒往往是因为情绪得不到很好的控制，带来了心灵创伤甚至断绝了人际关系，因为人一发怒，头脑便被怒气冲昏，于是会说出许多不该讲的话。可以说，愤怒起于愚昧，终于悔恨。

《尚书》中说，一定要有容纳的雅量，道德才会广大；一定要能忍辱，才能成事。如果有一点不如意便愤怒，遇到一件不称心的事情，立即气愤感慨，这表示没有涵养，同时也说明这个人没有福气。所以，《德育古鉴》中说："愚妄人恼怒时显露，通达人能忍辱藏羞，不轻易发怒的人大有聪明。"

达·芬奇在米兰的圣母教堂画《最后的晚餐》时发生了一件事，当他画到耶稣的面容时与共事的员工发生了争执。事后，达·芬奇心中充满了怒气，没有了任何艺术灵感。他仍旧尽自己的努力去画，但耶稣的面容还是画不好。他又一次次尝试，却都失败了，他开始沮丧和不安。最后，达·芬奇终于认识到，他的怒气将他创作中必不可少的宁静心境赶走了。他立刻放下画笔，找到那个跟他争吵的人，向那个人道了歉，并请求宽恕。

问题解决了，达·芬奇工作时又找回了宁静与安祥的心境，灵感从他的笔端涌流而出。今天，许多挂在教堂四壁的画已残缺不全了，然而，《最后的晚餐》在世界艺术宝库中仍占有着光辉的一页。

怒气似乎是一种能量，如果不加控制，它会泛滥成灾；如果稍加控制，就能大大减小它的破坏性；如果合理控制，甚至可能有所收获。任何一个成功者的自制力都很强。歌德说："一个人切不可放任自己，他必须克制自己，光有赤裸裸的本能是不行的。"

人生短暂，聪明的人都不会浪费时间，去想那些无关紧要的小事。当我们过于注意微不足道的事时，愤怒的情绪犹如人体中的一枚定时炸弹，随时都可能爆炸。在关键时刻让自己的情绪被怒火左右，你会为此付出惨痛的代价。

有一位大学生对一辆跑车十分钟情，为此，父子两人还兴致勃勃地翻了不少汽车杂志，讨论不同的品牌，他深信父亲会送他一辆跑车作为毕业礼物。哪知毕业典礼那天，父亲却把一本圣经送给了他。他既失望又愤怒，父亲不是答应要送他汽车吗？怎么最后就成了圣经了？愤怒之下，他夺门而出，离家出走，此后不再联系家人。

多年后，他事业有成，一天一封电报突然而至，说他父亲因心脏病发作而去世。他返回家整理父亲的遗物，母亲静静地将一本圣经递到了他的手上，母亲示意要他打开，他惊愕地发现，一把汽车的钥匙被放在了封底，一张单子上写着："车款已付清！"

你可以想见，这个青年人看了父亲的字后有什么反应，他一定会强烈地痛悔和自责，只是再多的痛悔和自责也不能将曾经所造成的伤害弥补回来。

老子说："轻则失根，躁则失君。"人一旦心浮气躁，就容易受到情绪的摆布，做出些过激的行为。所以，我们应对自己的一些做法时刻进行反省，方法是否错了，在处理问题上是否情感多、理智少等。在自己的脉搏加快之前，把要解决的问题放一放，平静一下自己。

人的确需要冷静，冷静使人理智稳健，使人宽厚豁达，使人有条不紊，使人高瞻远瞩。在一个浮躁、善变、功利的社会中，尤其需要冷静，这能让我们的心理平静下来，可以让自己真正宁静下来后再去做一些重要的事情。

20 世纪三四十年代，一直敏于行、讷于言的巴金先生，也曾被无聊小报、社会小人的谣言攻击过。巴金先生有一句斩钉截铁的话："不予理睬是我的态度！"因为受害者若起而反之，小人反倒高兴了，因为他们的目的达到了。巴金对他人的辱骂所表现出的平静、幽默、从容，能够排除心理困扰,减少无端烦躁。

在现实生活中,经常会发生令人生气发怒的事。作为一个头脑冷静的人,应理智地处理各种不愉快,忍气制怒,换换环境,从眼前的烦恼中跳出来。

对于能成事的人而言,他们通常的做法是:把眼光放在远处,考虑问题时从长远利益出发,力戒因小失大。所以,我们处理问题时应尽量带着愉快的心情。一旦想发怒,最好能尽量忍在心里,不要爆发,用理智来抑制感情,这样才能化解不愉快。

作为一个头脑冷静的人,应理智地处理各种不愉快,忍气制怒,换换环境,从眼前的烦恼中跳出来。

回绝让步,就是谢绝成功

“老江湖”们在久历“江湖”之后,都会领悟到“退”字的深意。退,并不等于懦弱,而是一种成功的谋略,是一种交流和境界,更是一种在江湖上生存的手段。年轻人的血气方刚可能常常让你表现得锋芒毕露,时时处处体现一种谁与争锋的架势,这只能说明你还很幼稚,成熟的人都深知让步的哲学道理。他们知道,如果回绝让步,很可能同时回绝了成功。就像一位哲人说的:“不要把痰吐在井里,哪天你口渴的时候,也要来井边喝水的。”

一对夫妻到一家服装店买衣服,在一条裤子的价格上开始了争论,老板坚持要100元,妻子坚持只给80元。讲了半天,老板也不卖,最后妻子拉着丈夫就要走。老板不愿意了,他脸色一沉,说:“浪费人时间的小气鬼,100元钱还讲价钱,太没出息了,没钱就别出来丢人。”

这话相当刺耳,这对夫妻听后当然是火冒三丈,结果老板还火上浇油地说了一句:“像你这样胖的身材,以后很难买到合适的衣服。”

妻子听了这句话,由生气变成伤心了,她的丈夫可不干了,冲过去抓住老板的衣领就是一拳。

这位老板因为一条裤子,居然说出如此伤人的话,而原因不过是客人跟他们讲价了。为了这点小事招来一顿痛打,非常不值得。有句俗话叫“买卖不成仁义在”,和气生财的道理连小孩子都懂,即使别人做事不顺你心,宽容一些也就过去了。待人留有余地,适当地让步才能获得良好的人际关系,做事懂得让步,才可以在困难之时寻求到帮助。

驴和牛同在一个槽子里吃东西。牛非常稳重,平常虽然很沉默,但做起事来很勤劳,它觉得驴非常多事,干活也比较毛躁,不过它不愿意得罪驴,顶多在心中骂几句。驴性子急,但是很正直,只要它觉得是对的,就不会替对方着想。

有一天,由于农夫给它们分的任务不是很多,它们就开始各怀心思了。牛想:我天天和主人翻地,重活都让我干了,可是身边这个蠢东西却吃得比我还多,太不公平了。此时,驴也在想:我天天帮主人往家拉草,现在还要让身边的蠢货一起吃,我的劳动成果凭什么让给它呢。想到这里,驴大声说:“喂,这草料是我拉回家的,你怎么就好意思吃下去那么多!”牛本身正在生气,听到这句话当然更生气了:“行,你说草是你的,那草料里面这些豆子和玉米都是我劳动生产出来的,甚至连肥料都是我的。以后咱们各吃各的吧!”

听了这话驴火冒三丈,直接蹬了牛一蹄子,牛积攒多年的委屈就像山洪暴发一样,对着驴冲了过去。它们谁也不服输,最后弄得两败俱伤。

不愿意让步的人,只能说明他心胸不够宽广。如果连一点小事都不肯让步的话,又怎么会有朋友?一个没朋友的人能做什么大事呢?没有谁能够在社会上单打独斗,要知道,让步是成功必需的因素之一,如果心胸不够宽阔,成功便无从谈起。毕竟,谁都不愿意与一个斤斤计较的自私鬼交流,更不会帮助这种人。

有一则寓言：一只大象正在森林中漫步，它无意间踏坏了老鼠的家。大象不好意思地向老鼠道歉，但是老鼠不仅不原谅大象反而对此事耿耿于怀。

不久后的一天，老鼠看到大象正躺在地上睡觉，它想：这次我可以好好地报复大象了，趁它正在睡觉，我可以咬它一口。当老鼠靠近大象时，才发现它的皮非常厚。老鼠咬了一口，牙都要掉了。这时，聪明的老鼠突然发现大象有很长的鼻子，于是它钻到大象的鼻子中，狠狠地咬了大象一口。

大象在睡梦中感到鼻子里一阵刺痛，用力地打个喷嚏，这下老鼠被喷出老远，几乎被摔死了。当有同伴来探望它时，它忍着浑身的伤痛告诉同伴们："记住我的教训，千万别斤斤计较，得饶人处且饶人。"

不管遇到什么样的事都要记住，害人之心不能有。如果常常把事做"绝"，无疑是为自己树敌。不仅你和对方的人际关系会就此结束，对方很可能也会想办法阻碍你的前程。俗话说："人情留一线，日后好见面。"

做事留有余地是一个人老练成熟的标准。细想一下，生活中的许多尴尬都是由自己制造的，比如不肯让步、把事情做得太绝，都会为自己的成功增加阻力。

即使真的是别人在提高声音与你理论，也要心平气和地与之沟通。不妨告诉自己别意气用事，保持心平气和的态度，才能降低双方都要燃烧的怒火。你做出了让步，并不表示你就是失败者，恰恰相反，你从让步中得到的比失去的还多。你赢得的是人心，是密切的关系、融洽的感情，这比争一时之气、逞一时之能来说，是更大的胜利。

在人际交往中，人与人之间肯定会发生矛盾，这时如果能够给别人让开一条路，矛盾就会消失，对方会对你充满感恩，别人会佩服你的度量，这些都有利于你以后的发展。所以有人说，让步是一种智慧，是一种胸怀和修养。毕竟，这世间的事并不是件件都要争出个谁胜谁负来，虽然冠军只能有一个，可是你在度量上要不能输，这才是棋高一着的赢家。因为这样的人虽然可能输掉一部分利益，却会让更多的人敬佩他，这将有利于以后的人际关系。

让步，何乐而不为？

在做事时，要从大局出发，让几步也是为自己留些余地、留条后路。

第一章　谦恭好处多，礼多人不怪

做个文明人

对于在社会上行走的人来说，教养和礼貌是必不可少的。礼貌虽然不用花钱，却可以帮助你赢得很好的人际关系。每个人在潜意识中都希望别人尊重和赞赏自己，于是有了礼貌，这是人类文明史上的一大进步，它能帮人们解决很多问题。年轻人初入社会，使用谦词和敬语更应时刻注意。

语言是思想的外衣，一个人的高雅或粗俗能通过它体现出来。假如你想接通情感的热流，让自己在社会中畅通无阻，礼貌谦词就应运用得体。正确地运用敬语和谦词，会让你的语言充满魅力，让对方倍感温暖。如果能用礼貌语和人交谈，就会让人感到“良言一句三冬暖”，而不只会让人感觉“恶语伤人六月寒”，使人与人之间很难产生融洽的感情。

一个不懂礼貌的人肯定不会得到别人的好感，赢得他人的尊重就更不可能了。

> 有个年轻人一次开车出门迷了路，恰好遇到了一个老人驾着一辆马车，他就急忙上前问路：“喂，老头，这离县城还有几里？”那个老人慢条斯理地说：“无礼。”年轻人一听很高兴，心里想：“5 里不远了。”于是，就继续往前开车走了。但是走了 5 里地左右，年轻人发现还是一片荒凉，此时他心中才恍然想起自己的唐突行为。驾着马车的老人正好赶了上来，年轻人赶忙说：“老伯，请问您老是否知道这里距离县城还有多远？”老人呵呵一笑，说：“小伙子，我还以为你不知道礼呢。”之后就指了一条路给他。

在人际交往时，礼貌用语和谦词使用得体，能够给对方留下良好的印象。一句简单的“谢谢你”、“对不起”或一个“请”字，如果使用得当，对调和及融洽人际关系的作用是很大的。西方国家的人在这方面做得很好，不管别人给予他多么微不足道的帮助，他都会诚恳地道谢。而在别人道谢时，“我非常乐意帮忙”“没什么”也让人感到亲切。另外，在西方国家，在任何需要麻烦别人的时候，人们嘴边都会挂着“请”字，比如“请问”、“请指教”、“请留步”、“请关照”等。频繁使用敬语和谦词，让人们的话语变得委婉而礼貌，这也是通过降低自己的位置，将对方的位置抬高的好办法，所以我们不妨试着礼貌一些，客气一些。

在中国，打招呼的时候人们往往习惯性地问：“吃饭了吗？到哪儿去？”事实上，这种问法并不礼貌，毕竟到哪儿去是人家的隐私，而且这种过于单调的问候方式，同时也有些不雅，所以年轻人应该将自己的礼貌用语丰富一下。比如见面时说早安或晚安，或者问候对方的家人等这些比较合适的语言。在问候时，一定要温和亲切，音量适中，粗声粗气或奶声奶气的问候都会使人产生不舒服的感觉。在运用礼貌语时，还应注意自己的神态，在向别人询问时，态度要谦恭。如果此时还直呼其名，或用外号称呼他，吃“闭门羹”是很有可能的。

礼貌用语会让人心花怒放，在和人见面互道“你好”看上去事情非常小，好像很容易的样子。但是这声问候传递着丰富的信息，表达的是尊重和友好，也是你有礼貌有教养的表现。你可以注意一下，社会上的一些成功人士说话时都是非常注意礼貌用语的，他们经常说，“久仰”、“请”、“请多包涵”、“你好”、“谢谢”、“打搅了”、“对不起”、“请指教”、“望赐教”、“失陪了”、“拜托您了”、“承蒙关照”等话。

据说英国人的语言中“对不起”这句话是不可少的，只要是请人帮忙的时候，他们总会先说声对不起。比如：对不起，请给我一杯水；对不起，占用您的时间了……连英国警察对违章的司机就地处理时，都会先说“对不起，您的车速超出规定”。更有甚者，就算有车祸发生了，他们也是先彼此说句“对不起”再解决问题。在这种气氛下，双方的自尊心满足了，争吵的概率自然也会降低。

美国人说话从不会离开“请”字，比如“请讲”、“请转达”等。有人说，以前的美国人在打电报时，宁愿多花一些电报费，也绝对不会省略掉“请”字。所以，美国电话总局一年在“请”字上就能多收入一千万美金。美国人宁愿为“请”字花钱，而我们在和人交流时，多说个“请”字，既不花钱，也不费多少力气，何乐而不为呢？

如果我们在语言交际中记得使用一些敬语和谦词，相互间形成的气氛一定会亲切友好，从而摩擦和口角就会减少很多。比如在让别人为自己服务时，不妨把“请”字加在话的前面；在和别人交谈时，如果涉及对方的父母，应该称“伯父”或“伯母”，而不是直接说“你爸”、“你妈”，这样问显然缺少礼貌的成分。对于这些问题，懂礼貌的人是不会忽略的。

另外，礼貌可以化解矛盾。同样一个意思，表达方式的不同给人的感受也不一样。比如你的路被人挡住的时候，假如你大声说：“赶紧让开，我要过去。”这句话很可能换来的是不屑一顾的白眼。可是这个时候假如你用了礼貌用语，客气地对他说：“不好意思，麻烦您让一下路可以吗？”大多数人听到这样的话，会立刻满脸笑容地给你让路。

当然，礼貌用语虽然标志着一个人的修养，但也不表示同样的话用在什么时候都合适，语境和场合也是要注意的，否则是会闹出笑话的。

礼貌就如同一张形象卡，更是一个人所必需的修养。

随时表达感谢

有些年轻人觉得，说“谢谢”只不过是敷衍，两个字这么简单，能起到什么作用呢？不得不指出的是，这种观点是极其错误的。说话本身就是一门学问，而表达感谢则更是有讲究的，学会感谢让我们在交际场合给他人留下的印象是彬彬有礼。人际交往是一个互动的过程，一个人的善意一定会引起另一个人的“酬谢”。比如感谢，使双方产生好感的正是这种“酬谢”，并产生新的交际。这样，就进一步融洽了双方的人际关系。

“谢谢”虽然是很简单的字眼，却是不用花钱的礼物。事实上，它就像一个魔咒，运用好了它带给你的收获将会出乎意料。很多成功的人都说他们是靠自己的努力成功的，但是每个登上成功顶峰的人，都受到过别人的很多帮助。当然，感谢的话他们也一定说过很多。一旦你的目标明确并采取了行动之后，你会发现自己已经得到很多意料之外的帮助，这时你一定要记得感谢这些帮助你的人，即使他们所帮的忙小得不能再小了。

当你在生活中遇到麻烦时，也许很快就能得到热心人的帮助，在别人帮助了你之后，你自然会想到感谢。可是,如何表达感谢你一定要先弄明白,这是有讲究的。一句真诚的感谢虽然简单,却体现了人与人之间的配合与默契。有以下几种恰当的道谢方法:

1. 感谢时说出对方的名字

假如你想对帮助你的几个人表示感谢,一定不要概括性地说"谢谢大家"之类的话,而应该逐个点名道姓地道谢。在这种情况下,不要嫌麻烦,帮助你的有几个人,你就应该感谢几个人。这时可以按照他们与你的亲密度或年龄大小逐个"点名",这样被感谢的人就会觉得你这个人很重情义,以后会更喜欢和你交往。

2. 表达感谢要直白

在向别人表示谢意时,最好是当面、直接,不能找人代为感谢,也不要含糊其辞、云里雾里的,更不要担心你的感谢别人已经知道而不好意思。

> 李云刚把孩子送到托儿所,回来就去了隔壁的张梅家,她对张梅说:"我们家孩子这次能入托,多亏你帮忙了。尤其是我家孩子年龄差一点儿,要不是你帮我疏通这一关,恐怕这一年里,我只有待家里哄孩子玩了!这下我可以出去上班了,真是太谢谢你了。"

李云的感谢就非常直白,她不但直接面向被谢者,而且要感谢的原因说得很清楚,让别人从中也生出一种自己有能力帮助别人的自豪感来。

直白的感谢不仅在于形式,也在于感谢中的具体内容。当然,在不便直接说出感谢的内容时或者有外人的时候还是闭口不谈得好。

3. 感谢时要表达出自己的诚意

当你感谢对方的欲望产生于内心深处,此时说出的"谢谢"才能显示出真心实意,使"谢谢"有了生命力。"谢谢"的修饰词最能显示出真诚,比如:"万分感谢你的帮助"、"非常感谢……"等,也可以用重复的句式来表达。

4. 出乎意料的感谢可以增进感情

在别人没有想到或者觉得这件小事不值得感谢的时候,你却真诚地向他道谢,对方会很感动。对于这些小事,感谢的话你大可不必吝啬,这会让你们产生更近的关系。

5. 及时而主动地表示感谢

从时间和态度上来说,及时表达感谢可以进一步加深感情,而感谢迟到时则不会有相同的作用。在别人帮你做事后,感谢要尽快地表达出来,如果把感谢的话留到第二天或者以后去说,不但起不到感谢的效果,还会让人觉得你不懂基本的礼貌,要这样和人建立友好关系是很难的。

主动自然是说要亲自找到别人去表示感谢,而不要在偶遇的时候才想起表达感谢来。虽然同样是感谢,但主动登门道谢和被动的偶遇才想起道谢会产生十分不同的效果。

虽然很多人帮助别人并不是对回报有什么期望,可是对受帮助的人来说,理应及时且主动地表达感谢,不能慢吞吞地一拖再拖,这是不重视他人帮助的一种表现。

6. 许下的诺言不要打折扣

有时,人们为了能够将麻烦尽快解除会对帮助自己的人许下承诺,一旦帮助成功了如何感谢等。这种办法的确是行之有效,但一定要注意信守诺言,不要说话不算数。不论别人是出于哪种动机,只要你确实得到了他的帮助,则应该不折不扣地兑现。

很多人见对方决意不要酬谢,就偷偷高兴,心安理得地吞下了事前许下的承诺。甚至有的人看对方是冲着报酬来的,竟然指责别人有不纯的动机。这两者都是不对的。首先,即使对方坚决不要酬劳,但是如果事先你已经答应好了,也应该以别的途径表示感谢。另外,就算对方是冲着酬劳来的,其动机虽然不纯,可如果你因此而违约,别人同样会嗤笑你的人品。

7. 感谢别人是一种感情行为,不是速食品

感谢和帮助都是一种感情上的交流,它和交易不一样。感情这种东西值得反复品味,切不可以用"一手交钱、一手交货"的态度对待。别人肯帮助你,它表现的是一种情感,感谢别人除了可以用物质来表达,还可以用同样的情感来报答。这样,建立起的人际关系才会更加密切。

不要觉得他帮助了我，我酬谢过他，两个人就谁也不欠谁的了，如果这样做人，未免太没有人情味了。所以，对于帮助你的人，应当长时间保持联系。

8. 合理、恰当地表示感谢

和做其他事情一样，感谢别人也要掌握好度，不能不足也不可过量。如果感谢不足，会让人感觉他的劳动没有得到你的尊重；过量感谢则会让人难以接受，甚至怀疑你有其他目的。适度感谢，判断的依据有两个方面：首先是对方付出的劳动的多少；其次是别人的帮助给你带来的利益有多少。综合这两个方面，再决定感谢的力度，仅依据自己得到的益处或别人付出的劳动一方面来判定都有失偏颇。

人际交往是一个互动的过程，一个人的善意一定会引起另一个人的"酬谢"。

常说"对不起"

唇齿相依就会有牙咬着肉的时候，与人交往时闹些矛盾自然也是难免的，关键问题是如何解决已经发生的矛盾。其实，一句非常简单的"对不起"就可以解决很多麻烦事，说它是灵丹妙药一点也不为过。

一只狮子不经意间闯进一间四面镶着镜子的屋子，它同时看到很多突然出现的狮子。这只狮子大吃一惊，之后便开始龇牙咧嘴，发出阵阵低沉的吼声。镜子中的狮子看起来也十分生气，每只狮子都开始怒吼。这吓坏了那只狮子，它惊慌地开始奔跑，一直到体力透支，倒地死亡。

这个故事正是我们生活的一个折射，假如这只狮子能够友善地面对镜子，情形就会立刻改观，镜子里的狮子必然会回报它相同友善的动作。而当我们把心中的善意主动地表达给别人时，情形一定会有所不同。人际交往本就有这个规则——你敬我，我才敬你，尊重别人的体现就是要常说"对不起"。

在社交时学会向人道歉，是缓和紧张人际关系的一剂灵药。比如在公共汽车上你踩了别人一脚，对方的不快会因你一句"对不起"而化解。可是如果你什么都不说，就不要怪别人火气往上蹿了。

有人说："我也不是故意踩他的，为什么要道歉？"首先，你应该明白，这时的道歉体现出你有修养，你的悔意在这句"对不起"中表达了出来，使受到伤害的人感到一丝安慰。另外，无论你有什么原因，别人的麻烦和痛苦是你的行为造成的，你应该对此负责，"对不起"是在请求别人的谅解。

有些年轻人火气太大，经常是明摆着自己错了还不认账，甚至对别人的过错加以强调，这着实让人恼火。于是，人们为了鸡毛蒜皮的小事就大打出手的情景我们经常见到。事实上，当时只要真诚地说句"对不起"，将会是一个很愉快的结局。有诚意地说句"对不起"是你为自己的过失付出的代价。在道歉时，千万不可以先为自己找理由，在别人看来这样其实是在推脱责任。这时，即使后面补上"对不起"，也是没有诚意的，是毫无意义的道歉。

缓和气氛的最传统话语就是"对不起"。"人非圣贤，孰能无过"，傻瓜都知道为自己的行为辩解，可那往往只会让事情更糟。所以不如坦然地说声"对不起"，它是忏悔和尊重的体现，同时也象征着勇气与责任。

有一次，手中拿着一份报告的张明，谦逊而有礼貌地对老板说："这是您让我写的下个月的计划方案，我写了3个，它们的利弊也详细地写出来了，您看实施哪个方案比较好？"这时，老板勃然大怒，拍着桌子对他喊道："你究竟选定了哪个方案？为什么不告诉我你自己的想法？是不是不想承担责任？"张明听后吓了一跳，他委屈地想：就是让您拿个主意，这么生气有这必要吗？真是不可理喻。看着想说又不敢说的张明，老板更加生气地大吼："你还不服气了，公司养你们是做什么的！"张明捏了一把汗后，做了一个让自己都感觉意外的决定，他对老板轻声说："对不起。"老板听后，立刻闭上嘴，也消了火气，他对张明说："你先拿回去做个选择再给我看吧。"

无论是什么事，只要是出了问题，自然是有很多原因在其中，可是问题的关键在于这件事是谁办的谁就该负责。也许老板是有些仗势欺人了，但张明开始时没有主见才是问题的关键所在。如果他再一直强调原因，难免让老板感觉他是自己给自己开脱责任。这时他做了正确的选择，说了一句既简单又表示歉意的"对不起"，对方便不能发火了。

俗话说："杀人不过头点地。"一般只要选择道歉，对方也会放你一马。其实，如上文中的张明一样，就算不是你一个人的错，要息事宁人，也最好先说声"对不起"。这样双方进入备战的气氛才能避免，以后的事情也就好办多了。

"对不起"，本来是很简单的一句礼貌用语，但并不是谁都会说的。这句衷心的话不仅对破裂的关系有弥补作用，还能够增进感情。说"对不起"的方法主要有以下几种：

（1）不要认为说"对不起"是耻辱的。"对不起"体现了真挚和诚恳。即使是大人物，也是懂得道歉的力量的。丘吉尔对杜鲁门刚开始的印象很坏，可是后来他告诉杜鲁门，说自己低估了他，应表示歉意。

（2）该道歉的时候立刻道歉。说"对不起"要及时，道歉的良机会因犹豫不决而失去。"对不起"越拖延越难以启齿，有时甚至追悔莫及。如果你认为某人把你得罪了，却迟迟没致歉，你是不是会闷闷不乐呢？对方也会和你有一样的感受。

（3）除了要在口头上道歉以外，在行动上弥补过失更加重要。

在开会前，公司都会配给出席者一份资料，可是有一次开会时，一部分资料被漏印了，而这个错误是因为负责复印的李明忽略导致的。虽然这部分资料不会影响会议的进行，但是领导会批评李明是毋庸置疑的。

但是，李明并未受到领导过多的指责，因为他对领导说："请您把资料再借我一下，我想重新复印一份。"过了一会儿，他给所有出席会议的人一份完整的资料。

李明不仅道歉了，而且他想办法补救的态度让领导感觉他有强烈的责任感，所以给领导留下了很好的印象，没有过多地批评他。

即使我们再小心对待，也难免有犯错误的时候。此时，对于所犯的错误，要想对方原谅自己就要及时地道歉并弥补。当然，前提是你一定是真诚的。

另外，"对不起"还可用于其他场景，你同样会受益匪浅的。比如在别人给了你一点方便和照顾时，即使别人有责任照顾和帮助你，你也应该说："对不起，给您添麻烦了。"在社交场合，需要麻烦别人时，说句"对不起，您能帮我……"一个人的谦虚及修养都能由此体现的。

一句非常简单的"对不起"就可以解决很多麻烦事，说它是灵丹妙药一点也不为过。

回馈他人的赞美

被别人赞美是件好事，此时最礼貌的做法应该是坦然地接受赞美，并给对方及时回馈。我们在受到赞美的时候，应该礼貌地表示感谢。少说过于谦虚的话，如果你非要那么说，反而会使赞美你的人产生尴尬的感觉。能够大方地接受赞美并适时地赞美别人的人，才能说明他既喜爱自己，也喜爱他人，这才表现得成熟和礼貌。

面对称赞，很多年轻人不知如何是好，总是感觉不自在，会不好意思，觉得如果直接接受别人的称赞会显得不谦逊，于是开始否认。虽然直到现在人类仍称颂谦逊的品质，但实际上，缺乏自信也往往隐藏在谦逊中。以谦逊自封的人常常会面临这个现状，在面对赞扬时，他觉得很不自在。然而，在接受赞美时推脱是一种假谦逊，这种行为也很不礼貌。

过分的谦虚是一种虚伪，在与人相处时，到处可见虚假的谦虚，这种现象并不是人们想要的，赞美的人也不想看到这样。

王华自己承担了一项任务，完成后，领导在大会上对他进行了表扬和奖励。可是他却再三谦让，把自己通过劳动取得的成绩全归结于偶然因素，归结于他人帮助的结果。再三推辞的时候，还有些害羞的微笑挂在他的脸上。

看到一个大男人这副表情，底下的人笑了起来，甚至有些人的表情流露出了不屑，他们觉得王华是在“装”。虽然领导也认为王华是在谦虚，但这任务明显跟其他部门的人沾不上什么边，台下人的哄笑使领导感到对王华的表扬有些后悔。

王华的确有功劳，却没为自己换来更广阔的发展空间。这是年轻人进入谦虚误区的表现，而且这个误区还是双重的，既让自己被忽视，又让别人尴尬，同时还让人看轻。

中国人在别人赞美自己的时候通常表现得比较谦虚，而在许多情况下，对于他人的赞美，西方国家的人则会坦然地接受。在这一点上，我们需要向西方国家看齐。接受别人的赞美和鼓励是让自己变得自信的快捷方式，对于别人的赞美不妨大方地接受，过分地谦虚会让你看轻自己。

一家化工企业的技术人员芳芳，她刚刚在本公司举行的业务竞赛中拿了几项大奖。同事们纷纷向她表示祝贺，部门为庆祝她拿奖组织聚餐，公司领导当着众人的面夸她非常棒，谦虚的芳芳回答说：“其实也没什么，不过是公司颁发的几个奖而已。”领导听了这句话，顿了一下举起来的酒杯，脸上有了尴尬的神色。很明显，领导误会了，因为芳芳用了“没什么”这个词，这让领导以为这些奖对芳芳而言是可有可无的。于芳芳而言呢，她取得的成就的意义因这句话而立刻被弱化了。

初入社会的年轻人难免会有类似的举动，故意轻描淡写自己的成就，以示谦虚，不愿大方接受他人的赞美之词。要知道，在别人赞美你时，如果你用“只不过……”、“我非常意外……”会使赞美你的人产生沮丧的感觉。此时，你不妨坦然地接受，然后说：“谢谢您，对此我也感到非常高兴。”这种方法才是对赞美最好的回应，也是礼貌之道。

有句俗话叫“来而不往非礼也”，不要只是欣然接受赞美，更要记得回赠对方。接受赞美的时候，千万不要忘记对别人说一句“谢谢”，并及时进行“回馈”。乐于接纳赞美和回馈赞美会让自己和别人都得到愉悦，毕竟你需要赞美和尊重，别人同样需要。在你的成就感得到满足的时候，这时，慷慨、及时地送上回馈便体现出了你的教养。

看看以下两组对话，哪种感觉让你舒服呢？

第一组：A 小姐对 B 小姐说：“你的新发型看上去很棒，跟你非常合适。”

B 小姐回答：“谢谢你，短头发打理起来比较容易。我觉得你的发型看上去也非常好，烫发很适合你，女人味十足。”

第二组：A 小姐对 B 小姐说：“我觉得在钢琴独奏会上你的表演实在是太棒了。”

B 小姐说：“什么呀，真是太糟糕了。我紧张得都忘了第 5 小节了，只好在弹完第 4 小节后结束。我觉得都不该上台表演。”

A 小姐有些尴尬地说：“我没听出哪个地方不对劲儿啊，听上去很好，我要能弹得那么好就好了。”

B 小姐说：“当初真不知为什么我会忘了。”

A 小姐无语了。

第一组对话显然比第二组成功得多，相信第一组对话的两个人那天的心情都非常好。而第二组对话者则没有那么幸运了，以无语的场面草草收场会有什么好心情呢？这种情况我们是要尽力避免的，一方面我们应学会恰到好处地赞美别人，根据所赞美对象的客观事实或具体表现，在恰当的时间、地点和场合赞美别人；另一方面对于别人的赞美要学着接受，并发现对方值得赞美的地方。当然，还有另外一个因素关系着赞美的成功——及时。

在一个小镇上，一位诚实的送货员经常送货给一家百货店，不管刮风下雨，只要拨一通电话，他就马上送到。直到有一天换了一个送货的人，老板感觉非常奇怪，问道："以前送货的那个人怎么不来了呢？"这个人告诉老板："他是我的哥哥，他一个星期以前在车祸中去世了。"这时那位老板不禁感叹道："他是个好人，我非常感激他。可是我一直在心中放着这个谢字没说出口。"这个人看了看老板，说："要是早点让我哥哥知道有人这么赞美他那该多好。"这件事以后，这位老板总是不忘把赞美之情及时向一些人表达出来。

不要吝啬开口赞美别人，发现别人的优点应及时赞美，特别是在你得到别人的赞美之后，即使是基于礼貌，回馈也是应该的。

赞美别人会把你和他人之间很多心理上的障碍摒除，给他人带来安慰和鼓励，拉近你们的关系。

伸手不打笑脸人

有句话人们经常会说道，"人在江湖身不由己"。人都不能免俗，在和别人打交道的时候，遇到矛盾是很自然的，有三种情况是你一定会遇到的：自欺、欺人和被人欺。

正所谓"己所不欲，勿施于人"，自欺或欺人是不可取的，应当尽量少做或不做。最要紧的是做个聪明人，学会最大限度化解被人欺的情况，而屡试不爽的一招就是笑脸。俗话说"伸手不打笑脸人"，这的确是一句至理名言，即便我们没有很多资本能镇住对方，但一脸亲切的笑容能让对方怎么也举不起鞭子。

张小姐是个好脾气的人，不过她有一个缺点，就是做什么都很慢，也没有很强的时间观念。朋友和同事若是和她一起吃饭，常常是等到头顶快冒烟了她才到，而且最后吃完的那个总是她。每次朋友们见到她都想大骂一顿。可她出现的时候却从来都不辩解什么，而是做个鬼脸说："不好意思，你们不要再生气了。"

果真，朋友和同事都拿这招没办法。还有一次，老板因张小姐的一时疏忽而生气了，老板大骂张小姐，而且骂得很凶。同事看在眼中，害怕无法收拾场面。结果张小姐却一直微笑着不断道歉，经过很多次的重复之后，老板也骂不下去了。这就是张小姐的修养和本事，一年之后，功劳比她大的同事都没被提拔，她却升迁了。

在别人发火时，不妨笑着应对。如果是你的错误，应该立刻主动道歉，这就意味着你把白旗已经举起来了，此时对方一定不忍心对准你开枪了。即使是两军交战，还有政策要优待俘虏呢，何况两个人的矛盾是很难到真正敌对地步的。总之，要先把别人的怒火用一张笑脸压下去，把一场可能发生的风暴消灭后再想其他。如果以为自己没有不对的地方，等对方怒气过后再想办法为自己申冤也不迟。因为在别人发火时，无论你怎么解释，都会被对方认为是在推卸责任，这会让对方的怒火涨得更快。

徐先生的房子租期就要到了，周边的房租价格已经涨了许多，徐先生不想再搬家，又不想让房东提高房价，只希望房东能够按照原来的价位将房子继续租给他。但是，徐先生觉得不会有太大的成功希望，因为身边的很多房客都失败了，而且自己的房东是难以应付的。徐先生几经考虑，决定用他的方式尝试一下。

第二天房东登门拜访，徐先生在门口很客气地迎接了他，租金的事并没有一开口就提，而是说他如何喜欢这个房子。他称赞房东真有眼光，买房子的位置好，房价在短短的几年内又涨了很多，随后又恭喜房东发财了。他还对房东管理房屋得法加以恭维，不像有些房东看房客看得很紧。徐先生本着“诚于嘉许，宽于称道”的原则对房东进行了一番适时的赞美后，才说这所房屋自己实在是太喜欢了，希望房东能以原来的价格继续租给他。

很显然，这位房东从来没有受过房客如此款待和欢迎，这样赞美的话更没听说过，有些不知道怎么才好。最后房东说：“我也愿意有你这样一个爽快的房客，关键并不是要挣多少钱，而是看什么样的房客。像你这样通情达理的房客，按原价租给你我愿意。如果缺什么，就跟我说，我会尽可能给你配置齐全的。”

假如徐先生采取别的房客的办法硬性争取房东按原价继续租给他，结果一定不会是现在这样，而他采取了友善、赞美的方法，很容易就大获全胜了。

如果在与人交往时，对方故意忽略或冷淡你，那么他们是在告诉你你平时是怎样对待他们的。每种状况都隐含着多种潜在的建议，也许最终只有一条是你应把握的，那就是放低姿态，以一张笑脸对待他们。当然，谦虚是必要的。在对情况了解了以后，一定要露出真诚的笑脸，并对他人表示认同。对于本不熟识的人，多赞美几句，多给几个笑脸往往会使你们交往得很愉快。

有些年轻人容易情绪化，一听到他人的批评，特别是关于某件事错误的批评，当着别人的面就会立刻发起反攻，甚至有些人会觉得自己受了委屈而号啕大哭。如果是后者，别人可能会动了恻隐之心，当时不会再多说什么，可是从内心来说，这种娇气的作风会更被人看不起。如果是前者，人家就会有对立的情绪产生，出现这种情况的后果往往不是三言两语就能收拾得了的。

事实上，微笑着道歉这样的事并不难做到，也不是懦弱的表现。道歉是一种智慧的表现，因为你可能只是偶然的失误，别人也不会对你如何，发火也只是一时之气。人们一般是比较理性的，他们对长期与自己共事的人的印象和评价，不会只凭一两件错误的事就发生改变。因而，对自己道歉后会被打入“冷宫”的担心也就没有必要了。

另一方面，你应该能够理解，谁都有自己的喜怒哀乐。假如别人因你做错事而受了气，发泄是很自然的。所以也没有必要把别人发火的事看得太重，觉得道歉就是在伤害自己的自尊心。总而言之，无论对自己还是对别人，出现了摩擦就应当让它很快地过去，并想办法平息怒气。不然，你们正常的交往就会受到影响。

当然，如果别人朝你发火的时候你觉得并不是自己的过错，于是等他发完火之后，你只是微微一笑，说一句“我知道了”，向别人表示自己有多么的大度，那也是大错特错了。因为从此你在别人的心中将是一个没有责任感的人，不妨把事情的始末在事后跟他解释清楚。

做错了事主动道歉的人，比那种想方设法找借口辩护的人得到的谅解更多，甚至是敬重。因为别人能从道歉中看到你的正直和坦荡。人在生活中总会出现这样或那样的失误，只要发现错在自己身上，就应立刻主动道歉。学会笑着道歉，对我们来说，应当是一种在社会上生存的基本技能，其重要性就和吃饭一样。

假如错了还死不承认，把自己摆在很高的位置上看别人，不但得不到别人的尊重，还会失去许多成功的机会。如果你能放下身段，对人微笑，即使做错事情，别人也会很容易原谅你。

至于这种本领是如何练成的，有以下几个要点：

(1)别人骂你时要虚心接受，向对方解释时保持微笑，让他骂不下去。

(2)时刻想着人与人之间沟通的桥梁是微笑。

(3)如果你想骂人，一定要克制情绪，诉说时也应该面带微笑。

(4)即使是讲电话，你的微笑也要让对方感受到。

笑着道歉不但是一种智慧，还是一种品质。

礼多人也怪

做人难，难在和人相处，难在要尽可能合情合理地使用各种礼节。很多年轻人初入社会，理所当然地认为多遵守礼节一定是对的，殊不知礼多有时候也是一种罪过。做任何事情都要有，如果突破这个度的限制，就会有不妥之处。礼节也是一样，过多的礼节要么让人感到虚假或者没有诚意，要么会成为他人的负担。在面对有过多的“礼”的人时，人们会发出这样的声音：“这人事儿太多了。”

俗话说礼多人不怪，但也并不一定“礼多”就是好事。礼节是一件“细致活”，容不得一点马虎。在与人相处时，礼节需要特别留意，要细心为别人着想，才能在最后省心。不然，礼多的结局很可能会让人“烦心”。

中国是个很讲人情味的国家，所以待人待客都非常热情，因此就会有很多的“礼”。很可能一位客人好奇你家果树的果实，只是站在边上多看了几眼，你就会摘两个送给他。也有可能在你指手画脚半天也没有把情况说清楚时，干脆带问路人走很远的路，将他送到了目的地。这种热情的确让人受宠若惊，这一作用也算是“礼”起到的。

可是你也要明白，假如受宠若惊过度，就可能受到惊吓。有时候，我们的礼节太过于周到反而容易让人出“洋相”。这就只能说明我们的礼根本不够周到，其作用甚至可能是负面的，是好心帮倒忙，费力不讨好。

刘涛刚进公司没多久就被安排与另一家公司进行谈判，他非常高兴，把谈判地点选在一家茶馆。虽然有人对谈判地点颇有微词，但是刘涛认为这个地方对于缓解谈判的紧张情绪有利，所以最终就定了下来，而且他还特意交代服务员要看他的眼色行事，勤快一点。

那天在包间内，宾主寒暄一番后就开始畅谈共同关心的问题。这时，面带微笑的女服务员手脚麻利地奉上一杯清茶。

不知是清茶飘香，还是秋季口干，对方的主谈人员把一杯茶几口就喝完了。女服务员真是眼尖、手勤、脚快，立刻又一次帮他把茶杯添满。对方谈判人员大概盛情难却，又几口喝完了一杯茶。刘涛还在使眼色让服务员继续添茶，没一会儿，对方就把5杯清茶喝完了。

在他们刚谈到重点的时候，突然对方紧皱双眉，四下张望，急需上洗手间。主谈人员是见过世面的人，不方便直接提出要求上洗手间，于是向身边的一位高级人员急速耳语了几句，那个人飞快地写了张纸条，伸手交到刘涛的手中，请求中止一下会谈。如此几次，尽管最后这场谈判成功了，刘涛却看到了一丝尴尬，他开始反省自己是不是热情过头了。

我们抱着“四海之内皆兄弟”的想法，待人热情一些也没有错。但是待客热情只是一个方面，如果对方因我们的过度热情而被吓跑就不是我们的本意了。我们当然要时刻待人以礼，可是这礼貌的“礼”与合理的“理”也有共同之处。

一位朋友向做丝绸生意的马先生求购一件上好的丝绸衣服，说是在外面没找到好的，想向他买。马先生说没问题，不仅拿出一件很好的丝绸衣服，还另外拿了一块昂贵的布料送给朋友。

在朋友来拿时，问他多少钱。马先生笑着说：“你这是什么话，我们之间的交情这么深，这是送给你的。”可以想象，那个人的惊喜有多大。

但是事隔半年，马先生从一位朋友那里得知，他送丝绸的那位朋友正托人在找一件丝绸衣服。马先生感到很奇怪，那位朋友明明知道自己多的是，为什么却没有来找自己呢？

告诉马先生消息的朋友笑了，说：“他说因为他的钱你不会收的，所以不能再找你要了。”顿了一下，朋友接着说，“有时别人要跟你买，你送他而不是卖给他，反而可能让人觉得你是暗示他不愿意同他交易。”

马先生不知道那位朋友有没有买到合适的丝绸衣服，可是他想，很显然是他做得不对，因为他的人情味，反而使他和朋友的交往受到了影响。

事实上，类似的情况我们在生活中也经常碰到。两个熟识的人，一个买一个卖，卖的人通常会说："您太见外了，才几个钱，和咱们的交情能比吗！"最终像打架似的推了半天。看上去这是体现出了一种友情，可是你有没有想过，这反而可能让买的人最终不愿意去与卖的人交往？卖方虽然亏了，但也可能没落着好，因为他的"礼"反而使朋友间友情的发展受到了束缚，恐怕对方下次再想买类似的东西，便不会首先考虑他了。

"礼"太多反而会让他人感觉是负担，甚至是债务。

小李看一位朋友表现得很烦躁，就问他在为什么事烦心。朋友说："我的一个朋友要来了，我很为这件事头疼。"小李纳闷了："朋友来不是好事吗，有什么值得头疼的。"朋友回答："你是不知道，他对我太好了。我有一次去他家玩时，他请我去当地五星级宾馆消费，后来还请我玩各种昂贵的娱乐项目，这些都是很贵的东西。他说现在要来我家，我和妻子真的发愁了，我们这个地方很小，消费水平一般，招待人家时怎么能弄出那样的排场呀！"

所有人都讲究礼尚往来，假如你的"礼"过重，那你是不是想过对方在为还你的"礼"而发愁呢？

做任何事情都要有度，如果突破这个度的限制，就会有不妥之处。

礼仪着装是敲门砖

很多年轻人很努力，也很有能力，别人却并不认可他们。虽然他们可能擅长与人谈判或者交流，但他们怎么也不明白为什么有时候人们会误以为他们没有能力，或对他们的身份低估，并且很少主动与他们交流。其实这类人大多是输在"包装"上，是他们对"包装"的重要性忽视了，认为能力可以代替一切。

事实并非如此，人们在第一次看到你时，往往看不到你的能力，你的外表才是最有力的说明。如果你是个不讲究穿着的人，也许会让人误解你没有能力。这也是许多企业家为什么都要有形象顾问的原因所在，因为他们代表的是企业的形象，不容马虎。而你的穿着也代表着你的身份，同样不容马虎。不要总认为只有女人才应注意穿着，在与他人交际的时候，无论男女，自己的仪表都应该注意，只有注重礼仪着装，才能给人留下良好的印象。

人在一生中要参加许多种场合，每种场合的穿衣规则都不相同。在与他人交往的过程中，人们对对方的穿着是十分敏感的，尤其是在与陌生人初次相见的时候，人们在决定他是否值得交往时常以其衣着是否得体为判断依据，甚至是从穿着打扮上品评他的才能或人格。所以在与他人交往时，你要注重保持自己的仪表与环境间的相互适应，不仅穿着得体，还要与整体协调，这样你优雅迷人的风度才能显示出来。

一个人的穿着对成功是很重要的。服饰演变发展到今天，早已变成生活中必不可少的一部分，它能把一个人的风度、优雅、气质、个性在不同氛围、不同场合和不同职业中展现出来。在恰当的时间和地点穿恰当的服装可以使你受欢迎的程度得到提升，给人留下好印象。

刘小姐对着装礼仪非常注重，她的穿着就很得体。因为她个子很高，所以从不穿短裙，每天不是穿宽大的长裤就是及地的长裙，而下装和上装的颜色也必定会搭配一致。有时候她为了点缀服饰会用一条长围巾达到颜色的和谐过渡。虽然她穿的不是什么名牌服饰，但看起来却很美。当然，这只是她平时的打扮，如果有一些比较正式的场合要出席，比如谈判时，她也会选择合身的套装，这种装扮与她往日的风情万种又有很大的不同，让她看上去干练了许多。休息时间，她常被包围在一堆同事中间讨论如何穿着打扮。

和她相反的是同事张小姐，她也非常爱打扮，只是虽然她很"新潮"，但人们总在私下里议论她要么穿得跟一个街头小混混似的，是个邋遢的人，要么就是“假洋鬼子”。事实上，不分场合地赶潮流就是张小姐的错误所在，或者说潮流根本不适合她。

注重着装并不是要穿得多么与众不同，体现你品位的好方法并不是奇装异服。一个人在穿着上的确应该有独特的品位，而不应该让品位成为“怪”味。大方得体的穿着就可以了，没必要追求前卫，也许前卫并不适合你，对你所在的社交场合也并不适合。

服装是身份的一种标志，所以，你得时刻注意让穿着符合自己的身份，而且整体的协调也要注意，不仅要适合自己，而且还要和环境相适应。在现实生活中，通常我们遇到一个人时，判断其身份的条件就是服装。如果想对这个人有更进一步的了解，就得综合其服饰、言行等方面深入到其内在的性格中去进行分析。

即使你对自己的内在修养已经很有信心，外在的形象和穿着对你的重要性也不可以完全忽视。人们注重外表，往往是因为只能根据对方的外在形象来给其最初印象打分，外在的形象就如一块“敲门砖”，有着所谓的“晕轮效应”。如果别人对你的第一印象是好的，那其他方面别人也会相应的认为是好的。

一个人服饰的可塑性要比形体大很多。有人穿着典雅高贵，有人穿着简洁大方，从衣服的样式、质地、色彩到装饰，都能很好地体现这个人的气质，并留下各种不同的美感给欣赏的人。所以服饰已经成为人们审美趣味的中心，人性格的不同就是由它展现出来的。要让人对你印象深刻的办法就得先从让人记住你的衣服开始。服饰与你寸步不离就如同你的影子，它既可以展现你成功的一面，也可能会把你的缺陷直接暴露出来。

着装一定要有自己的个性。一件衣服穿在别人身上很好，但是你穿就不一定会适合。所以你的服饰不一定非要是名牌，也不一定非常昂贵，但是一定要与自己的身材和年龄适合。在着装方面，你应该既要保持自己的魅力，也要体现出职业特点。应该注意服装搭配的灵活性，用饰品和配件来搭配服饰可以营造气氛，以适合各种不同场合。比如在别人婚礼或寿宴上，本是隆重典雅的场合却非要把个性展示出来，穿着拖鞋就上场给新人或老寿星祝贺，恐怕再好的朋友也会心生芥蒂。

要让人对你印象深刻的办法就得先从让人记住你的衣服开始。

谦卑带来好人缘

俗话说：“谦卑得人缘，感恩得助力。”这是很有道理的一句话，获得别人尊重和得人心的要诀之一就是练好“谦”功，养成谦虚的性格。我们应该明白这样一个为人处世的道理：没有别人的支持，自己将什么也不是。但生活中就有一部分人，认为只有高调做人，才能担当重任，而畏首畏尾、不敢得罪人，就会沦于平庸。因此，他们总是趾高气扬，一点都不在乎其他人，总是与人争执不休，于是他人的信任和好感也失去了，并且人际冲突不断。

有道是“山外有山，人外有人”。世上根本没有天下第一，别总是想做天下第一。不懂得谦虚的人会遭人嫉恨是铁定的，古之成大业者，除去自身的能力外，无不是虚心待人、谦逊处世的。谦逊的人懂得积蓄的力量，于是在他们的周围总是聚集着许多朋友，而他们往往能赢得人们的尊重和爱戴。这是因为谦逊给人产生的印象不会太张扬虚荣，人们也会乐意接受这样的人。

时时标榜自己的才干、掩饰自己的过失的人是遭人厌恶的，更让人难以接受的是其妄自尊大、目空一切。而一个十分谦逊且有功绩的人，他的身价定会倍增。谦卑是通往成功和赢得人们尊重的美德，我们要做到不管对人还是对事都不骄狂，否则极有可能使自己处于四面楚歌之中，被他人讥笑和瞧不起。

苏格拉底是古希腊伟大的哲学家，当时有不少人向他求教演讲的艺术。一天，一个年轻人来向他求教，滔滔不绝地向苏格拉底讲了许多话，目的就是要让别人看到自己跟其他人不一样，结果苏格拉底收的他的学费是别人的两倍。年轻人很纳闷："为什么要收我双倍的学费呢？"苏格拉底对他说："我只需要教一门课程给别人，而你，我要教你两门功课：一门是教你学会闭上嘴，另外一门才是教你怎么去演讲。"

我们从小听着"龟兔赛跑"的故事长大，兔子的骄傲和乌龟的谦虚都在我们的心头留下很深的印迹。而长大后，很多年轻人虽然明白谦虚是做人的优点，谦虚的人有好人缘，但是要自己谦卑地处世却做不到，以至于在生活中屡次受挫。生活中这样的人有很多，他们往往才华横溢，充满抱负和追求。他们有随时表现自己的习惯，好像生怕别人不知道自己的能力，而且会时时处处显示自己不同于他人的优越感，期待以此得到别人的钦佩和尊重，但是却常常事与愿违。

小许虽然刚到单位，但是能力却很强，他因为在和客户谈判的时候表现得体，为公司获得了很多利润，受到老板的高度表扬。也正因为这次谈判，他认为自己的地位有了提高，老板也开始看重自己了。在这种非同一般的心态下，其他同事他也看不起了，平时总是表现得妄自尊大、高傲自满。他这种态度使得同事们都不愿意和他一起工作，慢慢地他成了孤家寡人，在许多工作中都陷入了尴尬的局面。后来因为他一次判断失误，严重损害了公司的利益，老板对此很恼火，而且没有一位同事站出来替他说话，于是他很不体面地离开了公司。

正所谓旁观者清，我们恰恰可以从小许的经历中得到这样的启示：在社会上处世，为人一定要谦虚。万万不可锋芒毕露、自以为是，不分场合地过分显示自己。即使对方不是大人物，我们也不能以傲慢的姿态与之交往。一方面，人不可貌相，许多良师益友往往来自不起眼的生活与工作中；另一方面，骄傲会让你树立起很多敌人。中国有句俗话："多个朋友多一条路，少一个朋友添一堵墙。"但是古往今来，仗着自己的一点小聪明就恃才傲物的大有人在，看谁都不如自己，逢人就批。他们因此得罪了很多人，同时也让他们的人生多了许多坎坷。这类人其实常常有些小才的，如果处世得当，应该可以做得很成功。但是为人处世要低调的道理他们却不明白，正所谓"恃才岂能小瞧人，任性何必得罪人"。如果他们懂这个道理，就不至于为自己招来祸端。即使在功成名就时，也能发现别人的长处和自己的不足。

我们需要经常虚心地向他人请教，因为要想立于不败之地就要懂得谦虚。许多人都有不谦虚的缺点，而这种人大多都是自以为是之流，因此别人的长处他就发现不了。骄矜对人对事的危害性古人是看得很清楚的，他们明白"谦卑处世人常在"的道理。正是因为谦卑，别人才会尊敬和帮助你，而喜欢自夸和爱慕虚荣的人最终将被他的一些小成绩累垮。当你有了一定成就的时候，不要急于显露自己如何了得，要保持低调和谦卑的态度，这就等于让别人吃下了一颗定心丸。如果你因为自己有了能耐，对别人就看不起了，那么总有一天你会尝到苦果。切记：做人一大忌就是恃才傲物。

懂得谦卑处世的人才是真正的精明人，为人处世的一条黄金法则就是谦卑，人们必会尊重和帮助这样的人。当然，也不能一味地谦卑，要把握度，否则会变成虚伪。在这个现实的世界，道德高尚且有才干的人，如果没有人知道，不仅是在欺骗自己，也是在欺骗别人。自毁功绩是不必要的，真正谦卑之人对自己的功绩会有正视的态度，只不过他们不会常把功绩挂在嘴边，放在心上。

谦卑是一种低调做人的风度和实事求是的态度。

尊重身边的每个人

初入社会，做事偏激是不可避免的，也难免学来一些势利眼的言行。说起来，尊重自己的家人、长辈、同事、朋友和上司是一件非常容易的事，只需稍微注意一下就好了。可是要说尊重身边的每个人，这要做起来恐怕就有点难了。鲜有年轻人会注意到像收发室的大爷、小区和单位里更换频繁的保安、打扫卫生的阿姨等所谓不相干的小人物。有些人虽说并不是真的那么势利，可总是不那么关注这些人，说起话、做起事来也随意得多，毕竟与自己利益不太相关，即使得罪了，于自己的利益也无太大冲突。假如抱着这种想法在社会上行走，恐怕你自己将来是会吃亏的。

事实上，尊重身边的人，尤其是尊重地位比自己低的人并不是件坏事。首先自己和别人的心情都会因你一个善意的微笑而变好，自己显得阳光了，有亲和力了，这会让你拥有好人缘；其次你的尊重要让别人感受到，在你需要帮助的时候，大家都会乐意帮忙的。千万别小家子气地以为自己不会得到他们的帮助，永远不要看不起任何人——因为无所不能的人是不存在的，哪怕你坐上了皇帝的宝座，你仍需要普通百姓的拥护。

想要别人怎么待你，你就应如何对待别人，而人们最基本的心理需求就是尊重。学会尊重每个人，不管对方有着多么卑微的身份和工作，这是我们应该具备的良好品质之一。尊重并没有高低贵贱之分，而且对别人尊重就等于是对我们自己的尊重。在我们处理人际关系时，尊重别人可以算是一件利器，起到了润滑的作用。对别人尊重就是对我们自己尊重，要求别人付出多少，自己就要首先有所付出。年轻人不但应该用宽广的胸怀来包容这个社会，更要尊重别人，毕竟一个人损失了金钱，还可以再赚回来，一旦你伤害了他的自尊心，要弥补是很不容易的，你甚至可能因此为自己树立一个对手。

很多年轻人之所以给人的印象是不懂得尊重人，多数是因为骄傲，看不起人。所以，在对人表示尊重的时候切忌骄傲，因为没有人愿意和骄傲的人交往，骄傲本身就是不尊重别人的表现。不管是强者还是弱者，都需要别人对自己的尊重，都有超越别人获得心理优越感的需求。这时你不妨在人际交往中以各种方式让别人感受到你是尊重他的，这不仅会让你所拥有的空间更广阔，还会让你得到一个肯帮助你的人。

不要总以为自己在某方面高人一等，就可以冷眼看别人，就能对别人的存在和战斗力忽略。要知道"愚人者愚己"，自以为聪明的人往往必自毙。在自己有明显优势的时候，应该学会淡化光芒，学会尊重别人，这样才能如鱼得水地行走于社交场合中。当然，这种弱化优点的方法也要掌握适度，要注意拿捏好分寸，以免弄巧成拙。另外你也应该注意场合，适时适度暴露弱点，他人才不会产生对你的反感。

对周围的人的尊重还可以表现在真诚的微笑上，给人一个真诚的微笑比你想象得更重要。

清洁工，本来是一个很容易被人忽视甚至被人瞧不起的人，但就是在这样的岗位上的人，却在晚上公司的保险箱被窃之时，与小偷展开了殊死搏斗，帮公司减少了一大损失。

之后，有人问他当时是因为什么这么做的，这位清洁工的回答大大出人所料。他说："当公司的经理从我身旁经过时，总会对我微笑。"

仅仅这样一个简单的微笑，这名员工就愿意以自己的身家性命与小偷做殊死的搏斗。

功利一点说，对每个人都以尊重的态度对待，会令别人感到无比的愉悦，他将愿意为你做更多事。于自己而言，对他人的尊重，会使他人对你产生好感，给你带来更多的机会。不要随便看不起别人，包括那些表面看起来比你弱的人。孔老夫子说："三人行，必有我师。"再不如你的人也一定有一些方面比你优秀。

我们应该改变自己的心态，试着去真心地欣赏和尊重别人，毕竟我们如何对待别人，别人对待我们也会有同样的态度。

第二章　给人留点余地

给人面子，留己尊重

有人认为，中国人最看重的不是名誉，不是钱财，也不是权位，而是面子。这种看法虽然有偏颇之处，但是从某方面也反映出了面子在人们心目中的重要性。一个人在众人中立足的"根本"就是面子，换句话说，是“地位”的代表。所以，你若当面羞辱某人，他因此觉得被同仁看笑话，很没“面子”，与你拼命是极有可能的。

在人际交往过程中，由于天性使然，给他人留下良好的个人印象是每个人的希望，因此，人们所表现出的自尊心比平时相对更为强烈。当他们遭遇窘境甚至误入歧途时，其自尊心就会严重受挫，并变得异常敏感，如果这时候又有人使其下不了台，他们的反感就会最为强烈，甚至有仇视心理。因为尊严与荣耀的代表就是面子，有面子才能被别人看得起，才能显示他的优越感。在人际交往中，年轻人要想与别人建立和谐的关系，就必须懂得把自己的面子放下，给他人一个面子。

新东方组织了“谈人生、话留学”的大型讲座，主讲是俞敏洪和周成刚先生。俞敏洪两点整穿着一身休闲装准时在会场上出现，看上去自信、潇洒。

讲座开始，负责主持的是一位女士。其实，本来再简单不过的一个开场白后，一切就都可以顺利地进行。但是，不知道是怎么回事，当这位女士把俞敏洪和周成刚介绍给大家时，就是不知道该说什么好！而且，一连重复了5遍，都中途打住了。想想看现场会是个什么样子？来听课的人是抱着虔诚的态度来学习的，都能克制自己，否则，一定会起哄的！

这时，俞敏洪上了台，他把这位女士的话筒接过来，微笑着从容地对这位女士说：“小雅，你太紧张了，来，让我们拥抱一下吧！”台下的听众掌声一片，这位女士应该是最受感动的。在她如此尴尬的时候，她的老总，用足够的宽容为她解围。这一天，这一刻，她会终生难忘！

这是一件小事，但是透过这件事，让人对俞敏洪有了更深的了解，有此种包容心的人，他怎么可能不成功呢？给人面子，正表现了你胸襟坦荡、雍容大度，可以避免不必要的尴尬、难堪；还可以获取他人的友谊和信赖，而他人的友谊和信赖往往能为你的成功助一臂之力。

人就是这样奇怪的动物，暗地里的和明面的亏都可以吃，但就是不能吃面子的亏。所以，在处理同事、朋友的关系时，一定要注意保全同事、朋友的面子，对待别人态度要宽容。无论遇到什么事，要多想想，多说几句体谅的话，不要紧抓住别人的缺点或错误不放。要善于换位思考，站在同事、朋友的角度多考虑 下他们的感受，试想如果你受到他们如此对待之后会怎样，仔细思考之后再做决定，以免破坏了同事、朋友的关系，别人也会更信任你。

生活中给对方留面子是一种互助的行为，假如你觉得面子是无所谓的，那么在工作或者生活中，你往往是个得不到大家喜欢的人。所以，做一个社交的成功人士，时时给他人留面子才是最明智的选择。你在给他人留面子的同时，也为自己铺就了一条通向成功的阳光大道。

中村是日本德川幕府第三代将军德川家光的大臣，慎思密虑且生性温和的他，为人处世极谙收买人心之道。德川秀息是德川家族中的一位将军，此人手握兵权，非常讨厌别人抽烟，于是，他下了一道命令在军中：凡是士兵抽烟者，一律斩首。

有一天晚上，在城门负责守卫的几个站岗的士兵，想到深更半夜肯定没人前来巡查，便每人点一根烟躲在阴暗处抽。哪知这一晚，中村正好闲来无事，出来巡视。当士兵们发现中村时，已经来不及掐灭烟头了。士兵们一个个惊恐不安，不知所措地站在那里。

中村若无其事地走上前去，对守卫的情况先问了一下，对他们说：“你们刚才抽的烟让我也抽一口，怎么样？”中村会提出如此的要求？士兵们疑惑不解地望着他，但还是乖乖地拿出香烟交给中村。中村接过来，津津有味地抽了几口，就又还给了他们。

“烟这样可口我真没想到，谢谢！”说罢，转身走了。刚走了几步，他又转回来对士兵们说：

“今天的事，我也有份，希望这种事情以后再也不会有了。要知道，你们的将军可是最讨厌抽烟的。”据说，自此之后，再也没有士兵抽烟了。

一个善于处世的人在与他人交往的过程中，总会巧妙地给他人保留一份颜面。对于尴尬难言的事，没必要当众宣布，更没必要撕破脸皮，弄得不欢而散；要对人进行暗示，那些不便说的话，在私下里进行，既维护了别人的面子，也达到了自己的目的。

人人都爱面子，你给他面子就是给他一份厚礼。有朝一日你求他办事，你的这个人情他自然是会还的，即使他感到为难或不情愿，操作人情账户的精要就在这里。

年轻人切记：能意会的就别再言传，留点面子给别人，对自己大有裨益。

得饶人处且饶人

有一句俗语在民间流传：“人情留一线，日后好相见。”意思是说与人相处时，凡事不要做绝，要记得为彼此留有余地，不管以后在什么场合碰面，都不会难堪，更不至于让对方看到你就咬牙切齿。

《菜根谭》是集处世经验的大成之作，其中有“锄奸杜降，要放他一条去路。若使之一无所空，譬如塞鼠穴者，一切去路都塞尽，则一切好物俱咬破矣”的劝世诫句。意思是说，如果想把那些邪恶奸诈之人铲除杜绝，就要给他们一条重新做人、改过自新的路径。如果使他们走投无路、无立锥之地的话，就好像堵塞了老鼠洞所有出路一样，一切好的东西也都被咬坏了。

人在面临绝境时，大部分都会以死相拼，全力挣扎。这给我们以深刻警示，那就是斩草除根固然重要，但是，置人于死地也往往容易激起更大的反抗，成败反而会在瞬间换位。因而，在征服者已经把对手置于必败之险地时，不妨试着留条生路给他。

不追穷寇的事例在《三国演义》中就有。曹操平定河北后，率领将士包围了壶关。曹操下令：“城池攻破以后，把俘虏全部活埋。”可是一连打了几个月，都没有打下城池来。大将曹仁进言说：“围城一定要让敌人看到逃生的门路，要留一条生路给敌人。如果你告诉他们只有死路一条，敌人就会人人奋勇守卫。况且城坚粮足，攻击只会带来人马的伤亡，围攻更会旷日持久。如此下去，不是什么好办法。”曹仁的意见被曹操采纳了，城上的守军最终投降了。

《孙子兵法》中说过，攻敌时要给敌人留下一条退路，若是把敌人团团围住而不留活路，敌人在走投无路的情况之下只好决一死战，倾全力反击。留下一条退路给别人，这样在日后办事时也留下了一条退路给自己。

这种退让之法只有洞悉人情事态的人才会去做，这种良好的效果也只有深知进退之道的人才能收到。

唐朝京兆万年人任迪简考中进士后，在天德军使李景略那里任判官。有一天，李景略在军中宴请宾客，任迪简因故迟到，依照规矩应当罚他喝一大杯酒。可侍吏在倒酒时，不小心将醋当成酒，倒了满满一大杯给任迪简。任迪简刚放到嘴边，已经尝出是醋了，但想到李景略平常严厉苛刻，如让他知道此事，一定会处斩那个倒错酒的侍吏。于是便忍酸把那一大杯醋全喝了下去，把那个侍吏的过错掩盖了，又找借口说这酒太淡了，请求李景略另换酒。任迪简回家后就病倒了，咯血不止，但仍没有把此事传出去。后来不知怎么被军中的将士知道了，大家感动得流泪，李景略也深受触动，对那位侍吏也没有进行责罚。

正是因为任迪简宽宏大度，对他人的过失能够宽恕，因此，受到了军中上下的敬重。

生活中，我们会时常碰到很多让人感到无奈的事，有时候也会碰到一些恶意的、真正对不起我们的人，如果不学会宽容，你自己就会被无穷无尽的烦恼所包围，永无解脱之期。相反，面对一个小小的过失，一句轻轻的歉语，一个淡淡的微笑，带来包涵谅解，这就是宽容。

宽容于事，宽容于人，无非是不去逞强斗狠罢了，但我们收获的却是和谐、安然、宁静与友好，善莫大焉。宽容者，善以待人，能容人处且容人，能让人时且让人。将心比心，多给别人一些关怀和理解，别人才会尊重你，因为人总是喜欢和宽容厚道的人交朋友的，正如著名作家萨迪所说的：“谁若想在困厄时得到援助，在平日里就应该宽容待人。”

“她要能卖得好那是不可能的，我敢打赌，如果超过一百万本，我把鞋子吃下去。”这是一位脱口秀主持人针对美国前总统克林顿的夫人希拉里写的自传的辛辣评价。那些喜欢把话说绝的人往往受到上天的捉弄，没过几个星期希拉里的自传，就畅销了一百万本。

没错，主持人的确吃鞋子了。不过，鞋子的质地不同寻常，他吃下的鞋子形状的蛋糕是总统夫人特意为他定做的。那味道一定棒极了，因为它里面加了一种特殊的调料——宽容。

面对主持人的嘲讽，希拉里并不是猛烈地回击他或等着看他吃鞋子，而是用一种幽默宽容的方式把这场矛盾巧妙地化解了。总统夫人因宽容而更加让人敬佩，蛋糕鞋子因宽容而更加美味可口。

“得饶人处且饶人”，就是给对方一条生路，让他有一个台阶下，留一点面子和回旋的余地给对方。在占优势的情况下，放对方一马，他心里自然会感激你的，来日相见也好说话。争强好胜，使对方下不来台，常常不会有好结果。对于明智的人来说，就算自己能做得非常好，也绝不逞一时之强，做出使他人难堪的蠢事。

一个年轻人有时能容忍他人的固执己见、自以为是，但对恶意污辱和致命打击却很难容忍。但只有以宽容的态度“尽释前嫌”、“以德报怨”，才能使这个世界少一分仇恨，而多一分祥和。

有一颗体谅他人的心，就仿佛获得一把钥匙，能把未来紧闭着的大门开启。

谦恭自律是法宝

《庄子·则阳》有这样一个故事：从前，在蜗牛的左角上有个国家，叫触氏国；在蜗牛的右角上有个国家，叫蛮氏国。为抢夺土地两个国家经常发生战争，每次战争都要在战场上弃尸好几万。

蜗角上能有多大地盘，值得如此大动干戈。这看起来很可笑，但是这种可笑的事往往人们自己也会做。元代石子章在《竹坞听琴》第二折中就对这一滑稽场面作了描述：“都为那蜗角虚名，蝇头微利，蚁阵蜂衙，将一片打劫的心，则与人争论高下，直等待那揭局儿死时才罢。”

大部分的人一陷身于争斗的旋涡，非将对方逼得甘拜下风才会放手。然而，这虽然让你吹起胜利的号角，但却也是下次争斗的隐患。放对方一条生路才是明智的做法，为他留点面子和立足之地。

每个年轻人都有自己的个性，在某些方面都可能不同于别人。人与人相处常常就会有大大小小的矛盾，当这些矛盾摆在我们面前时，不可以认为“狭路相逢勇者胜”，因为胜的同时，一份友情也就消失了。

美国前总统富兰克林年轻时很骄傲，言行举止不可一世、咄咄逼人，后来有一位朋友将他叫到面前，用很温和的语言说：“你从不肯尊重他人，事事自以为是，你给了别人几次难堪之后，谁还愿意听你夸耀的言论。你的朋友将一个个远离你，你再也无法在别人那里得到经验与学识，而你现在所知道的事情，老实说，真的是太少了。”

听了这番话的富兰克林很受震动，决心痛改前非。从那以后，他处处注意，言语行为谦恭和婉，谨慎小心以防别人的尊严受到损害，不久，他便从一个被人敌视、无人愿意与之交往的人，变为极受人们欢迎的成功人物。

留一步，让三分，是一种谨慎的做人方法，适当谦让不但不会给你带来危险，反而是寻求安宁的有效方式。生活中，除了原则问题必须坚持，对于小事，对于个人利益，会因小小的谦让而感到身心愉快，还会带来人际关系的和谐。有时，“退”即是“进”，“舍”就是“得”。

智慧地让步，避免一切无价值的纠缠，不是无能，不是胆怯，不是懦弱，而是大度、智慧和勇敢。

在我们的现实生活中，需要有一种放弃的智慧。当你与他人之间有矛盾的时候，只要不是什么原则问题，完全可以舍弃争强好胜的心理，甚至甘拜下风，两败俱伤就有可能避免；当你在生活中与人发生摩擦时，保持缄默，舍弃争执，就可以唤起对方的恻隐之心，换取和谐相处。

马辛利任美国总统时，许多政客反对一项人事调动，在接受代表询问时，一位国会议员脾气暴躁、粗声恶气，一开口就讥骂总统。但马辛利却视若无睹、不吭一声，任凭他骂得声嘶力竭，然后才用极委婉的口气说："你现在怒气应该平和了吧？按道理你没有责问我的权利，但现在我仍愿意详细解释给你听。"

这几句话把那位议员说得羞愧万分，其实，不等马辛利总统解释，他已经收服了那位议员。也许你以为马辛利总统是个"没有脾气的人"，恰恰相反，他这个人有十分大的脾气，只是他有一股比脾气更大的自制力，能够暂时压住脾气。

试想，如果马辛利得理不饶人，运用自己得理的优势和职位，咄咄逼人地进行反击的话，要让对方服气是绝不可能的。由此可见，当双方处于尖锐对抗状态时，得理者的忍让态度，能使对立情绪"降温"。

有句话说得好：得饶人处且饶人。人在有理的时候不要咄咄逼人，抓住别人的"小辫子"不放，而要有足够宽广的胸怀能容人容事。《法华经》云："诸有修功德，柔和质直者，则皆见我身。"柔和者，慈悲也，忍耐也。不打压、不挑剔、不嫉妒对的，错的不打击、不讽刺、不轻视、不扣帽子，令人觉得如春风拂面，让人感觉像到家一样的温暖。

初入社会的男女年轻气盛，对新知识新观念接受很快，富有开拓创新精神，这是一种难得的人才优势。但如果把这种优势误作为恃才傲物、追求名利、哗众取宠的资本，就很容易走入狂妄自大、争强好胜的误区。在社交场合，无论你有多么丰富的知识，口才多么犀利雄辩，都应该时刻约束自己，保持谦恭的态度。

同在一片蓝天下，舌头碰到牙的时候是难免的，如果太较真，非去咄咄逼人辩出个你对我错，争个你高我低，只会升级两人之间的摩擦，小事变大。如果在无伤大雅的细节末节上谦让一点，就能够从不必要的纠缠中挣脱出来，去争取大局的利益。

能够谦让一点去处理人际关系的人，是洒脱的人，也是具有大智慧的人。

化指责为商量

心理学家研究表明，谁都不愿在公众面前曝光自己的错处或隐私，一旦被人曝光，就会感到难堪或恼怒。因此，在交际中，为了顾全他人的面子，当你准备把别人的过错指出来时，最好能把指责变为商量。

有一个领导找下属谈话："今天我们探讨一下这个问题。""我觉得在这一点上你的做法似乎有些不妥。"这是对某一局部环节作强调，而不是推及全部，口气中带有商量、劝慰的味道。一般人都容易接受这样的批评，从而起到促使其正视问题、改正错误的作用。

但如果这样说："你真是屡教不改啊！""我看你这辈子是不会好了！"说教可能出于无奈，恨铁不成钢，但对听者来说，无疑是一种宣判，让人从心底里接受是很难的，自然也起不到批评的作用。因此，在批评别人的时候，千万要留一点余地给别人，不要把事情做得太绝了，否则会适得其反。

批评他人时，对方的感受不可不顾及。那种不管别人出了什么差错，都要当着众人的面给予指正的做法，除了造成被批评者的心理抵触外，对于解决问题没有任何帮助。因此，在指出别人错了的时候，也应该做得高明一些。例如，你在提醒别人时可用若无其事的方式，这样收到的效果一定会很神奇的。

戴尔·卡耐基认为，在与别人相处时，应该学会尊重别人，尽量不要去伤害别人。几十年的研究和体验之精华，卡耐基把与人相处时避免伤害的艺术展示给了世人。

卡耐基把他与侄女之间的相处经历简单地告诉我们。几年以前，他的侄女约瑟芬·卡耐基，离开堪萨斯市的老家，到纽约担任卡耐基的秘书。她那时19岁，已经高中毕业3年了，但做事经验几乎等于零。而现在，在西半球她已成了最完美的秘书之一。

在刚刚开始工作的时候，在她身上还存在很多缺点。有一天，卡耐基正想批评她，但马上又对自己说："等一等，卡耐基。约瑟芬的年纪比你小了一半，你的生活经验几乎是她的一万倍。你怎么可能希望她有与你一样的观点，你的冲劲、你的判断力——虽然这些都是很平凡的。但是，19岁时的你又做了些什么呢？还记得你那些愚蠢的错误和举动吗？"

经过诚实而公正地把这些事情仔细想过一遍之后，卡耐基获得结论，他当年比现在19岁的约瑟芬的行为差远了，而且他很惭愧地承认，他并没有经常称赞约瑟芬。

从那次以后，当卡耐基想把约瑟芬的错误指出来时，总是说："约瑟芬，你犯了一个错误，但上帝知道，我所犯的许多错误比你更糟糕。天生就万事精通当然是不可能的，成功只有从经验中才能获得，而且你比我年轻时强多了。我自己曾做过那么多的愚蠢傻事，所以，你或任何人我都不想批评。但难道你不认为，如果你这样做的话，不是更聪明一点吗？"

卡耐基说："假如能思考一两分钟之后，说一句或两句体谅的话，对他人的态度进行宽大的了解，都可以减少对别人的伤害，保住他人的面子。"因此，当你要对他人提出批评的时候，请事先冷静地想一想，使用怎样的方法才能够既能达到指出他人过失，使当事者受到教育的效果，又不会让别人伤了自尊、丢了面子。

点破别人的错误要抱有同情心。这里的同情不是要对他的错误加以同情，而是要考虑对方得知错误后的心情，只有这样的批评才不会不顾及对方的心理感受。也就是说，你在点破别人的错误时一定要注意维护对方的脸面，保护他的尊严。指出对方的错误时过分地直率，等于剥夺了对方的尊严，把对方的脸面也撕破了，也等于宣布自己是不被对方欢迎的人。这样，即使你的意见再好再有用，它的"效益"也难以发挥出来。因此，只有对方认识到你是站在他的立场上点破他时，才会接受你的批评并感谢你的提醒。

批评之前，要先创造一个尽可能和谐的气氛。做错事的一方，产生不自主的抵触情绪是极有可能的。即使他表面上接受，却不见得内心也赞同。所以，先让他放松下来，然后再开始你的批评，这样达到的效果会比较好。

大多数年轻的批评者，往往是把重点放在指出对方错的地方，但是，对什么是正确的方法却无法明确地说明。有人批评别人："你这样做真是太蠢了！"这样的话让对方听了之后，只会觉得不服和反感。但是，如果你在指出对方的失误以后，再谦虚地提出建议，就会有截然不同的效果。

从某个角度来说，批评的目的在于使被批评者觉悟，从而使自己的行为得以纠正。批评人不能把人看死，不能把话说偏。正确的批评方法是，批评时注意把握好分寸，措辞严厉但不过头，给被批评者留有机会改正错误。

批评之前，要先创造一个尽可能和谐的气氛。

友善是征服的力量之源

法国作家拉·封丹写过这样一则寓言：有一天，北风和南风在争论力量更大的是谁。北风说："当然是我，你看路上那些穿着外套的行人，我打赌可以比你让他们脱下外套的速度更快。"

说着,北风首先来一阵冷风,凛冽刺骨,结果行人为了抵御北风的侵袭,大衣裹得更加严密结实了。南风则徐徐吹动,顿时风和日丽,行人因为觉得身上温暖,便解开纽扣,把大衣脱掉了,南风获得了胜利。

这则寓言告诉我们,温暖胜于严寒。我们为人处世,手段专制、强暴的做法,对解决问题往往无济于事,有时可能还适得其反,对待一切都要使用宽容、温和。

声名远播的律师丹尼尔·韦波斯特被许多人奉若神明。温和的字眼始终充满着他那极具权威的辩论,让人回味无穷、记忆深刻。在他的辩论中经常出现这样的词句:"这要陪审团加以斟酌"、"这里有些事实,相信您没有忘掉"、"这也许值得再深思"等。没有威胁、没有高压手段、没有强硬的言辞,也没有攻击人的论调,韦波斯特用的处理方式都是最柔和、冷静、友善的,但却不失其权威性,他成功的基石正在于此。

温和待人、和颜悦色适用于所有的人。温和与友善不但能使两颗敌视的心之间的距离缩短,也能感染周围所有的人,给大家带来愉快。温和是一种力量,能引起心灵的沟通、情操的畅行,会让人驱散心中的浓雾、拂去心底的怨恨、摆脱沉沉的阴影。

著名哲学家斯宾诺沙说过:"人心不是靠武力征服的,其征服靠的是爱和宽容大度。"温和待人在现实生活中所体现出的力量也是巨大的。因为批评会让人不服,谩骂会让人厌恶,羞辱会让人恼火,威胁会让人愤怒。唯有温和让人无法反抗,无法阻挡,无法躲避。据说在林肯的总统办公室里还挂着这样的条幅:"宽容比批评更能改变人。"指出别人的不足时,同样也应宽容别人所犯的错误。

印度民族英雄甘地在对自己的成长过程回忆时说:"是父亲那崇高宽容的态度挽救了我。"甘地出生在一个小藩国的宰相之家,从小就爱撒娇,也没有十分开朗的性格。少年时期,由于好奇,他染上了烟瘾,后来他开始偷钱买烟抽,而且越陷越深。渐渐地,他觉察到自己偷别人的钱,背着父母抽烟的行为太可耻了,一想起来,就觉得没脸见人,而且心里非常痛苦,甚至还想过自杀。当他终于忍受不了痛苦的折磨时,便在日记本上写下了自己的整个堕落过程,鼓足了勇气,交给父亲,渴望得到父亲的严厉批评、惩罚,使内心的痛苦得以减轻。父亲看后,心情十分沉痛。但是,父亲深爱孩子,没有责备他,只是流下了十分伤心的泪水,久久地凝视着儿子。甘地看了父亲痛心的样子之后,更加悔恨、内疚、自责,深感辜负了父亲对自己的期望。从此,他痛下决心,彻底改正了错误。

你不能强迫他人同意你,却可以引导他们,只要你有温和友善的态度。曾经有一句格言:一滴蜜汁比一加仑毒药能捕到更多的苍蝇。所以,要化解冲突,请记得:态度一定要友善才行。

1754年,率部驻防亚历山大市的华盛顿已升为上校,当时正值弗吉尼亚州议会选举议员,有一个名叫威廉·佩恩的人反对华盛顿支持的一个候选人。有一次,华盛顿和佩恩展开了一场激烈的争论,其间华盛顿失口,说了几句侮辱性的话。身材矮小、脾气暴躁的佩恩怒不可遏,用手中的山核桃木手杖挥起来就把华盛顿打倒在地。华盛顿的部下闻讯而至,要为他们的长官报仇雪恨,华盛顿却阻止并劝说大家心平气和地退回营地,一切由他自己来处理。翌日上午,华盛顿托人带给佩恩一张便条,约他到当地一家酒店会面。佩恩想当然地认为华盛顿会让他道歉,并提出决斗的挑战,心想一定会有一场恶斗。

佩恩大感意外的是,到了酒店,他看到的是酒杯而不是手枪。华盛顿站起身来,笑容可掬,并伸出手来迎接他。"佩恩先生,"华盛顿说,"人都有犯错误的时候,昨天确实是我的过错,你已采取行动挽回了面子。如果你觉得已经足够,那么我们就握手言和,让我们做个朋友吧!"

这件事就这样以欢喜的结局落幕。从此以后,佩恩成了华盛顿的一个热心的崇拜者和坚定的支持者。

想使一个人臣服,最好的办法不是财色引诱和武力征服,以德服人才是上策。苏联著名教育家苏霍姆林斯基曾经这样讲过:"有时宽容引起的道德震动所产生的作用比惩罚更加强烈。"

"若你见我时紧握双拳,"威尔逊总统说,"我想,我可以保证,我的拳头会握得比你的更紧。但是,如果你来找我说:‘我们坐下,好好商量,看看我们为什么会意见不同。’我们就会发现,彼此的距离并不是那么大,并非有那么多不同的观点,而且看法一致的观点反而居多。你也会发觉,只要我们有着耐心、诚意和愿望去沟通,我们就能沟通。”

如果年轻的你想让一个人接受你的意见,首先,要让对方觉得你十分友善,是全心为他着想。你不能强迫别人赞同你,但却可以用引导的方式,

温和而友善地使他屈服。温和友善与激烈狂暴相比,永远是前者更有力量。

冤家宜解不宜结

年轻人生活在这个世界,不可避免地与形形色色的人打交道,也免不了会出现矛盾,产生不愉快的事。一旦遇到这种情况,如果让矛盾激化,那事情就可能变得一塌糊涂,你也可能因此失去一个朋友,多了一个敌人。最好的解决办法就是彼此宽容,和平共处。

比如,你与同事积怨已久,双方都存有戒备甚至敌对心理,都不愿主动向对方示好。这时,如果你能主动退让,或传递一个友善的信息给对方,或为对方做一件友善的事,则很可能从此化干戈为玉帛。但是,这一步往往不容易跨出。人与人相处最难的莫过于真心诚意地相互忍让、彼此包容。事情当前,只要不关系到大是大非的原则问题,如果都能够宽容对方、理解对方,替对方着想,恐怕就不会出现这样或那样的不愉快,我们生活的天空就会变得阳光、彩虹多一些,风雨、乌云少一点。

当然,从实际情况看,人们一旦结仇,彼此之间伤了感情,伤疤会留在心灵上面,要做到不计较是很难的。因此,需要当事人有足够的勇气、较高的思想修养,还要善于自己说服自己,这样才能奏效。美国第三任总统杰斐逊与第二任总统亚当斯从开始交往出现矛盾到后来的彼此宽容就是一个生动的例子。

杰斐逊在就任前夕,到白宫去找亚当斯,他希望针尖儿对麦芒式的竞选活动并没有破坏他们之间的友谊。但据说杰斐逊还没有开口说话,亚当斯便咆哮起来:“是你把我赶走的!是你把我赶走的!”从此两人数年间再也没有交往,直到后来杰斐逊的几个邻居去探访亚当斯,这个坚强的老人仍在诉说那件难堪的事,但接着冲口说出:“我一直都喜欢杰斐逊,现在仍然喜欢他。”邻居把这话传给了杰斐逊,杰斐逊便请了一个熟悉双方的朋友传话,让亚当斯也知道他的深厚友情。后来,亚当斯给他回了一封信,两人从此开始了美国历史上最伟大的书信往来。

这个例子告诉我们,宽容是一种多么可贵的精神。若你想把敌人变为朋友,就得迈出宽容的第一步,否则,不会有任何进展。当矛盾出现在你和他人之间时,要主动示好,采取寻求和解的行动,这样才能赢得和谐的人际关系,享受幸福的人生。

不计前嫌是一种很高的思想境界,是一种消除对方积怨的好方法。不论在同事之间,还是在亲友之间,采取摒弃前嫌的言行,不仅对化解已有矛盾有帮助,能恢复和发展人际关系,而且有助于自身良好形象的树立,赢得舆论好评,营造良好的人际环境氛围。

诺贝尔和平奖获得者,南非黑人领袖纳尔逊·曼德拉是一位赫赫有名的国际政坛人物,他一生都努力推行反对种族歧视的政策,因此,遭到当局监视而被捕。在度过了长达27年的监禁生活后,1990年2月17日,南非政府宣布无条件释放曼德拉。

曼德拉76岁高龄时,在南非首度不分种族的大选中获胜,成为南非第一位黑人总统,就职典礼上出现了5万人。就职仪式开始后,曼德拉起身致辞欢迎来宾。他先介绍了来自世界各国的政要,然后他说,虽然能接待如此多尊贵的客人他深感荣幸,但他最高兴的是当初他在罗本岛监狱服刑时,看守他的3名前狱方人员也能到场。接着,他邀请他们站起身,分别将他们介绍

给大家。

曼德拉被关在罗本岛总集中营的一个“锌皮房”，成天打石头，还做关于石灰采取的工作，有3个人专门看守他，他们对他并不友好，总是寻找各种理由虐待他。

但是，曼德拉在就职典礼上的举动震惊了整个世界。他博大的胸襟和宽宏的精神，让那些残酷虐待了他27年的人羞愧得恨不能找个地缝钻进去，也让到场的所有人不禁产生敬佩之情。

曼德拉曾说：“当我走出囚室，迈向通往自由的监狱大门时，我已经清楚，自己若不能把悲痛与怨恨留在身后，那么我就跟没出狱一样。”

人生在世，每天都要遇到很多人，包括冤家和朋友，有智慧的人只论及朋友，不把冤家当对头。因为他们知道，人生斗不了几十年，所以，在他们眼里，只有永远的利益，而敌人不会永远。

宽容是一种崇高的境界。一般来说，宽容别人有点难，关键要看自己心灵进行如何选择。如果我们选择了宽容，从此放弃仇恨的包袱，向对方绽放友善的微笑，这样一来，阳光洒向大地，我们收获了一份感动，还会多了一位人生路途中的知心好友。

不懂得宽容的人需要先从自身找问题，他们应该记住这句话：“当你伸出两只手指去谴责别人时，剩余的手指刚好是对着自己的。”

用宽容这个武器，可以将世界上的所有矛盾化解。

主动认错不丢人

人非圣贤，孰能无过，有时甚至还一错再错。既然错误是不可避免的，那么，可怕的并不是错误本身，而是明知道错了却不愿改。

日本最著名的首相伊藤博文以“永不向人讲因为”作为人生的座右铭，这是一种做人的美德，也是一个处理人际关系的最高深的学问。

有些年轻人在工作中犯错误时，就会找出一大堆借口来为自己辩解，并且说起来振振有词、头头是道。比如，“交货迟延，责任全在企管部门”、“质量不佳，这都要怪质检部门工作的疏忽，与我没有关系”、“我的工作都是依照公司的指示去完成的，错不在我！”等。

也许有人认为找借口为自己辩护，就能把自己的错误掩盖，将责任完全推掉，但事实并非如此。老板可能会原谅你一次，但他心里一定不舒服，对你产生“怕负责任”的印象。你为自己辩护、开脱不但不能改善现状，还会产生负面影响，让情况更加恶化。

有一个毕业于名牌大学的工程师，有学识、有经验，应聘到一家工厂时，厂长对他很信赖，事事让他放手去干。结果遭遇了许多次失败，而每次失败都是工程师的错，可工程师总能为自己找一条或数条理由来辩解，说得头头是道。因为厂长并不懂技术，常被工程师驳得无言以对、理屈词穷。厂长看到工程师不肯承担责任，反而找理由推脱，心里很是恼火，只好将他炒了鱿鱼。

承认错误虽然是一件好事，但终究有很少人会愿意承担错误。心理学家高伯特说，人们只会在过去的、不痛无痒的事情上“无伤大雅”地认错。这话虽然说来不胜幽默，但到底是事实。许多人是明知有错而不愿承认错误，因为他们认为承认错误很丢人。面对指责，他们在竭力地辩解，而这些辩解反过来又加深了他们的盲目自大。

那么我们犯了错误之后该当如何呢？如果你犯的是大错，那么这个错误大家一定都会知道，你的狡辩只徒增他人的嫌恶。不认错和狡辩对自己的形象有强大的破坏性，因为不管你口才如何好，多么狡猾，你不承认错误换来的必是“敢做不敢当”、“没担当”之类的评语。之后，别人不敢信任你，抵制你，拒绝和你合作。而最重要的是，逃避错误会成为一种习惯，使自己丧失面对错误、解决问题和培养解决问题能力的机会。所以，不承认错误的坏处大于好处。

那么诚实认错呢？你会说，诚实认错，那不是要独担责任并付出代价吗？事实上，能承认自己错误的人，别人往往能谅解自己。

其实，如果能坦诚面对自己的弱点和错误，再勇敢地承认它，面对它，不仅能弥补错误所带来的负面影响，在今后的工作中更加谨慎改正，而且能加深别人对你的良好印象，从而毫不犹豫地原谅你。

乔治是一家商贸公司的市场部经理。他曾在任职时犯过一个错误，没经过仔细调查研究，就批复了一个职员为纽约某公司生产5万部高档照相机的报告。但相机生产出来准备报关时才发现那个职员早已被“猎头”公司挖走了，那批货一到纽约，就会无影无踪，货款自然也会杳无踪迹。

乔治不能立即想出补救方法，一个人在办公室里焦虑不安。这时老板走了进来，他的脸色非常难看，想质问乔治事情的缘由。还没等老板开口，乔治就立刻坦诚地向他讲述了一切，并主动认错：“这是我的失误，我会想尽一切办法挽回损失。”

老板被乔治的坦诚和勇于认错并担负责任的勇气打动了，答应了他的请求，并拨出一笔款让他到纽约去考察一番。经过努力，乔治联系好了另一家客户。一个月后，这相机被转让了出去，价格比那个职员在报告上写的还高，乔治的努力得到了老板的嘉奖。

主动承认错误，自然而然地体现了你的勇气与责任感。对于自己的缺陷或者不足之处，先让对方了解，往往收到的效果会出人意料，更能赢得对方的好感与信任。

所以，当我们有理的时候，我们就要试着温和地、有技巧地使对方认可我们的观点；而当我们错了，要立刻而真诚大方地承认。因为主动认错，会给人以谦恭有礼、勇于负责的好印象，收获也会高出预期很多。

一个人做错了一件事，最好的办法就是老老实实认错。

维护好上司的尊严

我们都知道，中国人爱面子，尤其是官场上的领导者们，把面子看得更加重要。他们很注重下属对自己的态度，往往以此作为检验下属对他们是否尊重，是否会看眼色行事的一个重要“标准”。在此起作用的并不单单是文化的潜意识，更在于上司从行使权力的角度出发，维护自己权威的需要。这种需要因受到公开的检验而变得更加强烈，甚至是必不可少。

察言观色的下属并非消极地给领导保留面子，而是在一些关键时候给领导争面子，从而让领导赏识自己。

慈禧爱看京戏，看到高兴时常会赏赐一些东西给艺人。一次，她看完杨小楼的戏后，将他招到面前，指着桌子上全部的糕点说：“这些都赐给你了，带回去吧。”

杨小楼赶紧叩头谢恩，但是糕点不是他想要的，于是壮着胆子说：“叩谢老佛爷，这些尊贵之物，小民受用不起，请老佛爷……另外赏赐点……”

“你想要什么？”慈禧当时心情愉快故并未生气。

杨小楼马上叩头说道：“老佛爷洪福齐天，不知是不是可以赐小民一个‘福’？”

慈禧听了，一时高兴，马上让太监送上笔墨纸砚，举笔一挥，就写了一个“福”字。

站在一旁的小王爷看到了慈禧写的字，悄悄地说：“福字是‘示’字旁，不是‘衣’字旁！”杨小楼一看心想:这字写错了!如果拿回去,必定会遭人非议;可不拿也不好,慈禧一生气自己的脑袋可能保不住。要与不要都不可以,尴尬至极。慈禧此时也觉得挺不好意思,既不想让杨小楼拿走,说不给又难为情。

这个时候,旁边的大太监李莲英笑呵呵地说:“老佛爷的福气,比世上任何人都要多出一‘点’啊!”杨小楼一听,豁然开朗,连忙叩头,说:“老佛爷福多,这万人之上的福,奴才怎敢领呀!”

慈禧正为无法下台而不好意思呢,听两个人这么一说,马上顺水推舟,说道:“好吧,改天再赐你吧。”就这样,慈禧摆脱了尴尬。

领导者既然是人不是神,决策就难免有失误。即使一贯正确,群众中也可能出现对立面。这时,也许有些人会与群众同一战线,同领导对着干,这可就糟透了。这样做无疑是掉进了走不出的陷阱。聪明的做法是,当领导与群众发生矛盾时,你应该大胆地站出来帮助领导解释与协调。

作为领导人,当最需要人支持的时候你支持了他,也就自然会把你当自己人。实际上,上级与下属的关系是十分微妙的,它既可以是领导与部下的关系,也可以是朋友关系。一旦你与上级的关系发展到朋友这个层次,较之于同僚,你就具有了很大的心理优势,你也可能因此而得到上级的特殊照顾与支持。

方经理在处理公司业务时,由于疏忽,让公司惹了麻烦,同时也受到了总经理的严厉批评,并扣发了他们部门所有员工的奖金。这样一来,大家都很有怨气,认为是方经理一个人的错,造成的责任却由大家来承担。所以,一时间怨气冲天,方经理处境极其尴尬。

这时秘书小刘站出来对大家说:“其实方经理在受到批评的时候还在为大家求情,要求总经理只处分他自己而不要处罚大家。”听到这些,大家对方经理的气消了一半儿,小刘接着说:“方经理从总经理那里回来时很难过,表示下月一定尽全力夺回奖金,把大家的损失通过别的方法弥补回来。”小刘又对大家讲:“这次失误不单是方经理的责任,我们大家也有责任。请大家体谅方经理的处境,齐心协力,把公司业务搞好。”按说这不属于秘书的工作范围,但小刘的做法却使方经理如释重负,心情豁然开朗。

接着方经理又推出了自己的方案,进一步激发了大家的热情,很快圆满解决了问题。小刘在这个过程中起到了很大的作用,方经理对他当然另眼相看。

可见,善于为别人排忧解难,确实有利于更好地工作。

每个上司都想得到下属的尊重,因为只有这样,才有权威感和优越感。因而,在必要的时候,给上司一个台阶,意味着为自己的未来铺路。

例如,在公开场合受到上司不公正的批评、错误的指责,会让自己处于被动中,但你可以一方面私下耐心作些解释,另一方面,用行动证明自己。最不明智的方法是当面顶撞,你若能面不改色坦然接受批评,他在潜意识中会有内疚或感激产生。

因此,年轻人在日常工作中发现领导有错时,不要当众纠正。若错误与大局无太大关系,其他人也没发现,不妨“装聋作哑”。如果领导的错误明显,必须要纠正时,最好寻找一种能使领导意识到而又不影响他权威的方式,让人感觉领导自己发现了错误而不是下属指出的,如一个眼神、一个手势甚至咳嗽一声都可让问题解决。

事实上,每个上司都喜欢能及时挽回自己面子的下属,如果你能与上司搞好关系,在适当的时候,为上司填补工作上的漏洞,维护上司的尊严,绝对有利于自己前程的发展。

当领导与群众发生矛盾时,你应该大胆地站出来帮助领导解释与协调。

好事要保留

人际交往要有所保留，初入社交圈的年轻人常犯错误之一就是“好事一次做尽”，以为自己全心全意为对方做事会令关系融拾、密切。事实上并非这样。因为人不能一味接受别人的付出，否则会产生心理不平衡感。“滴水之恩，涌泉相报”，这也是为了使关系平衡的一种做法。帮人时“过度投资”会给人压力，若好事一次全部做完，使人感到无法回报或没有机会回报的时候，愧疚感就会让受惠方远离你。

对于一个有劳动能力、智力健全的人来说，独立、付出都是内部的需要。人际关系中如果只能满足一方某种需要，那么这种关系维持起来就比较困难。在成功的人际交往中，遵循功利原则非常重要。这一原则是建立在人精神的、物质的需要的基础上，即满足人们需要的活动才是人际交往。

心理学家霍曼斯早在1974年就曾经提出人们之间的交往是一种社会交换，这种交换同市场上的商品交换所遵循的原则是一样的，即人们都希望在交往中得到的大于等于付出的。请注意，是得到的大于等于付出的，如果得到的大于付出的，也会令人们心理失去平衡。

向一个人伸出热情之手无私地帮助他，的确是重要的，但更为关键的是，我们不能让对方感到伤了自尊。帮助一个人，要体现自己的好意，同时要了解对方是不是真的需要帮助，不然的话你的帮助就是多余的。

每一件事都有一个度，都讲求恰到好处。给人好处也是如此，太多、太随便都可能是好心办坏事。助人可以给人心灵以温暖，但如果忽略对方的心理感受，也可能会深深地伤害别人。

一个商人在街头看到一个衣衫褴褛的铅笔推销员，顿时对他产生同情。他把一元钱丢进那人怀中，就走开了。

没有走几步，商人好像听到有人在大喊，他一回头，只见那个卖铅笔的人红着脸冲自己大声说：“你为何不由分说给一个健康的推销员一元钱？”商人赶忙折转身来，从卖铅笔人的摊位上拿起几支笔，他语带歉意地解释道：“对不起，我忘了取铅笔了，希望你不要介意。”卖铅笔的人说：“你我都是商人，我卖东西，而且有明码标价。你给我一元钱，为何不愿意拿铅笔呢？你是不是瞧不起我，认为我是一个需要人怜悯的小贩？”商人连连说“对不起”，然后离开了。

一眨眼，几个月过去了，在一个社交场合，一位穿着整齐的人与商人握手后，他双手递上名片，并且自我介绍说：“您可能已经不记得我了，我虽然不知道您的名字，但我永远忘不了您。是您伤了我的自尊。我一直不认为自己是乞丐，即使您跑来给了我一元钱，我仍告诫自己：我是一个商人！”商人听了，尴尬地笑了笑。

由此可见，给人好处，要给得恰到好处。若不能掌握详细情况，便胡乱给人好处，给得好了皆大欢喜；给得不好，触了霉头，对自己、对别人造成伤害。所以，我们要为自己和他人保留余地。这样，才可以防止一些不应当的事情发生。

人际交往要有所保留，留有余地，做好事不能一步到位，这也是平衡人际关系的重要准则。

比如，给别人送的礼无需太重。这是因为，当你送给对方很重的礼物时，或许有事相求，或许希望得到更贵重的东西，而对方也不会随随便便地收下你的厚礼，他也在猜测：你到底打什么主意？收下这些礼品是否会给自己带来麻烦？在两个友情不深甚至素昧平生的人之间，礼越厚情越淡，“交易”的意味越浓。当你刚与对方认识就送许多礼品给对方，然后要求他帮你办事，很明显你是在用这些东西来与他做“交易”。他即使收下，马上为你办事的可能性也不大。在这种情况下，送礼者与收礼者心里都不舒服。

当你无求于对方时，才真正是礼轻情义重。你送给他礼品，仅仅是为了进一步加强彼此之间的友情，并没有其他额外的意思。当对方生病时，去安慰关心，这时你送的礼品虽小，对方也能欣然收下。

同理，若你想为别人提供帮助，而且要和别人维持长久的关系，那么不妨适当地给别人一个机会，让对方有所回报，避免对方因内心压力而疏远了双方的关系。而“过度投资”，不给对方喘息的机会，就会让对方的心灵窒息。

留有余地，双方的呼吸才能自由舒畅。

以退让开始

常言道：“退一步海阔天空。”因为让一步就等于为以后的前进留下空间。在道路狭窄的地方，大家如果争先恐后，谁也不愿意让步，每一个都往前紧赶，那么这路就会越发狭窄，谁也不容易过去。若是你停下来，让别人先行一步，那么，你自己也会轻松通过较宽阔的道路。

“为善之端无尽，只讲一让字，便人人可行”，古贤之语揭示了退让的真正内涵。当你同别人发生矛盾并相持不下时，你就应该学会退让。这并不意味着你丢失了应有的尊严，相反，你在化解矛盾的同时又在别人心中埋下了宽容与大度的种子，别人不但会高高兴兴地接受，而且还会在心中敬佩你、尊重你。

宋朝的富弼教训子弟说：“这个忍字，是众妙之门。若已奉行清廉和节俭，再加上容忍，有哪一事办不好呢？”

富弼处理事务时，每一件事都要反复思考，因为太过小心谨慎，就有人批评他、攻击他。一次，他毫无缘由地被人骂了。有人告诉他，谁谁在骂你。富弼听后回答说：“大概是骂别人吧。”那人继续说：“是指着你的名字骂的，怎么会是别人呢？”富弼想了想回答说：“恐怕有人跟我同名同姓吧。”事后，因误解而骂富弼的人听后惭愧不已，赶紧找机会向富弼道了歉。

忍让蕴含在包容的力量里。如果说忍耐是智慧必不可少的条件，那么包容则是一个人的智慧的最好体现。不该较真的就应该忍耐，该化解时就将恩怨放下，用真心原谅别人无意的过失。

给人一个台阶，往往会得到友情，赢得信赖。《菜根谭》中讲：“路径窄处留一步，与人行，此是涉世一极乐法。”其实给别人留余地，等同于留余地给自己。不让别人为难，不让自己为难，这就是让三分、留余地的妙处，也是人际交往的良方。

在日常生活及烦人琐碎的工作中，难免会发生矛盾，出现这样或那样的失误与差错。遇到这种情况，有的年轻人用恶毒的语言攻击对方，针锋相对，甚至是大打出手，结果两败俱伤。不是得不偿失，而是没“得”，只有“失”。友好情感和和谐关系都失去了，甚至失去生命。其实，只要不是恶意攻击，不是严重的敌我矛盾，就应该设身处地替对方着想，主动承担责任，说一声“对不起”。这样，剑拔弩张、急风暴雨就会化干戈为玉帛。

美国总统林肯以伟大的业绩和完美的人格赢得了人们发自内心的敬仰，他的许多事迹世代被人们传颂。但他在成长道路上也曾因为爱得罪人而吃了不少苦头。

当林肯年轻的时候，在印第安纳州的鸽溪谷，他不只是批评他人，还写信作诗挖苦别人，把那些信件丢在别人必定会发现的路上。其中有一封信所引起的反感，持续了一辈子。林肯在伊州春田镇处理律师业务时，甚至投书给报社，公开攻击他的对手。

1842年秋天，他嘲笑一位以自负好斗自称詹姆斯·史尔兹的爱尔兰人。林肯在《春田时报》刊出一封未署名的信，讥讽了他一番，让镇上的人狂笑不已。史尔兹是个敏感而骄傲的人，气得怒火中烧。他查出写那封信的人是林肯，跳上马，去找林肯，跟他提出决斗。林肯不想跟他决斗，但又不得不为了脸面而决斗。对方给他选择武器的自由，因为他的双臂很长，于是选择了骑兵用的长剑。决斗的那一天，他和史尔兹在密西西比河的一个沙滩碰头，准备决斗至死方休。但是，在最后一分钟，他们的助手阻止了这场决斗。

这是林肯一生中最恐怖的私人事件。在如何做人方面,他学到了无价的一课。他从此再没有写过一封侮辱人的信件,他再也不嘲笑他人了。从那时候起,他几乎没有为任何事批评过任何人。

在别人犯了错误,尤其是涉及你的利益时,能否以一颗宽容的心来对待,是衡量一个人素质的主要标准。包容不仅仅是弱者的座右铭,也是强者积极接纳生活的一种乐观的态度。一个人经历一次包容,就会获得一次人生的机会,经历一次忍让,将会有一道爱的大门为你打开。

借助包容的力量,你可以实现理想,将有一番作为。

第三章　学一点中庸之道

做人切莫太张扬

在现代社会,人们仿佛做任何事都追求轰轰烈烈,张扬仿佛已经成为一种时尚。然而,纵观古今,那些取得成功的人,更多地表现出一种低调的处世原则。事实上,相对于高调的行事方式,低调处世更保险。

古人认为,有锋芒是好事,是事业成功的基础,在适宜的场合稍显锋芒有必要。然而,锋芒可以刺伤别人,也会刺伤自己,所以应小心使用。所谓物极必反,过分外露自己的才华只会导致失败。尤其是做大事的人,锋芒毕露既不能使事业成功,还可能丢掉"身家性命"。

西汉文学家贾谊,少年得志,得到汉文帝的赏识。每次朝堂议事,诸老臣都不能回答,只有贾谊侃侃而谈。于是汉文帝很高兴,破格提拔,甚至一年内连升几级。

在这种情况下,贾谊可谓年少有为平步青云,随后提出了一系列的改革主张,却没想到,这种不顾他人意见的做法,遭到了当时的大臣灌婴、周勃等人的嫉恨。结果,他们常常在文帝面前中伤贾谊。于是,文帝渐渐地与贾谊疏远,不再采纳他的建议。后来,贾谊被贬谪为长沙太傅,因怀才不遇,壮志难酬,33岁时郁郁而死。

其实贾谊的人生悲剧是因为他不懂得隐藏自己的锋芒,在时机没有成熟的情况下就将自己的志向和本领暴露出来,从而招来他人的攻击。

古人云:"君子要聪明不露,才华不逞。"如果说一个人总是喜欢锋芒毕露,表现自己的优秀,那么他必然会经历许多挫折。这是做人太单纯、不谙世事的表现。在现实生活中,做人应当适当收敛,以避开一些明枪暗箭。

在错综复杂的社会里,时机未成熟或环境不利于年轻人时,故意或者无意地炫耀才能不仅会让别人嫉恨自己,并且会被认为是轻浮。所谓的"才华须隐"不仅仅是一种生存方式,也是一种竞争的方式。

经过几轮面试和笔试,于洋和另外一个女生应聘到人人都想进的行政部门。于洋自我感觉非常好,本科学历,为人敞亮,有很强的口才和反应能力,综合能力好像没有人能超过。再看跟于洋一起进来的那位叫舒丹的女生,不善言谈,在人际交往时而还稍带羞涩。

于洋每天风风火火,工作完成得也很出彩,有时对领导的决策也提出自己的看法。于洋还特别喜欢对外联络工作和企业大型文体活动的组织工作,与其他部门相处得也不错,可以说是在各个方面都很优秀。舒丹的表现就比于洋逊色多了，做事悄无声息，不声不响地就把事情做完了，安静得似乎无法感受她的存在。

一次，行政总监召集行政部门开会。会议过程中，当他问到关于策划企业年终大会活动的要点时，还没等主管发言，于洋就忍不住表达出了自己所有的想法，并说，这些想法已经和人事部门的负责人做了交流。

又一次，于洋了解到某部门对发布的行政管理条例的反馈信息时，主管不在，她就径直把意见告诉给行政总监，然后由行政总监传达给主管。接到总监信息后，主管很生气，责怪自己的助理没有及时传信息给他，于洋坐在一边不敢说话。

3 个月后，当领导最终宣布人事任命的时候，留下的却是那个做事安静的舒丹。于洋听完这个消息惊傻了，自己怎么会被炒了呢？

“木秀于林，风必摧之；行高于人，众必非之。”每一个年轻人都有这样的毛病：到一个新工作环境后，他们都急着将自己的才能与实力显露出来，盼望尽快得到他人的认可甚至是刮目相看。因而表现得急于求成，每件事都要争先，有时动不动还要来个“抢跑”。但是，过早地掀起和卷入竞争，也会形成某些内在的被动和不利。

你如果太急于表现，这样会早早地卷入竞争升迁之中。而升迁之争存在的一个普遍规律便是淘汰制，这就意味着有可能过早地遭到淘汰。况且有时的淘汰可能是一种不讲公平且为人所不耻的暗箱操作和利益交换。过早地卷入，可能会成为无辜的炮灰。

年轻人初来乍到，必然根基不稳，虽长势很旺，但抵不住狂风暴雨的摧残。倘若你没有厚积薄发的底牌，却一味地锋芒毕露，便应了中国那句忌语：“好话不可说尽、力气不可用尽、才华不可露尽。”一旦成强弩之末，那一定会被人耻笑。到那时岂不心血白费、努力落空？因而，“后发”之人才是最终的成功者。

在职场上，有了一点点本事就喜欢炫耀的人是不聪明的。这种人往往会因为狂妄自大而树敌太多，以致与他人无法和平共处。这种锋芒好比额头上长出来的角，如果你不想办法自己磨平，时间久了必会被人折断，那时候将受到很严重的伤害。

在晋升竞争的过程中，要适当克制自己的欲望，不要冲动地表现自己的急切心情，也不要过早地卷入这种竞争之中，否则将不利于自己的工作。

示弱是为了图强

人际交往中，年轻人都习惯于将自己坚强的一面展示给他人，自然地想掩饰脆弱的一面。可是，研究社会心理的专家指出，在他人面前适当示弱，是一种坦诚与接纳的态度，会让别人产生想接近的感觉，可以很快拉近双方的距离。

其实，一种心态支持一种行为，任何行为都被心态支撑。试想一下，一个人在生存竞争中处于劣势，他必定会嫉妒处于优势的人，甚至产生报复心。但如果处于优势的你能够放低优势，淡化你的成就，是不是会送点安慰给嫉妒你的人呢？能得到成就又得到他人的尊重又何乐不为呢？所以，偶尔表现自己弱的一面，未尝不是一件好事。

有一位管理学院的系领导就颇懂“示弱”之道，他初任系主任的时候，一位很有才能的同事经常找碴，出他的洋相，但他没有针尖儿对麦芒，而是采取了釜底抽薪的办法。他亲自登门找这位同事交谈，主动示弱：“我本人不管是在教学上，还是管理上，都缺乏经验，主持系里的工作，是赶鸭子上架，还望你尽力帮助。”他抬高别人贬低自己，故意示弱，收到了将妒火熄灭的效果。那位同事后来不仅不再为难他，反而成了他的左膀右臂。

对妒恨自己的人，不但不能以牙还牙，相反要以德报怨，这是化解嫉妒的一步妙棋。

示弱是强者在感情上体贴其他弱者的一种有效手段，它能使你身边的弱者有所慰藉，心理上得到平衡，减少或抵消你前进路上可能存在的障碍。事业上的强者都懂得示弱。

有一个初入职场的年轻人，总向一位朋友抱怨他们的领导，说他对工作非常投入，可领导就是不肯定他，反而在开会时常常有意暗示有些年轻人“翘尾巴”，他认为领导是有意为难他。

朋友问他：“平时你的桌面整洁吗？上班迟到过吗？”他回答：“从来没有迟到过，我上学就是三好生，在家也是好儿子，我从来没有被大人、老师批评过，我对自己要求特别严。”

“这就是你的错了！”朋友笑道，“你看你，平时工作认真，能力较强，业绩突出，在细节上也没问题，那不就是暗示领导你最强吗？”

他百思不解：“难道表现好也有错吗？”

“非也，”朋友说，“原则问题一定要过硬，但你若处处都无可挑剔，那又怎么证明别人比你强呢？如果你不让别人比你强，那领导又有何用？也就是说，他怎么证明他是领导，而你是下属呢？因此，你工作上要好，但要有意展示弱点与不足，存心让领导指出来，这才是聪明的做法。”

次日果然他没有收拾桌面，领导走过来，点了点桌子，暗示他学会整理桌面，他好像恍然大悟的样子，即刻收拾。再后来，他学会了请示，即使已经知道下一步做什么，也会拿着文件敲领导的门，让领导先过目，他甚至会故意在文件上打错几个字，有意让领导用红笔圈出来……年底，他终于得到了提升，领导也越来越赏识他了。

为了取得事业和竞争的胜利，当然不可以弱示人。但在特定情况下故意示弱，却是会做人者必须修习的功夫。当你处于优势时，注意展示自己的弱点和不足，就会减轻嫉妒者的心理压力，产生一种“哦，他也和我一样无能”的心理平衡，从而淡化甚至避免他嫉妒你。

要使示弱产生积极效果，必须慎重选择示弱的内容。地位高的人在地位低的人面前，不妨展示自己学历不高、经验有限、有过种种曲折难堪的经历等，表明自己不是个伟大的人。成功者应多在别人面前述说自己的失败经历、现实的烦恼，给人以“成功者并非万事大吉”的感觉。对眼下经济不如自己的人，可以适当诉苦，诸如健康欠佳，子女学业不好以及工作中许多的困难，让对方感到“他也有一本难念的经”。精通某一专业的人，最好宣布自己对其他领域一窍不通，袒露自己在日常生活中闹过的笑话、受过的窘迫等。至于那些完全因客观条件或偶然机遇侥幸获得名利的人，更应该大方地直接承认自己是“瞎猫碰到死耗子”。

例如，你是刚步出大学校门的新教师，对最新的教育理论有较深的研究，讲课亦颇受同学欢迎，以致引起一些任教多年却缺乏这方面研究的老教师的强烈嫉妒。这时，你若坦诚布公、突出自己教学经验不足、对学校和学生的情况很不熟悉等劣势，再辅以“希望老教师们多多指教”的谦虚话，无疑会达到淡化自己优势、突出对方优势的良好效果，弱化老教师对你的嫉妒。

生活中，每个年轻人都有自己比别人优秀的地方，也有不如别人的地方。显示自己不如别人的地方，并虚心学习，也能达到巩固自己优势的目的。

深藏不露，韬光养晦

很多年轻人都信奉一句话：“做真正的自我。”于是在生活中，好多人从不会喜怒不形于色，开心就笑不开心就哭，烦躁的时候就发脾气。别人对他好的时候，他也对人好。别人对他坏的时候，他对人更坏。这些做法，表面看来毫无异议，甚至还是传统教育所推崇的。可若是亲自实践了，时间一久却会发现，自己已陷入泥沼。

你不掩饰自己的情绪，所以周边的人都知道怎么调动你的情绪，人们可以轻松让你笑，让你哭，甚至让你去对着上司发脾气。你不掩饰待人接物的行为，你以为是好人的，却会在背后害你。你大加针对的，更是对你恨之入骨，到了最后，里外竟然没一个人能够帮你。

那么，为何此种情况会出现呢？因为现实社会中交流的是利益，所有人和你不是朋友关系，而是对手关系。若你表现了真正的自我，就会露出破绽，让人有可乘之机。唯有掩饰自己的情绪，喜怒不形于色，才能保得安全。

第二次世界大战之后，吉田茂出任日本首相。吉田茂的贵族意识非常浓厚，有一股“舍我其谁”的气魄，显得过分自负。

1953年2月日本国会进行当年预算审议时，一位右派民主社会党议员西村荣一质询时首先发难：“首相施政演说中以如此乐观心态面对国际形势，为什么？”吉田茂答道：“目前战争危机已远离而去，英国的丘吉尔首相、美国的艾森豪威尔总统都如此说过，我也赞同。”西村荣一又咄咄逼人地说：“我不管英国首相或美国总统的意见。”吉田茂傲然回答：“我是以日本首相大臣的身份答询的。”这时吉田茂已经有些烦躁了，西村荣一却是步步紧逼，再以言辞激怒对方：“你不要得意忘形！”吉田茂也回敬说：“你不要口出狂言！”如此针尖儿对麦芒，一来一往，吉田茂在情急之下，冒出一句“无礼者，马鹿（混蛋）”的骂人话。西村荣一当然不能接受，要求吉田茂将刚才的怒骂收回。一时，会场的气氛异常紧张。吉田茂总算识大体，强压住怒气，当场表示言语不妥当。

但西村荣一并没有在此打住，他抓住吉田茂的失误，乘胜追击，发动了“吉田首相惩罚动议”，接着获得众议院通过。这是日本政治史上第一次出现“惩罚”首相的临时动议，可以想象对吉田茂的打击有多大。12天之后，在野党乘机提出“内阁不信任案”，也获众议院通过。吉田茂只好随即解散了众议院，却弄得自己声名狼藉，不久就下台了。这就是有名的“马鹿野郎解散”事件，它也成为吉田茂政治生涯中不可忘记的事情。

人应该学会保护自己，做到喜怒不形于色。如果你的喜怒哀乐表达失当，有时会不经意间招来祸事。因此，为了保护自己免受伤害，我们一定要学会控制自己的情绪，不要轻易地把自己的情绪表露出来，以免使自己受伤和得罪别人。

无论何人，或多或少都有察言观色的能力，他们会根据你的喜怒哀乐来调整和你相处的方式，进而顺着你的喜怒哀乐来为自己谋取利益。你也会在不知不觉中，自己的意志被别人掌控。因此，高明的智者一般都会控制自己的情绪，以免被人看破弱点，给人以可乘之机。一个人越是精于权术，城府便越深。

清代重臣曾国藩，深谙龙蛇屈伸之道，他不仅常常检点自己的言行表现是否恰当，而且对其僚属有随时表现喜怒哀倾向的人及时教诲。

曾国藩做两江总督时，李鸿章来到他的幕府中。曾国藩特别钟爱他，像对儿子一样看待他。一天，李鸿章翻看茶桌上的文本，看到一位老儒写的一首诗，诗文后边有这样一段话：“使吾置于妙曼娥眉之侧，问吾动好色之心否乎？曰不动。又使吾置于红蓝大顶之旁，问吾动高爵厚禄之心否乎？曰不动。”李鸿章看到这里，拿起笔在上面戏题道：“妙曼娥眉侧，红蓝大顶旁，尔心都不动，只想见中堂。”写完搁笔出去了。曾国藩看到了所题的文字，就大费周章地把李鸿章找了回来，然后指着李鸿章所写的对他说：“这些人都是些欺世盗名之流，言行一定不会一致，我也是知道的。然而他们所以能够获得丰厚的资本，正是靠的这个虚名。现在你一定要揭露他，他没有了衣食的来源，那他对你的仇恨，岂是平常言语之间的仇怨可比的，这里边就隐伏了杀身灭族的大祸。”李鸿章敬畏地接受了教诲，从这以后便收敛自己，不敢再肆无忌惮地讲话了。

要把喜怒哀乐藏在口袋里，不要轻易展现在别人面前。换句话说，不轻易表露自己的观点、见解和喜怒哀乐，被称为“深藏不露”。在复杂的社会环境中，你若不想招致灾祸，一定谨记“深藏不露”的规则。也就是说，不乱发议论，不显露你的企图，不结党结派，不让别人窥出自己的底细和实力，如此对手就很难抓住你的把柄了。

在人际交往中，要时刻保持警惕，不要随意表现自己的情绪，变成一个无缝的“蛋”，不让自己的喜怒哀乐成为别人利用的对象。

如果你不想被别人控制，就不得不先将自己的情绪控制住，在必要时伪装自己，做到深藏不露。

藏己夸人

不可否认，人类天性中最主要的特点便是自我表现，年轻人都希望展现自己美好的一面。但前提是你所表现的美是真实的，而刻意的自我表现会使热忱变得虚伪，自然变得做作，最终的效果反而不好。因此，人们把那种过于自我表现的人讥讽为“老孔雀”，很多人在跟人聊天时，总喜欢以自己为中心，凸显自己，这根本没有一点意义。

有些人总以为自己比别人优秀，事事比别人强。于是，他们就总喜欢把得意挂在嘴上，逢人便炫耀自己如何如何能干，如何如何富有，总以为这样就能得到别人的敬佩与欣赏。而事实上，别人并不愿意听他的得意之事，自我夸耀并不能取得好的效果。

吴晓宁在被提职后的一天，他与朋友聚了一次。朋友们还不知晓他被提了职，他很想把这个好消息告诉大家。而且，他与另一个朋友同为候选人，最终结果是他被提升，所以，他极想向大家宣称自己被提升而那位朋友没有。可话到嘴边，他隐隐觉得有个声音在说：“不，千万别说！”于是他淡然面对此事，只告诉大家自己被提职，未提及另一个朋友的事。那时，他感到从未有过的平静与自豪：他没有自夸，却拥有了成功的喜悦。他的内心亦从谦逊中得到了更多的充实，得到更多人的赞美！

可见在展示自我时，最忌侃侃而谈自己的得意之事，过分突出自己，切勿使其他人心理失衡，产生不快，以致对双方关系产生影响。

随意自夸、口无遮拦几乎是每一个骄傲自满者的毛病。这种致命的弱点不仅暴露了自己的内心情感和意图，而且会使很多人心怀不满或恼恨不已。试想，如果别人的不快是由你导致的，你还会得到好处吗？

一般来说，失意的人听了你的得意事后，普遍会有一种心理——恼恨。这是一种从内心发出的对你的不满。你说得残唾横飞，不知不觉已在失意者心中埋下了一颗仇恨的炸弹。失意者对你的怀恨会有各种各样的泄恨方式，例如，说你坏话、扯你后腿、故意与你为敌，而最明显的则是疏远你，以免再见到你，于是你无形中失去了一个朋友。

纽约市一个区人事局最有人缘的工作介绍顾问是亨丽塔，但是过去并非如此情形。在她初到人事局的几个月当中，亨丽塔在同事之中甚至没有一个朋友。为什么呢？因为每天她都使劲吹嘘她的得意事，如工作介绍上的成绩，新开的存款户头，以及她所做的每一件事情。

“我工作做得不错，并且深以为傲，”亨丽塔对拿破仑·希尔说，“但是我的同事不但不同我分享成就，而且还极不高兴。我渴望这些人能够喜欢我，我真的很希望同他们做朋友。在听了你的忠告后，我开始少谈我自己而多听同事说话。他们也有很多事情要吹嘘，把他们的成就告诉我，对此他们更兴奋。现在，当我们有时间在一起闲聊的时候，我就请他们把他们的欢乐告诉我，好让我分享；而只在他们问我的时候，我才谈一下自己的得意事。”

人际交往中，你的一言一行都要将对方感受考虑进来，学会安抚对方的心灵，不要由于自己的原因让对方心理不平衡，给对方造成伤害。

人在顺境时最易忘乎所以、失去警惕，这样常常会吃苦头。人处逆境时则容易意志消沉、自暴自弃,失去前进的动力。所以,做人贵在坦然面对得与失,要做到得意时不忘形,失意时不失态。

英格丽·褒曼接连两届是奥斯卡最佳女主角,又因在《东方快车谋杀案》中的精湛演技获得最佳女配角奖。然而,在她领奖时,不停地赞扬与她角逐最佳女主角奖的弗伦汀娜·克蒂斯,认为她应获此奖,并由衷地说:"原谅我,弗伦汀娜,我事先并没有打算获奖。"

褒曼作为获奖者,并未对自己的成就与辉煌侃侃而谈,而是对自己的竞争对手推崇备至,极力维护了落选对手的面子。无论谁是这位对手,都会对褒曼很感激,把她当做朋友。一个人能在获得荣誉的时刻,如此善待竞争对手,如此与竞争者贴心,可算是一种高贵的风度。

人的天性是表现自我。明知不可谈得意之事,但却要情不自禁地大谈特谈,这是比较麻烦的。所以,一点也不谈得意之事当然不可能,但不妨谈得艺术一点。至少在别人未谈得意之事之前,自己也不要谈。也就是说,独自一方侃侃而谈得意事是不明智的,聪明的人总先促使对方发表得意之事,然后若无其事地穿插自己的得意之事,那将会收到很好的效果。

人际交往中,你的一言一行都要将对方感受考虑进来,学会安抚对方的心灵,不要由于自己的原因让对方心理不平衡,给对方造成伤害。

大巧若拙

一般来说,人性都是喜直厚而恶机巧的,而一个人若胸怀大志,要达到自己的目的,没有机巧权变,又绝对不行,尤其是他所处的环境并不是自己期望的那样时,既要弄机巧权变,又不能为人所厌恶,所以,就有了鹰立虎行、如睡似病、藏巧用晦等多种做人处世的方法。

"性有巧拙,可以伏藏。"也就是说,制胜的关键是善于伏藏。一个不懂得伏藏的人,即使能力再强、智商再高也不能轻易战胜对手,甚至还会招来杀身之祸。而伏藏又可分为两层:一是藏拙,这是一般意义上的伏藏,也是最常用的,即藏住自己的弱点,不给对方抓住把柄的机会。而另一种,是更高明的——"藏巧"。

保存你的能量是藏巧的一种形式。在大多数的情况下,才不可露尽,力不可使尽。即便有知识,也应适当地保留,如此你会更加的完美。

汉高祖时,吕后采用萧何之计,杀了韩信。高祖正带兵征剿叛军,听到消息后派使者还朝,封萧何为相国,加赐五千户,再令五百士卒、一名都卫护卫相国。

百官都向萧何祝贺,唯有陈平例外,暗地里对萧何说:"大祸由现在开始了。皇上在外作战,您掌管朝政。如今淮阴侯(韩信)谋反被诛,皇上心有余悸,同时对你也产生了怀疑。我劝您辞掉封赏,献出所有家产去帮助作战,这才能打消皇上的疑虑。"

萧何依计而行,变卖家产犒军,高祖果然很高兴,同时消除了疑虑。

这年秋天,黥布谋反,高祖御驾亲征,此期间派人打听萧何的情况。回报说:"正如上次那样,相国正鼓励百姓变卖家产帮助国家打仗呢。"

这时有个门客对萧何说:"您不久就会被灭族了!您身居高位,功劳第一,便不可再得到皇上的恩宠。可是自您进入关中,百姓一直深深拥护您,如今已有十多年了,皇上数次派人问及您的原因,就是害怕关中百姓太拥戴您。现在您何不多买田地,少抚恤百姓,来自损名声呢?皇上也就放下对您的戒心了。"

萧何认为有理,又依此计行事。

高祖得胜回朝,有百姓向其诉说相国的不好。高祖不但没有生气,反而高兴异常,也没对萧何进行任何处分。

作为一个人,尤其是一个自认为才华横溢前途无量的人,要学会适时"藏巧",这既能有效地保护自己，又能将自己的才华充分发挥出来。凡事不要太张狂太外露，这不仅是有修养的表现，也是生存发展的策略。

要知道，一旦进入职场，年轻的我们就已经不再是校园里有个性没有约束的大学生了。在学校时，若你真的才华横溢，你的同学会很大方地夸赞你是“才子”，而当你身处职场时，即使你再有能力，你的同事都不会发自内心地称赞你。为什么会这样？理由很简单：在学校，你的才华并没有干涉到别人的利益，而在同一单位，你有能力，表现突出，你的同事就一定会处于弱势，那么，他的待遇等都会受到你的表现影响，锋芒太露的人必然会遭嫉妒。

陈先生在学校读书时，已是一员狠将，不怕同学、不怕师长，自认为高人一等。初入社会，还是那样狂妄自大，结果得罪了许多人。不过，他觉悟很快，一经好友提醒，便连忙负荆请罪，倒是消除了不少的嫌怨。但仍无法避免无心之过的产生，结果终究还是遭受了挫折。俗语说，久病成良医，他在受足了痛苦的教训后，才明白锋芒太露的后果，就是自己为自己的前途安排了荆棘。

要明白，言行锋芒太露是一个危险的陷阱，而且这个陷阱是我们自己亲手挖掘的。

所以，在职场，做什么事情都不要过分表现，适当表现一下，可以给新单位留下良好的印象，但是一定要做得恰到好处。世上每个人皆需依赖众生才能生存，只有在和谐平衡的情形下，方能向前发展。不要急着表达自己的看法，更不要越位。让上司、同事消除戒心，要懂得保护自己，学会藏巧等待机会，切忌以自我为中心。

只有学会藏巧，你才可永为人师。因此，在你演示“妙术”时，必须讲究策略，不可把你的看家本领都通盘托出，这样你才可长享盛名，让别人永远唯你马首是瞻。在指导或帮助那些有求于你的人时，你应激发他们对你的崇拜心理，要一点点地展现你的才艺。

含蓄节制乃生存与制胜的法宝，在重要事情上更应做到这样。

狂傲者必自绝于江湖

有些人天生骨子里就存有清高的因子，凡事有自己的一套行为标准，一旦别人的举动不符合自己的标准，就开始疏远、鄙视他人。

比如，在工作上，一些刚参加工作的年轻人，对这个看不顺眼，对那个也不喜欢，认为老板的本领不高，认为同事都不如自己，对公司的制度不满意，对一些潜规则更是不屑一顾。如果这种不满的情绪时常表露出来，肯定不利于自己的人际交往。

所谓“木秀于林，风必摧之”。从心理学上来讲，任何的群体都有维持群体一致性的特点。与群体一致的成员，群体的反应是喜欢、接受和优待；而对于偏离者，群体则会厌恶、拒绝和制裁。因此，对群体稍有偏离便有很大的冒险性。

杨欣是一家化妆品公司的推销员，她人漂亮，口才又好，因此，在部门里的业绩总能达到优秀。虽然同部门里有很多年龄差不多的女孩，但杨欣从不与她们来往，因为杨欣觉得她们素质差，拉业务靠嗲声嗲气卖弄风骚，又无出色的业绩，所以，打心眼儿里瞧不起她们。

前不久，部门经理跳槽去了另一家公司，要重新物色经理，杨欣理所当然是最热门的人选。但是公司领导层考虑到部门经理不但要有出色的业绩，更要善于组织大家共同创造业绩，因此，必须得到大家的信任。于是公司组织了一次民意调查，结果杨欣由于不受大家支持而未能当上经理，而另一位原本不入她法眼的女孩却成了她的上级。

现实中，确有那么一些人，虽说其能力、才学的确令人钦佩，但是不怎么讨人喜欢，不仅得不到老板的赏识，同事们也认为他不好相处。这类人总觉得自己高人一等，拒绝他人意见，人际关系淡漠。其实,真正的人才除了出色的业务成绩外,还应该有良好的团结协作的精神和与人为善的品格。如果不这样,即使他的能力再强,老板也不会赏识。

一个人有才能,非常难得。但是,一个人有才华必先自爱,然后人才爱之。有些人往往认为有才就值得骄傲,常常恃才傲物,目无上司和同事,对领导的决策不是善意地提出意见和建议,而是乱加批评,横挑鼻子竖挑眼,以显示自己的高明。殊不知世界上有才而又谦虚的人多得很,而且无论少了谁地球照旧转。所以,这种恃才傲物的人必然是处处碰壁。

小马与小赵同时进了一家公司。小马是专科生,小赵是研究生,两个人对待本职工作都兢兢业业,任劳任怨,也有很好的业务成绩。

不同的是,小马待人很随和,同事们在工作中向他请教任何事或有什么事求他帮忙,他都尽力而为,所以,很快同事们对他产生了好感。而小赵则个性孤傲,总觉得自己的学识是公司里最高的,领导把自己放在这里是屈才。平时他总喜欢独来独往,与同事也不熟络,有时见小马与大家打成一片,还隐隐地不屑一顾。一次,一个同事有问题向他请教,他听后皱着眉头说:"怎么搞的？这么简单的问题都不知道。"此话一出,那位同事羞得恨不能找个地缝钻进去,转身就走。从此,谁也不愿向他请教问题,大家都不喜欢与他接触。

不久,公司要提拔技术部主管,经过公司的仔细考虑,决定让小马担任技术部主管。小赵不服,找到老总评理。老总告诉小赵:"小马虽然技术上不如你,但他能让员工们上下一心。我们的企业需要的正是这种能实现人性化管理的人才,而不是一架只知干活不懂感情的机器人。"小赵对这个解释不以为然,认为老总没有识人的眼光,于是跳槽到另一个公司。

生活为每个人都留有展现自我才华的机会,我们没有必要行为张扬、锋芒太露,那样只会影响自己事业的发展,甚至会造成没有必要的伤害。

很多初入职场的年轻人,处在人生的转折点,不懂得这个道理,往往希望从一开始就引人注目。夸耀自己的学历、本事、才能,即使别人相信,认为这是理所应当的,事后,如果你工作稍有差错或失误,别人就会取笑你。所以,刚走上岗位的人,不应当过早地暴露自己,当你默默无闻的时候,你会因一点成绩一鸣惊人,这就是深藏不露的好处。若你接到一项工作说:"我保证能够做好!"产生的糟糕后果几乎等于"我不会",甚至更糟糕。你应当说:"让我试试看。"如果你同样做得很好,收到的评价都有很大的不同。

因此,在名誉、利益面前,尽量不要表现出太热烈的渴望,以避免成为众人嫉妒、排挤的对象。即使有所追求,也应该学会隐藏,学会含而不露,通过为人处世的技巧去赢得大家和领导的认同。要知道,很多事情的成功,正如战场上作战一样,迂回战术要比正面进攻产生的结果更加有效。

刚走上岗位的人,不应当过早地暴露自己,当你默默无闻的时候,你会因一点成绩一鸣惊人,这就是深藏不露的好处。

成全别人的好胜心

成全别人的好胜心,会让别人更加喜欢你,这样你会赢得良好的人际关系。这其实很容易做到,只要你偶尔暴露一些无关紧要的弱点即可。

学生对一位新来的老师存有好奇与畏惧心理。因此,这位老师故意在课堂上说:"我的字写得不好看,小学时我的书法都没考过60分,因此,我特别害怕在黑板上写字。"以此博得学生一笑,为的是尽快将师生之间的距离拉近。有时,她也会说:"如何,我的衣服漂亮吗?"学生就会暗暗在心里想:"这老师真有趣,竟注意些小事,可见老师也是凡人。"学生的心情不紧张了,便产生了亲切感,此后这位老师上课时效果特别好。

同样的,在人前演讲,在麦克风前打喷嚏、站不稳,有意表现些小失误,都能缓和原来紧张的气氛。当听众们听到有头衔的大教授往往会持有戒备，但是看到小的失误后，心里便会想："同样都是人，难免做出些不雅的事。"于是就产生了一种亲切感。

人人都有自尊心，人人都有好胜心，年轻人若要与他人联络感情，切忌忽略对方的自尊心。因为要重视对方的自尊心，必须小心藏好你的好胜心，成全对方的好胜心，这样表面上对方胜利了，实际的情况恰好相反，是你胜了。

法沃尔斯基是苏联现代的写生画家，被誉为"苏联人民艺术家"，是他首创了现代木刻艺术学校。法沃尔斯基的作品有含义隽永、形象鲜明的特点，在木刻艺术上更是鬼斧神工，于1962年获得列宁金奖。

然而，每当法沃尔斯基给一本书画完插图后，他总是在一幅画的角上画上一只毫不相关的狗，毫无疑问，美术编辑一定要去掉那只狗。而法沃尔斯基却固执己见，与编辑争论不休，非要保留这只狗。当争论达到白热化阶段时，法沃尔斯基做出了让步，把画面上的狗涂掉。到了这个地步，一般来说，美术编辑就没有愤怒了，绝不会再提出什么别的要求。因为编辑的自尊心得到了维护，也就心满意足了。但更满意的是法沃尔斯基本人，他的巧计成功了——画的出版形式是他拟定的。如果没有那条用做诱饵的狗，编辑还说不准怎么改画呢！

善于处世的年轻人常常故意表现一些小失误，让人一眼就看见他"连这么简单的都搞错了"。这样一来，尽管你出人头地，木秀于林，别人也会亲近你，他一旦发现"原来你也有错"的时候，就会减小你们之间的距离。

小焦在某钢厂机关宣传处工作，一天处长让他整理一个劳动模范的先进事迹。据知情人士透露，这其实是一次考试，它将关系到小焦能否在机关中继续待下去。本来这样的材料，小焦并不感到为难，但有了无形的压力。花了一个通宵，写好后反复推敲，后又经过工工整整地抄写，第二天一上班，小焦就把它送到处长的桌子上。

处长当然高兴，快嘛，字又写得遒劲、悦目，而且在内容、结构上也无可挑剔。可是，处长越看笑容越紧。末了，他把文稿退回，让其再认真修改修改，满脸的严肃，真叫人搞不懂出了什么状况。小焦转身刚要迈步，处长像突然想起什么似的说："对，对，那个'副厂长'的'副'字写错了，是'副'而不是'付'，改过来，改过来就行了。"这么简单！处长又恢复了先前高兴的样子，一个劲儿地夸道："写得快，不错。"考试自然过关，从此处长更加赏识小焦！

显然，从这件事中，年轻的我们可以有这样的体会：处理上司交办的事情，一定要尽可能地争取快速完成，而不要过于注重办事的细节和技巧。因为如果你把事情处理得过于圆满而让人挑不出一点毛病的话，那么就无法显示领导比你高明的地方，当上司的就会感到"功高盖主"的危险。

如果换一种做法，对于上司交办的事，你很快就处理好了，你的上司会首先对你旺盛的精力感到吃惊。因为快，所以你不一定能很完美地完成任务，这时上司会指点一二，由此来表现他高你一筹。这就好比把主席台的中心位置给领导留着，单等着他做指示。并且因为出了点差错，同事们或许并未觉得你有任何特别之处，认同了你的缺点，就等于在感情上容纳了你，把你同他们一同对待。

成全别人的好胜心，会让别人更加喜欢你。

感谢与谦卑的妙用

中国人在讲自己的成绩时，常常先交代一段客套词：成绩的取得，是领导和同志们帮助的结果。虽然此种套词很乏味，却有很大的妙用，显得你谦虚谨慎，从而减少他人的嫉恨。

如果你独享那份荣耀，就将威胁到他人的生存空间，因为你的荣耀会让别人变得黯淡而产生一种不安全感。因此，当年轻的你在工作上因特别表现而被奖励时，千万别独享荣耀，否则这份荣耀会在很大程度上危害你的人际关系。

凡森在一家出版社担任编辑，他待人温和且才华横溢，平日里总喜欢与同事开些小玩笑，所以，单位内上下级间的关系十分融洽。舒心的工作氛围，给凡森创造了许多写作的机会，闲下来时，他就用笔随意记录所感所想。

有一次，他编辑的图书在评选中获得了大奖，而且位居排行榜第一名。为此，他感到无比荣耀。或许是高兴过了头，他逢人便说自己的图书获了大奖，同事们纷纷向他祝贺。可是，一个月过去了，他发现工作氛围似乎有些僵硬，平日里常见的笑言没有了。单位里的同事，似乎都在刻意地躲避他，有的还故意针对他。一段时间以后，他终于找到了矛盾的根源，原来他犯了一种错误叫“吃独食”。

这本书之所以可以获得大奖，身为责编功劳自然很大，可是并不能全部归功于他，其他人也为此付出了很大的努力，他们也应当共享这份荣耀。所以，凡森一个人独占了所有的荣耀，别人心里当然不舒服，尤其是他的上司，心里还产生了不安全感，担心自己的位置不保。

人有了荣耀，便开始自我膨胀，个人的涵养与底蕴就再也无法支持那份荣耀。慢慢地，自会招人非议，同事们也会在工作中处处和你过不去，使你碰钉子。对于刚刚踏入职场的年轻人，获得荣耀固然可贵，但更为重要的是保持谦卑。总在成绩面前炫耀自己的荣耀，就会变成吹嘘，事实上，你的荣耀大家早已知道，何必再提呢？

在某单位的一次公开选聘中，小贤击败其他几位与自己竞争的人登上了经理宝座。许多同事恭喜和赞赏他，有人甚至当众夸奖他是几位候选人中实力最强的。小贤却坦诚说道：“其实几位候选人各有千秋。我的管理能力不如老张，论经营不如老周，公关不如小王。”后来，小贤不但以诚意挽留了这几位竞争者，而且在“组阁”时根据他们的特长作了适当的安排。宽厚的气度使他赢得了大家的尊重，工作也取得了明显的佳绩，他上任后没多久单位就扭亏为盈、蒸蒸日上。

要是你有远大抱负，就不要斤斤计较眼前取得的成绩你究竟付出了多少，而应大大方方地把功劳分给你身边的人。为了你从这份荣耀中获得好处，需要做好如下几件事：

首先，感谢。当荣誉到来时，你首先要感谢同仁的鼓励、帮助和协作，不要把功劳全归到自己身上，尤其要感谢上司，感谢他的提拔、指导、授权。若实际情况真是这样，那么你的感谢就是应该的，如果同仁的协助有限，你也有必要感谢他们。这样做虽然虚伪一些，但却可以避免你成为众矢之的，百花奖或金鸡奖得主上台领奖时，都要感谢一大堆人，道理就在于此。这种只是口头上的感谢虽然缺乏“实质”上的意义，但听到的人都会很愉快，也就不会排挤你了。

其次，分享。口头上的感谢是一种分享，这种分享可以无限放大，反正“礼多人不怪”嘛。另外一种分享是实质上的，别人倒也不是非要分你一杯羹不可，但是，你要主动地与他人分享，让他人感觉到你的尊重。如果你的荣耀事实上是众人鼎力协助完成的，那么你就更不应该忘记这一点。“实质”的分享方式多种多样，小的荣耀请吃糖，大的荣耀请吃饭，同事分享了你的荣耀，受到了你的尊重，今后你们的关系将会更加融洽。

最后，谦虚。人往往一有了荣耀就飘飘然忘乎所以，这种心情是可以理解的，但旁人就遭殃了，他们要容忍你的颐指气使，却又不敢出声，因为你正在风头上。可是慢慢地，他们会在工作上若无其事地与你为难，不与你合作。因此，有了荣耀，更要谦虚，以避免遭到别人的妒忌，招惹麻烦。

在职业生涯中，最灵活的处世原则就是当你的工作和事业有了成就时，应该学会与其他同事分享。能做到这一点，你获得的荣耀就会助你更上一层楼，人际关系也会有进一步发展。

要不卑不亢，对人要更客气、更尊重，荣耀越高，头就要越低。

出让优越感

日常生活中很容易找到这样的年轻人，他们虽然思路敏捷、口若悬河，但一说话就令人感到狂傲，他们的观点或建议令人难以接受。这种人多数都是因为喜欢表现自己，总想让别人知道自己很有能力，处处想体现自己的优秀，从而能获得他人的敬佩和认可，结果却往往适得其反。

法国哲学家罗西法古说："如果你要得到仇人，就表现得你比你的朋友更优秀；如果你要得到朋友，就要让你的朋友表现得比你优越。"在交往中，人人都希望别人能肯定自己。当我们让朋友表现得比我们优越时，他们就会有一种被人肯定的感觉，但是，当我们表现得比他们还优越时，他们就会产生一种自卑感，甚至会敌视我们。

亨莉小姐刚到公司的时候，最喜欢吹嘘自己以前工作方面的得意事，以及自己每一个成功的地方。同事极其厌恶她的自我吹捧，尽管她所说的都是千真万确的事实。她与同事们的关系因此弄得很僵，为此，亨莉小姐很烦恼，甚至没有办法继续在公司工作了。

她只得向成功学大师拿破仑·希尔请教。拿破仑·希尔在听了她的讲述之后，认真地说："唯一的解决方法，就是隐藏自己的聪明以及所有优越的地方。他们不喜欢你的原因，仅仅是因为你比他们更聪明，或者说你常常在他们面前展示自己的聪明。在他们的眼中，你的行为就是故意炫耀，他们打心底里无法接受。"亨莉小姐顿时恍然大悟。她回去后严格按照拿破仑·希尔的话要求自己。从此，她非常认真地倾听公司其他人侃侃而谈，很快公司同事们就改变了对她的态度，慢慢地，她成了公司最受欢迎的人。

有的人做出了点成绩，总是在同事面前谈论，甚至借此来抬高自己，贬低别人，以此来显示自己的优越性。这种做法是最愚蠢的。有德行的人要做到隐藏自己的聪明，不显示自己的才华，这样才能够集中力量承担艰巨的任务。

老子曾说过"良贾深藏财若虚，君子盛德貌若愚"，是说商人从不炫耀其宝物，君子品德高尚，但从外表上看却略显愚笨。这句话告诉人们，必要时要藏其锋芒，收其锐气，不可不分青红皂白将自己的才能让人一览无余。

从另一方面讲，人们往往信赖谦虚的人，因为谦虚，你会赢得别人的尊重，处理好与同事间的关系。

当年乔丹在公牛队时，皮彭是公牛队最有希望超越乔丹的新秀，他不时表现出一种对乔丹不屑一顾的神情，还经常说乔丹某方面比自己差，自己一定会把乔丹推倒一类的话。但乔丹没有把皮彭当做潜在的威胁而排挤，反而处处鼓励皮彭。

有一次乔丹对皮彭说："我俩的三分球谁投得好？"皮彭漫不经心地回答："你明知故问什么，当然是你。"因为那时乔丹三分球有28.6%的成功率，而皮彭是26.4%。但乔丹微笑着纠正："不，是你！你投三分球的动作规范、自然，很有天赋，以后必定会表现很好，而我投三分球还有很多弱点。"接着又说："我扣篮多用右手，并习惯左手帮一下忙，而你，左右都行。"这一细节连皮彭自己都不知道，他被乔丹的无私所深深感动。

从那以后，皮彭和乔丹建立了深厚的友谊。而乔丹这种无私的品质则为公牛队注入了难以击破的凝聚力，从而使公牛队不停地创造奇迹。乔丹不仅以球艺，更以他那坦然无私的胸襟赢得了每一个人的尊重和拥护，包括他的对手。

在交往中，任何人都希望别人能肯定自己，都在不自觉地、强烈维护着自己的形象和尊严。如果他的谈话对手过分地显示出高人一等的优越感，那么油然而生的是对他自尊和自信的一种挑战与轻视，便产生了排斥心理乃至敌意。因此，我们对自己的成就要轻描淡写。

即使你比对方优秀，你也要收敛自己的傲气，让同事心情舒畅，才能保持和谐的关系。虽然社会上常常喊出“崇尚个性，凸显才华”的口号，但你在同事面前的最佳选择是不要狂妄自大，不要处处炫耀自己的能耐。

如果你张狂自负，不仅身边人会因此而讨厌你招致嫉妒，同时，你的人际氛围将会变得非常糟糕。尤其是初入职场的年轻人，更要注意谦虚谨慎，在工作中显露自己的才干，而不要过分地炫耀自己。

学会谦虚，才能永远受到欢迎。

第四章　包容智慧须掌握

天下没有解不开的疙瘩

产生了误解，一定要及时消除，不要等误解进一步深化时再来解决，时间越长，误会愈深，解决起来会愈困难。

在通常情况下，人际关系中容易产生误会的人有以下几种：交谈交往极少者，互不了解个性者，性格内向者，自视清高者，个性特别者，神经过敏者，狂妄自大者，说话不经考虑者，爱挑剔小节者等。与上述这些人交往，不论是初次的或多次的，你都要注意你的言行是不是容易导致歧义的产生，有没有被人误解的可能性，或者你是否对他存有偏见和误会。如果发现了误解的存在，你就可以借一次家宴、一次舞会、一次公关活动，或一次约会、一个电话互诉衷肠，将心比心，以期用心解开疙瘩、冰消雪融，重归旧好。

如果你没有机会进行直接交流，或者觉得直接解释有些难为情，那么用书信的方式，详尽地阐明自己的心意，也能做到和平共处。

若对方对你已有很深误解，已形成偏见，乃至把你视同仇敌，这时，你可以通过间接的方式，动用误解者的亲信之人，让他在你们中间作桥梁，把误解者的怨气和意见，把你的诚意，在双方间传达疏导。当传达疏导到一定程度时，你们就可以直接解释交流，消除误会了。

不论遭到别人误解或者误解别人，只要没有将误解解除，都会成为人生中的一道阴影。

留一条后路

世界上的事情是复杂多变的，很多事情我们难以预料它的发展趋势，有的也不了解事情的发生背景，切不可凭着一己之见就轻下断言，不给自己留下退路，给人留下把柄。

因把话说得太满，而给自己造成窘迫的事例屡见不鲜。

小杨与同事之间有了一点摩擦，很不愉快，便对同事说：“从今天起，我们断绝一切关系，从此井水不犯河水……”这话说完还不到两个月，这位同事就成了他的上司，小杨因先前讲过的话难以收回，只好辞职。

杯子留有空间，就不会因为再加进其他液体而溢出来；气球中气不满便没有爆炸的可能。凡事总会有意外，留有余地，可避免“意外”无处可放。说话、做事留有余地，便不会因为“意外”的产生而尴尬，从而可以从容转身。

我们可以见到一些政府官员在面对记者采访时习惯使用一些不清楚的语言，如可能、尽量、研究、或许、评估、征询各方面意见……他们使用这些字眼的原因，就是想为自己留有余地。否则，一下把话说死了，结果不是自己说的那样，那该多难堪啊！

如何做到为自己留有余地呢？

与人交往，不要口出恶言，更不要说出“誓不两立”之类的话。不管谁对谁错，最好是闭口不言，为日后合作留有余地。

人的一辈子很长，变化也很多，对人不要轻易下判断，诸如“这个人一辈子没出息”、“这个人完蛋了”之类“盖棺定论”的话语切忌乱说。

把话说得太满，就像把气球打满了气，再充气就有爆炸的可能。

大肚容人

古人在建房子的时候，都会在需要的地方留一点空间，从而避免拉裂或挤压变形的出现。可以说，这就是通过不完美的形式达到完美的境界。人生在世，为人处世要留缝隙，任何事情都不要做得太绝，得饶人处且饶人。

其实，留一点缝隙，也就是为自己留一条后路。如果我们什么时候什么情况下都工于算计，事事锱铢必较，不留一点缝隙给别人，不让自己牺牲一点利益，那么人与人之间，必定会出现剑拔弩张的局面。得饶人处不饶人，结果恰恰对自己造成伤害。

为人处世留缝隙，得饶人处且饶人。不让别人为难，意味着不让自己为难；让别人活得轻松，就是让自己活得潇洒。这就是做人要留有余地的好处。不管是谁，一定要谨记：权力不可使绝，金钱不可用绝，言语不可说绝，事情不可做绝。

宽容别人就是宽容自己，予人方便就是予己方便。

损人夸己要不得

唐冬与李朋一起出差去采购一种紧缺物资，他们到某地时，当地已无货供应，必须再等一个月才有货。没有办法，唐冬和李朋空着手回到公司。可是，在向领导汇报时，李朋竟对领导说：“年轻人就是贪睡，那天早晨如果小唐早点起来，我们可能就买到货了。”唐冬说：“本来就已无货供应啊，这与起得早晚有何关系呢？”领导连忙批评唐冬说：“老李说得对啊！你应该接受，以后改正！”唐冬听了领导的批评，只是一味地叹气，还有什么可辩解的呢？不过，从此以后，唐冬就疏远了李朋。久而久之，领导再派人与李朋一起出差，大家都借故推辞。

有些人喜欢贬损他人、抬高自己，还有些人为了达到贬损他人的目的，将丁点儿的事无限放大。

周严与文惠同在一科研所工作。周严勤于笔耕，一年之中竟发表了20篇论文，而文惠仅有一篇发表。文惠心中很不服气，因而在年终考评会上自我评述说："我今年只写了一篇文章，但质量是很高的，绝不像那些写得多的粗制滥造的文章。"

显然，文惠这是在贬低周严，抬高自己。

王彬是省高教局的哲学老师，从同学处获得了"成人教育处组织政治经济学统考"这一信息，于是回校对任政治经济学课的许晓军说："你们政治经济学统考，你有听到这个消息吗?"许说："我现在还未听到任何消息。"在年终考评会上，王彬说："许晓军教政治经济学，对政治经济学统考一点也不关心，统考消息还是我告诉他的。我比他还着急，许晓军责任心太差了。"这样一比，他似乎成为一个责任感很强的人，而别人倒是一点责任感都没有了。

有的人为了抬高自己、贬损他人，竟然捏造事实，陷害他人。面对此类事情的指责，受害人往往有口难辩，无可奈何。

赵光波在单位人缘不好，因此，他常常感叹社会冷漠无情，责怪同事寡情。然而，真的是这样吗？非也！原来是赵光波自以为很了不起，每逢单位开会、年终考评，他都喋喋不休地贬损他人，以显示自己"崇高的思想"、"非凡的业绩"和"卓越的才能"。因此，同事们都认为他太不知羞耻了。于是，大家都不买他的账，他陷入孤立无援的境地，而他的人缘不好的原因就是他常常贬损他人而抬高自己。

为什么有些人会千方百计地贬损他人、抬高自己呢？其原因是出自于虚荣和不服气的心理。有些人为了显示自己的高明和非凡，往往喜欢和他人比较，自以为通过贬损他人就能够抬高自己。这是多么幼稚的想法啊。

为人处世一定要积口德，不要贬损他人、抬高自己。

时时准备与人合作

美国政治家韦伯斯特曾说过："人们在一起，可以做出单独一个人无法做好的事业；智慧、双手、力量结合在一起，几乎是万能的。"年轻人初入社会，一定要学会合作。

一位大学生，有雄心壮志，毕业两年后下海经商，却屡战屡败。后来，几个朋友要与他一起合伙做生意，被他拒绝了。在他失意的时候，他拒绝了所有人的建议和帮助，他相信总有一天，会依靠自己的力量和能力取得成功。

可是一年后，他又一次失败了。这次，他的哥哥说："你不要这样封闭自己，要有合作精神，和能给你提供帮助的人一同合作，取长补短，你才会成功。你不要认为这是在利用别人，因为在你与别人合作实现理想的同时，你也帮助你的合作对象实现了理想。这是一件很公平的事。"后来，他听从了哥哥的忠告，终于成功了。

其实，人的一生都在与他人合作。当我们与别人合作的同时，我们也受到别人的回馈，合作愈多，回馈也就愈多。

凡是取得巨大成功的人，都懂得合作的力量。他们大多善于从同伴那里汲取智慧，从同行者那里获得前进的动力。刘备、关羽、张飞在桃园三结义的时候，都是未功成名就的小人物，但他们各怀不同才能。刘备虚怀若谷，善于容纳方方面面的意见和人才，具有杰出的统帅才能；关羽和张飞则具有高超的武艺，是罕见的将才。三个人互相补充、互相协助，终于在蜀地成就了一番霸业。

在21世纪的今天，每个年轻人都提倡个性，提倡独立自主。但这并不是说要做“独行侠”，也并不是要排斥合作。你没有钱，可以让有钱的人帮助你；你没有技术，可以请有技术者与你共创事业；你不善经营管理，可以与有经验的人合作。大家团结和睦，共同协作，一起取得成功。

一切事业的成功是以合作精神为基础的。

第五章　人脉哲学需懂得

感情投资宜长期进行

尽管有人感叹当今社会“认钱不认人”，但无论在生意场还是日常人际交往中，“人情生意”就从未间断过。人既然能够因为情而放弃生命，那么利用感情帮助自己达到目的又有什么关系？

在生意场上，你遇到了与你有缘分的人，有了成功的合作，感情也自然融洽起来。这就是我们常说的“有缘”。有缘自然有情，关系好的时候，自然而然会为彼此付出。但是，即使有“缘”，双方能够心灵相通，要保持长期的相互信任、互相关照的关系也不那么容易，仍然需要彼此间不断进行“感情投资”。忽略“感情投资”，就会将好不容易因“缘”建立的合作关系变成对立。在商场上，每个人都在追求自己的利益，很容易互相起疑心。

即使在生活中，忽略了“感情投资”也会损害你的人际关系。很多年轻人都有这种毛病，一旦双方感情好了，相处融洽了，往往会忽略双方关系中的一些细节，不再主动去进行感情“投资”，去维护自己的责任。结果，日积月累，问题就很难化解了。

而更不好的是人们关系亲密之后，总是越来越严格地要求对方，总以为别人对自己好是应该的，稍有不周，就有怨言。由此极易形成恶性循环，最后对双方的生活造成伤害。

经常进行“感情投资”，从生意场到日常交往，都应该处处留心，善待每一个关系伙伴，而且要从小处、细处着眼，落在实处。

“感情投资”就像感情账户上的储蓄，平常将感情一点一点地存入这个账户，赢得对方的信任，那么当你遇到困难，寻求他人帮助时，就可以及时取出账户中的感情“额度”。有了它，即便犯有什么过错，别人也容易原谅你了。

如果说建立相互信任、相互帮助的人际关系有何秘诀的话，不断增加感情账户上的储蓄，就是唯一的、可靠的诀窍。自己乐于助人，多积极主动给他人提供帮助，从一点一滴做起，日积月累，就会使感情账户上的储蓄不断增加。反之，不肯增加储蓄而只想大笔支取的人是无人理会的。

人都是有情感的，任何人都无法逃脱一个“情”字。

吸引朋友的“磁石”

几乎每一个年轻人都有这样的愿望：我真希望能有很多的朋友，自己能成为一个受人欢迎、为人所乐于亲近的人。其实，这个愿望并不难实现，对任何人，如果能在言谈举止中表现出关爱与友善，那么，你自身的吸引力就会在不知不觉中大增。你就如同磁石一般，会吸引众多的朋友。朋友多了，自然能成为受欢迎的人，也能处处得到他人的扶助。有些商人虽然缺乏大量的资本，却能吸引很多顾客，他们的事业与那些资本雄厚但缺少吸引力的人相比，进展必定更为显著。

吸引他人最好的方法，就是要关心他人的事情。但不要过于做作，你必须是真诚地关心。在社交上，还应说他人爱听的话，在谈话和做事的过程中，要表扬他人的长处，而不揭他人的短。关爱朋友的人，也能获得很多回报。

许多人不能吸引他人的原因，是因为他们的心灵与外界是隔绝的，他们仅仅专注于自己。与外界隔绝，久而久之，自己便陷入了孤独的世界。

某位青年才俊，不知道是什么原因，几乎没有人欢迎他，即使参加一个公众集会，人人见了他都退避三舍。所以，当别人寒暄谈笑、其乐融融之时，他却一个人独坐墙角一隅。

这个人为何不受欢迎，他自己也不知道原因。他才华横溢，又是个勤勉努力的人，每天工作完毕后，也常常和同伴一起娱乐。但他往往只顾自己的乐趣，经常让他人下不来台，最后让很多人一看到他，就避而远之。他绝未想到，他的自私才是他不受欢迎的主要障碍。他谈话的内容，一刻也不能把自己的事情搁起，来谈谈他人的事情。每当与别人谈话，他总是要把谈话的中心集中在自身。

一个人如果只顾自己，只为自己打算，就不会吸引他人的注意力，就会使别人对他感到厌恶，人人都不愿意和他相处。怎样才能让他人“感兴趣”呢？主要是能够设身处地地为他人着想，能够推己及人，真诚地关心他人。

一个心中有爱的人，常常能赢得人心。

将敌人变成自己人

在人际交往中，彼此会相互影响，这种相互影响或无意或有意。有意，即一方对另一方有意施加影响，以便矫正对方的某种行为。有许多技巧可以施加有意影响，“自己人效应”就是其中之一。“自己人效应”是指说话时，更信赖也更容易接受“自己人”所说的话。所谓“自己人”，是指对方把你与他归于同一类型的人。

只是向人们提出好建议是远远不够的，要说服别人按照你的建议去做，就要增强和充分利用“自己人效应”，让人们喜欢你。运用“自己人效应”的秘诀，就能获得他人的好感、建立友谊。而影响他人对一个人产生好感的因素有很多种，以下这些策略可以让他人对一个人产生好感。

首先，就是外表的吸引力。这里所说的外表，外貌长相仅是其中一项，还包括言谈举止。而这些，跟我们的相貌、衣着一起，形成了第一印象。自己的相貌自己无法做主，但你一定要注意自己的言谈举止，这是你是否受欢迎的关键。相信很多人都会有这样的看法：漂亮就等于人品好。其实，这就是“自己人效应”的具体表现，因为一个人的某一个好的特征会影响人们对此人的整体评价。

其次，应强调双方的共同点，使对方认为你是“自己人”，从而使你提出的建议易于被接受。物以类聚，有着相同兴趣、观点、个性、背景的人们更易亲近。你想要对方信赖你，就要先和对方缩短心理距离，与之处于平等地位，这样就能使自己在人际交往中的影响力提高。

再次，要有良好的个性品质。良好的个性品质是增强人际影响力的重要因素，心理学研究证明，具备开朗、大度、正直、坦率、实在等良好品质的人，有较强的人际影响力。反之，则是最不受欢迎的人。所以，每个人都要加强培养自己良好的个性品质，以增强自己的人际影响力。

最后，是称赞。从心理学来说，每个人心中都有被赞赏的渴望。而发自内心的称赞，更会激发每个人的自信和热情。

自己的相貌自己无法做主，但你一定要注意自己的言谈举止，这是你是否受欢迎的关键。

面子是互相给的

老话说："人活一张脸，树活一张皮。"学会给对方留余地，留面子，是人际交往中的一条基本原则。我们完全可以这样说，你每给别人一次面子，就能多一份友谊；而你每驳别人一次面子，就可树立一个敌人。

公元前605年（周定王三年），郑穆公去世，郑灵公即位，公子宋和公子归生辅助灵公执政。二人都是郑国贵族，拥有很大势力。

一天早晨，当二人要觐见灵公时，公子宋食指大动。公子归生感到有点诧异，忙问是怎么回事。

公子宋笑了笑说："没什么，我如果食指跳动的话，这天一定会有好东西可吃。上次出使晋国，我吃了石花鱼；后来出使楚国，吃了天鹅肉；还有一次吃了合欢橘，在吃之前食指都会跳动，没有不灵验的。只是不知今日又有什么美味可吃了。"

两人一路说笑着来到朝门之外，正碰见内侍在喊宰夫入朝。公子宋问侍者："何故传唤宰夫？"内侍答道："有人从汉江来，带回一个重达200斤的大鼋，献给了灵公。灵公叫宰夫杀掉，要炖肉汤赏赐朝中诸大夫品尝。"

公子宋听了，洋洋得意地对公子归生说："怎么样？我的食指是不是很灵？"

进朝后，灵公见二人面露喜色，就问他们有何喜事如此高兴。公子归生不敢隐瞒，把事情一点不漏地说给灵公。

灵公听罢，半开玩笑半认真地说："他的食指跳动是否灵验，还得由我决定！"

到了吃饭的时候，郑灵公请大臣入朝，品尝鼋肉。

大家按官职大小，依次坐定。

郑公先品尝了一下，连连称鼋羹鲜美，遂命人赐群臣鼋羹，且一人一鼎，并要求从最下席开始。这样一来，在上席中坐第一、第二位的公子宋和公子归生就落到了最后。眼看诸大夫一个个都得到了赐羹，最后只剩下了一鼎，宰夫问灵公要赐谁。

灵公随口说道："给归生吧。"于是，宰夫就把最后一鼎给了公子归生。

公子宋对众人得到赏赐而独独没有自己的是又羞又愤，怒火中烧。

郑灵公看到了窘迫中的公子宋，哈哈大笑，指着他说："我命令要遍赐群臣，谁料偏偏少了公子宋一人，看来这是天意，公子宋不该吃鼋肉啊，你的食指跳动哪里有一点灵验呢？"

一听此话，公子宋完全明白了。为了挽回面子，他忘记了君主与臣子之间的礼节，突然起身走到灵公面前，并用手夹了灵公鼎中一块肉，放入口中，并反讥灵公说："我已经尝了鼋肉，食指跳动哪一点不灵验呢？"说罢，不辞而别。

灵公被公子宋的行为激怒了，他把筷子一摔，愤愤地说："公子宋也太无礼了，竟敢如此欺君。难道他不怕掉脑袋吗？"吓得归生等人跪在地上连连为公子宋求情，可灵公仍愤愤不已。

本来应该快快乐乐的品鼋会，就这样郁闷地结束了。

从此，郑灵公同公子宋结下了仇恨。公子宋惧怕郑灵公有一天会报复，竟在这一年的秋天派人刺杀了灵公，并与公子归生另立了君王。

这个历史故事警示世人：要谨慎对待他人的面子。

若你是职场上的管理者，当下属有成绩时，要舍得给面子，这是对下属最好的激励，这样下属才会卖力工作。当下属犯错时，也要注意留面子，特别是非原则性的过错，领导应该宽容大方，给下属留有余地。这不是提倡不讲原则、老好人主义。这里说的留点面子，是指对犯错者点到为止，促其自省，给他以改过的机会，他也会心怀感激。

如果你是下属，既要给领导面子，也要给同事面子，因为这能让领导觉得自己很重要，融洽人际关系，对你的事业发展很有帮助。

织好社会关系网

假如你毕业后要下海经商，就必须做好社会关系的储备。在这个看不见硝烟的战场上，若人际关系网不够大，想创业可以说寸步难行。在人际关系这张网上，网织着很多关系，如人缘关系、业务关系，甚至还网织着办事的渠道、信息的来源等。这张网已渗透到社会关系的方方面面，甚至已渗透到人的心灵深处。它不但影响个人的行为，也是影响社会存在的重要因素，自然也影响和决定着你生意的成败，决定着你创业的成败。反之，在创业时，如果能拥有良好的社会关系，在创业的时候就会得到许多人的帮助，使你早日成功。

良好的人际关系和社会关系是必不可少的创业准备，而且准备得越多、越好，你就能越快地创业。因此，明智的创业者在创业之前，就会尽力结识相关行业里的知名人士，虚心向他们请教，聆听他们的教诲，把这些作为重要的资源储备起来，使得它们在创业时起到作用，帮助自己解决许多实际问题。这就是为什么过去很多成功的人都有许多本名片册的原因。这名片册不仅仅是一个工具，还含有大量的社会资源，是众多成功人士叩开成功大门的敲门砖。

那么，储备社会关系有哪些方法和原则呢？储备社会关系的方法各种各样，因人而异，但一些方法和原则是基本的，主要有以下几点。

1. 多团结人，别轻易树敌

在与人的交往中，你可能会碰到各种各样的人，你喜欢的不喜欢的人都会存在。对于你喜欢的人，交往起来非常容易，团结这些人并不难。问题的关键是，和你不喜欢的人友好相处很不容易。

那么，如何与你不喜欢的人建立良好的人际关系呢？你一定要想办法找出你不喜欢的人的优点，尽量包容他的缺点。如果你能做到这些，就能与你不喜欢的人结为朋友。

2. 多结交成功人士，远离失败者

古语说：近朱者赤，近墨者黑。多结交成功人士的原因，就是因为你可以从这些成功的人身上学到大量有用的东西，他们的优秀品质时时刻刻都能成为你学习的模范，他们成功的事例能不断地激励你在创业中前行。如果和这些成功者有良好的关系的话，他们还会伸出友谊之手，在关键时刻教你一招或者拉你一把。相反，和那些失败者或者不如你的人交往，不但学不到有价值的信息，对你的创业也没有多大益处。因此，和优秀的人交往，和成功者交往，这是进行人际关系储备的一个重要原则。

3. 尽量多地和社会名流建立关系

社会名流都是一些对社会有影响的人，这些人社会关系复杂，办起事来容易。若能与这些人交往，将来一定会对你有好处。但这些名流往往都有自己固定的交际圈，普通人想进入名流的交际圈很难。创业者在创业之前绝大多数都是一些无名之辈，社会背景不优秀。因此，结交这些人更是难上加难。

但这并非完全没有可能，你可以从几个方面入手和名流交往。如多了解有关名流的资讯，托人引荐，多去名流常出没的地方，多参加社会公益活动。这样一来，你就会有可能结交他们。当然，与这些人交往时,要想通过一次接触就建立很好的关系也是不容易的。但只要给对方留下一个好的印象,以后多创造一些接触机会,你和社会名流也能建立较为牢固的关系。

在这个看不见硝烟的战场上,若人际关系网不够大,想创业可以说寸步难行。

创业者应和哪些人交往

对年轻的创业者而言,广结人缘并不是意味着每个人都要结交,而是应该将交往的重点放在很大程度上会影响自己事业的人身上。

朋友多了路好走,创业者成功的要素之一就是人缘广。一般来说,创业者在无大损失的情况下,不妨真诚友善地对待他人,慷慨大方点儿。但是,要花心思栽培则不必,因为并非每一个人都值得花时间和精力去结交,甚至孔子也说过"无友不如己者"。不过,以下几类人,是每个创业者务必要着重结交的。

1. 银行家

最善做生意的人都不消费自己的钱财。那么,钱从何来?当然,最主要的还是靠银行。所以,与银行家多多交往,一般都会有好处。

2. 大客户

无论和其有没有生意来往,大客户一定要结交,许多大生意都是从吃小亏开始的。先来些免费服务,额外服务,是为了将来赚大量钱财铺路。今天做不成生意,也许明天能行。

3. 推销员

不管与其做不做生意,都不可以得罪推销员,并且一定要不时见见推销员,和他们聊一聊。同行如敌国,从同行中难以得到行内的秘密,但推销员是行业中消息最多的人。因此,即使公司设有采购部门,仍要打开这个情报来源。

4. 竞争对手的员工

从这里你也可以获得重要情报,在适当并且有利的情况下,在一定程度上展开交往。

5. 材料的供应商

与他们建立良好的关系,人家缺料你有料,材料涨价你已入了货,再加上账期长一点、服务好一点,就能大大提升你的竞争力。

6. 律师

有官司时,律师会帮你解决。关系好的,经常还有免费咨询服务有助于摆脱法律纠纷。

7. 会计师

公司的"财神",只要认真替你考虑如何管理好账务,便是给你很大的帮助了。

你可能会心存疑问:这些专业人士愿意结交我这样的创业者吗?他们会不会看不起我呢?其实,专业人士在公司大多是"高级打工仔",光干这专业一般赚的钱不多。因此,工薪阶层或一般的专业人士可能会看轻创业者,而有思想的专业人士不会——他们知道创业者今天或许很潦倒、一事无成,但机会一旦来临,他可能会一夜暴富。

放下"仇恨"

俗话说:"同行是冤家。"但是,无论你是否创业,在生意场上,都不能像对待敌人一样对待竞争对手。你应该看到对手的优势,以此来弥补自己的缺点。

本雄开了一家小吃店,可由于手艺不精,无力与马路对面的小吃店竞争。于是,本雄想出一个主意，想趁机整一下对面小吃店的老板。

一天，本雄来到小吃店，要了一碗汤面，并趁服务员没看到时，在碗中放进一只自己早已准备好的死蟑螂。

“喂！来一下！”本雄高声叫道。

女服务员忙走过来，本雄厉声指责说：“你瞧瞧，蟑螂竟然在你们的面条里！这种东西在面条汤里还能吃吗？”女服务员看到面汤上漂浮着的蟑螂，大吃一惊，只能不停地表达歉意：“对……对不起……”听了道歉，本雄反而变本加厉，他凶狠狠地训斥说：“去叫你们老板来！我有话同他说！”

女服务员慌忙跑到后厨房去了。不久老板就来了。当他看到碗里的蟑螂时，深深地鞠了一躬：“太对不起了，我们实在是做了一件无话可说的事情，但这似乎只是我们一时的疏忽。”

“说什么？一时的疏忽！”本雄对老板怒目而视。

其他客人都把视线集中过来，老板仿佛有话很难说出口的样子，皱起了眉头，请本雄到后厨房去。

厨房里有一只装着面条汤的又大又深的不锈钢的汤锅，老板将本雄领到那锅前边，压低了嗓音说道：“我说这位客人，其实，本店汤里有秘不外传的调料。请您看一下……”

本雄伸头往汤锅里一瞧，只见汤上有许多只蟑螂漂着。

“呃……呃呃……”本雄只觉得胃中翻江倒海，跑到近处的水池旁开始呕吐起来。本雄刚止住呕吐，便对站在他背后一直看着他未动的老板说：“用蟑螂给面条汤调味儿，你这个店坑人不浅呐！我不能坐视不管！我一定要告诉每一个人！”

本雄这么一吓唬，老板假装很害怕地说：“蟑螂？您指的是这个吗？”老板用手指了指菜板，那上面放有竖着切开的半个紫茄子和四五个状似蟑螂的茄子碎片儿，“这很容易做出来的呀！”

老板手拿一个汤匙似的器具，在茄子上一摁，就压出来一个蟑螂形状的茄子片儿。

“混蛋！你在耍我！”本雄骂道。

老板坦然地说道：“话说回来了，您在前堂看到了蟑螂，为何没有恶心呕吐呢？”

本雄被问愣了，只好灰溜溜地走了。

回到家里，他越想心里越不舒服，想起那老板的态度，真是没得说，手艺又好，怪不得人家生意兴隆呢。这时，他感到有点惭愧。

第二天，本雄来到对面小吃店里，真诚地给老板道歉：“昨天真是对不起，你的宽宏大量，实在让我感动。作为同行，我真的佩服你。”

老板听了，只是笑着说：“没什么，我们都是生意人，应该互相体谅的。只要你用心努力，我相信，一定能做好的。”

于是，两人握手言和，从此成为好朋友。

当你放下“仇恨”的目光时，敌人就可能成为朋友。

老乡效应

中国人有很重的乡土意识。当你背起行囊，身处一个陌生的城市，周围都是不认识的人时，遇到一个老乡感觉一定很好。

有一次，小高从武汉坐火车去深圳找工作，一位乡下老大爷坐在自己对面。当他向列车员打听换车的车次时，小高突然听到了自己家乡的口音。

“大爷，您家在内蒙古赤峰吗？”小高问。

“对呀！你是不是在赤峰什么地方有亲戚？”大爷满面笑容地问。

“哦，我就出生在那里。”

“这么巧，我就是赤峰人，是去深圳看女儿的。快说说，你的爷爷奶奶是谁？”大爷的语气已经急切起来。

小高说出了已过世的太爷、爷爷的名字，大爷一把抓住了小高的手，不禁惊叫起来：“哦，老高原来是你爷爷呀，论起辈来，你的爷爷还是我的远房舅舅呢。你小时候又白又胖，你爸在上海上学，你妈下地，你奶奶常背着你去我家呢。哎哟，做梦也没想到，隔了三十多年，咱们能在火车上相遇。”大爷又是兴奋，又是感叹。

后来，小高与大爷成了一对忘年之交。由此小高认识了大爷在深圳做人力资源工作的女儿，顺利地步入职场。

“久旱逢甘雨，他乡遇故知。”“老乡效应”不容忽视。

用点头拉近彼此的距离

人的思维具有惯性，当朝着一个方向思考问题时，容易进死胡同。所以，如果你希望别人同意你的意见，就要从对方所赞同的看法开始。

哈理·奥维基博士认为，最难克服的观点是“不”的反应。他指出，一个人开始说“不”之后，就形成了一道心理防线。即使他已意识到自己的错误，出于自尊，也不会承认自己错了，只会继续固执下去。因此，在开始谈话时，最关键的是首先讲一些对方认可的事情，这样就不会受到对方的抵触。这就像撞球一样，顺着球的方向打，更容易进球；要是它弹回来，就要花费更大的力气。

詹姆士·艾博森是纽约市格林尼治储蓄银行的一名职员，有个年轻人在这家银行开户。艾博森让他填写一份表格，这是银行的规定，但他却拒绝填写表格上的某些资料。按银行规定，客户拒绝填写表格中的任何一项，就不能给他建立账户。

但是那天，艾博森没有像往常一样做，他决定撇开银行的规定不谈，而让对方用说“是”的方法来按要求填写资料。于是，艾博森问他：“如果你去世了，银行是否有责任把这些钱转到你的继承亲友那里呢？”客户说：“是。”艾博森继续说：“如果银行知道了你最亲近的人是谁，是不是很方便呢？他们就能迅速、及时、准确地找到你的亲属了，对吗？”对方也说：“是。”

这时，年轻人的态度已经缓和下来，因为他知道了表格中的这些资料于银行无多大用处，而是为了自己的利益。最后，他不仅填完了必填的项目，而且在艾博森的建议下，另开了一个账户，并指定了他的母亲为法定受益人。当然，他很乐意地填写了他母亲的所有资料。

艾博森就是从对方的立场出发，为自己留住了一个客户。当我们与别人讨论问题的时候，从对方的观点开始，就能迅速拉近彼此的距离，对方将认可和接纳你，从而轻松地解决问题。反之，如果一开始就是争执，在紧张和抵触的情绪中，得到自己想要的则很难。

如果你希望别人同意你的意见，就要从对方所赞同的看法开始。

第六章　不会来事讨人嫌

在失意者面前少说话

一只兔子被老鹰抓住了，它正在大喊大叫，这时，一只麻雀飞了过来，洋洋得意地对兔子说："你不是吹嘘自己跑得快吗？这次怎么被逮到了？看来，还是我们长着翅膀的好啊！"之后，它就开始大肆宣扬自己有翅膀的好处，在说到忘情之时，甚至手舞足蹈起来。就在这时，另一只老鹰突然抓住了它。兔子在断气之时，对麻雀说："你刚才还在为自己的平安得意忘形，现在还不是和我一样！"

个人事业有成、加官晋爵之时，自然有些得意，可是这种得意应该适度，切忌忘形。尤其是在言辞上，那种大有"上嘴唇顶天，下嘴唇顶地"的高谈阔说，最好少说，因为在我们的身边，一直有失意的人存在，你的张扬只会引起失意者的心态失衡，甚至会激起他们做出一些自己无法掌握的事情，以至于为自己带来不必要的烦恼。

假如是在失意的朋友面前，更要注意不要伤人，只有在言辞上表现低调，才能更好地与朋友相处，更好地保护自己。行走于社会中，当你一帆风顺时，无论是升了官、发了财，还是一切都非常顺利的时候，都不应该在失意人面前高谈阔论，要站在失意的角度为他们着想。因为处于失意中的人对什么都非常敏感，即便你是不小心说的话，也可能会伤害了失意者的自尊。

人活在这个世界上，不可能事事尽如人意，都有失意的时候，而我们在面对失意的人时，应该学会将自己的得意隐藏起来。

人生得意须尽欢，假如你正得意，想让你不谈论确实是件很难的事。毕竟，一个正意气风发的人巴不得世界上所有人都知道他的得意，所以炫耀得意也难免，无需责怪，可是谈论你的得意时要注意场合和对象。

你可以在公开场合谈自己的得意之处，享受别人羡慕的眼神；也可以对路边的陌生人大谈特谈，让人以为你神经不正常。就是不要在失意者面前得意，因为失意时的人神经是最脆弱，也最多疑的，你的谈论在他看来或许是表达嘲弄和讽刺的另一种方式，你的高谈阔论只会让失意的人觉得你是在"看不起"他。你所谈论的得意，伤害了每一个失意的人，这种滋味也只有经历过的人才清楚，伤害了别人，别人怎么会轻易忘记呢？

赵刚是李超的老朋友，李超因为不久前经营不善，公司倒闭，而妻子也因为忍受不了生活的重压，正和李超谈离婚的事，内忧加外患，让李超心情忧郁。赵刚想让老友开心些，于是在周末约了几个朋友来家里吃饭，这些人都是他以前的老朋友。他聚集这些人主要是想借着热闹的气氛，让李超低落的心情变好一些。

来吃饭的朋友自然都清楚李超目前的遭遇，所以大家都不谈事业上的事。不过并不是所有人都这么想，马明因为现在赚了很多钱，酒一下肚，就忍不住侃侃而谈他赚钱的本领和花钱能力，那种得意的神情，连赵刚看了都感到很不舒服，更别说是心情不好的李超了。李超开始只是低头不说话，后来脸色越来越阴郁，他一会儿出去洗个脸，一会儿上趟厕所，后来找了个理由提前走了。

赵刚送李超出门的时候，李超生气地对他说："马明会赚钱也不必如此炫耀呀！"赵刚明白，马明和李超之间不会再有友谊了。而他也非常了解李超的心情，因为他以前也曾经历过同样的事。

试想一下，如果在你失意的时候，有人向你大肆炫耀，你会作何感想？想必不会太舒服吧。同理，别人也有相同的想法，我们应该多站在别人的角度，多为他人着想。当别人失意的时候，一定不要在他面前得意忘形，此时的得意忘形无异于在伤口上撒盐，任何人都会反感。和一个失意的人谈得意的事，他会觉得你很不识趣，甚至是在挖苦或讽刺他，所以他不可能对你产生好感。

很多年轻人轻浮、急躁，只要稍稍有点得意的事儿就大肆宣扬，结果招人嫉恨。不在失意人面前得意忘形，是为了维持良好的人际关系，对自己、对别人都有好处。如果我们还想拥有这个朋友，或者这层人际关系，在和他人交往时务必要注意，不要在失意的人面前谈论自己的得意，敬人又敬己。

不在失意的人面前谈论自己的得意，不仅是从道德方面考虑，也要考虑它对人际关系的影响。一般失意的人很少有攻击性，可是，你千万不能以为他们只是如此。在听了你的得意之事后，失意的人通常会有一种怀恨的逆反心理，这是一种深入到心灵深处的对你不满的反击。

在你说得满面红光、唾沫横飞时，不知不觉间你已经结了一个敌人或者正在失去一份友谊，高谈阔论地得意其实是在失意的人心中埋下一颗炸弹，随时都会爆炸。无论失意者所采取的泄恨手段会对你伤害有多大，至少这将是你人际关系上的危机，对你一点好处也没有。所以，假如不知道某个人正在失意尚可原谅，如果知道，一定要免开尊口。

失意的人对得意且高谈者的恨意不可能立刻表现出来，因为他无力显现，可是他会通过各种方式来泄愤，比如拖你后腿、说你坏话、故意与你为敌，所有这些都是为了让你明白——看你能得意到什么时候。失意者对得意者的行为中疏远是最明显的，避免见面，以免再听到你说得意事，于是朋友不再是朋友。

不过我们还需要注意一点，即使周围没有正失意的人，可是总会存在一些生活比你差的人，你的得意同样可能会让他们心中不舒服。人总是有些嫉妒心的，所以，得意时要少说话，而且态度要谦虚。

人总是有些嫉妒心的，得意时要少说话，而且态度要谦虚。

你不是最聪明的

在生活中，我们常常会议论“谁更聪明”，但是，一个人是否聪明，很难判断。事实上，真正有大智慧的人，常常会隐藏自己的聪明才智，而只有那些愚笨的人才会自作聪明，把自己的一点能耐拿出来显摆。即便你是真正有大智慧，也要适当地藏起来，更不要总是想着占别人的便宜，这只是小聪明。

一个人过于炫耀自己的才智，往往会使自己不利，甚至会被外力所攻击，而大智慧的人既会藏拙，也会藏巧。不轻易地暴露自己的聪明，不仅可以保护自己，还有助于进取，若不隐藏，你就可能被人嫉恨，阻碍未来的发展。

可是坏就坏在很多涉世未深的年轻人不懂得藏巧，反而时时处处自以为是地认为别人不如自己聪明，更有甚者仗着自己有些小聪明，看不起别人，结果处处树敌，最终导致自己举步维艰。

现代社会竞争越来越激烈，社会环境变化很快，过分张扬和暴露自己就会带来不必要的麻烦，甚至惹下祸患。在现实生活中，过分炫耀自己不见得是好事。如果一个人处处锋芒毕露，让别人无路可退，那么必然会遭到他人的嫉妒，他的路就会越来越难走，而其成功的梦想也特别容易夭折。

周涛初进公司，就成了公司中的精英人物。比起同龄人来，他有些工作经验，而且能力出众，故此做本职工作很顺手。而且他工作一直很努力，3 个月来业绩是部门中最高的。可是高业绩的他人缘并不好，通俗点儿说就是他有些不会“做人”，因为他能力强，为了显示自己高人一头，总是有意无意地让其他同事难堪。

在一次部门中召开对同事提出批评意见的会议时，周涛当场就对几位同事的工作提出了意见，并细数他们工作中的失误，而且还提到自己当时如何帮助同事渡过难关的。周涛认为，谁有本事谁使，自己就是比别人强。后来，与此相似的事在工作中也时有发生，他总是处处标榜自己的成绩而看不起其他同事。每次因工作出色而受到表扬的时候，他总是吹嘘自己有多大能力，很少提及被其他人帮助的过程。

刚开始的时候仅仅是同事不喜欢他，时间长了，连上司都看不过去了。上司想，别的下属都有错误，就你周涛一个人有能耐，这不是在说我无领导能力吗！慢慢地，上司不分派给周涛重要的任务，而且同事对他的态度也越来越冷淡了。甚至有些同事开始避免和他讲话，大家本来有说有笑，他一来上班，大家就鸦雀无声了。偶尔工作中需要帮助的时候，如果他不主动求同事，即使同事看到，也会视而不见。

这种恶劣的职场关系让周涛承受了越来越大的心理压力，甚至连工作都觉得很难做好。看着平日里的"聪明"人连连受挫，其他同事开始在背后嘲笑他，甚至有些同事还明目张胆地排挤他。当然，每个人都不愿意帮他讲好话，他成了孤家寡人。

人都会有自负的一面，可是当我们明目张胆地表现自负的时候，就是我们被淘汰的前兆了。站在不同的角度看风景，感觉和想法也一定不同，作为一个刚步入社会的年轻人，理应低下头去倾听和学习一些社会经验，而不是随处耍小聪明。因为我们还是牛犊，对社会这个大草原的危险还未完全了解。假如初入社会就贸然行事，并摆出一副高高在上的姿态，好像世界上只有你自己聪明，恐怕用不了多久，你就会成为众矢之的。

许多年轻人刚进入社会就成了"愤青"，自以为别人都不如自己聪明，他们只会埋怨这个，埋怨那个，牢骚一大堆，却从未想过如果自己真的比别人聪明，又岂会在这儿发牢骚，恐怕早就改变目前的生活了。

所以在社会中，小聪明是要不得的，人们不仅讨厌小聪明，而且还认为此种人不安全。如果一个人在为人处世时，才能被人看得一清二楚，反而时不时地显示一下自己的小聪明，日久天长，就连自己迈一步能走多远都让人掌握住，此种人藏不住一点儿底气，很容易被他人抓到把柄。

所以，如果我们想做个真正的聪明人，可以尝试一下"大智若愚"的方式，这远比让自己成为靶子安全得多，也有用得多。

当你在人际交往中暴露自己的小缺点时，往往会使你的人际关系变得更好，因为这等于坦然承认或公开表达出自己的不足，有勇气暴露自我的人往往让他人关注你或对你产生兴趣。我们在社会交往中要敢于暴露自己的"笨"，如果一个人总是过分炫耀自己的才华，意气风发的样子，很容易让人有不好接近的错觉。一个完美的人是不真实的，总让人可望而不可及；而不完美的人却很容易让人感觉到真实可信。

当一个人适当地向他人暴露自己的不足时，别人反而会觉得他很真诚，可以信赖。暴露自己同时也是一种保护手段，它是一种障眼法，可以在必要的时候保护自己免受"硬伤"。

自我暴露其实是一种人前不拔尖儿，不管对谁都是不卑不亢，和蔼亲切、满脸笑容的态度，现在这种方法在社会中已被大量应用。其实你完全可以把这种自我暴露的方法应用于自己和他人的交往中，它会帮助你取得成功。如果一个很有能力的人总是想在不同场合中表现自己，就会给别人带来非常大的压力。聪明人是不会这么做的，因为没有人会喜欢一个时刻提醒自己没有能力的人。而一个经常适当暴露自己缺点的人则会降低对别人的压力，从而保护了对方的自尊，缩小双方的心理距离，所以别人更易喜欢他们。如果你想做一个会来事儿的人，就不要只露出自己精明的一面，适当表现自己的"笨"，反而可以帮你获得更广的社交圈，赢得更多的朋友。

藏住自己的聪明是一种处世方式，年轻人有必要去学习和掌握。

言多必失

说话是人的天赋本能，但良好的谈吐却是后天练习养成的。语言是人生不可缺少的交流思想感情的工具。善于说话，小则可以欢乐，大则可以兴国。虽然人人都能说话，可是话说得好的人却不多，说话不见得比写文章简单。要知道，文章写好后还可以修改，但是一句话说出来，是很难修改的。正所谓“说出去的话，泼出去的水”，尤其是一些伤人的话，更是难以收回。

记住：刀只有一刃，舌却有百刃，若不确定这句话是不是该说，最好还是不要说，“言多必失”这句俗话是非常有道理的，假如一个人总是一直不停地讲话，说得多了，自然而然地就会有许多问题暴露出来。比如你今后的打算，你对事态发展的看法等，都会从谈话中表现出来，假如被对手了解，就会针对你制定相应的策略从而打败你。而且，一个人的话多了，其中自然会涉及其他人，说者无心，听者却容易误解。毕竟，所处的环境不同，人的心理感受不同，而同一句话由于不同的地点不同的语气，所表达的情感也不一样。其他人在传话的过程中也难免会加入他自己的主观理解，在你谈的内容传递给谈话对象时，要表达的意思可能已经大相径庭，这正是误解、隔阂产生的根源。

另外，人说话时心情不同就会有不一样的话语内容，心情愉快的时候，看事看人可能比较符合自己的心思，所以赞誉之词可能会多；心情烦闷时，可能会有些愤世嫉俗，说的话也有些过分，从而招来很多麻烦。正所谓“喜时之言多失言，怒时之言多失礼”，“病从口入，祸从口出”是不变的真理。所以当我们开口说话时，务必谨慎小心，或者少说些话，多做些事。

有一则笑话，流传了很久：

> 一位工会主席召集5个委员开会。开会的时间早就过了，但是只来了3个人。这位工会主席叹气说：“唉，该来的不来！”一个委员听到后，觉得很不是滋味，他想：我是不该来的人喽？于是这个委员打了声招呼就走了。工会主席见状，继续说：“真是的，不该走的走了！”剩下的两个人听主席这么说，觉得自己应该离开，于是一气之下就全走了。

工会主席只因为说话不妥当，不但没开成会还得罪了人。

> 一位销售汽车的小姐花了整整一个上午的时间，用她三寸不烂之舌的循循诱导，客户对她推荐的汽车非常满意。客户原来打算检测完制冷设备后就进行交易。当这位销售汽车的小姐启动汽车的冷气时，她向客户炫耀说：“知道吗，这车的冷气非常强劲，某市曾发生此类车冷气将人冻死的事件……”客户还没等她说完，就赶紧走了。

这位销售汽车的小姐真是多此一举，只因多说了一句话，就丢掉了一单生意，实在可惜。管不住自己舌头的人，不但容易伤人，还容易惹祸。慎言并不意味着不讲话，而是该说话时就说，不该说话时永远不要说。

谨言慎行是历代先贤警示后人为人处世的原则。孔子说：“君子食无求饱，居无求安，敏于事而慎于言，就有道而正焉。”其主要思想是要求我们做人要谨言慎行。一个人说错了话或说话不当，是没有办法补救的，一个不善于讲话之人，常会给自己招致麻烦。话要三思而后说，要先想到自己说话的后果，在说的时候应当保持理智，感情用事要不得，不然很容易给自己带来无法弥补的祸患。

江西卫视曾经播出了发生在江苏吴江的一件事：

> 一天晚上，吴江医院妇产科住院部刚出生一天的婴儿脸上居然满是硫酸，婴儿的眼睛与鼻子全都看不清楚了……什么人会对一个弱小的婴儿如此残忍呢？
>
> 随着警方的调查，很快就抓住了凶手，居然是婴儿妈妈最好的朋友张某。
>
> 事情很快真相大白，原来张某表面上和婴儿妈妈的关系非常好，可是心中却因为发生了两件不愉快的事而耿耿于怀。
>
> 引起张某不快的第一件事是，张某曾经向婴儿的妈妈借5000元钱，结果婴儿的妈妈以手中没有钱而拒绝了张某。可是几天之后婴儿的妈妈却又在电话聊天中告诉张某自己刚向老师的

女儿借出2万元，张某觉得婴儿的妈妈是在耍自己——你不愿意把钱借给我就算了，也不应该把钱借给别人之后在我面前提起吧，这不是明显地欺负我吗？

另外一件事情是在张某的孩子出生后，因为长得不好看，婴儿的妈妈前去探望时，曾对张某刚出生的宝宝讲了一些不堪入耳的话，这让张某感觉心灵受到了非常大的伤害，因此恨意又增加了一层。时间一天天过去，张某越来越恨她的好友，她终于等到好友生产的机会，在婴儿初生的晚上扮成医生走到了医院的妇产科……

记者在监狱中采访服刑的张某，问她为何要如此残忍地对待一个无辜的孩子，张某说："就是想让孩子的妈妈感同身受到曾经的痛，让她为伤害别人付出代价。"

而面对记者的镜头时，婴儿的妈妈却非常惊讶，她根本没有想到自己口无遮拦的话会给张某造成这么大的伤害，也没想到会伤害到自己的孩子。

这是一个真实且沉重的故事。从事件本身来看，忽略张某的偏激，如果婴儿的妈妈平时注意自己与人相处的方式和态度，把握说话的尺度，多想想别人对自己话语的感受，做到谨言慎行，不说伤害别人的话，不说不该说的话，也就不会在不知不觉中与好友结仇，也能避免婴儿被毁容此种悲痛事件的发生了。

这个悲剧留给人深刻的教训，它提醒我们在为人处世时应谨言慎行，以免对自己和别人造成伤害。正所谓"言多必失"，一句不好听的话所造成的影响，可能再有几百句、几千句话都弥补不了。《菜根谭》中说："十语九中未必称奇，一语不中，则愆尤骈集；十谋九成未必归功，一谋不成则訾议丛兴。君子所以宁默毋躁、宁拙毋巧。"意思是，十句话中有九句是对的，但是如果你说错了一句话就会遭受人的指责；即使十次计谋你有九次成功也不一定能得到奖励，可是其中只要有一次计谋失败，就会遭受他人的责难。所以有修养的君子宁肯沉默寡言，不是经过深思熟虑的话不随便乱说，表情绝不冲动急躁，做事宁愿表现得愚笨一点。

在现实生活中，如果逞一时口舌之快，不注意言语的轻重对错，不考虑所说的话带来的后果，如此任性而为，会带给自己无穷的苦恼。比如在你劝告别人时，如果不顾及别人的自尊心，那么再好的心意也是无意义的。

说话是个人学问品格的衣冠，不管什么时候，我们说话都要适度，做到谨言慎行。

另外，言多必失还表现在不会说却要乱说上，结果却乱了套，与自己身份不符。生活中有很多人相貌端庄，看上去华丽高贵，他们不开口还行，一开口则满口粗俗，让人听了非常不愉快，仅剩的一点敬慕之心也没有了。当然，大部分人并不是学问品格不好，只是因为一时大意，不知道改正。人们在首次听到俏皮而不高雅的粗俗言语时或许觉得新鲜有趣，但若是随口而出，就会贻笑大方。假设一下若那些话在社交场合被人听见了，他人会如何想呢？

当我们开口说话时，务必谨慎小心，或者少说些话，多做些事。

千万别啰唆

卡耐基说："好口才是社交的需要，更是事业与生存的需要。它不仅是一门学问，还是你赢得事业成功常变常新的资本。"说话不难，难的是把握好尺度，将话说得恰到好处，达到一种"一语激起千层浪"的效果。

可是你千万不要误解为说话就是说得多，要知道说话多的人让人头痛不已。但是生活中却常常有这种人，明明一句话就可讲明白的事非要长篇大论，让人听不出重点，摸不着头脑。最可怕的是当事人对自己的毛病根本一无所知，自顾自享受倾诉的乐趣，全然不知倾听者有多烦闷。

我们先来听一段电影中的经典台词："悟空，你也真调皮呀，我叫你不要乱扔东西呀！哎，乱扔东西是不对的……哎呀,我的话还未说完,你怎么把棍子也给扔掉了?月光宝盒是宝物,乱扔它会污染环境。哎,砸到小朋友怎么办?就算砸不到小孩子,砸到花花草草也不好嘛。"

这是《大话西游》中唐僧的经典台词,你听后可能会狂笑不已,唐僧的杀伤力不但能让悟空发疯,连台下的观众也可能跟着呕吐不止。假如你有这样的功力,相信人们也会对你敬而远之。唐僧的话是由编剧虚构出来的,可是现实生活中,真有人可堪比唐僧。

一位从小在一块长大的朋友说要来看李敏,李敏高兴地邀请朋友到家里住。刚开始朋友没同意,说是怕打扰李敏和家人的生活,李敏说家中有空房,没关系。朋友无法推辞,就过来了,而且还带来了一位李敏不熟识的名叫张小亚的朋友。

张小亚非常爱说话,而且说的话至少要五六遍重复。她的重复并不是口语化的重复,而是为了怕你听不懂或者提醒你不要忘了她曾经说过。

开始的时候,出于礼貌,李敏还会不厌其烦地坚持听,到了后来,李敏的耳朵再也受不了了,只要张小亚一件事重复超过3次,她就马上躲到一边去。但是张小亚说话不但声音大,而且有很强的穿越力,即使躲在房间关上门还能听到她的声音,更可怕的是,她会追着人说。张小亚在李敏家住的这两天时间里,李敏感觉自己家处处都有张小亚的"魔音"。

另外,张小亚的电话也非常多,而且她每接一个电话都要讲十多分钟。有一次,她给一个朋友打电话,足足打了一个小时,为的却是一件小事。在她放下电话后,李敏终于忍不住对她说:"小亚,我觉得你有点啰唆,其实你可以表达得简单一点……"

没听完张敏的话,张小亚就打断她说:"不是我啰唆,是我怕他们会曲解我的意思,我一定要说清楚。"于是,张小亚开始不停地跟李敏解释她不是啰唆,李敏真后悔给她提这个意见,在她看来,张小亚简直烦得让人无语。

李敏被张小亚富有穿透力的声音折腾得筋疲力尽,她想若照这样发展下去,自己非崩溃不可,于是忍耐了几天,就找了个理由把她们打发走了。在张小亚走出李敏家的那一刹那,李敏整个人都放松下来,有一种如释重负的感觉。

看到这儿,你是不是觉得李敏很可怜,张小亚非常让人讨厌?那么就一定不要犯此种错误,让人生厌。

2003年,唐纳德·拉姆斯菲尔德,当时的美国国防部长获得了英国"推广简洁英语运动"组织颁发给他的"不知所云"奖。因为他曾在一次记者招待会中说了一段流传非常广的"名言":"我一直对尚未发生事情的有关报道有兴趣,就像我们都知道的那样,这些事情是人人都知道的,我们明白一些我们明白的事情。我们知道自己有未知的事情,也就是说,我们知道有些事情我们不清楚,也就是我们清楚自己还有不知道的事情。"

这位部长非常厉害,功力简直比唐僧还深,人们根本就不知道他想表达什么。如果一个人说话时总说不到点上,也许当成笑话听还不错,可是如果真的有一个这样的人在你耳边不停地和你说话,相信你一定会很烦躁。托尔斯泰说过:"人的智慧越是深奥,其表达想法的语言就越简单。"真正打动人心的往往不是长篇大论,而是那些简单明了的话语。

在生活中,许多人有说话啰唆的毛病,而聪明的年轻人不应该这样做,说话达到目的即可。聪明人讲究说话适量,不会啰唆半天找不到重点,不会让人烦躁,也不会让人觉得词不达意。

且不说言多必失,单就啰唆带给人的感觉,就是非常不好的。在生活中,你也许看到过类似的情景,女人经常向男人唠叨"你要戒烟……"但男人依旧吞云吐雾;妈妈三番五次地对孩子说"你要把你的被子叠好后再出去玩",但是孩子总是把妈妈的唠叨不当回事,屋子照常杂乱……造成这些情况的原因就是刺激太多、太强、太久,超出了人们所能承受的限度,从而引起了人们极不耐烦或反抗的情绪,让事情向反向发展。心理学上把这种行为称作"超限效应"。

由此可见,假如我们希望自己说的话能作用于他人,就不能采取简单的重复,因为啰唆只会让对方更加反感。不如换个角度、换种说法,使对方的厌烦心理、逆反心理降到最低,那时候,你也许能真正体会到什么是真正的“一语千金”。

说话不难，难的是把握好尺度，将话说得恰到好处，达到一种“一语激起千层浪”的效果。

千万别咄咄逼人

很多年轻人仗着能言善辩，时常在人群中占上风，于是为了显示自己良好的口才，他们变得尖酸刻薄，似乎这样会显得伶牙俐齿、有个性。然而，正是这种善于辩论的人不懂得如何维护人际关系，盲目地争强好胜，结果众叛亲离。卡耐基对这种人的评价是，你可能赢了辩论，可是却把人缘输掉了。

要知道，任何讽刺和挖苦都是有攻击性的，即使嘲弄不带恶意，有时也会让你失去一个朋友。所以为了避免一些荒谬的争吵，在说话时应该注意分寸，即使是手中握有真理也不要咄咄逼人。

在人很多的公共汽车上，一位小伙子不小心踩到了一个女孩的脚。女孩脾气有点暴躁，张口就说：“你说你一个大男人，不踩别人偏踩我，你为什么偏偏欺负我个女人，全车就我好欺负吗？”

小伙子本来刚想道歉，可女孩的话实在让他不舒服，愧疚的心理立刻消失得无影无踪，他努力不让自己生气，憋了半天才说：“踩就踩了，这算什么欺负啊！”

结果女孩脸色更差了，她说：“真是的，现在人怎么都不学好。瞧你那样儿，肯定是刚从监狱里出来的吧？”

这下小伙子可急了：“你这个人怎么说话呢！”说着就要向前理论。这时大家都来劝解，好不容易才让他们平静下来。

这个女孩的说法是典型的“得理不饶人”，本来只是一件小事，但她得理不饶人，显得很刻薄，不但形象大打折扣，还让人心中不舒服，占理的事也让她弄得没理了，这是何苦呢？

俗话说：“饶人不是痴汉，痴汉不会饶人。”在双方的争论已到白热化阶段时，占理的一方应当有“得饶人处且饶人”的胸襟，不要穷追猛打，将他人逼入死角。那样不但不能辩赢对方，反而会扩大矛盾冲突，让事情更加棘手。

如果错在别人，也许他已经意识到了，对所犯的错误会心存内疚。假如我们不分场合、对象，只是据理力争地责备别人，会让人非常难堪。得饶人处且饶人，对那些已经有了内疚之意的人应该学会同情和理解，懂得宽容和礼让，不要欺人太甚。

曾有一则报道：

一位老人在去市场的时候，不小心碰倒了商贩的一个花盆。老人急忙道歉，还说要买下这个花盆，可是他一掏口袋才发现自己没带钱。

那个卖花盆的商贩不依不饶，叽叽喳喳地说他的花盆值多少钱。事实上，那只是个最普通的花盆，仅有十几元钱而已。

老人说：“无论多少钱我都赔给你，可是我现在身上没带钱，要不让人跟我回家去取。”

可是商贩不相信老人的话，不让老人走，一个劲儿地让他再仔细找一下自己带钱没有。老人气得把口袋翻给他看，可是商贩却不肯罢休：“哪有人出门不带钱的！”

老人没法解释，只能反复地说：“我不会骗你的。”但是他无论如何解释，商贩就是不信他的话。在不依不饶的争吵中，围观的人越来越多，老人一辈子也没有如此难堪过，觉得自己很没面子，急火攻心，居然心脏病突发，不治而亡了。

为了一个区区十几元的花盆，居然葬送了一条人命！

不要以为这离我们的生活很远，生活中此种事很常见，而我们也可能做过类似的事，只因为自己有理，就变得斤斤计较、得寸进尺。事实上，许多事情根本没有必要分出高低好坏，尤其当这个结果有可能对别人的自尊心造成伤害时，那就更不要去争论。如果你因为手握真理，就存心让别人难堪，别人一定不服气，这也注定为你以后的道路埋下隐患。因此不妨为别人留些后路，即使真理在握，也要给人留面子，这样双方才能友好相处，别人才能见识到你的大度。

> 一个服务生端菜上楼不小心撞到了一位下楼的客人，服务生手中的菜盘掉到地上摔个粉碎，菜汤溅到了客人的米色裤子和白色皮鞋上。服务生连声道歉，并主动弯下腰来用餐巾纸为此人的裤腿和皮鞋擦拭。
>
> 这个人怒气冲冲地骂道："你是干什么吃的，没长眼睛吗？"服务生仿佛犯了天大的错误，一边擦一边说："非常抱歉，对不起……"这个人还是咄咄逼人地要找经理。和他一起同来的人说："算了，服务生也不是故意的，得饶人处且饶人，人家都给道歉了，也给你擦了。走吧。"说着一行人走出了饭店。

想一下，如果是你会怎么做？如果你是那个人的朋友，又会对此人如何评价呢？想必一定对他不会产生好印象吧。在社会上要明白"风水轮流转"的道理，也许今天你是饭店的客人，明天就可能是端菜的服务生，我们做人或者做事要留有余地，不要太过分，避免将痛苦带给他人，那样对自己也没多少好处。做错了事，人们一般会心存负罪感，会主动向人家赔礼道歉，即使别人说几句也得听着，这是理所当然的。可是如果已经赔礼道歉了还不依不饶的，恐怕不会有人会容忍太多责骂的话。碰到心眼儿小的，说不定还会报复你，那时，你有理也没地方讲。在我们留给他人退路或机会的同时，也是在给自己退路。

即使是夫妻这种亲密关系，也难免发生争吵。这时，最好的解决方式就是消除对方的火气，而不是得理不饶人。

男人彻夜不归，第二天才像幽灵似的回到家里，女人埋怨了几句，两人便吵了起来。忽然，女人说："算了，没什么大不了的，男人晚上不回家都见惯不怪了，我想提醒你的是，熟悉的地方还是有风景的。"虽然故事中的女人处于占理的一方，却没有得理不饶人，只是随口说了几句便结束了战争，而男人也意识到自己的错误，不再晚归了。

年轻人容易犯得理不饶人的毛病，以为这样才是个性，殊不知这将带给自己很多麻烦。"得理"当然有权利"不饶人"，可是"得理且饶人"却会让自己的路更宽广一些。毕竟，人海茫茫，后会有期，如果今天没饶别人，就不怕他日冤家路窄？如果那时别人有理而你无理，吃亏的就是你。人与人之间，难免争执与摩擦，即使觉得自己占理，也应避免过分指责对方，毕竟谁能十全十美呢？在你有理的时候不要抓住不放，宽容别人不等于窝囊，人要能站到高处，就能理解别人，宽容别人。

"饶人"也要讲究艺术，尽量在不伤害彼此面子的情况下达成协议。想做到这一点，语言内容和方式的选择是不是恰当，就显得格外重要了。

多说"我们"，少说"我"

老江湖之所以比新人精明，在于他们看到了许多新人不易觉察的细节问题，比如注意"我们"和"我"之间的玄机。

孩子在玩耍或想占有某样东西时，常会说"这是我的"、"我要……"，"我"是自我意识强烈的表现。在孩子的世界中，这或许没有多大关系，可如果成年人也是这样，在说话时，仍然过分地强调"我"，会让人以为你自我意识太强。人际关系势必会因此受影响，毕竟谁都不愿意和自私的人交往。

亨利·福特对最让人厌烦行为的描述是:“一个满嘴都是‘我’的人,随时随地只会说‘我’的人,他人一定不会欢迎这种人。”《福布斯》杂志中也曾登过一篇名为《良好人际关系的一剂药方》的文章,里面有几点需要牢记:“交谈中最重要的5个字是:‘我以你为荣!’最重要的4个字是:‘您怎么看?’最重要的3个字是:‘麻烦您!’最重要的2个字是:‘谢谢!’最重要的一个字是:‘你!’在交谈中,‘我’是最不重要的一个字。”

在与他人交谈时,“我”字说得太多并过分强调,会给人突出自我、标榜自我的感觉,这会在无形中在对方和你之间筑起一道防线,形成交流障碍,使他人难以对你的认同产生影响。会说话的人在与人交谈时,总会避开“我”字,而是用“我们”来替代。

在俄国十月革命刚刚胜利的时候,很多革命者因为与沙皇有血海深仇,所以坚决要求烧掉沙皇住过的宫殿。当局派出很多人做思想工作,革命者们都不松口,依旧坚持烧掉宫殿。最后,列宁亲自出面劝解。

列宁对人们说:“要烧宫殿可以,不过在烧宫殿之前,我们大家都来考虑几个问题行不行?”

“当然行。”

列宁问:“谁建造的沙皇住的宫殿?”

人们说:“是我们造的。”

列宁接着问:“我们造的房子,不让沙皇住,那可不可以让我们自己的代表住?”

人们都高声回答:“可以!”

列宁又问:“那么我们还要烧宫殿吗?”

人们认为列宁讲得很有道理,结果宫殿保留下来了。

有一项调查显示,“我”是人们每天使用频率最高的字。为什么人们对“我”字情有独钟呢?就是因为人们喜欢称赞自己。所以,你如果想得到你所希望得到的,就要避免和别人争高低,要维护别人的自尊心,为了不伤害别人的面子,千万不要常把“我”字挂在嘴边,不要一张口就说“我的……”,而要说“我们的……”,否则会让人感到厌烦。

两个人一起将地里的农活干完,在回家的路上,张三发现前面的地上有一把镰刀,赶紧跑过去把那把镰刀捡起来,说:“我们捡到了一把新镰刀!”李四看出张三想把镰刀带回家占为己有,他想,是张三发现了这把镰刀,理应归他所有,于是说:“你说错了,你不应该说‘我们捡到’,因为这是你捡到的,所以你应该说‘我捡了一把镰刀’才对。”张三听李四这么说当然很高兴,甚至没说一句客气话,就算默认了。

两个人继续往前走,张三的手中依旧拿着那把镰刀。过了一会儿,镰刀的主人走了过来,远远地看见张三的手上拿着他的镰刀,就朝他们追赶过来。这时候张三非常紧张地看李四一眼说:“怎么办?这下我们要被他抓到了,丢脸丢到家了。”李四听张三这么说,知道张三想两个人平摊责任。于是李四非常严肃地对张三说:“你说错了,刚才你说是你捡到的镰刀,现在人家追来了,你应该说‘我要被他抓到了’,而不是‘我们要被他抓到了’。”

“我”在考虑问题时是站在自己的角度上,而“我们”则是站在双方的角度上,一字之差,给人的感觉也相差很大。只站在自己的角度上考虑问题无异于孤身作战,单独一个人是无法在社会上立足的。一份一个人吃的牛排无须与他人分享,但当很多人都想吃掉它的时候,就有必要共同分享了。而“我们”一词才是合作的前提,要知道人性最本质的一面都是忠于自己的,“我”是每个人心中的宗教,一个简单的“我们”,增加的是一份不容易得到的亲密感。年轻人想有好的社会关系,首先要对周围的人际关系进行经营,这时要注意到“我们”比“我”强大,当“我们”取代“我”的时候,它将焕发出无穷的力量,更是不可估量的。

驾驶汽车应随时注意交通标志,说话也要密切关注听众的态度和反应。假如红灯已经亮了依然往前开,就是违章了,如果你谈话时“我”字使用的频率高,不妨看看听者的反应,看自己是不是已经“违章”了。

人们最感兴趣的就是谈论自己，而对于那些不关己的事情，多数人会觉得索然无味。比如当一位妈妈热情地对你说：“我的宝宝会叫人了。”这时她的心里非常高兴，但是你却未必和她一样高兴。在我们说话时也是一样，你感觉有兴趣的事，别人未必感兴趣，如果你还一味地围绕着“我感兴趣”的事情说下去，就别怪他人缺乏兴趣了。

所以在与人交流时，尽可能地忘掉自己，不要大谈特谈与自己有关的事情，你的生活引不起别人的兴趣。每个人都喜欢自己最熟知的事，那么，在交际中要尽量去引导别人说他自己的事情，或者双方都感兴趣的，这是让彼此高兴最好的方法。当你用心聆听对方的讲话时，你一定会将最佳的印象留给对方。

潜意识中，人们往往认为“我”是在推销自己，可是“王婆”若只知道“自卖自夸”，则很难卖出瓜，仅仅推销“我”的人也同样不容易取得良好的效果。在你喋喋不休地说“我”的时候，有没有想过别人爱不爱听？心理学家告诉我们，很多人既渴望展示自己又有不乐意做别人自我展示的听众的心态。所以在你痛快地使用“我”的时候，别人大概已经被你惹恼了。

应聘者甲说：“在我负责销售部的时候，我让部门工作取得了较大的进步，在我的严格管理下，本部门工作人员也受到了很大锻炼并取得了进步，所以我得到了总公司的赞赏，这让我感到欣慰！”

应聘者乙说：“在我负责销售部的时候，部门工作取得了较大进步，不但销售额比去年上升了20%，部门的员工也受到了很大的锻炼并取得了进步。总公司对此的奖励，是对我们全部工作人员的极大鼓励。”

显然，应聘者乙比应聘者甲更容易被人接受和喜欢。他没有一连串地使用5个“我”，而且自己也没有贪下全部功劳，因此同样的内容，应聘者乙的表达效果就好得多。

说话时，把“我”变为“我们”，可以巧妙拉近双方的距离，使你和你说的话更易被别人接受。我们看到演讲者常常使用“让我们……”，记者采访时也常常说“请问我们公司……”，这样的话会拉近与对方的距离，听起来和缓亲切。因为“我们”这个字眼本身就是表现“你也参与其中”，这会让别人有一种参与意识在心中。如果演讲者说“你们……”，就拉开了演讲者和听众的距离，无法让自己与听众达到共鸣。

假如你在说话时，忽略听众的情绪或者反应，只是一个劲儿地提到“我”怎么样，那么一定会引起对方的反感。把“我”改为“我们”，你并没有损失什么，反而会获得对方的好感。以下提供一些关于使用“我”字的技巧。

(1)变单数的“我”为复数的“我们”。

(2)用较有弹性的词语，把“我建议”、“我认为”等有强烈强调意味的词语换成“我觉得”、“我想”，以起到缓冲效果。

(3)对“我”字做修饰，比如“我的拙见”等。

(4)在适当时将主语省略掉，比如“我认为这是一次成功的交流”可以省略主语变成“这是一次成功的交流”。

“我们”比“我”强大，当“我们”取代“我”的时候，它将焕发出无穷的力量，更是不可估量的。

别学小孩子口无遮拦

有道是“心无遮拦是坦荡，口无遮拦是祸端”。现在生活中有许多“出言不慎，惹是生非”的事例，一张嘴常常会带来数不清的烦恼。祸从口出，覆水难收，而精神上的伤害却又会比肉体上的伤害更深、更让人刻骨铭心，口无遮拦会让好事变坏事。

除了哑巴，世上每个人都会说话，说到起劲时还能手脚并用，滔滔不绝有如长江之水。然而，要想把话说得好，说得滴水不漏就很困难了，古人有训：“祸从口出，言多必失。”言语有好有坏，好话可以消灾免难，坏话则会带给人祸患。古人言：“病从口入，祸从口出。”这话的意思很明显，即多说话、乱说话容易惹出祸端。人们都懂，也都想去注意自己的行为，避免招惹不必要的麻烦。可是许多人又无法管住自己的嘴巴，常因说话多、胡言乱语而惹是非。

语言虽然可以修饰一个人的外表，但并非每一句话都有好处。开口说话一定要注意，要非常小心才能避免闯祸。话说得好，当然可以让人心情舒畅，但若口才不佳，则会惹人痛恨。因此，人生在世，应该慎言慎行，切不可放言说道。三寸之舌虽不会导致性命之忧，却也常常捅出篓子。

国学大师叶曼的《世间情》中有一个这样的故事，一位已经工作7年的女子说，她是性情中人，天性直率，好打抱不平，常常因想到什么就说什么而得罪人。她说自己说的全是实话，没有一点伤害别人的意思，只是发出了活在世上很难的感叹。

叶曼这样回答她的问题：“山中有直树，世上无直人。真正的直人一定不会因为自己心直口快、当面折辱人而自豪，那仅是一种自我表扬，没有一点儿好处，到最后只落得自己鼻青脸肿，而被列入不受欢迎的厌物。我希望你不是那种人，并且千万不要期望自己变成那种人，那是不折不扣的幼稚，而不是你以为的纯真。纯真仅是出自于淤泥而不被污染，如果那朵莲花终日临风顾影，专门嘲骂谴责污泥，那将是多么的可笑又可悲！”

的确如此，幼稚的人总是拿自身的缺点当借口，生活中我们常常听到这样的声音，或者说的人正是我们自己：我太心直口快了，我不懂得圆滑，这些带着自夸性质的“检讨”是很常见的，许多人甚至认为“是社会错了，它不容我”。这其实是一种幼稚的体现。人都需要觉醒，所谓的直率，其实就是一种极大的狭隘，在你不得不开口说话伤人时，便有了一种傲慢和不屑，而人越成熟越有度量，成人是不会这么做的。

澳大利亚头号年轻政治家约翰·布洛戈登曾被人称为“未来总理”，但是却因为一次在酒会中的失态举动，不得不退出政治舞台，毁了大好前程。当时，37岁的布洛戈登被澳大利亚各方看好，认为他最有希望在2007年的全国竞选中大放异彩，成为澳大利亚的总理。

在竞选3周前，布洛戈登参加澳大利亚旅馆协会举行的酒会时，因为鲍勃·巴尔——他多年的政治对手刚刚辞职，他身心愉悦而一连喝了6瓶啤酒，醉酒的他丑态百出：先是与几位金发女郎打情骂俏，之后取笑巴尔的马来西亚裔妻子是“邮购新娘”。

巴尔的妻子海伦娜在17岁时从马来西亚到澳大利亚求学，从悉尼大学毕业，曾是个成功的生意人，在澳大利亚政界因为热情而声誉极佳。巴尔对布洛戈登的话非常不满：“我无法接受他的道歉，他的话不但从精神上深深伤害了我的妻子，同时也深深地刺伤了跟我妻子一样背景的公民们。”澳大利亚总理霍华德也对布洛戈登的行为进行了严厉批评：“他说得太离谱了，我和海伦娜非常熟悉，她是个大方热情的女人，他简直是胡言乱语。”

正所谓“话到嘴边留三分”，让人不爱听的，即使是实话也不能随便说。其实，无论说话对象是谁，不能口无遮拦。即便当时没危险，但是你让对方心里留下疙瘩，终究没什么好处。

小慧在一家大型企业做办公室文员，她性格内敛不喜欢说话。但是每说出一句都是“重量级”的，当别人就一件事情征求她的意见时，她说的话总让人感觉不舒服，而且总是在揭别人的“伤疤”。有一次，同事穿了件新衣服，其他同事都说好看，且很适合她，可是当同事问小慧的感觉如何时，她却直言不讳地说：“你长得太胖了，这件衣服一点儿都不适合你，而且这颜色让你显得幼稚，下次别穿了。”

这话一出口，本来兴致勃勃的同事的表情立刻就僵住了，而周围大力夸赞衣服好的同事也感到非常尴尬。因为小慧说的话是同事们都不愿开口讲的“实”，那些话很得罪人。

尽管小慧有时也为自己说出的话让人讨厌而悔恨，可是她总忍不住说些让人接受不了的实话。时间长了，大家都排斥她，很少再去征求她的意见了，她也慢慢无法再融入这个办公室。

常言道："揭人短遭人恨。"当面揭人伤疤，自然让人讨厌，而背后揭短的人更可恶。逢人不说他人过，说话不揭他人短，这是低调处世的一条准则。在交际中，应该知己知彼，不仅要了解对方的个性和习惯，还要了解对方需要什么和忌讳什么，如果你对交际对象的优缺点一无所知，那么交际起来，难免会触犯对方禁区。看人还应多看对方的优点和长处，刻意揭人之短是一种恶劣品行，是小人之举，无意之中揭人短处也会产生不好的影响。

直率不应该是胡乱说话的借口，在人际交往中，口无遮拦是非常容易得罪人的，它会让你在人际关系上屡遭挫折。举个例子，你到医院探望住院的朋友，事先已知道他病情很严重，而他自己却不知情时，假如你心直口快说出实情，他的家人一定不会原谅你的鲁莽行为。遇到熟人，人家问候你时你郁闷着，口无遮拦地回一句："好什么好，烦透了……"这句话一定会呛得人不知所措，让别人认为你是个不知好歹、没有修养的人。

实话可以说，但并非一定要直白地讲。一个心理成熟的人应该知道在什么时候该以怎样的方式说话办事，比如把实话婉转或幽默地说出来，或者私下说而不是当众宣布。一样是说实话，用不同的方法说，会产生不同的效果。

除了批评别人之外，还有些人表面看上去知识渊博，即使对于自己一知半解的事，他也能讲得天花乱坠。实际上他是个半吊子，那些舌灿莲花的功夫只能唬唬刚见面的人，深入交往后就会引起他人的厌烦。

人生在世，应该慎言慎行，切不可放言说道。

第七章　年轻人处世中的心理技巧

是谁在嫉妒

人生在世，安静的心很重要，切不可心怀嫉妒。古人说："己欲立而立人，己欲达而达人。"别人有所成就，我们不可生气有恨意，应该平静地看待别人所取得的成功，这是拥有幸福人生的秘诀。

我们大多数人都尝过嫉妒的滋味。若偶尔表现出嫉妒心，并不危险；可当它成为具有刺激作用的行为动机时，就不再安全了。

俄罗斯科学院社会学研究所的副博士穆兹德巴耶夫是尝试研究嫉妒心理的人之一。他研究社会中哪些人群经常嫉妒，他们对自己的认识是怎样的。7个社会群体的1400人接受了问卷调查，包括工人、国家经济部门和私有经济部门的职员、机关领导、大学生、失业者和退休人员。被问的问题是：你是否对同龄人的成就或邻居中大奖感到嫉妒？

调查结果显示，大学生嫉妒他人的程度最大。他们刚刚开始寻找自己的人生位置，尚未取得成功时，别人的成功他们会很生气，感到很是不舒服。他人的一帆风顺和成就对失业、退休人员和工人的刺激稍逊，但很明显的是，他们的嫉妒心来自物质上的困苦和在社会上遭到的冷遇。很少有嫉妒心理的人是最成功、最有社会保障的公务员。嫉妒心最强的人分布在三个高峰年龄段。第一个年龄段是18~24岁的年轻人，他们嫉妒的对象主要是事业取得成功的人。另外两个年龄段分别是30~34岁事业辉煌期和55~59岁事业尾声期，这两个时期的人容易将自己与竞争对手的成就做比较。另外,嫉妒与性别无关。

嫉妒心很强的话很难取得事业和学业上的成功。这种人往往不能适应经济改革时期的生活,他们把周围人想得很糟,认为别人都怀有敌意、厚颜无耻、自私自利、报复心强,对别人总是挑三拣四总找毛病。他们喜欢造谣中伤,散布流言,以贬低他人,抬高自己。

学者还调查了嫉妒产生的原因。超过1/3的人认为,这是人的天性使然,18%的人将责任归咎于教育,22%的人认为是沉重的生活负担造成的,只有一小部分人认为,这与教育和整体文化水平有关。总之,在绝大多数人的眼中,嫉妒是由一些不以自我意志为转移的因素引起的。

当嫉妒者恶意伤害我们时,常人最容易做出的也是最下策的反应就是反唇相讥。这样,你会因为别人的无聊,自己也变得无聊,甚至会身心疲惫,使心智陷入毫无意义的纠葛中。拜伦说过:“爱我的我报以叹息,恨我的我置之一笑。”他的做法太对了。对嫉妒者的中伤,最妙的回答是——让心灵安详地微笑。

嫉妒是一种卑下的情感,嫉妒不会让人继续清醒下去,甚至会放弃挽回的损失。而对于嫉妒者的中伤,最恰当的反应就是一笑而过。

嫉妒来源于自卑

清朝雍正年间有个叫白泰官的人,武术非常了得,是著名的八大武术家之一。

有一天,他云游四海之后回到阔别八年的故乡,在村外广场上恰遇一小孩练武,且身手非凡。白泰官顿时傻了眼,猛然想到这小子长大后,武艺一定非同小可。一时妒火中烧,竟在寻衅比武中置小孩于死地。小孩临死之前,两眼死盯着白泰官,咬牙切齿地说了一句:“我父亲白泰官回来一定会给我报仇!”

小孩的话像一声霹雳把白泰官惊呆了,万万没有想到这小孩是他的孩子。

嫉妒,竟然让一个武术家亲手杀死了自己的儿子。

心理学家认为,嫉妒的心理并不正常,这不仅反映一个人不良的思想情操和道德品质,严重的话会造成一些疾病发生。伯特兰·罗素是20世纪声誉卓著、影响深远的思想家之一,1950年诺贝尔文学奖获得者。他在其《快乐哲学》一书中谈到嫉妒时说:“嫉妒是一种罪恶,它的作用尽管可怕,但并非完全是一个恶魔,它的一部分是一种英雄式的痛苦的表现。人们在黑夜里盲目地摸索,也许走向一个更好的归宿,也许只是走向死亡与毁灭。要摆脱这种绝望,寻找康庄大道,文明人必须像他已经扩展了的大脑一样,扩展他的心胸。他必须学会超越自我,在超越自我的过程中,学着像宇宙万物那样逍遥自在。”

其实,嫉妒就是内心的自卑,是不健康的心态。

嫉妒有多种表现,诸如红眼、醋意、怨怒、沮丧等,嫉妒心理发展到一定程度会使人做出蠢事。爱嫉妒的人常常自己找茬,既损人又害己。在他们看来,觉得别人成功了,会贬低自己,便想方设法地让别人难堪,以抬高自己让自己心里舒服。有些极端嫉妒者的内心认为,别人幸福是他的痛苦,别人遭殃令他舒畅,别人的才华让他百爪挠心痛不欲生,别人成功了,他便满肚苦水。

嫉妒心主要有四方面表现,这就是名誉、地位、钱财、爱情。有的还表现为一种综合性的笼统内容,也就是他人身上的任何东西,都在其嫉妒之内。

古希腊斯葛多派的哲学家认为:“嫉妒是对别人幸运的一种烦恼。”

嫉妒的表现就是攻击他人,其攻击目的在于颠倒被攻击者的形象,甚至本来关系密切的朋友,但因为嫉妒而致反目为仇。嫉妒的人不看别人的优点、长处,却总看到他人身上的缺点,甚至不惜颠倒黑白、弄虚作假。

嫉妒心理的指向性往往产生于同一时代、同一部门的同一水平的人中间，主要是因为嫉妒心理是一种以极端自私为核心的绝对平均主义。因为以前有过两人水平差不多的时候，或是曾经“不如自己”过，如今成了“能干”者，嫉妒者心里自然而然冒出不满情绪。

一般说来，除了轻微的嫉妒仅表现为内心的怨恨而不付诸行为外，大部分的嫉妒会有一些发泄。主要有三种方式：一种是言语上的冷嘲热讽；一种是行为上的冷淡、疏远；一种是行为上的强攻击性。

因为社会长久以来形成的道德文化，嫉妒心理被大多数人所不齿，使嫉妒者一般不愿将嫉妒心理直接地表露出来，而是想方设法地不流露，试图不让别人看到。如本来是嫉妒某人的某一方面，却不敢直言，故意拐弯抹角地从另一方面进行指责或攻击。

如果我们总是生活在自卑当中，压抑自己，不清楚地认识自己，就会有处处不如人的想法，于是就容易产生嫉妒心理。要知道，嫉妒与自卑是如影相随的。

嫉妒心理总是与不满、怨恨、烦恼、恐惧等消极情绪联系在一起，最终形成嫉妒心。

摆脱嫉妒

英国哲学家培根曾说：“嫉妒这恶魔总是在暗暗地、悄悄地毁掉人间的好东西。”

克服嫉妒心理，首先必须正确认识自己，认识自身的缺点，也要认识自身的优点，就不会有处处不如人的想法。若发现缺点时，不怨天尤人、自暴自弃，而应加倍努力，奋起直追。与人攀比的心理更是要不得，要善于学习、勇于超越，久而久之，嫉妒心也就不会缠着你了。

当今社会是个竞争日益激烈的社会，人们之间的关系变得越复杂。可以说只要是身心健康的人，就或多或少地存在此心理，只不过是有些人易表露，有的人不表现出来。有此心理并非坏事，倘若把该问题解决掉，则是一种催人奋进的原动力——学会取人之长，补己之短。

倘若你想事业成功，千万要警惕，嫉妒心要不得。那么，应该怎样克服嫉妒心理呢？

1. 正视嫉妒

嫉妒心的产生往往是由对自己的轻视所引起的，也就是看到别人已经成功，便误以为是对自己的否定，对自己的威胁，觉得颜面尽失。其实，这种想法是自己想出来的。一个人的成功不仅要靠自己的努力，别人的支持也很重要，荣誉既是他的也是大家的，人们给予他赞美、荣誉，并没有损害自己。

2. 开阔心胸

一个心胸宽广的人，是没有嫉妒心的。要使自己有一个比较开阔的心胸，必须不断加强自身修养，使自己从经常产生嫉妒的心理中解脱出来。要多向身边那些性情开朗、心胸开阔的人学习，不断告诉自己，不能小心眼，并要在实际生活中不断对自己的心胸做测验。有一个人嫉妒心很强，便多次向一个性情开朗的朋友求教，有什么方法可以克服嫉妒。那个朋友说，办法十分简单，只要你不去计较，便立即见效。这个人一想，的确是那么回事。后来，他凡是碰上对别人心生不满的时候，便想朋友的话，嫉妒心也就没那么强了。

3. 见强思齐

当别人幸运的时候，或比自己厉害时，就认为自己不幸，并因自己达不到而怨恨别人，愤愤不平。在这种情况下，应严格要求自己，要敢于接受这些不足，让自己受别人的成绩刺激而更加奋进，变“见强思嫉”为“见强思齐”。从某种意义上讲，嫉妒是推动竞争的一种原动力。当看到他人在能力、成绩或其他方面处于优势地位的时候，应下定决心赶超。有两个年轻人，上大学时都非常优秀，但到了工作岗位，其中一个在很短的时间内便做出了比较显著的成绩，另外一个心里就起了波澜，于是在别人赞扬老同学的时候，他便有意无意地说一些对方这也不行、那也不好的话。有一回，他在说老同学不是的时候，一个长者严肃地对他说："年轻人，你要做的是追赶上，怎么能嫉妒人家呢？你和他一样，都是年轻人，他能做到，你为什么不能超过他呢？"长者所言顿时让他醒悟。于是，年轻人发奋努力，他充满激情和信心，决心要赶上超过他的老同学。一段时间后，他也在工作中取得了很大的成绩。

4. 正确比较

嫉妒心理较多地产生于相互熟识、年龄相仿、生活背景大致相同的人群中。因此，只有采取正确的比较方法，拿自己的长处和别人的短处相比，而不是以人之长比己之短。比的方法对了，烦恼就会少了。

嫉妒正是起源于你接受不了别人的成绩。如果能集中精力，不断地学习、探索，使自己的知识、技能、身心素质不断得到提高，那么，也会使嫉妒心减弱。而且，丰富多彩的课余生活将自己的闲暇时间填得满满的，去嫉妒别人的时间也就少了，这是克服嫉妒心理最根本的方法之一。

心理学认为，嫉妒是一种不服、不悦、自惭与怨恨交织的复合情绪，它隐藏在深处对自身不利，表现出来贻害他人。因此，学会修养自身的同时，最好学一下如何控制情绪。可多读一些情操高尚的书籍，多听一些雅丽纯朴的音乐，培养开阔的胸怀。遇事严于律己，宽以待人，自重自爱，与人为善。这样，嫉妒不会再纠缠着你。

与人攀比的心理要不得，要善于学习、勇于超越，久而久之，嫉妒心也就不会缠着你了。

承受生命之重

假如遇到一些令人不可接受而客观上又不能避免的事实，那么，你该怎么办呢？我们的观点是：不要死缠不放，要立即转换角度，接受已经发生的事情，转而做好准备向第二件事前进。

> 卡耐基碰到一个在纽约市中心一幢办公大楼里开运货电梯的人，他的左手被全部截肢，很是严重。卡耐基问他少了那只手会不会觉得难过，他说："噢，不会，我平时很少去想它。只有在要穿针的时候，才会想起这件事。"

如果有必要，我们差不多都能接受任何一种情况，使自己适应，然后就整个忘了它。

在漫长的岁月中，我们都会有不尽如人意的事情。我们可以把它们当做一种不可避免的情况加以接受，并且适应它。哲学家威廉詹姆斯说过："要乐于承认，事情就是这样的情况。能够接受已发生的事实，就是能克服任何不幸的第一步。"

环境本身并不能使我们快乐或悲伤，我们对周围环境的反应才会决定我们的悲欢。

在必要的时候，我们不会再在灾难面前低头，甚至能战胜它们。其实，我们的内心很强大，只要我们肯加以利用，一切困难都不在话下。

诗人惠特曼写道：要像树和动物一样，去面对黑暗、暴风雨、饥饿、愚弄、意外和挫折。

我们从来没有看到哪一条母牛因为草地缺水干枯、天气太冷，或者是哪头公牛追上了别的母牛而大为发火。动物都能很平静地面对夜晚、暴风雨和饥饿，所以它们从来不会精神崩溃或者是患胃溃疡，它们也不会出现发疯的症状。

无论什么状况发生，倘若有一线渺茫的机会，我们就要奋斗。可是事实已经发生，已不可避免，也不可能再有任何转机，那么，一定要保持理智，不要"左顾右盼，无事自忧"。

美国很多著名的商人，都能接受那些不可避免的事实而过着无忧无虑的生活。如果不这样的话，他们就会被压力打垮。

克莱斯勒公司的总经理凯勒先生谈到他如何避免忧虑的时候说：“要是我碰到很棘手的情况，只要有办法可以处理，我就去做。要是干不成的，我就干脆把它忘了。我从来不为未来担心，因为，没有人能够知道未来会发生什么事情，未来有太多未知的因素，也没有人能说出这些影响从何而来，所以没必要担惊受怕。”

他的想法，正和1900年前罗马的大哲学家依匹托塔士的理论差不多。“快乐之道无他，”依匹托塔士告诉罗马人，“就是不要去忧虑我们的意志力所不能及的事情。”

莎拉·班哈特曾经是全世界观众最喜爱的一位女演员，就在她71岁时竟然破产了。还因摔伤染上了静脉炎，腿痉挛，医生诊断腿只能锯掉，又怕把这个消息告诉那个脾气很坏的莎拉。然而，当他告诉她的时候，莎拉仅是看着他的脸几分钟，然后很平静地说：“如果非这样不可的话，那只好这样了。”他的医生很是大吃一惊。

当她要做手术时，她的儿子已哭成一团，她只是向他一挥手，高高兴兴地说：“不要走开，我马上就回来。”在这短暂的去往手术室的途中，她一直背着她演过的一出戏里中一幕台词。有人问她这么做是不是为了提起自己的精神，她说：“不是的，是要让医生和护士们高兴，他们承受的压力可大得很呢。”手术后，莎拉·班哈特还继续环游世界，使她的观众又为她疯迷了7年。

“对必然的事，要轻快地去承受。”这句话是在耶稣基督出生前399年有人说的，对现代人仍有教育作用。

当我们不再反抗那些不可避免的事实之后，我们的精力被节省下来，创造出一个更丰富的生活。

怀才不遇时别当怨妇

生活中常会见到一些“怀才不遇”的人，他们总是满肚子牢骚，喜欢批评别人，表现出一副郁郁不得志的样子。这种人大多很有才，但生不逢时，于是“虎落平阳被犬欺，龙困浅滩遭虾戏”，因生活所迫而委曲求全，所以痛苦不堪。有人会说：“是金子总会发光的。”可是社会毕竟很复杂，并不是你有才就可以得其所的，他人也会对你表现的傲气很不满，一有机会就从中作梗。至于上司，因为你的才干威胁到他的职位，倘若你不知道克制，那么你的上司肯定会压制你，不让你出头，便有了“怀才不遇”的情况。

另外一种“怀才不遇”的人根本就是志大才疏的庸才，他没有被重用，是因为他根本就是个庸人。但他并没有认识到这个事实，反而觉得自己是被小看了，到处发牢骚，吐苦水。

不管有才或无才，凡是感觉自己“怀才不遇”的人都不太受欢迎，这是因为一旦你掉进他的话套里，他就会发牢骚，批评同事，指责老板，再加上鼓吹他的才华。遇到这种情况，众人只好暂且附和，结果“怀才不遇”的人逐渐把自己孤立在小圈子里，跟大部分人不合群。每个人都怕惹麻烦而不敢跟这种人打交道，人人视之为“怪物”，敬而远之。除非遇到爱惜人才、明白事理的上司会大力提拔，否则将永无翻身之日。

不管你才能如何，都有可能因为各种原因碰上无法施展的时候，这时千万要记住，就算有“怀才不遇”的感觉，也不要表现出来，你越沉不住气，别人越会看轻你。那么难道就这样一辈子“怀才不遇”下去？那倒不必，以下几件事可以改善状况：

先客观地评估自己的能力，判断一下自己是否高估了自己。如果觉得自己评估自己不是很客观，还可以找朋友和较熟的同事替你分析，不管他人评价内容是什么，你都要虚心接受。

分析一下为什么自己的能力无法施展，是没有恰当的机会还是大环境的限制？有没有人为的阻碍？如果是机会问题，那只好继续等待；倘若主因是环境因素，那就考虑改变一下现有的环境，找一个更适合自己的环境发展；如果是人为因素，那么要去诚恳沟通，仔细回想得罪人的情况，想办法疏通、化解。

想使人际关系和谐，要以你的才干积极地去协助其他同事完成工作，不要炫耀自己的才能，也不要贪功，因为这些会使人很不爽。此外，谦虚、客气将为你带来意想不到的收益；不断完善自己，一旦时机成熟，你的才干就会为你带来耀眼的光芒。

总之，不要总觉得空有一身才华无用武之地，因为这会成为你心理上的负担。要做好你分内的事，就算是大材小用，也要尽职尽责，只要才华在，成功总会有的。

谦虚、客气将为你带来意想不到的收益。

不为打翻的牛奶哭泣

令人后悔的事情，生活中是时常发生的。很多事做了就伤心欲绝，不做又后悔；许多人遇到要后悔，错过了更后悔；许多话讲出来肠子悔青，说不出来也后悔……人的遗憾与后悔情绪仿佛是与生俱来的，正像苦难伴随生命的始终一样，遗憾和悔恨也会伴随人的一生。

古希腊诗人荷马曾说过："过去的事已经过去，过去的事无法挽回。"的确，昨日的阳光再美，也不会在今天享受。我们为什么不好好把握现在，让此刻拥有更多呢？为什么要把大好的时光浪费在对过去的悔恨之中呢？

覆水难收，往事难追，后悔无益。

一位教授心理学的老师，一天给学生上课时拿出一只十分精美的咖啡杯，当学生们正在赞美这只杯子的独特造型时，老师故意没有握住杯子，咖啡杯掉在水泥地上摔成了碎片。这时学生中不断发出了惋惜声，可这种惋惜是无法使咖啡杯再恢复原形的。教师告诫学生：今后在生活中如果发生了无可挽回的事，那么试着想一下咖啡杯的故事。

破碎的咖啡杯，恰恰使我们懂得了，过去的已经过去，打翻的牛奶不值得去流眼泪，生活不可能重复过去的岁月，光阴如箭，来不及后悔。以过去为鉴，在以后的生活中不要重蹈覆辙，要知道"往者不可谏，来者犹可追"。

后悔并不能使现实得到改观，只会消弭未来的美好，给未来的生活增添阴影。最后，让我们牢记卡耐基的话吧：要是我们得不到我们希望的东西，最好不要让忧虑和悔恨来苦恼我们的生活。就让自己轻松一点，学得豁达一点。

既然已经是过去的事情了，那就不应后悔。

苏格拉底的启示

苏格拉底："孩子，为什么悲伤？"

失恋者："我失恋了。"

苏格拉底："哦，这很正常。倘若你失恋了反而很高兴，恋爱大概也就没有什么味道了。可是，年轻人，我怎么发现你对失恋的投入甚至比你对恋爱的投入还要倾心呢？”

失恋者：“该是你的反而又丢了，这份遗憾，这份失落，您又怎会有这种体会。”

苏格拉底：“丢了就丢了，你又何必留恋，要继续前进，鲜美的葡萄还有很多。”

失恋者：“我不会放弃，直到她回心转意向我走来。”

苏格拉底：“但这一天也许永远不会到来。”

失恋者：“那我就用自杀来表示我的诚心。”

苏格拉底：“如果这样，你不但失去了你的恋人，也会迷失自我，你会蒙受双倍的损失。”

失恋者：“您说我该怎么办？我真的很爱她。”

苏格拉底：“真的很爱她？那你就该祝福她呀！”

失恋者：“那是自然。”

苏格拉底：“如果她认为离开你是一种幸福呢？”

失恋者：“不会的！她曾经跟我说，只有和我共同生活共同前进，她才感到幸福！”

苏格拉底：“那是曾经，是过去，她现在说不定就不这么想了。”

失恋者：“这就是说，她一直在骗我？”

苏格拉底：“不，她很真诚。当她爱你的时候，她和你在一起，现在她不爱你，她就离去了，世界上再也没有比这更大的忠诚了。如果她不再爱你，却还要继续伪装，甚至跟你结婚、生子，这才叫欺骗。”

失恋者：“可是，她现在不爱我了，我却还苦苦地爱着她，这对我太残酷了！”

苏格拉底：“的确不公平，你对她仍不放过是对她的不公。本来，爱她是你的权利，但爱不爱你则是她的权利，而你想在自己行使权利的时候剥夺别人行使权利的自由，这是何等的不公平！”

失恋者：“依您的说法，这反而要怪我？”

苏格拉底：“是的，你一直在错误的路上。如果你能给她带来幸福，她是不会从你的生活中离开的，要知道，谁都想幸福。”

失恋者：“可她已经不再给我任何机会，您说可恶不可恶。”

苏格拉底：“当然可恶。好在你现在已经摆脱了这个可恶的人，你应该感到高兴，孩子。”

失恋者：“高兴？怎么可能呢，不管怎么说，我可是被分手的人。”

苏格拉底：“时间一长你会慢慢好起来的。”

失恋者：“真希望我可以做到，可我第一步应该从哪里做起呢？”

苏格拉底：“应该感谢她，为她祝福。”

失恋者：“为什么？”

苏格拉底：“因为她让你有了忠诚的心，给了你寻找幸福的新的机会。”

感谢那个对你说“分手”的人，是他给了你重新寻找幸福的机会。

怜取后来人

假如爱情只是人一生中的一个小小的过程，那么失恋正是人生应当经历的。如果要承担结果，那么请不要让自己独吞悲伤，不要对生活失望。

记住，如果失恋，不要灰心失望，你会遇到那个你一直渴望的人。

有些人非常看重爱情，觉得那是生命的一部分，更是人生经验中必不可少的。所以，当你们谈恋爱时，会觉得快乐，觉得幸福。但当分手时，或者遇上障碍时，应自我安慰地说：“这是人生难免，合久必分，也许前面有更好、更适合我的人哩。”于是就会勇敢地、淡淡然地处理自己伤心失落的情绪，准备好另一段新的恋情。

当然，有一些人，他们就认为这个人是自己最爱的，不相信世界上有更完美、更值得他们去爱的人，因此当要面临分手时，他们心中所怀有的美好希望被掐灭，也对自己的自信心和运气产生怀疑。他们甚至觉得再也得不到对方的爱，就等于自己是不值得别人去爱的。这段关系遭受外界的阻力，就等于“天不助我”。如此，悲观的情绪会出现，甚至可能会选择轻生。

现实人生里，几乎没有人是像电影小说以及流行歌曲所形容那样，幸福得可以一次恋爱就成功，永远不分开的，大部分人都是在失败后才有才子或佳人相伴终生。

所以当你失恋时，当你们不可能永远在一起时，你应该告诉自己：“还有下一个，何必想不开。”无论摔得多痛，也要鼓励自己，坚强地重拾那颗破碎的心，耐心等待属于自己的“下一个人”。

人生最怕失去的，不是万贯财富，而是梦想。

把喜怒哀乐埋起来

没有喜怒哀乐的人并不存在，他们只是不把喜怒哀乐表现在脸上罢了。而在人性中，这一点是很重要的。

在人性丛林里，人为了生存，会采取各种方法和行动来结纳力量、分享利益、打击对手。而任何人，只要在社会上锻炼过一段时间，便多多少少练就了察言观色的本领，他们会根据对方的喜怒哀乐来调整与之相处的方式，并进而顺着对方的喜怒哀乐来为自己谋取利益。可是谋取利益的另一面，有时却是对对方的伤害，就算不是伤害，对方也在不知不觉中，意志被别人控制。

比如一听到别人奉承就面有喜色的人，有心者便会以奉承来接近他们，向他们要求，甚至向他们进行软性的索取；一听到某类言语或碰到某种事情就愤怒的人，有心者便会故意制造这样的言语事件来激怒对方，让他们在盛怒之下丧失理性，失去风度；一听到某类悲惨的事，或对方遭到什么委屈，就哀感满胸，甚至伤心落泪的人，有心者了解他们内心的脆弱面，便会以种种手段来博取对方的同情，或是故意打击对方情感的脆弱处，以达到目的；一个很容易因某事就乐不可支的人，有心者便可能提供可乐之事，来迷惑对方，以遂行其意图。乍看起来连喜怒哀乐都不能随意表达，这种人生没太大意思。但是，人没有必要做一个喜怒哀乐随时可见的人，把喜怒哀乐放在心里还是有好处的。

第一，把喜怒哀乐由情绪中抽离出去，我们便可以理性、冷静地看待事物，思索它对我们的意义，并进而训练自己对喜怒哀乐的控制能力，做到该喜则喜，该悲则悲。

第二，把喜怒哀乐放在心里不随便表现这些情绪，以免被人窥破自己的弱点，给人以可乘之机。

一个人不应该将他心境里的宁静寄托在外面的事物上，应当尽可能地把主轴握在自己手中，不容许自己轻易感到喜悦与悲伤的极端感情。

要把喜怒哀乐藏在心里，不要轻易表现在脸上。

惹不起就躲

当环境与人尖锐对立，处于彼众我寡、彼强我弱、不得多言的恶劣形势之时，必须郑重考虑，是转变态度与环境妥协还是硬碰硬情愿吃苦？

若是做硬汉，就要做得彻底，不要后悔，但当你不具备做硬汉的基本条件时，硬撑就会变成冥顽不灵、憨劲十足的蛮牛。然而摆在面前的路除了与环境硬拼以外，还有控制环境、利用环境、服从环境、逃避环境多种选择。但上上之选是逃避环境，因为自己根本没有足够的资本硬拼，那点儿本钱耗不起，又不能苟同屈服，倒不如现实一点，惹不起躲得起，采用"三十六计走为上"的策略，或许日后还会出现转机东山再起。

"躲"和"走"字义虽有不同，但在趋利避害方面都有着"异曲同工"之妙，都是迫不得已用逃跑来规避风险的计策。

走者跑也，有被动主动之分，被动是迫于无奈，主动是缺乏信心。被迫逃亡，并非怯懦表现；主动退却，也非英雄末路。这里所指的走，是因环境已处于不利状态，设法转往别地另起炉灶，图谋东山再起之意。

无论哪一种战斗，不管是文是武，谁都没有"常胜"把握，在战斗过程中的小胜小败，若隐若晦的状态瞬息万变，不机警不能应付，不变通无以达权，盖所争取的并非暂时得失，而是最后的胜利，它属于坚持到最后五分钟的人。所以，"不躲"、"不走"并非英雄，"躲"和"走"也并非懦夫。

有这么一句经验之谈："应走不走，反受掣肘；当断不断，反受其乱。"这是说在事态严重时，该走而不走，应当机立断而不决的人，必会招致更大的麻烦与危险。

在激烈的战斗中，谁都想摧毁敌人，或"擒贼擒王"地把敌方首领置于控制之下。在这种情况之下，意志薄弱的人下场不言而喻，刚勇的必想办法逃脱。

从这里看来，"走"这一计，并不是懦弱的所为，"走"得越远的，往往成就的事业越大，这就是"多难兴邦"的意思。"走"的经验积累得越多，应付逆境就愈容易。问题在于能跑得脱，不是"逃跑不成身先死"。

"躲"和"走"的好处是这样，"不躲"、"不走"的坏处又怎样呢？如，韩信功成不退，遭未央宫之祸；宋朝石守信能请释兵权，得于终老；明功臣李善长等不识"躲术"、"走术"，便成一锅熟；韩世忠知时机，优游林下；岳飞不会看风使舵，蒙"莫须有"之冤。大抵在富贵场中，得善终的都属急流勇退，提得起、放得下胸怀广阔的人；该躲而不躲、赖死而不走的全是贪婪之辈，他们舍不得地位享受，甚至刀锯加颈还自我吹嘘。

"不躲"、"不走"并非英雄，"躲"和"走"也并非懦夫。

敢于承认自己错了

没有几个人能完全进行逻辑性的思考。我们多数人都具有武断、固执、嫉妒、猜忌、恐惧和傲慢等缺点，所以我们很难向别人承认自己错了。

而且，一个人说错话或做错事，总是有原因的，所以我们即使明知自己错了，也会强调客观原因，认为错得有理。正如罗宾森教授在他的《下决心的过程》中所说："我们有时会在毫无抗拒或热情淹没的情形下改变自己的想法，但是如果有人说我们错了，反而会使我们迁怒对方，更固执己见。显然不是那些想法对我们很珍贵，而是我们的自尊心受到了威胁……'我的'这个简单的词，是做人处世的关系中最重要的，妥善运用这两个字才是智慧之源。不论说'我的'晚餐，'我的'狗，'我的'房子，'我的'父亲，'我的'国家或'我的'上帝，都具备相同的力量。我们不但不喜欢说'我的表不准'，或'我的车太破旧'，也讨厌别人纠正我们对火车的知识……我们愿意继续相信以往惯于相信的事，而如果我们所相信的事遭到了怀疑，我们就会找借口为自己的信念辩护。结果呢，多数我们所谓的推理，变成找借口来继续相信我们早已相信的事物。"

当我们犯了错误时,并非意识不到犯了错误,只是顽固地不肯承认而已。所以,当你对一个人说“你错了”时,必然撞在他固执的墙上。

比如,有一位先生,请一位室内设计师为他的居所布置一些窗帘。当账单送来时,他大吃一惊,意识到在价钱上吃了很大的亏。过了几天,一位朋友来看他,问起那些窗帘时,说:“什么?太过分了。我看他占了你的便宜。”

于是,这位先生不肯承认自己做了一桩错误的交易,他辩解说:“一分钱一分货,贵有贵的价值,你不可能用便宜的价钱买到高品质又有艺术品位的东西……”结果,他们为此事争论了一个下午,最后不欢而散。

当我们不愿承认自己错了时,完全是情绪作用,跟事情本身已经没有关系。当我们错的时候,也许会对自己承认。如果对方处理得很巧妙而且和善可亲,我们也会对别人承认,甚至以自己的坦白直率而自豪。但如果有人想把难以下咽的事实硬塞进我们的食道,那我们是绝不肯接受的。

既然我们自己是这种习性,那么也可以理解别人具有同样的习性,不要把所谓的“正确”硬塞给他。

当我们不愿承认自己错了时,完全是情绪作用,跟事情本身已经没有关系。

少说“你错了”

说对方错了,等于自显高明。如果有人说了一句你认为错误的话,或者做了一件你认为错误的事,这时,你告诉他正确的应该是什么,无形中将对方摆在了学生的地位,自居为老师。除非你真的是他的老师,否则他必然不服气。

即使你真的是他的老师,他同样会存有异议。300 多年以前意大利天文学家伽利略说:“你不可能教会一个人任何事情,你只能帮助他自己学会这件事情。”

19 世纪的英国政治家斐尔爵士说:“如果可能的话,要比别人聪明,却不要告诉人家你比他聪明。”

苏格拉底则告诉他的门徒一个圆滑的处世方法:“我只知道一件事,就是我一无所知。”

没有人愿意承认自己不如对方高明,“你错了”三个字,无疑是在跟人们自尊自大的心理作对,且暴露了自己好为人师的优越心理,岂不令人反感?

宁可认为错的是自己,也不要说对方错!

有一位汽车代理商,在处理顾客的抱怨时,常常冷酷无情,决不肯承认产品质量与服务的问题不好,总想证明问题的根源是顾客在某些方面犯了错误。结果,他每天陷身于争吵和官司纠纷中,心情一天比一天坏,生意也急剧减少。后来,他改变了处理办法。当顾客投诉时,他首先说:“我们确实犯了不少错误,真是不好意思。关于你的车子,我们有什么做得不合理的地方,请你告诉我。”这个办法很快使顾客解除武装,使对抗情绪变成理智协商,于是事情就很容易解决了。如此一来,这位代理商便能轻松处理每一件事情,生意也越来越好。

当我们说对方错了时,他的反应常让我们头疼,而当我们承认自己也许错了时,就绝不会有这样的麻烦。这样做,不但会避免所有的争执,而且可以使对方跟你一样地宽宏大度,承认他也可能弄错。而试图证明对方错了,更是大错特错。

不论我们用什么方式说“你错了”,不论是一句话,一个眼神,一种说话的声调,一个手势,只要让他听出或看出“你错了”的意思,他就绝不会有好脸色给你。因为你直接打击了他的智慧、判断力、荣耀和自尊心。只会使他想反击,但决不会让他改变心意。即使你搬出孔子或柏拉图理论,也改变不了他的成见，因为你伤了他的感情。永远不要这样说："你的确错了，不信我证明给你看。"

这等于是说："我比你更聪明。我要告诉你一些事，使你改变看法。"不管你用什么方法证明对方错了，都无疑是一种挑战。这样会挑起战端，在你尚未开始之前，对方已经准备迎战了。

假如对方真的错了，你必须让他承认并纠正错误，也应该回避"你错了"或类似的词语。即使你站在真理这一边，用最温和的态度说"你错了"，要改变别人的主意也不容易。所以，你有必要运用一些技巧，使对方察觉不到"你错了"这三个字。

有位先生认为自己的演讲稿写得十分到位，得意地读给妻子听。妻子认为这篇演讲稿写得并不出色，但她没有用一般妻子的习惯语气这样说："你写得太差劲了，都是老生常谈，别人听了一定会打瞌睡的！"

这位妻子是个再明白不过的人了，她说："如果这篇文章是投给报社的话，肯定算得上是一篇佳作。"换句话说，她在赞美的同时巧妙地表达出它并不适合演讲。丈夫听懂了其中的含义，立即撕碎了精心准备的手稿，决定重写。

由此例可知，有效更正他人错误的方法是，委婉地让他人意识到自己的错误。即认同他做对的或好的方面，使他觉察到错误的部分。

2000 多年以前耶稣说过："尽快同意反对你的人。"4000 多年前，古埃及阿克图国王在一次酒宴中对他的儿子说："圆滑一点。它可使你予求予取。"换句话说，不要对别人的错误过于敏感，不要执著于所谓正确的意见，不要轻易刺激任何人。

如果你要使别人同意你，应当牢记的一句话就是："尊重别人的意见，永远别说'你错了'。"

人在屋檐下，有时要低头

深圳街头矗立着许多雕塑，在这些雕塑中有一头牛，它的显著特征就是低着头。创作这座雕塑的艺术家其用意大概是：尘世很喧嚣，人们很多烦恼，我们没必要表现出傲慢、怪异和过分张扬的样子，而应把自己的言行举止融入人群当中，并把自己当成是其中再普通不过的一员。

面对社会，我们没必要昂首挺胸、牛气冲天。

被称为美国之父的富兰克林，年轻时曾去拜访一位德高望重的老前辈。那时他年轻气盛，目无一切地大步前行，一进门，他的头就狠狠地撞在门框上，疼得他不停抚摸，看着比他的身子还要矮一大截的门。出来迎接他的前辈看他这副样子，笑笑说："很疼痛吧，可是，这将是你今天访问我的最大收获。一个人要想平安无事地活在世上，就必须时刻记住，该低头时就低头。这就是我最想告诉你的，这会是你今天最大的收获。"

现实世界中的每个人面对的不光是蓝天高挂，"屋檐下"的挤压、拍打谁也逃不过，"该低头时就低头"。但是，一个"该"字，恰恰指出要适时低头，而不是丢掉尊严、人格和做人的原则，这句话的另一层意思就是，不该低头的情况下一定要坚持住原则。

俗话说："人在屋檐下，不得不低头。"所谓的"屋檐"，说明白些，正是他人所掌控的范围。只要你必须活在这里面，并且靠这势力生存，那么你就在别人的"屋檐"下了。在踏进去的一刹那，你会受到很多有意无意地排斥。这种情形在所有人的一生当中几乎都出现过，除非你也有自己掌控的范围，是个强人，不用依附于他人。可是你能保证一辈子都可以如此自由自在，不用在他人"屋檐"下避避风雨吗？所以，在人屋檐下的心态就有必要好好做些调整了。

人在屋檐下，有时要低头的好处有这样几条：

第一，莫因不情愿而把头碰破。

第二，不会因为自尊自大而招嫉恨以致成为被人打击的目标。

第三，不会因为沉不住气而执意要把“屋檐”拆了。要知道，不论怎么拆，你总是要付出代价的。

第四，为不忍屈就而离开“屋檐”下。离开不是不可以，但是要去哪里必须考虑，而且离开再回头可能更难。

第五，在“屋檐”下待久了，可能会潜移默化地同化为屋里的人。

总而言之，“低头”的目的是为了让自己与现实环境有一种和谐的关系，把二者的抵触和摩擦降至最低；是为了保护自己免受伤害，好走更长远的路；是为了把不利环境转化成有利环境。

一个人要想平安无事地活在世上，就必须时刻记住，该低头时就低头。

隐忍的学问

在历史上，各种斗争，极其复杂，忍受暂时的屈辱，让自己更加成熟起来，寻找合适的机会反击，在个人成长中非常重要。

东汉末年，曹操想请司马懿出来帮他，司马懿并未看清楚事态发展，便推说自己病了。曹操派人前去打探，见司马懿确实生病很重，只好作罢。后来曹操的江山越打越大，司马懿便出来做了官。曹操死后，传位给曹丕，曹丕死后，又传给曹睿，曹睿死后又传给 8 岁的曹芒，由曹爽和司马懿共同辅佐他。曹爽独断专行，司马懿的权利成了真空。此时司马懿意感觉形势不好，便又称病在家，什么事也不管了。曹爽接到司马懿病重的消息后，自然高兴，但也不无怀疑，便派了一个叫李胜的人去察看。李胜来到司马懿家里，只见一个婢女正在给司马懿喂粥，司马懿的胡子、衣襟上洒满了粥。看见李胜，他装聋作哑，说了一些废话。

李胜果然上当了，回去告诉曹爽，说司马懿那老头子只剩一口气了。曹爽放下了一块心病，更加独断专行，但司马懿的夺权计划却在秘密进行。魏嘉平元年，司马懿迅速调来几千名精兵，迅速占领了都城，假借皇太后命令，除去曹爽对部队的掌控权。曹爽交出兵权后被软禁起来，不久又以谋反罪被诛杀。至此，司马懿将国家政权握在了自己手里。

成大事者，都是曾经低过头的。司马懿想夺取天下，但他非常谨慎，第一次装病是伺机而动，第二次装病是“示弱”以保护自己。两次低头，终于大权在握。

该低头时就低头，是在综合考量权衡后做出的最好选择，而不是消极避世，也不是不去抗争，是你知晓这现实世界里充斥着辩证的法则，它需讲究一些做人的技巧。有道是“鸷鸟将击，卑飞敛翼；猛兽将捕，弭弭俯伏；圣人将动，必有愚色”。有时候，往后走一步反而前面的风景更好；不与人一般见识，方显你大度宽容。况且，低头也便于鼓足勇气前进，比如顶风爬坡，逆水行舟。该低头时肯低头，是“绵里藏针”，能助你笑到最后。

隋朝的时候，隋炀帝十分残暴，农民起义很多，隋朝的许多官员也纷纷倒戈，转向农民起义军。隋炀帝天性好疑，对朝中大臣，尤其是外藩重臣，更是易起疑心。唐国公李渊（即唐太祖）曾多次担任中央和地方官，所到之处，与有志之士结识，多方树立恩德，因而声望很高，很多人慕名而来。这样，大家都替他担心，唯恐引起隋炀帝怀疑。正在这时，隋炀帝下诏让李渊到他的行宫去晋见。李渊因生病了请假未去，隋炀帝很不高兴，当时李渊的外甥女王氏是隋炀帝的妃子，隋炀帝向她问起李渊未来朝见的原因，王氏只能说因为生病，隋炀帝又问道：“会死吗？”

王氏将此事告知李渊，李渊更是小心又小心，他知道隋炀帝对自己起疑心了，但过早起事又力量不足，只好低头隐忍，等待时机。于是，他故意广纳贿赂，败坏自己的名声，整天沉湎于声色犬马之中，而且大肆张扬。隋炀帝听到这些，真的不再怀疑他。

试想，若李渊不装生病，或者头低得稍微有点勉强，很可能就被正在猜疑的隋炀帝除掉了，唐代的历史也就没有了。

智者善屈尊，愚人强伸头，商人总是隐藏其宝物，君子品德高尚，而外表又会有所愚蠢，必要时要藏其锋芒，收其锐气。不要不分场合地将自己的才能让人一览无遗，你的长处短处被别人看透，别人也会容易利用你。相反，容易低头则会让你受到更多信任。屈尊、低头是一种守弱用柔之法、一种权衡，更是一种智慧。

该低头时就低头，并不意味着屈辱也要受，而是你对世态炎凉所采取的自我保护策略。

低头是为了出头

许多有抱负的人都忽略了积少成多的道理，一门心思要出人头地，而忽略了更重要的——努力工作。等到忽然有一天，他看见比他年纪小的、比他天资差的，也都有很大成就，他才惊觉自己这片园地上还是一无所有。这时他才明白，不是上天给他的太少，而是他一心只等待丰收，但却没有辛勤劳作。

有这么一个人，所学专业是法学方面，却热衷于戏剧，一直想找机会实现梦想，成为大明星。可是，他的朋友从没有看见他去尝试那些可以进入影剧界的机会，于是朋友问他："为什么不去试试看呢？"

那个人说："我不愿去和那些初出茅庐的小孩子们竞争。我都是快三十的人，即使考进去之后，也没有做主角的命，有什么意思？我要等什么时候有大公司找某一部影片的主角和我的性格戏路合适的，我一去，就会录用，那样就会很快出名。"

可是，又有几人能有这么好的运气？于是，他就任时光流逝，而他的愿望仍止于是个愿望。从不低头，所以永远接触不到理想的天堂。

单是对自己那无法实现的愿望焦急慨叹是没有用的。要想达到目的，必须从头开始，低头拉车，抬头看路。所谓"登高必自卑，行远必自迩"，爬山的话，只能低着头，认真耐心地去攀登。等你有付出后，登高下望，才可以看见你已经克服了多少困难，走过来多少险路。如此不断积累，慢慢才会接近理想目标的成功。最终的目标不是转眼之间就可以达到，在付出努力和勤奋之前，空望着那遥远的目标着急是没有用的。最需要做的就是从基础起步，按部就班地朝着目标进行才会慢慢地接近它、达到它。

古人说："唯有低头，乃能出头。"种子只有在泥土中挣扎奋斗，不屈不挠，才能长成一株大树。

莫看人短处

一位婆婆对刚娶进门的媳妇甚为不满，对媳妇做的事总是挑三拣四。她一会儿抱怨媳妇厨艺不够精湛，对基本调料也糊里糊涂；一会儿又抱怨媳妇根本无心打理家务，而且常常加班到半夜才回家，也不知道是不是在外面鬼混。她甚至连儿子感冒发烧也算到媳妇头上去，抱怨媳妇连丈夫的身体都照顾不好。

直到有一天，一个老朋友来到家里做客，婆婆又拿媳妇说事，又开始埋怨媳妇的不是，指着阳台上的衣服说："我真不知道她妈妈是怎么教她的，衣服都能洗脏，你看看，衣服上斑斑点点的，她洗了老半天还是那个样子，浪费了很多水。"这位朋友听了婆婆的话之后，便仔细瞅了一下阳台，这才发现了问题的症结所在。

他把窗玻璃上的灰全擦掉，然后拉着婆婆再朝阳台望去，婆婆大吃一惊，那些晾在阳台上的衣服居然一下子就变干净了。婆婆这才明白，原因并不在媳妇，而是家里的窗户脏了。从此，她不再带着有色眼光看待媳妇，婆媳两人相处得越来越好。

总把别人的错误放在眼里，反而会察觉不到自己本身的缺失，容人是一种雅量，要保持自己心灵的窗户干净，不为灰尘所蒙蔽，才能眺望得更高更远。

甲商人与乙商人一同结伴做生意，他们来到一个非洲的土著国家。这个地方的人既不穿衣服，也不常洗澡，身上恶臭难闻，尤其是他们抓到动物后直接生吞活食，在外地人眼中感到特别血腥暴力。

甲商人看不下去了，皱着眉头说："这些人还称得上是人吗？怎么和动物一样，我们还是别和这种人打交道了吧。"乙商人却不以为然地说："我们商人本来就是要和不同的人做生意，尽管他们的生活方式没有我们文明，但是，他们为人很纯朴，有自己的一套生活习惯，说不定反而觉得我们这些人穿的衣服是累赘，还缺乏勇气去杀生呢！"

于是，乙商人诚意十足地和他们做生意，每天和他们一起吃饭喝酒、唱歌跳舞，土著们对乙商人带来的刀子、镜子、手电筒等都十分好奇，很快就被买走了。而甲商人不只不愿意接近那些土著，还时常以睥睨的眼神注视他们，土著们对他也很是不满。

每个人都有缺点，也都会有让人看不顺眼的地方，既然我们可以容忍自己的缺点，那就用一样的心境，来面对其他人不完美的地方吧。

四海之内皆兄弟，仇恨、冷漠、纷争、僵局都是人类自己所造成的，只有当你放下骄傲的自我，与世界的接触才能更广更近。

很多时候，只要稍微退一步，事实便更清楚地呈现在你面前。

无心之过当原谅

古时候有个宰相，一天，请来一位剃头匠给他理发。理完发后，又给他修面。面修了一半，剃头匠忽然停下手中的剃刀，一直盯着宰相的肚皮看。宰相心想：肚皮有什么好看呢？就问道："你不修面，却在看我的肚皮，这是为什么？"剃头匠认真回答，说："人家说'宰相肚里好撑船'。我看到您的肚皮不像海那么大，如何可以撑船呢？"宰相听了哈哈大笑，说："所谓'宰相肚里好撑船'，是说宰相心胸宽广，气量大，从来不斤斤计较。"剃头匠听了，慌忙跪在地上，口中连连说："小人该死，小人该死。"宰相忙问："什么事？"剃头匠说："小人该死。在修面的时候，小人不小心把大人的左眉给刮了，请大人千万恕罪。"宰相一听，十分气愤。他想，剃去了一道眉毛，如何去见皇上，又如何会客呢？正想发怒，但又一想，自己刚才讲过，宰相的气量最大，对那些小事，从来不计较，而今仅仅为了眉，怎么能治他的罪呢？想到这里，宰相只好说道："去拿一支眉笔来，将剃去的眉毛给我画上。"理发师遂遵命，给宰相画上了一道眉毛。

度量小的人烦心事会比较多，别人不能公正地对待他，会使其烦恼；若自己的运气也不好，也会使其烦恼。日常生活中哪怕一点点小事，便会叫苦连天，娇气得像安徒生童话中那个豌豆公主。

在人的一生中，面对别人的一个小小的过失，不要生气，要以微笑回应，一句轻轻的歉语，就可以使内疚、紧张和不愉快化为无形；我们也常常因一件小事、一句不经意的话，使人不理解或不被信任，因此要将心比心，以律人之心律己，以恕己之心恕人。所谓“己所不欲，勿施于人”也寓理于此。

夏原吉，江西德兴人，是明朝的一名宰相，他为人宽厚，有古君子之风。

有一次夏原吉巡视苏州，谢绝了地方官的盛情款待，只在客店里进食。厨师做菜太咸，使他无法入口，他只吃点馒头，并不说出原因，以免厨师受责。随后巡视淮阴，在户外时，不料马突然跑了，随从追了好久，都不见回来。夏原吉心里放心不下，适逢有人路过，便向前问道：“请问你看见前面有人在追马吗？”话刚说完，没想到那人却怒目对他答道：“谁管你追马追牛？走开，我还要赶路。我看你真像一条笨牛。”正好随从赶着马往回好，一听这话，立刻抓住那人，厉声呵斥，令他必须道歉赔不是。可是夏原吉阻止道：“算了吧！他也许是赶路辛苦了，所以才急不择言。”便不再想这事。

整天着眼于蝇头小利，势必浪费宝贵的时间和精力。一个人若心胸阔大，他在生活中便多了理解，多了宽容，多了温和，多了遇事沉着冷静的心态，他也更能体会到宁静和幸福。

从古至今成大事业者都有大胸怀，这样的人不会终日计较于鸡毛蒜皮。

第三篇 社交篇

第一章 合作是成功的开始

21 世纪是合作的世纪

每个人都知道一个人的力量是有限的，只有大家团结起来，才能产生无比强大的能量，帮助自己获得只一个人的力量无法取得的成就。邱虹云、王科、李益斌、徐中正是凭这股合力，渐渐地走向了成功。

22 岁的邱虹云主要负责产品开发，王科负责策划、营销、公关，他们因喜欢搞科研发明而被老师和同学视为“发明天才”。1997 年寒假期间他们着手研制现在成为公司唯一产品的科学发明，几个月的刻苦钻研后，终于拿出了样品。由于这一发明，他们决定参加学校的“挑战杯”发明大赛，之后，又准备参加清华大学举办的创业大赛。同年 4 月，邱虹云与王科等组成创业团队在大赛上引起各方强烈关注并荣获大赛第一名，成为清华参加全国创业大赛的五个项目之一。由于王科等人的鼓励，邱虹云决定自行开发研制这个产品，大家一起创业办公司，把这项产品推向市场。

王科是清华大学自动化四年级学生，英语讲得特别棒，从大三起就先后在麦肯锡管理公司、法国巴黎国民银行等 20 多家公司实习或工作过。在此期间，他有很多出国和进入外企工作的机会，但是他心里想创业。邱虹云的发明给他提供了灵感和契机，父母非常支持他的想法，在投资资金没有落实的情况下，家里给了他一笔钱，这笔钱成了他们共同创建视美乐公司的重要资金来源。5 月底，王科拿到了营业执照，自己创办了公司当了老板。

24 岁的李益斌是在新东方上学时认识王科的。当时王科在新东方教 GRE，是李益斌的老师。李益斌在很多公司工作过，并曾在加拿大一家公司从普通职员干到办公室主任。王科很欣赏他在财务方面的能力及他的为人，诚邀李益斌加盟他们公司。

爱激动的李益斌用一句话形容他和王科的关系，他说：“是狮子应该站在狮子的行列。”以他对王科的了解，他乐于加入王科的创业团队。

徐中是清华大学 96 级 MBA 班班长，29 岁，曾在一家规模很大的公司担任过团委书记，有 5 年的工作经验。进入清华后，他又曾在一些大公司工作过。王科对徐中的工商管理知识背景和工作经验很看好，而且认为徐中的“能量很大”。

徐中加入王科的创业团队很偶然。在一次创业大赛中，徐中是一个参赛团队的顾问，给王科留下了深刻印象。通过这次大赛的接触，双方逐渐熟悉起来。

1997 年 4 月的一天，正为邱虹云的产品激动着的王科在食堂遇到徐中，王科希望徐中推荐一个人给他，结果徐中推荐了自己。晚上，王科带徐中去看产品。看完产品，徐中说："我当即做出决定，要竭尽全力去做这件事。"他和王科共同决定选择风险投资方式来做这件事，他们把张朝阳的搜狐公司当做楷模。

王科意外得到人才，很兴奋，他说："我这个人冲劲比较足，但是头脑容易发昏，而徐中社会经验非常丰富，比我沉稳，我们两个一起可以互相学习互相补充。"

创办公司之后的事情很具体、很琐碎、很累人，跑执照、搞市场调查、写商业计划、跟投资管理公司打交道、跟投资方谈判合作事宜、选择产品生产厂家、选择零部件、选择专家和校内外人才都由徐中完成。王科觉得徐中确实竭尽全力去做了。

他们各有所长，各司其职。邱虹云负责技术攻关，王科管理能力很强，李益斌、徐中用王科的话来说，是视美乐的两大设计师，他们都是视美乐不可缺少的一员。他们经过不断努力终于取得成功。

在现场演示会上，视美乐公司的技术核心人士邱虹云展示了他发明的投影仪的独特功能。这个一尺见方的铁盒子可以任观众从大投影屏幕上看 DVD、录像带以及电脑多媒体图像，图像非常清晰，不仅是普通投影仪无法比拟的，甚至比电视图像的清晰度还高。

据这位清华大学材料系三年级学生讲，他研制的这个多媒体超大屏幕投影电视，超越了现有的电视技术，在众多地域如家庭、教育、商业都有广泛应用。因为邱虹云一套超越传统的技术设计，让这种性能先进的产品价格只是国外同类产品价格的 1/3，因而市场前景广阔。

因为这个产品的魅力，在短短的两个月内，十五六家的投资商都很关注，最终吸引了上海第一百货的总经理张引琪。张引琪听了这个产品的介绍后，马上就将目标锁定，向"视美乐"表示了投资意向。上报董事会后，只开了半个小时董事会就全面通过了。前后仅 3 周，"上海一百"就成了"视美乐"的风险投资商，一期投资 250 万，只占项目收益的 20% 股份。待产品完成中试后，二期投入 5000 万元，股份份额上升到 60%。

邱虹云等四人靠着良好的合作，创建了视美乐公司，把许多投资商目光吸引过来，最终驱使上海第一百货投资 5250 万元，可以说是一个不小的创业神话。

这就是合作带来的力量，俗话说"尺有所短，寸有所长"，与人合作可以弥补自身的不足，互相取长补短。有些人精力旺盛，认为这世界上根本就没有自己做不到的事。其实，精力再充沛，个人的能力还是会有一定限度。每个人都有不同的性格和能力，这些差别是经过日积月累而逐渐养成的，每种类型都有长处和不足。正是因为这些不同，每个人所能从事的工作性质就不一样。如想做出成绩来，首先得明白自己的性格和能力，然后选定一个适合自己的工作目标。在与人合作时，也要对别人的性格特点作详细分析，尽可能使每个人都能找到适合自己的工作。也就是说，你们能弥补对方不足。

每个人最好能从事与自己个性相关联的工作，这样做工作的时候就能全心全意。世界上最大的悲剧，也是最大的浪费就是很多人做自己不适合的工作。过去的社会体制限制着个人，他们没有权利去选择。现在的社会，选择余地越来越大，好多人却仍然只是选择从金钱观点看来最为有利可图的事业或工作，自己的个性和能力从来不考虑。现在，社会为人们提供了便利的条件和宽松的发展环境，人们完全可以选择适合自己的工作。这样的机会你一定要好好去把握，才不会在老的时候再回首尽是遗憾。

只有充分发挥自身优势并能利用他人的优势来弥补自己不足的人，在今天这样的社会环境中才能取得成功。一个人的能力毕竟是有限的，相信自己的力量固然是正确的，但是一味保守地坚持自己的意见，则不可避免地要遭到失败。每个人都有擅长做的事情，适当地互相联合起来也许会达到绝佳的效果。

合作使人们联合起来为同一个目标和愿望而共同努力，它是所有组合式努力的开始，拿破仑·希尔把它称作"团结努力"。

在"团结努力"的过程中，有三因素最重要，分别是专业、合作和协调。

法律事业能很好地说明组合和合作的重要性。如果一家法律事务所只拥有一种类型的律师，哪怕它拥有几名甚至几十名能力很强的人才，都不会有太大的发展。我们知道，法律制度是错综复杂的，单独的一两个人是不能提供的，它需要的是各式各类出类拔萃的人才。

显而易见，把人简单地组合起来是不够的。在这良好的集体组织所包含的人才中，每个成员必须都能提供这个团体其他成员所不能提供的特殊才能，等于说他的工作别人无法替代。

有什么样的人才结构才算是一个组织良好的法律事务所？最起码应该有能为各种案子做好充分准备工作的特殊才能的人，还有能够把法律条文与证据同时纳入一个很好的计划中的且具有想象力的人。当然，这些人不需要具备能处理案件的能力，相反，熟悉法庭程序的人是法律事务所不可缺少的。不同的案子需要不同的专门人才来做事前的准备工作以及出庭工作，这样分工就十分明确了。

一个了解“合作努力”原则的律师，在寻找合伙人时，“听天由命”的办法是他坚决排斥的，他不是找自己熟识的人或跟自己个性合得来的人，而是看他们是否拥有特殊的法律才能，对自己所需法律程序是否特别熟悉。

当今的世界“适者生存”，这儿所说的“适者”就是有力量的人，力量来自于团结努力。很不幸的是，一些无知或自大的人总是认为自己完全有能力驾驭好自己这艘脆弱的小帆船，驶入这个处处危险的生命海洋。这些人将会发现，一些看似不起眼的旋涡，比任何危险的海域还要危险万分。大自然所有的法则与计划都建立在合作的领域上，这一伟大真理被世界上所有领袖所熟知。

只有通过和平、和谐的合作努力，才能获得生命中的成功，一个人奋斗无论如何也不能得到成功，即使跑到荒野中去隐居，远离各种人类文明，他仍然需要依赖他人的力量才能生存下去。越是成为文明的一部分，这种合作性就越显重要。

不管一个人是依靠白天的辛勤工作为生，还是靠收取利息生存，只要他能够和其他人友好“合作”，他就可以更顺心一点地生活。还有，生活哲学以“合作”而不是以“竞争”为基础的人，不仅可以比较容易过日子，还将享受到额外的“幸福”，而其他人无法享受这种“幸福”。

“合作”可使人们获得双重的奖励：一方面可使我们获得生活的一切需求享受；另一方面可使我们的内心回归于一种平静，贪婪者无法得到这些。

帮人就是帮己

有一个人被带去观赏天堂和地狱，他先去看了魔鬼掌管的地狱。他看到的景象让他十分震惊，因为所有人都在酒桌旁坐着，桌上摆满了各种佳肴，包括肉、水果、蔬菜。然而，当他仔细看那些人时，发现所有人都哭丧着脸，也没有伴随盛宴的音乐有狂欢的迹象。原来他们每人的左臂上都捆着一把叉子，右臂上则捆着一把刀，刀和叉都有 4 尺长的把手，导致他们吃不到食物。所以，即使每一样食品都在他们手边，结果还是吃不到。这个人带着疑惑去了天堂，完全不同的一番景象：同样的食物、刀、叉与那些 4 尺长的把手，然而，天堂里的居民却都在唱歌、欢笑。为什么情况相同，却有不同结果？因为地狱里每个人都试图喂自己，而天堂上的每一个人都是喂对面的人，他们帮助别人的同时也帮助了自己。

这则小启示很清楚地告诉我们一个道理，如果你帮助其他人获得他们需要的东西，你也会因此而得到想要的东西，而且你帮助的人越多，你也将得到更多的东西。

1987 年 6 月，法国网球公开赛期间，保罗·弗雷斯科和韦尔奇在巴黎招待他们的商业伙伴，邀请他们一起观赏这一盛大赛事。法国政府控股的汤姆逊电子公司的董事长阿兰·戈麦斯也在他们热情邀请之列。韦尔奇事先已经约好第二天去戈麦斯的办公室拜访他，他们见面的情形和韦尔奇第一次与别的商家会谈时没有什么两样，他们需要彼此帮助。汤姆逊公司拥有一家韦尔奇想要的医疗造影设备公司。这家公司叫 CGR，不是特别强，在同行业内排名只排到了第四或第五名。而韦尔奇的GE公司在美国医疗设备行业则拥有一家首屈一指的子公司，这家子公司几乎垄断了美国从CT扫描仪、X光机以及核磁共振治疗仪等医疗设备的全部业务，但是在欧洲市场他们却没有明显优势。尤其重要的是，由于法国政府保持着对汤姆逊公司的控股，事实上相当于韦尔奇公司被排斥于法国市场之外。

在会谈中，阿兰·戈麦斯明确地表示他不想把他的医疗业务卖给韦尔奇，但韦尔奇想试探他是否感兴趣交换业务。因此，他向戈麦斯说明，他可以用自己的其他业务与他们的医疗业务进行交换。在此之前，韦尔奇对戈麦斯不喜欢GE的哪些业务和公司了如指掌。因此，他绝不会做赔本的交易。于是，他起身走到汤姆逊公司会议室的讲解板前面，拿起一支水笔，开始在上面列出他能够卖给他们的一些业务。他列出的第一个项目是半导体业务，对方对此没有兴趣。然后，他又列出电视机制造业务。这时，阿兰·戈麦斯对这个项目有了兴趣。在他看来，他的电视业务规模目前还不算很大，而且没有走出欧洲市场。他认为，通过这项交换，也可以甩掉那些不赚钱业务，同时又能使他一夜之间成为第一大电视机制造商。他们两人对这项交易很是兴奋，于是马上开始谈判，很快就达成了一致。谈判结束后，阿兰·戈麦斯陪着韦尔奇走出了电梯，一直把他送到等候在办公楼外面的轿车旁边。

当车发动起来并从道路上疾驶而去的时候，韦尔奇一把抓住了他身边的秘书的胳膊，激动地说："天啊，上帝派我来做这笔交易的，我当然有理由把它做得更好。"秘书回答他："我认为，阿兰·戈麦斯也是真想做成这笔交易。"他们都兴奋得大笑起来。韦尔奇确信，阿兰回到楼上之后也会有同样的感觉。因为阿兰·戈麦斯也同样清楚，他的电视机公司规模太小，和日本人竞争根本是天方夜谭，这笔交易可以使他获得一个相对稳定的规模经济和市场地位，从而使他可以应对一场巨大的挑战。对韦尔奇来讲，他在国内电子产品的业务每年30亿美元的销售额，而把汤姆逊的医疗设备买进来，自己的业务年收入将增加到7亿5千万美元。这笔交易将使韦尔奇在欧洲市场的份额提高到15%，有更大的实力来对付GE的最大竞争者——西门子公司。

在余下的6周之内，双方顺利完成交易中的所有手续，并于7月份对外宣布。除了做交换的医疗设备业务之外，汤姆逊公司还附带给了GE公司一批专利使用权和10亿美元现金，这批专利权将会每年为GE带来1亿美元的收入。而同时，汤姆逊公司也变成世界上最大的电视机生产商。然而，韦尔奇出售电视机业务一事却受到很多人批评。许多媒体指责他是在向日本人的竞争屈服，有些人还攻击他只认钱不爱国，他甚至被称为在战斗中开小差的胆小鬼。但韦尔奇对此发表评论说："这些批评都是媒体的一派胡言。实际上交易使我们的医疗设备业务更加全球化，技术更加尖端，而且还赚到一大笔钱。每年专利使用费的收入就比我们前十年里电视机业务的纯收入还要多。而且，我们上缴了高于前些年好几倍的国税。"就这样，韦尔奇与汤姆逊公司在很短的时间内做成了这笔交易，最终双双取得了成功。

帮助别人就是帮助自己，帮助别人就是在发展自己，别人获得的并不是你失去的东西。

集思广益靠合作

单凭一个人的想象力可能会取得一定成就，但如果把自己的想象力和别人的想象力结合起来，取得的成就可能超出常人的想象。我们可以把每个人的"心智"结合起来，形成一个强大的"能量体"，那么，它创造财富的力量一定是无可比拟的。

两块木头共同承受的力量，大于这两块木头独自的承受力之和；两种药物结合起来的功效可能大于每种药物单独使用的功效。集思广益的观念便是从这类自然现象中得出，就是全体大于部分之和。

可是，人类社会比自然界复杂得多。集思广益，换句话说，也就是集体创新，但创新的结果总是让人很难预料。创新的路上难免会碰到艰难险阻，人们只有对眼前安逸的环境懂得放平，才能开创新的事业。

尊重差异取长补短是集思广益的精髓。在家庭中,夫妻双方生理、精神、情感与社会角色的不同,可以成为开创新生活和促进个人成长的契机,培养出更加出色的孩子。

拿破仑·希尔的朋友约翰先生教学经验非常丰富,他深信考验师生集思广益能力的最佳时刻就是出现特殊状况的时候。

他难以忘记曾教过一班大学生"领导哲学与风格"的课程,还是在刚开学时,有一位同学做口头报告时,坦白地吐露自己的心声,内容感人泪下,班上的同学被深深触动。受此影响,其他同学也纷纷走上讲台畅所欲言,甚至毫不保留地表达内心深处的疑虑。当时,那种信赖和坦诚的气氛深深地触动了约翰先生,他完全进入了这种气氛,并逐渐萌发了放弃原定教学计划的想法,试图换一种新的教学方式,最终大家决议抛开课本、进度表和口头报告,重新修订教学计划和作业,全体同学都参与策划课程内容。3周后,大家又把这一段的学习心得汇集成书。然后,他们又开始新一轮计划的制订,重新分组。

为了另外一个迥然不同的目标,大家都有更高的热情。这段看似平常的历程却对这班学生的成长产生了积极的影响。以后,他们经常举行同学会,一直持续到今天,那个学期的点点滴滴都深刻地印在每个人脑海中。

为何如此短的时间内这班学生就能够完全互信与合作?约翰认为,他们的个性已相当成熟,渴望尝试有意义的课程,而自己适时地提供了催化剂。所以,对那班同学而言,可谓"水到渠成"。

只要你真诚地言他人所想言,总会得到相应的反馈,也就开始了集思广益的沟通。

找一个合作伙伴

合作伙伴不仅是一个能为你提供资金、技术、安全感或其他方面支持的人,更重要的是他是值得你尊敬信任并同甘共苦的人,是一个与你具有共同发展目标和价值观念的人,是一个能与你的才能、性格等方面相补充的人。

科学家们对大雁的研究发现,大雁之所以能够长途飞行就是因为群体协作。成群的大雁"V"字形飞行,比一只大雁单独飞行能多飞出12%的距离。这种理论在人类社会也适用,只要你能跟你的伙伴合作而不是互相干扰争斗,你就能更快、更好、更远地发展。

所谓合作伙伴,就是既要能"合",又要能"作"。换句话说,既要能与你精诚合作,不起异心,又要有实际能力办成实事,而不是只说不"作","合"和"作"都至关重要,缺一不可。

合作就像婚姻,它是你腾飞的起点,是你发达的基础。好的婚姻让人幸福感倍增,好的合作使人飞黄腾达。一生中幸运的事莫过于得到一个好的合作伙伴,而不相宜的合作伙伴则使双方两败俱伤。

所以,选择合作伙伴,以下原则需要注意。

1. 要选择守信用、重承诺的人做你的合作伙伴

在现代市场经济条件下,无论是在做人方面还是做生意方面,信用和信誉是价值连城的无形资产,孔子曾说过:"人而无信,不知其可也。"意思是说,千万不要和一个不守信、不讲信的人交往。

船王包玉刚在争夺香港最大的码头——九龙仓控股权时与英资财团展开了一场收购与反收购战,包玉刚以其在香港银行长期良好的信用记录及李嘉诚等富豪的信任和支持下,很快调集20多亿现金,从而奇迹般打赢了这场号称世纪收购战的胜利。

在合作的事业中,"重承诺、守信用"这六个字是对合作伙伴的道德要求,也是对企业伙伴最基本要求。如果合作的事业中混入了连这个基本道德也不具备的合伙人,那么他实际上已经毁了一半的前途。首先,因为合作伙伴了解企业的内部情况,包括技术秘密、营销网络、人事档案,再加上他所处的地位和拥有的权利，一旦居心不良，后果将是无法想象的。其次，解除合作带来的危机。在合作过程中，“狐狸尾巴早晚都要露出来”，合作伙伴的坏品质定会暴露无遗。如果你不愿意与其继续合作下去，一劳永逸地解决方式也只有选择散伙。当初合作的理想或目标此时已变成海市蜃楼，也就白白浪费了先前为筹办企业而付出的精力。

2. 要选择志相同、道相合的人做你的合作伙伴

合作伙伴在合作之初最直接的认同就是“志同”。“志”指的是目标和动机。从广义上讲，“志”既包含了合作人的目标、动机等许多复杂的内容，也可以是实现理想、扬名、赚钱……其次的认同就是“道合”。“道”就是实现“志”的方法和手段。著名企业家选人的首要标准就是志同道合，要求部下对他的领导作风有清晰的认识，对他的管理方法能贯彻执行。在选择合作伙伴时，志同道合同样发挥着举足轻重的作用。

3. 要选择能够取长补短、优劣互补的人做你的合作伙伴

《山海经》里有一则故事说，长臂国的长臂人和长腿国的长腿人，各有优点和不足。他们下海捉鱼时，长臂人骑到长腿人的肩上，就既能涉水深又能够得着水底的鱼了。这是说互相补充、有机组合的道理。同样你和合作伙伴各有优缺点，如果能进行互补的话，合作的整体力量必会得到极大的加强。

合作相当于一部很多零部件组成的机器，机器需要不同的零部件的配合。一个优秀的合作结构，不仅能够为合作伙伴的能力创造良好的条件，还会产生彼此都不拥有的一种新的力量，放大强化了单个人的能力。最成功的合作事业是由才能、背景互不相同而又能相互配合的人合作创造出来的。

如果你来自城市，而他来自乡村；你受的教育比他好，而他是靠刻苦自修；你的性格比较外向、奔放，而他的性格比较内向、谦和，你们必能互相砥砺，合作也一定能成功。

4. 要选择有德亦有才的人做你的合作伙伴

古代的大军事家曹操曾说过这么一句惹来无数争议的一句话：唯才是举。意思就是说只要你有才能，不管你的道德品质如何，我都会重用你、提拔你。可如今社会中，任何一个行业都不会同意“唯才是举”。与曹操同时代的刘备临终之时说过这样一句话：“勿以恶小而为之，勿以善小而不为，惟贤惟德，能服于人。”这句话也存在争议，它只是强调了“德”，而没有强调“才”。

德和才的内涵是什么呢？这是一个比较复杂的问题。合作人的才包括有用的知识、技术和能力，能帮助企业获利，合作人的德则包括不见利忘义、重信守约、团结合作、互谦互让等能促进合作事业发展和稳定的内容。

挑选合作伙伴时要全面衡量，注意具备才能的同时要有德，否则就会如人们所说：“有德无才是庸人，有才无德是小人。”重德轻才，往往导致与庸人合作；重才轻德，往往导致与小人合作。你的合作伙伴无论是庸人还是小人，与之合作注定是要失败的。其中，最重要的是不可重才轻德。

总之，一个人要想取得成功的事业，就得找到真正可以合作的伙伴或者支持者。

要想事业成功，理想的合作伙伴是必要的。

合作带来成功

相传佛教创始人释迦牟尼曾问他的弟子：“怎样才能使一滴水不干涸？”弟子们面面相觑，无法回答。释迦牟尼说：“投入大海中。”

一个人再完美，也只是一滴水，一个团队就是大海。一个人只有充分融进团队，才能发挥他的潜能，他的人生价值才能得到实现。

2004 年在雅典召开的奥运会上，中国女排在冠军争夺赛中那场惊心动魄的胜利就恰恰证明了这一点。

2004年8月11日，意大利排协技术专家卡尔罗·里西先生在观看中国女排训练后认为，赵蕊蕊在奥运会上的表现有可能决定了中国队的成败。但是，在奥运会上中国女排的第一次比赛中，中国女排第一主力赵蕊蕊因腿伤复发，不能参加比赛。媒体惊呼：中国女排的网上“长城”坍塌。中国女排只好一场场去拼，中国队员在小组赛中输给了巴西队。这时，国人对女排夺冠已经不抱希望了。

然而，在与俄罗斯队的夺冠赛中，身高仅1.82米的张越红一记重扣穿越了2.02米的加莫娃的头顶，宣告这场历时2小时零19分钟、出现过50次平局的巅峰对决的结束。经过了漫长的艰辛的20年以后，中国女排再次在奥运会上夺取金牌。观众们熬夜看完了整场比赛，惊心动魄后都流下了激动的泪水，就像在20年前看到郎平、周晓兰、张蓉芳等老一辈中国女排夺冠时一样激动。

女排夺冠后，中国女排教练陈忠和放声痛哭。男儿有泪不轻弹，但是其中的艰辛，只有陈忠和及女排姑娘们最能体会。

那么，中国女排凭什么战胜了那些世界强队？凭什么反败为胜，最终把俄罗斯队打败？陈忠和赛后说：“战胜对手我们没有绝对实力，只能靠团队精神，靠拼搏精神去赢得胜利。‘忘我’两个字最能概括队员们的取胜原因。”

海豚总是集体出动，集成一小团一小团分批出猎，每一团多至20个列队，成扇形向前游动，扫描着前方的海域，寻找鱼群。偶尔，海豚会不费力地跃出水面20～66米高，以侦察海鸟的踪迹。因为海鸟总是伴随着鱼群，也取食鱼群。然后，海豚躬着背跃回队伍的排头，利落地落入水中。若是把猎物位置侦察出来了，海豚就吵吵嚷嚷地跳跃着，或是以侧边逆行，或是做肚皮击水动作把鱼群围起来，并赶至水面上。它们的围堵像墙壁般坚固，鱼群无处可逃。它们的跳跃喷溅，也能把其他的几团海豚引来。

组成一个团队，达成共识，上下齐心，分工合作，为了实现一个目标而一起打拼。如果只有孤零零的一只海豚，即便它力量再大，表现得再出色，也很难创造奇迹。这就像一棵树，无论它怎样伟岸、粗壮和挺拔，也成不了一片森林；就像一块石头，无论它怎样大，也成不了一整面墙。任何人要有所作为，就必须把自己融入团队之中，与大家共同努力，这样才能赢得发展。没有完美的个人，只有完美的团队。

如果重视合作的力量，就会以最小的代价，获取最大的成功。

第二章 勿做应酬场上的看客

寒暄在人际交往中至关重要

寒暄，也就是人们见面时打个招呼，对别人表示礼貌和关心。

由于两人初次见面，彼此都不太了解，往往易陷入无话可说的尴尬场面。此时，年轻人不妨以一些寒暄语作开头，比如，“今天天气好像有点热”或者“最近忙些什么呢”等。虽然寒暄并不重要，然而，正是这些话才使初次见面者免于尴尬的沉默。

寒暄是冲破戒备障碍的有效方法。开始正式交往之前应有几句话的寒暄或问候语，它本身或许并不正面表达特定的意义，但是在沟通中能使不相识的人相互认识，使不熟悉的人相互熟悉，打破沉闷氛围，使气氛轻松活跃。

20世纪80年代，意大利著名女记者法拉奇打算到中国对邓小平进行一次专访。但是此前中国与西方世界冷战达几十年，法拉奇非常担心对邓小平的专访能否成功。于是，她翻阅了许多书籍去了解邓小平，在看到一本传记时，她注意到邓小平的生日是1904年8月22日。于是，一些想法在她脑海中产生了。

1980年的8月22日，邓小平接受了法拉奇的专访。

“邓小平先生，首先我谨代表我们意大利人民祝福您，祝您生日快乐！”法拉奇彬彬有礼地说。

“我的生日？我的生日不是明天吗？”邓小平分辩道。繁忙的工作使邓小平已经忘记了自己的生日。经法拉奇这么一说，把邓小平弄糊涂了。

“不错的，邓小平先生，您的生日确实是今天。我是从您的传记中知道的。”法拉奇信心十足地说。

“噢！既然你这样说，就算是吧！我从来都不知道我的生日是什么时候。就算明天是我的生日，我也已经76岁了。76啊，早就是衰退的年龄了！这值得祝贺吗？”显然，法拉奇的问候已经让邓小平对她有了好感，还和她开了个小小玩笑。

“邓小平先生，我父亲也是76岁了。如果我对他说那个年龄是衰退的年龄，他会给我一巴掌呢！”法拉奇也和邓小平开了一个小玩笑。

邓小平听后，哈哈大笑，“他做得也许对。不过我相信你也不会这样对你父亲说，对吧？”

这样就形成了十分融洽而轻松的采访气氛，接下来便是法拉奇此行的真正目的，她将谈话引入正题。“邓小平先生，我想请教您几个大家都十分关心的问题，不知道您是否乐意回答我？”

“我尽自己所能吧，尽量不扫你兴，我总不能让远道而来的客人空手而回吧！众所周知中国是个礼仪之邦。”

由于法拉奇在采访开始前用得体的寒暄营造了一个良好的气氛，所以邓小平的回答很让她感到满意。

与人初次见面，几句得体的寒暄会使气氛变得融洽，如果巧妙运用，双方会因此打成一片，就会很快拉近距离。

与一个未曾谋面的人见面，只有两三个问答的回合，最好作一般性的寒暄，如问候、互通姓名、谈论一些无关紧要的话题等，尽量不要提及令对方感到尴尬、触及对方隐痛、引发对方不愉快回忆及易于引起争议的话题。

寒暄要选择一个恰当的时机。充分了解对方当时心理，再决定打招呼的方式和表情。比如对方家里刚发生不愉快的事，你从其面部表情上就可以判断出来，这种情况下你的招呼要注意，声音不要太大，语言尽量低调，不要太热情，或用询问式的语言、安慰的语气来打招呼。

如果对方脸上喜气洋洋，你就可以高调热情地与他打招呼，使对方感觉到温暖，进而展开话题。

男士向女士打招呼，语言可热情一些，但要适度，开玩笑不要太过分，以免让对方觉得你太轻薄。

寒暄语言的长短，内容的繁简，往复次数要与交谈双方关系的亲密程度成正比。

在温馨的气氛成功营造之后，尽量及时引入正题，切不可过分寒暄，否则对方会认为你心怀不正对你加以提防。总之，初次见面，寒暄要适度，既要热情亲切，又不要阿谀奉承，要做到温和有礼。这样，才能使对方乐于接近你，从而想和你交往。

寒暄是交谈的润滑剂，它能在两个陌生人的谈话之间架起一座友谊的桥梁。

称呼是一张王牌

很多年轻人在职场中都遭遇过“称呼的尴尬”,“老板”、“老大”、“老总”……该选择哪一种来称呼领导呢？而同事之间,怎样称呼才合适？叫名字太鲁莽,叫哥哥姐姐有些别扭,叫官衔又有巴结味道。

称呼作为交往中最基本的礼仪,不但能够体现个人的修养,一个小小称呼还可能对自己在单位工作是否顺利有直接影响。

金先生在一家公司工作,一次,为了表示与领导亲热,他把部门经理称作“老王”,结果可想而知,屡被经理“穿小鞋”。“哎,那个人也太小肚鸡肠了,称呼也这么计较,不知道怎么做到经理的。”金先生后来跟同事念叨此事,同事不耐烦地说:“这事,还真是你自己做得不妥当。人家都是经理了,你这么叫,不是故意让他尴尬吗?”

晓玲进入单位的第一天,领导带她引见部门同事时她非常恭敬地称对方为“老师”,大多同事都欣然接受。当领导带她来到一个女同事面前,要她先和这位女同事学习时,晓玲更加恭敬地叫了她一声“老师”。这位女同事连忙摇头:“大家同事,不要叫我老师,直接叫我名字就可以了。”晓玲觉得叫姓名不尊重,老师可又让对方觉得生分,她一时陷入了两难境地。

其实很多人都遇到过这样的难题。根据智联招聘的调查显示:95%的新人曾遭遇称呼烦恼,而且即便是老员工也会经常遇到称呼的烦恼。职场当中小小的称呼真可谓一名之立,旬月踌躇。

“新人一出口,便知有没有”,走入职场,第一课就是称呼礼仪。冒冒失失、没大没小的职员,在职场上是不会受欢迎的。在职场上,尤其是在工作场合,你怎样称呼别人,能表达出你心里是否对人尊重。人们对你心里是否有他很在意,而称呼能表明你的心里是怎么想的,言为心声嘛。

中国是礼仪之邦,职场称呼作为一种交往的礼节,越来越受到人们重视。正是因为礼数多,不能小视,称呼的难度随之加大。而且随着时代变化,使得人与人之间的称呼也悄悄跟着变化。现在如果谁还在不适当的场合,把女孩子叫做小姐,称呼女士为大姐,很可能会招来白眼。因此,为避免“祸从口出”,真得要仔细琢磨。

到一个新单位,要先问问同事或者留心听听别人怎么称呼,不要冒冒失失地想当然来称呼对方。如果实在不清楚该怎么称呼,第一次也可以客气地说:“对不起先生,我刚刚来到公司,不知道该怎么称呼您?”不知者不怪,一般情况下人们都乐意告知其称呼方式。

对方要求你直接叫他的名字,作为一个新人,你最好不要那样叫。礼多人不怪,即便是生疏一点,也总比不尊重对方的“自来熟”要好,因为让你直呼其名完全有可能是对方的客气。而且,在职场上,过分地表现亲昵不值得提倡。亲昵,可以在下班后的非正式场合进行。

职业顾问认为,其实称呼没有必要绝对化、固定化,情况不同称呼也不同。新进入一个单位,最好对它的企业文化熟知。同事之间的称呼是企业文化的一种体现,一个企业以什么类型的称呼为主,体现着企业管理者的风格个性。

欧美企业以氛围自由著称,无论是同事之间,还是上下级之间,一般都互叫英文名字,即使是对上级甚至老板也是如此。如果用职务称呼别人,反倒让人觉得和周围环境格格不入。

在由学者创办的企业里,按照创业者习惯,彼此以“老师”称呼。在文化氛围浓厚的单位也可以用“老师”这个称呼,比如报社、电视台、文艺团体、文化馆等。

在注重团队合作的企业、学习型企业里,大家基本没有等级观念,以行政职务相称的情况比一般企业要少,一般直称姓名。而在等级观念较重的企业,最好以行政职务相称,如张经理、陈总等,表示尊敬对方。

在私下里,同事之间称呼就比较随意了。女孩子可叫她的小名,如丽丽、小燕等;对男性可称“老兄”、“老弟”等。不过,昵称的使用要把握分寸,不能不看对象、不分场合地乱叫一气。

要做到称呼得体,还要看场合。在办公室、会议室、谈判桌等正式场合,要用正式的称谓;而在聚餐、晚会、活动等娱乐性的场合里,称呼可以随意些。

总之，你在称呼上得体，也是给旁边的人做了个榜样。在别人面前给对方面子、尊重对方，对方会觉得你很职业。这样的人，能提升的机会就多。

称呼运用得恰如其分，可以拉近上下级、同事之间的关系；运用不当可能招来不必要的麻烦。

赞美是一剂良药

常言道："好言一句三冬暖，恶语伤人六月寒。"不是只有爱慕虚荣的人喜欢赞美，所有人都希望他人肯定和赏识自己。真诚的、恰当的称赞是使人内心保持坚强的燃料。因为别人赞美他的时候他才感觉得到别人对他的认可。

可以说，赞美是友谊的源泉，是一种非常理想的黏合剂，它不但会把老相识、老朋友团结得更加紧密，还可以让素不相识的人连接起来。适度地赞美他人是一种增进双方友谊、促进共同进步的交际艺术。我们发掘了对方的长处，将使他感到光荣，从而培养比目前更为优越的长处；而对方也会反过来帮助你、赞赏你，这个过程是双赢的。

小杨大学毕业以后想进入到某公司，他没有盲目地前往该公司应聘，而是花费了很多精力，广泛收集该公司经理的有关信息，对这位经理的奋斗史有了详细了解。正式应聘时，小杨这样开口：

"我很愿意到贵公司工作，我觉得能为您做事，是我最大的光荣。因为您是一位依靠个人奋斗取得事业成功的人物。我知道您10年前创业时候的艰辛，只有一张桌子、一位职员和一部电话，经过您的艰苦奋斗，才有了今天的事业。您的这种精神令我钦佩，我正是奔着这种精神才前来接受您的挑选。"

所有事业有成的人，差不多都乐于回忆当年奋斗的经历，也包括这位经理在内。小杨一下子就抓住了经理的心理，一番话引起了对方的共鸣。因此，经理兴奋地和他谈论起自己成功的创业史。小杨一直坐在旁边仔细聆听，不时以点头来表示钦佩。最后，经理向小杨很简单地问了一些情况，终于拍板："我们就需要你这样的人。"

人的本性都喜欢听好话。当我们听到别人对自己的赞赏，并感到愉悦和鼓舞时，不免会对说话者产生亲切感，从而拉近了彼此的心理距离。人与人之间的融洽关系，就是从这里开始的。

在许多场合，适时得当的赞美常常会发挥它的神奇功效，林肯曾经说过："每个人都渴望被赞美，你我都在内。"在人与人之间，无论是朋友、夫妻、师生、父母和子女，还是领导与下属，互相赞美是至关重要的。

态度诚恳、话语热情洋溢地直接赞美对方，不仅能表现自己的涵养、友善，迅速博得对方好感，而且能使对方感到自我价值被人认可，从而产生共鸣，渴望与其关系进一步加深。

王楠看到同事小林参加成人教育自学考试，成绩颇佳，一年过了好几门功课，便真挚地对小林说："你真有本事，工作这么忙，自学考试能获得这么好的成绩，真是厉害！"小林听后不但从心中油然升起一股自豪感，还对王楠感激颇深。小林常在报刊上发表文章，王楠读了后，不但当面夸赞小林学识渊博，而且背后也称赞小林有才能。

一次，有几个同事议论说："小林哪儿都好，就是不爱说话。"而王楠却说："小林是惜言如金，其实他很有内秀，'做的比说的好'，他的文章你们没看过，他学识渊博，很有才华。"后来，王楠赞美小林的话，被人传到了小林的耳朵里，小林对王楠感激之余，更加刮目相看。

若干年后，小林通过拼搏和奋斗，被提拔成了领导。因为他对王楠的为人处世和文化底蕴一直很赞赏，后来，经小林的建议和组织的考察，王楠被提拔到了中层干部的岗位上。

赞美表明你尊重别人，是送给别人的最好礼物，是搞好人际关系的一笔暂时看不到利润的投资。它表达的是你的一片好意和善心，传递的是你的情感和信任，储存的是你日后办事的无形资本。

当你在与他人进行交谈时，对于你所了解和知道的情况，一定要大力赞美，要给予真诚的肯定。真诚而得体的赞美，就像投资，送给别人你的赞美，你收获的将是友谊和好人缘。

俗话说：对症下药，量体裁衣。恭维也要“因人而异”。年纪大的人总希望别人不忘记他“想当年”的业绩与雄风，同其交谈时，可对他引以为豪的过去大大赞赏；对年轻人不妨语气稍微夸张地赞扬他的创造才能和开拓精神；对于有一定地位的干部，可称赞他为国为民、廉洁清正；对于知识分子，可称赞他知识渊博、宁静淡泊……当然这一切都必须是真实的，切不可虚夸。

总之，要赞美，就一定要找到对方值得赞美的地方。而要想找出别人的可赞美之处，就要用眼睛去发现、去挖掘，只要用心，这些我们都能够在最短时间里获得。

适度地赞美他人是一种增进双方友谊、促进共同进步的交际艺术。

滴水之恩涌泉报之

生活中，年轻人大都会有这样的体会：如果别人帮了你一次忙，你觉得应该回敬人家一份礼物；如果别人送给你一件生日礼物，你会觉得也应该送给他一件礼物；当你的朋友请你吃了顿饭，你一定总是惦记着要回请他……这是为什么呢？因为我们的决定受心理影响。

所谓的互惠原理，概括起来说就是一方的行为造成了另一方欠债的感觉，另一方会运用类似的行为来消除负债感。一个人如果接受了人家的恩惠却不回报，在社会里面便不太受欢迎。从理论上说，互惠原理认为我们应该尽量去报答他人为我们所做的一切。在某些特殊情况下，如果由于能力有限不能回报，也不能完全忘记。

美国康乃尔大学的雷根教授曾做过这样一个实验，邀请实验对象与雷根教授的助手乔一起给一些画评分。实验分为两种情况：其一，乔在评分休息期间，出去一会儿，买了两瓶可乐，给了实验对象一瓶，并告诉他说：“我去买可乐，也给你顺便带了一瓶。”当时可乐是10美分一瓶。其二，乔在评分休息期间出去后，并没有给实验对象带任何东西。当评分结束后，乔请实验对象帮他一个忙，说他目前正在卖彩票，如果他卖出最多彩票，他就会得到50美元的奖金，每张彩票25美分。实验目的就是在两种不同情况下比较乔卖掉的彩票多少。实验结果是：第一种赠可乐的情况下卖掉的彩票数量是第二种情况下的2倍。

仔细分析后，我们很容易发现，互惠原理之所以可以成为有效的交际方式，一个重要的原因就在于它使人的心理产生负债感。对每个人来说，这种负债感都是一副迫不及待要卸下的重担。一旦受惠于人，就如同芒刺在身，浑身上下不舒服。而我们之所以会痛痛快快地给出比我们所收到的多得多的一切，就是想尽快在这样心理重压下解放出来。

互惠原理的威力在于，即使是一个陌生人，或者我们不喜欢的人，如果先施予我们一点小小的恩惠，然后再提出自己的要求，也会增加我们同意的几率。这个使我们产生负债感的恩惠并不一定是我们主动要求的，它完全可以是强加到我们头上的。而即使这个好处是不请自来的，我们还是照样存在负债感。

在筹集募捐之前，给人们发送小礼品或者鲜花等物品，就会增加人们掏钱的可能性。

黑尔·克里希纳会社是一个发源于印度的宗教团体，在20世纪70年代，这个团体的收入爆发式增长，其原因就在于他们采取了一种“先施舍后乞讨”的募捐方式。在募捐请求提出之前，先把一份小礼物送给路人——《圣经》、神学杂志、一朵花等。

互惠原理同样可以应用在生活的各个方面。比如别人想求你办事的时候会先拉拢拉拢你，给你送个礼物、吃个饭，你还好意思不帮忙吗？再或者以前有恩于你的人这次要求人帮助，知恩图报的你会赴汤蹈火在所不辞地帮助他。

钱钟书困居上海写《围城》的时候，窘迫过一阵。那时没人买他的学术文稿，于是他写小说的动机里就多少掺进了养家糊口的成分。恰巧这时黄佐临导演了他夫人杨绛的四幕喜剧，并及时支付了酬金，才帮助钱钟书家渡过了难关。时隔多年，黄佐临导演之女黄蜀芹之所以独得钱钟书亲允，开拍电视连续剧《围城》，实际上是因为她怀揣了老爸一封亲笔信。钱钟书是个别人为他做了事他一辈子都记着的人，黄佐临四十多年前的义助，钱钟书多年以后仍付出了回报。

互惠原理具有非常大的能量，因为这是社会中人的天性，很多所谓好面子、慷慨的人会对这个原理更为敏感，他们更容易产生负债感，能够迅速而丰厚地回报你。

从社会学的角度来看，人际关系是在人与人的交往中形成的直接的、可感知的心理关系，实际上也蕴涵着一种价值关系。因此，互惠与互利也就很自然地成为调节人际关系的一个准则。

换句话说，想给人家留个好印象，首先要做到与对方在心理上互惠，它是社会交往中常用的变通之术。能“舍”方能“得”，舍得之间暗藏玄机，意境深远，需要你自己仔细琢磨领悟。

社会对不遵守互惠原理的人的确有一种发自内心的厌恶。

精明的致谢

我们日常生活中，经常听到诸如“谢谢您”、“多谢关照”、“拜托”之类的客套话。这样的客套话可以表示对别人的感谢，能沟通人与人的心灵，建立融洽的人际关系。正所谓“客套多，朋友多；朋友多，好事多”。

很多时候，客套不仅能表示礼节和谦虚，更能表明尊重对方。所以，年轻人在求人办事时，即使对方只满足了你的一点点请求，即使让你很不满意，也应真诚地说一声“谢谢”。如果你连一声谢谢都不说，只把感激之情埋在心底，对方就会觉得不快，他不仅会觉得自己的劳动成果没有得到肯定，还会认为你对他不尊重，今后再也不会帮助你了。

很多人都有一个缺点，用人前好话说尽；事成后，半句问候也不言，让人觉得世态炎凉，伤透了被求者的心，以致被求者以后对登门相求的人，都不肯轻易应诺。因此被求者为你办完事之后，即便你事先送了礼，也别忘了再道声谢，温暖一下他的心，这样才能圆满收场。

对日常交际较擅长的人，就像精通交通规则一样谙熟客套的法则，正如培根所说：“得体的客套如同美好的仪容，是永远的艺术。”日本松下电器公司的创始人松下幸之助，就是一个很讲客套、很会运用客套的老板。他在交托下属去执行某一件事时，会说：“这件事就麻烦你了。”遇到员工时，他会鞠躬并说“谢谢你”、“辛苦了”之类的客套话，有时还会给员工亲自斟一杯茶，或者送给员工一件小礼物。正是由于松下幸之助善用这种客套来激励员工，员工为他效力才会毫无怨言。

向别人表示你的感谢是一个积极有意义的举动。你感谢过的人，会希望将来再次受到你的感谢和肯定，因为他看到了自己对你的帮助能被认识和赞赏。你对他衷心感谢也会换来真心相报，日后，对方还会很愿意帮你。

小彭是一家电脑公司的编程员，一次在工作中遇到难题，他的同事过来帮他。同事一句提醒的话使他茅塞顿开，很快就完成了工作。小彭很感谢这位同事，并请这位同事喝酒，他说：“我非常感谢你帮我完成那个计算机程序……”

从此，他们的关系变得更加亲密，小彭也因此在工作上获得了很大的成绩。

小彭很有感触地说："一种感恩的心让我的人生有了改变。我对周围人的点滴关怀和帮助都怀抱强烈的感恩之情，我竭力要回报他们。结果，我不仅工作得更加愉快，所获帮助也更多，工作也更出色，我很快就获得了加薪升职机会。"

如果你在得到别人帮助之后表示你的谢意，那么彼此的关系就会发生变化，拉近了彼此距离，感情就有了呼应和共鸣。对方在兴奋欢悦之余会给予你更多的关照，这样交际气氛就会更加友好和谐。

无论是什么人都应该学会感激为你办事的人。事情办成后，找个时间去向为你提供帮助的人表示感谢，这种做法，会让当事人心里感到很温暖。登门致谢，不同于有事相求，你不必重"礼"相加，多送几顶"高帽子"，多说几句感谢话，温暖一下他的心就够了。事成后登门致谢，是至关重要的一环节，它对你的好处，是不言而喻的。

登门致谢，可以开门见山地表示谢意，"那件事多亏了您的帮助，如今都办成了，我特意感谢您来啦！"一句话，会让对方心里阳光明媚，少了些功利，多了份悠闲，彼此更容易沟通。

我们也可重换一种说法："您看，上次没少麻烦您，如今事情办得差不多了，我心里却总觉得过意不去。这不，今天过来跟您坐一坐，聊一聊……"相信，你这样说的话，他的心会很快被你捕获。

人情就是人际关系的最基本的目的，除了事成之后要致谢，逢年过节，不忘打个电话发条短信问候一下。一张小小的卡片，捎去浓浓的情意，让帮助过你的人对你产生特殊的感情，以免日后有事相求时，如同狗咬刺猬无从下口。

求人帮忙是被动的，事成之后谢恩是主动的。如果别人觉得你知道如何办事，下次再求别人办事自然会很容易，甚至不需你开口。因此，可以说，事后致谢是人情关系中最为精明的一招。

客套可以帮助我们认识许多朋友，缩短与他人之间的距离，从而交往会变得简单容易。

"场面话"一定要说

年轻人一踏入社会，出去应酬的机会就增多了，这些应酬包括去做客、赴宴、参加酒会及其他聚会等。不管你是否愿意，"场面话"一定要讲。

什么是"场面话"？简言之，就是讲让主人高兴的话。既然说是"场面话"，也就可想而知是在特定"场面"才讲的话，这种话不一定代表你内心真正的想法，也不是一定要有事实依据，就算主人明知你"言不由衷"，也会非常开心。

在一个鸡尾酒会上，有个商人模样的老外过来跟达子打招呼，达子马上将冰橙汁放下，与他握手。他笑问道："为什么你的手冰冷呀？"达子赶紧解释，说是橙汁的原因。对方马上摇头："不不不，你只需要说'但我内心是热的'就行了。"

这样一句话敲醒了达子。其实对方并不关心为何他的手是冷的，而他也并无义务解释为何自己的手是冷的。不过是两个陌生人找个话题混个脸熟而已，讲一些能博个笑脸的话。

善于应酬的人，也就是公认的社交高手，把"场面话"讲得很漂亮，就掌握了让他人愉悦的遥控器。这样的人，大家肯定都欢迎。

有些人在思想上没有场合意识，不管什么场合他都习惯从主观意识出发，心里想什么嘴里说什么，丝毫不顾及他人感受，这样往往会冒犯别人。比如：在寿宴上对着寿公寿婆大谈人寿保险的好处；对着孕妇说如今养孩子有什么好；对新郎新娘说今天喜宴的菜好吃极啦，下回别忘了要请我；别人就要出远门旅行了，却对他大谈今年发生了多少飞机失事的意外事件……你不想成为这样的冒失鬼吧？那就一定要讲"场面话"，这个技巧绝对有用。

人生需要掌声，不管是给别人还是给自己。因而，在公众场合，要时刻注意自己的言行，切忌有口无心。我们不妨就把帮助和赞许别人的表情挂在脸上,给别人多“捧捧场”。

“场面话”就是感谢加称赞,如果你能讲好“场面话”,一定会有助于你搞好人际关系。那么该怎么说场面话呢?可以参考下面的例子。

去人家做客,对于主人的邀请要表示感谢,盛赞菜肴的精美丰盛可口,并看实际状况,称赞主人的室内布置、小孩的乖巧聪明等。这种场面话所说的有的是实情,有的是偏离实际的,但只要不太离谱,听的人基本上都感到高兴。

法国总统戴高乐在1960年访问美国时,在一次尼克松为他举行的宴会上,尼克松夫人费尽心思地布置了一个美观的鲜花展台:在一张马蹄形的桌子中央,鲜艳夺目的热带鲜花衬托着一个精致的喷泉。聪明的戴高乐将军一下就看出这是主人为了欢迎他而精心设计制作的,不禁脱口称赞道:“这次宴会布置得这么漂亮雅致,女主人一定花了不少心思。”尼克松夫人听了,心里非常开心。事后,她说:“大多数来访的大人物要么不加注意,要么不屑为此向女主人直接道谢,而他总是想到和讲到。”

可见,赞美他人的一句简单的话,会带来多么好的反响。

赴宴时,要称赞主人选择的餐厅和菜色,一定不要免去感谢主人邀请。

参加酒会,要称赞酒会的成功,表明你是如何有“宾至如归”的感受。

参加会议,如有机会发言,要称赞会议准备得周详。

参加婚礼,除了菜色之外,一定要记得称赞新郎新娘的“郎才女貌,是天造地设的一对”。

说“场面话”的“场面”当然不只是这些,至于如何说“场面话”也没有一定的标准,要看当时的情况决定。切记点到为止,不要讲太多,太多了就显得虚伪,这也就是说场面话的火候与分寸问题。

总而言之,说“场面话”是一种处世智慧,在人性丛林里进出久了的人都懂得说,也习惯说这些“场面话”。这不是罪恶,也不是欺骗,而是一种“必要”。

如果你能讲好“场面话”,别人一定会欢迎你。

劝酒的智慧

正如任何场合都有适合自己环境的礼仪一样,酒桌应酬一定要讲究,喝酒也能反映出一个人的格调、品位和文明程度。有些年轻人喝酒时,举起酒杯时什么都不看,便一饮而尽,甚至显得极其狼狈、粗俗不堪。会喝酒的人就完全不一样,他们懂得怎样品酒并且懂得怎样劝酒。

劝酒既是艺术也是学问。一位杰出的“祝酒专家”,不仅善于祝酒,而且还善于闻出对方致辞中的“韵味”,进而机敏地、恰如其分地做出反应。

劝酒是中国的独特现象。很多已经想戒酒的人,在劝酒的过程中碍于情面都不得不喝一点酒。劝酒的诀窍在于合理运用幽默。喝酒就是让人娱乐和放松的,倘若在劝酒时能适时地幽默一下,无异于给丰盛的宴会增添一剂新鲜的调味料,吃饭饮酒不再乏味。

国画大师张大千有一段广为流传的劝酒佳话:

1946年初夏,张大千在上海小住后要返回四川老家,弟子们为他设宴饯行,请来了梅兰芳等社会名流。平日梅兰芳是滴酒不沾的,这一次,张大千却到梅兰芳面前面带微笑,举起杯子说:“梅先生,你是君子,我是‘小人’,我先敬你一杯!”这句话一说出全场都愕然。张大千先生却朗声笑道:“你是君子——动口,我是‘小人’——动手!”满座宾客恍然大悟,顿时哄堂大笑。梅先生更是乐不可支,欣然举杯,一饮而尽。

张大千这句劝酒词妙就妙在一语双关。“动口”既指梅兰芳是唱戏的又表示请梅喝酒,“动手”

既指自己是作画的又表示自己要敬酒。

劝酒有许多规矩和讲究，尤其在正式的政务宴会上，更要注意劝酒的礼仪，否则轻时洋相尽出，重则有损公务形象。概括起来有以下几点：

1. 看准对象

劝酒的时候一定要看准对象，酒桌上并不是每一个人都要劝并且都能劝的。首先，对酒量小的人不要劝。人家本来就喝不了太多酒，如果再劝的话，就让人为难了。其次，对喝酒特别实在的人，也不要劝。这样的人自己就能喝好，也能把握好度，如果你劝的话，他控制不了会喝多。最后，和女士一起吃饭的时候，不要对女士劝酒，劝女士喝酒很不礼貌。

那么，应该劝什么样的人喝酒才是合适的？一般认为，酒量较大但还没有喝多少酒的人，应当劝酒。这样，对方既能感受到你的热情，又不会喝多出丑，从而欣然接受你的劝酒。

2. 把握好时机

宴会刚开始的时候不要劝酒，因为这时候每个人都会根据自己的酒量适当喝一些，这时劝酒显得画蛇添足，不劝也能喝，何必非要劝呢？

宴席要结束的时候也不要劝酒。“天下没有不散的筵席”，大家都喝得差不多了，倘若你再劝酒，就会让人家很为难。而且，宴会结束时劝酒还容易让人喝多。酒后失态是小事，如果发生其他意外，恐怕后悔都来不及了。

劝酒的时候一定要把握好劝酒时机，最佳的劝酒时机是宴席进行到一半的时候，此时最能活跃酒桌气氛，劝酒也最容易成功。

3. 分清场合

最适合劝酒的场合应该是在具有喜庆气氛的酒桌上，如乔迁之喜、升学之喜、新婚之喜等。

有些场合不适宜劝酒。比如，不了解彼此的人第一次坐在酒桌上喝酒，就不太宜过分地劝酒，即使劝，也要掌握好分寸。在别人悲伤的时候喝酒不宜劝酒，因为对方心情很差，所谓“借酒消愁愁更愁”，如果再一味地劝酒，就极容易让对方喝多。另外，上下级在一起喝酒的时候不宜劝酒。下级劝上级喝酒很特殊，下级劝上级，最后往往以牺牲自己为代价；相反，上级劝下级时，下级还必须要喝。

4. 劝酒语要文明

劝酒的时候，绝对不能使用粗俗的劝酒语，要文明、真诚，体现出当时酒桌的氛围。比如：“为我们第一次合作就取得了圆满的成功，干一杯”、“感谢您对我无私的帮助和热情的鼓励，我敬您一杯。”像这样文明高雅的劝酒语，能把敬酒者的心情恰当地表达出来，令人回味。而不雅的劝酒语暴露出一个人内心的粗俗，这样是非常失态的。不管是好友聚会还是商务宴请，如果不能确定劝酒言语的效果，还是小心为妙。

总之，在劝酒的时候要把握好分寸，因人而异，因地而异。

劝酒不要盲目，那样不但起不到调节气氛的作用，而且还容易节外生枝，破坏原本友好的关系，甚至发生其他意想不到的后果。

一定要会说圆场话

年轻人在生活中会遇到很多这样的情况：自己上司所处局面很尴尬；自己的朋友和别人争吵不休，这时候你为他们解围打圆场就很有必要了，使他们不致陷于尴尬之境，最终达到“你好我好大家好”的效果。

一次老同学聚会，大家见面分外亲热，聊得非常开心。这时，一位男士对一位女士信口开河地说道：“当初你可主动追求过我，现在还想我吗？”按理说，在老友重逢的气氛中，这些话虽然有些不妥，但也无伤大雅。但是这位女士当时心情很不好，竟然脸色一变，气呼呼地说：“你神经病！谁会追求你这种心里龌龊的人。"她的声音很大，惊住了在场的所有人，大家都觉得很尴尬，顿时场面冷了下来。这时，另一位男士站了起来，笑着说："我们小妹的脾气还没变啊！她喜欢谁，就说谁是神经病，说得越厉害越让人受不了，就表明她越喜欢。小妹我说得没错吧？"一番话，让大家都想起了大学时的美好生活，不由得七嘴八舌，互相开起玩笑来，也就平息了这场风波。

在交际中遇到尴尬的场面时，要做到审时度势，准确把握双方的心理，然后借助恰到好处的话语及时出面打圆场，化解尴尬，让交际活动正常展开，就显得十分重要和宝贵。

1. 转移话题，制造轻松气氛

在交际场合中，如果某个较为严肃、敏感的问题弄得交谈双方都很对立，甚至不能进行正常的交谈，可以暂时避开这个话题。转移话题，用一些轻松、愉快的交谈来活跃气氛，把双方的注意力转移，或者通过幽默的话语将严肃的话题淡化，使原来僵持的场面重新活跃起来，从而缓和尴尬的局面。

2. 找个借口，给对方台阶下

一些人常常在交际活动中陷入窘境，是因为他们在特定的场合事情做得不合时宜，于是就进一步造成整个局面的尴尬和难堪。在这种情形下，换个角度或者找个借口以合情合理的解释来证明对方有悖常理的举动在此情此景中是正当的、合理的，这样一来，解除了对方的尴尬，正常的人际关系也能得以继续下去了。

3. 善意曲解，化干戈为玉帛

在交际活动中，交际的双方或第三者由于说话不合适而造成误会，常常会说出一些让别人感到惊讶的话，或做出一些怪异的行为，从而出现了尴尬和难堪的场面。为了缓解这种局面，我们可以采用故意"误会"的办法，假装不明白或者故意不去理会，从善意的角度做出有利于化解尴尬局面的解释，将局面朝有利缓解的方向引导转化。

4. 审时度势，让各方都满意

有时在某种场合中，当交际双方因彼此不满意对方的看法而争执不休时，谁对谁错很难说清。作为调解者应该理解争执双方此时的心理和情绪，不要厚此薄彼，防止增加一方的差异，要对双方的优势和价值都予以肯定。在这个基础上，提出双方都能接受的建设性建议，这样就容易为双方所接受。

一次，学校举行文娱活动，教师和教工分成两个组，自行编排和表演节目，然后进行评比。表演刚结束，坐在下面的人就分成两派，吵得面红耳赤。眼看活动要陷入僵局，主持人灵机一动，对大家说："到底哪个组取胜，我看应该具体情况具体分析。教师组富有创意，激情四溢，应该获得创作奖；员工组富有朝气，精神饱满，应该获得表演奖。"

这位主持人在评比出现矛盾的局面时，并没有参与到争论中去而是强调了两个小组的不同特点和优势，充分肯定了每个组的表现，结果就很容易地被大家接受了。

在交际中遇到尴尬的场面时，要做到审时度势，准确把握双方的心理，然后借助恰到好处的话语及时出面打圆场，化解尴尬，让交际活动正常展开。

第三章　把握好交友这根弦

宽容和理解你的朋友

在佛界里有这样一副楹联："大肚能容，容天下难容之事；开口常笑，笑世间可笑之人。"这副名联告诉我们，做人就应该要豁达大度，学会宽容。人上一百，形形色色。在错综复杂的社会里生活，朋友之间的交往难免会有摩擦、误会，不同的生活环境、性格品质、知识层次、爱好追求和目标要求，等等，决定了朋友关系的敏感性与脆弱性。因此，我们要学会宽容，没有宽容就没有友谊，没有理解就没有朋友，懂得容纳和承认，才能朋友满天下。

每个人都希望自己被完全接受，包括优点和缺点，甚至一些怪癖，希望能够轻轻松松地与人相处。在一般情况下，和人相处时，很少有人会让自己放松。所以，一个人若是能让我们感到轻松自在、毫无拘束，我们是很愿意和他在一起。也就是说，我们希望和能够接受我们的人在一起。专门找人家错处而吹毛求疵的人，就会让人有敬而远之的想法。

与朋友相处时，我们不能设定标准，让别人按自己的准则办事。请给对方一个自我的权利，甚至要接受对方的特别爱好。更不能要求对方完全符合我们的喜好，使他的行动完全符合我们的要求。

一位心理学者和一位有名的精神科医生共进晚餐。当谈论到人际关系中的容纳问题时，这位医生说："如果大家都有容纳的雅量，那我们就没有患者了！精神病治疗的真谛，在于医生找出病人的缺点，接受它们，也让病人们自己接受自己。医生们静静地听患者的心声，他们不会以惊讶、反感的道德式说教来批判。所以，患者敢于讲出自己的一切，包括他们自己感到羞耻的事和自己的缺点。当患者觉得有人能容纳、接受他时，他就会接受自己，向美好的人生大道迈进就更加有勇气了。"

我们容纳对方的缺点与短处，伸出友谊的双手去接受他们，这种做法很消极。倘若是积极的做法，就是挖掘出对方的长处，不光是停留在忍耐对方的缺点上。

有一天，一位父亲带着自认为是无可救药的孩子来看心理医生。那个孩子已经被严重灌输了自己没用的观念。刚开始，他一言不发，无论怎样询问、启发，他就是不开口说话，心理学家也没有了解决办法。后来，心理学家从他父亲所介绍的情况和所说的话里找到了医治的线索。他的父亲坚持着说："这个孩子没一点好，我看他是没指望了，无可救药了！"

心理学家开始应用承认的方法，找出他的长处，甚至说他在某个方面非常有天赋，还颇有高手的意味。他家里的家具被他刻得到处是刀痕，父母经常因为这个惩罚他。心理学家买了一套雕刻工具送给他，还送他一块上等的木料，把正确的雕刻方法教给他，不断地鼓励他："孩子，你是我所认识的人当中最会雕刻的一位。"

从此以后，他们频繁地接触。在接触中，心理学家慢慢地找出其他事项来承认他。有一天，这位孩子竟然不用别人吩咐而主动去打扫房间，所有人被这一举动惊吓到。心理学家问他为什么这样做，孩子回答说："我想让老师开心。"

人们都渴望着他人的承认，要满足这项欲望其实很简单。宽容就是承认，能让友谊在互相承认的温馨中长存。

我们要学会宽容，没有宽容就没有友谊，没有理解就没有朋友，懂得容纳和承认，才能朋友满天下。

朋友，你好吗？

感情是越联系越深厚。再好的朋友，很长一段时间不联系，再遇时可能都变成了陌生人。与朋友建立"关系"的最基本的原则就是：要和朋友保持联络，不要等到需要获得别人帮助时才想到别人。

你有没有这样的体会：当你遇到某种困难，想让朋友帮助你时，却突然想起来，过去有许多时候，本来应该去看他的，结果你没有去。现在有事相求才去找人家，会不会太唐突了？会不会遭到他的拒绝？这样的情况，你免不了会后悔"平时不烧香"。

黄蜂与鹧鸪找农夫要水喝。鹧鸪许诺它可以替葡萄树松土，可以让葡萄更好生长，结出更多的果实；黄蜂则表示它能替农夫看守葡萄园。农夫一点也不心动，对黄蜂和鹧鸪说："你们平时都哪里去了，不口渴时怎么不帮我？"

这个寓言告诉我们这样一个最简洁精炼的话："等有事相求时再提出帮人家，就未免太迟了。"

中国人讽刺临事用人的做法叫"平时不烧香，临时抱佛脚"。俗话说得好，"平时多烧香，急时有人帮"，真正善于利用关系的人眼光都比较长远，早做准备，未雨绸缪。这样一来，在紧急关头，你就会得到意想不到的帮助。

和朋友主动联系非常重要。试着每天打 5 ~ 10 个电话，不但能扩大自己的交际范围，还能维系旧情谊。如果一天打通 10 个电话，一星期就有 50 个，一个月之内，便会有 200 多个。这样一来，你的人际网络每个月大概都会有很多"有力人士"为你疏通关节。

法国有一本《小政治家必备》的书，书中教导那些想在仕途上作出一番成就的人，必须起码搜集 20 个将来最有可能做总理的人的资料，并把它背得烂熟，而后要有规律地经常拜访他们，和他们保持较好的朋友关系。这样一来，这些人里只要出现一个总理，自然会为你的仕途铺开一条坦途。

现代人生活节奏都很快，没有时间进行过多的应酬。日子一长，许多原本牢靠的关系就会变得松懈，朋友之间逐渐淡漠，这是很可惜的。所以，和朋友之间的友谊一定要珍惜，即使再忙，也要经常沟通感情。

很多人都有忽视"感情投资"的毛病，一旦交上某个朋友，就不重视培养和发展双方之间的感情。长此以往，两个人的关系自然就淡薄了，甚至最后成了路人。

由此可见，要经常性地进行"感情投资"，常联系、常沟通，到时才能用得着、靠得上。

人们在礼仪性地道别时，总不忘加一句"有空来玩"。不管这句话是否发自肺腑，听后都让人感到温情四溢，认为别人接受和欢迎自己。

在朋友之间，建立良好的人际圈也需要这样的方式。

事实上，我们不需要做很多，只是有时间去朋友家走一走。也许只是随意地寒暄几句，也许是进行一次长谈，总之，我们要努力加深对方对自己的印象，让彼此更加熟悉更加亲密。

中国是礼节之邦，碰上婚丧嫁娶等大事，亲戚朋友就要参加，有许多场合还得送礼。这是几千年来的传统，也非常有必要，因为这是亲朋好友保持联系的一种方式。如果你常年关门闭户，既不"出去"，也不欢迎别人"进来"，那你就会处于孤立状态。

遇到朋友的人生大事，如果时间允许尽量参加。如果实在脱不开身，也要写信或托人带点什么，以示自己的一点心意。

如果对方遇到了什么困难，更应加强联系。如果朋友发生了什么事，比如生病或遇上不幸的事，应马上想办法去看看。平时工作忙没有时间经常见面，但朋友遇到困难时要鼎力相助或打声招呼，才显出你们之间的深厚情谊来。"患难与共的朋友才是真朋友，"在困难时段帮助他一次，别人会永远记住。

在这个世界上，各个行业都有许多出类拔萃的人物，他们在各自行业里有着非同小可的影响。可利用与他们接触的机会建立良好的关系，这对你的前途非常有帮助。不要等待，一味地等待只能使你错失良机。你应该积极地一步一步地去做，不要觉得不好意思。

如果你想广泛结交朋友，就需要主动地了解对方的兴趣爱好。你可以通过多种方式得到他们各方面的信息，比如平时相处时多观察了解，打听询问他的朋友，或者查阅他的个人资料等。

有一个人，当他要结交新朋友时，总是费尽心思去了解对方。于是，他四处请教这些人，问他们是否认为生日会影响一个人的性格和前途，并借机要来他们生日。然后，每每到了某个人生日，他就送点小礼物或亲自去祝贺。很快，那些人就会对他有深刻印象，并把他当做好朋友了。

在人与人交往中，会出现一些交际的好机会。多一些有益的朋友，会有转变你一生的机会。

"独木难支大厦，"朋友在关键时候帮你一把，对你事业的成功有直接促进作用。所以，要时刻注意结交朋友。

比如，有人请你去参加一个生日聚会、舞会或者其他活动，不要以自己忙为借口，因一时懒得动身而拒绝。因为这是一个好机会让你去结交新朋友。又如，新同事约你出去逛逛商店或者看场电影什么的，你最好也不要随便拒绝，因为这个机会利于你们发展关系。

要和朋友保持联络，不要等到需要获得别人帮助时才想到别人。

拒绝的艺术

当我们求人帮助时，别人不恰当地拒绝会深深地伤害我们的自尊心。当别人有求于我们时，很可能因一句话而搁浅多年的友谊。学会恰当地拒绝是让友谊长久的不可缺少的一项内容，如果你不想惹人气恼、遭人记恨的话，就不要那样对待别人。即使拒绝别人，也要“有话好好说”。

无法满足好朋友提出的请求和愿望时，你要学会委婉地向别人说明原因，取得朋友的信任和理解。

小刘和小王是一对从小一起长大的“铁杆”哥们儿。

大学毕业后，小王就职于某区人事局，小刘则被分配到一家企业工作。一天，小刘携带礼品来到小王家，开门见山地说：“哥们儿，我想换个工作。无论如何，这事你得管。”论交情，小王该帮。但他只是一般干部，实在是心有余而力不足，便对小刘如实说道：“我虽在人事局工作，但无权无势。我倒是想帮，不过现在能力太有限了。你看看还有没有其他办法。”小刘转而求其他的门路，终于如愿以偿。虽然小王最终没帮小刘的忙，但小刘深知小王的苦衷，很能理解小王，至今他们还保持着良好的友谊。

在这里，小王知道自己“能力”有限，便很快回绝了小刘。这既免去了一旦答应而无法兑现的苦恼，也使朋友有机会另找门路。“拒绝”他人，一定要有充分可信的原因，不要让对方产生“关键时刻不帮忙”的想法。如果你对自己的能力过高估计，口头允诺下来，但最终无法办到，反而会使对方产生“帮忙不卖力”的误解，使两个好朋友之间交往产生隔阂。

小殷十分喜欢摄像机，下了无数次决心后，用自己多年积蓄，买回了心仪已久的进口摄像机。他一有空便围着它转，爱不释手。不久，一位要好的同学跑来，说下星期他外出旅游想借用小殷的摄像机。说实在的，让这位同学带这么个高级玩意儿去旅游，小殷真害怕弄坏了，但不借又怕伤了多年的友谊，所以不好意思拒绝。于是，小殷便不置可否地对同学说：“到时候再说吧。有空一定借给你。”

对这类勉为其难的要求，小殷不说借与不借，实际上是为自己的最终拒绝留下了很大的回旋余地。如此既保全了双方的面子，不至于局面太尴尬，又回绝了对方的要求。小殷的同学如果是个明白人，一定会心知肚明，知“难”而退。

对好朋友提出与你合作办事的要求、建议，如果你不喜欢，不妨调侃一下，开个玩笑，转移目标，将对方的要求、建议换一种方式拒绝。

小蔡下海经商多年，如今已是“大亨”了。他三番五次地劝好友小楼辞职，和他一起投资经商。小楼是一个求稳怕风险的人，不谙经商门道。但小蔡的好意他又不好生硬地拒绝，便调侃说：“人家都说我没有财运，发不了财。如果我和你一起做生意，不但我会输得精光，到时还会连累你……”一个玩笑，小楼便将自己的态度表露得明白无误，小蔡听后也不再勉强了。

虽然是一对亲密无间的好朋友，但人各有志，不能勉强。好朋友的建议多无恶意，因此，拒绝更要讲究艺术性，用调侃的方式来拒绝对方，绝对是一个行之有效的方法。

好朋友需要双方长期地理解、宽容、互助来共同维系，彼此要珍惜爱护这份情谊。

当对方的要求不符合自己的愿望时，一定要得体地拒绝。

说话要留三分意

人和人之间的交往有一个误区，那就是交浅言深。人是在交往中逐步建立感情的，就算是朋友，也不可能事事交心，要知道，“逢人只说三分话，不可全抛一片心”。

在与朋友的交往中，有时你结识了新朋友，即使对他有一定的好感，但毕竟刚刚认识，交情不深，缺乏更深切的了解，过早深交就显得不合适了。

比如，你刚来到个新公司，同事对你表示友善和欢迎，大家一起外出午餐，有说有笑，无所不谈。其中的一个同事和你很谈得来，乐意把公司的种种问题及每一位同事的性格都说给你听。你自己对公司人事一点也不了解，自然很珍惜这样一位“知无不言，言无不尽”的朋友，彼此显得相当默契。你开始把对方看成知己，将平时看到的不顺眼、不服气的事，也向这位朋友倾诉，甚至批评其他同事，把心里的闷气和他讲。

如果对方永远是你的忠心支持者，不会有太大问题，但须知“来说是非者，便是是非人”。你了解这位朋友有多少？你怎么知道你与对方将来不会有矛盾？为这一时之快，你说了不该说的话，对方手上便有了你的把柄，随时随地都可以陷害于你。如果他把你曾批评其他同事或上司的话公之于众，试想，你在这个公司还待得下去吗？

在社交场合中，大家见面不管熟悉与否，都会点头致意，彬彬有礼，说话时像老朋友一样相互问好，热情开放，这是基本的礼节。

在这样的场合，一定要有所保留地说话。能说三分的话，千万不要说到四分。否则，将会出现你所不愿看到的结果，你会受到很大伤害。

有这样一个寓言：

> 一只虱子常年住在强森的床上，强森一直没有发现它。
>
> 一天，一只跳蚤来拜访虱子。虱子一高兴告诉了跳蚤不该说的秘密：“这个人的血是香甜的，床铺是柔软的。”跳蚤不过是路过这里，听了虱子的秘密之后，就不想走了。当天晚上，在强森进入梦乡时，早已迫不及待的跳蚤立即跳到他身上，对强森狠狠地叮了一口。强森在梦中被咬醒，愤怒地在床上寻找到了虱子，把它掐死了。虱子到死也不知道是自己的大意引来了这场灾祸。

在人际交往中，刚结交一个朋友就掏心掏肺，用心和他交往，那么极有可能“受伤”。

> 在一次聚会上，小王与另一家公司的业务员相遇，两人很投缘。耳热酒酣之后，小王把自己公司将要开展的业务计划对这个业务员说了。一个月后，当小王的公司把新的业务计划投入实际运作时，客户告诉他们已有别的公司在做。

所谓“逢人只说三分话”，这“三分话”，千万别说重要的话。这“三分话”，应该是风花雪月，应该是柴米油盐，应该是天上地下，应该是山海奇观，应该是稗官野史……总而言之，是无关紧要的内容，虽然说得头头是道、兴味淋漓，其实是言之无物，这就是防止“交浅言深”的有效方法。

生活中有些人交朋友很失败，事业做得也很失败，重要的一点就是与朋友无话不谈。

有句老话叫做“祸从口出”，为人处世一定要把好口风，自己能说什么不能说什么，都要好好想想，心里得有个小九九。

你的秘密可能是私事，也可能是公事。如果你把这些告诉给你的朋友，秘密可能就不再是秘密了。

如果你是职场中人，将你的秘密告诉同事，如果他是有心机的人，虽然不在外面传播你的秘密，但在关键时刻，他会把你的秘密当武器来回击你，使你在竞争中失败。一般来说，个人秘密大多是一些不甚体面、不甚光彩甚至是有很大污点的事情，如果让人抓住这个把柄，你的竞争力就会大大削弱了。

一对好朋友可能会因为各种原因中断友谊，那就很可能反目成仇。由于以前对彼此都不防备，各自的内情外事也都知根知底，一旦关系破裂，翻起老账揭对方的短处，造成双方无尽的痛苦。

不分青红皂白地把一般朋友当做知心朋友，动辄一吐心曲，是交友中最不该触犯的大忌。特别是与朋友交情微酣或话语投机之时，要注意把握口舌关，该说的说，不该说的千万不能说。如果你觉得别人在倾诉知心话，自己不把心掏出来就亏欠了人家，这就错了。人际关系是经常变化的，今天是知己但明天可能就成了对手，你的知心话或许就会成为明天握在他手中的把柄。给自己留一点余地，留一条后路才不至于将自己置于危险的境地。

朋友之间相处，话不可露尽，这样对别人对自己都好，这才是交友之道。两个人恰似两条铁轨，平行着才能走远。心灵和情感上的某些东西是无法替代的，正如两条铁轨不能相交一样。

适当的距离，是心灵需要的氧气。

君子易交，小人难防

君子而诈善，无异小人之肆恶；君子而改节，不及小人之自新。这句话的意思是：假如把自己伪装成一个善良的君子，和恣意作恶的小人就没什么区别；君子如果改变自己好的操守志向，还不如小人痛改前非。和君子相对的是小人，君子易交，小人难防。

明枪易躲，暗箭难防。古人传下来一句话，以告诫后人——宁得罪君子，不得罪小人。有些人在这句话上添枝加叶，又成了另一句话——宁得罪十个君子，不得罪一个小人。说这些话的人显然是吃过小人的苦头，他们才不敢得罪小人。

为什么“宁得罪十个君子，不得罪一个小人”呢？这是因为君子会反思自己，不和你斤斤计较；小人却会长久地记恨你，绝不会轻易放过你。君子一言不合最多是拍案而起，小人却善于背后报复。得罪了君子，我们会知道什么原因得罪了他，如何补救。但得罪了小人，却让我们如坠云雾之中，哪天遭害了也想不起为什么。得罪了君子，到最后可能还结识了一位朋友，因为君子只认理、不记仇，事情过了便云淡风轻。得罪了一个小人，便多了一个敌人，从此以后再没有安宁的日子。

与君子相遇，足够幸运。君子的谦恭、忍让，他通常对你的所作所为一笑置之，甚至会给你真诚的意见和建议。如果与小人相撞，那就太不幸了。他们造谣生事，挑拨离间，有仇必报，拍马奉承，落井下石，而且通常带着伪善的面具。他们是善于制造陷阱的工厂，举手投足之间，就能让你寝食难安。

然而，我们最需警惕的，倒还不是小人，而是伪君子。这么说原因何在？这是因为伪君子往往隐藏最深，他们要么沉默寡言，以胸有城府的形象出现，要么就是假装热情，让你觉得他是这个世界上最好的朋友，为了你可以两肋插刀、万死不辞。殊不知，这就是他欺骗你的地方。对待这种人，我们要保持高度警惕，千万别被人卖了还帮着他数钱！

《笑傲江湖》中岳不群行走江湖20多年，处处行为周正、为人坦荡，人称“君子剑”。但实际上，他伪装自己的目的却是为了得到《辟邪剑谱》，最后竟然不顾女儿的终身幸福，置林平之于死地；对结发之妻巧言令色、百般蒙蔽，可谓费尽心机，最终伪君子的嘴脸暴露了出来。

像岳不群这样的虚伪之人，却要以一副正人君子的模样示人，他们的内心世界和外在表现有着巨大的反差。一定程度上来说，伪君子比真小人更高一级。真小人是低档的无赖，伪君子则是高档的小人！跟这样的人打交道，倒不如和那些真心改过的真小人交朋友。

这天，广告公司的策划总监刘志浩莫名其妙地被老板训了一顿。他觉得非常冤屈，就跟自己的同事黄春明说起来了。黄春明表示极其理解他，志浩听了心里舒坦了许多。

几天后，公司宣布，解除刘志浩总监的职务，改由黄春明担任。刘志浩无法接受这样的安排，愤然辞职了。后来才知道，原来黄春明在上司面前偷偷告他一状，把他们那天的谈话添油加醋地告诉了上司。这位上司恰巧又喜欢偏听偏信，就决定让黄春明取代刘志浩在公司的位置。

黄春明是一个标准的伪君子，表面上跟人称兄道弟，可以“抛头颅洒热血”，突然就会背后给人一刀，让你死得非常难看。这说明，伪君子比真小人更可怕。我们容易分辨真小人，他们或不讲道理，或刁钻泼辣、蛮横粗暴，赤裸裸的卑鄙无耻，让我们有充足的时间去提防。伪君子就不一样了，挂着正派的面具，说话做事挺有“道理”，让你难辨真假，极易上当受骗。

不得罪小人，不要让小人抓住你的把柄，才不会在阴沟里翻船。

不要太明白了

《汉书》中有句话说：“水至清则无鱼，人至察则无徒。”意思是说，如果河水太清，鱼儿就没法生存；一个人太苛刻了，就很难交到朋友。每件事都有利弊两面，从一方面来说，水清本来是个好事，鱼儿在混浊的水中容易窒息，但水太清了，就不能为鱼儿提供生长需要的食物了。同样对别人苛刻要求的话，也就没有朋友了。

“苹果Ⅱ”微电脑的开发者乔布斯和沃兹有一个重要的合作者——马克库拉。其实，他们最开始接触的合作者是叫唐·瓦尔丁的人。

唐·瓦尔丁第一眼见到乔布斯时，乔布斯穿着牛仔裤，散着鞋带，留着披肩长发，蓄着大胡子，怎么看都不是一位企业家的形象。于是，唐·瓦尔丁就把这两位奇怪的年轻人介绍给了另一位风险投资家马克库拉。

马克库拉原来是英特尔公司的市场部经理，十分精通微电脑。他并没有在意乔布斯的样子，而是先对乔布斯和沃兹的“苹果Ⅱ”样机进行了考察。最后，马克库拉问起了关于“苹果B”电脑的商业计划。乔布斯和沃兹只对技术精通，对商业买卖一窍不通，二人面对马克库拉的提问，一下子面面相觑，说不出话来。但马克库拉并没有因为这样而对他们失望，而是决定和这两位年轻人合作，并出任董事长。

唐·瓦尔丁因为对乔布斯和沃兹的外表形象要求过于苛刻，而丧失了一个有可能是他一生中最重要的成功机会。而马克库拉却与他相反，没有对乔布斯和沃兹求全责备，而是更深入地接触和了解他们，所以他成功了，抓住了人生中重要的机会。

我们总会遇到各种各样的人，有很多不是我们的同路人，无论是志趣还是性格都与我们不合，甚至格格不入。但这并不能成为我们拒绝与人合作的理由，有时不要苛求完美。

不要强迫别人和自己一样，须知“方便有多门，根机有多种”；更不必要求人人都顺从自己的意思，眼耳鼻舌各司其职，才能组成一个健全有用的人。有了铁路，再建一条公路，甚至再加高速公路，分工合作，才能发挥出最高的实力来。有人说，我们每个人都是被上帝咬了一口的苹果，都有不同的残缺，都有这样那样不尽如人意的地方。确实如此，你必须让自己接受这个事实。如果你过于追求完美，对人求全责备，一定会对你的人际关系造成严重影响，会没有一个人敢跟你交朋友，你因此也就丧失了成功和幸福的机会。

一个人在社会交往中，不能太苛刻，否则你身边的朋友会很少，甚至会陷于孤独。严于律己，宽以待人，是交友中我们应提倡的基本态度。孔子说：“宽则得众，”意思是说，宽厚地对待他人，就会有更多的人拥护你。前苏联作家高尔基说:“爱找别人阴暗面的人,自己也常失掉光芒。”屠格涅夫也说:“不会宽容别人的人,也不配得到他人的宽容。”如果一个人身边缺少朋友,除了不善交往之外,也应该在交友的心态和思想方法上找一下原因。调整好心态,以宽厚的态度和辨证的方法对待他人,你会有更加光彩的生活。要知道,孤独并不是美丽的!

其实,待人苛察者,通常是由于利欲。或者妒忌,或者旧恨使然,或者发生了利益冲突,总是站在自己角度看问题,就不免会过分地责怪别人,苛求他人,从而就可能失去很多朋友。如果能克服私欲,换个角度,调整一下心态去看问题,情况就完全不一样。

人常说,心地无私天地宽!芸芸众生,性格各异,你不可能喜欢每一个人,也不能让每个人都喜欢你。在现实生活中,很多人对自己不喜欢的人嗤之以鼻或敬而远之,这种做法有些偏激了,势必对人际关系和事业发展带来不好的效果。

与人交往不求尽善尽美,与自己不同的事物要善于接受,就能够让自己得到更多的机会。

严于律己,宽以待人

“人之过误宜恕,而在己则不可恕;己之困辱宜忍,而在人则不可忍。”对于别人的过失和错误应该采取宽恕的态度,但是如果自己犯错误就不能宽恕;对于自己遇到的困境和屈辱应当尽量忍受,如果别人遇到困境和屈辱就不能袖手旁观。

某位著名的IT经理在总结自己的成功经验时说:“人生在我看来很简单,归根结底就是八个字,‘严于律己,宽以待人’。如果做到这八个字,许多事情就能豁然开朗!”这位经理所说的,正是《菜根谭》所推崇的处世之道——待人要宽,律己要严。

为什么待人要宽?为的是给人自新的机会。律己为何要严?因为不严会放松自我约束,让小错误发展成大错误。这是一种规范的待人之道,也是和人打交道最重要的原则。它的核心是强调自悟,对事物的标准,要有超然的体悟;判断是非,要有尽可能客观公正的把握。一个人具备这样的高贵品格,他的成功将是水到渠成的。

大明王朝著名的开国元勋徐达战功赫赫,却从来都不居功自傲,而是律己甚严。

徐达跟士兵同甘共苦,军粮不济的时候,他主动少饮少食,把口粮节省下来分给他们;大军还没扎好营寨,他坚决不提前进帐休息;士卒伤残,他亲自慰问;如遇上士兵牺牲,他会更加重视,筹集棺木安葬。

在生活方面,史书里有记载说:“妇女无所爱,财宝无所取,中正无所疵,昭明乎日月。”朱元璋曾经赐给他一块好地皮,但是农民的水路刚好经过这里。家臣看到有这个好处,就用这块地皮谋取私利,向农民征收“过路费”。徐达了解此事后,马上将此地上缴官府。

朱元璋杀了大批功臣,唯有徐达得以善终。他病逝于南京后,朱元璋为之辍朝,悲恸不已,追封他为中山王,并将他的画像陈列于功臣庙第一位,称之为“大明第一功臣”。能逃过朱元璋“诛杀功臣”的屠刀,不得不说徐达的严于律己、宽以待人发挥了极大作用。

在现实中,我们往往又是怎样做的呢?如果你注意观察,许多人采取了相反方式,变成了“严于待人,宽以律己”。对自己很宽松,什么都能做,做了坏事也从不感到羞愧。但要求别人特别苛刻,犯一点错误就看在眼里,记在心上,有一点小事对不起自己就喋喋不休。

“以圣人望人,以常人自待”,用圣人的标准要求别人,但对待自己却是常人标准。像这样的人,他交不到几个朋友,做起事情来,也不能和别人顺利合作。因为他不懂得什么叫做“恕人”,只知道用最苛刻的标准去要求别人,用最宽松的标准对待自己,这是特别自私的表现。为什么不想想,你有什么资格这么要求别人?又有什么资格如此放任自己?

这样的人，往往不能客观地看待问题。一旦遇到不顺的处境，就会抱怨别人对他怎么不好，社会又如何不公。他们总认为自己怀才不遇，觉得全世界都是坏人，全都对不起他。他们永远不知道哪里出现了问题，眼睛始终盯在别人身上，从来不反思，到头来吃亏的肯定还是他自己。长此以往，不会有人喜欢他，即使是一个深爱他的人，也终将离他而去。

以责人之心责己，就会减少很多过失；以恕己之心恕人，就可以维护良好的人际关系。

请将心比心，对别人的理解多一点，有一颗宽容他人的心！

朋友之间无大仇

传说有两个阿拉伯朋友在沙漠中旅行，途中吵架了，其中一个扇了另一个人耳光。被打的觉得受辱，一言不语，在沙子上写下：“今天我被好朋友打了一巴掌。”他们继续往前走。到了海边，被打巴掌的那位差点淹死，幸好朋友把他救出来。被救起后，他拿了一把小剑在石头上刻了：“今天因为我的好朋友捡了我一条命回来。”

朋友在旁好奇地问他：“为什么我打了你以后，你要写在沙子上，而现在要刻在石头上呢？”

另一个笑了笑，回答说：“当被朋友伤害时，把它写在最容易忘记的地方，风会负责抹去它。相反的，如果被帮助，我要把它刻在心里的深处，任何东西都抹灭不了它。”

这个故事向我们阐述了这样一个道理，与朋友相处时，要记住朋友对我们的帮助，而忘记他们对我们曾经造成的无心的伤害。

他是1个孤儿，先后被2户人家收养。

他13岁的时候，养了他5年的第1户人家，收养了自己亲戚家的一个儿子，狠心将他送了人。

第2户人家只养了他1年，就不愿意拿钱供他上学，就把他驱逐出门。

他14岁时由于被人抛弃习惯了，再也没有了哀求的欲望，流落街头。

他从垃圾桶里捡些剩饭吃。后来，他认识了一些流浪的孩子，跟着他们一起卖花、擦皮鞋、捡破烂。

20岁时，他在一家建筑公司当泥水工，结束了六年的流浪生活。

22岁时，他通过努力取得自考文凭，顺利进入一家公司当起了推销员。

还有什么苦他没有吃过呢？他无所畏惧，每一天都是在进步，都是在获取。因为他突出的业绩，当上了销售部经理。

再后来，他自己开起了公司，当上了老板。有了钱，也就有了房子、车子，凡是应该有的他都有了。

只是没有亲情。他决定将他的两对养父母都接来与他同住，他还叫他们爸爸妈妈，给他们好吃好住。

他的助理，也是曾经跟他一起流浪过的朋友说：“你疯了，你的养父母曾经那样对你，你还想给他们养老送终啊？难道你忘记他们抛弃你、虐待你的事情吗？”

他说：“是的，我都忘记了。我为什么要记住呢？我已经经历太多的苦难，我不想全都记在心里。”

他接着说：“我只记得他们曾经给我一口饭、给我一张床，我才没有被饿死、冻死。如果没有他们，我早就在这个世界上消失了！”

一个人境界的高低决定其成就的高低。如果只记住别人的坏，而把别人的好全都忘记，那么必定是一个心胸狭窄的人。这样的人无论做什么事都放不开，锱铢必较必定一事无成！

你是否也有过被别人得罪后，总想找个机会报复一下，以取得心理平衡的想法？凡是对方帮过自己的事，却转眼就忘了，就像没发生过这回事儿一样？

著名诗人萨迪说："谁想在困厄中得到援助，就应在平日待人以宽。"牢记别人对我们的恩惠，洗去我们对别人的怨恨，这样才会有快乐而有意义的人生。一位做编剧的朋友，在一次喝酒时说："我只记着别人对我的好处，不记得别人对我不好。"因此，这位朋友受到大家的欢迎，拥有很多至交。事实上就应该如此，别人给我们的帮助切不可忘，而是要乐于忘记别人愧对我们的地方。

乐于忘记其实是一种心理平衡的办法。要知道，和别人生气是拿他的错误惩罚你自己。老是念念不忘别人的"坏处"，其实最终受害者是自己的心灵，搞得自己痛苦不堪，这又何必呢？这种人，轻则自我折磨，重则可能进行疯狂的报复。成大事者的一大特征就是乐于忘记，既往不咎的人，才能把心里的沉重包袱甩掉，大踏步前进。乐于忘记，也可理解为"不念旧恶"。人要有一点"不念旧恶"的精神，而且在许多状态下，人们误以为"恶"的未必就真的是"恶"。退一步说，即使是"恶"，对方心存歉意，诚惶诚恐，你不追究他的恶，反而从礼相待，也会使为"恶"者感念其诚，改"恶"从善。

谁想在困厄中得到援助，就应在平日待人以宽。

记住每个人的名字

卡耐基曾经说过："一个人的姓名是他个人最熟悉、最甜美、最妙不可言的声音。在交际中，得到别人好感最简单的方法就是牢记他人的名字。"

快速拉近两个朋友之间的距离的好方法，就是记住新朋友的名字。对于刚开始交往而又不太熟悉的朋友，愉快地叫出他的名字，他会倍感亲切。

现代社会生活节奏越来越快，社会交际越来越频繁，每天你都可能接触到很多新朋友。不管是朋友聚会、社交应酬，还是价格谈判、公司会议，都要同新面孔打交道共事。你可能会习惯性地跟别人握手、聊天、交换名片，可一转身你就忘记他了，以至于闹出这边刚说完"久仰，久仰"，回头又问"您贵姓"的笑话。

记住新朋友的名字不仅是交际的需要，在工作和生活中更需要。如果你总是记不住别人的名字，不但让人觉得你很不礼貌，还可能在重要场合因小失大。

某学院来了一名新老师，据说他办事干练，水平很高，学院对他寄予期望很高，可不久他就辞职离去了。原来，他每次上课点名，都是以点学号开头："001，002，003，004……009 号来了没有？""026 号起来回答这个问题……"学生们各种好听的名字都让他用空洞的数字给代替了。上他课的学生都感到很不舒服，到后来，很少有学生愿意上他的课。

你应当意识到，如果你不去重视别人，怎么会有人重视你？名字只是尊重别人的一个很小方面，但一滴水映照出整个太阳，这一点就能反映你的品位。其实，如果仔细想想，叫出别人的名字并不意味着那个人多么重要，而是一种对人的尊重。

当你新交的朋友从你的口中听到他自己的名字时，一定感觉特别舒服，因为每个人都渴望得到他人的尊重。哪怕他很平凡，叫出他的名字，在一定程度上也满足了他的这种心理需求。因此，在交往中，记住别人的名字这一点至关重要。

一个推销员去拜访一个叫尼古得·玛斯帕·帕都拉斯的客人。前去拜访之前，特地用心记住了他的名字。当推销员向他说出"早安，尼古得·玛斯帕·帕都拉斯先生"时，他惊呆了。原来，因为他的名字比较晦涩又难念，别人都只叫他"尼克"。他对推销员激动地说："先生，我在这个地方居住 35 年了，除了父母之外，再也没有人叫过我全名。"后来，这位名字很长的先生接受了这个推销员推销的产品。

这位先生接受推销员的产品，并不一定是对产品本身有兴趣，可能在更大程度上是因为他从那位推销员那里感受到了尊敬。

记住别人的名字，是一种礼貌，更是与人相处时对他人的尊敬。另外，能记清楚新结识朋友的名字，还能抓住更多的机会。所以，忙碌之余，尝试着去熟记你每一位新朋友的名字。也许在你最需要帮助的时候，他们能给予你一些最需要的东西。

美国钢铁大王卡耐基不仅是闻名世界的企业家，更是处理人际关系的大师。相传他在10岁的时候，就发现名字对一个人很重要。事情是这样的，卡耐基照顾的兔子生下了一窝小兔，但他却没有足够的东西来喂养它们。后来，他告诉伙伴们，谁能为小兔子采集到足够的苣蓿和蒲公英，他就会以谁的名字来给这些小兔子命名。这样一来，就调动了伙伴们的积极性。他们争先恐后地去外面采野草，而且还比较谁的兔子长得快。这件事给年少的卡内基留下深刻的印象，也对他以后的事业带来了深远影响。

那些在历史上有所建树的人，没有谁不知道尊重他人的积极意义，记住别人的名字其实就是迈出了尊重他人的第一步。设身处地地想一想，如果一个人与你打过几次交道，却怎么也想不起你的名字，而一个与你只见过一面的人，却能随口叫出你的名字，在难以言说的尴尬与喜出望外的兴奋之间，你会喜欢哪一个？

20世纪美国最受人民爱戴的总统罗斯福，在还没有被选为总统时去参加一个盛大的宴会。席间坐着许多他不认识的人，但这些人都是非常有身份地位的。罗斯福明白在自己的竞选过程中，肯定需要他们的帮助。那么，该如何与宴会中的这些新朋友打交道呢？

罗斯福找到了一个他熟悉的记者，从记者那里问到了这些人的名字以及他们的一些情况。然后，他从容地走到陌生人面前，热情地叫出他们的名字，并且与他们谈了一些有趣的事情，此举大获成功。那些本来就对罗斯福有敬仰之心的人见他如此亲切，更加坚定决心支撑他。

无论如何，我们都要用心地记住别人的名字！因为熟记他人名字，就会得到别人加倍的尊重，甚至会得到更多真情回报。

人生在世，会与许多人萍水相逢。在一个很短的时间内，要记住一个新朋友的名字、头衔、相貌、籍贯等确实不那么容易。那么，如何快速牢记他人名字？

拿破仑三世解答了这个问题。他说："事情很简单。如果没听清楚别人的名字，就说：'请原谅，您的名字我没听清楚。'如果名字特殊，就问：'您的名字怎么写？'谈话时，尽量多地提到对方名字，努力把对方的名字同其本人的个性特征和整个外表联系起来。如果那人的脸很特殊，我就会非常关注他的名字。我一个人没事的时候，把别人的名字写到纸上，把它记在心里，反复念几次，这样我就能记住和我交往的每个人的名字。"

看来，要用心记住别人名字，在初次见面时就要弄清对方的姓名，好留下初步印象。如果你记性不好，那就请多记几遍，尽可能在谈话中重复对方名字，并在脑海中把对方的面孔和名字仔细对照，平时多加留心。如果做到这些，你一定会成为交际高手。

快速拉近两个朋友之间的距离的好方法，就是记住新朋友的名字。

家家有本难念的经

清官难断家务事，家家有本难念的经。这本难念的经里有各种鸡毛蒜皮五花八门的事，有油盐酱醋的细枝末节，有家庭收支的艰难平衡，有老人孩子的负担拖累，有兄弟妯娌的闲言碎语。小到不值一提的家庭琐事，大到威胁家庭团结的婚外恋情……无所不有，一个"家"字，看起来轻巧，担起来可不轻。

王英性情豪爽仗义，她有一个好朋友叫韩华，俩人是从小玩到大的好姐妹，现在工作了，虽然不是天天在一起，隔几天也得电话、短信联系着。

这段时间，韩华公司上了新项目比较忙，俩人联系不那么频繁。一天，王英和朋友聚会，听人说韩华的男朋友移情别恋，把韩华给甩了。听了这话，王英火冒三丈，她心里想：我以为她真忙，原来是在家伤心呢。这事不能这么算了，一定要狠狠地教训那个朝三暮四、无情无义的臭男人。

于是，王英把几个要好的朋友叫上，把韩华的男朋友拦在半道痛打了一顿。

韩华得知男朋友受伤后，心急如焚地赶到，她看着自己的男朋友被打得“惨不忍睹”，伤心得不得了。正当她打算报警时，王英给她打了个电话，兴冲冲地说：“华，我已经帮你收拾了那个忘恩负义的男人。他再敢跟你分手，我绝不饶他。”

韩华这才知道是王英干的，顿起无名火。

后来，韩华渐渐疏远了王英。

王英根本不知道，她从朋友那里听来的关于韩华和她男朋友分手的消息只是以讹传讹的谣言。其实，韩华只是和男朋友闹了点小别扭。这样一来，残局无法收拾，不光韩华和男朋友难以和好如初，就连王英和韩华的朋友关系也难以维持。

你不是能洞察一切的天才，也不是全知全能的上帝。如果你还有一点自知之明的话，就请不要瞎掺和朋友的家事。不是说“清官难断家务事”吗？清官都解决不了的事，你又何必逞能呢。

这里所说的“不要瞎掺和”是说你不应该盲目地掺和，因为你不可能对朋友的情况全部了解。朋友的好多事情你可能只看到了冰山一角，就算你们关系再亲密，也不要轻易掺和其中。否则，可能适得其反，越弄越糟。不要瞎掺和，不是说对朋友的事不关心、不过问，但一定要谨慎，以防弄到最后出现大家都下不了台的情况。

小梁夫妻二人都是火爆脾气，经常隔三差五地为一些鸡毛蒜皮的事情吵架，同事兼好朋友小冬总劝他们。前不久，小梁约小冬一起出来吃饭，在饭桌上小梁跟小冬说，这几天要是他妻子打电话过来，就说他还在公司忙新项目。说他最近和妻子闹了点矛盾，心情不好，暂时不想回家。

小冬觉得这事情也不是大事，就随口答应了。果不其然，小梁的爱人打电话过来问丈夫在不在，小冬满口应承：“在，公司最近刚接了个项目，事情特别多，我也在加班呢。小梁这几天晚上就在我家睡了，我家离公司近嘛，嫂子不用担心。”小冬为人向来敦厚老实，小梁的妻子听小冬这么一说，就没怎么多问。

这样过了一周，一天，小梁的妻子突然来到公司找小冬，说家里的老父亲病了，打电话给小梁怎么也打不通，让小冬通知小梁赶紧回去。小冬听后慌了神，赶紧寻找小梁的下落。小梁终于回来了，满脸晦气。小梁的妻子让他去交住院费，小梁“哇”的一声蹲在地上哭了，家里的积蓄已经被他赌博给输个精光。

原来，小梁前几天不回家是偷偷跑去赌博了。小梁本想把前几次输的钱捞回来就不再玩儿了，可越陷越深，越输越多，把家里的积蓄都输光了。小梁的妻子听了这话，顿时号啕大哭。小冬看这场面没法收拾，只得赶紧将自己的银行存款取出来，先把医药费垫上了。

此时的小冬后悔莫及，没想到自己帮小梁敷衍的话反而捅出了这么大的娄子。虽然主要原因在小梁，可他心里怎么也过意不去，如果不是自己当初欠考虑，没问清事情真相怎么会让朋友陷入这样的境地。不到半年，小梁的妻子就和小梁离婚了。

这件事虽然已经过去很久了，但它给小冬心里造成的巨大阴影却怎么也挥之不去。

其实，朋友之间经常会犯这样的毛病——互相包庇。殊不知，这种做法有时候不但维护不了朋友夫妻之间的感情，反而有可能起到破坏作用。俗话说清官难断家务事，即使是关系再好的朋友，在没弄明白前后因果之前，最好是不要掺和人家的家事。因为这样瞎掺和进去，可能非但没能帮上朋友什么忙，有时反而会让自己良心不安。

如果你自己家里的事情都没有搞清楚，千万不要掺和朋友的家务事。

乱发脾气要不得

发脾气是生活中不可或缺的一部分，就像吃饭、睡觉和聊天一样。它可能会在你和爱人吵架中出现，可能在老板对你粗暴指责的那天露脸，赶时间上班时被车流堵在了路上也可能导致你在车里一边狂按喇叭，一边破口大骂……暴跳如雷、张牙舞爪之后，随之而来的便是一句接一句的“气死我了！”

当你发脾气的时候，你会磨牙、脸红、心跳加快、肌肉紧张……身体的温度将快速上升，肾上腺素和去甲肾上腺素等化学物质会在体内激增，你会有种愤怒如火山爆发一样的感觉。你的身体似乎做好了搏斗的准备。

没有人敢说自己是无敌好脾气，发脾气是因为你的情绪愤怒了，你对身边的人或事感到无法容忍了。不管是男人还是女人，孩子还是老人，富人还是穷人，也不管你是何学历，受教育程度怎样，都无师自通地学会了发脾气，但发脾气的结局往往是把事情越弄越糟。

想想你无法控制愤怒而造成的后果吧。如果你在老板面前乱发脾气，你很有可能因此丢掉工作；如果你在同事面前乱发脾气，放心吧，你以后的日子不会好过的，你的任何细小失误都会快速传入老板耳朵；如果你在朋友面前乱发脾气，不好意思，你的友谊将被呼叫转移；如果来到恋人面前还是肆无忌惮地发脾气，那么等待你的爱情结局只能是“此情可待成追忆”。

如果你不想得到这些结果，那就请你慎重把握自己的脾气。是的，你很愤怒，也很生气。但是，别忘了问自己：这份工作是我还需要的吗？我以后还会与他们合作吗？我还需要这份友谊吗？这份爱情我希望它能够持续到底吗？

如果你觉得这份工作对你的价值比心情的畅快更重要，如果你觉得还将有求于同事，如果你觉得因一时的痛快错失一个重要的朋友不值，如果你觉得恋人的重要性远胜于自己受委屈，那就请你让自己冷静下来。

发脾气时说的那些伤人的话太沉重，人们的心会被重重伤到。不要以为你发脾气理所应当，也不要认为是朋友就不会介意你的脾气。棍子和石头只能伤人筋骨，恶言恶语却能让朋友寒心。一时冲动所造成的后果，就像在你朋友的身上插一把刀子，即使日后刀子被拔出，伤口会逐渐愈合，但伤痕却会被永久地留下来。

所以，每当你要对朋友运行发脾气的程序时，记得在前面加载复核程序。如果你控制不住，那么，很多重要的朋友将会从你的生活中离开。

当你对朋友生气，感到特别不爽，心情压抑时，可以大哭一场。当然，你需要找个没人的地方，相信你的怒火会随着畅快淋漓的泪水消失。你也可以找一个知心的好友，或对着镜子里的自己倾诉自己憋屈的情绪。你还可以燃起檀香，将和朋友“战斗”的旗帜放下，让紧绷的心弦放松一点，再放松一点，然后走进一个充满梦境的国度。除此之外，你还可以来点野蛮的，例如对着一个枕头猛打，一脚踢飞一个易拉罐。

跟朋友生了气，还可以采取不停地吃零食这种较特殊的发泄方式。你可以咬着牙、切着齿，心里抱怨着那个惹你生气的家伙，越吃越狠。

你还可以在对朋友发火之前，先从 1 到 10 反复数 2 遍，然后再决定要不要发脾气，或者每次生气暴发之前深呼吸几下。

有位政治家在台上演讲，突然有人在台下大声骂他：“臭狗屎，垃圾。”顿时，全场寂然无声，台下的听众都不知道怎样面对这样尴尬的局面。政治家没有愤怒,依然面不改色、脸带微笑地回了一句:"这位先生,请不要着急,您所说的环境卫生问题,我马上就会讲到。"

如果你有一个足够好的心态的话,你还可以像上面那位政治家一样用幽默代替愤怒。在朋友故意讽刺你的时候运用幽默,不但会化解怒气,还会显得你很有风度。如果你一定要计较的话,只会让怒气增加。

原谅朋友的高傲,对朋友曾经的妒忌学会宽容。当你受到了朋友不公正的待遇时,如果能原谅他,那就应该原谅;如果你觉得你无法原谅那个惹你生气的人,那就忘记他。这样一来,你就不会在自己所受的委屈、愤怒和失望中继续沉溺。你也将迅速地从愤懑的情绪中走出来,从而让自己的内心变得更坚韧强大。

发脾气是一种非常复杂的心理反应,它不但会让平时文雅的人失去理智,满口粗鲁脏话,还会让温和的人露出面目狰狞的表情,甚至拍桌子、掀翻一切的疯狂举动。

危难之中见人心

王莽新朝末年,赤眉军将赵喜围困,他与好朋友韩仲伯等数十人,带领着一帮老幼妇孺,爬上屋顶逃走。一路上,翻山越岭,韩仲伯的妻子年轻貌美,恐妻子遭人强暴而连累自己,就想将妻子遗弃在途中。尽管赵喜再三劝阻他不要这样做,可韩仲伯还是丢下妻子,自己逃命去了。为了掩盖韩仲伯妻子的美貌,赵喜在她脸上涂抹上泥土,并让她坐在小车上,自己推着她走。一路上,他们多次躲过了危难。

建武二十六年,内戚夫人们在光武帝召集的宴会上,纷纷称赞赵喜笃义多恩。她们告诉皇上:"当年遭赤眉之祸逃离长安,能够活下来全靠了赵喜的救助。"光武帝十分赞许赵喜的义气。后来,赵喜被光武帝征召入京做了太仆。光武帝夸奖赵喜说:"你不但为英雄所保荐,连妇女也怀念你的恩德呢。"于是,赵喜受到光武帝的赏赐极厚。

勇于救人于危难境地的人,会受到别人甚至是敌人的尊重。

晋代有一个叫旬巨伯的人,有一次去探望重病的朋友,正好城池被敌军所破。朋友劝旬巨伯:"我病得很重,你自己赶快逃命去吧!"旬巨伯却不愿丢下朋友,自己逃走。

门被踢开了,几个士兵凶神恶煞地闯进来,冲着他喝道:"全城人都跑光了,你们如此大胆,不怕死吗?"旬巨伯指着躺在床上的朋友说:"我不能丢下病重的朋友独自逃命。"

敌军被旬巨伯的真挚言语和无畏态度深深打动,说:"想不到这里的人如此高尚,这样的人我们怎么忍心侵害呢?走吧!"于是,敌军撤走了。

患难见真情,旬巨伯在危难的时候没有弃友人而去,敌人被他的诚心所感动,他因此救了友人和自己的性命。

三国时期有个叫骆统的人,袁术害死了他的父亲,母亲改嫁做了华歆的小老婆。八岁那年,他跟随亲戚回老家会稽,母亲为他送行。骆统拜辞了母亲,径直离开,没有回头。母亲哭得很伤心。亲戚对骆统说:"你回去劝慰一下吧。"骆统说:"如果我回头劝慰,不更增加了母亲的痛苦不舍和思念吗?"

骆统对母亲很孝顺,性格慈悲,乐善好施。有一年因天旱粮食歉收而闹饥荒,乡邻及远方的亲友们缺吃少穿,生活非常困难。骆统很想救济他们,怎奈家中粮食太少,因此终日悲伤,不思饮食。骆统有一姐姐品性温良,因为丈夫刚去世,暂时回娘家居住。她见弟弟天天满脸戚色,茶饭不思,便问他因何事发愁。骆统说:"乡邻亲友们都没有粮食吃,我哪里忍心独自吃饭呢!"姐姐说:"原来是因为这件事,你为什么不早告诉我,哪里至于把自己为难成这样呢?"她就把自己家中的粮食拿出来送给骆统，又把这事告诉母亲，母亲对于姐弟俩的这种善行义举很是赞扬支持。在骆统的帮助下，乡邻们顺利度过了饥荒，大家很是感激，骆统的美名也因此传遍乡里。

人生不会顺风顺水，难免会碰到挫折或面临困境。这时候，最需要的就是别人的帮助，而雪中送炭般的帮助会让绝望无助的人永生难忘。

人们总是可以敏感地觉察到自己的苦处，但对别人的痛苦却反应迟钝。他们不了解别人的需要，也不愿意花费时间去关心。有的甚至知道了也佯装不知，大概是没有切肤之痛吧。

虽然很少有人能达到“人饥己饥，人溺己溺”的境界，但不时体察一下他人的苦痛我们是应该能做到的。时刻关心朋友，在朋友身处困境时伸出援助之手。当朋友身患重病时，你应该多去探望，多谈谈朋友感兴趣的话题。当朋友遭到挫折而沮丧时，你应该给予鼓励：“失败是成功之母，再接再厉，下次再来。”当朋友愁眉苦脸，郁郁寡欢时，你应该关切地问他们：“有什么事情吗？”这些适时的安慰会像阳光一样，温暖受伤者的心田，让绝望者看到希望。

正所谓“疾风知劲草”，往往在关键时刻人们才能发现真正对自己好的人是谁。

第四章　学会用慧眼识人

看眼睛知人心

爱默生说：“人的眼睛和舌头所说的话一样多，不需要字典，却能从眼睛的语言中了解整个世界。”所以，想对一个人在某种程度上有个大致的了解和认识，认真观察他丰富的眼睛语言就可以。

未篡位之前，王莽一直给人以勤劳实干、俭省自律的印象。但司空彭宣看到王莽之后，却悄悄对大儿子说：“王莽神清而朗，气很足，但眼神中透露一丝邪恶，专权后可能要坏事。我又不肯附庸他，这官还是不要做的好。”于是，他上书称自己“昏乱遗忘，乞骸骨归乡里”。

后来，王莽果然篡权，成为乱臣贼子。

一般来说，当人心虚时，往往不敢直视别人的眼睛，本能地避开与他人目光的对视。

有一次，曹操派刺客去杀刘备。刺客见到刘备之后，并没有当时下手，而是就如何削弱魏国展开探讨，他的分析极合刘备的意思。不一会，诸葛亮进来，刺客很心虚，便以上厕所为借口逃跑了。

诸葛亮道：“此人见我一到，神情畏惧，目光低视，不时流露忤逆之意，奸邪之形完全泄漏出来，他一定是个刺客。”

刘备听后忙派人去追，但刺客已经逃远了。

在《推销员如何了解顾客的心理》一文中，心理学家珍·登布列说道：“假如一个顾客眼睛向下看，而脸转向旁边，你的推销应该没戏了；如果他的嘴是放松的，没有机械式的笑容，下颚向前，表示对你的建议他可能会考虑；假如他注视你的眼睛几秒钟，嘴角乃至鼻子的部位带着浅浅的笑意，笑意轻松，而且看起来很热心，你的推销将可能成功。”

一个人的视线可以通过不同的角度来了解。关键是弄明白对方是否看着自己。其次，观察对方视线的活动情况。视线刚接触立刻就挪开，他的心理状态是有所不同的。第三，视线的方向，即对方看你的视线是正视还是斜视。第四,视线的集中程度,即对方是否在专心致志地看自己。第五,视线的位置,通过对方视线的方位移动,来洞察他的心理变化。

能了解人所思所想所为的便是有识之士,他们知道处世的最难之处,莫过于识人;而且为人处世中的识人,从古至今就是件很难的事。人是不容易被人所了解与认识的,了解一个人,不但要了解其表面,更重要的是了解其本质,而这些又不是轻而易举就可以解决的问题。从辨别一个人的言行真伪到判定一个人思想境界的高低,中间无不渗透着人的精力与智慧。而处理人际交往时若表现轻率粗糙,就不能真正做到认识人。

有时,眼睛似乎也会说话,常常会反映出一个人的心理活动。心之所想,透过眼睛就能看出其中的大概。人们很难通过眼睛隐藏真相。

隋朝末年,李密战败,只身逃到雁门,隐姓埋名当起了教书先生,与魏先生认识且常来往。一次,魏先生半开玩笑地同他说:"我观察先生面色沮丧,目光涣散,心神不宁,说话含糊,难道先生就是朝廷要抓捕的要人吗?"李密十分惊慌,忙求魏先生救他一命。魏先生说:"我看先生没有帝王气象,且缺少将帅的雄才大略,仅一乱世英雄而已。"

李密涣散的目光将他的底气不足,心中恐惧展现得一览无余,败局已定。所以,魏先生通过对他的观察,看出他气数已尽。

要想看出对方的内心世界,最容易的途径就是通过眼睛,在现实生活中,与人交往也是如此。学会看懂对方眼神中暗含的信息,可以让你准确地判断出对方的心理及为人。

在谈话的时候,如果有一方眼光不断地转移到别处,这说明所谈论的话题并不是他感兴趣的。另一方发现这个问题以后,应该想办法改善这种局面。

当一个人看另一个人时,用眼光上下不住打量,表示了他对对方的轻蔑和审视。而且这种人自我优越感突出,有些清高自傲,喜欢支配差遣人。

当一个人对另一个人产生了好感,他没有用语言表达出来的时候,打量对方的眼光多交织着幸福、开心、愉快、欣赏等感情。

要读懂一个人,首先就要读懂他的眼睛,因为人身上最不会说谎的器官就是眼睛。

言为心声

察言是一种很有学问的技巧。人有时会不自觉地从口头流露出内心的思想。因此,与别人交谈时,只要我们留心,别人心中的想法就可以从谈话中探知。

一个人的话题中常常会展现出他的情绪。如果要明白对方的性格、气质、想法,观察其所谈的话题与其本身的相关状况是最易着手的步骤,很多有用的信息都可以从这里获得。

与中年妇女交谈时,她们的话题多是自己,因为她们最大的关心对象是自己。有时也谈论丈夫或孩子,那是她们把丈夫或孩子看成自己的化身,因此,她们认为事实上谈论的仍然是她们自己。与这样的中年妇女交谈时,你的形象就是一个倾听者,承认她们是贤惠的妻子、伟大的母亲。

在年轻小伙子的世界里,车子是他们最爱谈论的话题之一,关于车子的杂志也跟音乐、足球杂志一样畅销。小伙子的话题往往都涉及车子的品牌、性能、速度等有关的领域,尽管暂时买不起车的人占他们中的大多数。其实,他们那么热衷于车的话题,无非在表示自己将来有能力购车,或者是自己对这些懂得很多,这也是一种时髦罢了。因此,在听他们侃车时,你要表现出一副聚精会神的样子,最好不要摆出讨厌或不耐烦的脸孔,他们的虚荣心只要你的耐心就能满足。

语言表明出身。语言除了社会的、阶层的或地理上的差别外,还会因个人水平的不同而引起心理性措辞的差别。人的种种曲折的深层心理总会不知不觉地反映在自我表现的语言上。即使同自己想表现的形象无关，这个人的真实形象大体上也能通过分析其措辞得出。在这个意义上，正是本人没意识到的措辞的特征将他想掩盖的内心的真实世界给泄露了出来。

独立性和自主性强的人常使用第一人称单数；常用复数多见于缺乏个性、埋没于集体中、随声附和型的人。

人们总认为自己在说话和写文章时用的都是自己的语言。实际上，大家都会在无意中借用别人的话，以此来扩大自我。反过来探寻这一点，他人内心深处的世界就能被我们所窥见。例如，我们对说话老是使用难懂的词和外语的人多会感到困惑，而这些词语常常被这些人用做掩饰自己内心弱点的盾牌。充分显示自己的才能是必要的，但若过分矫饰，反而画蛇添足，其所带来最糟糕的效果就是让别人不知所云。

一般说来，一个人的说话方式常常能清楚地将他的感情和意见表现出来，对一个人的说话方式仔细揣摩，那么连弦外之音也会逐渐透露出来。

看破深层心理的关键是说话的快慢。如果对于某人心怀不满，或者持有敌意态度时，许多人的说话速度会变得迟缓，而且稍有木讷的感觉。如果语速变得快起来，说话人可能有什么亏心事或者有不诚实的地方。

有一个男人每天下班都按时回家，而这一天他下班后却和同事一起在办公室打扑克。回到家时，他跟老婆说他加班了，而且还抱怨为什么有这么多活要做之类的话。此时他的说话语调一定会比平常快，因为这样，潜藏于内心的不安才可以被解除。

想看破对方的心理还可以考察音调中的抑扬顿挫。当两个人意见相左时，一个人提高说话的音调，即表示他想压倒对方。

对于那种心怀企图的人，他说话时为了营造一种不同寻常的感觉，刻意用抑扬顿挫的语调，表达吸引别人注意力的意思，隐约地透露出自我显示的欲望。

我们想要突破对方的深层心理可以通过观察对方跟自己对话后的不同反应。

当一个人目光盯着对方，正襟危坐时，他可能是在认真地听话。反之，他的视线必然会散乱，而且不停地乱动或倾斜身体，这是他心情厌烦的表现。

有些人对对方的每一句话都认真去听，等到讲述者快说完时，他也会透露自己的心声。由此看来，这位倾听者要想突破讲话者的秘密，需要依靠坚强的耐心和好奇心。

如果某人一些方面的消息是你想知的，你就应和他从一个平常的话题切入，然后认真倾听、提问……一步步达到自己的目的。当谈高兴时，对方可能忽略了防范之心，相反你还会被当做一位很好的倾听者，善解人意呢。

语言是人际沟通的桥梁。想要探知对方的内心，察言便是又一途径，由弦外之音获得心中之意，交际的先机就被你掌握了。

识人不容易

人都有自己的伪装，所以识人难。对此，《六韬·选将》举了 15 种例子：有的外似善而实恶；有的外似善良，而实是强盗；有的外似恭敬，而内实傲慢；有的外似谦谨，而内不至诚；有的外似精明，而内无才能；有的外貌忠厚而实狡；有的外好计谋，而内乏果断；有的外似果敢，而内实是蠢材；有的外似实恳，而内不可信；有的外形放浪，却待人忠诚；有的言行过激，而做事有功效；有的外似勇敢，而内实胆怯；有的表面冷酷，却和善近人；有的外貌严厉，而内实温和；有的外似软弱、其貌不扬，而内实能干、办事能力强。

因此，观察一个人，要透过其表面现象透视其内心世界。

夷射在接受国王的宴饮后，在宫门附近遇见一个守卫王宫门口的小吏，名叫则跪。则跪请求他说："能给我一点酒喝吗？"夷射斥责他说："国王的美酒怎能让守门人这类下贱的人饮用？滚开。"夷射走后，则跪在廊门的接水槽中泼了一碗水，弄成类似小便的样子。

第二天，齐王出来呵斥则跪说："是谁昨晚在此小便呀！"则跪回答说："这地方曾有夷射站立过。"于是齐王大怒，诛杀了夷射。

一个守门人因为被大臣所污辱，竟设计要了大臣的命。由此可见，人们的确难以预料树敌树怨的危害。

对于领导者来说，客观判定真伪，辨别小人，尤为重要。

隋文帝时期的并州总管府司马皇甫诞在并州任上，协助汉王杨谅治理并州，深得器重。605年，隋炀帝即位，汉王被征诏入朝任职。在他人的煽动下，杨谅准备发动叛乱。皇甫诞闻讯后，多次进行劝阻，杨谅不但不听，为能逼他一道谋反还将其囚禁，逼他一道谋反。此时，身在长安的皇甫无逸，闻听事变号啕痛哭。人问其故，对曰："吾父生平重节义，必定死节，绝对不会幸免。"不久果真像皇甫无逸所说，其父死讯被传出。炀帝表彰皇甫诞的忠义，特封皇甫无逸为平舆侯，并将柱国、弦义郡公的封号赠予皇甫诞。

皇甫无逸任清朝太守期间，革故鼎新，兴利除弊，被封为右武卫将军以资嘉奖。炀帝巡幸江都，诏皇甫无逸居守洛阳。及炀帝被杀，越王杨侗被皇甫无逸和段达、元文立为新帝。其时，王世充反戈，威逼杨侗，以篡夺帝位。皇甫无逸不得不丢弃老母妻儿，斩关自归，向长安的唐政权投奔。王世充派骑兵追赶，皇甫无逸对他们说："即使一死，我也绝不会与尔等为伍。"于是，就解下随身佩戴的金带投到地上，"只要不与我为难，金带就给你们了。"追兵们纷纷下马，争抢金带，皇甫无逸顺利脱身。

念及皇甫无逸本为隋朝的有功旧臣，唐高祖李渊对他十分礼遇，拜刑部尚书，封滑国公。任陕东道行台民部尚书，迁御史大夫。当时，四川新定，吏多横恣，民不聊生，皇甫无逸被高祖封为持节巡抚。上任伊始，黜贪暴，用廉善，明法令，蜀人得以安居乐业。

皇甫希仁是个奸佞小人，诬告皇甫无逸因为母亲暂羁王世充处的缘故，秘密联络叛将王世充。高祖洞察其诈，将皇甫希仁处斩，特派遣给事中李公昌驰谕皇甫无逸，以示安慰。当时，皇甫无逸与行台仆射窦璡不和，就有人告发他与叛将萧铣私通。为表明自身清白，他不得已上奏高祖，并历数窦璡之罪。刘世龙、温彦博被命调查此事，确为诬告，遂斩告者而贬黜窦璡。及还长安，高祖宽慰他："近来对你多有谮毁，只是因佞人憎恶你的正直。"皇甫无逸顿首拜谢，高祖说："卿不负朝廷，何所谢？"之后，皇甫无逸更加竭尽所能地为唐朝效命以报高祖李渊的恩德，成为被百姓称颂的贤臣。

我们从这个故事中可以看出，作为领导及时识破小人的奸计非常重要。如果李渊没有识破小人对皇甫无逸的陷害，一名忠臣可能因此而损失。

在日常生活中，与小人打交道是谁都不愿意的。可是，又总不可避免地要与小人打交道。与这样的人打交道时，多留几个心眼是必需的，即使你比他强大，也最好不要与其发生正面冲突。仇视小人和与小人做正面斗争，足以显示出你的正义，却会给自身带来危害。小人存在于生活的各个角落，在与人交往中，要能慧眼识小人，不要让小人阻碍了自己的前程。

要想除了知人面，更知其心，就要由表及里考察其是否如一。

酒后之言要小心

人们常说"以酒盖脸，无话不谈"、"酒后吐真言"。在更多的情况下，人们在酒精的作用下，往往酒后出狂言，出胡言。所以，对于酒后之言，不可一概不信，更不可一概全信，应据具体情况认真分析，加以取舍，去其虚伪，取其精实。

精明的人，为达到自己的目的能够巧妙利用酒后之言。

东晋温峤，博览群书，为人处世有器量，擅长写作。晋明帝很宠信温峤这个栋梁之材，因而受到权臣王敦的忌恨。王敦经常找借口不上朝奏事，常流露出不尊重皇帝的言行。温峤多次劝谏他不要这样做，但王敦始终不采纳。深知王敦有谋反之意的温峤，暗下决心脱离王敦的掌控。他表面上假装顺从王敦，暗中深交王敦的心腹钱凤，常故意在别人面前以“精神满腹”来称赞钱凤。钱凤听后由衷地高兴，也与温峤相友好。终于等待的机会到了，丹阳（今江苏南京）尹空缺，温峤对王敦说：“京都是要害之地，应该选用文武兼备的人来担任丹阳尹。人选应由将军物色选定。”王敦问他：“你看谁最合适呢？”温峤就推荐钱凤，而钱凤也极力推举温峤。王敦对钱凤言听计从，果然，王敦听从钱凤的建议，奏请朝廷任温峤为丹阳尹。

王敦设宴为温峤饯行，温峤为防范钱凤破坏好事，在王敦面前说自己的坏话，就在宴席上假装醉酒，故意大呼小叫地耍酒疯：“钱凤是什么人，我温峤敬酒他竟敢不喝！”王敦以为温峤真喝醉了，也不责怪他。温峤害怕中途王敦变卦，他在向王敦辞行时，涕泗横流，恋恋不舍，走出王敦府邸又转身回来。这样，进出反复三次之后，才急驰而去。温峤走后，钱凤对王敦说：“温峤与朝廷关系很密切，与庾亮又是深交。这个人任丹阳尹，可能不会一心一意地对待将军。”王敦不以为然地说：“昨天温峤醉酒后失礼，得罪了你，是不是因此而来说他的坏话？”钱凤的阴谋由此不能得逞。温峤到任后，将王敦的谋反之意马上报告给了朝廷，请求朝廷早作准备，以备不测。太宁二年（324 年），晋明帝下令征讨王敦。由于阴谋败露，王敦忧郁成疾，最终死于军中。

温峤是聪明的，他利用酒后之言保全自己。同时，我们通过这个故事也可以得知，酒后之言不可轻信，判断他人真实用意要根据当时的客观情况。

在人际交往中，增进感情的有效方法之一是喝酒，这也使得很多滴酒不沾的人变成了杯中高手。既然无法避免喝醉，如何守住自己的本分就是喝酒的人感到棘手的难题。在商业往来中，希望以酒精来洗去彼此沉闷心情的并非自己一人，能将对方心理武装去除的事是大家都希望的，人都希望对对方的内心的真实想法有深入地了解。在这种情况下，我们既要能够包容对方的失态，更要避免自己失态。

对于微醉的人，由于其理智依然十分清楚，所以酒精并未影响到言谈，思路也清楚。所不同者，有酒助兴，神经略显亢奋而已。此时，多话健谈、神采飞扬是谈话者的一般表现，而且思路清楚，逻辑严密。对于一些平时少言寡语、城府较深的人来说，此时的表现可能与平时大相径庭。所以，可以认为这是听话、交谈的大好时机。但是，也要记住，说话人这时并未完全喝醉，思想活跃，完全能够控制自己。所以，他所说的不能被认为全是“真言”。要知道，说不定由于他们此时的思想活跃，更多的技巧和隐语反而会被运用到语言中。因此，必要的“去粗取精，去伪存真，由表及里”的功夫仍不可少。

对于酒后之言，不可一概不信，更不可一概全信，应据具体情况认真分析，加以取舍，去其虚伪，取其精实。

心情写在脸上

表情是人类的一种心理现象，是情绪的外部表现。通过观察表情，对方的心理可以被我们窥视，是快乐的抑或是悲伤的。在热播美剧《别对我撒谎》中，主人公卡尔轻松破案的方法令人惊异：在缺乏人证、物证的情况下，只是和爆炸案嫌疑人聊了会儿天，捕捉到了对方耸肩、吸鼻子等几个转瞬即逝的表情、动作，安置爆炸物的地点便以此为线索被找了出来。

他凭什么线索破的案？答案很简单，观察表情。其实，捕捉人的表情不仅是破案人员擅长的，画家们也是通过人物的喜、怒、哀、乐来展示人的心理。我们在与人交往中，要想判断对方的心理活动可以通过观察人的表情。

结婚3年后，丈夫小金和妻子二梅为柴米油盐等琐事常吵架，刚结婚时形影不离的感觉早就没了。

起初争吵完没多久就和好了，随着吵架次数的增加，吵架竟成了家常便饭了。小金和二梅谁也不愿再理睬对方，冷漠出现在了他们的生活中。

但这也不是办法，小金和二梅毕竟还有朋友和家人要面对。为了不让别人看出来，他们逐渐过渡到有别人在场的时候，彼此显得关系还不错，很恩爱，一旦只有他们独处时，便谁也不和谁说话，互不打扰。渐渐地，没人在的时候他们也开始说话了，但这并不是尽弃前嫌，因为有些话是在一些情况下不得不说而已。随着彼此间的不和发展到极端时，不快乐的表情反而慢慢地消失了，他们的脸上呈现出一种微笑。一位经常办理离婚案的法官说，当这种态度由夫妻间任何一方表现出来时，就表明夫妻关系已到了不可调和的地步了。

夫妻间一旦出现不应出现的彬彬有礼的表情，就表明了他们夫妻感情已死亡、婚姻关系已破裂。

人类的心理活动非常微妙，但表情常将这种微妙流露出来。不过，这种表情有时会隐藏得很深，单从表面上看，就会让人判断失误。

比如，在一次洽谈会上，对方笑嘻嘻的一副满意的表情，使人很安心地觉得交涉成功了。可是，最后得到的结果反而是谈判失败。由此看来，我们只是简单地从表情上来判断对方的真实感情是会出现失误的。

在生活中，我们有时会看到有些人不管别人说了什么、做了什么，他的脸上都不会流露出任何表情。其实，感情不一定都会通过表情展现，因为内心的活动倘若都呈现在脸部的肌肉上，那就显得很不自然。

例如，对主管的言行不满的员工，只是敢怒而不敢言，只好故意装出一副无表情的样子，显得毫不在乎。但是，他内心其实有很强的不满。如果你这时仔细地观察他的面孔，就会发现他的脸色不对劲。碰到这种人，最好不要直接指责他，或者让他下不了台。

两种情形下会出现毫无表情的状态，一种是极端的不关心，另一种是根本不看在眼内。

例如，这里在谈话，有人就很茫然地看到这边来，模样显得不知如何是好，这就是一种根本不看在眼里的表情。但这有可能代表的是一种好意，尤其是女性，倘若将自己的好意太露骨地表现出来，反而不妥，不如就显现出一种近乎漠不关心的表情来。

微笑时也可能是愤怒悲哀或憎恨到了极点，这种情况跟无表情不同。通常人们说脸上在笑、心里在哭的正是这种类型。纵然满怀敌意，但却要装出轻松愉悦的表情，行动上也落落大方。

人们这样做的原因，是觉得如果将自己内心的欲望或想法毫无保留地表现出来，无异于违反社会的规则，甚至会引起众叛亲离，成为大众指责的对象。为避免获得社会的制裁，不得已而为之。

越是没有表情的时候，更为冲动的感情越可能被隐藏。

语气的含义

当一个语速平时很快的人，或者语速一般的人，突然放慢了语速，就一定是有什么东西要强调，想引起他人的注意。

平常说话慢慢悠悠的人，面对一些人说出不利于他的话时，假如他用快于平常的语速大声地进行反驳，很可能这些话都是对他的无端诽谤；假如他半天支吾却不说话，很可能这些指责就是事实，他自己心虚，故而中气不足。

不满对方或怀有敌意的时候，就会将谈话的速度放慢；反之，心里有鬼或想欺骗别人的时候，多数会加快说话速度。

一个平时沉默寡言的人，假如一时变得能言善辩、喋喋不休，则表明其内心藏有秘密却不想被人知道。

一个人充满自信，谈话时一般多用肯定语气；若是自信缺乏，或性格软弱者，谈话的节奏多慢吞吞、有气无力。

喜欢小声说话的人，不是对事物缺乏自信，就是有较为女性化的性格。那些说起话来没完没了、希望话题拖长的人，其内心是担心被别人打断和反驳。唯有这种人，才能以盛气凌人的架势谈个不停。

结束语喜欢用暧昧或不确定的语气的人，通常会害怕承担责任；经常使用条件句的人，如“这个看法仅是我个人的”、“这不能一概而论”、“在一定意义上”、“在某种情况下”等，大多属于神经质（指人的神经过敏、胆小怯懦、情感容易冲动的气质）。

语气不同，所表达的意思也就不同，需要多加注意。

坐姿也能辨识人

对“坐”稍加留意，你会发现人的情绪、欲望、个性、地位可以从座位的排列、彼此间隔距等方面看出来，你将从细节获得真实的信息。

首先谈到坐的距离，这个距离的大小，足可显示出对他人身体空间侵犯的程度。互不相干的人，假使距离过近，不愉快或不安全的感觉就会产生，彼此亦构成对对方领域的侵犯。

相反，如果两人是情侣的话，身边即使有再大的空位，他们也会挤在一块儿卿卿我我。以此类推，同样是一个机关的工作人员，那些与领导沟通良好的，与反感领导的人员，其与上级之间选择座位的距离就会有所不同。

排座也相当有意思。受领导赏识的人，或者想讨好领导的人坐的地方位于领导两旁或靠近处，以表示自己的忠诚与专心；而领导不喜欢的人，或对领导抱有不满情绪的人，坐的位置通常是远离领导的地方或角落，这就表明了两者心理上的距离如同其座位间的距离一样大。

一个人的性格也能通过坐姿被细致而准确地反映出来。

在座位上坐下以后，如果女性立即跷起二郎腿，说明她很希望交往的对象能够给予她过多的关注；若是男性，多表明他的内心有很强的对抗意识，甘心输给对方是绝对不可能的，同时也反映出他较为自信和随便的性格特征。

坐着的时候，双腿紧紧并拢，这样的人胆怯、害羞的成分占了他性格中很大的比例，他们对新环境的适应能力往往很差，调节的时间需要越长。在没有调节过来之前，他们往往显得局促不安，呆板和僵硬的动作，让人看了不舒服也不美观。这样的人大多欠缺一些自信，但一旦适应了所处的环境，一切也都会随之改变。

双腿不断地相互碰撞或是抖动的人，说明此刻他们缺少平静的心情，可能是在思考什么方法和策略。有问题发生时会下意识地出现这种动作，但如果这种动作发生在没有让人劳神的事情时，则说明这个人比较暴躁、易怒，不够沉着和冷静，也缺乏耐性。

大腿叉开，两脚跟并拢或者是保持并不太大的距离，身体较肥胖的男性出现这种坐姿较多。如果换作是女性，则显得不雅。这样的男性大多很有男子汉气概，而且还具有一定的社会地位和成就。与他们沟通并非十分容易，若想和他们保持良好的关系，需要采取一种低姿态去讨好他们。

坐着的时候两腿交叉，双臂张开，沉着冷静的人多有这种坐姿，他们的随机应变能力比较强，能够迅速地对突发事件做出反应。而除此以外，他们还具有一定的胸怀，善于接纳他人的意见。但他们表露真实情感的时候很少，他们善于在细致地观察和分析他人后，再与之接触。

坐着的时候双腿交叉，双臂也交叉，多是缺乏冒险精神的人。他们乐于遵循一些约定俗成的规章制度，缺乏责任感，从来不会轻易地对他人给出允许，而且总是想着寻找一个非常保险的避难所。

双脚着地，微微分开，这一类型的人大多比较认真、实在，能够脚踏实地地办事，让人放心。他们有较强的取胜欲望，从来不会向别人认输。他们在很多时候能让自己的大脑保持清醒，对自我要求很严格，从不会放纵自己，轻视那些无视道德法律的人。他们做事多讲究一定的先后顺序。

在人与人的交往中，坐的时候居多，对坐姿的观察是识人过程中绝不可忽视的。

走路的艺术

除了坐姿以外，对一个人进行观察、了解和认识也可以通过行姿、立姿。

一般来说，一个人昂首挺胸，高视阔步，说明这个人自信心和自尊心强，甚至有些自负，好妄自尊大，同时清高、孤傲在性格中也占一定分量，虚荣心和表现欲比较强，希望能够引起他人的重视。

如果一个人躬身俯首，微收双肩，温文恭顺，说明这是一个比较谦虚谨慎的人，自信心不足，缺乏一定的胆识和魄力，欠缺冒险精神。虽然也有虚荣心和表现欲，但这种感情又和本身的性格发生了冲突，因为缺少自信而不敢表现自己，反而不希望被人注意。

一个人低头走路，而且步履显得特别沉重，那么一定是有什么打击了他，显得灰心丧气或在苦思良策。

以小快步行走的人性情急躁，或许腿短也是造成这种情况的原因。不过，走得快的话，心情自然较为急迫。

与小快步相反，有人爱顺一直线迈着大步优哉游哉行走，如果是女人这样走路，那么她的独立性很强，而且不太顾家。

走路时双手叉腰、上身微向前倾的人，如同短跑运动员，他希望通往自己的目标的路径最短，速度最快。当他似乎无所作为时，往往是在计划下一步的重要行动，并且积蓄了能突然爆发的精力，那叉起的代表胜利的V字形前臂是他的特征。

一个人心事重重时，走起路来常会摆出沉思的姿态，譬如，低垂头部，紧紧交握的双手放在背后。他的步伐很慢，而且可能停下来踢一块石头，或拣起地上的一张纸片看看，然后丢掉。那样子就像在对自己说："不妨换个角度来看看这件事。"

一个自满甚至傲慢的人，走路姿势可能是采取墨索里尼式的。他的下巴抬起，手臂夸张地摆动，腿是僵直的，步伐沉重而迟缓，别人可能会因为这样的走路姿势而对他印象深刻。

首脑人物常采用速率和跨度一致的步伐。这样走路，容易让随从和部属跟在后面时保持步调一致，队形呈现小鸭跟着母鸭式，以显示追随者的忠实和服从。

不喜欢交际的人，大多走起路来用力而急促，且上半身基本保持不动，认为那是有闲阶级才办的事情，不愿意为此浪费时间和精力。他们头脑聪明，总是不动声色地把事情做完，能给人意外的惊喜。

走路疾快，不管是在拥挤的人群当中，还是在人迹罕至之地，完全不顾他人感受，一律横冲直撞、长驱直入的人，他们性情急躁，办事风风火火，同时坦率真诚，喜欢结交五湖四海的朋友，伤害朋友的事轻易不会做。

步调混乱，没有固定习惯，或是双手放进裤袋，双臂夹紧；或是摆动两臂，昂首阔步。这样的人大多豁达大方、不拘小节，是好朋友的不错人选；有成就一番丰功伟业的雄心壮志，但有时显得华而不实；遇到争端不肯轻易认输，所以“秀才遇到兵，有理说不清”的现象常有。

扭动腰肢，摇曳生姿，女人多半有这种走路姿态。她们坦诚、热情、善良、随和，是社交高手。有些放荡和轻佻的女人会以这种姿态走路，但更多的现代人认为这是女人妩媚和迷人的动作，是女性的风采和气质的展现。

一个人一步三跳，喜形于色，则一定是得到了盼望已久的东西，心情自然高兴。

辨音识人

《礼记》中说：“凡音之起，由人心生也。人心之动，物使之然也。感于物而动，故形于声。声相应，故生变。”这段话是人的内心与声音关系的体现。对于一种事物由感而生，必然表现在声音上。由于内心世界的变化，人外在的声音也会随之变化。所以，也可以依此来观察一个人的性格。

1. 高亢尖锐的声音

发出这种声音的女性情绪起伏不定，对人有极为明显的好恶。这种人一旦执著于某件事，其他的事往往都靠边站。不过，通常也会因一点小事而伤感情或勃然大怒。这种人会轻易说出与过去完全矛盾的话，且并不引以为戒。

声音高亢者一般较神经质，对环境的改变反应敏感。若房间变更或换张床，则睡不着觉；富有创意与幻想力，美感极佳且不服输，讨厌向人低头；说起话来滔滔不绝，常将己见灌输给他人。面对这种人不要给予反驳，使其深感满足的态度是表现谦虚。

2. 温和沉稳的声音

性格内向的女性，音质柔和、声调低，她们随时顾及周遭的情况而压抑自己的感情。同时，也有表达自己的观念的渴望，因而应尽量让其抒发感情。

这种人具有同情心，对受困者不会坐视不管，属于慢条斯理型。上午往往有气无力，下午变得活泼也是其特征。

拥有温和沉着声音的男性，乍看上去显得老实，其实有其顽固的一面。他们往往固执己见绝不妥协，不会讨好别人，他人意见也绝不会对他造成影响。

3. 沙哑的声音

发出沙哑声的女性，通常个性突出，即使外表显得柔弱也具有强烈的性格。虽然她们对待任何人都亲切有礼，却难以暴露自己的真心，让人感到难以捉摸。她们虽然可能与同性间意见不合，甚至受人排挤，却容易获得异性的欢迎。对服装她们有着极佳的品位，也往往具有音乐、绘画的才能。面对这种类型的人，必须注意，自己的观念不可强迫向她灌输。

带有沙哑声者的男性，往往是耐力十足又富有行动力的人，即使是令一般人裹足不前的事，他也会铆足劲往前冲。容易自以为是是这种人的缺点，而对一些看似不重要的事却掉以轻心。

4. 粗而沉的声音

沉重的有如自腹腔发出声音的人，不论男女，性格中都有乐善好施、爱当领导的一面。喜好四处活动而不愿待在家中，体型可能随年龄的增长会变得肥胖。

女性如有这种声音在同性中间会人缘较好，众人很容易对她产生信赖，成为大家讨教主意的对象。这种人是最好相处的。

男性如有这种声音通常会开拓政治家或实业家的生涯。不过，其感情脆弱又富强烈正义感，争吵或毅然决然的举止会使其日后懊悔不已。这种人购买高价商品时较容易表现干脆。

5. 娇滴滴的声音

发出带点鼻音的声音的女性，通常是极端渴望受到众人喜爱的人。这种人往往心浮气躁，有时由于过多地希望博得他人好感而招人厌恶。如果是单亲家庭的孩子，则表明内心对年长者的温柔有所期盼。

发出这样的声音的男性，多半是独生子或在百般呵护下长大的孩子。这种人独处时感到非常寂寞，当需要自己做决判时会感到迷惘而不知所措。他们对待女性非常含蓄，绝不会主动发起攻势。当他们单独与女性谈话时，会特别紧张。因此，这种人在他人眼中显得优柔寡断。

对于一种事物由感而生，必然表现在声音上。由于内心世界的变化，人外在的声音也会随之变化。

由笑辨识人

笑，每一个人都会，并且我们不时在笑着。但是，你知道吗？人们的性格与他们笑的方式是有一些必然联系的。

捧腹大笑的人多是心胸开阔的，当别人取得成就以后，他们只会真心地献上祝愿，而很少产生嫉妒的心理。在别人犯错以后，他们也会给予最大限度的宽容和谅解。他们的幽默感很强，总是能让周围人感受到他们所带来的快乐。同时，他们也颇具博爱与同情心，在自己的能力范围内，会向他人伸出援助之手。他们不势利，不嫌贫爱富、欺软怕硬，比较正直。

笑的幅度非常大，全身都在打晃，这样的人大多性格正直而诚恳。和他们做朋友是不错的选择，因为面对朋友的缺点与错误，他们往往能够直言不讳地指出来。

只是微笑，但并不发出声音，这样的人大多是感性而内向的。他们的性情比较低沉，情绪化比较强，而且很容易被别人影响。他们很有一些浪漫主义倾向，会一直寻找一些可以制造浪漫的机会，为此可能做出一定的牺牲。他们的性情比较温柔、亲切，能够给人一种很舒服的感觉，因此比较容易和人相处。

小心翼翼地偷着笑的人，他们大多是内向型的人，性格偏于传统、保守。与此同时，他们与人相处时表现得很腼腆。但是，他们对他人的要求往往很高。如果达不到要求，常常会影响到自己的心情。不过，他们对待朋友一向患难与共。

看到别人笑，自己就会随之笑起来。这样的人多是乐观而又开朗的，情绪化比较强，而且富有一定的同情心，他们具有积极的生活态度。

笑的时候用双手遮住嘴巴，说明这人十分害羞。他们的性格大多比较内向，而且很温柔。他们很少会随便告诉别人内心的真实想法，包括亲朋好友。

"哈哈哈"型发笑的人，是从腹腔发出笑声的人，是所谓的"豪杰型"。一般人很难发出这样的笑声。这是身体状况极佳时才有的笑声，平常若这样发笑必是体力充沛者。不过，这种笑声带有威压感，会震慑他人，所以让人产生防范心理。发生这种笑声的女性，一般属于领导型人。

"呵呵呵"型笑声，是感到自己缺乏信心或者压抑不快的情绪时，没有理由发笑的笑声。有时可能以这种笑声掩饰内心的牢骚，当人心浮气躁或身体疲倦时可能也会发出这样的笑声。

"嘿嘿嘿"型笑声，是含有讽刺和轻视含义的笑声，已成习惯者另当别论。但一般人发出这种笑声，即可断定商谈无法成功，而当事者往往心中十分不安和烦恼，带有攻击性，想要用笑声来压制他人以获得快感。

"嘻嘻嘻"型笑声，是少女们才会发出的笑声。好奇心强，凡事都想一试，非常渴望博得周围异性的好感。这种心态随时表现在脸上，情绪有高有低，高兴和郁闷之间有非常大的落差。

人们的性格与笑的方式有一些必然的联系。

注意口头禅

许多人说话时常常在无意之中高频度地使用某些词语，这就是人们常说的“口头禅”，而这些语言习惯往往能最真实地反映出说话人的性格。

说“没意思”的人必然是生活态度不积极，对现实不满的人；说“没问题”的人会让他人觉得他值得信赖；说“是吗”的人并不是确认你的答案，也不是不相信你的话，只是一种随口说出的话而已。还有以下几种常见的口头禅。

1. 经常说“绝对”、“肯定”的人

心理学研究表明：这种人往往比较主观，而且常常是不注意他人感受的，他们的很多想法是一种自我的幻想甚至是妄想。在一般情况下，这种人是难以成就大事的。

喜欢说“绝对”的人，大多有自以为是的毛病。有时，他们的“绝对”被人驳倒之后，为了隐瞒自己内心的不安，总要找一些借口来自圆其说，总想让自己的东西被人接受。其实，别人不相信他们的“绝对”，他们自己也不认同这种“绝对”，只不过是为了维护所谓尊严而强撑着。

2. 喜欢说“这个”、“那个”的人

属于神经过敏的一种，为人处世胆小怕事、亦步亦趋，而且他们中大多数的语言表达能力非常差。反之，极少使用这类口头语的人，则很自信，做事也比较坚定持久。

3. 习惯说“听说”、“据说”、“听人说”的人

这类人之所以用此类口头语，是想给自己留有足够空间。这种人见识虽广，决断力却不够。左右逢迎、八面玲珑的人易用此类语。

4. 满口都是“我”的人

有些人日常说话总是“我”、“我的”。有人在人称语里，常常使用“我”字，这表示他具有儿童或女性的性格，并且这种人喜欢在各种场合表现自己。有人不常用“我”字，但却爱用“我们”或“我辈”等字眼，这和那些自我表现欲强的人是类似的。

5. 常说“所以说”的人

一些人喜欢把“所以说”挂在嘴边，这看起来是善于总结的表现，深究起来远不是这么回事。常说“所以说”的人最大的特点是总认为自己做什么都是正确的。

6. 嘴边常挂着“对啊”的人

在日常生活中，没有人喜欢别人逆着自己的意思行事。所以，就有这样一类人，他们嘴边挂着“对啊”，看似一团和气，人际关系也不错，其实这只是表面文章。他们是以“对啊”来迎合别人，暗地里却处处盘算着自己的利益。

只要留心，就可以从一个人的口头禅中窥见他的内心世界。

人如其字

从宏观上讲，人作为社会化的高级动物，在认识世界、改造世界的过程中，不但能感知事物，而且能把感知的事物记下来，通过大脑中高级的思维活动，形成各不相同的世界观和个性特征，进入潜意识，在一定的条件下，用一定的方式体现出来。

文字，是其中表现形式的一种。首先，笔迹是和遗传有关系的。研究中发现，直系亲属之间，尽管字体的大小、力度、肥瘦等具体特征不尽相同，但某些笔迹的韵味、架构、笔势等却有着惊人的相似，说明笔迹像人的禀性、健康等一样有遗传性。笔迹还与人的生活经历、生活环境、所受教育水平、与人交往的密切程度、工作、学习等社会活动有着密切的关系。

不同心情下会写出不同笔迹的字。但在长时期内，字体的主要特征，如运笔方式、习惯动作、字体开阔是不变的，但是最近的字更加可以反映出最近的思想、感情、情绪变化和心理特点等。笔迹可以反映一个人的性格、能力、品质特征等，是客观现象，有许多例子可做佐证。

笔迹特征为字体较大，笔压无力，字形弯曲；不受格线限制，风格个性化；有时会变草书，有时会向右上倾斜，有时也会向右下降，字体稍潦草。这类人平易近人，好相处，善于社交活动，是和蔼可亲、关心他人的人。气质方面具有强烈的躁郁质倾向，他们待人热情，兴趣广泛，思维开阔，做事有大刀阔斧之风，但是大多不注意细节、耐心不够、不够精益求精。

笔迹特征为字形方正、一笔一画型，笔压有力，笔画分明，每个字各自分开，字的间隙与大小不整齐，具有自己的风格，但笔迹并不潦草。字的大小虽有不同，但总体上是偏小的。这类人不善交际，属理智型；办事认真，却缺乏一点热情；对于有关自己的事很敏感，害羞，对他人却不甚关心，感觉较迟钝。气质上呈现出分裂的可能。

在一般情况下，他们的逻辑思维能力都比较强，性格笃实，思虑周全，办事认真谨慎，责任心强，但容易循规蹈矩。书写者的思维能力倾向于形象和广度思考。为人热情大方，心直口快，心胸宽阔，不斤斤计较，并且可以宽恕别人的过错，但往往不拘小节。

笔迹特征为每次书写，字的大小基本上不变，不受空间影响；字形稍圆弯曲，有时呈直线形，有时字形具有自己的风格，有的是整齐而合乎规则；大小、形状、角度和笔压均不固定，潦草为其显著特征。这类人虚荣心强，重视外表，经常希望以自己的话题为中心，因而话太多。不会站在别人的立场上来思考，同情心与合作精神不足。由于以自我为中心，容易受煽动，亦容易受他人影响。

另外，这类人看问题非常实际，有消极心理，看待问题总注意阴暗、消极的一面，容易悲观失望，字行忽高忽低，情绪不稳定，常常因为遇到的喜事或愁事而兴奋或悲伤，心理调控能力较弱。

笔迹特征为字形方正、一笔一画型，但是没有规则的平凡型，无自己的风格，字迹独立工整，笔压很有力。这类人凡事拘泥慎重，行事一板一眼合乎规矩，中规中矩，但稍嫌缓慢。意志坚强，热衷事务；说话十分琐碎，没有幽默细胞；有时会激动而采取强烈行动。

这些人一般精力充沛，为人有主见，个性刚强，做事果断，有毅力，有开拓能力，但比较固执。笔压轻，书写者缺乏自信、意志薄弱，有依赖性，在困难面前会选择逃避。笔压轻重不一，书写者想象思维能力较强，但是情绪易波动，做事优柔寡断。

笔迹特征为字形方正，稍小，有独特风格。特别是蜷缩或扁平的形状居多，字迹大多各自独立，笔压强劲，字的角度不固定，但字体并不潦草。这类人气量较小，缺乏判断和应对事务的信心，对他人的评价和态度非常在意。简言之，属于神经质性格的人。他们有把握事务全局的能力，能统筹安排，为人和善、谦虚，善于吸收听取别人的意见，体察他人长处。留白大，书写者凭直觉办事，不喜欢推理，性格十分执拗，做事比较偏激。

笔迹承载着很多人体信息，是大脑中自然流露出的潜意识的体现。

脑袋装着什么？

我们通常会通过观察别人的动作来识人，首先是人的头部动作。这不仅是因为头长在整个身体的最上面，极为显眼，而且更重要的是，头部是承载信息最多的部位。

直竖着头的姿势含义是“不偏不倚”。在中国古代哲学中，有种说法叫“不偏不倚谓之中”。这种头部姿势是表示中立的态度；斜偏着头的姿势是表示对某事有了兴趣，包括女士对男性的兴致盎然；当你同他们交谈时，你只需斜着头并不时点头，就会使对方有温馨的感觉；向下低头的姿势意味着否定或批评，通常会和严厉的表情相伴出现。

将头部垂下成低头的姿态，它的基本信息是“我对你很谦卑”，但这个动作不限于居下位的人。

当同事或居上位者做此动作时，是一种消极的暗示，或者传达出另一种信息，“我是友善的”。

头部猛然上扬，然后恢复通常的姿态。这是在遇见陌生人或不熟悉的人的时候的动作，它表示“我很惊讶会见到你”。在这儿，重在表现出惊讶的意思。当距离较远的时候，头部上扬是用在对某事很熟悉时，突然明了某事物的要旨而惊叹的一刹那。

突然把头低下以隐藏脸部，可用来表示谦卑与害羞。在他人怀有叵测之心时，把头低下则具有全然不同的意义，表示有很强的压迫感。在这种情况下，其主要差异在于眼睛向前瞪视敌人，而不是和脸部下垂这一动作同时进行。

抬头是有意投入的行为。下属进入上司的办公室，站在上司面前，这时，他发现上司正低着头在桌上写东西。如果他对上司有畏怯之感，那么他会站在那儿一言不发，直到上司把头抬起来看他。这么简单的动作，就足以让下属有勇气说话。

头部后仰，这是势利小人或自信心很强的人把鼻子抬高的姿态。一个人会把头部后仰，其情绪变化包括：沾沾自喜、恃才傲物、自以为是、存心违抗。基本上，这种姿态是挑衅的仰视而不是温顺的仰视。

头部歪斜，这个动作源自幼时舒适的依偎——小孩通常会头靠父母肩膀。当成年人（通常是女性）把头歪斜一侧时，此情此景就像回到了童年，找回了安全感。如果这个动作是用于玩弄风情，那么头部歪斜便有“装纯”的意味，即表示在你的手中我只是一个小孩，我迷恋让你保护的感觉。

头部低垂，表示动作者深觉厌倦。

当某人在听别人讲话时，用不着非告诉对方他说的话你都听得一清二楚，只需要看着他，不断地向他点点头，笑一笑，就能让讲话人觉得与你交谈很愉快。有些善于与人交谈者，对于这种点点头加笑一笑的听话技巧运用得很熟练。讲话者看到听众们不停地点头，就会有进一步讲下去的激情。有时谈话双方中一方会觉得谈话内容无趣或因故不想再继续，但又不好意思中断谈话，也会心不在焉地点一点头，笑一笑。我们如何才能知道对方的笑属于哪一种呢？可以从对方点头的频率和动作的特点来判断：

（1）当对方针对谈话内容或音律向你做点头的动作，是他表示对你的话很感兴趣或很赞同。

（2）在谈话过程中，点头频率过高，是表示不同意讲话者，不想听下去了。

（3）如果点头的动作与谈话情节不符，表示对方心不在焉或在想其他事情。

头长在整个身体的最上面，极为显眼，而且头部是承载信息最多的部位。

摆腿的心思

当心中不安，或想拒绝对方时，普通人多把手或腿交叉起来。这是在无意识中，企图保护自身的心理表现和阻止别人侵入自己势力范围的一种防御姿势。

当你向上级提出某个建议时，假若他聆听了片刻，便把腿架了起来，你应该注意，他可能对你的意见没什么兴趣。果真如此的话，你就应该尽快结束话题，告辞离开。如果你还要不知趣地唠唠叨叨下去，上级必然会频繁地变换架腿的动作，最后会显得越来越没有耐性。等到他忍不住打断你的话时，你就会感到窘迫了。

那些有着强烈的支配欲和占有欲的人，往往会把脚搁在桌子上。这一行为，可以看做是把自己的脚放桌子上，来扩大自己的势力范围，表现着自我。反之，如果他的下属在他的面前也这么做，他会感到自己的势力范围已被侵犯，进而产生极不愉快的感觉。一旦在初次见面或还不是很熟悉的人面前，也把脚搁上桌面的话，就会被人认为“那家伙实在是太傲慢无礼了”。

在腿所传达出的体态语言中，有一点必须留意，即如何架腿。男女的架腿方式有所差别，就算是用一样的姿势架腿，它所表示的意义也并不一样。

就体态语言来说，腿部的动作往往具有性方面的暗示。所以，女性很少架腿，尤其是穿着短裙的女性。如果她不是故意要挑逗异性，肯定不会这么表现。显然，用力压住两腿的架腿姿势，具有防御他人的侵犯、保护性贞洁的意味。

也有的人坐在椅子上，一只脚跷起来横跨在椅子扶手上。这种姿态看起来好像轻松自在，要是你以为这说明他既开放而且又乐于与人合作的话，那你就大错特错了。摆出这种姿势的人，对他人漠不关心，甚至还有点敌意。空中小姐深有感受，一般使用这样姿势的男性旅客，经常是最难服务的人。商业上，买方和卖方见面时，买主也会在自己的办公室中摆出这种姿态，以表现他优越的主宰地位，领导亦会在见属下时以这种坐姿来体现他的权威。

另有一种，叉开两腿向着椅背倒坐，这种姿势和把脚搁在办公桌上一样，通常发生在上级和下属之间，用以表明其控制权。采用这种坐姿的人，不管他的表面上看来是多么令人愉悦和友善，其实可能不是这样，因为这种姿态表明他富于统治性和侵略性。

双方正在激烈竞争时，一方或双方会不由自主地跷起二郎腿。有位棋手，每当他在比赛中举棋不定时，总会不知不觉地架起腿来。对一个棋手来说，这样的姿势很不方便，因为每一次该他下棋的时候，必须放下脚，然后倾身向前下棋。然后，当他走完一步棋，又会依然故我地架起腿，有时放下，有时架起，一直到他感到自己稳操胜券时，才安安分分地把双脚放到地板上。

下棋时是这样，谈判时也是这样。当问题被提出来讨论，或者发生激烈的争论时，谈判者的一方或双方总会把腿架起来。若双方放下了架起的腿，并且把身体向前倾斜，则意味着谈判将顺利达成协议。一旦对方交叉着架起腿，就是向你发出了竞争、挑战的信息。这时，你必须提高警惕性，集中注意力，以免大意失荆州。

了解腿的动作，也是破解人心中机密的一种强有力的武器。

第五章　求人办事会变通

送礼送到心坎上

有人说："有'礼'走遍天下，无'礼'寸步难行。"这话虽说夸张了点，但对"礼"的作用则可窥见一斑。特别是在请人办事的时候，如果送一点礼品，则任何话都好说。要是啥也不送，肯定被人婉拒。当今社会，是一个讲"礼"的社会，如果你不讲"礼"，真的是什么也干不了。

古人云：衣人之衣者，怀人之忧。意思是说，穿了别人的衣服，怀中便会有别人心中的想法或隐忧。换句话说，收了他人送的礼品，就得为别人办事。所以，要想求人办事，就得首先学会给别人送礼。

大学毕业后，张华成功去德国留学了。在寸土寸金的慕尼黑，最好的安身立命之地就是学生宿舍了，而这其中竟也大有文章可做。一开始，张华被告知得等待半年至两年才能住进宿舍，她也就信了。直到一个比她晚申请宿舍的同学拿到了宿舍的门钥匙，张华这才大吃一惊。原来，有"礼"走遍天下，大家都知道得给房管送礼，比如中国结之类的小东西。于是张华也下决心送个小礼品。她给房管送了一小罐泉州的铁观音，不料真有奇效，早上送的礼，当天下午她就接到了房管的电话。其实这个礼，无非是个小礼，却让张华折腾了这么久。回想一下，当时到房管处三番五次地苦苦哀求，却没有任何效果，如今一个小礼物，竟然消除了多少担心和忧愁。

中国人常说“吃人家嘴软，拿人家手短”。一旦接受了人家的敬意，要再回绝人家的要求，就不那么好开口了。因此说送礼应该精心策划，仔细琢磨，送到对方的心坎里，才会激起感动的浪花，收到理想的效果。

年轻人总要求人办事，送礼送得好，方法得当，会皆大欢喜；要是被人拒绝了礼物，便觉得窝心。所以，送礼给人得学会窍门。

1. 送礼要看对象

送礼要分清主次，把礼送给关键人物，张三、李四都送一点，王五也收到一点，结果礼品被分割零散了，分量显得很轻，有时可能无法起到利益驱使的功效。这还不算，送的对象多了，难免人多嘴杂，对事情有百害而无一益。

所以，在送礼品之前，一定要考虑好把礼送给哪个人。礼物送对了人，事情可能也就迎刃而解了。

2. 选择适当的礼物

确定了送礼的对象之后，接下来便须思考什么礼物合适。这里的所谓“合适”不是以自己喜好为标准，而是以对方的喜好为标准。

送礼之前要根据对方的日常生活偏好分析对方究竟倾心何种礼品。比方说，有的喜欢喝酒，有的爱好吸烟，还有的对古董、字画、典籍感兴趣，真是人心难测，各有不同。对方爱好什么，就给他送什么。要知道，只有送了对方很喜爱的礼物，他才会动心和动情。对方只要动了心、动了情，就会拿出精力为你办事儿。

3. 礼物轻重得当

一般来讲，礼物太轻，又意义不大，很容易让人误解为瞧不起他。倘若礼物太轻还想求他人办一件很难的事，成功的可能几乎为零。但是，礼物太贵重，又会使接受礼物的人有受贿之嫌，普通人便会敬谢不敏，即使收下，也会付钱。这样岂不是强迫人家消费吗？因此，礼物的轻重选择以对方能够愉快接受为尺度，力争达到花小钱办大事，多花钱办好事。

4. 送礼间隔适宜

送礼的时间间隔也很有讲究，过于频繁或许久不送都不合适。送礼者可能手头宽裕，或求助心切，就经常大包小包地送礼。有人以为这样大方，一定可以博得别人的好感，细想起来，其实不然。因为你以这样的频率送礼，目的性太强。另外，礼尚往来，别人必定得还你人情。一般以选择重要节日、喜庆、寿诞送礼为宜，送礼的既不显得突兀虚套，收礼的心里也很安稳，两全其美。

5. 讲究送礼的时间、地点和场合

送礼要讲究时间，讲究地点，讲究场合，如此对方才能收下。所以，最好的时间应该选择在早上对方未动身上班之前，或者在星期天的早上对方刚刚起床不久为佳。因为此时带着你的礼品进屋，既无外人打扰，又能把要找的人堵在家中，便于见面，说话也方便。自然还有某些别的场合可以送礼，例如在饭店请吃饭时也可以当场送些烟酒让对方带回去。

总之，求人送礼，不能盲目鲁莽，以礼压人，必须明了对方爱好，有的放矢，巧妙安排，让对方愿意收下礼品，办事自然就容易成功。

商品社会中，“利”和“礼”是不可分割的，往往是“利”、“礼”相关，先“礼”后“利”，有“礼”才有“利”。

循序渐进得成功

年轻人总要求人办事，在一般情况下，人们都不愿接受较高较难的要求，盖因这些要求需要时间和精力而且难以成功；相反，人们却乐于接受不费力气、容易达成的要求，在实现了较小的要求后,人们才慢慢地接受较大的要求。

举例来说,如果你想走进一间房子里,却被主人断然地拒绝,这时,你可以先说服主人让你的脚踏上门槛,其次说服他让你的一只脚踏进门槛内,达到这个目的后,再劝说他允许你进入房间里去。这就是说,在碰到和谈话对象的想法差距较大的情况时,可以循序渐进地提出自己的要求。先提出较小的要求,待他接受以后,再提出较大的要求,方能达成让对方改变态度的目的。

1966年,美国社会心理学家弗里德曼与弗雷泽进行了这么一个实验:

弗里德曼和弗雷泽让两位大学生拜访了一些住在郊区的家庭主妇。其中的一位大学生首先请求家庭主妇在窗子上贴一个小标签或在安全驾驶的请愿书上签名,这是一个小的、无害的要求。

两周后,另一位大学生再次访问家庭主妇,要求她们在接下来的两星期中在院内竖立一个宣传安全驾驶的大型招牌。这是一个大要求。结果答应了第一项请求的人中有55%的人接受了这项要求,而那些之前没有被拜访过的家庭主妇中只有17%的人接受了该要求。

这个实验说明:人们都有保持自己形象一致的愿望,一旦做出了援助、协作的行为,即便别人后来的要求有些过分,但为了保持已建立的好形象,人们也愿意接受。

从心理学的角度来看,我们可以以一个小的要求,使别人觉得自己对他人"有益",以此逐渐增大他们支持和协助我们的范围,在"好人做到底"的心理驱使下心甘情愿地同意更大的要求。

帕兰是澳大利亚墨尔本的一位年轻女记者。一天,她要去采访一位地位很高的大人物,想请他就海洋动物保护问题发表15分钟的谈话。但是这位大人物很繁忙,如果知道采访要占用他15分钟,他很可能就不合作了。

怎么办呢?帕兰采取了先小后大的心理技巧。她先打了个电话:"冒昧地占用您的时间非常过意不去,我们想请您就海洋动物保护问题谈谈看法,只需要3分钟就好了。听说您日常安排极有规律,每天下午4点都要走出工作室到户外散散步。如果可能,我想今天午后是不是可以去拜访您?"

大人物接受了帕兰的3分钟。帕兰如约前往,采访于当日下午4时准时进行。当帕兰从这位大人物的宅第出来时,时间过去了整整20分钟。而对帕兰来说,把20分钟采访整理成15分钟的对话,材料已足够了。

日常生活中经常会发生这样的现象,在你请求别人帮助时,如果一开始就提出较大的要求,很容易遭到拒绝。如果你先提出较小的要求,别人同意后再增加要求的分量,就更易于完成任务。这主要是由于人们在不断满足小要求的过程中已经逐渐适应,没有意识到一点点增加的要求已经大大偏离了自己的初衷。

这种效应在现实生活中也存在,当顾客选购衣服时,精明的售货员为了消除顾客的担心,会"慷慨"地让顾客试一试。顾客把衣服穿上之后,他会称赞该衣服很合适,并周到地为顾客服务。在这种情况下,当他劝你买下时,大多数顾客都很难拒绝。

一位男士遇到一位让自己心动的女生,如果他马上直截了当地要与对方结为夫妻、共度一生,恐怕女孩子会在惊讶之余,对他躲得远远的。大多数男士不会这么莽撞冒失,他会邀请她一起吃饭、看电影、逛公园等,这些小要求实现之后,他才水到渠成地表示求婚。

由此可见,对人有所要求,应由小到大、由浅及深、由轻加重才是。

按部就班,一步步地引导别人接受,这不但是说话办事的小窍门,也是获得成功的大道理。

求小鬼，不如找阎王

在古代的三十六计中，有一计叫“擒贼擒王”，这计是讲攻击敌人主要力量，捉住敌人首领，就能瓦解敌人的整体力量。失去了指挥的敌军，就会不战而溃，这的确是克敌制胜的妙计。同样，年轻人在求人的时候，得在关键人物身上下工夫，谋求关键人物的赞同和协助，问题往往就迎刃而解了。

所谓“求遍小鬼，不如靠准阎王”，在求人办事的时候，这是比喻领导或主管的权威，他们的意图对解决问题起的作用十分重要。俗话说“上面动动嘴，下面跑断腿”，形象地道出这种影响的威力。

当然，你想依靠的“阎王”未必是在台上显眼的人物，有时候幕后人物才是真正的“权威人士”。因此，想要在办事的时候十拿九稳，除了着眼于主管、领导一类正式组织身份的负责人外，还应该寻求可以影响上级领导的非正式的“权威人物”的同情和帮助。

所谓“全公司听厂长的，厂长听老婆的”，就是最通俗的注解，老婆的一句话强过旁人的千言万语。切不要因别人无权无职，就可以随便应付。

要知道办事与求人的关系，你想办什么，就要去托什么人。这个所谓的人对你要办的事情十分关键，是庙里的主神，是领导，是说一句话可以抵上别人说十句话的人。对这种神，我们要多磕头、勤上香，让他们感动，我们的任务才能完成；相反，如果我们去求这种神的手下，如果主神不答应，还是没法办成事情。

请求别人帮忙须领悟窍门，“阎王”不高兴，啥事也办不成。相反，只要“阎王”高兴了，“小鬼”再难缠，也不敢和领导对着干。

蒋介石去世那年，宋美龄筹备移居美国。临动身那天，蒋氏兄弟前往送行，蒋纬国特地提早赶到官邸。以前，蒋府每年遇到蒋介石和宋美龄的寿辰，除夕吃团圆饭，端午节和中秋节都要聚会，所有的人都穿便服。而此次，蒋纬国不依以前的惯例，穿了一套军服，还佩戴了全套勋章勋标。

原来，蒋纬国已经当上中将14年了，可是当时的总统蒋经国却不打算给蒋纬国晋衔，为此蒋纬国必须得想别的办法。

蒋纬国一进门就向宋美龄行军礼。宋美龄看到了感觉很怪异，便问蒋纬国这是干什么。蒋纬国解释得一本正经：“根据我党的规定，当了14年中将若还未晋升为上将，则应强制退役，军衔也随之取消，只有上将才是终身制。再过不久，我就失去再穿军装的资格了，今天给妈妈送行，特地让妈妈看看我穿军装的模样。”

宋美龄从未过问过军队事务，限龄退役这种事，她还是第一次听说。正巧这时，蒋经国也到了，蒋纬国一见蒋经国来了，也站起来行了个军礼。蒋经国皱皱眉头，想到了这里面的计策。

宋美龄将蒋经国喊了过来，问道：“纬国做军人还可以吗？”

蒋经国随口说道：“他本来就是表现出色的军人！”宋美龄问道：“既然他很出色，为什么还要办退役手续？”蒋经国只好说：“纬国中将期龄到了，不过我这就准备吩咐为他办升上将的事。”就这样，蒋纬国通过母亲的大力相助，最终达成了从中将升为上将的心愿。

明知道对方可以帮上自己，但如果直接求他，很有可能遭受拒绝，不仅于事无益，心中反而会留下芥蒂。所以，不妨拐个弯，从他身边的关键人物入手，或请其他人从中说和，如此成功的机会更大。

要知道世上没有攻不破的堡垒，也不存在不会感动之人。正面相求行不通，就不妨用点迂回战术，自其周围关键之人入手，打开缺口，巧妙达到自己的目的。

绕个弯子又何妨

某些以鱼类为生的鸟类，它们的嘴巴形状是笔直的，上下两部分都又长又宽。它们在吞吃食物时，常常会把捕到的鱼儿往空中一抛，让那条鱼脑袋朝下地下坠，然后一口接住咽下去。这样的吃法可以让鱼穿过咽喉的时候，鱼翅的骨头由前向后倒，不会卡在喉咙里。

连鸟类都会绕弯子，把鱼倒过来吃，那些一条路走到黑、不知变通的人类是不是显得太傻了？年轻人在办事时常会遇到种种阻碍，这个时候便不能"直肠子"，而应该想办法绕个弯子，找到更便捷的办法。

有一位花甲老人，大儿子、二儿子都在城里工作，与他相依为命的只有小儿子。

某日，有个外乡人来和他说："老人家，我想给你的小儿子在城里找一份工作。"

老人气愤地说："不行，你快滚！"外乡人说："如果我帮你儿子介绍个对象呢？"老人恶狠狠地说："少废话，快滚！"他边说边拿起一根棍子。外乡人一边后退一边说："如果我给你儿子找的对象是洛克菲勒的女儿呢？"老人笑着答应了。

几天后，外乡人找到了洛克菲勒："先生，我想给您女儿找个对象。"洛克菲勒冷面回绝道："不需要！"外乡人又说："如果我给你女儿找的对象是世界银行的副总裁呢？"洛克菲勒沉思后应允了下来。外乡人找到了世界银行总裁："先生，我建议您赶快任用一位副总裁！"世界银行总裁说："你没事吧？"外乡人早有准备地说："如果你任命的这个人是洛克菲勒的女婿呢？"总裁当然没有拒绝的理由了。

在每一个环节上都有重重阻碍的问题就这样解决了！只因外乡人使用绕弯子的办法，突破了障碍。

求人办事就是这样，有些话不能直言，得绕个弯子；有些人不易接近，就少不了逢山开道、遇水搭桥；弄不明白对方的真正意图，就要投石问路、摸清底细；有时候为了使对方减少敌对情绪，放松精神，我们便绕弯子、兜圈子，甚至用"顾左右而言他"的迂回战术，将其套牢。

有的时候，想解决问题，就不能"在牛角上钻洞"，普通办法没有效果的时候，选择借助其他方法，迂回曲折地走一下弯路，就能巧妙地解决问题。

商人图德拉先来到阿根廷，发现那里牛肉产得太多了，但石油制品比较短缺，他就同有关贸易公司洽谈业务。"我想买进2000万美元的牛肉。"图德拉说，"条件是，你们向我购进2000万美元的丁烷。"因为图德拉知道丁烷是阿根廷的需求，所以便投其所好，双方的买卖意向很顺利地确定了下来。

图德拉又赶到西班牙，对一个造船厂提出："我愿意向贵厂订购一艘2000万美元的超级油轮。"那家造船厂正为没有人订货而发愁，当然非常欢迎。但他又提出了要求："条件是，你们购买我2000万美元的阿根廷牛肉。"牛肉是西班牙居民的日常消费品，何况阿根廷就是全世界牛肉的主要供应基地，造船厂怎么会不同意呢？于是双方签订了一份买卖意向书。

图德拉又对中东地区的一家石油公司提出："我愿意购买2000万美元的丁烷。"石油公司见有大笔生意可做，当然非常愿意。图德拉又话锋一转："但你们的石油得租用我在西班牙建造的超级油轮运输。"在中东，石油价格是比较低廉的，运输费则非常昂贵，难就难在找不到运输工具，所以石油公司也满口答应，两家又订立了一份买卖意向书。

三份意向书变成了一个行动，在图德拉的努力下，阿根廷、西班牙、中东国家都取得了自己需要的东西，又出售了自己待售的产品，巨额利润则进了图德拉的腰包。

一般情况下，"直接式"处理问题能快捷、迅速、尽快解决这个问题，是处理一般性问题的很好方式。对于那些非常困难的问题，采用转个大弯子的迂回策略，也是一种转化问题关键，使之逐渐趋于和平，直至最后彻底解决矛盾。遇到暂时无法逾越的障碍时，走别的路子绕个小弯，是非常明智之举。

有时成败只在于一个观念的转变，当常规办法走不通时，不妨采用逆向型思维。它能使你在说话办事的过程中改掉认死理的毛病，灵活掌握、随机应变，这头不通走那头，从而开启新的成功之门。

以他人所需换己之所求

卡耐基曾说过这样的至理名言："世界上唯一能够影响对方的方法，就是时时关注对方的需求，而且还得想尽办法满足对方的这种需要。"

夏天的时候，卡耐基常到缅因州一带去钓鱼。鲜奶草莓是他喜欢的点心，但是，他发现鱼爱吃虫，所以，当他钓鱼的时候，思考的不是自己的口味，而是鱼儿要吃什么。他没有用鲜奶油草莓当诱饵，而是用虫和蚱蜢，然后他便可以向鱼儿说："想尝尝看吗，鱼儿们？"

若要别人帮你做点事，何不也用同样的办法呢？

每个人都有需要，并且是多种类、多层次的，当需要的强度达到某种水平时就成为愿望，愿望经一定诱因的刺激变成动机，动机最后引发行动。由此可见，需要是人产生积极行为和进行有效激励的动力源。

若要深刻地影响他人，便做到从他人最细小的需求出发。人际交往中，人的欲望是多种多样的，每个人真正关注的欲望往往都是十分个性化的。有的年轻人很聪明，他们总会尽力去探知他人的特殊需求，即使很细小的事，也难逃他们的眼睛。

在爱默生的生活中曾有这样一件事，让他印象很深：

有一次，爱默生和他的儿子要赶一头小牛到牛棚里去。爱默生在后面推，儿子在前面拉。可是那头小牛偏不听话，就是不走。

这情形被旁边的一个爱尔兰女佣看到了。这个女佣目不识丁，可是在此时，她懂得牲口的感受和习性，她明白小牛需要什么。女佣人把自己的拇指放进小牛的嘴里，让小牛吮吸拇指，轻而易举地驯服了倔强的小牛。

要感动别人，就得了解对方到底需要什么。了解别人的需求，再力求帮助其实现，你将发现你的要求大多是有求必应。大凡成功的人，都是这样运用不同的方法去观察、研究他所要影响的一些人，然后有的放矢，满足他们不同的要求。

葛洛奇曾经是《华盛顿邮报》的新闻记者，后来成为《波士顿邮报》的发行人及大股东，有人问他如何取得这巨大的成功，他只说了一句话："努力去了解他人吧！"在葛洛奇担任《波士顿邮报》的编辑时，他常常混杂在市区川流不息的人流中，或者漫步在阶石旁，或者驻足旅店、商场的大厅里，敏锐地静听人们的谈话，了解读者的心理和嗜好，来指导自己的编辑方向。

人人都关心自身利益，这种心理是与生俱来的本能。所以，与人打交道时，每一个年轻人都要学会观察对方，倾听对方的心声，通过这些情况来掌握他的心理动态，根据观察和倾听所获得的资料，了解对方究竟在想什么，需要什么。

查尔斯供职于纽约一家知名银行，他奉命写一篇有关某公司的机密报告。他只知道自己需要的资料在一家工业公司董事长手里，查尔斯便去拜访这位董事长。

第一次谈话没有结果，董事长并不想帮助查尔斯。查尔斯回来后感到十分沮丧，他觉得自己必须换个方法才能说服董事长，他设法了解到董事长的儿子是个"邮票迷"，心里就有底了。

第二天查尔斯又去了，让人传话进去说他带了些邮票，想送给董事长的儿子。董事长高兴极了，用查尔斯的原话说："即使竞选国会委员也没有这样热诚！他满脸堆笑地握紧我的手。'噢，乔治一定喜欢这张！乔治肯定会把这张奉若珍宝！'董事长连连赞叹，一面抚弄着那些邮票。整整一个小时,我们谈论着邮票。奇迹出现了,我还没有开口向他要资料,他就把我需要的资料全都告诉了我。不仅如此,他还打电话找人来,详尽地提供给我全部事实、数据等细节。出门我便想起新闻界一句常用语:'此行大有收获!'"

记住,人的需要是各不相同的,各人有各自的癖好偏爱。只要你肯花心思去探求对方的想法,特别是与你的计划有关的,你就可以照方抓药、打有准备之仗。你首先应当适应别人的需要,然后才有可能达到自己的目的。

在处理问题和与人交往时,倘若你能遇事多想一步,为他人着想,考虑一下对方的需要和感受,以对方期待的方式来对待他。那么,你不仅会是个高明的办事者,还必将是位成功者。

让人认同你

年轻人与别人在一起谈话讨论时,不要一开始就谈论意见有分歧的事情,而要以彼此见解一致的事情为话题。要让他感到你们彼此追求的目的是相同的,你们仅有的差异是方法上的不同。

聪明的推销员会以这种方式与一位女士谈话。他说:"太太,你有一个儿子和一个女儿就读于中心小学是吧?""是啊!"就这样他已经在不知不觉中接近了女主人。虽然,他不一定能从对方那里拿到什么订单,可是,至少他已有了一个好的开端。

心理学家哈里·欧巴斯都利说:"在心理学上发现,如果想得到确定的回应,最好的方法是让对方有说'是'的气氛。"因此在谈话做事的时候,我们一定要创造一个肯定的气氛。你可以准备一些问题:今天天气很好吧?你觉得我们的友情很有前途吧?当你试着让他回答他心中认为的"是"时,你就成功了。

有一个叫亚力森的公司推销员,他费了很大的劲,才卖出两台发动机给一家大工厂的工程师。他决心要卖给这位工程师几百台发动机,所以过了几天再次去拜访这位工程师。没想到那位工程师说:

"亚力森,你们公司的发动机太不理想了。尽管我还需要数百台,但我不打算要你们的。"

亚力森大吃一惊,问:"为什么?"

"你们的发动机太热了,烫得我的手已经没法放上去。"

亚力森知道,跟他争辩是不会有好处的,赶紧使用另一种办法。他说:"史密斯先生,我想你说的是对的,没人愿意买太热的发动机。你要的发动机的热度,不应该超过有关标准,是吗?"

"是的。"——亚力森得到了第一个"是"。

"电器制造公会的规定是:设计适当的发动机可以高于室内温度华氏72度,是吗?"

"是的。"——亚力森又得到了第二个"是"。

"那你的厂房有多热呢?"

"大约华氏75度。"

"这么说来,72度和75度相加得147度。把手放在华氏147度的热水塞门下面,想必一定很烫手,是吗?"

"是的。"——亚力森得到了第三个"是"。

紧接着他提议说:"那么,不要把手置于发动机上行吗?"

"唔,我觉得你说得有道理。"工程师赞赏地笑起来。他马上把秘书叫来,为下一个月开了一张价值35000美元的订单。

当人说"是的"或心里这么想时,我们便已更靠近他了,因为我们非常了解他的需求,还特别尊重他。因此,他也同样会关注我们,而且态度也十分温和。但是,如果别人以"不是"回复了我们的建议,这就说明他觉得已然没有接着谈下去的必要了。因此,如果我们与他人打交道时得不到对方一个“是”的回应,我们应该想尽办法阻止对方说出“不是”这个词。

因此从一开始你们就得达成一致意见,而千万不要产生意见分歧而导致谈话破裂。因为假如一开始双方就针锋相对,那他会留下反辩的成见,你即使再长篇大论,而且是句句实言,要使他抛弃成见接纳你的想法也是不大容易的。

习惯于顽固拒绝他人的人,经常都会给自己否定的心理暗示。对付这种人,如果一开始就提出问题,绝不能打破他“不”的心理。所以,你得先尽量与他拉近距离,让对方赞同你远离主题的意见,从而使之对你的话感兴趣,而后再想法把他的思维引入你的轨道上,最终求得对方的同意。

年轻人在有求于人的时候,要时刻牢记这种“苏格拉底式的辩证法”,使对方多说“是”,减少对方的反感。

学会迎合对方的心理,使对方觉得与你交谈是融洽的商量而不是有火药味的辩论。

欲擒故纵

“上赶子”是一句民间俗语,表示过于“急切巴结”。由于赶得紧,另一方必要心生疑惑:这里面是不是有什么毛病?所以,我们对待问题时要调整好心态,把握分寸,把心态放松些。

我们都知道,在男女恋爱中,一方若狂追不舍另一方必然退避三舍。

有个大学男生,喜欢同系的一位女同学,几年同窗生涯,鲜花、礼品不知送了多少,那女生对他却始终未明确表态,没有一句痛快话。直到毕业了,两人留在了同一座城市工作,关系还没定下来。这位男生自问护花使者的角色也演得够尽心的了,到底是什么地方做得不对呢?有明白人一语点透:你对她稍稍远一点儿试试。于是他以工作忙为由一周没有给女孩打电话,见面时也行色匆匆,一副高深莫测的模样。那女孩终于沉不住气了,反而主动来问他原由,倾诉苦水。

在人际交往中,常常存在许多的矛盾。一旦矛盾发生时,对人际关系谙熟的人往往采用“冷处理”,把正在处于高温下的矛盾暂时降温,也就是心理学上的“淬火效应”。它告诉我们一个人际交往过程中的基本道理:适度疏离,比过分接近要好。

金属经过反复地锻造,然后浸入冷却剂中处理一下,性能会更好、更稳定。而现在,“冷处理”则常用于与人交往沟通。当你在与他人发生矛盾时,适当留点空白进行“冷却”,远比穷追不舍要好。

事实上,“冷处理”不仅在与人交往时有用,它也是我们在面对人生中出现的各种问题时一个最行之有效的法宝。同样,要想在关系场中游刃有余,你应该善于利用“淬火效应”。

真正的聪明人宁愿人们需要他,而不是让人们感谢他。与其让别人对你有敬畏之心,不如别人对你有依赖之心。饮足井水者往往离井而去;橘子被榨干成汁水后就会变成一堆废物。此经验给人最重要的启示是:维持别人对你的依赖心理,不要有求必应。

有一年在贵阳举办的中国国际名酒节上,有一贵州酒厂与外省经贸公司谈判。该公司欲订购白酒10吨,但贵州是产酒盛地,酒厂比比皆是,各家竞争相当激烈。究竟订哪家的,委实举棋难定。

对这么一宗大生意,厂家故作镇定,平静而又抱歉地说:“对不起,今年我们的货已订满了,已开始订明年的了。如果你们需要,我们设法给你们安排明年早一些的。”这一席话自然让该公司大为意外:“是吗?前天你们还在大拉客户呢!”厂家见状便当下就表现出一脸的诚挚样:“众所周知,我们的酒是根本用不着‘拉’的。更何况过了一天,情况还不会变?今天大清早就有人抢着来了,广东一家公司才将今年的最后一批10吨全部订完。你们可以去问问他们嘛!”此一说果真有效,公司有些急了:“是的,就是知道你们的货好,才慕名而来。我们来一趟也不容易，能不能通融一下，先分给我们一些？”厂家便摆出一脸为难的样子。

该公司更加着急，追着酒厂说了好半天。厂家这才以关怀、同情的口吻说道：“既然你们要与我们长期合作，考虑到我们的长远利益，我们可以给其他客户做做工作，大家都少提一点酒，给你们凑足10吨。”

公司大喜，厂家更是暗自大喜了。

一般来说，人们普遍都有种逆反心理，正应了那句“上赶子不是买卖”的俗话。你的态度越是屈从，他越是端架子，合约也就更难进行谈判了。这就像钓鱼一样，你急切的愿望表现在脸上，心弦绷得紧紧的，鱼儿怎么还会来咬钩呢？要是脸上丝毫不流露急躁，摆出一副可有可无的悠闲姿态来，旁观者见了，自然就能给对方留下这样一个印象：他实力雄厚，且有的是时间，要办什么事，赶紧趁早吧！

当有人求你办事时不要贸然答应他，而应循序渐进，要步步为营，吊足他的胃口，最后再答应他，对方还会对你感恩戴德。处世不能风风火火、直来直去，你必须有一套韬光养晦、见机行事的本领。

心急吃不成热年糕，办事一定要心平气和，冷静行事。

打蛇打七寸

年轻人在说话办事时，如果想要打动对方，只有决心是不行的，还要学会洞察别人的内心，从他人的性格特征入手。这样，你就能找到他们的弱点，拿到开启其心房的钥匙，进而实现自己的目标。

任何人都有一攻就垮的弱点，假如我们能够找到它，并善加利用，这对于我们自身而言意义莫大。

三国时，东吴吕蒙白衣袭荆州，打败了不可一世的关羽，成功的关键就在于事前找到了关羽的弱点，并成功地抓住了这一弱点，使荆州防守空虚，才一袭得成。

因为连年征战，所向披靡，关羽骄傲自大，个人自信心膨胀。水淹七军后，斩庞德，降于禁，围攻樊城而大获全胜。关羽被胜利冲昏了头脑，认为此时是个最佳时机，进攻许都，剿灭曹操，而把东吴的威胁忘记了。吕蒙和陆逊正是利用了他这种骄横的弱点，一举击败了目中无人的关羽。

首先，吕蒙在关羽水淹七军、威震天下的情况下，假说生病退职，让年轻无名的小将陆逊接替自己三军主帅的位置。让陆逊上任后，特意给关羽写信，并送去东吴名马、彩锦、美酒等礼物，让关羽产生了一种错觉。这样，便使不可一世的关羽更加轻视东吴，以为东吴被自己“震住”了，所以骄傲自大地采取了致命的战术策略，毫无顾忌地撤走了荆州的大半兵马赴樊城听调，从而造成后方空虚，荆州失防。正在假装养病的吕蒙发现有机可乘，便亲自率领3万精兵，伏于船上，并安排了熟悉水性的兵卒装扮成商人，皆穿白衣在船上摇摆。船队昼夜兼程，溯江而上，靠近江岸，当江边的蜀国军士盘问时，谎称自己是路过的客商，因遇大水，暂到岸边躲避。还以重金收买蜀国军士，取得他们的信任。到了晚上，船舱内埋伏的精兵一齐杀出，活捉了烽火台上的军士，到了荆州，让被抓获的官兵骗开城门，最后成功攻取荆州。

对于处世为人而言，偏激孤傲是个重大缺陷。因为这种做法往往会给别人造成一种逞强的较劲之感。其不良效果是，看似聪明过人，实际上比任何人都愚笨几倍。以自己的个人好恶和偏激情绪对待关系全局的大事，绝对不会有什么好下场。

有时候，一个人的弱点有可能是其兴趣爱好。我们在人际交往中假如能找到对方真正的兴趣和爱好，并善加利用，为自己的事业服务，一定能实现自己的理想。

唐玄宗时，姚崇和张说同朝为相。张说素以“大手笔”闻于朝野，姚崇对此深感不满，两人经常明争暗斗，连皇上都左右为难。

这年，姚崇患了重病，感觉自己时日不多，便把儿子召至床前，说：“爹爹就要撒手归天了，只是有件事我很不放心。我与张丞相关系紧张。我在世时，他不敢怎样，但我死后，他定会罗列罪名，毁我名声。若我一旦获罪，肯定会株连你们，你们想过怎样应对吗？”

儿子们你看我，我看你，没有想出好的办法。姚崇继续说：“这样吧，等我死后，张丞相依照惯例会来祭奠。他来之前，你们可把我平生搜集到的佩饰玉玩都摆在供案上，趁势当礼物送给他。待他收下后，就请他为我写碑文。一旦拿到碑文，就速禀皇上批准。到时候一切都好办了。”

姚崇死后发丧，张说果然来吊唁。不出姚崇所预料的，他就盯上了在灵案上的诸多宝玩玉器。连行礼时，心里还一直惦记着古玩。姚崇的儿子们心中暗喜，忙按爹的生前指教，将宝玩玉器尽数送与张说。张说假意推辞了几下，最终迫不及待地满口答应。宝玩送到张说府上，张说还顾不上看个遍，姚崇长子便前来求见，原来是请求为他父亲撰写碑文的。收了别人的礼物，这点事情，理应效劳。张说没考虑，并一口应承了下来。

碑文刚写完，姚崇的儿子便急不可待地取了回去，按父亲吩咐，呈奏皇上。皇上御批“可”，速速立碑刻文。

过了两天，张说从偶得宝玩的狂喜心境中平静下来，回头仔细一想，才觉得此事有点不对头，他姚崇家为何平白无故送这么珍贵的宝玩给自己呢？把事情的前因后果想清楚后，才大呼“上当”。

姚崇深知张说有贪图宝玩玉器之性，利用这一特点巧施计策，让自己的政敌心甘情愿地为自己说好话，避免政敌在自己死后进行攻击，保全了自己的家人。

一个人的性格特点往往会通过自身的言谈举止、表情等流露出来，应当根据不同弱点，分别对待，善加利用。

温柔地打动人

每个人的内心都有柔弱的角落，再强势的人，也有他人不易察觉的弱点，这就是同情心。同情心是人与生俱来的。在日常交往中，你如果能看透一个人是不是具有同情心，然后再把他的同情心激发出来，便能成功实现目标。

宋太宗在位期间，转运使曹翰因罪被罚到汝州，曹翰一直筹划如何才能回京。一天，宫里派了个使者到汝州办事，曹翰哪里肯放过这个机会。好不容易见到了使者，曹翰流着泪对他说：

“我深知自己罪孽深重，就是死也赎不清，真不知怎样才能报答皇上的不杀之恩，现在只有在这里认真悔过，来日有机会一定誓死报效朝廷。只是我在这里服罪，京中家中人口众多，缺少食物活不下去了。我这里有几件衣服，请你帮我抵押一万文钱，用来给家里购置粮食，好使家里老小暂且糊口。”说到伤心之处曹翰更是泪如雨下。

使者回宫中如实向太宗做了汇报。太宗拿过包袱打开一看，发现里面包着的不是衣服而是画，画名为《下江南图》，画的是当年曹翰奉宋太祖旨意，进攻南唐时的情况。

太宗由此思及曹翰曾经的功劳，心里很难过，怜悯之情油然而生，决定把曹翰召回京城。

人对弱者总是抱有同情之心,哭有时也是很有作用的。总之哭要哭出特色,哭出感情,要让哭成为你达到某种目的的最好手段。

有时人们流泪并不是因为他们真的软弱,只是以此获取他人的同情心,它是人们争取利益的一种谋略。举例来说,可以告诉朋友你的烦恼,使人感到你也需要慰藉,这是一种接近他人的最好做法。每个人都有恻隐之心,当求人帮忙时,利用好这个方法,就可以获得他人的同情心。而眼泪则是这种打动他人恻隐之心的最好武器。

美国有一家大图书公司,在推出新书时,他们向全国各地发出了征订单。可是事与愿违,征订单的回收率很低。为此,公司负责征订业务的玛丽小姐每天都是愁眉紧锁。玛丽小姐是个妩媚秀丽的姑娘,虽然是愁容满面,仍不失其风韵,甚至更显得楚楚动人。

经理恰好看见她的样子,打趣地说:“玛丽小姐的神态太引人注目了,如果能淌下眼泪就更动人了。”玛丽小姐本来就不高兴,被经理一说,更增添了烦恼,顿时双眼盛满了泪珠。“啪”的一声,经理拍下了一张玛丽小姐泪眼盈盈的相片。

第二天,这家公司又向各地重新发了一份征订单。许多订户收到后纷纷注意了起来。原来,征订单上有一张彩照,就是经理拍下的玛丽小姐如泣如诉的动人形象,下面还有文字说明:征订小姐为您的征订单而哭泣。

人们受到感染,激发了同情心,不管原先想不想订书,纷纷将订单发了过去。

后来,一旦收到该公司的征订单,订户们都会想起征订小姐哭泣的面容,都乐意订购。

在请求别人解决问题时,应该调动听者的同情心,首先要让听者与你缩小情感上的距离,产生共鸣,这有利于更好地解决问题。人心都是肉长的,只要你将受害的情况和你内心的痛苦如实地说出来,他们是会被你打动的。

然而,要引起对方的同情,必须要重视日常人情世故,必须把自己所面临的困难说得在情在理,让人倍感惋惜。所以,越是那一点给自己带来遗憾和痛苦的地方,则越是大加渲染,这样,对方才愿意以拯救苦难的姿态站出来帮助你解决问题。

要引起对方的同情,需要对对方进行深入了解,了解他平时爱好什么,赞扬什么,愤慨什么,了解他的情感倾向和对事物善恶清浊的评判标准。对方的同情心是可以被循循善诱出来的,有时也是激出来的。所以,善于利用他人的同情心,有时能收到“以情感人”的奇效,甚至比“以理服人”更能打动对方的心灵,更能获得对方的有力帮助。

在年轻人的为人处世上,想要通过对方的帮助来达到什么目的,最好的办法就是激发对方的同情心。不管使出什么招数,只要让对方产生同情之心,你自己离成功也就不远了,对方就会站在你这边,帮你办事。

千万别吝啬你的眼泪,因为它也是一种武器,一旦使用得有理有效,照样可以取得意想不到的效果。

请将不如激将

用语言来刺激对方也就是激将法,激起对方按照说话人的意向说话或回答问题,也就是俗话说的“请将不如激将”。激将法能挑起对方的一时冲动,从而去做一件他在正常情况下不可能去做的事情。它还可以激起对手的愤怒、羞耻、自尊等各种感情,从而一时疏忽,不自觉地踩到激将者预先设下的陷阱中去。

美国海军军官泰勒在第二次世界大战的有效审讯中,从一名纳粹分子的口中获得了德军机密。激将法就是他成功的法宝。

当时德军研制了一种感音鱼雷,据传闻就要大批量地在战争中使用,盟军派出了大量的谋报人员想搜寻有关的情报,却毫无斩获。

不久,美军在大西洋击沉了一艘德国新式潜艇,战俘中恰好有一人是曾参与感音鱼雷制造的军官,他名叫汉斯。美军采取了各种各样的审讯,但汉斯始终保持沉默,不肯吐露,最后美军把任务交给了海军军官泰勒。

泰勒精通德语,知识渊博风流倜傥,他不把汉斯当做俘虏反而与之交上了朋友。经过一段时间的接触,泰勒的风度才华让汉斯十分欣赏。

一天泰勒邀请汉斯到家中下棋,两人像老友一般轻松自若。“你为什么不审问我?”汉斯提出了一直困扰他的疑惑。“你不过是一名普通军官,有什么好问的?”泰勒不屑一顾。“你错了,我是一名经过专业训练的优秀的鱼雷军官!”汉斯的自尊心被伤害了。“得了吧,老弟,就你那三流海军,还有什么鱼雷?”泰勒更轻蔑地摆了摆手。“你可不要轻视我们,我们不但有鱼雷,还有比你们更先进的感音鱼雷!”汉斯开始按捺不住了。“哈哈,感音鱼雷,你别编神话了。”泰勒继续嘲笑汉斯。汉斯终于再也忍不住了,顺手抓过一张纸,画出了鱼雷的原理图,以证明自己没有讲神话。就这样,美军获得了感音鱼雷的秘密,根据这一情况研究对策,以致德国的这一新式武器毫无杀伤力可言。

泰勒利用汉斯的弱点——骄傲,用激将法使他说出了原本不会说的话来。从心理学的角度看,当人的自尊心受到了强烈的伤害性刺激时,通常会使人容易冲动。激情是一种强烈而短暂的爆发式情感状态,一旦激情爆发,人的意识范围就变得狭窄,很难用冷静的头脑去分析情况,从而引发过激行为、导致不良后果。汉斯的行为正好说明了这一点。

年轻人在生活中,或者外交、商务谈判等与对手交涉的场合中,应抓住时机使用激将法,以刺激对方做出有利于己方的反应。

某化工厂要建一幢大楼。大量承包商参与投标竞争,但经过筛选后只剩下甲、乙两个势均力敌的承包商。究竟包给哪一方?厂家左右为难,只好约请双方各来三个人参与公开招标。

于是双方积极备战,准备一口气夺下工程。甲队探知乙队三人中有两人才识平平,而另外一人是技术员,他不仅具有丰富的建筑知识和施工经验,还有好口才,但为人过于自负。要战胜这样一个人,正面和他交锋显然不妥,于是甲队决定巧设妙计以求胜。

双方一见面,甲队三人都热情地向乙队中两位资质平平的人表示友好,而对那位原欲显示其锋芒的技术员则是有意地不加理睬。果然,这一举动令那位技术人员十分不快。接着他们又恭敬地对那两人说:“我们久仰二位的大名,知道你们在业界都是独当一面、多才多艺的大能人,今天二位来参加,我们真有点诚惶诚恐,还希望二位高抬贵手啊!”被冷落的技术员十分难堪,听了这些话,自尊心受到极大的伤害,早已是怒火中烧。

趁着招标洽谈会开始,甲队又抢先谦恭地对那二人说:“我们早就想听听二位的高见,今天正是一个好机会,请您二位赐教!”

不等二位开口,那位愤怒到极点的技术员“呼”地一下站了起来,说:“你们这么厉害,你们谈!”随即拂袖而去。剩下那两位一时语塞,场面十分尴尬。厂方代表见此,说道:“这样的技术员,如何放心地把工程交给他?”于是厂方同甲队签订了承包协定。

协定刚一签订,那位技术员气急败坏地冲了回来,连呼:“我们上当了!”然而,一切都晚了。

激将法主要是通过隐藏的各种手段,使对方变得心情激动起来导致情绪失控,然后在无意识中受到操纵,以实现你的预期计划。这一切都是在不知不觉之中,令对方情不自禁地落入你早已铺设的网中,这正是激将法之所以有效的关键。

面对自以为是、欲显示其优势的对方,与其正面施行攻击,不如刻意地忽视、冷遇他,将其搁置一边,让他的优势和锋芒受到抑制,从而使他情绪失控。

巧用蘑菇战术

说话办事，总不可能一帆风顺，这就需要有点“磨”的功夫，不答应，就应该同对方软磨硬泡，总能“磨”出个水落石出。

推销员在推销产品的时候，经常遭到客户的拒绝，可是过了一段时间以后，推销员又毫不气馁地来了。若客户说：“我们没有购买的意思，你再来多少次都是没用的，我劝你不要浪费口舌了。”

推销员却毫不在意，仍然鼓起精神，笑着说：“谢谢您的关心，说话跑腿是我的职责，若你能给我一些时间，听我解释解释，我就知足了。”客户看见推销员汗水淋淋，还是满脸的笑容，不买就感到过意不去了。客户这时往往会想：“推销员经常来这里，花了很多心思，若不买他的产品，实在对不起人家呀！”

这属于加重人们心理负担的推销办法。

反复说服，反复渲染，反复强调，为达到目标不断游说，这就是有心计的人对付顽固对手的“蘑菇战术”。“蘑菇战术”其实是用磨人的方法实现目的的手段，它能够以消极的形式取得积极的效果，表现出你不达目的誓不罢休的决心和毅力。

1946年4月，土光敏夫被推举为石心岛芝浦透平公司的总经理，此时公司面临的当务之急就是筹措资金。在许多知名的大企业中，资金也相当紧，更何况芝浦透平这种没有什么背景的小公司，更没有哪家银行肯痛快地借钱给它了。在土光出任总经理一职后不久，生产资金的来源就搁浅了。为了筹措资金，土光必须亲自出马，每天跑银行。

一天，土光带着午饭来到了银行，与营业部部长长谷种重川郎商议贷款事项。土光一上来就摆出了不达目的誓不罢休的气势，长谷则装出爱莫能助的无奈之态，两方像是一场拉锯战，谈到了吃饭时间都未能有所进展。

时间过得飞快，一看到疲倦的长谷不耐烦的样子，土光丝毫没有心灰意冷，而是慢条斯理地拿出了带来的盒饭，说：“让我们边吃边谈吧，谈到天亮也行。”把长谷和职员硬是留在办公室里。

长谷被土光的磨功打动，最终借给了他所希望的款项。

一个人被他人一再地依赖和求助，自然会形成心理负担，内心产生了同情感，容易使其软化。如果在此时知难而退，那就是你的失败。许多人则是不离不弃，他们深知“会哭的孩子有糖吃”的道理，因而当他们第一次被对方拒绝后，他们会再次或连续几次发动进攻，软磨硬泡地让对方满足自己的条件。

人的一生中无论是事业还是生活，需要做数不清的事，需要请无数人帮忙。万事不求人是不可能的；既要求人，脸皮薄了不行，更不能犯急脾气。如果“脸皮薄”，放不下“清高”的架子，自然也就不能与社会相适应，也难以办成事。求人办事，必须要甩开自己的条件，肯于屈尊，不怕受辱，才能锲而不舍，以柔克刚，最终实现自己的目标。

张玉想进一个比较好的地方工作。可是，在他找了好些个单位之后，一直没有办成事，张玉感到失望沮丧，发誓再也不去找人、求人了。一位朋友知道此事后，哈哈大笑起来，对张玉说：“你怎么这么经不起事！在外边办事哪有这么容易，我找人办事是一求二求三求，不行再四求五求六求，求到人家同意帮我办事为止。事实告诉你，收起你的自尊吧，你求别人办事，就必须放下架子！”张玉听到朋友的一席话，终于明白了这个道理。

求人办事，要达到自己说服对方的目的，讲究的是磨功、缠功，必须反复说服，丝毫不能心急求胜。

第六章　年轻人要注意的交往礼仪

如何介绍你自己

自我介绍是指在他人面前主动介绍自己，也可以是应他人的请求而对自己的情况进行一定程度的介绍。

1. 不同环境场合下的自我介绍

根据不同场合、环境的需要，必须作出相应的自我介绍。

(1)一般公共场合和一般性的社交场合，例如在饭局、通话等情况下。这时可以进行简要的自我介绍，往往只包括姓名一项即可。它的对象只有接触的人群。

(2)工作场合。此介绍包括本人姓名、工作单位以及具体部门、职务或从事的具体工作等。姓名应当一口报出，不可有姓无名或有名无姓；供职的单位及部门，尽量一一说明清楚，具体工作部门有时可以暂不报出；担负的职务或从事的具体工作也可简单说明。

(3)社交活动场合。社交活动中，想让对方对自己有所了解、与自己建立联系时的自我介绍，内容大体包括本人的姓名、工作、籍贯、学历、兴趣以及与对方相互熟悉的一些熟人等。

(4)正式场合，如典礼、演讲等。这时的自我介绍包括姓名、单位、职务等，并且注意使用尊称、谦辞等。

(5)应试、应聘和公务交接等有问答的场合。回答要依据对方的问题，自我介绍时应该有问必答，切忌东扯西拉地乱答。

2. 自我介绍的注意事项

除了在适当的场合进行适当的自我介绍，还应当注意以下这些问题。

(1)介绍自己时的顺序。介绍的标准化顺序，应当从地位低者先开始。

(2)自我介绍的时机。通常在以下的四类场合，做自我介绍是比较容易成功的。其一，趁对象处于空闲时。其二，没有外人在场时。其三，周围环境比较幽静时。其四，较为正式的场合。

(3)讲究态度。态度一定要自然、友善、亲切、随和；应镇定自信、大方有礼、带着微笑，既不能唯唯诺诺，也不可以任意夸大。要表示出自己渴望认识对方的真诚情感，语气要自然，保持平和的语调和清晰的语音。

(4)注意介绍的基本内容。自我介绍的内容根据不同场合有所不同，无论场合怎样，进行介绍时，应一气连续报出，这样既有助于给人以完整的印象，也可以节约时间。

(5)注意介绍时间。最好能够简洁地进行一分钟自我介绍或是控制在一分钟之内。为了节省时间，作自我介绍时，可以先送上名片等现实效果。

(6)注意介绍方法。首先可先对对方点头示意，得到回应后再向对方介绍自己。应善于用眼神表达自己的友善，关心以及沟通的渴望。假如有意想结识某人，最好预先获得一些有关他的资料或情况，例如他的爱好、性格等。这样在自我介绍后，便很容易融洽交谈。在获得对方的姓名之后，不妨口头加重语气重复一次，表示自己对对方的重视。

(7)力求真实。进行自我介绍时所表达的各项内容，应当要有理有据不可捏造。过分谦虚，妄自菲薄地奉承他人，或者自吹自擂、夸大其词，都是不足取的。

恰当的自我介绍，除了能使别人对自己进行了解，还能创造出意料之外的商机。

如何介绍他人

介绍他人是不相识的二人由第三者进行引见的一种介绍方式。介绍他人通常是双向的,是对双方都要进行介绍。

1. 介绍他人的时机

(1)与家人外出,偶遇与家人认识的友人或同事。

(2)在办公场所或家中,接待彼此不相识的客人或来访者。

(3)意在介绍某人加入一个交际团体。

(4)被邀请为他人进行介绍。

(5)陪同上司、长者、来宾时,遇见了其不相识者。

(6)与亲友一起去拜访其不认识的人。

2. 介绍他人的顺序

(1)做到"尊者优先"的介绍顺序。

(2)向年长者介绍年轻者。

(3)向职务高者介绍较低者。

(4)向女士介绍男士。

(5)向同事、朋友介绍自己的家人。

(6)向已婚者介绍未婚者。

(7)介绍来宾与主人认识时,先向来宾介绍主人。

(8)介绍社交场合的先到者与后来者认识时,向先到者介绍后到者。

3. 介绍时的注意事项

(1)介绍者在介绍之前,应事先征求双方的意见,切勿开口即讲,显得很唐突,让被介绍者感到措手不及。

(2)被介绍者在介绍者询问自己是否有意认识某人时,一般在礼节上应允许。实在不愿意时,必须讲清楚原因。

(3)介绍人和被介绍人都应起立,以示尊重和礼貌;等介绍人给双方引见后,被介绍双方应微笑点头示意或交换名片握手。

(4)坐着时,除职位高者、长辈和女士外,应起立。在不同的场合中,介绍人和被介绍人可不必起立,被介绍双方可点头微笑致意;假如两者距离过远,中间又有障碍物,此时可以用右手招手致意,点头微笑。

(5)向外人介绍自己的亲属时称呼等应说清楚,如介绍公婆时,若只简单地说"我爸爸"、"妈妈"会起误会,最好还是说"这位是我公公"、"这位是我婆婆"。介绍岳父母时也应与此一样。

介绍完毕后,被介绍者双方应依照合乎礼仪的顺序握手,还应向对方表达问候,必要时还可以进一步做介绍。

介绍他人通常是双向的,对双方都要进行介绍。

集体介绍的礼仪

集体介绍是一种特殊的介绍形式,被介绍者一方或双方都不止一人,大体可分两种情况:一是为一人和多人作介绍;二是双方同为多人作介绍。

1. 集体介绍的时机

(1)规模较大的社交聚会,此时有多方多人共同参加,为双方作介绍。

(2)大型的公务活动,参加各方人数众多。

(3)涉外交往活动,参加活动的各方人员数量众多。

(4)正式的大型宴会,主办方与来宾方人数众多。

(5)演讲、报告、比赛,有众多的参赛选手。

(6)会见、会谈,有多方参加。

(7)婚礼、生日晚会,主人与来宾各方人数较多。

(8)举行会议,应邀前来的与会者往往不止一人。

(9)接待参观、访问者,有诸多来宾。

2. 集体介绍的顺序

进行集体介绍的顺序可参照他人介绍的顺序,也要注意根据不同场合随机应急。但注意越是正式、大型的交际活动,介绍的顺序越应注意。

(1)“少数服从多数”。当被介绍者双方地位、身份大致相似时,可先介绍少数人员一方。

(2)强调地位、身份。若被介绍者双方地位、身份存在差异,如只有一人或少数,也应将其放在尊贵的位置,可放在最后进行介绍。

(3)单向介绍。在演讲、报告、比赛、会议和会见时,可向大家主要介绍重要人物。

(4)人数多的一方的介绍。若一方人数较多,可简略进行介绍。

(5)人数较多各方的介绍。如果对多方进行介绍,需要对被介绍的各方进行位次排列。排列的方法:以其单位规模为准;以其负责人身份为准;按其企事业单位的字母顺序排列;以抵达时间的先后顺序为准;以距介绍者的远近为准;以座次顺序为准。

3. 集体介绍注意事项

集体介绍的注意事项与他人介绍的注意事项基本相似。

(1)切忌使用让人误会的称呼,在首次介绍时要准确地使用全称。

(2)态度切忌嘻嘻哈哈。介绍时要庄重、亲切,切勿开玩笑。

进行集体介绍的顺序可参照他人介绍的顺序,也要注意根据不同场合随机应急。

握手的讲究

握手是陌生者之间身体的第一次亲密接触,时间往往只有几秒而已。正是这短短的几秒钟,立刻决定了别人对你的第一印象。一个积极的、有力度的正确的握手,会表现出你对别人的重视和尊重。一个无力的、错误的握手方式,会带给你许多麻烦。

1. 握手的时机

高兴与问候。遇到较长时间未曾谋面的朋友要握手,表示出久未见面后再次相聚的激动。被介绍给不相识者时要握手,可以体现出自己很高兴认识对方。在社交性场合,偶然遇到同事、同学、朋友、邻居、长辈或上司时要握手,这是礼貌的问候表示。

欢迎与道别。在家中、办公室里自己担任主人的场合中,迎接或送别来访者时,可用握手来表示欢迎或送别。在比较正式的场合同相识之人道别要握手,以示自己的惜别之意和希望对方珍重之情。拜访他人后,在辞行时,用握手来表达“再会之意”。在重要的社交活动,如宴会、舞会、沙龙和生日晚会开始前与结束时,可与宾客握手表示欢迎和惜别之意。

理解与慰问。对他人表示理解,可以用握手表达支持。得悉他人患病、遭受其他挫折或家人过世时,可以用握手表达慰问。

祝贺与感谢。在获得他人的支持和帮助后，要握手表示感激。向他人表示恭喜、祝贺时，如祝贺生日、婚庆、升职或者得奖时，要握手以表示贺喜。向他人赠送礼品或颁发奖品时，要握手表示祝贺。应邀参与社交活动，舞会或宴请开始或结束，要与主人握手，表示谢意。

2. 伸手的先后顺序

一般情况，握手时有以下几种顺序：

(1) 年长者与年幼者握手，是年长者先伸出手。

(2) 长辈与晚辈握手，是长辈首先伸出手。

(3) 老师与学生握手，是老师首先伸出手。

(4) 女士与男士握手，是女士首先伸出手。

(5) 已婚者与未婚者握手，是已婚者首先伸出手。

(6) 社交场合的先至者与后来者握手，是先至者首先伸出手。

(7) 上级与下级握手，是上级首先伸出手。

(8) 职位、身份高者与职位、身份低者握手，是职位、身份高者先伸出手。

在一些特殊场合，需注意以下这些顺序。

如果个人要同多人握手，应由尊而卑，即先年长者后年幼者，先长辈而晚辈，先老师后学生，先已婚者后未婚者，先女士后男士，先职位、身份高者后职位、身份低者，先上级后下级。

在公务场合，握手时伸手的先后次序主要取决于职位和身份。在一般性的交际场合中，则主要取决于年纪、性别和婚否。迎接来访者的时候，应由主人先伸出手来与客人相握；而在客人告辞时，则应由客人首先伸出手来与主人相握，分别表示“欢迎”和“再见”。

3. 正确的握手礼仪

一般是介绍完毕，双方问候时，各自伸出右手，彼此之间保持一步左右的距离，手掌略向前下方伸直，拇指与手掌分开，其余四指并拢，握手时两人伸出的掌心都不约而同地向着左方，然后用手掌和五指与对方相握。伸手的动作要稳重、大方，体现出自然而亲切的气度。右手与人相握时，左手应当空着，并贴着大腿外侧自然下垂，表现出认真专注。除老、弱、残疾者外，一般要站着握手，切勿坐着握手。

握手时间的长短可因人、因地、因情而异。时间太长使人不安，过短又显得情绪欠佳。初次见面时握手时间以 1 ~ 3 秒钟为宜。在多人相聚的场合，不应与一人进行长久的握手，以免引起他人误会。

握手力量要适度。要有力且坚定地紧握住对方的手。过重的“虎钳式”握手显得粗鲁无礼；过轻的抓指尖握手又显得妄自尊大或敷衍了事。但男性与女性握手时，男性应轻握女性四指。

为了表示尊敬，握手时上身略微前倾，头略低一些，看着对方眼睛显笑容状，边握手边开口致意，如说“您好”、“见到您很高兴”、“辛苦啦”等。握手时为表示热情可上轻下摇，但不宜左右晃动或僵硬不动。双握式适用于见到尊敬的长者时，即右手紧握对方右手，再用左手加握对方的手背和前臂。

如果手上有污垢时，应亮出手掌向对方示意声明，并表示歉意。

在涉外场合，如遇到身份较高的外国人，有礼貌地点头微笑或用鼓掌以示欢迎即可。如果对方没有主动伸手的话，最好不要主动上前握手。与数位外宾初次见面，握手问候的时间应大体上相等，不能造成他人感到待遇不同的印象，与其中一位认识而不认识其他人时，同前者握手也要留神这一点，不要跟他握起手来没个完，与其他人却敷衍了事。

一个积极的、有力度的正确的握手，会表现出你对别人的重视和尊重。

如何致意

致意是一种常用的礼节，多指用动作来表示问候，通常用于相识的人之间在各种场合打招呼。

一般来说，致意应为以下这些规则：男士应当首先向女士致意；年轻者应当首先向年长者致意；学生应当首先向老师致意；下级应当首先向上级致意。当年轻的女士遇到比自己要年长很多的男士的时候，须主动致意。

致意包括举手致意、起立致意、微笑致意、点头致意、脱帽致意等。起立致意常用于较正式场合长者、尊者到来或离去时，在场者应起立致意。举手致意适用于向距离较远的熟人打招呼，一般不必出声，只将右臂伸直掌心朝向对方，轻轻摆一下手即可，切勿一直摇晃手掌。点头致意适于不宜交谈的场合，例如在会议等场合中，与相识者在同一地点多次见面或仅有一面之交者，在社交场合亦可点头为礼。点头的正确做法是头向下微微一动，要避免力作过于大幅度，也不必点头不止。欠身致意是一种广泛起用的致意方法，行礼时全身或身体的上部微微向前一躬即可。朋友、熟人见面若戴着有檐的帽子，应当脱帽表示致意。脱帽致意的方法是微微欠身用距对方稍远的一只手脱下帽子，将其置于大约与肩平行的位置，并注视对方的双目。若与朋友面对面地相遇时，可以回身问一声好，并以一只手轻轻地掀一下帽子，不必将帽子脱下来。若戴的是无檐帽，不必脱帽，只需欠身致意，切勿将手揣在口袋里。

女士无论在何种场合，不论年纪尊长、戴帽与否，只需点头致意或微笑致意。只有遇到上级、长辈、老师和特别钦佩的人的时候，或遇见众多朋友时，女士才需要率先向他们致意。

致意的各种方法允许在同一时段内适用多种，如点头与微笑、欠身与脱帽均可同时使用。遇到对方向自己致意，应以同样的方式向对方致意，不然会被视为失礼的表现。致意要注意文雅，一般不要在致意的同时向对方高声叫喊，以免对他人造成干扰。

在餐厅等场合，如果男女方并不是熟人，一般男士不必起身走到跟前去致意，在自己座位上欠身致意即可。女士如果愿意，可以走到男士的桌前去致意，男士须起身安排女士就座。

在社交场合遇见身份高的熟人，一般不宜直接上前对对方致意，而应在对方的应酬告一段落之后，才可上前致意。

如何鞠躬

鞠躬礼是人们在生活中对别人表示恭敬的一种礼节，可以适用在严肃或喜庆的典礼，也适用于一般的社交场合。如学生对老师、晚辈对长辈、表演者对观众、下级对上级等都可行鞠躬礼。领奖人上台领奖时，向授奖者及全体与会者鞠躬行礼；演员在演出结束后，对观众的掌声常以鞠躬致谢；演讲者也用鞠躬表达对台下听众的谢意。

行鞠躬礼时，要立正并脱帽，脸带笑容，目视受礼者。男士双手自然下垂，贴放于身体两侧裤线处；女士的双手下垂搭放在腹前。接下来变身向前倾，下弯的幅度可根据施礼对象和场合决定鞠躬的度数，一般为60°，在特殊情况下，需90°鞠躬。鞠躬礼在某些国家较为盛行，如日本、朝鲜等。在接待这些国家的外宾时，可参考使用这一行礼。行鞠躬礼一般有三项礼仪准则：受鞠躬应还以鞠躬礼；地位较低的人要先鞠躬；其鞠躬应更加深一些。

特别是在日本，鞠躬礼是其正式的礼节，是一种郑重其事的表达方式，表示对他人的尊重和敬佩。弯身程度不同，行鞠躬礼时双手下垂的程度不同，都用以表示尊敬程度不同。

恭敬的鞠躬礼应是如下步骤：端立，背部挺直，双手扶住双腿正面。行礼时，深深地向下弯身，双手的指尖直至双膝为止。多用于对外宾、上司等表达敬意，以及对给予自己极大帮助的同事、朋友表示深深的感激。

弯身程度不同，行鞠躬礼时双手下垂的程度不同，都用以表示尊敬程度不同。

吻礼的礼仪

吻礼是盛行于西方的一种礼节，包括亲吻、拥抱和吻手礼三种。伴随日益密切的对外交往，这种礼节也会在涉外交际活动中遇到，必须要有一定的认识。

1. 亲吻的礼仪

亲吻作为一种西方礼俗，起源于古罗马。亲吻并不等同于接吻，它因行礼者相互关系的不同而亲吻时“接触”的具体部位也各不相同。长辈吻晚辈的额头；晚辈则吻长辈的下颌。朋友或同辈亲友间只是相互轻吻一下或轻轻贴一下对方的脸颊。

虽然亲吻礼在西方比较流行，但是即使是夫妻或情侣也很少在公共场合下接吻，有些国家甚至禁止人们街头接吻，有的国家亲吻礼仅限于同性之间使用。

2. 拥抱的礼仪

在欧美各国、中东和南美洲，亲友、熟人见面或告别之时，很多都使用拥抱礼，并常与亲吻并行。拥抱在日常生活中有广泛使用，也是各国领导人在外交场合中的见面礼节。它和亲吻一样，通过身体的接触表达敬意，可以理解为缩短了距离的握手。

拥抱礼的标准方式是两人相距20厘米相对而立，举起右臂，用右手扶对方左肩，左手扶着对方的右后腰，双方的头部及上身向左前方相互拥抱，这就是拥抱礼节。要是想表示亲密的情感，在向左侧拥抱之后，头部及上身向右前方拥抱，最后再次向左前方拥抱，才算礼毕。男女间可抱肩相拥，与此同时亲面颊的方式是左一右二交替。作为公关礼仪的拥抱，双方身体不宜贴得太紧，拥抱时间也较短，且忌吻对方的面颊。西方人在商务往来中较少使用这一礼节。

3. 吻手礼

吻手礼是流行欧美上流社会异性之间的一种较为最高层的见面礼仪。行吻手礼时，男士行至女士面前距离约80厘米，首先立正欠身致敬，并向女士征求同意。女士将右手轻轻向左前方抬起约60°时，便是行吻手礼的暗许。男士以右手或双手轻轻抬起女士的右手，同时俯身弯腰以自己微闭的嘴唇象征性地轻触一下女士的手背或手指，要稳重、庄严、且不能出声，不留“痕迹”。一般多在室内行吻手礼，而且主要是男士向已婚女士表示敬意的一种做法。

在法国、波兰和拉美的一些国家里，向已婚女士行吻手礼，能体现男士的教养。因此，在涉外场合，如果外方男士向中方女士行吻手礼时，需礼貌地回应对方。

以亲吻为礼节时，切忌发出任何声音。以拥抱为礼时，需要注意不要用力过猛或把对方弄疼，同时不论是亲吻还是拥抱都不可勉强对方，还应当注意场合。在阿拉伯国家，亲吻礼是不能用到异性之间的。西方人在进行商务活动时，一般不使用拥抱或亲吻。行吻手礼时，若女士没有暗示可以或双手戴手套，男士一般不能无礼地强行吻手礼。女士也应自谦，不能随便暗示异性对自己行此礼。

以亲吻为礼节时，切忌发出任何声音。

称呼的礼仪

很多人士在生活或交往中，经常要与各种年龄、性别、身份的人交往，这就有一个如何称呼别人的问题。由于各国习俗不同、语言各异，因而在称呼上差别很大。如果称呼错了，不但会使对方不高兴,还会造成许多负面影响。

1. 国际交往中的称呼礼仪

公众称谓一般是随着时代和社会生活的变化而有所变化的。我国建国以来,在一般社交场合和工作场合,“同志”这个称呼比较普及。随着对外交往的日益密切,在一些社交场合,称男士为“先生”,年轻女子为“小姐”、“女士”,也可以用职业名称来称呼,如教师、医生、律师和导演等;还有一些技术职称等,如教授、编辑、记者、工程师和技术员等。

一些身份较高的官员,一般为部长以上的高级官员,按国家情况称先生阁下,如“部长阁下”、“主席先生阁下”、“大使先生阁下”等。但美国、墨西哥、德国等国则没有这样一个习惯,因此在这些国家可称先生。可以称一些地位较高的女士为夫人,对有高级官衔的妇女也可称“阁下”。

对医生、教授、法官、律师或拥有博士学位的人,均可单独称“医生”、“法官”、“律师”等,同时可以加上姓氏,也可加先生,如“卡特教授”、“法官先生”、“律师先生”、“巴朗博士”、“德尔教授”等。

对于自己已经认识的人,多在姓氏之前加上称呼,切忌用名字代替姓氏,如说美国国父乔治·华盛顿,人们一定要称之为华盛顿总统、华盛顿先生,必须要使用其姓氏华盛顿,如果称他为乔治先生,保证震惊全场,因为只有以前的黑奴才会如此称呼主人的。

有不少人一见外国人就称“Sir”(先生),这个称呼是不对的。因为这只有对看起来明显十分年长者或是虽不知其姓名但地位较高的男士才可适用,当然面对正在执行公务的官员、警员等也可以Sir称呼,以表尊敬;而对女士则一律以Madam(夫人)称呼之,无须知道她是否结婚。

2. 中国人的称呼礼仪

在中国的称呼礼仪中,双方关系亲密时,可以不称其姓而直呼其名。长辈对晚辈大都这样称呼,但在关系一般时不可使用此称呼。

在同事之间,可以在姓氏前边加上“老”或“小”相称,尊称长者为“老”,对年轻者称“小”。

对于知识界人士,可在姓氏后称呼其职称,如“曾教授”、“曹医生”等。对于声望较高的前辈等,可以称呼其“先生”。

有时遇到才结识的朋友,且年长于自己,但不清楚如何称呼时,可以称之为“老师”,尤其在知识者和文艺界中使用较多。年轻的朋友为了表示亲热以“哥们儿”、“姐们儿”相称,不太文雅,而叫人外号就十分失礼。

向他人介绍家人时,中国人引用“爱人”来称呼自己的配偶,称呼父母为“家父、家母”,称呼子女为“小儿、小女”。用“令尊”、“令堂”、“令郎”、“令爱”来称呼友人的父母儿女。

3. 称呼的五个禁忌

在使用称呼时,需避免以下几种失误。

(1)错误的称呼。误读也就是念错姓名。为了避免发生这种情况,须在事前做好准备;如果是临时遇到,可向对方虚心请教。

误会,主要是对被称呼者的年纪、辈分、婚否等情况产生了错误认识。将未婚女子称为“夫人”,就属于误会。相对年轻的女性,都可以称为“小姐”,这样对方也会乐于接受。

(2)使用不通行的称呼。不同的地区称呼也不同,如山东人喜欢称呼“伙计”,但南方人听来“伙计”肯定是“打工仔”。中国人常用“爱人”称为伴侣,在外国人的意识里,“爱人”是“第三者”的意思。

(3)使用庸俗的称呼。在一些正式的场合中不宜使用的称呼,如“兄弟”、“哥们儿”等一类的称呼,虽然听起来亲切,但会给人造成不雅的感觉。

(4)称呼外号。对于关系一般的,切忌给他人起外号,更不能用道听途说来的外号去称呼对方,也切忌用其姓名开玩笑。

称呼错了,不但会使对方不高兴,还会造成许多负面影响。

名片的使用礼仪

名片使用起来简便、灵活、文明，能适应现代社会人际交往十分频繁的需要，这也是当代交际活动中的常用工具。

1. 递名片礼仪

可以用交换名片来开启人际关系，一般宜在与人初识时自我介绍之后或经他人介绍之后进行。递送名片并不需要严格的顺序，一般是地位低的人先向地位高的人递名片，男性先向女性递名片，女性也可主动向男性递名片。如果对方人数众多，应先将名片递给职务较高或年龄较大的人；要是不清楚年纪大小或职务高低，则可依照座次递名片；应给对方在场的人每人一张，以免厚此薄彼。如果本方人士较多，则让地位较高者先向对方递送名片。因为名片代表一个人的身份，在未弄明对方的来历之前，不要轻易递送名片，否则，不仅有失庄重，而且有可能使对方产生负面印象。

应微笑直视对方，将名片的正面朝着对方，恭敬地用双手的拇指和食指分别捏住名片上端的两角送到对方胸前，保持名片上各种信息清晰可见。如果是坐着，应起身或欠身递送，递送时可以说一些“我叫×××，这是我的名片，请笑纳”等有礼貌的话语。

如果同外宾交换名片，可先留意对方是用单手还是双手递名片，并按其行为行事。因为欧美人、阿拉伯人和印度人多是用双手与他人交换名片；日本人则喜欢用右手送自己的名片，左手接对方的名片。

2. 收名片礼仪

接受他人名片时，须面带微笑地起身，恭敬地用双手的拇指和食指接住名片的下方两角，并轻声说“谢谢”。要是对方有较高的地位，则可道一句“久仰大名”之类的赞美之辞。

接过名片后，需要当着对方表示珍惜，用15秒钟左右的时间，仔细把对方的名片读一遍，并注意语音轻重，有抑扬顿挫，重音应放在对方的职务、学衔、职称上，要有不清楚的地方应请教。随后，当着对方的面郑重其事地将对方的名片放进自己的名片夹中，千万不要随手乱扔容易丢失。

如果接过他人名片后一眼不看，或漫不经心地随手向衣袋或手袋里一塞，则是非常失礼的行为。

3. 索取名片的方法

交换法。想要索取别人的名片，需要主动向别人呈递名片。别人自然会回赠一张自己的名片，这也是基本的礼仪准则。

指明法。直接表明自己的本意。例如：“王总，认识你很高兴，请问您能给我一张名片吗？”

联络法。欲向平辈、晚辈或地位相仿的人索取名片，可以说：“请问如何与你联系？”如果对方不想给，会说“今后还是我与你联系吧。”这是一种很巧妙的方法，双方都不会丢失颜面。不想给对方名片，切忌直接表示拒绝，可以说：“非常抱歉，我的名片用完了。”

谦恭法。欲向长辈或地位、职务高的人索取名片时，可以说：“请问如何向您请教？”实际就是暗示对方留下名片。对方想给就给，如果不想给，也不会让自己下不来台。

倘若一次同许多人交换名片，又都是初交，可按座位次序进行交换，并记好对方的姓名，以防搞错。

敬语的使用

敬语主要指的是在人际交往活动中使用向他人表示礼让、敬重的语言。敬语能体现良好的休养，是展示谈话人风度和魅力必不可少的基本要素之一，是尊重他人并获得他人尊重的必要条件，推动人际交往实现和谐。一般而言，敬语的类型分为以下几种。

1. 问候型敬语

问候型敬语即人们彼此相见问候时使用的敬语，一般用的有“早上好”、“久仰”、“您好”等。问候型敬语的使用不仅可以体现亲切，还可表示敬意，又充分体现了说话者有教养、有风度、有礼貌。

2. 请求型敬语

一个人的一生中都需要向他人寻求帮助，而请求型敬语就是在请求别人帮忙时所使用的一类敬语。这类敬语通常有“请”、“劳驾”、“请多关照”、“承蒙关照”、“拜托”等多种不同表达方式。

3. 道谢型敬语

道谢型敬语即当自己在得到他人帮助、支持、关照、尊敬和夸奖之后表达谢意时所使用的敬语。这类敬语最简洁、及时，而最常用的便是发自肺腑的“谢谢”。除此之外，属于这种类型的敬语还有“承蒙厚爱，实在荣幸”、“承蒙提携”等。

4. 致歉型敬语

在现代生活中，随着交际活动的增多，人际关系的网络也日趋复杂，这使得人与人之间的矛盾时有发生。而当自己的行为给他人带来负面影响和伤害时，最平常的致歉型敬语是“对不起”、“望您见谅”、“打扰您了”、“让您费心了”、“非常抱歉”等。

在人际交往活动中，除了上述四种类型外，还可在以下场合中使用敬语，如等待客人说“恭候”；希望对方送到这里为止可用“留步”；陪伴朋友说“奉陪”；中途先走说“失陪”；向人道贺用“恭喜”；赞赏见解用“高见”；迎接顾客时可用“光顾”；谈及老人年岁用“高寿”；称小姐年龄用“芳龄”；说他人来信为“惠书”，等等。

不管运用何种敬语，都应该注意如下几点。

(1)敬语的使用要本着诚心诚意的原则，而不是随意地敷衍搪塞。

(2)要根据不同对象、不同场合和不同氛围灵活掌握敬语的使用，需要落落大方，切忌做作。

(3)使用敬语时还应认真、得体、直截了当，不要含糊不清，并且留心对方的态度，并辅以适当的肢体语言。

总之，要力求通过敬语的表达，使进行人际交往的人们在心里产生反响和共鸣，促进双方在感情上实现交流。

敬语是展示谈话人风度和魅力必不可少的基本要素之一，是尊重他人并获得他人尊重的必要条件。

第七章　年轻人社交中的心理技巧

矛盾不能惹

每个人都有隐私和痛处不敢被人知道，不愿被人提及。与人沟通时，要千万注意，尽量不要触及这些禁忌。

小李就遭遇过这种事情。一次与同事共同吃饭，小李为了表达对小张取得成绩的钦佩之情，他举杯倡议道：“我建议为小张的成功干杯！回想小张的成功，我得出这样一个结论：凡是成大事的人，必须具备三证。”众人惊异地问道：“哪三证？”小李提高嗓门喊道：“第一是大学毕业证；第二是监狱释放证；第三是离婚证！”话音刚落，众皆哗然。这三证中的两证无疑是小张的忌讳，而小李却没遮拦地把它们说出来了。小张并无意让大家知晓，小李是和他关系比较好的同事，却不顾场合地讲了出来。

这件事警示我们，即使是非常要好的同事或朋友，一定不要触碰类似问题。人心隔肚皮，每个人心里都有一块自留地，我们必须尊重他们，不要拿他们的事情开玩笑。

如果你能巧妙地避开“雷池”，情况会大变，别人会因为你识大体、顾大局而欣然接受你。反之，正如约翰·莫非在《你的生活》杂志上的文章中所说的那样：“小看别人，自己也会变得渺小。”

美国俄亥俄州黛唐市的国立现金收入纪录公司，有着全国最杰出的销售势力。这个公司的销售训练部主任拉尔夫·奈格里告诉我：“保证推销员工作符合要求的秘密在于，不是向他们讲公司的意图，而且要鼓励他们把推销干得更好。”

拉尔夫从来不说：“倘若你想长久干下去，你就必须干大量的跑腿的活儿。”相反，他更可能会说这样的一些话：“如果你强迫自己出去多做一些访问和请示，你的收入会多起来。”

这是圆通的说法。其实，推销员的工作需要经常外出，但你直率地说出这个字眼来，那就使他们感到你对他们的鄙夷，他们的业绩也没有太大改观。但是换一种说法，就避开了这个令他们生厌的忌讳，他们可能更投入地工作。

小看别人，自己也会变得渺小。

有理让三分

有句老话：生意不成人情在。商人做事会圆滑世故一些，这也是多年积累的经验所得。

有一个工厂做美容品，有一天，张厂长接待了一位前来投诉的李先生。李先生怒气冲冲地对张厂长说：“你们的美容霜，怎么能美容，我18岁的女儿用了你们厂的青春霜后，脸部受伤了，都没脸见人，我要你们负责！我要你们赔偿我们的损失！”

张厂长听完，稍加思索，心里明白了几分，但他仍诚恳地道歉：“是吗？竟有这种事情发生，实在对不起您，也很对不起您的千金。现在当务之急是马上送李小姐去医院，其他的事我们回头再说。”

李先生本来是想骂一顿出出窝囊气，也没想到厂长会承认错误，而且真的挺负责。想到这里，李先生既高兴又感激。于是，父女在厂长的陪同下做了相关检查。

检查的结果是，小姐皮肤有一种遗传性的过敏症，而与护肤霜无关。医生开了处方，说很快会康复，也不会留什么疤痕。

这时，父女的负担消除了。只听厂长又说：“虽然我们的护肤霜并没有任何有毒成分，但小姐的不幸，我们是有责任的。因为虽然我们产品的说明书上写着‘有皮肤过敏症的人不适合用本产品’，但您女儿想买来用时，售货员肯定忘记问她是否皮肤过敏，也没向顾客叮嘱一句注意事项，小姐才会出现这种不适状况。”

小姐听到此话，立马看了一下注意事项。果然，包装盒上有明确说明哪几种人不能用，只怪自己没详细问清就买来用了，甚是抱歉和后悔。

厂长见此情景便安慰她：“小姐，请放心，我们曾请皮肤科专家认真研究过关于患有过敏症的顾客的护肤品问题，并且还开发了好几种新产品，效果都很好。等您康复完，我派人给您送两瓶试用一下，一定不会有皮肤不适反应，也算我们对今天这件误会的补偿。你们看如何？”

事情的结果自然向好的方向发展了。

这件事本身，责任并不在厂方，完全是由于顾客粗心所致。但是，厂长并不这么看，顾客粗心固然是事实，但如果我们在销售过程中再细心一点，不就可以避免这样的事情发生吗？另外，厂长其实早已心中有数，小姐可能有过敏症，但是这要有确凿的科学证明，顾客才能消除误会。为了对顾客负责，为让真相更明确，当听到李先生投诉时，便当机立断，陪李家父女去医院检查，取得有力的证据。最后，“有理更让人”，厂长向李家父女解释清楚误会后，不但没有丝毫责怪李家父女的意思，还主动向顾客道歉，赢得了他们的好感。

当听完顾客的投诉后，假如确定是自己的责任，应毫不犹豫地向顾客表示歉意，并提出补救办法。如果是由于顾客的责任而发生的误会，又该如何处置呢？

首先，仍是耐心听取顾客投诉，把责任方找出来表明不是自己，而是顾客方出了差错，要婉转解释，但绝对不要正面批评顾客。

当顾客郑重其事向我们投诉时，哪怕责任在他，我们也不能这样对他说：“不，先生，那是您误会了，绝不会有这种事。”或者：“先生，您有没有搞错啊！我们公司怎么能让这样的产品出厂？”这样的话，只会使不满情绪加大，顾客会更加生气和不满，甚至引发对抗心理。所以说，作为推销厂家，对因误会而投诉的顾客采取“有理更让人”的处事态度是很具有普遍意义的。

理来自何处呢？让理到什么程度是合适呢？理来自于知道自己对事情的判断是正确的，来自于听取对方的倾诉是认真的。打个比方，你是一个商人，当顾客向你反映情况时，该怎么办呢？首先必须站在顾客的立场上，保持情绪平静并认真听完他们的话，一直等对方把要说的话说完。有一个训练有素的推销员曾经说过：“处理顾客投诉，推销员要用 80% 的时间来听话，用 20% 的时间说话。”

无论哪个顾客反映情况，不管他们发的火有多大，只要我们耐心地听，鼓励他把心里的不满发泄出来。那么，他们也不会一直有脾气，反像个被扎了洞的皮球那样，慢慢地“放气”了。只有恢复了理智，事情才会有处理方法。而且因情绪激动而失礼的顾客冷静下来以后，必然有些后悔，这比我们迎头批评他们要有效得多。

理来自于知道自己对事情的判断是正确的，来自于听取对方的倾诉是认真的。

别总说“我很忙”

如今的社会竞争非常激烈，每个人都感觉要做的事很多。上班时忙，下班时也忙；单位忙，家里也忙。还要加上不断学习知识，所以我们经常挂在嘴上的一句话就是“我很忙”！但正因为生活在这个快节奏的社会，朋友才是很重要的生活部分。

总对别人说“我很忙”，也是一种自私的表现。有时候你确实有很多事要做，但并不是每件事都非常重要，也不是每一件事都得立即完成。而此时，朋友有困难请你伸出援助之手，虽然那样会耽误你的时间，但如果你想着朋友需要你，那么你会把一些自己不太重要的事先放一边。相反，如果只想到自己，那么就会随口一句很简单而又挺有面子的“我很忙”加以拒绝，有时也会假惺惺地加上一句“对不起”。无论朋友的困难程度如何，如果把对朋友的帮助放在最后一位，把自己的事放在第一位，那么可以想象朋友在你心里的位置。

有时候，用“我很忙”当借口说明了你很无能。有的人头脑里塞满了各色各样的事，当朋友有事相求时，虽有心相助，但弄不清该如何安排自己的事，分辨不出事情的重要程度，因此只能遗憾地说“我很忙”。

所以，在日常生活中，最好不要说“我很忙”，应尽可能地热心帮助朋友，满足他人的愿望。要知道，尽自己最大努力帮他人渡过难关，也一定能得到他人无私的帮助，而我们很多事情光靠自己一个人是难以完成的。

尽自己最大努力帮他人渡过难关，也一定能得到他人无私的帮助。

感化天使

有的人因一小事都要生气上火，还寻找机会报复；有的人四面楚歌、众叛亲离却还弄不明白自己到底做错了什么。有大恶人出现的地方，就有代表正义的天使。关键时刻，需要一个“和事佬”挺身而出，摆平麻烦的事情。文学一点讲就是“感化天使”。

以下是“感化天使”的处世信条：

1. 良好的心态

他会告诉自己世界上不存在“完人”和完美的人际关系。

2. 不要让大家都知道问题

“和事佬”不会向领导告状也不四处宣扬，他会私下告诫好事者：“虽然你不仁，我也不会不义。”

3. 和双方正面沟通的行动

“感化天使”会和不讲理的“恶人”开诚布公，首先告诉他，他的不当已造成了别人的不舒服，你不会听之任之。其次，向他指出继续这样的言行所引起的严重后果，向他晓以利害。最后告诉他你寄予希望，希望他能反省，追求更美好的未来。

你如果能坚持这样做，同事对你会越来越尊重，愿意帮助你的人也会越来越多。你在同事中的威信也会建立起来，你也总会宽容别人、帮助别人，保护别人的尊严。

坚持正面沟通，可以在同事中树立威信。

用微笑打动人

微笑是最常见的礼仪，是待人接物中最基本的礼仪规范。这种轻微的不出声的笑容出于内在的力量和自信，是对对方认可的表现，它是打开成功交往的一把金钥匙，是化解矛盾和冲突的神奇力量，是保证社交成功开展的因子之一。

微笑，也是社交的手段之一。在交际过程中，不管对方语气如何咄咄逼人，甚至严词拒绝，只要一方以微笑面对另一方，就不会引起“面红耳赤”或“暴跳如雷”的结果。俗话说：举手不打笑脸人，这种微笑，对缓和双方关系很有帮助。因此在交往中，微笑是打破僵局的手段。

微笑也表现出对他人的尊重。微笑可以表现出温馨、亲切的表情，创造出交流和沟通的良好氛围，并能给对方留下美好的心理感受，进而给对方足够的尊重，微笑不仅是一种外化的形象，也表达了内心的感受。

微笑可使人际交往更加游刃有余。在工作过程中，轻松友善的微笑，是来自每位员工敬业、勤业以及乐业的精神，有了这种精神，微笑才显得更加真诚。在社交中，我们以微笑开始，以微笑结束，才会赢得顾客的赞赏，获得良好的声誉，进一步促成事业的发展。

1. 微笑的基本要求

微笑要发自内心，不要伪装。虚伪的假笑、牵强的冷笑只会令对方感到别扭和反感。

微笑要做到甜美，这种表情由嘴巴、眼神及眉毛等方面来协调完成。

微笑要有尺度，即热情有度。在交谈中经常大笑，表情过于夸张，会让对方感到不自然。另外，微笑时再给一些适当的手势，这样会更自然、大方、得体。

2. 训练微笑的方法

(1)笑不露齿。嘴角稍微上扬，让唇线略成弧形，在不牵动鼻子、不发出笑声、不露出牙齿的前提下，微微一笑。

(2)借助技术辅助。我们在训练某些发音时，恰恰是微笑的样子，如“钱”，英文字母“C”、“V”等。

微笑不仅是一种外化的形象，也表达了内心的感受。

希尔顿的微笑

著名“旅馆大王”希尔顿从微笑中受益匪浅。自 1919 年用他借来的 5000 美元创办了第一家希尔顿旅馆后，到 1976 年时，他已经拥有数十亿美元，在世界五大洲的各大都市拥有用希尔顿命名的旅馆 70 多家，而且已兼并了很多大旅馆，如号称“旅馆之王”的纽约华尔道夫的奥斯托利亚旅馆。

希尔顿的成功固然靠他敏锐的经营眼光，但他的服务也很厉害。希尔顿旅馆的服务是世界上任何旅馆都无法比拟的，“微笑”更是其核心理念。

希尔顿曾在一次新旅馆营业员工大会上问大家：“现在我们旅馆新添了第一流的设备，你们觉得还应该配上哪些第一流的东西，才能使顾客更喜欢希尔顿旅馆呢？”员工纷纷提出自己的意见，希尔顿没找到满意的，他笑着摇摇头说：“你们想想，倘若旅馆里的设备很好，而没有第一流服务员的微笑，顾客会认为我们提供了他们最喜欢的全部东西吗？如果缺少服务员美好的微笑，就像花园里没有阳光。假如我是顾客，我宁愿住进虽然只有破旧的地毯，却处处能见到微笑的旅馆，也不愿住进没微笑的地方。”“希尔顿的微笑”给希尔顿带来了信誉和成功，赢得了四方来客，迎来了滚滚财源。

1930 年，美国经济危机发生，全美国的旅馆几乎倒闭了 80%，希尔顿的旅馆也受到了极大的冲击，债务高达 50 亿美元。但是，希尔顿仍告诫员工千万不可把愁云摆在脸上，而要让微笑永远属于顾客。他经常叮嘱员工：“无论旅馆的困难如何大，希尔顿旅馆服务员的微笑永远是属于顾客的阳光。”正是这始终如一、时时迎向顾客的微笑，使希尔顿度过了经济萧条期，第一个冲破危机阴霾，跨入了经营的黄金时代。

希尔顿每天至少要与一家希尔顿旅馆的服务人员接触，经常各大洲来回跑，从一个国家飞到另一个国家，检查他的旅馆，了解情况，解决问题，但是他对各级服务人员问得最多的还是这句：“你今天对顾客微笑了没有？”希尔顿的微笑意在树立起一个令公众满意的良好形象，以此在激烈的市场竞争中求生存、图发展，这是在市场经济中生存必须掌握的规则，任何企业、任何组织只有适应它，才会有更加稳固的未来。

曾经有一位成功人士说到：“微笑轻而易举，不用花钱，却永远价值连城。”某知名百货公司的一位人事经理曾这样说：“我宁愿雇用一名有可爱笑容而没有念完中学的女孩，也不想拥有一个不会微笑的博士。”

微笑不但能够保持你自己外在的良好形象，还影响了其他人的心情。真诚地微笑能调节体内的荷尔蒙，让人由内向外洋溢着愉悦的光彩。而笑容对他人也有一定作用，让他们像你一样产生愉悦的情绪。心理学家分析后认为，若你对别人微笑示意，对方也会报以友好的笑脸，而且对方回应的微笑里有一层更深的意义，那便是对方想用微笑告诉你，你让他体会到了幸福，而这是一个良性的传播快乐的过程。

不善用微笑的人，是很不幸的。要知道，微笑在交往中能发挥极大的作用，无论在家里，还是在办公室，哪怕在路上碰见久违的好友，只要你不吝微笑，立刻就会显示出你优秀的一面来。对于一个高情商者来说，微笑是要时刻挂在嘴边的。

对别人微笑，你收获的除了开心，更多的是别人对你的认可。

微笑有助于发财，没有微笑，财富将远离你。

工作是你的形象代言

塑造一个成功的形象的最好方法，是工作成绩突出。工作优异以及相伴而来的荣誉，将使人们知道你是多么了不起。人们从你昔日成功的记录或仅仅通过目睹你工作时的风采，就可认定这一点。如同你看见一个网球运动员在球场上挥洒自如的身影，就判断他非常专业一样，当人们看见你在所从事的领域里的非凡表现时，他们对你的职业能力也很佩服。

倘若你刚开始追逐事业，又或已经过几年拼搏，但仍然没有达到理想的水平，你可运用“成功孕育新的成功”原则。你应该做的第一件事是：总要表现得忙忙碌碌，决不要让你的顾客们知道你的业务很少、工作能力不够，要给他们留下你总是“日程全满”的印象。运用“成功孕育新的成功”原则，来塑造成功形象的技巧是：有一副看上去很成功的外表。倘若你的衬衣有破损的地方，西服的翻领也不干净，领带款式过时，皮鞋脏兮兮，那么很显然，你注定是个失败者。

该法则，要求用那些可以提高你形象的象征物来装饰你办公室的墙壁。学位证书等可告诉顾客，你是多么出色，你获得的奖章、奖状也有同样的效果。

工作优异以及相伴而来的荣誉，将使人们知道你是多么了不起。

家庭是一笔财富

在着手打造自己的形象时，不要低估家庭对自己形象的影响。在众多场合下，你的家人都扮演着对你的事业至关重要的角色。别人对他们的感觉如何，肯定影响着人们对你的看法。

倘若你从事商业方面工作，带妻子出席一些跟业务有关的社交活动，就显得非常重要。这不仅因为你的客户们在场，而且很多可能成为你顾客的人也在。这些未来的顾客及其夫人们对阁下和尊夫人的印象如何，可能决定着你们能在多大程度上说服他们接受你们的服务。如果他们发现尊夫人魅力十足，定会有刮目相看的感觉。假如尊夫人的表现使他们大失所望，那么阁下同他们做生意的希望就会化为泡影。

在大多数情况下，你可采取很多措施改进你妻子的形象。例如，你早已知晓她不能喝太多，那么就要提醒她。如果她由于对有关业务的知识知之甚少而出丑，你就应负责多教给她这方面的东西。假如她智力尚可，很快就会获得一些你业务方面的知识，然后你会大吃一惊，在未涉及专业性太强的问题时，她对谈生意也很有帮助。事实上，纯专业性的问题一般也不会在这样的场合讨论。

自然，任何时候尊夫人都应表现得举止得体才对。常言说得好：“只要她还很高贵迷人有气质，你就拥有一笔财富，而不是一个负担。”她的举止在很大程度上决定着别人对她的印象如何，而且毫无疑问，她的穿着打扮也是很重要的。因为女人总比男人更需要打扮，所以支付得起的话，不妨给她买几套高档衣服，这个投资是很值的。尊夫人身着高档服装，配以珠宝玉器，不但树立起她的成功形象，也衬得你很像一位成功人士。

在众多场合下，你的家人都扮演着对你的事业至关重要的角色。

与成功者打交道

与什么样的人合作，对你的形象有着巨大影响。这并不是要你把对自己形象不利的朋友们都甩了，但俗话所说的“物以类聚，人以群分”、“与狗居，必惹蚤”，并非无稽之谈。例如，如果你有一些地位显赫而且功成名就的朋友，人们就会想：“他一定颇有本事，否则，怎么能跟那些人在一起。”倘若你朋友里成功的很少，那么，即使这不会严重损害你的形象，也会对你有负面影响。还有，如果你在公司里整天同那些声名狼藉的人打得火热，你也不会有好形象。要强调的是，为了塑造更好的形象，要换换朋友们，而且要搞清楚同你合作的人中，哪些人有助于你的形象塑造，哪些人不利于形象的塑造。

倘若你的朋友很优秀很突出，别人就会认为你大概也是这样的人，或认为你迟早会成为这样的人。正因为如此，名牌大学才受到望子成龙的家长们的青睐。他们知道，名牌大学的气氛足以熏陶出与众不同的气质，也有助于子女以后的事业发展。

倘若你的朋友很优秀很突出，别人就会认为你大概也是这样的人，或认为你迟早会成为这样的人。

关注他人的得意之事

美国著名的柯达公司创始人伊斯曼，捐赠巨款在罗彻斯特建造一座音乐堂、一座纪念馆和一座戏院。为把这些建筑里的座椅生意包下来，许多制造商展开了激烈的竞争。但是，找伊斯曼谈生意的商人无不乘兴而来，败兴而归，一无所获。鉴于此，“优美座位公司”的经理亚当森，前来会见伊斯曼，很希望能拿下这个单。

伊斯曼的秘书在让亚当森见老总之前，就对亚当森说：“我知道您急于想得到这批订货，但我现在可以告诉您，如果您占用了伊斯曼先生5分钟以上的时间，您就完了。他是一个很严厉的大忙人，所以您进去后要快快地讲。”亚当森微笑致意。

等他进入老总的房间后，看见伊斯曼正埋头于桌上的一堆文件，于是静静地站在那里仔细地打量起这间办公室来。

过了一会儿，伊斯曼方才抬头，发现了亚当森，便问道：“先生有何见教？”

秘书把亚当森作了简单的介绍后，便退了出去。这时，亚当森并未急于将意图表达出来，而是说：“伊斯曼先生，在我等您的时候，我把您办公室好好看了一遍。我本人长期从事室内的木工装修，但从来没见过装修得这么精致的办公室。”

伊斯曼回答说：“哎呀，您提醒了我差不多忘记了的事情。我亲自负责的这间屋的设计工作，当初刚建好的时候，我喜欢极了。但是后来一忙，一连几个星期我都没有机会仔细欣赏一下这个房间。”

亚当森走到墙边，在木板上尝试地摸了一下，说：“我想这是英国橡木，是不是，意大利的橡木质地不是这样的。”

“是的”，伊斯曼高兴地站起身来回答说，“对，是从英国进口来的，是我的一位专门研究室内橡木的朋友专程去英国为我订的货。”

伊斯曼心情极好，便给亚当森介绍起自己的办公室。

他把办公室内所有的装饰一件件向亚当森作介绍，从木质谈到比例，又谈起颜色搭配，从手艺谈到价格，最后又说了设计的过程。

此时，亚当森满脸微笑认真地听，饶有兴致。他看着伊斯曼很兴奋，便好奇地询问起他的经历。伊斯曼便向他讲述了自己苦难的青少年时代的生活，母子二人在生活贫寒时的艰辛，自己发明柯达相机的经过，计划捐赠金钱的事情……亚当森由衷地赞扬他的功德心。

本来秘书警告过亚当森，时间要保持在5分钟内。结果，亚当森和伊斯曼谈了一个小时又一个小时，一直谈到中午。

最后伊斯曼对亚当森说："上次我在日本买了几张椅子，就在我家放着，由于日晒，都脱了漆。前几天我买了新油漆打算亲自把它们重新油好。您有兴趣看看我的油漆表演吗？再来我家小坐一会儿，吃个饭。"

午饭以后，伊斯曼便动手，把椅子一一漆好，并深感自豪。一直等到亚当森离开办公室时，两人都未谈及生意。最后，亚当森如愿以偿签下了订单，而且和伊斯曼结下了终身的友谊。

为什么伊斯曼把这笔大生意给了亚当森，而没给别人？亚当森的智慧起到了很大的作用。如果他一进办公室就谈生意，很大的可能是被拒绝。亚当森成功的诀窍，就在于他了解攻心对象。他另辟捷径看到了伊斯曼办公室的设计，巧妙地赞扬了伊斯曼的成就，谈得更多的是伊斯曼的得意之事。这样，就使伊斯曼的自尊心得到了极大的满足，把他视为知己，生意也就属于亚当森了。

无论是与朋友还是客户交谈，多谈一谈对方的得意之事，很容易营造双方的好心情。

人的天性是听好话

我们平常的谈话实际上有百分之九十是闲聊。那种品质恶劣的人总是以议论人及诽谤人为中心，貌似他人都不可以，只有他最行。这种人正是自尊心极低的人，他没有真才实学，只有借助于挑别人的短处来提高自己身价，这样不但不会受人尊重反而受人耻笑。

玉华的公司一直有与外贸公司合作的经历，外贸公司的大胖子徐经理可以说是他们的财神爷。

有天在公司里，玉华极力劝说徐经理和他们扩大贸易范围，费了九牛二虎之力也没能说服徐经理。徐经理刚一走，玉华就恼羞成怒地说："你们看徐胖子，竟在公司的大门口赖着不走，蚊子都只有侧着身子才能飞进来；他那条短裤，一定是他老婆用米袋子缝出来的。"

没想到的是，徐经理忘了拿东西，正好回来。虽然旁人不断给玉华使眼色，但他越说越得意，全然没注意到徐经理正在自己后面。过了一会儿，玉华才发现大家神情不对，一回头，恰好看到徐经理涨得发紫的脸。玉华自是尴尬万分，旁人赶紧打圆场："玉华这个家伙，就是嘴巴讨厌。"玉华也急忙赔着笑脸道歉，解释自己并无心说出这些话。徐经理没吭一声就走了。

之后，虽然玉华多次请徐经理吃饭，绞尽脑汁地想道歉，但关系始终恢复不到以前的样子了，工作也越来越不如意。

做人做事有这样一条规则：判断别人时你自己也被别人判断。若是经常散布别人的谣言，挑别人短处，总说他人犯错的地方的人，只会让人感到其爱挑剔而难以相处，认为其品质恶劣而对其厌烦。假如你眼里发现不了别人的好，那么只能说明你自己不善于与人相处，自己有问题。他人正是因为你的这些判断和言论为依据，来判断你的为人。

人人都喜欢听好话。当来自社会、他人的赞美使其自尊心、荣誉感得到满足时，人们便会情不自禁地感到愉悦和鼓舞，并会对夸赞人有更好的认同。这时彼此之间的心理距离就会因一句好话而缩短、靠近，自然就为交际的成功创造了必要的条件。

我们在背后说他人的好话，对方会轻而易举地知道。

假如我们当着上司和同事的面说上司的好话，同事们就认为是专门拍上司马屁，对你很蔑视。另外，这种正面的歌功颂德所产生的效果是很小的，甚至还会有起到反效果的危险。同时，上司也会说我们不真诚。与其这样，还不如在上司不在场时，大力地“吹捧一番”，而这些好话，上司最后肯定会知道的。

一个人在日常工作聊天中，随意说了上司几句好话：“刘经理这人真不错，处事比较公正，对我的帮助很大，能跟着这种好领导干活，真是一种幸运。”这几句话很快就传到了刘经理的耳朵里。刘经理心里不由得有些欣慰和感激。而那位员工的形象，在刘经理那里提了一大截。就连那些“传播者”在传达时，也会情不自禁地称赞这位员工：“这个人心胸开阔，人格高尚，难得。”

在背后赞扬别人，能极大地表现说话者的“胸怀”和“诚实”，会有意外的收获。比如，夸赞上司，说他办事公平，对你的帮助很大，还从来不抢功。那么，若上司在以后的工作中还想“抢功”的话，便可能会手下留情。

当别人了解到你对任何人都一样真诚时，对你也会越来越信任。

多在第三者面前赞美他人

德国历史上的“铁血宰相”俾斯麦为了拉拢一位敌视他的议员，便有计划地在别人面前说那位议员的好话。俾斯麦知道，这些人听完后一定会把他的话传给那位议员。后来，两人的关系果然变得非常好。

人都是对好话无免疫力的，即使明知对方讲的是奉承话，心里还是免不了会沾沾自喜，这是人性的弱点。一个人听到别人说自己的好话时，绝不会感到厌恶，当然，说话很不切实的除外。作为一门学问，最有效的好话还是在第三者面前说。

《红楼梦》里有这样一段故事：史湘云、薛宝钗劝贾宝玉去做官，贾宝玉大为反感，对着史湘云和袭人赞美林黛玉说：“林姑娘从来没有说过这些混账话，要是她说这些混账话，我早和她生分了。”而恰恰林黛玉已来了，无意中听到贾宝玉说自己的好话，不觉又惊又喜，又悲又叹。于是，宝黛二人互诉心声，感情大增。

黛玉为什么发生了这么大变化呢？因为在林黛玉看来，宝玉在湘云、宝钗、自己三人中只赞美自己，而且没有让她知道的本意，这样得来的话非常不容易。倘若宝玉当着黛玉的面说这番话，好猜疑、好使小性子的林黛玉恐怕还会说宝玉打趣她或想讨好她。

设想一下，若有人告诉你，某某在背后说了许多关于你的好话，你能不高兴吗？这种好话，若是你当面听到或许适得其反，可能让你感到很虚假，甚至会怀疑他。为什么间接听来的便会觉得特别悦耳动听呢？原因在于你相信对方称赞你的诚意。

当你直接赞美对方时，对方极可能以为那是应酬话、恭维话，只是为了让自己安心。要是通过第三者来传达，便会收到很不同的效果。此时，当事者必定认为那是认真的赞美，没有半点虚假，从而真诚接受，还对你感激不尽。

在现实中，我们往往会看到这样的现象：当父母希望孩子用功读书时，采用整天当面教训孩子的方法，收效甚微。但是，假如孩子从别人嘴里知道父母对自己的期望和关心、父母在自己身上倾注了很多心血时，动力会增大。又如，当下属的人，平时上司在自己面前说了很多勉励的话，有些不以为然，但当有一天从第三者的口中听到了上司对自己的赞赏后，深受感动，便更加卖力地工作，以报答上司对自己的“知遇”之恩。

多在第三者面前去说一个人的好话，这是使你与那个人关系融洽的最有效的方法。假如有一位陌生人对你说:“某某朋友经常对我说,你很棒!”相信你感动的心情会油然而生。那么,我们要取悦对方就更应该采取这种在背后说人好话的策略。因为这种赞美比起一个魁梧的男人当面对你说“先生,我是你的崇拜者”更让人舒坦,更容易让人相信它的真实性。这样不仅可达到取悦对方的效果,更具有表现出真实感的优点。

人都是对好话无免疫力的,即使明知对方讲的是奉承话,心里还是免不了会沾沾自喜。

用感情做资本

人是感情的动物。你在感情的账户上储蓄,对方会对你更加信任,那么当你遇到困难,求人办事,需要帮助和支持时,就可以得到这种信任换来的鼎力相助。

生当陨首,死当结草;女为悦己者容,士为知己者死。这就是经常进行感情投资的结果。先秦时期的法家著名人物韩非子在谈到驭臣之术时,主要讲了赏和罚。但这还不够,几句贴心的话、几滴伤心的眼泪比高官厚禄更能打动人。

吴起是一位名将,很会打仗,与士兵相处也很融洽,在士兵中享有崇高威望,也助成了他的成功。吴起在军队中总是和下级士兵们穿一样的衣服,吃一样的食物,睡觉时不铺席,行军时不乘车,自己备粮食,主动为士兵分忧。有一次,一位士兵在阵前因为生了肿瘤而痛苦不堪,吴起见状毫不犹豫地用口将其肿瘤内的脓汁吸出,那位士兵和在场的人都感动不已。后来,士兵的母亲听到这个消息,突然号啕大哭。旁边的人觉得很奇怪,就问她:“你的儿子只不过是一个小小的士兵,却蒙吴将军亲自将他身上的脓吸出来,你应该高兴才对,怎么反而哭了?”那位母亲回答:“先夫早年也是蒙吴将军不弃,吸取他肿瘤里的脓,从此他跟随吴将军四处打仗,只为报答吴将军,最后战死沙场。如今吴将军又为我儿子吸出脓汁,这不是说明我儿子也将步他父亲的后尘吗?这叫我怎么不伤心呢?”

人非草木,孰能无情。在这种情义影响下,士兵们与敌军交战时,个个尽心竭力,效命疆场,帮助吴起赢得了很多胜利。

松下集团的总裁松下幸之助也是一个注重感情投资的人,他碰见劳累工作的员工,都要帮他们沏茶,并充满感激地说:“太感谢了,你辛苦了,请喝杯茶吧。”正因为在这些小事上,松下幸之助都不忘表达出对下级的爱和关怀,所以员工们都很尊敬爱戴他,最终将“松下”做成了国际品牌。

在工作上,在生意中,在交际时多了解一下别人,多一份关心,多一份相助,当你求人办事时,谁还会拒你于千里之外呢?

在日常生活中,乐于助人,多主动帮助别人,感情支出会增多。

用动情打动人心

三国时期,蜀主刘备很会哭。说得夸张些,刘备能当上蜀国皇帝,与他爱哭、会哭是分不开的。李宗吾在《厚黑学》中称刘备“全在脸皮厚,依曹操,依吕布,依刘表,依孙权,依袁绍,东窜西走,寄人篱下,恬不知耻,而且生平善哭。做《三国演义》的人,更把他写得惟妙惟肖,遇到不能解决的事情,对人痛哭一场,立即转败为胜。”俗话也有“刘备的江山是哭出来的”说法。可见,哭的功能的确很强大。

亚伯拉罕·林肯出身于一个鞋匠家庭,而当时的美国社会非常看重门第。林肯竞选总统前夕,在参议院演说时,一个参议员当众羞辱他。那位参议员说:“林肯先生,在你开始演讲之前,我希望你记住你是一个鞋匠的儿子。”林肯看看他,并没有愤怒,而是深沉地说:“我非常感谢你使我想起我的父亲,他已经过世了,不过我感谢你提醒我,我知道我做总统无法像我父亲做鞋匠做得那么好。”林肯讲完,全体都沉默,林肯又转头对那个傲慢的参议员说:“就我所知,我的父亲以前也为你的家人做过鞋子,假若你鞋子不合脚,我可以帮你改正它。尽管我不是出名的修鞋师傅,但我从小就跟随父亲学到了做鞋子的技术。”然后,他又对所有的参议员说:“其实其他人也一样,如果你们穿的那双鞋是我父亲做的,而它们需要修理或改善,我一定尽可能帮忙。但是有一件事是可以肯定的,我不能和父亲做得一样好,他的手艺是无人能比的。”说到这里,林肯流下了眼泪,所有的嘲笑都化成了真诚的掌声。后来,林肯如愿以偿地当上了美国总统。

林肯没有任何贵族社会的硬件,他唯一可以倚仗的只是自己出类拔萃的扭转不利局面的才华,而这恰恰又是总统所需的。正是关键时的一次心灵燃烧使他赢得了别人,包括那位傲慢的参议员的尊重,赢得了事业的成功。林肯在关键时刻的眼泪,让人们看到了他的铁汉柔情,成功竞选也是在所难免的。

男儿有泪不轻弹,只是未到伤心时。对于一位情感丰富的男子汉来说,哭未必就是罪过。只要巧于用哭,善于用哭,用“哭”办成了事情,就很成功很幸福。

鲍尔温交通公司总裁福克兰,在年轻的时候因巧妙处理了一项公司的业务而青云直上。他当时是一个机车工厂的普通职员,由于他的建议,公司花钱买了一块地,准备建造一座办公大楼。居住在这块土地上的100户居民,只能搬走。但是居民中有一位爱尔兰的老妇人,首先跳出来与机车工厂作对。在她的带领下,很多人也开始不配合,而且他们很团结,决心与机车工厂一拼到底。福克兰对工厂领导说:“如果我们建议通过法律途径来解决问题,就费时费钱。我们更不能采用其他强硬的办法,以硬对硬,驱逐他们,这样我们将会增加更多仇人,即使建成大楼,我们心里也会不安。这件事还是交给我来处理吧!”

这一天,他走到老妇人的家门口,坐在石阶上独自地流起了眼泪。这种行为自然引起了老妇人的注意。良久,她开口发问:“年轻人,有什么伤心事吗?说出来,我一定能帮助你。”福克兰趁机走上前去,他擦擦眼泪,没有直面应答,却说:“您在这时无事可做,真是天大的浪费呀!我听说您的领导能力很强,威信很高,实在是应该抓紧时间干成一番大事业的。听说这里要建造新大楼,您何不充分展示一下,做一件连法官、总统都难以做成的事:劝您的邻居们,让他们找一个快乐的地方永久居住下去。这样,大家一定会记得您的好处的呀!”

从第二天开始,这个强硬顽固的爱尔兰老妇人便成了全费城最忙碌的人了。她到处寻觅房屋,劝她的邻居们另寻他处,而且办得很顺利。办公大楼很快破土动工了,而工厂在住房搬迁过程中,不仅很有效率,所付的代价竟只有预算的一半。

福克兰装出一副可怜的样子,让老妇人动了恻隐之心,使她心甘情愿地为福克兰办成一件大事。

“晓之以理,动之以情”,用情感打动人心,你离成功也不远了。

第一章　把握改变命运的机会

决定成就价值

你的贡献决定你的价值。无论你身处何职，如果仅仅有勤奋却缺乏创造力，那么永远也不能提升自己的价值。反过来说，一个重视贡献的人，敢于对工作结果承担责任的人，尽管他位卑职小，对公司而言，其价值仍然不可小观。

不断提升自己的价值，必须告诫自己永不止境。这种“境”不仅是指你觉得你能做的高度，同时还指你做的宽度。提升自己价值的过程，无须在乎上司是否注意，也不必计较你多做的事情会不会得到报酬。一旦你实现了这样的过程，你最终的价值必然决定你不可替代的“身份”。

> 小林刚参加工作时，负责拆阅、分类信件。有一次，老板告诉她：“你唯一的限制就是你自己脑海中所设立的那个限制。”
>
> 小林心中一直牢记着这句格言。从那天起，她开始在晚饭后回到办公室继续工作，不计报酬地干一些并非自己分内的工作——诸如主动帮助老板回信给客户。
>
> 她开始琢磨老板们的行文方式，努力使这些回信和自己老板回复得一样好，甚至更好。她一直坚持这样做，毫不在意老板是否注意到自己的努力。当老板的秘书辞职后，在挑选合适人选时，小林便是不二人选。

在没有得到这个职位之前已经身在其位了，这就是这个故事告诉我们的。当下班的铃声响起之后，她依然坚守在自己的岗位上，尽管没有任何额外报酬，依然刻苦训练，最终让自己具备了升职的资本。

小林的能力如此优秀，吸引了众多的关注者，其他公司纷纷提供更好的职位邀请她加盟。为了挽留她，老板多次提高她的薪水，与最初当一名普通速记员时相比，其工资远远高出许多倍。这一系列幸运的事情发生在小林身上是很自然的，只因为小林能不断提升自我价值，让自己成为了别人无法取代的人物。

一位知名职业经纪人曾说过：“每个人在任何机构的核心问题或者说挑战就是，机构愿意雇佣你，就看你能不能真正产生自己的价值？能对公司的发展带来什么影响？你能不能提升自己的价值？你能否变成创新型人才，不断地给公司带来更高的价值？”

无论你身处何职，如果仅仅有勤奋却缺乏创造力，那么永远也不能提升自己的价值。

扼住命运的咽喉

机遇广泛存在于社会经济生活中，但它不是明显易见的。也就是说，并不是每一个人一眼就能看到它的身影，能够轻松地抓住它。

何谓机遇？《辞海》中没有这个词的释义，其中有一个对“机会”的注解，其释义为“行事的际遇机会、时机”，并引用陆游诗“诸将能为此，机会无时无”来加以说明其词义。《辞海》注释“机会”所用之“行事的际遇机会”即机遇，是指把握遇到的机会。但这样理解或许有些片面，只是说就处理某件具体事情时要把握好机遇。机遇是现代科学和哲学中的一个重要术语，指的是对一特定事物的发展而言并非必定出现，但其出现完全对现有事物造成重大影响。

要想识别和把握机遇，应当充分了解机遇的特征。机遇的特征主要表现在以下几个方面。

客观性。机遇是客观现实存在的，并非人的各种猜想。

偶然性。机遇具有一定的偶然性，在人毫无准备时突然出现。当然，这种偶然性是必然性的表现，而普通人难以把握罢了。

时效性。俗话说，机不可失，时不再来，两者有着密切的联系。机遇如电光般转瞬即逝，把握住了也就获得了成功。要是使其错过，则只有追悔莫及、枉自痛惜。

公开性。任何机遇，都是公开客观存在的，即每个人都有可能发现它。

效用性。机遇不同于普通的机会，而是十分有利的条件。它像一根有力的杠杆，抓住了它，就可以比较容易地担起事业的负荷；失去了它，或许就会失去成功的机会。

未知性和不确定性。其结果会有相当程度的不可知性和不确定性，要受到事物发展的影响。其影响主要有两个，一是形成机遇的条件的变化，二是利用机遇的努力程度。

难得性。机遇是很难碰到的，尤其是很难把握重大的机遇。

大凡成功人士，必定善于捕捉有利机遇，力占先机，把握主动，这样才会脱颖而出，一鸣惊人。

机遇的存在是潜藏的，它“大隐隐于市”，难以寻觅。只有以敏锐的眼光、积极的行动才能捕捉到它，最终使之成为财富。

去看看外面的世界

年轻人一定要到外面走一走，这样才会发现外界的广阔。这时候，你会发现你真正长大了，眼界开阔了，心胸更宽广了。正如古人所言的那样，读万卷书，行万里路，他们强调阅历的重要性。没有丰富切实的人生感受，书本知识再多也并非有用，更不可能真正悟透其中的道理，体会到世事的真谛。

大多数人只习惯在自己家里生活，出门仅限于周围的城市。农耕文明时代，很多人终生都未出过远门，终日留恋故乡老宅，虽说对家的依恋并不是什么坏事，但人生的驿站不能太少、太唯一。譬如牛羊吃草，一旦吃光了一个地方的草，就必须再换一个地方安营扎寨。再说，不边吃边走，怎么知道另外的地方草更多呢？

伴随着世界知识经济的创新，科学技术极大地改变了世界的交通状况和通信状况。世界变小了，人们对世界的了解增多了，有更多的机会去睁眼看世界。但仍有很多人对家、对自己熟悉的生存环境依赖太强，他们仍然是现代社会中的井底之蛙，在无形中葬送了自己进步的机会。

世界比你的家大，有很多大城市、大地方及名山古刹在你家之外，你应该到家之外的世界看一看：世界各地有什么样的人们，他们在做些什么事，你和他们究竟有哪些不同。史学家司马迁年少多游历，这既为他后来的《史记》创作提供了很多第一手的资料，也为人生的体味提供了资历。大诗人李白终生漂泊，上至帝王将相，下至黎民黔首，他都有深入的了解。所以，他的诗才能想象宏大，又能细致入微，感人肺腑。所以，年轻人应该走出家门，到更大的世界去闯荡。

一旦你在外面便会发现，世界确实很大、很精彩，可这些都是别人的。在家中，你是爸爸妈妈的宝贝和掌上明珠，但在外面，你不再是生活的重心。当你对初次接触世界的那种新奇感消失后，很多东西会让你变得失落。离开了你熟悉的环境，你一下变得孤单、陌生、无助，找一个吃饭、睡觉的地方很不容易，又费钱，又不舒服，与你的生活方式截然不同。甚至连买一张火车票这种看似很简单的事情，也会让你大伤脑筋。身处这个世界中，你实实在在地感到你是一个外地人，口音不同，长相不同，又没有亲朋好友，甚至连一个熟人也没有。

古人说："在家千日好，出门一时难。"此时，你最有体会。父母对你平日的操心，直到此时才能有所感悟。

如果说一两周岁时，在家人的关怀中断奶；那么，此时，你才在世界的"教育"中完成了"青春断奶"。

到大世界转了一圈后又回到家中，你会发现你真正长大了。开拓了自己的眼界，对他人或事物的理解有些接近人情了，心思日益缜密并有所承担。回想起在外面的见闻，各种磨难和砺炼，那些繁琐的事情以及那些不以你的意志为转移的事物，它们让你明白了世事的繁复和人生的艰辛。自己独立面对世界，开始学会独立，那些"风雨"和"世面"，磨砺出了你人生的经验，你生命中最宝贵的独立品性出现了，为以后的发展埋下良好的伏笔。

知道了大世界的存在，有了大世界的感觉，在大世界中生存，这意味着你人生已真正启航。你没有能力时，只不过是个平庸的围观者，你得到的只是冷遇、挫折和被牺牲。当你有了足够的能力后，你便有能力支配世界，世界将献给你鲜花、微笑和更大的自由。这时，对你已不仅仅只是一个看世界的问题，而是如何分享世界的博大、享受各种文明资质。

现在走出家门，仅仅只是一个开始，而不是一个结束。

抓住属于自己的机会

机不可失，失不再来，人人皆知这一深刻的道理。在商业活动中，如果你能在时机来临之前就识别它，把握住这一宝贵机会，那么，幸运之神就降临了。

商场是一个使人有机会一展身手的地方，在这里机遇与陷阱并存。善于把握机会，并且能够避过商场上的陷阱，便能巧妙地发展事业。

是否能够把握机会，与成败密切相关。即使是不懂得任何经济学或管理学的青年人，都应该认识到，商场上成功的人物绝对是善于把握机会，甚至可以创造机会的人。所谓"英雄造时势"，也正说明了这个道理。至于失败的人士，未能掌握机会是他们失败的根源。

过于勇进，完全没有考虑实际情况，更没有做过任何分析，便一意孤行，这是一个极端。凡事得过且过，不思进取，又是一个极端。这两种极端均会造成事业上的失败。如果能在这两个极端当中取得一个平衡点，不过于偏激，也不过于贪图安逸，才有可能取得事业上的成功。

成功的生意人，应在商场上该勇进时勇进，该保守时保守。不过勇进不等于一意孤行，更不是在毫无实质数据或其他分析资料的支持之下，就投入全部力量。因为一旦看错，就再无回头之路。

李嘉诚在遇到商场上的机会时，绝对不会轻易错过。但在决定是否应该将资源投入之前，他和他的属下一定会经过深思熟虑，反复地搜集、分析资料。一旦认为值得投资，便会集中所有资源，一往无前地支持这个决策，直到获取最终胜利。

决定一件事时，事前要小心谨慎研究清楚，确定了就该勇往直前。

机遇与经商胜负密切相关，也是商场上的幸运儿和倒霉鬼的分界线。幸运儿是那些能及时发现机遇、把握机遇的人，从而可以事业有成；反之，那些不能抓住机遇，等时机失去之后才顿足扼腕的人，就注定只能成为十足的倒霉鬼。所以在商海激战中，要抓住每一个致富的机会。

戒除优柔寡断，磨炼一双利眼，才能抓住你应得的机会。抓住机会，见机而动，这个道理并不难理解。但不少人还是遗憾地丧失了机会，究其原因，主要体现在两个环节上，一个是择机，一个是识机。

时机来到，有的人能及时发现，有的人却视而不见；有的人虽然有所发现，却没有深刻的认识，把握不准。一般来说，对机会的认识决定了对机会的选择。不能识机，择机更是无从谈起；识机不深不明，便会在机会选择上前顾后盼，犹豫不决，最终会坐失良机。

还有一个导致时机丧失的原因，是多谋少决，不敢决断。这固然受到对时机认识不明的制约和影响，但与决策者的心理素质也有很大关系。一些人性格软弱无能，缺乏决断力，面对几种互相矛盾的选择方案，不分良莠，不知如何取舍。

机遇并非平均分配给每个人。无论是在社会生活中，还是在社会斗争中，机遇只偏爱那些有准备的人，只垂青那些深谙如何追求它的人，只属于那些自信自己会成功的人。

善择良机才能伺机行动。良机不可能赤裸裸地放在我们的面前，它常常被复杂变幻的迷雾所掩盖。为此，应渐渐养成审视时势的能力，随时把握客观形势及其各种力量对比的变化，透过现象，发现本质，最终一举抓住时机。

如果你有犹豫不决的坏习惯，必须改掉这个毛病。根据你目前的条件，列出各种可能的选择，从各个角度考虑和衡量，调动你的常识和敏锐的判断力，在最短时间内做出判断。一旦做出决定，就不要再后悔，不要再考虑，让它成为最终的决定，并且坚定信念不动摇。

只有坚持这样做，直到果断成为你个性的一部分，你会惊奇地发现，你从中获得的益处很多。它不仅增强了你的自信，也增强了别人对你的信任。也许起初会容易犯错，但你的判断力和对自己判断力信心的增强，会使错误得到弥补。果断是人类优秀品质的核心，是所有伟大创业者人格特质的重要一环。

机遇如流水一般稍纵即逝。它是明察善断者不断前进的鼓点，是长夜中士兵即刻开拔的号角，胜利之门，随时向你打开。任何犹豫都与它无缘，都无法开启它胜利的窗扉。

机不可失，失不再来，在进退之间，不能把握时机者，注定是失败的命运。

抓住机会，见机而动

在通往失败的路上，到处都有将机会拱手相送、坐待幸运从前门进来的人，这些人恰恰忽略了从后窗进入的机会。

抓住自己的机遇，意味着你要比他人更早行动。

“好的开始是成功的一半。”许多人对这句话已经烂熟于心，事实上，大多数的人都没有一个好的开始。

好的开始来自于充分的准备，充分的准备源自于完整详尽的规划，详细的规划来自于前瞻性的思考。

一个人要有前瞻性的思考，需要充分的准备时间。他所做的每一件事，都会有很好的成效。

每一天做的事情都是在为将来做准备，只有拥有了充分的准备，机会来临时就是你的；如果你没有做好准备，不配拥有任何机会。

一旦你能够做到这样，每一天都可以很轻松地达到你的目标，因为你了解到好的开始就是成功的一半。所有最成功的人，一个良好的起点是必不可缺的。

市场上所有的领导者，几乎清一色都是早起的鸟儿。起步比较早的人，不一定要做得比别人好，但就是因为起步早，他就有更多的机会调整错误。

我们常说，早起的鸟儿有虫吃。保险业务销售冠军，每天早上 7 点多就出门拜访顾客，到晚上 10 点才回家。

如果你的起步比别人晚，必须从现在开始，用大量行动去弥补。你要去思考如何比别人捷足先登，做到有远见的思考。

做事比别人早，要比别人更迅速地掌握未来的动态、未来的资讯以及未来的走向。

这就是超级成功者所拥有的观念，他们的思维模式也正是如此：无论做任何工作，千万要让自己有一个好的开始。

要想抓住自己的机遇，表现自己极为重要。

请记住，表现自己应该有着正确充分的理由，不能打击或贬抑别人的价值。

表现自己要看内容、对象，在分内工作上，要力求做到最好。大事小事须要全力而为，有成大事者不拘小节的想法。通常职责多少、重要与否，是跟以往的工作表现成正比的。

不要理会别人的闲言闲语。人人都因为希望获得上级赏识，从而获得更好的前途，进而展开明争暗斗。谁跑在最前头，谁就会承受更多的压力。中伤、谣言、闲言闲语、冷言冷语，最易令人困扰，挫伤工作热情和斗志。必须专心致志地工作，只要闲言闲语无损你的形象和前途，就不要理会。你为闲言闲语而烦恼，别人会暗地里高兴，通过出色的工作表现，利用优良的工作成绩来回击闲言闲语，让人知道你是凭实力得到上级赏识的。

要想抓住自己的机遇，需要用心做好每件事。

我们寻找机会时，一般都会进行多次尝试。一旦找到机会了，务必一心一意，集中精神，把机会的潜力发挥到极点。这就好比恋爱，在没有找到固定对象时，肯定会多认识几个人。但当选定其中一个后，就应该集中精力和这个对象发展感情。

因此，我们一旦把握住一个机会，也应集中现有资源去发掘它的潜能。一个机会足以影响一生，它会为你树立事业的方向和目标，打破现有的停滞状态，开创崭新的局面。

要想抓住自己的机遇，表现自己极为重要。

创造机会

有人说：机遇是金，稍纵即逝，还不如守株待兔呢！一点都不错，机遇是稍纵即逝的。但是，如果你想坐在家里等机遇，这实在是太不可取了，等待机遇远不如你自己努力去创造机遇来得快。

创造机会是掌握事业的方向，创造有利条件，从而更快地实现目标。创造一次机会，需要分别从事多个工作。就算能在事前进行预测，但创造机会本身却难以事前计算清楚。于是，你可以在从事一项工作之前，做好相关的预备事项。但在创造机会时，要做足所有准备是不可能的。机会由多种因素决定，其中有不少因素是你根本无法控制的；你能做最佳的计算，却无法也无需把“一切”因素都考虑得面面俱到。

你怎能要求在瞬息万变的形势中，机会停下来，等你做妥一切准备呢？这样做，只会错过宝贵的机会。

我们在平日做好应有的准备工作,这是成功必不可少的一步。当机会来临时,别再拘泥于准备工夫不足,应该立即把握住。

消极地等待是浪费生命,积极等待是做了一切应做的事前准备工夫后,最后等待结果的到来。这就是说,在付出了必须付出的劳动之后,在结果未明朗化之前,耐心地注视事态发展,同时计划着下一步行动。若取得了预期的成果,这是应得的收获。就算是失败也要淡然处之,可以把这次经验作为下一步行动的宝贵的借鉴。

要认清积极等待中要重视哪些应做的工作,竭力把它们做好。消极等待是什么也不做,只等着吃免费午餐。积极等待自己兼任多职,由买菜到烹调,全力参与,烹饪出美味佳肴,然后静心等待筵席的开始。

每一个行业的领导人物都认为,最缺乏的就是一流的优秀人才。根据可靠的资料,社会上仍有许多高级职位在等你。有一个主管曾说,资历很高的人实在很多,但都缺一个贯彻的能力。

每一个工作——不论是经营事业、高级推销还是从事科研、政府工作,都需要脚踏实地的人来执行。主管在聘用重要职位的人才时,一般都会考虑如下的问题,然后才决定是否聘用。这些问题有:“他愿不愿意做?”“能否坚持下去?”“他能不能独当一面,自己设法解决困难?”“他是不是有始无终、只会动嘴皮子的人?”

设置这些问题都有一个原因,就是设法了解那个人是不是“说做就做”。

再好的新构想也会有缺陷,就算是再普通不过的规划,如果确实执行并已继续发展,都比半途而废的好计划更高明。因为前者会贯彻始终,而后者早已是前功尽弃。

要是只想不做,那么你就会成不了任何事。所以,最好的办法就是,等待机遇找上门不如自己去找机遇,还可以自己创造机遇,总比等待机遇要来得快。

平庸之辈不要妄想机会

人人都渴望被重用,因为没有人甘于永远居于人下。得到上司的赏识,并因此获得提升是大多数人的愿望。怀这一理想的人应当牢记:平庸之辈永远没有机会。

行政助理罗燕工作十分有条理,大小事务被她安排得相当妥帖。主管也常说:“没有了她,我真不知怎样做事。”后来,主管另有高就,罗燕一心以为自己一定能得到这个位置。可是,匆匆过去两个星期,丝毫不见动静。罗燕心急如焚,忙向其他同事打听。得到的消息是:公司已聘用一位新同事出任主管职位,而此人还在一家较小规模的公司里工作,学历资历都低于罗燕。罗燕十分不满,老板怎么会忽视自己呢?

公司里每个人一有求于自己,罗燕皆不会拒绝,小至借用会议室,大至超时工作,罗燕总是迁就别人。她除了获得“平易近人”的美誉外,也变成了老好人般平庸。还有,她连鸡毛蒜皮之事也插手,不会违抗上级旨意,亦给人欠“侵略性”之感。一般而言,老板在找一个具有开拓性和魄力十足的主管时,眼中自然不含有“平庸之流”。

老板作为公司的核心,每天总有处理不完的业务,不可能对每名下属的才能都有深刻的了解。所以,聪明的工薪阶层,他们懂得制造自我表现的机会,并善于把握机会,充分展示自己的才学特长。

有些方法能助你突出自己的长处,在上司面前留下优秀的印象。一旦日后有什么“肥缺”,就会把你视为人选。

你或许认为在公司午餐,或是买盒饭在办公桌上草草解决午餐,是一件很痛苦的事情。但每星期你最好能有三天在公司里进餐，再回到办公桌前稍作休息，表现出精力充沛、活力焕发的样子。

除了对自己的工作性质有深刻了解外，对别的工作部门也要有所了解，虚心向人请教自己不明白的地方。老板会对这种“通天晓”的职员极具好感。

对于公司的发展情况及业务上的问题，需要加以特别关注。此举可令你对公司所面对的种种问题，比其他同事知道得更早，在上司未计划如何分配工作之前，便毛遂自荐，主动提出肩负解决某些问题的职责。

假如自己做错了什么事情，就要对上司坦然承认，而不是一味推脱。此举会令上司觉得你是一个可靠的职员。

两个具有同等学历、工作实力也不相上下的人，老板将如何去选择提拔人选？那当然是特别机敏、人际关系良好、尊重上司、处处给人好感的人是优先考虑人选。

老板指派的工作，应该打起精神，在最快的时间内做好。当你呈报老板时，要表现得不慌不忙，准能给人好感。每天一见到老板时，别忘记说声“早安”或“午安”，这不是拍马屁，而是尊重。发现老板是否有疏忽，如衣角染污了、头发有秽物等，立刻助他一把，这又叫善解人意。

你平日与其他同事十分投契，无所不谈，特别是在工作之后进餐时，张三李四都会数落一顿的。一定要牢记在心的是，千万别在人前讲你上司或老板的不是。俗话说得好：“人前莫论他人短。”因为任何人在利害关头前，难免不会出卖你，一旦被老板知晓，你将永远被弃用了。无心之失，实在影响太大，得不偿失。

如何吸引别人的注意？那就是要争取表现自己的机会。

公司同事众多，遇上有人放大假、生孩子、请病假，这些暂时的工作失缺的，要主动承担。当然，若这些职位比你高级就最好，可以主动告诉上级你的意图，一则争取学习机会，二则告诉人们，你除了本职工作出色之外，也一样能胜任别的工作！

有人遭解雇、调职或刚升级，也是展现自己的大好良机，细心研究那职位的工作范围和职权，然后准备一份工作计划书，并向上司一一解释清楚，表现你的口才与智慧。即使这次他认为新职不适合你，但会给他留下良好印象，下一次可能就会想起你，让你一显身手。没有空缺，也请你把自己“武装”起来，即是处处表现你的实力。

从现在开始，假如遇到上司外出请假，请不要苦等他回来派工作，先协助他解决简单的事务。不过，请小心，你是协助的而非竞争的。要是对他造成威胁，被打击的肯定会是你！所以，应凡事顾及上司的利益，随时向他报告工作进度并征求他的同意。

如果你的上司不习惯委托下属做些重要任务，大可以使他为你破例。告诉他你的意见，让他知道你有能力去完成。当然，你必须经常学习所有有关上司的工作，分担他的繁重压力，切不要太急进，不能抢了他的风头。这样一来，你升职的机会必然大增。

在你“表现”自己之前，请先做“家庭功课”，把计划预先弄好，准备好多种预备方案，但不要坚持己见。在未站稳脚跟之前，最好依照上司的过去程序做事，用好成绩来证明自己。当任务越来越多时，最好把自己无关紧要的琐事暂时放置一旁，全身心地投入行政事务。遇到困难，不要只问上司如何解决，应设法找到解决办法再去见上司。要是你对困难认识不够，别迟疑，找出电话簿，向朋友们虚心请教！

总之，做了一半的报告、问号多多的计划，不可能获得上司肯定，因为你根本不能替他分担重任，要提升你，只不过是痴人说梦。

表现自己，是要表现长处、表现才能，却不是暴露缺点。

你由甲职位调到乙职位，工作性质不同，对你而言会有许多好处，一则可以有不同体验，二则更能学习人际关系。

一般人最易犯的毛病是，乙职位的旧任人选仍留在公司，便只想着不懂就问。要知道，一个成熟的行政人员应该有个性。你应该在得到任命一开始，向老板查问清楚你将负有的任命权限，因为同一个职位，有时老板会委以不同的人不同的任务。无需照应前任的作风和方法，只要记取你可以怎样去有效地完成任务，适当的新计划更重要。当然，有关实际的数据和公司方面的政策，你也必须清楚了解，最好是预先翻查各项有关资料，使自己能更好地胜任。

总而言之，竞争需要积累，平庸之辈是永远都没有机会得到提升的。

应凡事顾及上司的利益，随时向他报告工作进度并征求他的同意。

善于表现自我

在生活中，每个人必须懂得展现自我，宣传自我。简单地说，宣传就是为自己营造一个光环，留给他人更好的印象。人的认识活动有一种“润泽性”，比如一个人的某一品质被认为是好的，自然会拥有一个积极的气氛。

中国有句老话“酒香不怕巷子深”，我们一直坚信，只要是金子到哪里都可以发光。可是，在这个竞争激烈的社会，如果我们在生活中总是缩手缩脚，不能自信地展现自我，很多建功立业的机会就会与我们擦肩而过，留下遗憾。请记住：再好的酒也离不开吆喝！

人们常说：“是骡子是马，拉出来遛遛。”这“遛遛”是为了检验你的才学，不失为一个展示自我的良好时机。“表现自己”是建立在一定能力、勇气和胆识基础上的自信之举。当今社会，发展日新月异，各种机遇稍纵即逝。与其说苦等慧眼识才的伯乐，不如“不用扬鞭自奋蹄”，寻找机遇、抓住机遇，使自己的才能得以展现。

自我展现不是过错。

人在旅途，光有“敢于表现”是不够的，还需要“善于表现”，而不是给人留下好出风头的坏印象。

有个人在名片的官职上印了一个“副处长”，说起来也不算什么大事，坏就坏在他在“副处长”之后，还加了一个括号，注明“本处无正处一职”。他的本意是突出这个“官”的价值，结果却起了相反的作用，别人都认为他太“官迷心窍”了。

如果对方认为你的表现欲过强，认为你的一举一动都是为了表现，自然会被对方轻视，还会认为你在“弄虚作假”，觉得这种人不可交、不可信。所以，一旦有机会，就要用一种间接、自然的方式彰显自己的才干或成就。要是自己不擅长展示自我，也可请别人从客观的角度助你一臂之力。你会发觉，不露痕迹地让人注意到你的才干及成就，绝对要强于自吹自擂。

当我们在表现自己的时候，也不能忽略同事的表现。现代人比较注重人际关系的技巧，但要记住：平等与相互尊重。如果在人际交往中，总想通过高超的技巧来战胜别人、征服别人、压制别人的话，结果往往事与愿违，最后变得众叛亲离。

现实的逻辑是，如果你总以自己为“主角”，把他人当“观众”，这绝对是孤掌难鸣的。别人会拆你的台、冷你的场，让你孤零零地唱“独角戏”。试想，没有观众的演出，又有什么意义呢？

当然，在自己争取表现机会的同时，也要注意给别人机会。除了自己做一个出色的演讲者，也要耐心倾听别人，让人感到被尊重和接纳。他人的尊重和自身的价值是在人际互动之中实现的，不仅仅是你一个人自我表现的成果。

总之，只有善于展示自我、宣传自我的人，才会有越来越多的人结识你、了解你、接纳你。只有这样，才可能拥有更多的发展良机。

这世上如果没有了“表现”，恐怕也就没有天才和蠢材的区分了。

能力决定你的地位

有能力就有发言权。因为能力可以体现你的工作，是能给公司带来效益的保证，能力会让公司对你培加重视。

让老板重视你的最好做法就是用真本领来武装自己。如果要获到他人的赞赏，就一定要靠自己的实力去实现。

毕业后，柯南星屡次碰壁，一直找不到理想的工作。他极度痛苦，几乎要绝望自杀。

正当他即将被海水淹没的时候，被一个老人救了下来。老人问他为什么要走绝路。

柯南星说："我得不到别人和社会的承认，没有人重视我，所以觉得人生没有意义。"

老人从脚下的沙滩上捡起一粒沙子，让柯南星看了看，便撇在了地上。然后，对他说："请你把我之前捡的沙子找回来。"

"这绝对做不到啊！"柯南星低头看了一下沙滩说。

老人没有说话，从口袋里掏出一颗晶莹剔透的珍珠，抛在了沙滩上。然后，他对柯南星说："你可以找出那颗珠子吗？"

"当然能！"

"那你就应该明白自己的境遇了吧？还不如这样想一下，现在你自己还不是一颗珍珠，所以你不能苛求别人立即承认你。想获得他人的肯定，那你就要想办法使自己变成一颗珍珠才行。"

柯南星低头沉思，半晌无语。

只有珍珠才能自然地把自己和普通的沙子区别开来。你要想得到重视，希望获得重大的成功，必须拥有出类拔萃的资本才行，这才是能让他人重视你的原因。

只有珍珠才能自然地把自己和普通的沙子区别开来。

打造自己的品牌

每个人都是唯一的，都有自己独有的特性。如果想获得胜利，就要努力打造自己的品牌。这种品牌决定了你的不可代替性，是你独特的卖点。

一种商品之所以畅销，是因为这种商品有它独特的卖点。在市场经济日益发达的今天，人也可以被看成一种特殊的商品，被公司和学校大量生产。人们的竞争越发激烈，能够胜出而不可代替的人都必须拥有自己的卖点——营销学上称为"独特的销售卖点"。

学历不是卖点，别人也会有；基本技能不是卖点，外语、电脑人人都在学；经验更不是卖点，这个时代日新月异，你所谓的经验很快会被创新的方法所代替。商品是靠卖点来争夺眼球、扩张市场的，人也一样，没有卖点只能干等着。

你必须营销自己，为自己培育独特的卖点。学历、技能、经验，虽然听起来都不错，但这远远不够。老板们会认为这是每个求职者必备的敲门砖，实在没什么大不了。

再说，职场中的绝大多数人，都把这"老三样"当做"卖点"，你如何战胜他们呢？

其实，职场中可以成为卖点的东西有很多，比如：学习能力、组织领导、创新能力、沟通表达、人际合作、效率管理……一个人总得有几手绝活，在学历、技能、经验均不占优势的时候，这些就成了你胜出的独特卖点。

花点时间，了解一下自己的卖点何在。如果你没有，请你赶快拿出读文凭、考证书的热情，帮自己获得竞争优势。

如今，在职场中推销自己比以往更困难了。这与变化多端的环境无关，而是因为自己不具备用人单位需求的卖点。我们应该找准自己的卖点，从而在竞争中占有优势。

现在的竞争十分激烈，可很多公司因为找不到合适的人选而不得不让职位空置的事实也在提醒求职者：不是没有机会，而是你必须告诉自己，自己到底卖什么。

只有做自己的品牌，打造自己的卖点，才能让自己变得不可或缺，在竞争的激流中立于不败之地。

一招鲜，吃遍天

“一招鲜，吃遍天”，谁都想在关键时刻展现自己，问题是你自身有没有这“一手”。或许缺乏自信和胆量，或者认为是分外之事而坐失良机，白白浪费了自己的才华，错失了展现自己的机会。

美国宾夕法尼亚州一座调车场的电信技工安德烈·卡耐基相当优秀，却苦于得不到提升。

一天早上，他的领导还未来工场，调车场的线路因为偶发的事故陷于混乱。该怎么办？他并没有“当列车的通行受到阻碍时，应立即处理引起的混乱”这种权力。如果他胆大包天地发出命令，轻则可能卷铺盖走路，重则可能锒铛入狱。

一般人可能说：“这并不干我的事，何必自惹麻烦？”可是，卡耐基绝不是平庸之辈，他并未畏缩旁观！

他私自下了一道命令，冒名顶替上司签了字。

当上司来到办公室时，线路已经恢复日常的样子。这个见机行事的青年，因为露了漂亮的这一手，受到了上司的极大赞赏。

公司总裁听了报告，立即调他到总公司，对他大加重用。从此以后，他就扶摇直上，势如破竹。

卡耐基事后回忆说：“一些刚参加工作的新员工，若能够跟决策阶层的大人物有私人的接触，成功的战争就算是打胜了一半——一旦你做了超越职权的事，而且战果辉煌，不被破格提拔，那才是怪事！”

有这样的情形，一个铁腕人物主持会议，大家因对其崇拜而磨灭了自己的见识，于是会议顺利进行。

在职场上，常常会遇到一些在身份、才识、经验、能力等各方面都比我们强的人。在这种情况下，或许有人会感到自卑，因为自己不如人而对对方产生一种心理上的畏惧感，从而让自己的信心大受打击。“自信是成功的基石。”如果一个人连自信都失去了，要想得到成功，恐怕只能靠幻想。一个人不论处于什么环境之下，只要不丢失自信，成功的希望就不远了。

缺乏自信的表现有多个，如看到一个在各方面都比自己强的人，既想上前去接近对方，又怕自己被他人所冷落；既想在他人面前表述自己的观点，又怕表述不当而被他人耻笑；既想插到别人的谈论中，又怕别人对自己的话不在意乃至讨厌，便只能缩回自己的世界，甘受冷落了。其实，你完全可以将头脑里的一切顾虑都抛开，大胆说出自己所想，想如何干就如何干。只要你做得不过分，做得适当，一定会赢得他人的赞赏。

有两个窍门和规律可借鉴。

1. 要实干，掌握真本领，也要适时表现

所谓适时，首先是留意应该重视的事，扫地抹桌子，就会被提升为清洁组组长；其次是在显山露水时，不要过于扎眼，而被众人嫉妒。

2. 显能耐不宜过频、过多

天天都干出格的事，人们再也不会觉得你有什么稀奇处，只能认为你爱出风头而已。所以，你总是要留一些绝活，留下余地。

“智者千虑，必有一失，愚者千虑，必有一得。”要知道，你可能穷尽毕生努力，也不会得到别人的赏识。但冒险抓住一些机会，就可能把你的能力和价值展现给同事和领导。假如意见未被采纳，人们更会在后来的失败中忆起你的表现，更会称赞你的聪明。

请务必谨记，要第一时间指出问题，千万不要太顾忌面子。这个时候，你出来露一手，那注定你将是一个引人注目的人。

智者千虑，必有一失，愚者千虑，必有一得。

与众不同让你脱颖而出

现在，很多年轻人工作时大多是茫然的，他们每天上班、下班，到了固定的日子领回薪水，或许得意或许难过，仍然茫然地去上班、下班……却不思考这些问题：什么是工作？工作是为什么？可以想象，这样的年轻人只是做着与别人同样的工作——为工作而工作而已。这就不可能在工作中投入全部的热情和智慧，如同机器人一般去工作，而不是去创造性地、自动自发地工作。

我们固然是踩着时间的尾巴准时上下班的，可是，这样的状态估计不会生机勃勃。我们的热情、智慧、信仰、创造力难以激发出来，这样是不会有所成就的，我们只不过是在“过日子”或者“混日子”罢了。

高效而成功的人，他们总是在工作中付出双倍甚至更多的智慧、热情、信仰、想象力和创造力，而失败者和消极被动的人却将这些深深地埋藏起来，只知道抱怨和逃脱。

换作企业的老板们，他们需要的绝不是那种仅仅遵守纪律、循规蹈矩，却缺乏热情和责任感，不能够积极主动、勤于工作的人。

工作不是一个关于干什么事和得什么报酬的问题，而是与生命密切相关。工作就是自动自发，意味着无限的努力。正是为了成就什么或获得什么，我们才专注于干什么，并在那个方面付出精力。从这个意义上说，工作不是我们为了谋生才去做的事，是我们生命中的一件大事。

准备好获得机会，展现超乎他人要求的工作表现，知道自己工作的意义和责任，这是那些脱颖而出的员工和凡事得过且过的员工最为重要的不同。

明白了这个道理，并以这样的眼光来重新审视我们的工作，不再把工作当做负担，即使是最平凡的工作，也是充满意义的。在各种各样的工作中，当我们发现那些需要做的事情——就算超出了工作范围，也就意味着我们发现了超越他人的机会。因为在自动自发地工作的背后，你需要的是比别人多得多的智慧、热情、责任、想象力和创造力。

每个老板都希望自己的员工能主动工作，用智慧来开展工作。对于发个指令、摁动按钮才会动一动的“电脑”员工，没有人会欣赏，也不会有老板重用你。在职场中，这类只知机械工作的“应声虫”，老板绝对会将你自动忽略。

在你的周围，有些工作是大家不愿意主动去做的，大家对这样的“苦差事”都唯恐避之不及。不过，这些也需要人去做。

在这种情况下，假如你主动去做呢？这不但能赢得同事的尊敬，更能够得到老板的认同和赏识。或许还能让老板对你感谢不尽：“多亏了你的帮忙！”

这正是你展露才能、勇气和责任心的大好机会。有时候，就算你愿意去承担，也未必有这样的差事让你做。所以，碰到这种自我表现的机会时，不能表现出丝毫的不情愿，绝对要心存感激才行。当然，这样做需要有相应的心理准备。这是由于此类工作大多是非常辛苦而且吃力不讨好的，即使你付出了全部的心力，或许也不会有理想的结果。即便如此，你还是应该勇气百倍地默默耕耘。

事实上，这一类工作往往比某些表面风光的工作，更能激发人的斗志及潜藏的乐趣。能够从这样的工作中找到乐趣的人，多半会获得老板的欣赏。即使他们心中不满，表面上也不能抱怨，仍然默默地做事，并不介意他人如何看待自己，甚至对什么时候才能得到他人的认同，也不多说。他们相信付出会有回报，而且付出与回报是成正比的，如果唯恐自己吃亏而跟着大家一起推卸，这等于将大好良机拱手相让。

唯有经历过辛苦的人，才知道心存感激，也才真正了解谦虚的必要性。大家都有过饥饿的感受，越是饥肠辘辘的时候，越能体会出食物的重要性。正如一个人好不容易痊愈，更能够深刻地体会到健康的重要性。同样的道理，只有有过不幸经历的人，才知道苦尽甘来的乐趣。

如果你现在还在做着跟别人一样的工作，每天只是重复昨天的事情，这也就与他人无异了，自然不会胜过他人。如果你能够主动接受别人所不愿意接受的工作，并能够从中体会到无穷的乐趣，战胜艰难险阻，达到别人所无法达到的境界，就会获得别人所永远得不到的丰厚回报。

要想脱颖而出必须与众不同。

你是不可代替的

在这个竞争白热化的当代社会中，一份工作，你不干，可能会有更多的人等着干。那么，怎么样使自己变得无可替代？

38岁的南大民离开了自己辛勤工作了10年的公司。

10年前，南大民来到这家很小的电器行工作。他每天拼命工作，颇得老板的器重，并没有亏待他。二人情同手足，公司业务也是蒸蒸日上。

后来，公司的业务扩大了，南大民就创办了公司的销售网络。老板看南大民如此辛苦，非常满意，也用高薪来答谢他。

3年后，公司开始稳步成长。听从老板的吩咐，南大民将很多重要的工作移交出去，成为一个“德高望重”的“元老”。南大民对老板的安排也非常满意，不时出门游玩散心。

可惜好景不长，半年后，老板将一张支票放到了南大民的桌上，告诉他要从岗位上退下来。虽然南大民心里一千个不愿意，可也不得不离开。

老板之所以会解雇南大民，就是因为他已经不是老板所需要的人才了，没有哪个人会愿意继续花高薪雇佣一个对自己毫无价值的人。

在职场上，像南大民这样的事情实在是见得太多太多了。其实，如果南大民能够了解老板的心理采取巧妙的方式努力工作，在老板面前展示自己的价值，使得少了他公司就根本无法运作，成为无法代替的重要人物，便可避免被炒鱿鱼的命运。

法国国王路易十一酷好占星学。一天，一名占星师预言三日内会有贵妇死亡，三日后，果然一个贵妇死了。路易吓坏了。他想，如果不是占星师谋杀了贵妇来证明他预言的准确性，就是占星师的法力实在太高深了。这已经威胁到了路易本人，无论是哪一种情况，占星师都是进退两难。

一天晚上，国王埋伏好侍卫召见占星师，准备将占星师灭口。

占星师到了，在下达暗号之前，路易十一问了他一个问题：“你声称了解占星术而且清楚别人的命运，那么告诉我，你自己的命运如何，你会死于什么时候呢？”

“我会在陛下驾崩的前一天去世。”聪明的占星师回答说。

听了这番话，路易十一自己没有轻举妄动。这名占星师不但保住了性命，而且还得到国王的全力保护。此后，国王还聘请高明的宫廷医生照顾他，让他享受了一世的奢华生活。

占星师的高明之处在哪儿呢？就在于他让路易十一依赖自己，使自己变得无人代替。

在职场，与老板或同事相处时，你也要让自己无可代替。

我们都知道这样一个道理，由于能人在某些方面的能力有超群之处，其才能在单位的各项工作中起到特殊的作用，或解决单位的各项难题，或打开工作的新局面，为公司创造出更高利润。

任何上司都毫无例外地希望自己的下属是一个拥有出色才智、有胆有识的人，这样也体现了自己慧眼识才，善于领导。上司对有成绩的下属往往倍加赏识和鼓励，视为自己的得力助手，甚至委以重任，提升为左右臂。如果工作中平庸不已，上司自然就会认为你能力有限，丢了他的面子，伤了他的心。因此，作为下属，必须不断开拓进取，用自己的成绩来证明实力。这既对公司有利，也利于自己发展，岂不是一举两得吗？

无论是生活中，还是工作上，都是如此。你要让自己不断地完善，使自己变得不可替代。如果你的公司因离开你而无法运转，你的重要性已自然不可小视了。

如果你想在竞争激烈的职场中站稳脚跟，变成上司的重要支柱，就必须牢记：为公司赚到钱才是最重要的。为此目标，应从现在开始改进工作，真正成为公司不可替代的人。

让自己不断地完善，使自己变得不可替代。

勤奋不是蛮干

在工作中，你也许发现有这样一类人：他们埋头苦干，任劳任怨，可每逢升职的机会，却次次擦肩而过。

大学毕业后，丽娜已经换了3个工作。朋友们在一起时，都是听她在不断抱怨。

丽娜第一份工作是当秘书。大学刚毕业的她干劲十足，不管是不是她职责里的工作，只要有人分配任务给她，她都会义不容辞地做好。一年下来，她在单位里混了个好名声。年中，单位里有一个升迁的机会，需要从新分来的几个人中选出预备的重点对象。私底下，很多人都说这个名额非丽娜莫属，结果却是另一个人胜出。听说，那人是局里某某人的侄女。大家对这种“举贤不避亲”早就习惯了，可初生牛犊的丽娜却十分不满，没几个月，就索性辞职了。

通过公开招聘的方式，丽娜进入一家合资企业。进入公司后，丽娜依然秉持着苦干出成绩、效益证明一切的原则，工作卖力，态度认真，业余还自费进修。在公司里，丽娜很快就得到了认可，香港来的主管也十分赞叹丽娜的工作。那段时间，见到丽娜的时候，虽然她的嘴里还在唠叨工作的辛苦，但看得出她心里很充实。尽管，丽娜像往常一样加班，尽管工作辛苦，但她却神采奕奕，犹如被老师表扬的学生。

两年以后，丽娜已经升到主管副手的职位，进一步升职的机会就在手边。不久，香港来的主管将要被召回总公司，言语中暗示他已向上级推荐了丽娜来担任这个职位。可是，香港人的公司似乎只相信自己人，从香港又派了新人来接替，丽娜再次失落了。新上司来到上海后，还抱怨自己的“背井离乡”,而丽娜意识到这里升职的无望。

现在,丽娜转行做起了图书编辑,自己找选题,自己定流程,年终的收入就看一年下来的收成。丽娜笑话自己就像个农民一样自给自足。不过,一切都由自己来规划,她的表情也没有了锋芒,人也变得成熟了。

没有人甘愿沉沦下僚,但什么样的晋升才真正对你有利呢?如果你确定了晋升的目标,你知道获得晋升的具体方法吗?如果自己清楚了这些方法,那么你就等于拥有了通往高职位的捷径。

1. 发现晋升的捷径

柳斌是一家广告公司的策划人员,富有才情和能力,只是和同事的人际关系一直处得不好。同事都认为他心高气傲,纷纷与他疏远。长此以往,他很难和同事合作并耽误了工作,上司不再信任他了。于是,他萌发了跳槽的念头。在他人的帮助下,他转到另一家公司做财务,薪水比原来多很多。但财务工作使他厌烦,不能发挥自己的特长,又想再跳槽回广告行业做策划。然而,事情绝非他想象得那么简单,绕了一大圈,还是没有合适的工作。

柳斌善于表现自己的思路,很适合从事广告业策划的工作。然而,他却因为人际关系没有处理好而跳槽做了跟策划毫不相干的财务。虽然从表面看,的确是获得了高薪升职,但这与适合他的长远职业目标是不相匹配的,反而是职业规划上的岔路。其实,他应该首先明确自己适合做什么,未来职业前景何在,并努力缩短同目标之间的差距,设法协调和团队的关系,这才是提高职业竞争力并获得晋升的快速通道。

2. 抓住晋升要害

孟娜在一家外资企业做人事助理,能力出色,面面俱到,经常受到上司的夸奖。在和上司的沟通中,她了解到上司需要自己去加强进修。聪明的孟娜心领神会,在完成本职工作的同时,还在业余时间参加了人力资源管理的培训班,认真学习这方面的知识。她坚持风雨无阻地去上课,每堂课都能仔细地做笔记,还经常就疑难的地方请教培训班教授,并将知识运用于工作中。功夫不负有心人,最近孟娜升为人事专员,获得了大家的一致好评。

孟娜的晋升成功很能说明问题,晋升不是不可能,重要的是你能否掌握方法,能不能切中晋升的要害。作为人事助理的孟娜,自己的职位晋升还有很大的潜力。她能出色地完成上司交给的本职工作,这就为职业发展打下了坚实的基础。要是连本职工作都无法完成,是不可能在企业中生存下去的,发展又怎么能轻易实现呢?在此基础上,孟娜抽出业余时间来参加和职业发展密切相关的培训,并能很好地消化所学的知识,做到学为所用,晋升之路就顺畅了不少。丰富的工作经验,优秀的业务技能,再加上相关的资质提升,升职对于她而言再也不难。

3. 让今日成就明日

郭艳丽很喜欢财务工作,也意识到自己的学历太低。于是,她决定去进修。有朋友推荐她去做销售,而且待遇很好,她心里一时难以取舍。于是,她向职业顾问进行咨询。通过职业顾问的帮助,郭艳丽坚定了在财务这条路上继续发展的理想,并以更大的热情和精力投入到工作当中去,不久就当上了财务主管。

郭艳丽的兴趣、专业、经历决定了她适合财务工作,也是最能让她取得职业成功的道路。她只要根据目标岗位的要求,积累起宝贵的工作经历,提高业务技能,并注意和上司的沟通,不断完善综合素质,从而得到了升职的机会。更为重要的是,今天的晋升成功将为将来更大的成功奠定了牢固的基石,满足职业生涯可持续发展的要求。

俗话说:“战略上出现问题,战术越卓越就离成功越远。”刚从学校毕业的年轻人要想跨入晋升的快速通道,首先必须给自己的职业定位,以便于更好地实现晋升。在确定了晋升方向后,就要切中晋升的要害,发现自己的短板与差距,并找到缩短差距的具体方法,然后去努力实施。从短期看,这可以尽快获得升职的机会;从长远看,这更是提升职业含金量和获得职业成功的关键。

升迁和努力工作绝对不成正比，努力也要讲究方法，才可以获得上司的信任，得到提升的机会。

勇于冒险才可能成功

成功始于胆量。李嘉诚认为，要想成功，过人的胆识必不可少。在人生的道路上需要胆量，没有胆量的人绝对是故步自封的。任何一位成功人士决定一件事时，事先都会小心谨慎地研究清楚，决定后便会勇于奋斗。

20世纪60年代中后期，香港人心浮动，房地产业一片萧条。于是，一些商人纷纷抛售地皮，以防万一。此时，李嘉诚却反其道而行之，把全部资产转入地产业，大肆收购地产。在别人眼中，他简直是疯了，而李嘉诚在心里说："我看准了不会亏本才敢买，男子汉大丈夫还怕风险？怕就干脆别干。"于是，他的地产事业进入了第二个高潮时期。

当成功的机会来临时，如果你仍是踌躇不前，那就说明你尚未具备成功的资格，因为你还没有具备胆识和能力。

不管做什么事情，只要肯用劲，敢于做，一定会做出成绩的。

有的人总担心失败，总想用五花八门的借口来避免冒险。最后，他们一事无成，只能空空地仰望他人。

有一个人，一天遇到神仙。这个神仙说，他就要发财了，还会有一个贤惠美妻。

于是，他天天等，日日盼，到死那天都没有应验，穷困地度过了他的一生。当他上了西天，又看到了那个神仙。他对神仙说："你说过要给我财富、很高的社会地位和漂亮的妻子，可我等了一辈子，现在还是一无所有。"

神仙回答他："你不要信口胡说。我只承诺过要给你机会得到财富、一个受人尊重的社会地位和一个漂亮的妻子，可你却让这些从你身边溜走了。"这个人感到十分迷茫，他说："我不明白你的意思。"神仙回答道："你曾经想到一个好点子，却没有付诸行动，因为你怕失败而不敢去尝试。"这个人老实地承认了。神仙继续说："因为你没有去行动，这个点子几年后被另外一个人想到，那个人一点也不害怕地去做了。那个人后来变成了全国的首富。还有，你应该还记得，有一次发生前所未有的地震，城里大半的房子都毁了，好几千人被困在倒塌的房子里。你本来要去帮助受灾的人，可你却怕小偷会趁你不在家的时候到你家去打劫。你以这作为借口，故意忽视那些需要你帮助的人，只知道待在自己的家中。"这个人不好意思地点点头。

神仙说："这本应该是你的大好良机，去拯救几百个人，而那可以使你在城里得到很大的尊荣啊！你记不记得有一个头发乌黑的漂亮女子，曾经被你所吸引。你从来不曾这么喜欢过一个女人，以后也不会再有比她好的女人了。可是，你想她不可能会喜欢你，更不可能会答应跟你结婚。你因为害怕被拒绝，将她拱手让给了他人。"这个人又点点头，可这次他流下了眼泪。天神说："我的朋友啊！就是她！她原本可以做你的妻子的，你们会有好几个漂亮的小孩，一家人和睦美满，人丁兴旺，你的人生将会有许许多多的快乐。"

现在的你也像故事里的主角一般过着同样的日子吗？请你问一下自己，你有多少次希望作出改变，结果总是因为害怕而停止了脚步，机会就在我们的等待与犹豫中溜走了。

人生中处处都会有冒险，健康、人际关系、生意、谋职等都是。冒险并不是做了什么天大的抉择，而是咬紧牙关，迎接挑战，生活中的趣味也源自于此。

成功不会属于每个人，勇于进取者往往要冒失败的风险。然而，唯有勇于冒险才能抓住机会，要成功就要冒险。

第二章　有心计地推销自己

塑造自己的形象

年轻人在慨叹没有人了解自己时，首先应当自问："在平时的工作和生活中，我的言行表现是否符合我希望的自我价值？"西方有句名言："你想在明天成为大人物，今天就要做得像个大人物。"如果想获得成功，首先是塑造好自己的形象。

这就需要你加强谈吐、举止、修养、礼节等各方面的素质。首先，要注重仪表风度，一般情况下人们都愿意同有干净的衣着的人接触和交往。比尔·盖茨在行业论坛上总是穿着牛仔裤和T恤衫，AVON创始人钟彬娴则在任何时候都保持着"比生活妆更耀眼"的妆容。如果要成为外表上让人舒服的人，在形象上不仅仅是要做到通常标准上的大方得体，更要和你的职业有机结合起来。而且，形成自己的风范并持续下去，把形象打造成你个人品牌的一部分。这样你就不仅是在第一眼被人注意，之后也会为人所铭记。其次，要注意言谈举止。言辞幽默，侃侃而谈，不卑不亢，举止优雅，便会令人难以忘怀。

对于一个人来讲，内在之美需与外在形象相结合。一个人的人品可以从其眼神、笑容、言语、态度等显示出来。所以，你应该多注重自己的内在之美，还要学会怎样发挥。

1960年在尼克松与肯尼迪的竞选之争中，老牌政治家尼克松也许有着资历上的优势，但是外在包装上则不如对手，以至于贵族家庭出身的肯尼迪评价他："这家伙真没有品位！"受到家族的影响，肯尼迪懂得如何利用自己的外在优势吸引众多选民的好感。在他与尼克松的电视辩论上，年轻、英俊、风流倜傥的肯尼迪展现了迷人的个人魅力，看起来坚定、自信、沉着，不仅能够主宰美国的政坛，而且能平衡世界的局面。即使是一个平常的握手，就使得一位政治评论家宣称"肯尼迪已经获胜"。当他提出"不要问国家能为你做什么，问一问你能为国家做什么"的口号时，激起美国人民上下一片的爱国热潮，成为了选民心中的完美领袖。几十年过去了，其形象也依然令人难忘，成为了世界领袖的标准形象。

因此，要想在这个世界上树立起自己的形象，赢得属于自己的名望，必须拿出独立自信的上佳表现，在大家心中占据一席之地。虽然人们都有同情弱者的心理倾向，但总是一副可怜的样子，谁又愿意把自己与你划在同一水平线上呢？长此以往，人生的道路会变得狭窄。一个人的魅力首先来自他对待自己的态度，是他如何定位自己人生的体现。

对人彬彬有礼，穿着整洁，举止文雅，体现了个人的修养和家庭教育。走入社会、走入商界，就会发现这有多么重要，它也是一种资产。许多人都是因为个人魅力的缺失，而失去了绝好的工作和成功的机会。电视剧里那些邪门歪道的人，改换了环境之后，也要学着培养起温文尔雅的风范，以提高自己身价。

一位东北制药业的老总，在他的大学时代里，就有着强烈的"领导意识"。他认为伟人要具有散发着魅力的外形和举止，不断模仿某伟人的仪态。通过练习腹腔发声，他把自己原来脆弱的嗓音变为具有磁性魅力的、浑厚的男低音。在1995年他又有了当国际巨商的新意识，高薪聘请形象设计人员，为自己设计具有国际标准的世界巨商的形象。无论是西装还是休闲服，他只穿能够衬托一个领导宏伟气派的高质量、高品位的服装，始终留意每一个细微之处。如今，无论在外观、口音、思想意识上，他都更像一位来自华尔街的金融家。

一个人的魅力是由多方要素造成的，比如，内在涵养和素质，外在的仪表、服饰、行为动作、地位和角色等。这些因素的差异以及交往个体能否有效地使用这些要点，会直接影响到一个人的魅力，影响沟通的程度和效果。因此，打造个人的独特魅力，除了发挥自己的才能本事外，还必须量身塑造一个成功的自我形象，从而提升你在团队中的影响力，为成功增加取胜的砝码。

人格魅力同人的智力、受教育程度一样，关系着人的发展道路。你的外表会对你自己说话，也代表你与他人交流，可以帮助别人决定对你的看法。

安装才华的“聚光灯”

在工作中，我们需要向他人推销自己的能力，使自己的才干得到体现，只有成功地把自己展示给他人，使自己的才能为人所知，你才会有机会被提拔、重用。不要总是以为，是金子总是会发光的，要知道，深埋泥沙中的一块黄金尽管价值连城，其价值也如同丧失。

我们之所以要主动推销自己，使他人关注自身，主要是因为机遇是珍贵的、稀缺的、稍纵即逝的。如果你能比同样条件的人更为主动一些，就会更好地把握机会。因此，主动出击是抓住机遇的最佳策略。

以赤玉葡萄酒起家，后来创立了世界级企业三多利的日本人岛井信次郎就很善于推销自己。为了提高企业和产品的知名度，一旦发生火警的时候，他就立刻跑到出事地点去调查，然后让一些年轻人穿着背上印有“赤玉葡萄酒”标志的短外套，手提耀眼的灯笼赶往出事现场，灯笼上也印有“赤玉葡萄酒”的标志。不久，许多人都知道了，不管哪里发生了火灾，第一个赶到现场的一定是“赤玉葡萄酒”。许多人纷纷嘲笑他这一举动，但岛井信次郎为了宣传自己，丝毫不介意人们的嘲笑。于是，只要火警声一起，大家便会发现“赤玉葡萄酒”，通过这个方法，“赤玉葡萄酒”很快获得了知名度，有了极好的销售业绩。

希望有所成就的年轻人，不要奢望别人主动地来关注自己，而是要积极主动地把自己的才华展示给他们看。把自己的美展示给别人，从而赢得机遇的青睐，只要拥有些许的勇气就可做到。

如果为人内向腼腆，不能忍受各种在处世交往中的屈辱，或是过于清高，就不能够与朋友和睦相处，更不可能抓住机会展示自己，就算自己才华过人，也会淹没在芸芸众生里，这是非常可惜的。

如何让自己变得为人所关注呢？学会运用“聚光效应”让上司注意到你的业绩，不甘于当背后的沉默英雄，在恰当的时机、场合向领导展示你的能力与成绩，这有助于得到领导的赏识。

有一个穿得破破烂烂的小男孩，跑到摩天大楼的工地向一位衣着华丽、口叼烟斗的建筑承包商请教：“我该怎么做，会像你一样富有呢？”

他低头看了看小男孩，回答说：“小伙子，去买件红衬衫，然后埋头苦干。”

小男孩满脸困惑，百思不解其中的道理，希望他能解释清楚。承包商指着那批正在脚手架上工作的建筑工人，对男孩说：“你看见那边的人了吗？我无法记得他们每一个人的名字，甚至有些人根本连脸孔都没记住。但是，你仔细瞧，只有那个满身是红的伙计，我很快就注意到，他似乎比别人更卖力，每天来得比别人都早，工作时也比较拼命，而下工的时候，也是最后一个离开工地。就因为他那件红衬衫，使他在这群工人中间特别突出。我现在就要过去找他，派他当我的监工。从今天开始，他一定会对我更加卖力，说不定很快就会成为我的副手。

“小伙子，我也是这样爬上来的。我非常卖力工作，争取比别人都要出色。如果当初我跟大家一样穿上蓝色的工人服，也许没有人在意我的存在。所以，我天天穿条纹衬衫，同时加倍努力。不久，我就出头了：老板注意到我，升我当工头。一步步地勤奋努力后，终于自己当了老板。”

再大的公司，一个人的空间其实都很狭窄。高层主管能叫得上名字的普通职员不会很多，你表现得再卖力，也未必会留下一个特别的印象。这是说我们对待机会要采取主动的态度，甚至要用我们的行动来创造更多的机会。很多人正是因为找到了一个合适的机会展示自己，好业绩、好人缘、上司的重视、晋升的机会也就送上门来了。

常言道，疾风知劲草，烈火炼真金。在关键时刻，领导十分乐于与下属交流。人生难得机遇，千万不要错过自我表现的良机。当某项工作陷入困境时，你若能大显身手，定会让领导格外器重你。当领导本人在思想、感情或生活上出现矛盾时，要是能恰到好处地劝解，也会令其对你极其青睐。

总之，推销自己是一种风格，没有风格的话，只会让自己流于平庸。

如果你能比同样条件的人更为主动一些，就会更好地把握机会。

推销自己是一种能力，有了这种能力，才会让自己把握住机会，立于不败之地。

作秀不可耻

这是一个竞争激烈的年代，“待价而沽”或等人来“三顾茅庐”的时代已经成为过去。你如果不主动出击，让别人看到你，发现你的实力和本领，那么就只能“坐以待毙”。

在人才辈出、竞争日趋激烈的今天，机会不会送上门来，只有敢于表现自己，吸引对方的注意，才会让自己赢得机会。年轻人绝大多数都有自己的理想和目标，但人生的第一步必须学会醒目地亮出自己，为成功之路创造机会。

我国著名导演张艺谋在成为大导演之前可谓历经坎坷，但他积极地寻找，给自己创造了机遇。

1978 年，北京电影学院在“文化大革命”后首次招生，按他的家庭情况是无法进入大学的。但他将自己的摄影作品编成册子，给素昧平生的文化部长黄镇写了一封恳切真诚的信，并附上自己的作品。颇通艺术的部长有强烈的爱才之心，派秘书去电影学院力荐张艺谋，他成功地被电影学院录取。

尽管在校表现优秀，然而他的道路还是很坎坷，毕业后被分配到广西电影制片厂。但张艺谋并没有因处境不佳而埋没自我。厂里各种条件都不佳，厂小、人少、设备差、技术力量薄弱，是不利的因素。但这里也有大厂所不具备的条件，主要是人才少，精英更是奇缺，因而论资排辈的做法不像大厂那么突出。于是，张艺谋便脱颖而出，获得机会担当电影《一个和八个》的摄影。他以卓越的摄影才能，一鸣惊人，荣获“中国电影优秀摄影奖”，这部电影也成为第五代电影人崛起的标志。

好运气会带来成功，而持续的好运气来源于其主动去准备、去创造的态度与把握运气的能力。如果想得到成功，就要积极主动地把自己的才干展示给别人看。一次不行，就多表现几次；在一个地方表现无效，那就找更多的地方来表现。表现多了，被发现、被赏识的可能性就会增大。

俗话说：“美玉藏于深山，人不知其美；黄金埋于地下，人不知其贵。”一个优秀的人，如果只是深藏不露，就无法充分展示自我，人们就不能看到他存在的价值。这样下去，即使他有绝世的才华，也会渐渐被埋没。现在是一个张扬自己、讲究个性的时代，特别是职场上的人们，在关键时刻恰当地张扬，能够吸引大家的注意力。

世界歌王帕瓦罗蒂到中国来的时候，于中央音乐学院做学者访问。许多有音乐功底的学生都使出浑身解数，以求得在这位歌王面前一展歌喉。这是一个无比难得的机会，哪怕是得到歌王的一句肯定,也足以引起中外记者们的大肆渲染,肯定会在乐坛走红。在学院的一间教室里,帕瓦罗蒂耐着性子挨个听大家唱歌,可惜没有十分满意的人选。正在沉闷之时,窗外有一男孩引吭高歌,唱的正是名曲《今夜无人入睡》。听到窗外的歌声,帕瓦罗蒂立刻对工作人员说:"这个学生的声音像我。"接着他又追问校方陪同人员说:"这个学生叫什么名字?我要见他!并收他做我的学生!"

这个在窗外唱歌的男孩就是从陕北山区来的学生黑海涛,仅看他的背景和资历,他根本没有机会面见帕瓦罗蒂,他只能凭借歌声推荐自己。帕瓦罗蒂一手推荐,黑海涛得以顺利出国深造。1998 年,意大利举行世界声乐大赛,正在奥地利学习的黑海涛联系恩师。于是,帕瓦罗蒂亲自给意大利总统写信,引荐他参加比赛,黑海涛在那次大赛上获得了名次。

黑海涛凭着他那善于推荐自己的勇气和不断努力的精神,终于取得了巨大的成功,现在是奥地利皇家歌剧院的首席歌唱家。

身处一个激烈竞争的社会,我们要想突出,就要掌握好别人的心理,就要让别人欣赏自己,只有这种高明的展示才能得到承认。再也不要迷恋类似"酒香不怕巷子深"的古话,要大胆地表达自我、勇于进行自我推销,"是金子总会发光"这样的观点在商业社会是行不通的。

所以,无论是找工作还是晋升,与其守株待兔等待他人,不如自我推销。如果你有能力,可自告奋勇地去挑战那些人人避之唯恐不及的工作。他人纷纷谢绝的工作,自我推销正好可以显示你的存在,如果成功,自然会让大家刮目相看!如果失败,也学到了宝贵的经验,而且也不会有人怪你,因为本来就没有人愿意去做。此外,你的自我推销,会为上司排忧解难,他对你的感激当然不在话下。而更有利的情况是,这个过程将成为你日后面对更艰难的工作勇气的来源,你的作为也将成为人们给你最高评价的基础。

别人永远不会赋予你理想的价值,你需要自己打造一个招牌,适当地放大自己的价值。

那些主动执行、善于创造机会的人,能从最平淡无奇的生活中把握最微小的契机,用自身的行动去改变他们的处境。

做个神秘人

在生活中,我们经常会出现这些状况:你越想把自身的一些情况或信息隐瞒住不让别人知道,人们越对你隐瞒的东西感到无限的好奇,甚至会千方百计通过别的渠道获得这些信息。如果信息超出了你的掌握,进入了传播领域,会因为它所具有的"神秘"色彩被许多人争相获取,并产生一传十、十传百的效果,与你的心愿相违背。

其存在的心理学依据在于,人们为之迷惑的事物,比能接触到的事物对人们有更大的诱惑力,也更能促进和强化人们渴望接近并了解的欲求,我们称之为"吊胃口"、"卖关子"。在《三国演义》中,就有一个诸葛亮吊人胃口、自抬身价的故事。

当时刘备听司马徽说"卧龙,凤雏,得一可安天下",紧接着又有"徐元直走马荐诸葛",再到后来崔州平、石广元之流的一番举荐、烘托,使诸葛亮变得十分神秘,而刘备等人对他十分感兴趣,于是就有了刘备兄弟三人的"三顾茅庐"。

前两次的拜访都是无功而返,这也可以说是诸葛亮自己为自己打造了浓厚的神秘色彩。也许正是因为诸葛亮懂得为自己制造神秘感,才会让刘备觉得"幸福的果实来之不易",十分重视他的才干。

而当时与"卧龙"诸葛亮齐名的"凤雏"庞统,境遇却完全不同。他不懂得要给自己制造神秘感,也没有什么高姿态,而是自降身价地将自己"送货上门",于是当他投靠孙权时,并未得到孙权的重用。转投刘备时，一开始也并没有受到刘备的重用。他的这一番遭遇可以说是自找的，因为他不懂得制造神秘感抬高身价，反因“送货上门”，让自己的身价掉价不少。

也许你会认为诸葛亮是故弄玄虚地耍心计，但你不得不佩服，他的这番“心计”抬高了自己的身价，使刘备极为珍惜，让自己的仕途顺风顺水。

通过平常的观察，但凡成功人士几乎都有一个共同的特点：就是善于制造神秘感，保持着与众人的距离，总是给人一种“雾里看花，水中望月”的朦胧感，从而成功地让自己成为众人的焦点。

比如，在社交活动中你可以将有趣的经历做出暗示，造成悬念，而不是一股脑地抖出。又比如，如果你是一位厨师，把话题引到烹调方面后，千万不要宣称你就是厨师。不立即吐露一切的做法，能让别人产生追根问底的欲念，成功地增添神秘气质。只有保持一种神秘感，才能更好地展现个人魅力。

婉芸大学毕业后被一家公司聘用，她来公司报到的第一天，大家都对她的印象很好。她胳膊上搭着今夏最新款的 LV，颈项间戴着一条银亮的白金项链，着装高贵而庄重，雪白立领衫搭配黑色过膝长裙，显得十分美丽动人。

同事们私下纷纷讨论：“看她这身行头，一定是有钱人家的阔小姐。”但婉芸自己什么也不说。在她平时打电话时，同事们总会看到她恭敬谨慎的神情，让人感到其身世背景非同寻常。不久，又有人说她是从省城来的高干子弟。

婉芸确实非同凡响，她的业绩好得让人嫉妒，客户也比他人要多得多。有些大客户还会专程来请她品茶聊天，不过她极少应允。大部分时间，她都喜欢独自赏画、听古典音乐或阅读世界名著，气定神闲的模样都是非同一般。

实际上，婉芸的父母都是普通老百姓，因为单位不景气纷纷下岗，但她的神情总显着淡定不迫，言谈举止温文有礼。虽然当初她只是借表姐的仿版 LV 和白金项链用了一段时间，但她却引起了每个人的好奇心。

尽管婉芸从未刻意哄骗大家自己的身世，对于同事的猜测和议论更是听之任之，不置可否，但她却成功地塑造了独特的“神秘感”，抓住了他人的注意力，让他们对自己抱有极大的兴趣，渴望得知她的秘密。

要是想让他人尊敬自己，就不应该让别人看出自己有多大的智慧和勇气。让别人知道你，但不要让他们了解你；没有人看得出你天才的极限，让别人猜测你甚至怀疑你的才能，会让你能获得更多的崇敬。

作为一个年轻人，要提高他人对你的期望，不要一开始就展示你的全部所有。隐瞒你的力量和知识的诀窍时要胸有城府。

让人心悦诚服地跟随你

当今社会中，总有一些人一出场就能赢得满堂喝彩，一抬手、一顿足就能显出与众不同，他的言行能够被团体认可，从而引领团体的前进方向。我们可以把这种人所具备的人格魅力称为“领袖气质”。他们并不一定是高层的管理者，在任何一个团体中，小到几个人组成的办公室，大到一个集团，总会有这样的人具有说服他人、引导他人的能力。在某种意义上，“领袖气质”也可以被认为是人格魅力的一部分。

我们可以说，领导工作就是发挥自身威信以产生力量的工作，领导艺术就是一种提高个人威信的艺术。如果年轻的你总是能以身作则，是周围人学习的榜样，他们就会热切而认真地学习你作为领导的良好表现，为此你也赢得了他们的依赖，树立了自己的威信。

恺撒大帝原先只是一名组织民众竞赛的小官吏，而后才在社会上扬名立业的他组织了一连串的活动——狩猎野生作战、竞技射箭等。对平民百姓而言，恺撒这个名字逐渐和他们喜爱的盛事结合在一起，是那么让人期待和难以忘记。在攀升到执政官地位的过程中，恺撒的威信不断上升。

面对连年内乱的骚乱，在形势最紧急的时刻，恺撒来到驻扎在鲁比孔河岸的军营。恺撒和他的幕僚们激烈地辩论着选择和平还是战争的问题，恺撒沉着地伸手指向河边，仿佛那里的士兵刚刚奏起前进的号角，引领军队跨过鲁比孔河上的桥。他慷慨激昂地说："让我们接受神的指示，追随他们的召唤，打败背叛的人。骰子已经掷下了，不容收回！"

他的演说震撼了每个人，他时时刻刻注重自己在群众面前的表现，牢牢掌控住自己的公众形象，丝毫不敢懈怠。他清楚地知道将领并没有确定要支持他，然而他以雷霆万钧之力收服了将领，把自己的形象根植在人民心中。恺撒为所有领袖和权贵们树立了典范。

最后，恺撒赢得了在场将领的支持。在战争中，他总是意气风发、身先士卒，常常以最勇猛的姿态冲向战场，士兵们目睹了他无所畏惧、所向披靡的战斗力，受到激励，都以他为榜样，于是全军渡过鲁比孔河。第二年，恺撒击退了敌军的攻势，成为罗马的独裁者。

当今社会，竞争越来越激烈，这就要求每一个有意进取的人，要有超凡的领导能力和良好的组织协调能力。越来越多的职场人士开始关注如何树立威信、获取支持，如何培养自己的"领袖气质"。可是树立权威形象，培养领袖气质，需要一个过程。如果我们在日常工作中能够注意到以下几点，将会为领袖气质的培养打下良好的基础。

1. 诚实守信

"人无信不立"，承诺对方事情，对方自然会指望着你；一旦别人发现你开的是"空头支票"，说话不算数，就会对你产生失望的情绪。"空头支票"不仅给他人增添麻烦，而且也损害了自己的名誉。只有守信的人，才会使人信任他。重守承诺，你的事业才有望发展壮大并蒸蒸日上。

2. 认真对待身边的每一个人

若想赢得他人的信赖，树立自己的权威形象，就必须要学会重视身边的每一个人。我们每个人都希望成为重要人物，一旦别人帮助他实现了或让他体验到了这种感觉，他就会对这人产生好感。当别人优于我们时，可以给他一种超越感。但是当我们凌驾于他们之上时，他们会有诸多怨言和不满，有的产生自卑，有的却嫉恨在心。所以，你必须让你遇到的每个人倍感自己的重要和被需要程度。

3. 顾全大局

一个人为人处世只想到自己的好处和利益，那就不可能得到团体的认可，更谈不上树立自己在他人心目中的权威形象了。如果一个人只顾自己，没有从大局考虑，他的行为自然得不到大家的认可。其实这种情况我们经常遇到。因为人总是会自觉或不自觉地从自己的角度出发来考虑和处理工作，如果你学会设身处地地为他人着想，自然会获得他人的信赖。

要想做一名成功的领导者，需要培养出个人的威信，让他人觉得你值得信任、值得学习，愿意跟着你干。唯有积极主动地提高个人的能力、培养自己的魅力，才能赢得他人的信赖和支持。

拉大旗作虎皮

在现代社会，巧借名人的手段已日渐成为潮流，而且大有扩展之势。对于我们年轻人来说，若能巧借名人之力，实现自己的目标，也是很不错的。

学会借用名家之言，如请社会名流为你题个词，请专家教授为你写的书作个序，请明星为你签个名，等等。因为这些权威人物有相当的号召力，他们的判断能力、鉴别能力是被社会公认的。他们的题词可以向别人证明你的实力，有了这些东西办事情就会比较顺利。

有机会成为名人中的一分子，自己也便沾上了荣耀，在别人眼里也就身价大增了。名人其实离我们并不遥远，只要用心攀附，完全可以借助他们的力量，成就我们的事业。

俗话说："俊鸟攀高枝。"攀高枝，对于人的自身发展，或者是赚取名利，都是大有好处的。不同的人有不同的技巧，非常之人有非常之技巧。下面列举一例，大家仔细揣摩，自然心领神会。

1937 年夏，孔祥熙以特使身份赴英国庆祝英王加冕典礼，为了博得英国皇室的青睐，孔祥熙自称孔氏后代。其实，在山东孔氏八房的孔氏家族谱系中，并没有这支世系。孔祥熙曾拉拢当时担任黄河水利委员会委员长、山东曲阜孔氏八房的孔祥榕和孔丘的奉祀官孔德成，为他篡改重修孔氏家谱时补续一支，说是李自成率领农民起义时，有一房孔氏家族搬迁到山西太谷县落户，于是才有了自家的孔氏后人。

为展示自己的身份，孔祥熙于 1930 年曾出资两千元在纸坊村里建立了家庙。同时为了证实自己的身世，说话时不时夹上几句《论语》、《孟子》，表示博雅。

面对英国王室，他宣称自己是第 75 世"孔丘公爵"。他曾大言不惭地对人说，之所以得英国王室的礼遇，不是因为他是中国的特使，而是因为他是世界上最古老的贵族世家子孙"孔丘公爵"。

每个人都希望结交名人，谁不希望有个声名显赫的朋友，一个明星，或者随便什么大人物。如果能跻身于他们的行列，那是一种荣耀。所谓靠上大树成俊鸟，在社会交往中如能结交一些比自己有实力、有地位、有权势的人，将会对你日后在社会上办事、在仕途上发展、在商场上赚钱等各方面具有十分重要的作用。

从参加同盟会到"二次革命"失败，蒋介石只是作为陈其美的部下和亲信进行革命活动的。他不但没有进入同盟会的领导层，而且并未与孙中山单独相处过。

1922 年军阀混战中，陈炯明密令擅自开进广州的 50 个营的粤军发动武装叛乱，并悬赏 20 万元杀死孙中山。孙中山逃离，江中三日，经过生死的磨炼，也感受了各路军阀部队的反复无常，感慨万端，于是电召蒋介石。深思熟虑后，蒋介石在孙中山固守"永丰"舰的时候来到孙中山身边，帮助筹划军事，孙中山从而得以摆脱险境。蒋介石这样做表现了对孙中山的忠心。孙中山对蒋介石听其言，观其行，经历了这场广州事变后，更加信任蒋介石。孙中山曾在信中说："吾兄，你还记得我们在军舰上的那些日子吧？备受煎熬，我们只能睡觉和进食，期待着好消息……不论你遇到什么困难，也不论你经受什么样的考验，有我在，你就会留在军中。"

毫无疑问，这番承诺，是蒋介石苦心经营而得来的。

日后，蒋介石写了一本《孙中山大总统广州蒙难记》，并请孙中山为该书作序。目的是要以这本书来传播自己这段最光荣的历史，抬高声誉。从这，我们可以看出蒋介石计谋之高超。

找好"大树"不是一件简单的事情。有些大树，你想靠也靠不上。没有关系，没有机缘，只是自己一厢情愿是办不到的。但凡成大事者，都自有其高人一筹的招数，没有关系，他们设法建立关系；没有机缘，他们设法创造机缘，即便人微位卑，也有办法走向成功。

所以，常人之所以平庸，是因为他们没有高超的谋略。某些人之所以能够出人头地，是因为他们有过人的韬略和奇招妙计。

要坚信事在人为，办法总是有的，关键看你是否能找到。

学会“自我贴金”

当今社会,竞争越来越激烈,一个人要想使自己跻身于人才之林,得到最佳发展空间,就要学会自夸,充分地展现自己的聪明才智。

总是讲自己的缺点,讲遇到的困难,讲目前还存在的问题,对方听了会感到失望,对你也就没有太大兴趣了。在现今的社会中,一个人才华再高也是无用的,他必须通过各种手段使自己的才华为人所知,得到社会的承认。如果一个人无法在巅峰期间抓住机会,大胆地、主动地推销自己的才华,而总是“藏而不露”,那就会贻误时机;等到有一天别人终于发现你时,也许你的知识和特长已经不值钱了。

当今社会不缺少人才,可供社会选择的人才很多。你既然扭扭捏捏,羞羞答答,表示自己这也不行,那也不行,那么,有谁还愿意放着显而易见的能人不用,而等你慢慢发展?而且,既然存在着竞争,面对机会,没有人愿意退出,都会同你竞争。一旦你失去被选择的机会,别人就会捷足先登,你也无可奈何。

到现在的公司工作4年了,孙泽能力不差,人缘也不错,可是眼看着进公司一两年的新人,一个个都升迁了,唯独他没有丝毫动静。原因就是他虽然工作成绩不错,但不善于向上司“表功”。做同一件事,其他同事总能得到比他更高的评价。

孙泽不明白,上司为什么不亲自去看呢?而非要听下属把工作成绩描绘得像一朵花一样,那太假了吧?为什么汇报的时候,总是要“在领导的支持与细心指导下”,这不是歌功颂德吗?

孙泽没有得到晋升,在于他不懂得“自我贴金”是一种表现的方法,它既能抬高贴金者的身价,又能使别人以你为榜样。有了这种效果,就会使你在人群中“高人一等”,风光体面,活得“潇洒”。

美国共和党人麦卡锡在这方面,有十分高超的技巧。第二次世界大战期间,麦卡锡应征入伍,成为一名服务兵,他的任务是在办公室内听取执行任务回来的飞行员的汇报。在此期间,他的确受过一次伤,却不是因战斗,而是在一次宴会上喝醉了酒,从梯子上摔下来,跌断了一条腿。

麦卡锡退出部队后,于1945年当选为巡回法庭的法官。到任伊始,麦卡锡立刻制订了一个竞选州国会议员的计划。为了成功,他用谎言来吹嘘自己在战场上的“英雄业绩”。他吹嘘自己当过机尾炮手,冲锋在前,在太平洋战争中出生入死,英勇战斗,立下了汗马功劳。他背负着战士们的承诺,把一团糟的国内政局清理一新。为了向人们展示他曾“光荣地负过伤”,展现自己的英雄行为,他有意地用他那条跌断过的腿跛着走路。

1946年,这位善于贴金的能手在谎言的帮助下,居然当选为美国参议院的参议员。麦卡锡尝到了贴金的甜头,他明白了贴金可以使人出人头地,飞黄腾达。从此以后,麦卡锡更加娴熟、更加自觉地运用这项计谋。

一般情况下,我们不喜欢“炫耀”的人,他们为了达到某种目的而故意自夸自大,增加自己的分量,因而让人反感。但在竞争如此激烈、人才济济的当下,“炫耀”已成为年轻人谋生的一项本领。因为其他人也许没有时间来评价你、掂量你,或者对你评价不足,在这种情况下,你只好自我推销,突出自己的才华。

其实,在现实生活中,这种行为很普遍。在现代职业生涯中,人也成为一种商品,每个人的身价都不同。身价太低,别人看不起,只有把身价提高了,才能让人刮目相看!所以在有些情况下,适时自抬身价,可以适当地夸大你目前所干的事情,夸大自己的能力和成就,这样对方认识你才会感到荣幸,愿意与你交往。

也许有人认为这种行为纯属撒谎,有失厚道,并不值得宣扬。但是应该承认,在现实中,比起顽固的老实态度,它确实更能使我们前进的道路畅通无阻,帮助我们走得更快更远。所以说,为了自己的前程，不能太呆板，必要的时候也换一下态度试试贴金术。

若想引起他人的关注，就必须主动地自我推销，这是十分重要的。

细节决定未来

老子说：“天下难事，必作于易；天下大事，必作于细。”所以，细节决定成败。前进的道路上，注重细节的实现，把关键的细节做好，那么离成功就会越来越近。为人处世中，细节思维是很关键的，往往一个细节就会成为你的致命伤，而一旦这个细节出现了问题，结果只能是失败。

我们常常不太在乎细节，所以细节往往最能反映出一个人的真实状态，因而也最能表现一个人的修养。对于年轻人来说，熟知细节是最佳的训练，尤其是面对突发情况，这些知识更是有用。对待小事、对待细节的处理方式往往也能展现他的才能。对个人来说，细节体现着素质；对事业来说，细节决定着成败。

尤里·加加林，是一个伟大的名字。1961 年 4 月 12 日，加加林驾驶着“东方 1 号”航天飞船进入太空遨游了 108 分钟。这次飞行之后，他家喻户晓，成为一位世界英雄。加加林是如何被选中的呢？

原来，在一个星期之前，飞船的主设计师罗廖夫发现，在进入飞船前，只有加加林一个人脱下鞋子，只穿袜子进入座舱。这么一个“小动作”赢得了罗廖夫的好感，他感到这个 27 岁的青年既懂规矩，又如此珍爱他为之倾注心血的飞船，所以毫不犹豫选择加加林执行人类首次太空飞行的神圣使命。

加加林的细节处理，表现了他的修养和素质，也使他成为遨游太空的第一人。

不要忽视任何一个细节，小细节往往能反映出一个人的整体素质，一个人的举手投足都会影响别人对你的评价。比如，与别人见面时一句轻声的问候，一个善意的微笑，都会让人感觉你是一个平易近人、很有修养的人。不论工作还是生活，都有需要我们关注的细节。

不经意的细节，帮你赢得好感。有些细节并不是在你想做的时候就能做到的，而是在平时的行动中逐渐培养成的一种习惯。一旦养成了注重细节的好习惯，它就会成为你成功的筹码，有一天你也会发现自己因为这样的细节思维，得到了不少意外的收获。

郑达在应聘中面对公司总经理讲了自己许多的优点，会领导人，也会被领导，专业知识扎实等。这些都没有让总经理心动，但郑达离开时的一个小动作——将坐过的椅子搬回原处，赢得总经理的好感，并影响到他的聘任决定：录用郑达。因为总经理认为，搞工程这一行的就是要细微之处做到家。

试用期过程中，郑达同三位同时被聘任的大学生一起被派往一个建筑工地，整天同民工们一起干活，一身泥、一脸灰、一头汗，不出三天，另三名大学生打了退堂鼓，只有郑达坚守阵地。

某天午后，工头与工地管理人员都先走了，可天就要下雨了，郑达看见工地上有十几包白水泥要被雨淋湿，想找工友帮忙搬水泥，可没人帮忙。郑达只好一个人将十几包水泥搬进了工棚，浑身都湿透了。这时，郑达看见对面一栋楼上站着公司总经理。

第二天，总经理让郑达到办公室。郑达一走进办公室时，就看到了总经理脸上少有的笑容，并说：“工地你不必去了，就留在公司帮我吧，你通过了！”

一年后，郑达成了公司业务部门的主管。

细节展现着你的才华，完美的细节代表着永不懈怠的处世风格，也是一个人追求成功的资本。在很多时候，一个人的成败取决于不起眼的细节。生活中充满了细节，有一些看起来非常偶然的细节会帮助或伤害我们，所以，我们要重视细节。

细节决定成功。当然，你可以举出很多例子反驳说成功人士不拘于小节，但不得不承认的是，更多时候，细节的确决定着你的前途。电梯里，和老板几句简短的聊天，可能让他坚定提拔你的念头；在谈判中，一个错误的用语，也许会让你前功尽弃。

我们常常忽视生活、工作中的细节之处，但就是这些不起眼的细节，可以折射你的人品，影响你的人缘，决定你的发展和未来。

请尊重你生活中每一处细节，因为尊重细节，原本就是尊重你自己；而忽视细节，受害的，可能会是你的一生。

重视你的名声

名声决定着一个人的成败。在今天这个商业社会里，一个人名声的好坏，往往关系着事业上的成功与失败。好的名声，就像是一件质量上乘的商品牌子一样，能够引起人的好感，从而激起购买的欲望。所以说，一个人要想办大事，就要学会积攒自己的名声。

一家外文期刊上有过这样一则故事。有一对老夫妻，孤苦伶仃，生活窘困。迫于生计，他们利用家靠近路边的便利，想要经营一家小杂货店。由于店小货少不起眼，平时也没什么生意。老夫妻并不后悔，相反，他们目睹南来北往的行人因焦渴而嘴唇干裂，便在店前竖了一块“免费供应茶水”的牌子，一天 24 小时，从不间断。没有子女的他们把过往行人当成了自己的孩子，不久，老夫妻受到过往路人的一致好评，人们总爱在这里停一下，歇歇脚，顺带买些东西，老夫妻的生意也红火起来，几年后竟成了拥有数十万资产的百货店老板。

很多人不明白这是为什么，道理其实很简单。不是那普通的免费茶水，而是老夫妻朴实善良的名声赢得了顾客。

声誉是获得成功最根本的保障，也是一个人成功最可靠的资本。今天各界的显赫人士，无一不以“诚信”闻名。诚信让更多的人放心与之合作，也带来了更多的机会。

现代的年轻人要知道，有比才华更重要的东西，那就是名声，是对企业和老板的忠诚，是一诺千金。这可是无价之宝，是人生最宝贵的财富！

人品是成功的基石，连人都做不好的人，是什么也做不成的。人格魅力的力量是无穷的，只有具有很好的人格魅力，才能使自己具有较强的亲和力，化解对方心中的疑虑，赢得对方的尊重，很多事情就迎刃而解了。

成龙家境贫苦，很小就被家人送到戏班。按照旧时梨园行的规矩，父亲同戏班签了生死状，在约定期限内，师傅决定他的一生。戏班里的管教异常严厉，成龙在师傅的鞭子与打骂下练功，吃尽苦头。时间不长，由于忍受不了，偷溜回家，父亲勃然大怒，坚决叫他回去：“一诺千金，已经签了合同，绝不能半途而废。咱人虽穷，志不能短！”成龙只好重新回到戏班，刻苦练功，一晃十多年过去。

成龙 22 岁这一年，由于学得一身好功夫，为人厚道，几年下来，在电影里他逐渐担当了主角，还小有名气。有一天，某电影公司导演找他，请他出演一个新剧本的男主角，“除了应得的报酬，同时愿意替你支付 100 万元违约金。”导演说完强行塞给他一张支票，匆匆离去。

成龙仔细一看，100 万，好大一笔巨款！他从小受尽苦难，尝遍艰辛，不就是盼望能有今天吗？可转念一想，如果自己毁约，现在正拍的电影怎么办？公司必将遭受重大损失。于情于理，他都不忍弃之而去。

经过一夜的挣扎，成龙找到导演，退还了支票。导演很是意外，成龙则淡淡地说：“我也非常爱钱,但是不能因为100万就失信于人,大丈夫当一诺千金。”

成龙这一举动让公司上下非常感激,主动买下了导演的新剧本,交给成龙自导自演。就这样,他凭借电影《笑拳怪招》,创造了当年票房纪录,大获成功。

成龙在访谈中聊起这些事,感慨万千,深情地说道:“如果当初我背信弃义,从戏班逃走,或者为了得到那100万一走了之,将不会有今天的成就。我只想以亲身经历告诉现在的年轻人,金钱不是万能的,做人就应当诚实守信,一诺千金。”

信守承诺,既展现了人的品格,又成为前进道路上的助推力。

我们都希望自己可以达到“不见其人”就有“久闻大名”的效果,如果你拥有如此非凡的声誉,这从一定意义上来讲,就拥有了自己的个人品牌。因此,我们要时刻提醒自己,要在我们有限的圈子里珍惜自己的声誉,慢慢推广,当我们的美誉愈传愈广的时候,自然能够提高自己的身价,从而取得大的成就。

只有遵守自己的承诺,才会得到别人的尊重,并为自己赢得相应的信誉和机会。

第三章　埋头做事才有出头之日

低头的是稻穗

刚入职场的年轻人,大都怀着满腔热血,揣着远大抱负,想轰轰烈烈地干一番事业。然而,纷繁的现实世界往往会令他们手足无措。面对坎坷、荆棘和生活道路上横生的障碍,理想者则傲气不敛,小觑或无视生活有意无意设置的低矮“门框”,其结果,只能失意而归,成为一个失败者。

人生道路上有数不尽的门槛,有时甚至还有人为的障碍,我们可能要不停地碰壁,或伏地而行。若一味地讲“骨气”,到头来,不但被拒之门外,而且会输得一败涂地。学会低头,巧妙地穿过人生荆棘,既是人生进步的一种策略和智慧,也是人生立身处世必不可少的一种胸襟。

掌握低头的艺术,懂得低头,敢于低头。生命的负载过多,就低一低头,卸去那份多余的沉重。犯错了,也要学会“低头”。只有学会低头,才能正视自己的错误,拥有谦逊的美德,是人生一笔宝贵的财富。

学会低头,是人生立身处世的风度和修养。学会低头,就要不喧闹、不矫揉、不造作、不招人嫌、不招人嫉,才华横溢,也要学会藏拙。民间有句谚语:“低头的是稻穗,昂头的是稗子。”越成熟越饱满的稻穗,头垂得越低。只有那些稗子,才会显摆招摇,高傲得不可一世。

芝加哥大学历史上最年轻的校长,30岁的帕金斯,有人怀疑他那么年轻是不是能胜任大学校长的职位,听完这话,他开口说道:“一个30岁的人所知道的是那么少,需要依赖他的助手的地方是那么的多。”就这短短一句话,消除了人们的疑虑。

人们往往喜欢争强好胜,或者努力地证明自己是有特殊才干的人,然而一个真正有能力的领袖是不会张扬的,所谓“自谦则人必服,自夸则人必疑”就是这个道理。

所谓“高处不胜寒”,当你的事业愈大、地位愈高时,更要学会低头。一个人越懂得谦虚恭敬,就越能拉近彼此之间的距离,而且越容易加强彼此的沟通与交流,使对方对你产生好感。

涉世之初的年轻人,心高气傲,凡事喜欢坚持己见,对于年长者尤其不肯拉下脸来讨教,也有人认为向人讨教很失礼。作为年长者而言，总是特别赏识向自己讨教的人。“对不起，又有件事想麻烦您，”他们听了心里十分高兴。

所以，想要尽快熟悉工作环境，就要找对方商量事情或请教某事。“关于此事，我想向您请教一番，”这是最有效的途径。即使是关于工作上的秘诀，但凡受人央求指导时，几乎没有人会这么说：“真讨厌，要求过分！”毕竟，比起“求教于人”，很多人更愿意赐教。

想要做好一件事情，就得以一种低姿态出现在对方面前，表现得谦虚、平和、朴实、憨厚，甚至愚笨、毕恭毕敬，让对方有一种优越感。当事情明显有利于你的时候，对方也会不自觉地以一种高姿态来对待你，好像要让着你似的，更不会斤斤计较。

其实，学会低头的目的，是为了让对方从心理上感到一种满足，使他愿意合作。实际上越是表面谦虚、非常机灵的人，越能表现出大智若愚来，使对方陶醉在自我感觉良好的气氛中，你也受益匪浅，工作就会很顺利。

找准时机，保持适当的低姿态，绝不是懦弱的畏缩，而是一种聪明的处世之道，是人生的大智慧、大境界。

能屈能伸

人在力量不如别人的时候，或者在求人办事之时，要懂得低头退让。

这么做是为了让自己与当时的环境形成和谐的关系，把二者的摩擦降到最低，是为了保存自己的能量，以便走更长远的路，获得更多的支持。这是一种权变，是一种智慧的选择。

1076 年，德意志罗马帝国皇帝亨利与教皇格里高利之间斗争十分激烈，发展到了势不两立的地步。这时，教皇的号召力非常大，一时间德国内外反抗亨利的力量声势震天。面对这种情形，亨利身穿破衣，只带着两个随从，千里迢迢前往罗马，向教皇认罪忏悔。但教皇丝毫不给其颜面，在亨利到达之前躲到了远离罗马的卡诺莎行宫。亨利没有办法，只好又前往卡诺莎去拜见教皇。教皇仍闭门不见，亨利忍辱一直在雪地上跪了三天三夜，教皇才接见他。

亨利回国后，集中精力整治内部，然后派兵把一个个封建主各个击破，并剥夺了他们的爵位和封邑，把曾一度危及他王位的敌对势力全部铲除。在阵脚稳固之后，他立即发兵进攻罗马，在亨利的强兵面前，教皇急忙逃跑。

现在很多年轻的上班族，会为所谓的“面子”和“尊严”，甚至为了所谓的“正义”与“公理”，由情绪主导一切。如被人羞辱了，干脆就和他们干一架；被老板骂了，干脆就拍他桌子，炒他鱿鱼，然后自动走人！没有忍性，绝对会让你尝到苦头。

所以，面对不利局面或形势，千万别逞血气之勇，也千万别认为“士可杀不可辱”，宁可吃吃眼前亏。现实生活是残酷的，不如意之事十有八九，残酷的现实需要你对人俯首听命。要知道，敢于碰硬，不失为一种壮举。但是，胳膊拧不过大腿，硬要拿着鸡蛋去与石头斗狠，徒劳无功。

当对手的实力强于你，而且他的实力明显高过你，那么你不必为了面子或意气而与他争强。因为一旦硬碰硬，固然也有可能摧折对方，更可能对自己不利，因此不妨示弱，好化解对方的戒心。以强欺弱，胜之不武，很多有实力的人都不会这么做。但也有一些富有侵略性格的“强者”有欺负“弱者”的习惯，因此示弱也有让对方摸不清虚实、让其放松警惕的作用。一旦他收手，你的机会就来了，可反转两者态势。

当你处于弱势时，我们只有掌握了忍辱负重、能屈能伸的本领，才能摆脱困境，走向成功。其实，“屈”不是屈服，也不是逆来顺受，而是一种智慧，是在等待时机。一旦时机成熟，就有如水底的潜龙腾空而起，一鸣惊人，一飞冲天。

人在力量不如别人的时候，或者在求人办事之时，要懂得低头退让。

忍受磨难

我们生活中处处有不如意的地方：物价上涨、住房拥挤、人际关系紧张，真让人有点喘不过气来。诅咒、谩骂、生闷气都无济于事，反给疲惫的身躯徒增伤痛。在生活中，看不惯的很多，理解不了的很多，失望的也很多。但我们要明白，愤世嫉俗不会改变事态的发展，不会使关系缓和。

所以，学会适应，在适应中发现并抓住改造的契机，而不是游离其外去指手画脚。这就是一种忍耐的表现，想要取得成功，就离不开忍耐。就像蚌，它包容了入侵的沙子，才造就了光亮的珍珠。所以，与其苦思如何去排除"入侵者"，还不如想想如何接纳并调和它们。

珍子家世代采珠。在她即将离开日本赴美前，她母亲郑重地把她叫到一旁，给她一颗珍珠，告诉她说：

"当沙子流进蚌壳内，蚌觉得非常地不舒服，但是又无力把沙子吐出去，所以蚌面临两个选择：一是抱怨，想要排除沙子；另一个是想办法把这粒沙子同化，使它跟自己和平共处。于是蚌开始用自己的营养液包裹沙子。

"当沙子裹上蚌的外衣时，就成为蚌的一部分，不再是异物了。沙子裹上的蚌的成分越多，蚌越把它当做自己，就不再那么难以忍受了。"

母亲启发她说："那粒沙子折磨着蚌，使它在痛苦中挣扎着。终于有一天，那粒粗糙的沙子竟然变成了一颗晶莹圆润的珍珠。包容苦难的结果，使一只伤痛的蚌变成了一只高贵的蚌。"

"我们不是生下来就具备包容之心，正像并不是每一个蚌里都含着珍珠。珍珠弥足珍贵，却是蚌用眼泪包裹、用血肉打磨的一粒沙。"

每个人的心中都有一粒沙，忍受着它的磨炼，但有多少人能对那粒沙报以宽容的一笑呢？生活也少不了不尽如人意的事情，不够友好、不信任、嫉妒、狭隘、斤斤计较、竞争、挫败等，我们都会烦恼，但重要的是当感受到来自外界对自己的不良情绪时，你要怎么应对？深深吸口气，在吸气的同时接纳这一切，因为包容是忍耐！

约翰在一家大公司上班。可公司内帮派林立，为了有形和无形的利益，小集团与小集团之间充满斗争。对于新人，因为不知道背景，大家都用异样的眼光看他。

约翰受不了这种"待遇"，更令他难过的是，他的价值观念和做人原则与这家公司的人文环境时常发生冲突。作为公司的新人，作为弱者，约翰感到很委屈。面对这些，年轻的约翰想到了放弃。

在此之前，他向麦克说出了自己的苦闷和对未来的打算。麦克听完后，拿出一张光碟叫约翰看。影片描述的是白垩纪、侏罗纪时代地球上的种种生物，包括恐龙、鳄鱼、蜥蜴、变色龙等爬行动物的生活，最后的镜头是恐龙的灭绝。看完后，麦克自言自语地说："那么强大的恐龙灭绝了，看起来弱小的变色龙却得以生存。适者生存，而不是强者生存啊！"突然间，约翰明白了其中的道理。

他没有选择辞职。他不再看别人的眼神，不再想别人的议论。公司里别人最不愿意干的事情他去干；对公司里最高傲的人，他同样以诚相待。

两年后，约翰表现突出，从最普通的员工晋升为副总经理。

作为一名职场新人，初涉工作，一定也会遇到与约翰相同的情况，此时，我们该何去何从？是一走了之，还是静下心来，逐渐适应呢？无疑，我们要适应！那么，如何才能在最短的时间里，做到完全地适应呢？

学会容忍。对别人的行为感到气愤，就如同对着滚到我们面前的石头生气一样愚蠢。对于许多人，我们心中要明白，不要改变他们，而要善用他们。盖里·史宾斯说："如果你想赢得爱与尊重，就要用宽容的心对待别人，学会调适双方的关系。"

有这么一句祈祷语："请赐给我们胸襟与雅量，让我们心平气和地去接受不可改变的事情。"改变你能改变的，接受你所不能改变的，让包容来润滑人际关系，包容让你的生活更顺心。

包容是我们一直追求的目标，既然承受了生命之重，就要去包容生命中所有的挫折和暗淡。命运总会赐予你一份灿烂的礼物，使你的生命高贵而美好。

愤世嫉俗不会改变事态的发展，不会使关系缓和。

别急着当老大

谁都想功成名就，谁都想出人头地。可是这世界上能干事的人不少，成大业的却不多，造成这种情况的原因包括主客观两方面。要有良好的社会背景，有千载难逢的机遇，也要有智商、有文化、有修养等。其中，容忍是必备的。

很多初涉职场的年轻人，努力把自己最优秀的一面展现出来，这是理所应当的，殊不知，太过锋芒毕露反而会给同事和领导留下激进的印象。争强好胜，还动不动来个"抢跑"，其实这么做往往会适得其反。过早地卷入竞争，就会过早地暴露自己的实力，同时也会显出自己的缺陷，陷入被动局面，而且，很可能会因为升迁之争而提早出局。

刚进公司，不要太急于将自己所学的、所会的全部展现出来。适当保存实力，保持低姿态，以谦虚的态度多多学习前辈的经验，累积自己的实力，厚积薄发。过早地争权夺利，受到挫败是小事，若因经验不够丰富或者实力不够强大而惨遭淘汰，才是最致命的打击。

罗伟因表现出色，终于进入了这家向往已久的公司，罗伟觉得是大展拳脚的时候了，因为他有别人渴望的一切条件。因此，日常工作罗伟非常积极，认为只要把自己的才能和实力都展现出来，就能赢得大家的赞赏和认可。

面对升迁的机会，罗伟更加努力，处处争先，希望争取到这个机会。可是，当结果一出来，罗伟落选了，周围的同事偷着乐，就连领导都说罗伟太急于求成了。罗伟不明白这是为什么？

无知者无畏，刚走上工作岗位的新人大都急不可耐地想要把自己的创新想法说出来，赢得掌声。可事实上，你的想法难免有很多漏洞或者脱离实际之处，急于求成反而会导致同事的不满。

郝军是学企划的，也很幸运，刚毕业便被招聘进一家大型国有单位从事企划工作。他所在的企划部门里共8个人，从主管到科员，只有郝军学过专门的企划。郝军自然意气风发，一系列高效率、高质量、高创意的"企划"，掩盖了同事的才华。大家嫉妒郝军的才华，厌恶他心高气傲的行为，于是一起对外放风声，说郝军是个理论脱离实际、没有一点实践经验的人，他的企划方案没有操作性，只是纸上谈兵，如果按照他做的企划安排工作，将对企业发展造成重大损失。于是连经理、总经理都认为郝军是一个没有实用价值的人。

面对这种情形，郝军在单位一直不得志，最后只好辞去工作另谋出路去了。

纵使你才华横溢，可客观环境却还不成熟时，千万不要强出头。所谓客观环境是指天时和人势，天时是大环境的条件，人势是同事之间的关系，也就是一种人气。人势如果不利，以本身的能力强出头，也可能成功，但会多花很大力气；如果缺少人势，而你偏要强出头，必会遭到别人的打击排挤，造成更大的伤害。

因此，刚进公司，必须尽快熟悉"圈子"里的人和事。平时最好保持沉默，不要争强好胜，用谦虚诚恳的低姿态向同事学习业务知识。

以低姿态进入，你可以静看别人如何构筑、巩固、维持他的地位，他的成功与失败，都可作为你的经验和指导。可趁此机会培养自己的实力，等待时机。

这样做不仅能避免不必要的伤害，而且能保持和他人和谐共处的关系。这样可以透过冷静的观察，掌握大环境的趋势和脉动，等到各方面的条件都成熟的时候，就可以展现才华了！

过早地卷入竞争，就会过早地暴露自己的实力，同时也会显出自己的缺陷，陷入被动局面。

金字塔要一层一层爬

说起成功，更多是强调要有一种勇往直前的精神，一种积极进取的精神。然而，有时候，一味地硬冲硬打未必是好的方法，以退为进也是一种人生的策略。

处于金字塔顶端的那些人，我们只要去研究他的攀爬经历就会发现：他也一定有过坎坷和屈辱，有过"低人一等"的经历，只不过他积蓄了力量，比常人付出了更多的努力，尔后才攀上人生巅峰的。

有这样一篇报道：一位大学生在校时成绩很好，大家对他的期望也很高，认为他必有一番了不起的成就。

他的确成功了，但不是在政府机关或是大公司里，他是卖虾仔面卖出了成就。原来他毕业后，得知家乡附近的夜市有一个摊位要转让，考虑到没有工作的情况，就向家人"借钱"，把它买了下来。由于喜欢烹饪，便自己当老板，卖起虾仔面来。他的大学生身份曾招来很多不以为然的眼光，但却也为他招来了不少生意，他自己也没有丝毫的不满和怨言。

他的生意越来越好，并且已在全国开了十几家分店，取得了不俗的成就。

退一步海阔天空，那位大学生如果不去卖虾仔面或许也很有成就，但无论如何，他能放下身段，还是令人佩服的。我们不一定要卖虾仔面，但在必要的时候，也需要有他这样的勇气。

现代社会竞争日趋激烈，真可谓"千军万马过独木桥"，挤得过去就是赢家，挤不过去，轻则落伍，重则落水。但不挤更不行，只有去拼搏，才有希望。千万不要站在岸上摆架子，丧失了大好良机。因此，即使你真是高人一筹，也要放低身段、放下学历、放下背景，踏踏实实地、谦虚地向他人学习。只有这样，为人处世才能顺利一些。

维斯卡亚公司是世界上著名的机械制造公司，史蒂芬是哈佛大学机械制造专业的高才生，却被拒之门外。于是，史蒂芬采取了一个特殊的策略——假装自己一无所长。他先找到公司人事部，表示愿意进行无偿工作，公司于是便分派他去打扫车间里的废铁屑。一年里，史蒂芬勤勤恳恳地做着自己的本职工作。这样，虽然得到老板及工人们的好感，但却没有正式录用的意思。

20世纪90年代初，公司面临考验，客户都不愿与公司合作，理由均是产品质量问题。公司董事会为了挽救颓势，召开紧急会议商议对策，没有丝毫进展。史蒂芬闯入会议室，提出要直接见总经理。在会议上，史蒂芬对这一问题出现的原因进行了详细的说明，随后拿出了自己对产品的改造设计图。

总经理及董事会的董事很是惊讶史蒂芬的言行，便询问他的背景以及现状，史蒂芬当即被聘为公司负责生产技术问题的副总经理。

原来，史蒂芬利用清扫工到处走动的特点，细心察看了整个公司各部门的生产情况，并一一作了详录，发现了存在的技术性问题同时努力寻找对策。他花了近一年的时间搞设计，获得了大量的统计数据，为最后一展才干奠定了基础。

很多事实要求我们放下身段，匍匐前进。如果一个人总是昂着头，就难免有眼高手低、撞破头或摔跟头的时候。而如果能放低姿态，就可以避免这种情况，因为自己先倒下了，别人就无法使你再跌倒，而匍匐前进正可以无声无息地做别人连做梦都想不到的事情。

现代社会中，一个人要想成功，若以高姿态来要求，你很少会抓到成功的机遇。但如果你换一种方式，以低姿态进入，蓄势待发，就像地底涌动的岩浆。比尔·盖茨曾忠告青年人，当你不甚如意，在最高层找不到属于自己的位置时，不妨先耐住寂寞，向下走一走。这一走，说不定还会越走越开阔，找到自己的舞台空间。每个人都要经历蜕变，关键看你的勇气够不够。

放低姿态，坦然面对周围的人和事。修炼到此种境界，为人便能善始善终，既可以让人在卑微时安贫乐道，也可以让人在显赫时不骄不狂。可以帮你尽快融入人群，与人们和谐相处，也可以让人暗蓄力量、悄然潜行，获得成功。

退一步海阔天空

古人说："退一步海阔天空。"尝试着撤退一下，反而会获得更多的利益，拥有更加广阔的发展空间。人们常常把退让和失败、放弃、躲避等词联系在一起，给人一种消极的感觉。然而退让却包含了很多层意义，我们可以把它看做积聚能量的过程，退让并不是从此以后就不再进攻，相反地，退让是为了找准时机，从而获得更大的成功。

刚柔相济、顽强有力，是我们追求的目标。老子认为与其采取直线的生存方式，倒不如遵循曲线。当遇到困境时，要想顺利地向前，就必须先撤退。这种做法并非是一种失败主义，而是一种明智。这是以柔克刚、以退为进的策略，就像弹簧缩在一起，其间却蕴藏着巨大的力量。

龙虎寺的住持无德禅师，请人来为龙虎寺画一幅壁画，突出"龙虎"的特色。

看着草稿，僧人都感觉壁画不太理想，但是又说不出所以然。无德禅师看罢之后，指点道："壁画中的龙前探身躯，而虎则是高昂虎头，威风确实威风，但无法震慑人心。为什么呢？因为龙要攻击的时候，先要弯曲自己的脖子积蓄能量；而虎要攻击之前，都是弓起脊背才能发动致命一击。"僧人们频频点头称是。

禅师继续讲道："其实修道的道理也是一样的，只有先把自己的欲望收缩回来，把自己的身份放低，才会真正产生前进的动力。如果人不能韬光养晦，是很难成就大事的。"

事实上，退是另一种方式的进。暂时退却，养精蓄锐，以待时机，这样的退后再进会更快、更有效、更有力。退是为了以后再进，暂时放弃某些有碍大局的目标是为了最后实现更大的成功。这退中本身已包含了进，是十分聪明的做法。

所谓"小不忍则乱大谋"。当自己处于不利情况，或者危难之时，不妨先退让一步，利用忍耐暂时躲避。这样做，不但能避其锋芒，脱离困境，而且能把握时机，取得成功。当然，"忍字头上一把刀"，忍是以牺牲自身利益为代价，或者以故意"作贱"自己为代价，脸皮薄拉不下面子来那怎么能行？

有些人志存高远，表面上却显得很"无能"，这正是他心高气不傲、富有忍耐力和成大事讲策略的表现。这种人往往能屈能伸，有一般人所没有的远见卓识和深厚城府。

朱元璋起义之初，实力最强的起义军陈友谅自集舟师，从江州直指朱元璋的属地应天，船舷千里，旌旗蔽空，气焰十分嚣张。

面对这种局面，手下有的主张投降，有的主张转移逃奔钟山，只有刘基怒目而视，一言不发。朱元璋见此，急忙询问："猛虎已出，如今奈何？"刘基气愤地说："凡主张投降和转移的当斩。陈友谅果如一只猛虎，若在山中，你哪能与之相斗？今既下山，此是良机怎能不战而降，不战而溃？”朱元璋问：“话虽这样说，但如何乘机备战？”

“骄兵必败。陈友谅如此蔑视我们，自然认为我们投降或逃跑，他的后援必不充分。所以我们应先放弃几个地方，移走兵饷，装成逃跑的模样，再派人诈降，引其上钩，却中途设下伏兵，再派兵断其后路，叫其首尾难顾。此战可胜。”

接着又道：“取胜后我们再乘胜追击，还可以占领他的属地，陈友谅遭此重创，很难复原。帝王之业，在此一举，天赐良机，岂可错过？”

朱元璋听后，立即命令胡大海出兵牵制陈友谅的后路；命陈友谅老友康茂派人诈降，诱敌深入；命徐达等将领各处设伏，准备截击。

果然，陈友谅兵败，逃回西北。朱元璋收复了失地，重创陈友谅，取得了决定性的胜利。而陈友谅则因此元气大伤，从此一蹶不振，朱元璋为其皇权之路打下基石。

退一步是为了进三步，甚至更多步，正如一时的低头是为了长久的抬头。暂时的退让并不意味着卑屈和不顾人格，而是一种智者的表现。面对僵局，智者会先退几步，以求打破僵局，为自己积蓄力量赢得时机。智者善于把握进退的火候，把握机遇，把自己提高到一个更高的层次。

为人处世中，不能一味地进攻，尤其身处弱势时，一定要巧妙避开对方的锋芒，寻找以退为进的转机。

当自己处于弱势时，先退让，保存自己的实力。等到有朝一日羽翼丰满时，再表明自己的主张和态度，胜利就属于你了。

好配角胜过烂主角

人生的舞台上，上台或下台都是平常的。假如你的条件适合当时的需要，当机遇一来时，你可以赢得满堂彩，若是你演得好而且演得妙，你就可以在台上多风光一会儿。假如你唱走了音，只能听见嘘声一片。潮起潮落，自有规律，你不必为自己一时的辉煌感叹不已，又为今日的风光不再而长吁短叹。尊重现实，你不可能永远都是主角。实在当不了主角，我们就心甘情愿地当配角，何尝不是一种聪明的做法。

年轻人刚从事一项工作时，完全需要做配角，这是一种谦虚的态度，一种合作的态度。只有当好配角，才能从主角那里学到许多东西，也才能让主角尽心地传授知识。而如果刚开始就争强好胜，凡事都抢着干，别人就会抱有戒心，远离你。

韦奇工作踏实、有新意，在单位人缘很好。大家都知道他很想当科长，同时也都认为他具备当科长的能力。不久他真的成为科长，看他每天办公、开会，忙进忙出，兴奋中难掩骄傲的神色，大家都替他高兴，盼望他可以继续晋升。可是过了一年，他“下台”了，被调到别的部门当了一名副职。据说，得知消息的那天，他锁上办公室的门，一整天没有出来。当了副职后，大概难忍失去舞台的落寞，他日渐消沉，完全没有了斗志。

很多人都难以接受由主角变为配角，这种落差轻则让你落落寡合，重则让你痛不欲生。这时请你不要悲叹时运不济，也不要用昂贵的代价去争，结果可能会带来更大的伤害。你需要做到的只是“平心静气”，好好地扮演你“配角”的角色，像做主角时一样用心和努力。

刚毕业的年轻上班族要甘当配角，以求充实自己。应该认清自己在工作环境中所承担的工作角色以及这个角色的性质、职责范围等，保质保量地完成本职工作。另外，在工作中遇到大家都能做的事，不要抢着去表现。做得再好，也很难赢得赞许，而且和别人争做这样的事，容易引起矛盾。而当有些事别人做不了时，你可以勇敢地争做主角，好好地表现一下，展现自己的才华。

汤姆·布兰德起初只是美国福特汽车公司的一名杂工。在当了一年半的杂工之后，汤姆·布兰德申请调到汽车椅垫部工作。不久，他掌握了椅垫的工艺。后来他又申请调到点焊部、车身部、喷漆部、车床部等部门去工作。短短三年，他几乎把这个厂各部门的工作都做过了，最后他来到装配线。

看着这种情形他的父亲对他的那些举动十分不解，他问汤姆·布兰德："你工作已经三年了，可总是做些焊接、刷漆、制造零件的工作，你怎么不好好考虑一下自己的前程呢？"

汤姆·布兰德笑着向父亲解释："我并不急于当某一部门的小工头。我以能领导整个工厂为工作目标，因此，我必须了解汽车的整个制造过程。我现在正在把我的时间用来做最有价值的事情，因为我要学的，不仅仅是一个汽车椅垫如何做，而是要明确整个工作流程。"

当汤姆·布兰德知道自己准备好了时，他决定在装配线上崭露头角。汤姆·布兰德在其他部门干过，熟悉各种零件的构造，也能分辨零件的优劣，这为他的装配工作增加了不少便利。没过多久，他就成了装配线上最出色的人物。很快，他就晋升为领班，一步步走向自己的目标。

大多数成功之人都从事过普通的、最底层的工作，但是，他们和一般人不一样的是：珍惜每一个工作的机遇，不会满腹牢骚，而是认真做好每一件事，最终通过努力来证明自己的价值，展现自己的才华。

对于刚毕业的年轻人而言，缺乏的不是机会，而是蓄势的远见与忍受平淡的耐力。当年的陈天桥以优异的成绩从复旦大学毕业后，成为一名放映员。换作其他人可能会因此而抱怨连连，但陈天桥却积极寻找机会，于是利用空余时间专心钻研管理书籍，才获得了今天的成就。

现代职场是一场长跑，短暂的热情和速度都不能获得最终的胜利。因此，年轻人在进入职场后，更需要充实自己，提升忍耐力。

处处喜欢抛头露面的人往往容易成为众矢之的，而那种平时踏实耐劳，积蓄力量，关键时刻展现才华的人才是真正的人才。

忍得一时之气，免得百日之忧

俗话说："人生不如意事常八九。"也就是说，我们的生活不可能一帆风顺。骑车上班，被人撞倒了，找他论理，他还蛮不讲理，动手动脚；写好报告送上去，当头的不认真看，强不知以为知，乱批一通；论条件，这次评职称，自己是没有问题的，没想到却没有评上，让别人抢占先机。遇到让人气愤的事，怎么办？许多年轻人往往任性而为，大发脾气。

聪明人绝不会这么做，他们认为这种任性而为实在是不明智的行为。出于气愤和人动武，把人打伤或被人打伤，都不好；出于气愤和领导顶撞，只会让他对你更不满；评职称、分房子没有轮上，已成事实，无法更改，大吵大闹损害的还是自己，还有何用？

小不忍则乱大谋。学会忍耐，忍也是一种宽容。容忍别人的缺点，容忍别人的过失，不斤斤计较，以和为贵，是为人处世的基本原则。

张耳和陈余皆是魏国名士，秦国灭掉魏国后，悬赏重金捉拿他们二人。二人改名换姓逃到陈地，替人看门。一次，乡里小吏因为陈余的一点儿小过失要打他，陈余怒气冲天，马上要发作，张耳暗中踩了踩陈余的脚，叫他忍下这口气不要反抗。小吏走后，张耳找了个隐蔽的地方，责备他说："当初我和你是怎么商定的？今天碰到一点儿侮辱，就准备死在一个小吏的手里吗？"陈余气盛浮躁，坚忍远不及张耳，因而他的成就远不及张耳。

很多人认为忍是懦弱的表现，这只不过是从表面上看问题，忍恰恰是强者的哲学。只有志存高远、目光锐利、意志坚强的人，才真正懂得忍的哲理。

传统道德推崇大丈夫能伸能屈，小不忍则乱大谋。孔夫子亦认为，路见不平拔刀相助并不是真正的勇士。纵观古今中外，乱世中崛起之名士，都十分注重韬光养晦。

东胡国仗着国势，常常向邻国寻衅。有一次，派一位使臣到邻国晋见国王，要求该国王送东胡一匹千里马。

邻国国王冒顿听了很气愤，但考虑到实力不如对方，便采用欲擒先纵的策略，答应将本国最好的一匹宝马送给东胡。但大臣们坚决反对，这匹千里马是先王遗留下来的，不可轻易送人。冒顿却微笑着说："我与东胡为邻，怎能舍不得一匹马。"随即便叫使者把马牵了回去。

不久，东胡国王又派使者前来，说东胡国王看上了冒顿王妻子，要冒顿王把夫人送给东胡国王。冒顿的大臣们听后气愤万分，坚决反对，并要求发兵进讨东胡。冒顿又摇了摇头，说："他既然喜欢我的夫人，给他便是，怎能因一女子伤了和气？"东胡国王得到了冒顿的良马、夫人，日益荒淫，并骄傲地认为冒顿懦弱无能，于是更加得意忘形。

过了一段时间，他又派使者前来讨要土地。冒顿群臣得知后，对如何应付意见不一，有的主张给予，有的则强烈反对。冒顿此时难掩怒火："土地乃社稷之根本，岂可割予他人！东胡国王霸我王后，索我土地，实在无耻！是可忍，孰不可忍！现在是我们灭掉东胡，以雪国耻的时候了。"于是喝令斩来使，国王亲自披挂上阵，全国上下同仇敌忾，歼灭东胡。

我们必须学会忍耐。忍一时之气、忍一时之辱，不仅使自己能修身养性，建立良好的人际关系，还能使自己避祸躲灾，获得成功。

人生道路上，只要你去做事，就不会一帆风顺。命运常常是一种折磨，要想把握自己的命运，就得学会忍耐。

"忍"字头上一把刀，练就忍耐的本领，总有一天，它会作为一颗夺目的钻石镶嵌到成功的金牌上，从此熠熠生辉。

以平常心对待逆境

现代年轻人都对冷板凳抱着敬而远之的态度。谁也不想在职场上被罚坐冷板凳，希望的是成为公众瞩目的主角，能呼风唤雨、叱咤风云。总之，我们太急于成功了，不甘心坐冷板凳。

但现实情况只有一个人能成为主角，注定得有人在冷板凳上熬着。那么，坐还是不坐？如何坐？为何而坐？需要好好琢磨一番。

你有没有想过坐上冷板凳的原因呢？自己本身能力不佳；经常出错或错误严重；人际关系的影响；上司的个人好恶等。

问题是有些人一坐上冷板凳后，不去仔细思考其中的原因何在，只知道整日抱怨、意志消沉，不思进取。其实，与其坐在冷板凳上自怨自艾、疑神疑鬼，还不如调整好自己的心态，用心做好自己的工作，用耐心好好把冷板凳坐热。

大学毕业后，小江成为一名秘书，但这份在别人眼里很体面的工作，他并没坚持多久，很快跳槽到一家更好的公司。

刚来时他干得很有激情，不久也升了职，加了薪水。于是，他雄心勃勃地想在那家公司干出一番成绩来。小江总找机会向上司提想法，上司也曾当面给予他一些赞赏和鼓励，可他觉得自己没有得到应有的重视。尽管他工作很卖力，也小有成绩，可整整两年间，不少比他差的人都受到了重用，他却仍是原地踏步。

有一次放假回家，早已退休年近七旬的爷爷正在家里翻看着一本厚厚的机械图书。想到自己这些年来的坎坷经历，他感慨地对爷爷说："这年头，要做好一份工作，太难了。"

爷爷听不下去他一味地抱怨，说道："那是你心气太高，太浮躁了，没有学会把冷板凳坐热。"

"都什么年月了，还搬你的那套旧理论？"他很不理解爷爷的想法。

爷爷没多说什么，就赶到工厂去帮助解决一个技术难题。天快黑时，厂长用车亲自把爷爷送回来，边走边说："真是不好意思，还要麻烦您老出山，看来还得拜托您老多给咱厂培养几名高级技工，这帮年轻人理论一套套的，一到关键时刻就……"

"甭急，等他们坐住冷板凳就好了。"爷爷自信地说道。

听着他们俩的对话，在小江的心里激起一圈圈的涟漪。

爷爷只有小学文化，但这并不妨碍他成为名副其实的十级车工，成为那家国有大企业几代人敬佩的"高工"。

回城之后，小江不再抱怨遇到的某些不公平，只是埋头拼命工作，像爷爷那样，极有耐心地做好手头上的每一件事，保质保量。

就在小江尽情地享受工作的乐趣时，他竟不期然地受到了公司上下的充分肯定，连连受到好评，职务也在不断地提升，他甚至享受到公司给予的自己连做梦都不曾想到的优厚待遇。

其实，成功并不是遥不可及，只需把目光放远一点儿，别计较眼前一时的得失，在选好的位置上踏踏实实地干下去，用行动和事实证明自己的优秀，功夫总会不负有心人。

当你不得志不如意之时，正好可以利用这一时机广泛收集各种信息、吸收各种知识，以此增强自己的实力。一旦时运到来，你便可一鸣惊人！

此外，当你不受重用时，别人也许正在观察你，如果你自暴自弃，恐怕坐到屁股结冰了也难以翻身。尽管你坐上冷板凳后所做的事可能微不足道，但也要用心认真做！别忘了，很多人都在冷眼旁观，给你打分，如果你做得很好，自然无可挑剔。

学会忍耐。能忍受闲气，忍受他人的嘲弄，忍受寂寞，忍受黎明前的黑暗，忍受虎落平阳被犬欺……你在忍给自己看，也忍给别人看！

坐冷板凳也有一定的好处，它能够让你避过组织控制的最大风险，与其急于表现自己，莫如暂时收敛锋芒。一旦你急于出场而把戏演砸，后果就不堪设想了。

与其坐在冷板凳上自怨自艾、疑神疑鬼，还不如调整好自己的心态，用心做好自己的工作，用耐心好好把冷板凳坐热。

第四章　悟透职场玄机

职场人际是大学问

刚毕业的大学生进入职场，面临新的人际关系，唯有以积极的态度与正确的方法对待，才能变被动为主动，顺利开展工作。

进入职场后，面对的不仅是某些具体的工作，还有从事这些具体工作的人。对职业工作要适应，对同事之间、与上司之间的人际关系同样要适应。

在学校时，人际关系比较简单。到工作单位以后，则马上置身于一个完全陌生的人事环境之中。各层人员年龄不同，经历各异，学识涵养也有差异，体现出多方面、多层次的人际关系。相对于学校简单的人际关系，职业工作中的人际关系就复杂得多了。对于这一点，每个刚参加工作的人要有十足的心理准备。

工作中的人际关系，主要体现在与领导和同事的相处上。如何妥善处理好这两方面的关系，对每个人都是一次严峻的考验。

刚进入职场必然要遇到的问题就是如何与领导相处，这也是大部分上班族感到头痛的问题。他们有时不能与领导保持一种正常、融洽的关系，处于被动受控制的地位，事事处处都要请示领导并遵其旨意行事，而这正与他们初出茅庐时的独立自主的意愿相违背。另一方面，他们认为一些领导业务水平低下，工作上平庸无能，甚至还不如自己。于是，他们或高傲自大，目无领导；或我行我素，不买领导的账，等等。这些都是对人际关系不适应的表现，也是不成熟的表现。

公司要求下属服从上司的领导，这也是工作的需要。这是和一个单位、一个部门工作的整体性相适应的。假如人们都按照自己的意志各行其是、无拘无束，何谈公司是一个整体？另外，领导的业务水平、管理技能、个人品德等方面有高有低、参差不齐，这是事实。但在一般情况下，我们并不能选择谁当领导，况且人们对领导的看法有时也带有某些偏见。所以，我行我素，看不起领导，或采取不与其合作的对抗态度，都是很幼稚的行为。

与此相反，有些人极愿意同领导搞好关系，以至于有事无事总喜欢围着领导转，说些领导可心的话，做些领导高兴的事，颇有溜须拍马、弄虚作假的嫌疑。这也不能看做是适应良好，其不同之处就在于前者过于"清高"，而后者却可能抱有过于谦卑的心理。

如何处理与领导之间的关系呢？

(1)尊敬。不弄虚作假，是一种不带偏见的正确认识和评价。

(2)谅解。从大局出发，设身处地地替领导分忧，为他们着想。

(3)帮助。在领导遇到困难时，伸出援助之手。

如果能做到这三点，就能够正确有效地处理工作中的人际关系。

同时，需要处理好同事之间的关系，而想在工作中与同事保持一种正常、融洽的关系，那首先必须正确认识自己与周围同事的关系。大家都是公司的一分子，尽管工作的具体内容、层次可能不一样，但都不可或缺。无论对哪个同事，不管其学历如何，都要一视同仁，不可因文凭在手而居高临下、藐视一切，更不能因此而自卑。虽然学历不同，但工作上是完全平等的。

进入职场，在与同事的相处中，必然会出现这样或那样的不适应。但是，只要人们能够从工作出发，对同事以诚相待、一视同仁、互相关心、互相爱护，可以相处得很愉快。

适应工作中的人际关系，关系到你在职场中的发展前景，影响到你以后的事业成就。

工作不找任何借口

不要为工作找借口。"没有任何借口"地做事情的人，他们身上体现出来的是一种服从、忠诚的态度，一种负责敬业的精神。对一个员工来说，工作就是一种职业使命，没有任何借口。

丢掉这个不良习惯，你就会在工作中学会大量解决问题的技巧。这样一来，借口就会离你越来越远，而成功就会离你越来越近。

我们发现，许多有目标、有理想的人，他们认真工作，努力奋斗，用心去想、去做……但是，漫长的过程中，种种原因让他们越来越倦怠、泄气，最终半途而废。

想实现最终的目标，必须没有任何借口。只有积极寻找解决问题的办法，才能完美地执行你的任务。

"执行，不找任何借口，"看似有些专断，但它却可以激发一个人最大的潜能。无论你是谁，不论工作还是生活都没有借口。失败了也罢，做错了也罢，再妙的借口对于事物本身也没有丝毫用处。

许多人生中的失败，就是因为老拿借口当挡箭牌而造成的。

进入职场后，无论做什么事情，都要牢记自己的责任。无论在什么样的工作岗位，都要对自己的工作负责。总之，不允许有任何借口。

职员保质保量地完成工作，就必须具有强有力的执行力。接受了任务，就要无条件地去执行。

大王实业公司为选拔高素质的营销人员，给前来应聘的人出了一道试题：把木梳卖给和尚，限期10天。

众多应聘者非常不理解，好多人表示太无聊，愤然离开。只有小王、小张和小李愿意试一试。

结果，小张卖出了1把梳子，小李卖出了10把梳子，小王则卖出了100把梳子。上司问小王怎样完成。小王说，我想进入公司，当然要服从上司的安排，服从了就要去执行。工作有困难，就要多想办法啊。我的办法是……

面对这样的员工谁不想要？小王被录用是理所当然的。

只要是老板，都希望自己的员工很优秀，能不折不扣地完成任务。当老板让你做更多更重要的工作时，如果你能完美地执行，且不找任何借口的话，自然会被重用。

卡罗·道恩斯来这家机械公司有一段时间了，他想试试是否有提升的机会，于是主动找到老板。老板给他的答复是："任命你负责监督新厂机器设备的安装工作，但不保证加薪。"

看到图纸，道恩斯不知如何是好。但是，他不愿意放弃任何机会。于是，他发挥自己的领导才能，花钱找到一些专业技术人员，完成了安装工作，比预定时间提前了一周。结果，他不仅获得了提升，薪水也增加了10倍。

"我知道你看不懂图纸，"老板后来对他说，"如果你当时找个借口拒绝工作，我可能会让你走人。我很欣赏你！"

责任和借口，选择哪一方，体现了一个人的生活和工作态度是积极的还是消极的，同时也决定了一个人到底是成功者还是失败者。

如果道恩斯起初以不懂图纸为由，拒绝这一项工作，也就成就不了今天的道恩斯。

如果你想要为自己找借口，不妨听听这个故事，也许你能从中汲取你所需要的精神营养。

夜幕徐徐降下，坦桑尼亚的奥运马拉松选手艾克瓦里吃力地跑进了墨西哥市奥运体育场，他是最后一名抵达终点的运动员。

比赛早就结束了，当艾克瓦里独自一人抵达体育场时，整个体育场空无一人。艾克瓦里的双腿绑着绷带，沾满了血污，但他没有停下来，而是坚持跑到了终点。在体育场的一个角落，享誉国际的纪录片制作人格林斯潘一直注视着他。

格林斯潘走了过去，问艾克瓦里：你受伤了，为什么非要跑到终点不可呢？年轻人轻声地回答说："我的国家从两万多千米之外送我来这里，不是叫我在这场比赛中因伤放弃，我只有坚持，才能完成使命。"

一名优秀的员工从来不会替自己找借口，他们总是把每一项工作尽力做到超出客户的预期，最大限度地满足客户提出的要求，也就是"满意加惊喜"，借口是不存在的。

借口只会阻挡我们的成功。要想成功，就一定要搬开那块绊脚石！把寻找借口的时间和精力投入工作中，因为工作没有借口，人生没有借口，失败没有借口，成功就会与你同在！

一个不找借口的员工，肯定是执行力很强的员工。

发现工作的乐趣

如果我们做的事情是自己喜欢的，感兴趣的，心里就会充满欢乐。因此，我们要把工作当做自己最喜爱的事情去做。只有这样，我们才能享受其带来的欢乐。

如果我们做的事情是我们感兴趣的，很少感到疲倦。比如，在一个假日里，你到湖边去钓鱼，整整在湖边坐了10个小时，没有丝毫的疲倦。因为钓鱼是你的兴趣，你从钓鱼中享受到了快乐。产生心理疲倦的主要原因，是对生活厌倦，讨厌工作。这种心理上的疲倦感最折磨人。

有20名学生参加实验，每组10人，让一组学生从事他们感兴趣的工作，让另一组学生从事他们不感兴趣的工作。没过多长时间，从事自己所不感兴趣的那组学生就开始出现小动作，浑身不舒服，而另一组学生正干得起劲呢！

通过上述案例，我们明白，疲倦往往不是工作本身造成的，而是因为工作的乏味、焦虑和挫折所引起的，它消磨了人们对工作的活力与干劲。

一位企业家说："我在一笔生意中刚刚亏损了几万英镑，我已经完蛋了，再没脸见人了。"

很多人常常都会有这种自暴自弃的想法。实际上，亏损了几万英镑是事实，但说自己完蛋了没脸见人，那只是自己的想法罢了。有学者曾说过："人之所以不安，不是因为发生的事情，而是因为他们对发生的事情产生的想法。"也就是说，兴趣源自每个人的内心体验，而不是发生的事情本身。

每一件事，每一个人，都是独一无二的。只要你相信，这一切都是无穷无尽的快乐的源泉。只要你用快乐的心情去感受，你就能发现你身边工作的快乐。这里有几种方法，帮你从工作中体验快乐。

1. 工作就是创造

现实中的每一项工作都具有创造性。一位教师上一节好的课，不逊色于编排一出精彩的戏剧；一个运动员完美无缺的动作，可以与十四行诗相媲美。也许你会说自己是一名家庭主妇，并没有从事任何创造性的事业。但你是否想过，你准备一日三餐的过程及你对桌布、餐具的鉴赏力都有独到之处，都体现着创造性。年轻的画家也许能从你那里得到启示，第一流的汤比第二流的画更富有创造性。

2. 工作是为了自我满足

体育运动中追求自我满足，可以得到乐趣。如果这是强制的运动，就未必是愉快的。一位产科大夫心情特别愉快，因为第100名婴儿成功地在其手中诞生。一名足球运动员也因他刚踢进第10个球而欣喜若狂。现在，他又为自己能踢进第11个球而努力备战。

3. 工作是艺术创作

有一次，一位教授指着一位在附近疏通下水道的工人说："那是一个真正的艺人。看着那些污泥竟能以铁锹上的形状飞过空中，恰好落到他想让它落下的地方。"如果你能把自己的工作想象成艺术创作的过程；把自己单调、枯燥的打字看成是在钢琴前创作新的圆舞曲；把你在厨房炒菜看做是油画创作，油、盐、酱、醋就是你的颜料，炒出的新花样就是你创作的新作品，工作就是一种幸福。

4. 工作就是娱乐活动

把工作看做娱乐，享受其带来的乐趣。在现实中，很多人正是这样做的。

娱乐与劳动有着本质的区别。娱乐是乐趣，而劳动则是必做的。假如你是职业足球运动员，以此为娱乐，你就可以和业余球员一样更加投入地比赛。这里不是说比赛本身不重要，只是不要把比赛看做全部，而忘记了踢球本身就是娱乐。常常忘记了比赛，获胜的机会反而更大。

不论工作还是生活，我们都能寻找到乐趣。正如一句美国名言所说的："只要心里想快乐，绝大部分人都能如愿以偿。"但现实中的许多人不积极主动寻找乐趣，而是在等待快乐自己来到他们身边。他们以为自己结婚以后，找到好工作以后，买下房子以后，孩子大学毕业以后……就会快乐了。这种人往往是痛苦多于快乐，因为他们不理解快乐是一种心理习惯，一种心理态度，而这种态度是可以培养起来的。

假如你是一个电话接线生或是一个小公司的会计，每天重复同样的工作，处理客户的来电、统计报表……单调无味到了极点。你就可以把自己每天的工作量都记录下来，时刻提醒自己，第二天的工作要胜于前一天。一段时间后，你也许会发现工作不再那么令人讨厌，而是充满乐趣。因为你在心理上有了竞争，每天都怀有新的希望。

罗素说："我的人生正是：使事业成为喜悦，使喜悦成为事业。"

汇报工作有诀窍

汇报工作并不是一项简单工作，它是展现你才华的好机会，抓住这个机会，你就会比别人更快、更好地发展自己。所以，要严肃而正确地对待。

向领导汇报工作情况，是必不可少的。一般说来，下级向上级汇报工作，主要应注意以下几个方面。

1. 守时

务必准时。在现代社会，人们的生活节奏普遍加快了，更需要我们有极强的时间观念。下级向上级汇报工作，一定要守时。过早到达，会让领导因准备不充分而显得难堪；姗姗来迟，会让领导觉得你摆架子。万一因故不能赴约，要尽可能有礼貌地及早告知领导，表达歉意，并说明原因，以争取领导的谅解。

2. 先敲门后进人

到领导的办公室去汇报工作，不能横冲直闯，而应该先轻轻地敲门，等听到招呼后再进去。即使办公室的门是敞开着的，也不要贸然闯入，站在门口等领导示意后方可进入。汇报期间，应该注意自己的仪表、姿态，要站有站相、坐有坐相，做到文雅大方，彬彬有礼。向领导敬烟时，最好将开口的烟盒递上让领导自己取，以示礼貌；烟灰和烟头不能随便扔在地上，放在指定位置；在标有"无烟室"字样的办公室内，则不能抽烟。

3. 口头汇报要准确、简练

口头汇报的基本原则是准确、简练，语言结构残缺甚至混乱，就不可能清楚明白地表达自己的观点和思想感情。语言质朴，做到言简意赅，切忌不顾实际，信口开河，堆砌辞藻，华而不实。还要避免"口头禅"，因为这样会使领导心烦，了无兴致。

4. 语速适中、音量适度

汇报时确保领导能够听清楚，并能随时领悟你汇报的内容。因此，说话不能太快。对一些次要问题可以说得稍微快些，但在重要问题上一定要慢，必要时还应重复，时刻注意领导的神情。但应注意，整个汇报速度也不宜太慢，免得耽误时间。要把握好音量，若音量太大，像是做报告，过于严肃，会让领导感到不舒服；若音量太低，容易被认为恐惧、胆怯，会影响汇报的说服力。

5. 把握好时间

不要打扰领导工作，把握好汇报的时间。汇报的时间务必尽力压缩，最好限定在半小时内，15分钟更好。一般而言，超过半小时，效果是不好的。如果说了20分钟还没说到正题上，领导会显得不耐烦，从而影响汇报效果。

6. 受宠不必惊

汇报过程中，如果上司有兴趣和你一道议论工作的成绩与失误，你切莫受宠若惊、忘乎所以，把你所有看到的、听到的、估计的、猜测的各种"八卦消息"信口开河地倒出来。这是十分不明智的。

要知道，人在受到上司宠爱时，常常沾沾自喜，似乎觉得这个企业就是自己和老板的了，于是夸夸其谈。其实，不少上司有时故意宠爱某个员工或下属，来达到他们的目的，因为他们要通过某位员工了解员工和下属的心理活动。但是，作为一名员工，要摆正自己的位置，不能因上司宠爱自己便放肆地议论企业的功过是非，否则后果不堪设想。

7. 不抢功

在汇报工作中，如果谈到工作业绩，切记不要争功，要强调老板的贡献和作用。毕竟工作岗位是老板提供的，没有老板把握企业的发展方向，何谈你的小小业绩？

汇报工作是展现你才华的好机会，抓住这个机会，你就会比别人更快、更好地发展自己。

做分外的工作

在职场上，在尽职尽责做好自己工作时，如果想比别人获得更多的发展机会，对于老板安排的额外工作，你要主动去做。这是十分难得的机遇，把自己的才华适时地表现出来，引起别人的注意，得到肯定。

某天晚上，公司突发紧急情况，要发通告信给所有的营业处，因为紧急，需要全体员工协助。总裁柯金斯安排一个文员去帮忙套信封，那个年轻的文员说："这不是我分内的工作！"听了这话，柯金斯一下子就愤怒了，但他仍平静地说："既然这件事不是你分内的事，请走吧。"

一句话，丧失了工作机会。

职场中，除了尽心尽力做好本职工作以外，还要多做一些分外的工作。这样一来，就可以让你时刻保持斗志，积累经验和实力。

身处职场中，如果只做自己分内的事，就无法争取到人们对你有利的评价，你就不会被人注意。当你去做超过你报酬的工作时，慢慢地，你的这些行动将会受到别人的关注，它将会促使和你的工作有关的所有人积极地看待你的行为，你将因此获得良好的声誉，走向成功。

卡洛·道尼斯原来只是一名小职员，后来，他成为杜兰特先生的左膀右臂，担任其下属一家公司的总裁。成功的秘密就在于他每天多做了一些分外的、超越老板期待的工作。

杜兰特发现道尼斯总是在忙完自己的分内工作后，不断地为他人提供服务或帮助，不管那个人是同事还是上司，只要找他，道尼斯总是把它当成自己的工作来做，任劳任怨、不计报酬。渐渐地，老板有什么事只习惯找道尼斯帮忙，逐渐委以重任。

原因很简单，因为道尼斯是整个办公室里唯一能在工作之余随叫随到的人。只要对方愿意，他会尽全力帮助对方。

这样做，他获得了额外的报酬吗？没有。他所做的事远远超过了他的实际报酬，他并未因此而获得一点额外的物质奖励，但他却获得更有价值的东西。那就是更多的机会，最终赢得了老板的关注，成为副总裁。

随着企业的不断壮大，个人的职责范围也随之扩大。不要总是以"这不是我分内的工作"为由而逃避责任。当额外的工作分配到你头上时，最好当成自己的分内工作，因为这是你有可能成功的契机。

有人曾经研究为什么当机会来临时我们总是无法确认。得出的结论是，因为机会会以另一个面目出现——难题。当顾客、同事或老板交给你某个难题，这就是展现你才华的机会。对于一个优秀员工而言，公司的组织结构如何，谁该为此问题负责，谁该具体完成这一任务，都不是最重要的。最根本的是解决问题，得到肯定。

当顾客、同事或你的老板要求你提供帮助，你应该马上伸出援助之手。这对你来说，是一个难得的表现自己的机会。

某周五下午，快要下班时，与海伦同在一层楼办公的一位律师走进来问她，哪儿能找到一位速记员。“今天有球赛，大家都提早下班了，”海伦告诉他，“如果晚来一会，我也会走。”但海伦同时表示，自己愿意留下来帮助他。

工作结束后，律师想要给海伦报酬。海伦开玩笑地回答：“既然是你的工作，1000 美元吧。如果是别人的工作，我就不收取任何费用了。”两人都笑了。

出乎海伦的意料，6 个月后，在海伦已将此事忘到九霄云外时，律师找到了她，交给她 1000 美元，并且邀请海伦到自己的公司工作，他将支付更高的报酬。

海伦只是多做了一点分外的事情，最初的动机不过是出于乐于助人的愿望，而不是金钱上的考虑。海伦并没有义务非要帮律师不可，但那是她的一种有益的特权。正因为她小小的举动，这不仅为自己增加了 1000 美元的现金收入，还为自己带来了一个更好的工作机会。

刚进入职场的大学生，要树立正确的工作观念，不应该抱有“我的老板能为我做什么”的想法，而应该多想想“我可以多做些什么”。

多做一点分外工作，让你赢得更大的成功。你的老板会关注你、信赖你，使你成为他的得力助手。

随便跳槽的下场

很多人一直认为，自己跳槽，受害的是企业。但从更深层的角度来看，对自己的伤害更深。这对工作经验的积累与个人资源的积聚，都极为不利，影响以后的事业发展。

“跳槽”日渐成为一种潮流，许多年轻人都把“跳槽”挂在嘴边。只要其他单位的待遇比现在的好，就立马“跳槽”。公司花时间和精力培养新进员工，但员工们积累了一定的工作经验后，经常是不打一声招呼就“跳槽”而去。

有一位企业管理者说：“我最担心的一件事就是，我们辛辛苦苦为企业培训的员工，一转身就跳槽了。”很多企业纷纷表示，他们不愿意录用一些频繁“跳槽”的人，因为这些人不成熟，不知道自己究竟应该做些什么，没有准确的工作和人生定位。这种人留也留不住，不如不用，免得双方都浪费精力。

一家公司人事主管说：“当我看到申请人员的简历上写着一连串的工作经历，而且是在短短的时间内，我的第一感觉就是他的工作换得太频繁了。频繁地换工作，并不意味经验有多丰富，能力有多强，而是说明一个人的适应性很差或者工作能力很低。如果他能快速适应一份工作，就不会轻易离开，换工作要付出很大的代价。”

“同时，喜欢跳槽的人，不能给人安全感和信任感。一个什么工作都做不长久的人，让人想到不会是公司的问题而是他个人的问题。第一，他的工作能力值得怀疑；第二，他对公司缺乏忠诚；第三，我不能肯定他会在我们公司做得长久。所以，这样的人，我们会十分谨慎。”

从职场发展角度来看，大学毕业后第一个 5 年中出现的跳槽经历根本不能为自己加分，即使被录用也只能当新手培训；毕业后干满 5 到 6 年，可以被看做有些经验的人，可以作为熟练人员录用；毕业后干 8 到 9 年的工作可以重点对待。毕业后 5 年内跳槽次数越多，会得不偿失，从而会出现“报酬踏步不前”的状态。在别人每年都从业绩良好的公司里按部就班取得提成和红利时，你的踏步不前事实上就是“水往低处流”了。

研究发现，中国人更换工作的频率已经越来越快，平均 5 年换一次工作，而年轻人更是视跳槽为家常便饭。社会固然需要一定的复合型和通用型人才，但社会经济的健康发展更需要专业技术型人才。世界著名企业之所以能够不断发明出获得专利的新型产品，主要在于他们拥有各行各业的高、精、尖专业人才。因此，专家建议青年人要立足于自己的专业，刻苦钻研，目光长远，不要因一时利益而频繁跳槽。

毕业后，林达回到国内，到北京寻求新发展。以他的条件，很快在某医疗器械公司谋到对外贸易的工作。不到一个月，由于对薪水不满，林达跳槽到了某4A广告公司。没几天，他又投奔了一家咨询公司。还没待几天，林达那颗不安分的心又开始蠢蠢欲动……

俗话说，“滚石不生苔”，跳槽太过频繁的人，损失太大。因为工作能力的培养，需要一个长期的过程。如果经常跳槽转行，往往容易成为“万金油”，即什么都会一点，但什么都不精通，最后，没有公司愿意雇你。

国企是很多人的目标，但分工太细、流动性差、纪律太多，单调的工作使齐帆很不满足。几年来，她一直在为“跳槽”努力，终于如愿以偿。进入外企后，工作的压力、上司的刁难、同事的冷漠无不让她心灰意冷，悔不当初。加上上班路途远，无法正常下班，总也不能适应环境，心情郁闷，寝食难安。每当想到原来的单位和同事，她的眼圈禁不住发红，上班成了地地道道的煎熬。最终，她还是选择了辞职。

职业选择是希望找到自己满意的工作，从而发挥自我价值，有所作为。所以选择职业一定要慎重、认真，本着对自我发展负责的态度，既不要高估自己，也不要看低自己，准确定位，实现目标。

一旦工作确定，就要脚踏实地，争取早点干出成效来，以作为个人能力的证明。随便跳槽不利于工作经验的积累和进步，更重要的一点就是企业不会信任你。

勇于请教

刚毕业的大学生，不要装得自己什么都懂，这不符合你的年龄，你也一时掌握不了那么多工作经验。因此，要多向老同事请教。

向公司老员工请教，既长了见识，学了知识，又跟人拉近了距离，培养了感情，还不用你整天闷头闷脑地上网查找，何乐而不为呢？

不要以为打扰了别人或怕耽搁了他们的时间，大多数人还是乐于给你帮助的。你也不要心存胆怯，不要害怕丢人，大大方方地请教别人是无可厚非的，连孔老夫子都要不耻下问，更何况是你呢？

到这里工作快半个月了，刘超还觉得自己游离在同事之外，根本没能融入他们的圈子，他为此很是郁闷。那天，他来到开水房取热水，看着清洁工黄阿姨一边打扫卫生，一边哼着歌。刘超和黄阿姨还算聊得来，就找她说会儿话。

听完刘超的心事，她笑了：“你算是问对人喽，我在这儿干了十来年了，天天进进出出的，你们的情况我熟得很。小伙子，你别着急，听我跟你慢慢说。你们编辑室的那8个人里，李剑现在是你们的头儿。主任调走了，他就成接班的了。你可不要跟他顶，什么事都得听他的。你没来之前，他刚辞退了一个女孩子。最好接触的是小田，他这个孩子心地善良，你可以先和他接触。小康脾气不大好，但心还是挺好的，他最怕心烦时被人打扰了。莉莉是个刀子嘴，说话刻薄。你要认真点、谨慎点，不要给她留口实。小孟喜欢足球，你跟他聊足球他肯定乐意。老钱为人清高，他平时不喜欢说话，不喜欢弄虚作假。最不好说话的是老赵，当着你的面说一套，私底下又是一套，你可要小心点……”

根据黄阿姨的指点，刘超很快就找到了与同事交往的切入点，很快打开了局面，同事关系融洽了许多，有空闲的时候还帮黄阿姨打扫卫生。如今，刘超已经在报社站稳了脚跟，回想当初的情况，心里还有点发凉。要不是请教黄阿姨，真不知如何是好。

请记住，不懂就问。你不去请教同事，难道还希望同事像五星级宾馆服务员一样来问你有什么需要吗？

每天都抱着学习的态度，这才是职场年轻人应有的职业状态。有的职场教科书说，刚进公司的年轻人不能问问题，说这样会暴露你的无知，别人会轻视你。试问：你骗得了一时，骗得了一世吗？难道你要一直掩耳盗铃地混下去吗？自欺欺人不是长久之计，职场里主要靠真本事吃饭，如果你进公司一年半载了什么也没学会，那才真笨呢。

即使你业务熟练，不用向一般的同事请教，也不要自视清高，拒人于千里之外。都说"三人行必有我师"，能够向众多同事和前辈求教是你的福气，他们的经验可以让你少走一些弯路。

请教上司，请教同事，请教每一个能给你指明方向的人，受益匪浅。同样一个问题，每个人都有不同的看法，多听听别人的观点，开拓自己的视野。

刚进公司的年轻人，要多看多问。菜鸟要学会脸皮厚一点、姿态低一点。否则，仅靠你自己，怎么可能很快学到更多东西呢？要知道，多问一点，懂得就多一点。

抓住机会，不耻下问，不管他是你的上司，还是你的同事，还是在你身边的其他人。提问的时候一定要问个明白，如果当时不好意思，受苦的是你自己。当然，提问要简短扼要，不要浪费时间，问完问题，不要忘了说声"谢谢"。当他们看到你在他们的指导下取得了进展，心里也会很高兴。

不要装得自己什么都懂，要多向老同事请教。

老二哲学

所谓"老二哲学"就是不做第一，不做第三，只是紧跟第一的后面做老二，瞄准机会再冲刺第一。其实，甘做"老二"并非真的是甘居人后，老二可以获得更多的便利，因为枪打"出头鸟"，老二就安全多了。

俗话说"出头的椽子先烂"。老大表面风光无限，可危险却不小，因为每个人都在盯着老大这个位置，虎视眈眈。所以，很多人在知道自己不具备做老大的绝对实力之前，都是安居老二的位置，是十分明智的。

有一家"老二"租车公司，赢得好评。这家租车公司原本经营不善，后来经营之神马克先生大力倡导改革，并打出广告："我在租车业中，排名第二，但更努力。"既鞭策了公司员工，对顾客而言，他们看到了一个努力向上的团体，也看到了它的改变。不久之后，公司业绩急速上升，与第一名相差无几。

由此可见，做"老大"要冒更大的风险，做"老二"似乎是更明智的选择。众所周知，雁阵之中飞得最累的是头雁，跟在其后的大雁便飞得轻快许多。头雁之所以累，还在于它要做好雁阵的引路者。因此不仅"身累"，而且"心累"，在它后边的雁群，只要不掉队就好了，而头雁一秒钟也懈怠不得。难怪大雁飞行时，隔上一会儿就得换一只头雁。

长跑中也是如此，最累的也往往是领跑者。所以，没有人愿意或能够一直做领头人。除了体力"超支"外，还有一个原因，领跑者看不到对手。其实，领跑者并不是没对手，他真正的对手就是他自己。很多有长跑经验的人，并不急于争先，只是跟着跑，直到最后冲刺阶段，才忽然发力。此时，领跑者却很难发力了。

刘德化获得各种奖项无数，但他却一直推崇"老二哲学"——"我只是喜欢做第二。做第二很好，前面永远有个目标追，做第一高处不胜寒。太孤独太累了。”

唐曙光业绩突出，人缘好，深受领导的赏识，不到一年就做了销售部主管。随着业务发展，公司准备从内部员工中提拔一个销售经理。大家都心知肚明，肯定是唐曙光。可没想到，销售经理是别的部门一个从来没有做过销售的老资格员工。

那天晚上，唐曙光向妻子抱怨，决定再过一周，等业务交接完毕，他就不干了。

妻子问：“你今年多大？”

“28 岁，这还用问？”唐曙光有些懵头懵脑，不知妻子怎么这么问。

“新任销售经理多大？”

“36 了。”

他妻子继续说：“那你想想，他 28 岁的时候在干什么？你 28 岁就已经完成了人家 36 岁才能完成的事情，你还有什么不满？”

听了妻子的话，唐曙光便没有辞职。

后来，董事长找唐曙光谈话：“之所以没让你做销售经理，主要是怕你压不住阵。所以，才调一个老员工过来给你卸卸压力。刚开始，我还害怕你有情绪。现在看来，你表现得很好。”

唐曙光恍然大悟，经过不断地锻炼，他 32 岁就当上了公司的副总裁。

刚毕业的大学生，该当老二时就要老老实实、认认真真地当老二。此时的你缺乏经验，甘心做老二是最佳的生存策略。选择做老二并不是真要甘居人后，只是在积累实力。老大人人想当，但不是一般人当得了的。如果没有当老大的特殊条件，做老二才是明智的选择。

一般而言，老二的人缘比较好。做老二的既要争取上司的肯定，又要赢得下属的支持。在这个适应过程中，会逐渐懂得为人处世的分寸，广结善缘，业绩突出。年轻人要努力成为这样的人，为以后的事业好好准备，事业才能更加顺利。

正如长跑一样，跑第二位的总是会比起初就在第一位的选手占优势。处在第一之后，既没有成为众人的目标，又保持着领先地位，“老二”的位置难道不是上上之选吗？况且老大在你的紧紧跟随下，容易紧张。一旦稍有不慎，你就可以取而代之。这个时候，一切水到渠成。

很多人在知道自己不具备做老大的绝对实力之前，都是安居老二的位置。

甘当蘑菇

刚毕业的大学生，每个人都认为自己有才，都想在刚工作时就能遇上伯乐。可是，很多人有才却没有耐心，在伯乐没有发现他之前就放弃了。其实，有才更要有耐心，人才要经得起时间的考验。

很多刚进职场的年轻人认为自己不受重视。当然，你确实有可能遇到那种不负责的上司，但这种情况很少，因为好的企业是绝不会这样的。其实，最大的可能是主管业务繁忙，不会在你一个人身上花太多的时间，而且人才的考察也是需要用时间来检验。因此，先做好分内工作是最重要的。

主管想要关注你，渠道有很多。你不要觉得自己在公司无关痛痒、不受人重视。公司绝不会做赔本的生意的，没有哪个公司会招一个无关轻重的闲人。认准了这一点，你就安心工作吧。

作为一名普通员工，工作做好了是你分内的事，没有什么值得炫耀的。

“蘑菇管理”是许多大公司对待初出茅庐的新人的一种管理方法。新人被置于一个阴暗的角落，不管不问，1 ~ 2 个月之后，做出考评，以观后效。如果你被分在一个不受重视的部门，或经常做一些打杂跑腿的工作，不但没有人来关注你，还要饱受责骂。这个时候，你得观察清楚你是“被无关紧要”了，还是被公司“蘑菇管理”了。

毕业后,何解督凭借自己出色的表现,顺利地进入了公司。何解督满怀着对公司知遇之恩的感激之情,想要干出一番成就。可过了半个月,他所谓的工作就是做做表格、发发文件、布置会场等非常琐碎的小事。何解督开始有点着急了,心里却在安慰自己,再等等吧。

一个月过去了,何解督发现仍没有任何改观,心里便打起鼓来:"难道我堂堂名校的高才生就是来给公司打杂的吗?太欺负人了,把我们招进来就扔在一边不管不顾。"他突然想到看到的关于人才高消费的帖子——有的公司巴不得打扫卫生的都是大学本科学历,再想想自己的同学,有的进了国家单位做公务员,有的进了国企坐办公室,而自己沦落到跑跑腿、打打杂的地步,真是气愤。

想要知道这是为什么,他找到主管,问什么时候能分配实际任务。主管摊摊手,说要等上面的安排,让他稍安毋躁。

听到主管这么说,何解督更是不知所措。他怎么也没想到会是这个样子,他打算炒公司的鱿鱼,卷起铺盖走人。那天晚上,何解督心情十分低落,他拿起手机给家里打了个电话,将自己要辞职的事情告诉父母。何解督的爸爸听出了儿子话里透露出的失落心情,希望儿子可以缓一缓。

果不其然,两个月后何解督接到通知,已通过考核,顺利进入公司的项目执行部,他所预想的一切才真正来临。何解督现在回想起来,常常会问自己:"要是当时走了,今天会是怎样一番情景?"

当你发现自己被"蘑菇管理"了,这不是什么坏事,说明公司很重视你,在对你费尽心机做出考察。刚步入职场,当几天"蘑菇",消除不切实际的浮躁,磨炼年轻人少有的耐性,对你和公司而言,没有什么不好。

若想成就自己的事业,就必须经过化蝶的痛苦过程。无论哪个公司,都需要考核新人的表现,不会一开始就给你难以企及的高点。

无论你有多么优秀,在刚开始的时候,必须将本职工作做好。

背靠大树好乘凉

"背靠大树好乘凉"听来有些贬义,其实不是这样的。若能在羽翼未满之时借棵树遮遮风、避避雨是现实的做法,这里所说的"大树"指的是公司里那些有助于你事业发展的人,即上司或领导。

如何选择大树呢?要考虑三个方面的问题:第一,你要考虑这个领导值不值得你靠;第二,你要考虑你的领导愿不愿意让你靠;第三,你要计算一下投资与收入。选择大树不是那么容易的,一吹就倒的大树还是不靠为好,免得连累自己。

刚毕业的大学生大多缺乏社会经验,对生活中、事业里的好多事情还不能很好地把握。这时,你需要找一棵大树来遮风挡雨。靠着大树,你可以学习人家是怎么抵御严寒酷暑、风霜刀剑的;靠着大树,太热你可以乘凉,太冷你可以避寒。但你要知道这只是权宜之计,你应该不断增强自己抵御炎热、寒冷的能力,不要永远生活在别人的阴影之下。

当你实力不足的时候,作一节车厢,挂在别人的火车头后面,是可以的;当你实力不足的时候,选择钩在别人的船底,顺风前行,也是省力的。只要你不借助靠山干坏事,选择靠山是无可厚非的。

何盖华初到公司,就和业务经理走得很近,在较短的时间内掌握了大量的经验,业绩突出。同时,由于何盖华经常跟经理在一起,其他同事都以为他俩关系不一般。跟何盖华一起进来的年轻人或多或少都受到公司老员工的欺负和刁难,何盖华就幸免了。

由于何盖化的一次失误，给公司造成了不小的损失。何盖华诚恳地向经理道歉，业务经理念在何盖华一直忠心跟着他的份上，向公司报告说错误是他造成的，何盖华因此逃过一劫。

没过几年，何盖华的经理升任业务总监，何盖华也因良好的业绩得到了提升。

何盖华之所以能得到提升就在于他跟对了人。他的业务经理本来就是一个很能干的人，对他又很照顾。一旦经理有发展，下属自然也沾光。正所谓“强将手下无弱兵”，跟着能干的人一起做事，结果自然不同，这就像骑着自行车的人挂靠在骑摩托车的后面，很快就能进入职业的快车道。

不过，寻找有利的靠山的确有些困难，其难易程度和相亲差不多。好靠山也是要讲缘分，不是任何人都能做你的靠山。如果你要选择靠山，也一定要选择一个可靠而且有上进心的靠山。除此之外，还要注意这个人的人品。能找到可靠的大树自然好，若找不到，也别灰心丧气，任何人终归还是要靠自己的。

好靠山也是要讲缘分，不是任何人都能做你的靠山。

第五章　与上司相处的规则

只有一个上司

我们常常遇到这样一个难题：身为员工，该对谁负责？很多人可能嘴上会回答，对你的工作负责，对你的直接上司负责。但实际上，大家在工作的时候，常常忘记了这一点。当今职场中，谁都想升职、加薪，尤其是现在部门职位非常有限，晋升需要排队，你前面的位置空缺了，你才有机会排上去。很多人喜欢去巴结上司的上司，希望获得他们的认可，得到他们的青睐和提拔。可结果真的如你所愿吗？答案是否定的。许多越级巴结的员工，往往事与愿违。

某个女助理欲望强烈，见了公司的大老板就去巴结。有一次，公司某位董事成员让她独立负责公司的文控体系，并直接向董事汇报。那位女助理乐开了花，做事风风火火，编文件管理程序、出报告、派文件……不再向自己的部门经理汇报，而是迫不及待地直奔董事的办公室，汇报工作。但两个月过后，她不但没升上去，反而直接被上司及部门经理封杀，谁也不愿意分派任务给她，她独立无援。结果，她文控工作没做好，让公司遭受损失，被打入冷宫。

喜欢越级的员工，结果都比较惨。要知道，能够决定你工作和前途的是你的顶头上司。不明白这个关键，认为能给自己升职、加薪的是上司的上司，他们才最有权力，就错了。能指挥你工作的人只有一个，他决定你的切身利益，甚至直接决定发给你工资的多少。如果你想越过他而去面对他的上司，就意味要超越他，而别的上司也会觉得你野心太大，心生不满。你要想清楚，你只有一个老板，绝对不要“越级汇报”。不管你的叛逆精神多强，也不管你的人权平等意识多强，除非你俩之间有直接冲突，不然，就不要做这种“以卵击石”的事情。否则，受苦的只是你自己。毕竟，你的上司能爬上这个位置，有他的功绩、关系，想取而代之并不是一件容易的事。

所以，认真执行老板的决定，对其他人和颜悦色一点就好，不必过分地逢迎。如果连你的老板都保不住自己了，更谈不上其他人了。你所要做的就是绝对地支持你的老板，当然，有意见可以提，但必须看准场合和时机。而且，老板就是老板，你必须尊重他。

能够决定你工作和前途的是你的顶头上司。

上司眼里有什么

若你作为上司，忠诚与智慧将如何取舍呢？工作中，工作能力固然重要，但与忠诚度相比，上司更欣赏后者。要想得到上司的欣赏，要么做好本职工作，装作什么都不知道；要么就成为上司的心腹，跟他上同一条船，保持利益一致，不会背叛他。如果你能力太强，一眼就能看穿上司的棋局，却又不够安分，自然得不到上司的认可。

上周，老李和大家一起吃饭时说道："公司里一位负责供应商管理的主管另谋高就了，他是经理的心腹。他的辞职让经理手忙脚乱，一大堆工作晾在那里，经理宁愿加班也不愿把工作转交给旁人去做。后来，又招了一个主管协助他。我和上司私底下吃饭聊天，他谈起了经理为什么宁愿从外面招人也不要他去接管。我笑着回答他：'你能力那么强，又那么聪明，您这么一去，岂不是挡了经理的财路？'上司听了，哈哈大笑。"

涉世未深的小员工会认为能力很重要，只要做出了业绩就能得到上司的欣赏和重用，有时甚至公然展示自己的能力和抱负，以期得到赞许。然而，职场真实的情况是：绝大部分上司不会去关注下属的业绩，他们更希望看见下属对自己忠诚。因为大多数上司只在乎自己的利益，如果下属能力很强，但不忠诚，说不定会取代他。公司里真的能做到爱惜人才、重视员工业绩的可能只有最高老板，但这种人物岂是人人都能接近的？上司也不会让你在他面前闪光。

小吴刚来公司不到一个月，认为只要业绩出色就能得到上司的欣赏，于是平时非常卖力，很关注公司的发展，也常给上司提一些良好的建议，但上司并没有放在心上。有一次周末下班后，上司告诉他："你以为公司经理们会为公司着想吗？在你忙碌着给公司卖力的时候，别人已经在外面大把赚钱了。"一语惊醒梦中人，他忽然觉得以前自己的想法和做法就像未经世事的小孩子一样。公司的高层都在为自己的利益忙碌，哪有时间关心下属的业绩？

的确，上司只关心自己的切身利益，他只要你成为他的一颗棋子，能按照他的布局为其卖命。所以，你只要对其尽忠就可以了。有时候，他宁愿用一个能力很平庸、处处听他摆布的人，也不肯用一个办事能力强的人，因为用这样的人会毁了他的前程。明白了这一点，我们自然就明白职场中很多人不得志的原因了。

要想得到上司的欣赏，要么做好本职工作，装作什么都不知道；要么就成为上司的心腹，跟他上同一条船，保持利益一致，不会背叛他。

成为上司的胳膊

"有业绩，更要人际。"这是职场金律之一。

在工作场合中，保持与上司的良好沟通，工作起来会比较顺，即使业绩不好，也会受到上司的关照。可有人偏认为与上司搞好关系是走旁门左道，唯有业绩突出才是硬道理。事实并不尽然。

曾经连续3年被评为"销售业绩之星"的何小姐近日接到了公司人事部门"不予续签劳动合同"的通知。为什么呢？她说："在公司里，与上司处好关系比做什么工作都重要。"

也就是说，唯一有资格对你的业绩进行综合评判的是你的顶头上司。你的销售额再高，如果与上司处于对峙状态，上司也会找各种借口和理由，让你无法安心工作。换句话说，如果你不属于上司的嫡系人马，又不会讨好上司，即使像老黄牛一样勤恳，也无可奈何。

你十分聪慧，创意也绝对独特，可为什么在别人眼中却依旧是无足轻重呢？先不要因此而抑郁，生活往往是可以改变的，试着按以下的要点做，自然会受到上司的赏识。

(1)早到。不要忽视这件小事，上司可全都是睁大眼睛在瞧着呢。如果能提早一点到办公室，就显得你很重视这份工作。

(2)不要过于固执。工作范围不断扩大，不要老是以“这不是我分内的工作”为由来逃避自己的责任。当额外的工作指派到你头上时，不妨视之为考验。

(3)苦中求乐。即使工作再困难，鞠躬尽瘁也要做好，千万别表现出你做不来或不知从何入手的样子。

(4)立刻动手。接到工作要立刻动手，保质保量完成工作。

(5)谨言。不要随意讨论工作。

(6)紧跟上司。时刻遵循上司的安排，不管他临时指派了什么工作给你，都比你手头上的工作重要。

(7)荣耀归于上司。让上司在人前人后永远光鲜。

(8)保持冷静。面对突发情况沉着冷静，一开始就取得优势。老板、客户不仅钦佩那些面对危机声色不变的人，更欣赏能妥善解决问题的人。

(9)别存有太多的希望。你得时时为可能产生的错误做准备。

(10)决断力要够。遇事犹豫不决或过度依赖他人意见的人，是不会得到重用的。

如果你不属于上司的嫡系人马，又不会讨好上司，即使像老黄牛一样勤恳，也无可奈何。

对症下药

不同性格的上司往往有不同的办事风格，仔细揣摩每一位上司的性格，在与他们交往的过程中区别对待，运用不同的沟通技巧，才能左右逢源。

1. 与控制型上司的沟通技巧

这类上司具有强硬的态度；充满竞争心态；要求下属立即服从；实际，果决，旨在求胜；对琐事不感兴趣。

对这类人而言，要求做事干脆利索，不拖泥带水，不拐弯抹角。面对这一类人，无关紧要的话少说，直奔主题。

此外，他们注重权威，不喜欢下属违抗自己的命令。所以，应该更加尊重他们的权威，认真对待他们的命令。在称赞他们时，也应该称赞他们的成就，不必说个性如何等。

2. 与互动型上司的沟通技巧

这类上司善于交际，喜欢与他人互动交流；喜欢享受他人对他们的赞美；凡事喜欢亲自参与。

对这类人而言，切记要公开赞美，而且赞美的话语一定要出自真心诚意，言之有物。否则，虚情假意的赞美会令他们反感，从而影响他们对你个人能力的整体看法。

对待这一类人要和平友善，也不要忘记留意自己的肢体语言，因为他们对一举一动都会十分敏感。另外，他们还喜欢与下属当面沟通，喜欢下属坦诚地表达自己的想法。即使对他有意见，也希望能够摆在桌面上交谈，十分反感背后的议论。

3. 与实事求是型上司的沟通技巧

这一类人讲究逻辑而不喜欢感情用事；为人处世自有一套标准；喜欢弄清楚事情的来龙去脉；

理性思考而缺乏想象力；是操作性践行者。

面对这一类人，可以省掉话家常的时间，直接谈他们感兴趣而且更具实质性的东西。他们同样喜欢直截了当的方式，不喜欢拐弯抹角。同时，在进行工作汇报时，对细节要详细阐述。

不同性格的上司往往有不同的办事风格，仔细揣摩每一位上司的性格，在与他们交往的过程中区别对待，运用不同的沟通技巧，才能左右逢源。

勇于接触上司

人是感性和理性的综合体，它的一个重要特征就是重视“关系”，也就是感情联络。想在职场中如鱼得水，你就要想方设法拉近与上司的距离，亲近上司。

抓住一切可能的机会，这些机会相当于“投资”，包括“工作投资”（工作中多汇报、多请示）和“感情投资”（除工作之外的投资）。特别是后者更显重要。

亲近老板，坐在老板身边的功夫绝非拍马屁、捧臭脚那么简单庸俗。怎样才能让老板赏识器重，又让同事拍手称好呢？这是十分具有策略性的。

刚步入职场，我们往往以沉默拘谨应对，远离同事，更远离上司。其实，这很不利于个性才能的发挥。设想一下，坐在老板身边又何妨？如果能经常有意无意地亲近老板，让他记住你，让他了解你的意见和想法，不是更好吗？

这就要求掌握一定的技巧，否则，你讨好了上司就很可能失去群众的支持。严重的话，可能连老板也会因为觉得“人言可畏”而故意疏远你。

章琳和另外七八个年轻人一同被一家向集团化迈进、急需大批新生骨干力量的公司聘用。为了表示对这批“新鲜血液”的厚望和鼓励，老板亲自为他们摆宴。

去酒店的途中，新人们三三两两结伴而行，唯独将老板抛在一边。章琳看在眼里，不禁替老板觉得尴尬。于是，就座之前，章琳借故先去了趟洗手间。回来一看，果然不出她所料，同事们或正襟危坐、谨口慎言，或低头相互私语窃笑，没有人招呼老板，更将其左右两边的座位空了出来。老板显得很孤独，章琳赶紧说：“我建议咱们都往一起凑凑吧！”说完，便很自然地坐在了老板左边的座位上，微笑着注视老板。

估计，再尖酸的人也没道理指责章琳是在“拍马屁”了。本来老板就是想和新员工亲近一下，相互熟识，可多数腼腆木讷的年轻人却辜负了老板的美意，他心里能舒服吗？

其实，谁都想给老板留下好印象，但就是碍于脸面，怕别人说是“马屁精”才退缩的。

一个缺乏勇气的人，如果被提升，将来管理公司、面对客户或参加为公司争取利益的谈判时怎么能有魄力和手段呢？如果换作你是老板，你会重用他吗？

那次晚宴，拉近了章琳和老板的距离。但毕竟只是一次饭局，何况章琳初进公司，还只是个小白领，不可能频繁见到老板的。俗话说：做事不看东，累死也无功。要是没有老板的赞赏和支持，就算拼死拼活地干，以期超越上面层层“屏障”，也有点不切实际。

章琳心里明白，她知道只有自己制造机会才能接近老板。经过努力，章琳不止一次在电梯里与老板“不期而遇”，有备而来的章琳没有像其他人拘谨做作，而是笑吟吟地和老板打着招呼。老板询问工作进展，她自然是有条不紊、对答如流。但大多数时候老板都会和她聊一些轻松休闲的话题，她也沉着应对，而且还了解到好多老板的个人爱好，成功地让老板注意到她。

其实，聪明的老板是愿意给员工留下平易近人的感觉的，他也希望员工对他亲近相随。可因为自卑感和恐惧心在作祟，许多人见到老板都唯恐避之不及，手足无措。殊不知老板面对一个拘谨无措、憋得脸红脖子粗的人，心里也十分不舒服。

实际上没有什么好担心的，一般在这种场合下，老板为了打消你的顾虑，会和你主动说些家常话。你只把这当做是一次亲近老板的机会，自然一点就可以了。

公司等级制度摆在那，怎样才能让老板看到自己的才能和干劲呢？把自己的工作报告直接呈给老板也太明显了，反而会引起他的反感。要是让自己的主管上司知道了，后果不堪设想。

深思熟虑之后，章琳写了一份对公司发展前景的意见报告书给部门经理，经理看后说“很好，只是有很多建议的实施需要老板拿主意。”章琳借机说：“其实，我们每个人都有一些建议，不如把老板请来和咱们部门座谈一下，正好传递我们部门为公司着想，愿与公司共同发展的愿望和决心嘛！”经理一听，觉得有道理，随后请老板去了。

开会时，考虑到章琳的意见，部门经理安排章琳和自己分坐老板的左右。在会上，章琳又大大地表现了一番。会后，同事们都为这次座谈会感到兴奋，部门经理更是得到了老板的赞扬。其他部门也争相效仿，谁也没有想到都是章琳的小计谋。

想方设法亲近老板，又要上下不露痕迹实在是挺难的。稍微做得过火点儿，就容易被冠上“繁荣马屁文化”的“美名”。要是那样，就算老板提拔了你，同事也会对你不满。但章琳呢，她可是把“苦干加巧干”贯彻实施得很到位啊！难怪老板喜欢她、群众拥护她，工作自然很顺利。

转正之后，章琳更是认真勤奋，她知道这是公司对她的肯定，更是老板对她的肯定。她想把自己的喜悦传达给老板，表达感谢之情。

经过细心观察，章琳抓住了机会。每天中午，公司里所有人都要去食堂吃午饭，老板总是去得很晚，也许是不愿和员工挤在一起“抢饭”，总是独自一个人吃饭。

一天午餐，章琳“正好”碰见老板。“董事长，没想到您也在食堂吃饭啊！”章琳自然达成了心愿，单独和老板有说有笑了一个中午，和老板关系又近了一步。

从那以后，章琳经常和老板一起吃午饭。为了避免同事说闲话，她有时借口工作没完，有时出去办事晚回来一点，拖延吃饭的时间。

也许你觉得她颇有智慧，但她的这种做法对自己的职业生涯确实有好处。那些见到老板就像老鼠见到猫，总想绕道走的人只会与机会擦肩而过。章琳并没有只想着“巴结”老板而忽视自己分内的工作，更没有踩着别人往上爬。在职场上，像章琳这样采取“利己不损人”的正当手段为自己争取机会的做法，是无可厚非的。

人是感性和理性的综合体，它的一个重要特征就是重视“关系”。

常和上司沟通

很多人不愿意与上司交谈，尽管上司对自己也算不错，而且彼此并无大的冲突，心里也知道沟通的必要性，可一旦工作起来，仍会自觉不自觉地减少与上司沟通的机会，或者减少沟通的内容。这是十分不理智的，因为与上司充分沟通永远是职场人必须熟记的生存法则。只有通过沟通才能使你的上司了解你的工作作风、知道你具备的能力水平、理解你的处境、知道你的工作计划、接受你的建议。这些反馈到他那里的信息，让他能对你有个比较客观的评价，便于日后的发展和晋升。

经常听到员工埋怨，每天超过一半的工作时间都用在了“上上下下的沟通上”。有时候沟通得不好，还会使好事变成坏事，不但影响了整体的工作效率，还令自己陷入困境。

作为公司行政主管 Cindy 明白其中利害。公司要召开经理级会议，老板让她拟好会议日程和安排，发给每位经理。Cindy 很快做完了这件事，并把提纲 E－Mail 到老板的私人信箱里。可是，临近开会的前两天，老板却很不满意地责问她的计划到哪里去了。原来，老板那几天正好和客户谈合同，没有看到电子邮件。老板提醒Cindy以后要注意，重要的事情必须打电话给他说一声。

千万别假定自己所寄发的信或传真、邮件已被对方收到，这是Cindy的深刻教训。

“一半的时间用来沟通”并不一定有效果，但只有有效的沟通才能使工作顺利进行。职业发展到一定阶段，很多问题都牵扯到人际沟通。由于与上司或同事的沟通不畅，工作开展得很不顺利。

在我们的工作中，有许多过失都是因为缺乏沟通造成的。比如，由于对上司的指令没有及时反应，或不能迅速贯彻他的计划，他就会不再重用你，这就会影响到你在他心目中的形象。假如老板说：“这次风险太大我们放弃。”你可能会因为前期投入较大的精力而对这种放弃的决策心存异议，没来得及通知下属，从而使一切按照你原定的计划和步骤进行了。出现这种问题，如果你是老板，又会怎样看待下属？你还会继续信任他吗？所以，如果你不能通过沟通让上司采纳你的建议，那就一定要把上司的决定传达给每一个人。

事实上，个人的事业在初期主要依靠自身的教育背景和职业能力，上升到中高期时就会遇到人际沟通的天花板。

作为下属，要想贯彻老板的决定，沟通是很重要的。

别得罪上司身边的“红人”

每个公司都存在着“红人”，他们对上司的决策、用人及其他问题的看法都会产生重要的影响，甚至是决定性的。

很多人一心想在职场中取得业务实绩，赢得上司的赏识和欢心，以为加薪提升便指日可待了，而没把上司身边的那些心腹放在心上。他们认为，这些人不值一提，没必要重视他们，只要不得罪就行了。殊不知，正是他们决定着你的未来事业。

24岁的年轻人，就已经是部门主管了，而且很有发展前途。各部门主管开会的时候，一屋子的中老年人，更衬托出他的活力。他总是先听，然后再三言两语地发表自己的意见，既切中要害，又谦逊得体。

老板欣赏他的才干，对他的意见和建议十分重视。可是，他对老板倒不那么恭敬，而对老板的得力助手——分管人事的副总却出人意料地亲近。逢年过节，必会登门拜访，送上一些土特产之类的东西。

大家很奇怪，老板明明是“贤君”，可他为什么一个劲地讨好后者呢？终于有人按捺不住去问他，他说，老板是个正人君子，用不着顾及和他的关系，只要你好好干，他就会重用你。那副总则不然，这种人虽然没多少业务方面的本事，但在为人处世上却有一套。如果他在背后给你起点消极作用，你也吃不消呀。我和他走得比较近，就是希望他不要在背后给我做手脚，仅此而已。

副总待小伙子也不错，经常向这位小伙子通报一些情况，两人相处得非常融洽。

长期以来，我们一直认为，有能力、有学问、有头脑、有良好品德的人受人尊重，我们应该跟他比较亲近。对于专门斗心眼，一心钻营的人，要避而远之，结果呢？自己给自己设置绊脚石，工作很不顺心。

小伙子的确很聪明，很多老板身边的“红人”，虽然没有决策权，但却十分了解内情，对老板有很大的影响力。如上级的副手、上级的秘书、上级的太太，他们都会影响你的前途。

曹丕是曹操的大儿子，他和弟弟曹植争夺世子的宝座。曹植自恃文才过人，父亲又重才胜过一切，便不拘小节。曹丕自知文才不如曹植，便在一次送行时，一语不发，叩头大哭，让曹操极为感动。

曹丕素日密切关注父亲的亲信，从而顺利地走上了从政之路。而曹植太幼稚了。他以为父亲是说一不二的，只要父亲喜爱自己，就不必顾及其他人了。曹丕就比较聪明，他调动了父亲方方面面的“亲信”为自己说话，终成为帝王。据史书记载，他还是一个很有政绩的帝王。

所谓“红人”，比老板更需要尊重和理解，他们虽然没有直接的决定权，但他们有一套自己的规则，千万不要低估，更不能回避，否则容易产生一些不必要的失误。如果他本身并没有很强的工作能力，就更要敬他三分了，以免引起他的不满。

你千万不要低估“红人”，更不能回避，否则容易产生一些不必要的失误。

与上司的关系一定要调和

工作时，会在无意中引起上司的不满，而你自己却浑然不知，等到弄明白是某个上司误解了你的时候，已经为时晚矣。

李强只是一名技术工，厂宣传部调来了一个姓方的部长，见李强文笔不错，便顶着压力将李强调进了宣传部当宣传干事。从此，李强对方部长感激不尽。两年后，李强在厂办当了秘书，成了厂办王主任的部下，也很快受到王主任的欣赏。

没过多久，李强明显感到自己和方部长的关系发生了变化。经了解，才知道现在的上司王主任和从前的上司方部长之间有私人恩怨，因而，方部长总是怀疑李强“叛变”了。

其实，之所以导致这样的局面是因为在一个雨天，李强给王主任打伞，却没给方部长打伞。而事实上李强从后面赶上去给王主任打伞时，并没有看见方部长就在不远处淋着雨。

一气之下，方部长见人就说李强是个忘恩负义的人，谁是他的上级，他就跟谁关系好。李强其实根本不是这样的人，他自己还被蒙在鼓里，直到方部长在背后说的那些话传到李强耳里，李强才明白事情有些“脱轨”了。

为解决这件事情李强琢磨了好久。

正所谓“路遥知马力，日久见人心”，方部长在气头上说自己是忘恩负义的人，肯定事出有因。现在向方部长解释自己不是那样的人，他肯定听不进去。自己到底是个什么样的人，时间会说明一切的！

“解铃还须系铃人。”既然方部长误解了自己，那自己既是“系铃人”也是“解铃人”。要化干戈为玉帛，必须亲自出马。

李强便采取了以下6个方法来努力消除方部长对他的误解。

1. 极力掩盖矛盾

每当有人说起方部长和自己关系不好时，李强总是笑着说没这回事，他不想让更多的人知道方部长和自己有矛盾。李强此举的目的是想制止事态的继续扩大，以免影响工作。

2. 公开场合注意尊重上司

方部长和李强在同一单位总要见到，每次李强都是主动和方部长打招呼，不管方部长理还是不理，李强依旧十分尊重他。有时，因工作需要和方部长同在一桌招待客人，李强总是主动向方部长敬酒，感谢他的提拔。李强此举的目的是表白自己时刻没有忘记方部长的恩情，绝不会背叛他的。

3. 背地场合注重褒扬上司

李强深知背地里当着其他同事的面赞许方部长会更有益处的。于是,李强经常在背地里对别人说起方部长对自己的知遇之恩,自己一直铭记在心。当然,这些也都是李强的心里话。如果有人背地里说方部长的坏话,李强总是替其说话。李强此举的目的是想通过别人的嘴替自己表白真心,传到方部长那里,他肯定会高兴的,有利于化解双方的误会。

4. 紧急情况“救驾”

平时工作中,李强发现方部长有急事时,总是挺身而出及时前去“救驾”。有一次节日贴标语,方部长一时找不到人。李强知道后,主动做起了贴横幅的工作。类似事情,李强一直是积极去做。李强此举的目的是想感化方部长,让方部长觉得自己没有忘记他,仍是他的部下,打开了方部长的心结。

5. 找准机会解释前嫌

前四项做到之后,李强便利用同方部长一同出差去外地开会的机会,促膝长谈。方部长最终还是被李强的诚心打动,说出了对李强的看法以及误解李强的原因——“雨中打伞”的事。得知真相后,李强连赔不是,希望方部长不要责怪他。方部长也表示不计前嫌,重新接受李强。李强此举的目的是利用单独相处的机会解释被误解的原因,让方部长心里明白。

6. 经常加强感情交流

两人和好之后,李强不敢掉以轻心,而是趁热打铁,经常找理由与方部长进行感情交流。遇事找方部长请教,或到方部长家下棋打牌。久而久之,两人的感情越来越深。李强此举的目的是通过经常性的感情交流来增进与老上司之间的友谊。

在李强的不懈努力下,方部长对李强的误解彻底消除了,反倒觉得以前说的话有点对不住李强。从那以后,方部长逢人就夸李强是好样的,两人如同父子一般。

路遥知马力,日久见人心。

上司面前别忘规矩

同上司谈论工作也好,聊天也好,都要把握好分寸,不可无所顾忌,这样才不会给上司抓住把柄,留下不好的印象。

首先要注意,不能打断上司。

不论身处何地,随便打断上司的讲话,都会被好面子的上司认为是不尊重他。中国官场有句话,官大半级压死人。上司认为,他的身份地位高,说话有权威,下属只能听。你随便打断他,就是无视他的权威,就是不尊重他,让他下不了台。

刚进职场,往往容易犯这个错误。在学校时,民主气氛相对浓厚一些,学生们往往拥有较强的自我意识。踏入职场,身上自由的分子一时消除不干净,沉不住气,争强好胜。当上司讲错话时,就挺身而出,打断上司的讲话,指出上司的错误。或者自己有更新的观点和更好的创意,就迫不及待地打断上司,阐述自己的观点。小心眼的上司被你这一搅和,自然心中大为不悦,肯定不会让你好过。

牛俊凭着出色的表现,终于如愿进了一家著名的IT公司。按照公司规定,新员工必须接受相关的培训,主要是了解公司文化、熟悉公司规章制度等。第一天,公司人力资源部总监亲自来授课,点名时一疏忽,读错了一个人的名字。这个人是牛俊的同学,姓名比较生僻,经常被读错,也习以为常了,本人并没有说什么。总监正想继续点名,牛俊却笑着说:“错了,错了!”总监愣住了。牛俊纠正完毕,除了总监,其他人哄堂大笑。

牛俊给总监留下了“深刻”的印象。分配工作时，别人都分到了比较重要的岗位，牛俊被总监“美言”了几句，便让他去做公司的网络维护工作。牛俊的专业跟软件开发相吻合，他也想做这方面的工作。于是，他就去找老板，想要换岗位。

老板的答复是：对公司来讲，公司的每个岗位都是重要的。

牛俊明白，这是搪塞他。这时，他才隐隐感到自己把人力资源部总监得罪了，让他抓住了把柄，后悔不已。

与上司交谈时，特别是比较严肃的场合，不要贸然提出与上司不同的意见。因为这容易被上司看成是公然挑战他的权威，更不要与他争论。唱反调已经引起上司的不悦了，再非要分出个谁是谁非，后果不堪设想。

单国强在公司统计部工作，毕业于一所著名大学的营销专业，喜好在公众场合炫耀自己的学识。一次，市场部总监召开营销人员会议，安排后期工作事宜，单国强列席参加会议，主要就是让他了解市场工作。总监宣读完一份销售方案后，让大家发表意见，单国强却第一个站出来唱反调，评头论足，让大家一下子看到了方案的不可执行性。然而最后，方案还是以总监拟定的为准。

除了单国强，其他人并没有异议，只是说了一些表决心的话，而单国强“出名”了。

事后，单国强接到通知，让他到一个业绩差的办事处工作。单国强曾私下称去那个地方工作叫“发配”，没想到自己要被“发配”了。同时听同事说，那个办事处很可能要撤销，那为什么还要派自己去呢？单国强很纳闷，找到总监。

总监说：“你有很强的营销能力，在统计岗位上根本发挥不出来。派你去，是让你改变那里的局面，你不会让我们失望的。”

单国强很不服气，找老板理论，他没想到老板说的话跟总监的话一模一样，显然他们早沟通好了。

同事问他这是怎么回事，单国强还炫耀说：“让我去改变那里的局面。”同事心中暗笑，那只不过是老板的一个借口罢了，下一步办事处撤销，单国强也只好辞职了。果然，不久办事处撤销了，单国强也被裁掉了。

和领导相处，要注意以下几个方面的问题：

1. 不该说的别说

所谓不该说的，是指违背上司原则的，比如上司的隐私、疮疤和一切能让他感到有失脸面的事。特别是跟上司聊天开玩笑的时候，更要特别注意。

2. 轮不到你就别说

你只是一名小职员时，即使你的意见是正确的，上司也未必会采纳。相同的意见，由上司信任的人提出，上司会认可并接受。所以，在得到上司信任之前，最好不要随意向上司进言，这属无用功，可能引起上司的反感。

3. 说时要拐弯抹角

所谓拐弯抹角，指直奔主题之前，先说别的话题，让上司感到你真正要说的话是为他好。当然，要考虑上司的感受。西方有句谚语：“一滴蜜汁比五加仑胆汁更能吸引苍蝇。”意义在此。

4. 学说“官方语言”

有时候，沉默并不是金。这时，你可以说一些不痛不痒的“官方语言”，让上司觉得很舒服，受尊重。

同上司谈论工作也好，聊天也好，都要把握好分寸，不可无所顾忌，这样才不会给上司抓住把柄，留下不好的印象。

对不如意的上司要淡然相处

职场中,面对不好相处的上司,我们应该怎样办呢?辞职,到另一家公司,可能这位新上司更难相处。因此,最好的方法是找到与这些上司相处的技巧。通常感觉上司难相处的原因,主要有以下几种。

(1)如果你觉得你的上司独断专行,什么事要听从他,那么,作为员工最好不要与他发生正面冲突,让他感到你与他为敌。但你也不能一味服从,要不卑不亢,该服从的服从,该拒绝的拒绝,坚持一定的原则。你还可以寻找机会显示你超越他的才干,影响他并争取得到他的重视,同时可以动员同事一起影响他。

上司独断专行,你既要会忍,也要会劝阻。主要存在两方面的原因,他出了问题,你也可能受到牵连。避免不必要的损失,上司也会感激你。

(2)如果你觉得你的上司爱挑剔、指责,主要存在两方面的原因。一个是上司的水平确实高于下属。因而总是按照他的经验和能力要求下属,下属肯定不能达到他的标准。另一个是上司水平并不高,碍于面子不承认。所以,只有挑出下属毛病,才能证明自己的水平高。

(3)经常会有这样的上司,工作不分清主次,该放手的不放手,整天忙,又忙不到点子上,弄得下属也跟着转。

这种情况下,你不跟着他忙,他会怪你躲清闲;你跟着他转,就会陷入毫无效率的忙乱之中。

这时候,你就要做到有策略性地工作,可以认真地理清任务的思路,有条不紊地完成。保质保量,有逻辑有条理,这样就可以减轻上司的焦虑、紧张的心情,说不定他还会跑来向你请教工作方法呢。

(4)有的上司特别在乎别人,害怕下属看不起他,经常非常敏感地观察下属的一言一行,寻找蛛丝马迹。

遇到这样的上司,你可一定要谨言慎行。因为这样的上司往往能力不是很强,因而才期望下属高看他一眼。你只要适当地、从心理上不轻视他,他便不会为难你。

(5)还有一种上司,不信任下属,独揽大权,任何事情他都亲自去做。即便交给下属去做,也极不放心,交代完事后,常唠叨一番,不胜其烦。

面对这种情况,要想获得他的信任,不妨先把手头的一些小事情做好,且做得相当漂亮。有的上司就是用小事来考验下属,当他发现你小事做得谨慎细致后,逐渐会委以重任。这样一来,你就可以由小到大逐渐取得他的信任。做好了事情,不要沾沾自喜,不妨把功劳分给上司,感谢他的栽培,让他觉得你既能做事,又会为人。

(6)还有一部分上司妒贤嫉能,他们不能容忍下属超过自己。他们要保持自己在集体中的权威地位,颇有武大郎开店之势。

与这样的上司相处,要藏锋露拙。你如果一露出头来,他就觉得你出风头,想把他比下去,这还了得。所以,他就会先把你压下去。何不换种方式,处处向上司请教,满足他的权力欲,将武大郎抬上"高跷","店小二"就可以伸腰了。

上司独断专行,你既要会忍,也要会劝阻。

不要成为上司眼中的"定时炸弹"

在工作中,业绩突出、才华出众,就受上司的青睐吗?其实不然。这样做,反而让上司有种威胁感,他时刻觉得身边有个定时炸弹。

我们常常感到不可思议，找工作时，自己的业绩很突出，但对方就是不聘用，反而聘用一个能力非常一般的人。工作时，明明自己能力很强，能办事，但就是得不到上司的重用，被晾在一边，不得志。其实，个中原因也很简单：上司并不一定需要最有能力的人。一般来说，他们喜欢两种人，一类是能干活的，另一类是忠心的。如果只能干活，但缺乏忠诚度，将注定不被重用，唯一的机会就是继续干活，成为老黄牛。如果你只有忠诚，能力并不高，没关系，你总有一天会上去，因为忠诚比能力更稀缺。如果你能力太强了，即使你很忠诚，老板也会疑心，怕你超越他。所以，你需要有能力，但不一定要有很强的能力，但对老板一定要忠诚，这才是最重要的原则。

有一天，庄子带着学生游学，看见山中有一棵参天古木因为高大无用而免遭砍伐。于是，庄子感叹说："这棵树恰好因为它不成材而能享有天年。"

那天晚上，庄子和他的学生拜访朋友。朋友非常高兴，便吩咐家里的仆人说："家里有两只雁，一只会叫，一只不会叫，将那一只不会叫的大雁杀了，宴请好友。"

学生对此非常不解，于是向庄子求教道："老师，山里的巨木因为无用而得享天年，家里养的雁却因不会叫而丧失性命。那我们该采取什么样的态度来为人处世？"

庄子笑着回答说："选择有用和无用之间吧，虽然这之间的分寸很难掌握，而且也不符合人生的规律，但能避免许多争端就可以了。"

学会察言观色，要善于自己拿捏。如果你能力很强，继续努力吧，但别怪上司不提升你。你干得好，说明你胜任这个位置，其他人根本无法和你相比，上司又怎么舍得让你离开呢？你很能干，但是提升了你，你能一直风光吗？同事那么多，都和你一样能干。如果我提了你，会影响其他人的积极性。所以，最好的办法就是让你们自己暗中竞争，前面永远挂一块肉。这样一来，最大的受益者是公司。

经理两个助手都很能干，一个是他的助理，做事干练，富有心计；一个是主管，学历高，知识渊博，办事很得力。但这两个人都让经理不安心，怀疑他们将超越他。所以，重要的事情都是经理亲自出马，无关紧要的事都分摊给两位下属。两位下属虽然每天都在忙忙碌碌，业绩并不出色，自然也就没法让公司的董事看到他们出色的表现。此外，为了稳住下属，经理对每个人许下诺言，等他升上去了就把主管升为经理，主管升上去了就把助理升为主管。然而经理一直没有升迁，所以主管也自然升不上去；主管上不去，助理也自然升不上去。最后，陷入恶性循环。

每个人都是自私的。上司不可能顾及公司的利益而把你摆在刀刃的位置上，让你大展身手，为公司创造业绩与价值。如果你表现得太出色，势必掩盖他的光芒，威胁到他的声望和饭碗。所以，他会安排你做些琐碎的工作。这样一来，你的能力、业绩以及在公司中的声望自然没法和他相比。

每个人都是自私的。上司不可能顾及公司的利益而把你摆在刀刃的位置上，让你大展身手，为公司创造业绩与价值。

上司是权威

很多职员以为上司喜欢自己，自己又小有成绩，说话时往往口无遮拦，没有上下级之分，甚至有时越权代上司发号施令。真这样，麻烦可就大了。

上司的性格有很大差异，有许多上司个性随和，与下属私交很深，相处得很亲近。但是长期与下属关系太近，会淡化彼此间的上下级关系，有些下属与上司交往或相处时，说话做事往往没什么顾忌，这并不利于工作的开展。

周莉毕业后成为一名行政助理，她很幸运，遇上了一个好上司——一个爽朗直率的香港女人，办公室里经常充满着她的欢声笑语。上司喜欢在假期出游，每次回来的时候，都会给大家带一点小礼物。下班后，还经常跟下属们一起组织饭局。于是，上司跟下属的界限越来越模糊，这也许是上司的一种用人策略——不故作高高在上的姿态，以亲和力来感染下属，赢得好人缘。

好景不长，终于出状况了。周莉认为上司和气、好说话，结果把上下级的关系给淡化了，不把上司当领导。同时，权力都收到下属手上去了，有时下属甚至代替上司发号施令，上司自然不满。于是，产生了矛盾。

上司的地位是没法改变的，工作中不能带有太多私人的情绪，这样会扰乱正常的工作秩序。大家可以在私下谈论彼此的生活或感情状态，但不能因此扰乱工作。下属与上司相处时，最关键的是要把握好一个度。非敌非友，若即若离，是比较安全的。真诚待之，免于生疏而造成工作上的隔阂，亦不会因为过分热忱而失去客观的评价。

天气太冷了，两只刺猬想要取暖。可因为各自身上都长着刺，于是它们离开了一段距离，但因为冷得受不了，于是又凑到一起。几经折腾，终于找到了既能互相获得对方的温暖而又不至于相互被扎的距离。

刺猬法则可以运用到职场中。上司要搞好工作，应该与下属保持亲密关系，这样做可以获得下属的尊重。但还需要与下属保持心理距离，以免影响工作上的判断。

的确，上司与下属之间存在着微妙的关系，距离太远了，下属会因为惧怕上司的威严而整天提心吊胆，自然不利于工作的开展。如果与下属关系太近了，有可能失去上司的权威性，就容易纵容下属以下犯上。所以，下属要与自己的上司融洽相处，必须将工作和生活分开，上班时尊重上司，生活中则可以兄弟姐妹相称。

如果不把握好上下级之间这个度，将影响工作的开展，也不利于人际关系的发展。

不与上司斗

下属不可能斗得过上司，因为你跟上司处在完全不对等的位置上，他可以利用权力来压制你，给你各种小鞋穿，或者把你打入冷宫，让你悬在岗位上。在没有工作可做，没有表现机会，又被上司压制的情况下，你迫于无奈只好走人了。

我们都知道金字塔的构造，职场也是如此，越往高层，职位越少。所以，职场中的晋升就像开车一样，得按顺序开在前辆车的后面。有时上司能力平凡，得不到晋升，位置也就不可能腾出来，而上司又不让你超越他。这样一来，就开始堵车了。时间长了，冲突就产生了。下属很想取代甚至越过上司，上司自然不愿意了。在这种情况下，下属可能就会通过越级表现来得到提升，与上司对着干，挖坑把上司“埋掉”。而上司也会把“有反骨”的下属打入冷宫，处处压制。

主管能力很强，可性格不是太好，特别好斗，在公司工作了很长时间，可职务却没升。因为在与公司高层相斗的过程中，树敌太多，而且名声远播，没有高层愿意信任他。不管他做出什么业绩，都不会让他升迁。该主管有位助理，能力也比较强，跟随他两年，也一直是在原地踏步。为了稳住他，主管许诺：等他一晋升，立马把他提升为主管。于是，助理又跟着他卖命。

一段时间后，不少主管升上去了，该主管依然坐冷板凳。助理灰心了，便与部门的经理合作，不再听自己主管的命令。就这样，一场下属与上司之间的战争拉开了序幕，而且愈演愈烈，互不相让。最后，该主管利用职务之便，将助理赶到部门另外一位女主管手下当助理。这位女主管心知肚明，见这个助理手段太辣，便故意针对他，那位助理只好辞职。

上司与职位最近的下属总会有些冲突，但并非不可调和。可能也有人会说：如果下属把上司斗败了，那不就赢了吗？事实并非如此。如果你把上司干掉了，那你在公司的名声也臭了。同事们会戴上有色眼镜来看你，高层也会权衡利弊。因为谁也不想留一个定时炸弹在身边，你能干掉前任上司，谁知会不会有下次。

女助理虽刚大学毕业，但气势很强。不到半年时间，她就逼走了自己的两任上司。第一任上司是个专科生，那位女助理瞧不起他，故意找茬，甚至在办公室里对着骂。由于只有她一个下属，一时又不能开除她，这位主管自己走了。紧接着，公司招聘了一位本科主管，她又欺负对方是新来的。主管一上任，她摆一幅高高在上的样子，整天跟上司争权，要平起平坐。没几个月，上司受不了，就调到别的部门去了。正当她得意地等着坐上主管的位置时，部门经理已经安排了其他主管，而那位女助理也被炒鱿鱼了。

其实，下属与上司之间难免有冲突，但都可以化解。如果上司能力强，下属就应该尽力协助上司，成为上司的心腹和得力助手，上司自然会重点培养你；如果你的上司能力平庸或者树敌太多而且长期升不了职，那你要么辞职要么转投其他部门。

一定不要与上司展开争斗，否则，不论输赢，你都不会赚到便宜。

一失足成千古恨

你背后说上司的那些话说不定哪天就被上司听到。要知道，在职场中，你的发展空间并不完全取决于你的能力和业绩，而往往取决于上司对你的主观喜好。一旦你让上司产生疙瘩，日后无论你怎样努力，都很难解开。人们常说：祸从口出，一句失言足以毁掉你的业绩和前程。

与上司闲聊时，自以为两人是朋友，内心似乎没有上下级之分，说起话来往往就不会深思熟虑，想什么就说什么。可是，说错一句话，会让上司大感不快，也会让你前功尽弃。有些下属感觉上司比较随和，没有什么威严，毫不顾忌，称兄道弟，说话做事可能反客为主。有些下属认为，平时上司很宠着自己，私交比较深，自以为是，不留情面。一位老板带着他的助手去谈生意。饭桌上，酒过三巡，对方试探着说本地女孩子长得不错，没想到那位老板的助手一语惊人："我们老板就好这一口。"一下就让老板脸色铁青，下不了台。在职场一定要谨言慎行，千万不要为了口舌之快毁了自己的前程。

某天，高洁受邀初次来办事处指导工作，中午请部门同事一起吃饭。席间谈起一位刚刚离职的经理周芸，入职不久的赵芳说周芸性格古怪，自命清高。高洁说："是吗？是不是她的工作压力太大造成心情不好？"赵芳说："我看不是，都30多岁的老女人，既没结婚也没男朋友，心理肯定不正常。"

闻听此言，所有人都沉默了。这是因为，除了赵芳，那些在座的老员工都知道，高洁也是待字闺中的老姑娘！为缓和局面，有人赶紧插话，才抹去高洁隐隐的难堪，而事后得知真相的赵芳则为这句话悔青了肠子。

新来的员工虽业绩突出，但就是嘴巴比较八卦，喜欢说三道四，搜集和制造一些新闻。一个部门经理跟秘书关系比较密切，同事们私下里虽有些怀疑，但都没有证实。一次周末下着雨，那位员工在菜市场上看见经理和他秘书一同买菜。于是周一上班时，便把它当做一条特大新闻向同事们宣布，大家开始议论纷纷。经理听到后大怒，那位员工的日子自然不好过。

跟上司相处，你多少会知道上司的一些秘密，而且上司越欣赏你，跟你关系越密切，你知道的秘密就越多。这时候，如果你无意间说到他的软肋，伤到他的颜面，就可能让他觉得你是个心腹大患。你工作再卖力，他也不会欣赏你。

找准说话的时机，如果在错误的时间、错误的地点对错误的对象说了一句不得体的话，后果将不堪设想。

上司是你的“沃土”

大家都认为唯有能力强才能升得快，在这种观念的影响下，一些人只抢着去做出些漂亮业绩，想方设法在公司里表现自己。一旦有能出风头的工作便抢着干，自己的工作除了汇报给上司外，还要一并呈给高层；或者在众人面前夸耀自己的能力和业绩，好像就他最能了。尤其是一个能力比较强的员工，遇到不如自己的上司时，便不把上司放在眼里，整天想着怎么将上司比下去。然而，这种人往往越有能力，越有业绩，升迁的机会越渺茫。

马妍做了3年的管理专员，既能干又努力，工作认真，人缘也非常不错。但奇怪的是，仍旧原地踏步，难上青云，那些能力不如她的同事都升职离开了。

没错，马妍是能干，上司却看她不顺眼。为什么？因为她在小节上从不考虑上司的感受。每次开会，老板都指定马妍做会议记录，马妍整理出来后，不经主管就递给高层；她帮其他部门做事，从不事先请示是否还有更重要的工作分配她做，从不考虑主管的感受。所以，马妍是得到了好口碑，但主管却对她十分不满。有一次，部门要买个投影仪，主管让她询价后做性价比，然后准备购买一台。马妍对比之后，自作主张就订了货，还对主管说出一大串理由，表现自己多么聪明。但在看到又一个同事加薪和升职后，马妍只能感叹这职场太黑了。

上司都有自己的考虑，他不会把你的能力摆在第一位，而更关注你是否会对他产生威胁。如果你事情做得太漂亮，你的工作根本不用他的安排和指导，他便会感到你的威胁。如果你做事自作主张，从不听他的，那他会觉得你完全没有把他放在眼里，时刻想将他取而代之，自然对你就很反感，处处设防，更不会让你晋升了。

小吴毕业后，在一家公司负责协助行政工作，或许是受“工作自主”的思想影响比较深，再加上性格很要强，刚工作就向主管提出各司其职。每当上司交代工作给她的时候，她就直接回敬说：“我还有自己的工作要做。”而且她的工作也从来不向主管汇报，竟越过主管直接跟经理汇报。如此一来，她与主管水火不容，自己的名声也弄得非常糟糕。后来，在被新主管辞退的时候，她很悔恨地总结她的失败：自己太要强，没有与主管处好关系。

有时你必须承认，那些表现出色，从不出差错，也不需要老板来指点的人，并不一定能得到重用和认可，甚至上司也不喜欢他。因为面对员工的完美，上司就会被“淹没”，而员工也就不会和进步或改正之类的词挂钩。这时候，完美反而不利于员工的发展。倒是那些大错不犯、小错不断，又喜欢和上司接近的人却容易获得更多的机会，因为他需要上司的指示，让上司很有成就感，即便日后升了职也会被骄傲地冠名为“××培养出来的”。有时候，多替上司想一想，也是一种明智的策略。

上司都有自己的考虑，他不会把你的能力摆在第一位，而更关注你是否会对他产生威胁。

委婉地提出建议

无论你的建议或方案多么完美无缺，你也不能强迫上司接受。毕竟，上司统管着全局，他需要考虑和协调的事情你并不完全明白，当你说完自己的建议以后要给上司一段思考和决策的时间。即使上司不愿采纳你的意见，你也不应不满和气愤，让上司感觉到你工作的积极性和主动性即可。

作为员工要执行上司的决定。那么，怎样说服上司，让上司理解自己的主张、同意自己的看法呢？

刚上班时，上司有一堆事情要处理；到快下班时，上司又疲倦心烦。显然，这些都不是提议的好时机。总之，记住一点，当上司心情不太好时，就不要去打扰他。

什么时间最适合？我们通常推荐上午10点左右，此时上司可能刚刚处理完清晨的业务，会比较轻松，同时正在进行本日的工作安排。你适时地以委婉方式提出你的意见，会引起他的兴趣。还有一个较好的时间段是在午休结束后的半个小时里，此时上司经过短暂的休息，可能会有更好的体力和精力，听你说说想法。总之，要选择上司时间充分、心情舒畅的时候提出改进方案。

要想上司接受改进意见，如果只凭嘴说，是没有太大的说服力的。但如果事先收集整理好有关数据和资料，做成书面材料，借助视觉力量，自然就比较可信了。

> 小李和小王都是某公司的中层主管，二人同时向董事长提交了某个项目的策划方案。
>
> 小王认为：关于在××地区设立分厂的方案，我们已经详细论证了它的可行性，大概3～5年就可以收回成本，然后就可以盈利了。请领导审阅。
>
> 小李认为：关于在××地区设立分厂的方案，我们已经会同财务、销售、后勤部门详细论证了它的可行性。财务部同事研究得出，该方案在投资后的第28个月财务净现金流由负值转为正值，即第三年第二季度开始盈利。经测算，该方案的投资回收期是4～6年。从社会经济评价报告上显示，该方案还可以带动公司其他产业的发展，拉动与我们相关的下游产业的发展。这有可能为我们将来的企业一体化方案提供有益的借鉴。我们已制定了方案企划书，请董事长审阅。

两个人的陈述，显然小李的更具说服力，更能得到上司的认可。只有摆出新方法的利与弊，用各种数据、事实逐项证明，才能让上司信任你。

上司也会有各种问题需要你回答，如果你事先毫无准备，吞吞吐吐，前言不搭后语，自相矛盾，当然不能说服上司。因此，预先想一想上司可能会问的问题，自己该如何回答。

与上司谈论工作要主题明确。对于上司最关心的问题，要重点突出、言简意赅。如对于设立新厂的方案，上司最关心投资所带来的效益。他希望了解投资的数额、投资回收期、项目的盈利点、盈利的持续性等问题。因此，你在说服上司时，就要直奔主题不要东拉西扯，分散上司的注意力。

研究发现，一个人的语言和肢体语言所传达的信息各占50%。一个人若是对自己的计划和建议充满信心，无论面对的是谁，都会表情自然。若是没有自信，也会在言谈举止上有所流露。试想一下，如果你的下属表情紧张、局促不安地对你说："经理，我很有信心，保证完成。"你会不会相信他？同样道理，在你面对自己的上司时，一定要充满自信、打动上司。

无论你的建议或方案多么完美无缺，你也不能强迫上司接受。

第六章 与同事相处的智慧

同事间要保持距离

距离是我们很难把握的。在小小的办公空间中，我们应该怎样掌握与同事间的距离呢？和同事刻意保持距离，隔得远远的，他们会认为你目中无人；太接近，则可能给自己带来很多麻烦，不利于工作开展。

家境富裕的刘磊和家境贫寒的王云峰是大学同学，但并不亲近，进了同一家公司后，又住在同一间公寓，才加深了认识。

由于家境贫困，王云峰靠借款完成学业，他就悄悄找了一份兼职，帮一家小公司管理财务。刘磊发现他每天都很累，王云峰就把自己做兼职的事情告诉了刘磊。

公司每年都会选派一名优秀员工到国外学习，根据选派标准，条件最好的刘磊和王云峰都被列进了候选人名单。刘磊对王云峰说："真希望咱俩一起去。"王云峰说："但愿如此。"

结果刘磊脱颖而出，王云峰落选了。王云峰很失落，他非常想获得这次培训的机会，于是找老板，请求也参加这次培训。

老板看了王云峰一会儿，冷笑着说："你哪有时间啊。"

王云峰急忙说："我手头上的项目，已经完成得差不多了。"

老板沉下脸来说："你走了，谁来管理财务？"

听到这里，王云峰傻眼了，他一时搞不明白老板怎么知道他兼职的事。他本能地辩解说："我兼职是有原因的，这并没有影响我在公司的工作……"

老板有些不耐烦："好了，你忙你的去吧，我还有事。"接着，又冲王云峰摆摆手。王云峰只好灰溜溜地离开。

"你太忙了"——王云峰怎么也没想到是这个理由。可老板怎么知道他兼职的事情呢？这件事，那家小公司是绝对保密的，只有刘磊知道。王云峰越想越心酸，真是有苦难言！

同事之间交往一定要把握好"度"，当他情绪低落的时候，你给予安慰；当他生病的时候，你端上一杯热水，并真诚地问候；当他有困难的时候，你陪他渡过难关，但不可把你的心扉完全向同事敞开，将自己的隐私向对方倾诉。说不定哪一天，你就会被对方利用。

职场中，人际关系很微妙。很多人在工作能力上无人企及，可人际关系却是他们的"软肋"。如果你也是他们中的一员，不妨学习一下"半块糖主义"。所谓"半块糖主义"，代表的是一种健康、绿色、环保的工作态度。职场中过于封闭自己，让人难以接近；而太过亲近同事，又会令对方感觉被入侵，不愿坦诚相待。与同事相处时，唯有懂得恰到好处地加上半颗糖，甜而不腻，亲密又不失距离，正是我们提倡的"中庸"主义。

同事之间交往过于亲密，走动过于频繁会被老板察觉，并引起老板的敌视。这样做，有拉帮结派的嫌疑。在老板眼里，员工应该彼此保持独立，才能减少不必要的麻烦。如果你身边密切团结着几个同事，会让老板很反感，认为你在拉帮结派，有跟他对抗的企图。一旦老板对你有了这种看法，就会处处压制你，甚至将你打入冷宫，孤立你。

你与身边的同事过于亲密，敏感的老板就会猜疑你们是不是要一起跳槽，或者合伙开公司。虽然你们根本没想过这回事，但多疑的老板一旦相信自己的判断，就会防患于未然，斩草除根。

老板最常用的方法是给你换工作岗位，或者调到分公司去，甚至为了公司大局稳定，不惜忍痛割爱，干脆炒你的鱿鱼。

同事交往要把握好距离，即使再好，也不要太近。另外，有一些同事，是你最好不要走近的。

1. 搬弄是非的“饶舌者”不可深交

他们整天喜欢挖空心思去探寻他人的隐私，抱怨这个同事不好、那个上司有外遇等。他们还会挑拨离间，当你和其他同事真的发生不愉快时，他却隔岸观火，甚至拍手称快。也可能怂恿你和上司争吵，讨论上司的不是，然而他却添油加醋地把这些话传到上司的耳朵里。如果上司没有明察，你就只好认栽了。

2. 唯恐天下不乱者不宜深交

有些人过分活跃，故弄玄虚，制造紧张气氛。“公司要裁员”、“某某人得到上司的赏识”、“这个月奖金要发多少”、“公司财务吃紧”等，弄得人心惶惶。如果有这种人对你说这些话，切记不可相信。当然，也不要当头泼他冷水，保持沉默最好。

3. 顺手牵羊爱占小便宜者不宜深交

有些人非要占小便宜不可，以为“顺手牵羊不算偷”，就随手拿走公司的财物，比如订书机、纸张、各类文具。这不会影响公司的工作，但正直的上司绝不会姑息养奸。这种占小便宜还包括利用公司上班的时间、资源做私事或兼差，总认为公司给的薪水太少，不利用公司的资源捞些外快，心里就不舒服。他们心里其实并不坏，但公司一旦有较严重的事件发生，上司最先想到的祸首就是他们。

4. 被上司列入黑名单者不宜深交

只要你仔细观察，就能发现上司很不喜欢某些人，如果与“不得志”者走得太近，很可能会受到牵连。也许你对此很不屑，但又有什么办法。难道你不担心自己会受牵连而影响到晋升吗？不过，你可以选择不与其做朋友，但也不能故意刁难。

与同事相处时，唯有懂得恰到好处地加上半颗糖，甜而不腻，亲密又不失距离，正是我们提倡的“中庸”主义。

正确对待职场竞争

职场竞争让人感到很疲惫、很无奈，但却无法逃避。在一个企业中，与同事的竞争是不可避免的。要正确处理好与同事的关系，理性地看待竞争，不要为了达到某种目的而不择手段，要做到公平竞争。

竞争可以激发人的斗志。从某种意义上讲，我们应该感谢竞争对手，正是因为他们的存在，才使我们变得杰出伟大。在我们迷茫时，是对手让我们找到了前进的方向；在我们困惑时，是对手给了我们启迪和方法；在我们欢乐时，是对手让我们清醒冷静；在我们成功时，是对手让我们不敢松懈。

挪威人特别喜欢吃沙丁鱼，尤其是活的沙丁鱼，然而其价格远比死鱼高。长久以来，渔民在托运途中，无论怎么小心，靠岸时绝大多数沙丁鱼已奄奄一息。然而，有一条渔船，托运的大部分沙丁鱼都是活的。后来，渔民们发现那位船长在鱼槽内放了一条以鱼为主要食物的鲶鱼。由于沙丁鱼在鲶鱼的威胁下不敢放松警惕，不停游动躲避，肺活量增大，增加了成活率。这就是著名的“鲶鱼效应”。沙丁鱼在有天敌的时候，生存的几率大大提高！看似不可思议，却十分有道理：没有天敌的动物往往最先灭绝，腹背受敌的动物则繁衍至今。

管理学中还有大家熟悉的“螃蟹效应”。竹篓中放了一群螃蟹，不必盖上盖子，螃蟹是爬不出来的。因为当有两只或两只以上的螃蟹时，大家都想逃出来。但篓口很窄，当一只螃蟹爬到篓口时，其余的螃蟹就会用威猛的大钳子抓住它，不让它动，由另一只强大的螃蟹踩着它向上爬。如此循环往复，谁也不能逃走。螃蟹效应在企业管理中的表现就是，员工与员工之间、员工与老板之间，都只想着自己的利益，相互争斗。企业有一些这样的人，他们不喜欢看到别人的成就与杰出表现，更怕别人超越自己，就想方设法阻挠对方。

这两则案例使我们知道，同事之间必然存在竞争，但不可因为竞争而视对方为仇敌，破坏与打压他人。

竞争对手让我们不敢放松警惕，他们的存在让我们寝食难安。我们不得不强化优势，增强与对手竞争的力量。但是，竞争的存在也给了我们动力，促使我们不断提升自己的能力，能让我们发挥出巨大的潜能，创造出惊人的成绩。不要诅咒自己的对手，我们应该感谢他。每个人身上都有值得我们学习的优点，竞争对手也不例外。

向对手学习，不断完善自己、壮大自己，才能创造更大的成功。

别放弃我们的信念

我们看到很多人做事、说话虚虚实实，真真假假，实在难以甄别。这时候，最好的办法就是该做什么就做什么，坚持自己的原则。

小张和小郭一起进入公司，近来因为公司人事变动，要从他们之中选出一个来担任公司部门经理。这让两个人都兴奋不已，他们旗鼓相当、各有千秋，工作也都很努力，只是小郭比小张在工作上有时更胜一筹。他们都很关注对方的工作表现和与上司的接触，都不希望对方捷足先登。

面对小张的威胁，小郭决定不惜任何代价一定要战胜他。这次公开竞选，公司新任上司已经明确决定业绩将起最主要的参考作用。所以，小郭认为只要自己业绩突出，就能得到上司赏识，从而打败竞争对手。

但是，竞争开始后，小郭却发现小张根本无动于衷，而且工作比平时还要散漫，心中不禁暗自欢喜。可没过几天，有同事说，小张正和公司各个部门的上司打得火热，而且这些部门上司都表示支持他当部门经理。小郭一听，十分不屑。但经过自己的观察，他发现小张和上司的关系果然亲近了很多。

小郭心里有点没谱了，因为他知道，以前公司人事调动的时候，上司也这么说，但最后还是谁和上司关系搞得好，谁就最后胜出。想到这里，小郭暗骂自己一时大意，让小张抢占了先机。于是，他就立即着手准备联系各位上司。但是，上司们都笑眯眯地婉言以拒，奉劝他好好工作才行。越是这样，小郭就越是失望，他认为，上司已经被小张收买了，自己这次完蛋了。于是，在工作中，他就开始委靡不振，无精打采。

小张依然按部就班地工作着，有时甚至还关心地劝说小郭好好工作。小郭心里直骂他表面上装得一本正经，背后却暗使阴招，十分看不起他。

竞选的时间到了。这次选拔完全是按照公司的选拔政策，在公开、公平、公正的条件下进行的，小张脱颖而出。上司还特意把他所获得的所有成绩都张贴出来和所有参选者的成绩进行比较，小张所做的业绩令大家心服口服。平时散漫的小张，并没有见他如何努力工作过，现在却取得了真真切切、人所共睹的业绩，每个人都很震惊，也很佩服。

其实，其中的酸甜苦辣只有小张明白，他从自己布满血丝的眼中终于看到了收获的果实。小张在工作中故意装得散漫，而每次下班回到家，他就玩命地工作。小郭这时终于知道了小张在背后玩的确实是“阴招”，不过却是非常有效。

小张这一招蒙蔽了竞争对手小郭，而且还把小郭引到玩关系牌的歧路上，引起小郭的焦虑，从而失去了竞争成功的可能。

对于小郭，如果凭自己的实力，完全可以战胜小张。在职场中，有很多无形的陷阱，稍不留神就真的会失去一切。任何的表面利益，不要轻易相信，坚持自己的处事原则，别人的诱导往往就是自己的坟墓。

职场并不是那么光明的，在这里一定要擦亮自己的眼睛，识破对手的阴谋。要知道彼此的视线内外充满着烟幕，一定要小心谨慎。三十六计云："明修栈道，暗度陈仓。"职场竞争中，要从竞争对手和自己两个方面同时进行，把对方带入迷阵，避免自己受到伤害。

职场竞争中要学着保护自己，识别迷阵，坚持走自己的路，不受对方的误导。

拒绝的艺术

拒绝别人并不是那么容易的。同样，在职场，也要有在适当的时候拒绝别人的意识和勇气。要知道，一味地逢迎、妥协、逆来顺受并不会得到别人的尊重，甚至有可能姑息对方的行为。如果你适当地拒绝，且拒绝得有理，你不但不会得罪对方，还会让对方尊重你，信任你。

工作中，难免会有同事请你帮忙。如果是力所能及或者说理所当然的事情，那还好办。如果是一件难度很高的事情，就需要好好考虑一下了。答应下来吧，可能要连续加几个晚上的班才能完成，而且也不符合公司的规定；拒绝吧，又开不了口。应该怎么找一个既不会得罪同事，又能把这项工作推掉的好借口呢？

贺多多正准备下班时，接到同事金杰的电话。他心急火燎地请求贺多多再帮他一下，写个新方案给客户，说客户很着急，而他实在没时间。最近，因为和女朋友打得火热，金杰常常找贺多多帮忙。金杰是贺多多在公司里关系比较好的同事之一，他们在业余时间常常一起去打球、游玩，比较能谈得来。所以，一个月前，当金杰一脸兴奋地谈到他和一个女孩子交往的时候，贺多多表示会帮他的忙，给金杰更多的时间去"谈朋友"。

可是一个月下来，贺多多发现这样下去不是办法，因为自己已经厌倦了总是替金杰做事。可是，怎么拒绝金杰呢，她实在开不了口。作为好朋友是应该相互帮助的，拒绝会不会让俩人反目呢？

当遇到这种情况时，也许有人会直接对同事说"不"，口气非常生硬。这绝对不是最佳的选择，因为它可能会让你和同事陷入僵局。也许有人会推托说："我能力不够，其实小马更适合。"那你有没有想过，当同事把你的这番话说给小马听时，小马会怎么想呢？

上述方法都不可取。那么，我们该如何做呢？

在你决定拒绝之前，先听对方把话说完。比较好的办法是，请对方把处境与需要讲得更清楚一些，自己才知道接下来怎么做。"倾听"能让对方先有被尊重的感觉，在你婉转地表明自己拒绝的立场时，也较能避免伤害他的感觉，伤了双方的感情。

当你实在没办法时，就应该温和坚定地说"不"，语气要诚恳，并说明你的苦衷，告诉他原因。好比同样是药丸，外面裹上糖衣的，就比较容易入口。因此，这样也比直接说"不"更让人容易接受。拒绝后，对方会问为什么，你就应该坦诚地告诉他原因。如果一句话也不说，势必会引起误会，对方也许会怀疑你根本就不想帮助他，只是在敷衍他。

拒绝并不意味着事情结束，而应该在事后给予对方一些关心。拒绝后，你可以给对方一些建议，隔一段时间还要主动关心对方的状况。若能化被动为主动去关心对方，并让对方了解自己的苦衷与立场，就可以减少拒绝的尴尬与影响。从对方角度来讲，被拒绝本来就是一件伤害别人的事情,你就更应该适时地给予对方一些关心,这能够起到安慰对方的作用,而不是让对方陷入孤立无援的境地。

如果说拒绝同事比较轻松的话,拒绝你的上司则更是难上加难了。

作为一名员工,你常常会遇到这样的情况:上司吩咐你去做某项工作的时候,也许是慑于上司的压力,也许是出于其他的顾虑,你往往不会去拒绝,即使这件事不该你做,或超出了你的负荷。满足上司任何要求,就能使上司认为你能力强,且任劳任怨,是一个优秀的员工吗?是否就会对你以后的工作有利呢?答案当然是否定的。你不顾自己的能力和客观情况承接下来的任务,有时反而会成为你的绊脚石。

小夏天性木讷,性格内向,人际交往能力差,有一次老板竟然要他去催款。催款这种事情他肯定做不来,应该交给能说会道、善于交际的人去做才对。小夏明知自己不行,可他没有勇气拒绝老板,只好硬着头皮答应了。

对方先请小夏吃饭,酒桌上要小夏喝酒。小夏坚持自己的原则,一口也不喝,让对方下不了台,还没谈催款的事情人家就把小夏打发走了。小夏没有完成任务,老板自然非常生气。老板说:“如果你办不到,为什么还要答应?你就这么对待工作的!”

该答应的时候答应,该拒绝的时候拒绝,这也是一种能力。否则,真是“吃不了兜着走”。

有时候我们真希望拒绝上司,但做起来往往又不是那么简单。毕竟,面对每天管理着自己的上司,简单的一个“不”字不是那么容易就说出口的。所以,这就需要掌握一定的方法。

上司给你安排任务较多,你无法完成,那么可以主动请求上司帮你定出先后次序。例如:“我现在有 5 个大型计划,10 个小项目,哪一方面比较着急呢?”明智的上司自然会懂得你的言外之意,也能体会你的认真谨慎,自然会把一些细枝末节的工作安排给其他人去做。

上司欣赏你,给你一个新职务,你认为自己无法胜任,该怎么办呢?你当然不能马上拒绝,会让上司下不了台,尤其是当着别人的面,更不应该如此。你可以表示先考虑几天,再答复他。值得注意的是,一定要和上司正面沟通,诚恳地陈述你的理由,逃避并不能解决问题。当上司听完你的理由时,就会觉得你是一个对公司负责任的人,会很欣赏你。

有时上司会给你安排额外的工作,比如周末要你完成一份策划,但你已经约好了朋友一起聚会,那你会怎么做呢?你要直接告诉上司你的实际情况,然后保证会尽力把正常的事务处理好,其他工作恐怕有些难度。上班时,你要全力以赴,表现出极高的工作效率。下班后,跟老板打声招呼,然后去忙自己的事。这种隐性的拒绝,会让上司觉得你很敬业,也不会责怪你。

拒绝别人难免会伤害到他,一定要掌握技巧,把握分寸,给对方一个台阶,也给自己留一条退路。

别独享成绩

要记住一句话:功劳是大家的,责任才是自己的。即使是你主要负责的,也不可独占功劳。

每个人都希望自己可以获得荣誉,但是,如果你无视别人,就很难在职场立足。因此,不要感叹上司、同事和下属的度量狭小。其实,造成最后这种局面的原因在于你。在享受荣誉的同时,也要记住自己的同事。

一家公司,几年来生产发展迅速,利润以每年 10% ~15% 的速度增长。这是因为公司建立了利润分享制度,把每年所赚的利润,按事先的约定奖给每位员工。这就是说,公司赚得越多,员工也就分得越多;员工受益,自然人人奋勇,个个争先,积极工作自不用说,还会随时随地检查出产品的缺点与毛病,不断改进工作方式。

身处职场中，就要记住有福同享、有难同当。当你在职场上小有成就时，当然值得庆幸。但是，你要明白：这一切离不开同事的帮助，那你就不能独占功劳。否则，其他同事会嫉妒你。

在成为编辑的第5年，老梅担任该社下属一个杂志的主编。老梅平时在单位里人缘很好，而且他还很有才气，喜欢写东西。有一次，他主编的杂志在一次评选中获了大奖，他感到荣耀无比，处处炫耀，同事们当然也向他祝贺。但过了一个月，他并不那么高兴了。他发现单位同事，包括他的上司和属下，似乎都在有意无意地疏远他。

事后他认识到，他犯了"独享荣耀"的错误。就事论事，这份杂志之所以能得奖，主编的贡献当然很大，但也离不开其他人的努力，大家应该共享荣耀。而现在自己"独享荣耀"，其他人自然不高兴。

现实中，我们常常发现自己只喜欢动嘴不喜欢动手。无论在何时何地，我们总能发现有人在夸夸其谈。他们总是炫耀自己的才能多么的出众，如果能按他说的计划实行，必定能成就一番大事。然而，在旁人看来，实在可笑极了。

所以，当你在职场受到领导表扬时，一定不能独享荣誉，否则这份荣耀会为你的职场关系带来危险。当你获得荣誉后，让其他人与你分享这份荣誉，并感谢他人，同时要显得谦虚谨慎。

在职业生涯中，千万要记住当你的工作和事业有了成就时，不要独自享受。考虑一下其他人的感受，摒弃"自视清高"的作风，换成"众人拾柴火焰高"的职业意识。只要注意到这一点，你获得的荣耀就会助你更上一层楼，同事关系才会更和谐。

学会与同事共享荣誉，不仅会得到同事们的拥戴，也会给上司留下良好的印象。不过，这种分享一定是发自内心，并且不要回报的，不要以高高在上的姿态施舍，更别希望下次有机会再讨回这份人情。

齐心协力好种树，有了成绩和荣誉一定要与同事们分享，千万不要吃独食。

抢功，要不得

你有没有想过去抢同事的功劳？建议你千万不要抢功。不论你是否会被发现，抢别人功劳都是不道德不明智的。世上没有不透风的墙，一旦你抢别人功劳的事情被人发现，情何以堪，自己就很难在公司立足。当别人做出成绩时，不要嫉妒，要对自己有信心，相信自己一定可以作出更大的成绩。俗话说："真金不怕火炼。"要想在职场中获得认可，就要凭自己的真本事，投机取巧的做法终究会害人害己。因此，千万不要犯糊涂。

黄浩和马彦妮是多年的同事，平时关系相处得很好。年终，公司搞推广策划评比，每个人都可以拿方案，优胜者有奖。黄浩想要把握这次机会。经过半个月的深入调研，加上平时对市场工作的观察思考，他很快做好自己的方案。方案征集截止日的最后一天，马彦妮突然叹了一口气说："哎，黄浩，我还真有点紧张，心里没底啊。你帮我参谋一下吧。"黄浩连想都没想就答应了。马彦妮的策划很是一般，没有什么创意，但也不好直说。马彦妮用探究的目光盯着黄浩，说："让我看看你的方案吧。"黄浩才明白过来自己中计了，现在没有理由不让别人看。好在明天就要开大会了，她想改也来不及了。

第二天开会，马彦妮第一个汇报。马彦妮讲述的方案居然跟黄浩的方案一模一样。在讲解时，她对老板说："很遗憾，不能给大家展示，电脑染了病毒，文件被毁了，我会尽快整理出书面材料的。"黄浩听了目瞪口呆，他怎么也没想到马彦妮如此使"暗箭"。黄浩也没有把自己的方案交上去，口头描述了一下。老板很惊奇，也不知道这个方案究竟是谁的。但由于马彦妮资历老,得到老板的肯定,可惜因为方案不是她自己的,有些细节不清楚,操作中出现失误,又无法及时修正,结果方案失败了。后来,老板得知确实是她抢了黄浩的方案,便勒令其辞职。

努力去获得成功,不属于自己的功劳,就不要挖空心思去占有。不抢功,不夺功,这样的人不仅人际关系好,而且事业也会比较顺利。

作为副所长的大卫,负责一个课题的研究。由于行政事务繁多,他没有把全部精力放在课题的研究上。主要由助手全权负责,把研究成果做了出来。这个课题得到了有关方面的认可,社会反应强烈,报纸、电视台的记者都争相采访大卫,他都拒绝了,并对记者们说:"这项研究的成功是我助手认真钻研的结果,他是最大的功臣。"

每个人都为其举动震撼,媒体在报道助手的同时,还特别把大卫坦荡的胸怀都写了出来,大卫的名声也传播开来。

高明的上司从不抢占下属的功劳,下属有功,你的功劳自然也体现出来了。如果能够做到这一点也可以看出一个人的品质。由此可见,优秀的品质是一个人成功的前提。

不要绞尽脑汁去算计抢别人的功劳,而是应该学习别人的长处,提升自己的才能,真正赢得属于自己的成功。古人云:"不见已短,愚也,见而护之,愚之愚也;不见人长,恶也,见而掩之,恶之恶也。"意思是说,看不见自己短处的人是一个愚蠢的人;若知道自己的短处而又不改正和正视的人是一个更加愚蠢的人;看不到别人长处的人是一个可恶的人,看到别人长处而又不去学习且加以诋毁和掩盖的人是一个更加可恶的人。孙子说,"知己知彼,百战不殆",只有全面了解自己的对手才能有的放矢、百战百胜。如果没有这种意识和精神,那是不可能进步的,没有进步就意味着停止和倒退,终将难以在社会上立足。因此,我们要想在工作中获得真正的竞争优势,就应该不断地完善和充实自己,提升自己的综合素养。

要想在职场中获得认可,就要凭自己的真本事,投机取巧的做法终究会害人害己。

多与强者交流

俗话说:"鸟随鸾凤飞腾远,人伴贤良品格高。"一个人如果想要成功,就需要结识成功人士,他们的成功经验,可以让你受益匪浅。

有这样一个有趣的测验:"写下和你相处时间最多的6个人,也是与你关系最亲密的6个朋友,记下他们每个人的月收入,我就可以算出你的收入了。为什么?因为你的收入就是这6个人月收入的平均数。"开始大家不信,结果出来后,正是如此。进而得出结论:一个人的财富在很大程度上受熟悉的朋友的收入的影响。犹太经典《塔木德》中有一句话:和狼生活在一起,你只能学会嗥叫;和那些优秀的人接触,耳濡目染,潜移默化,会成长为一名优秀的人。

现实中,很多人都乐于与自己水平相当或低自己一等的人相处,因为在这些人面前自己有种优越感。但是,长时间和这些人在一起,成功就越来越远。在职场,你完全可以和与自己地位相仿的人打成一片。但是,你将毫无长进。

农家少年阿瑟·华卡偶然间在杂志上读了某些大实业家的故事,很想知道得更详细些,并希望能得到他们对后来者的忠告。

有一天,他独自一个人来到纽约,早上7点就到了威廉·亚斯达的事务所。

在第二间房子里,华卡立刻认出了自己要找的人。高个子的亚斯达开始觉得这少年有点讨厌,然而一听少年问他:"我很想知道,我怎样才能赚得百万美元?"他的表情便柔和并微笑起来，俩人竟谈了一个钟头。随后，亚斯达劝告他去拜访其他成功人士。

华卡照着亚斯达的指示，拜访了众多的企业家、报业家和作家等。

在赚钱这方面，他所得到的忠告也许并没有多大操作性。但是，能得到成功者的指引，却给了他自信。他开始仿效他们成功的做法。

又过了两年，这个20岁的青年成为一家工厂的经营者。24岁时，他是一家农业机械厂的总经理。不到8年，他就如愿以偿地成为百万富豪。这个来自乡村粗陋木屋的少年，终于成功了。

在华卡67年的工作中，实践着他年轻时在纽约学到的基本信条，即多结交有益的人。会见成功立业的前辈，会影响一个人的成功。

怀特是一名州镇的电信雇员。16岁时，他便决心要独树一帜。27岁时，他当了管理所所长。后来，成为俄亥俄州铁路局局长。

当他的儿子上学读书时，他告诉儿子："在学校里要和一流人物结交，有能力的人不管做什么都会成功……"

你可能看不起这种做法，但把有能力的人作为自己的榜样并不可耻。朋友与书籍一样，伴随着我们的一生，与我们共同奋斗。

想要认识成功的朋友，跟第一次就想赚百万美元一样，是相当困难的事。原因并非在于伟人们的超群拔萃，主要是你自己缺乏勇气。

很多新员工无法适应职场，就是因为不善于和前辈交际。第一次世界大战中，法兰西的陆军元帅福煦曾说过："青年人至少要认识一位善通世故的老年人，请他做顾问。"

"如果要我说一些对青年有益的话，那么，我就要求你时常与比你优秀的人一起共事。不论是做学问还是为人处世，这是最有益的。学习正当地尊敬他人，这是人生最大的乐趣。"

工作中会时常嗅到嫉妒的味道。"我们都是同一单位的同事，为什么她只需坐在办公室接接电话，我却要在外面日晒雨淋地奔波？""为什么她的创意就能获得大家的一致认可呢？""为什么她的办公桌在临窗的好位置？""为什么是他被选中参加进修学习呢？""为什么她老公总来接她下班？"……职场中林林总总的嫉妒心理到底是催人奋进的动力，还是干扰我们工作的阻力？

从心理学的角度讲，"职场嫉妒症"往往隐含着很多深层的心理原因。在心理咨询中发现，那些具有"职场嫉妒症"的人，主要有以下原因：

身处人口众多的家庭，曾经和兄弟姐妹竞争父母的关心和爱，总感觉父母更爱同胞而不爱自己，觉得委屈和不公平。成年后，不自觉地把童年对同胞和双亲的感情，慢慢转移到周围的同事和领导身上，总觉得上司偏爱同事，自己得不到关注。

事事要求尽善尽美，过于要强，总想把身边的一切都控制在手心。当发现不随他意的事情时，看到上司和同事并非他所能控制，心理便出现波动和紊乱。

具有"自恋"人格的人，童年往往是被忽视的孩子，成年后总是渴望别人能关注、理解和赞美他，别人能为他服务。可是，职场是残酷的，不可能事事如意。于是，上司对同事正常的关心，都可能带给他"自恋性损伤"，引起抱怨。

有一部分人偏执，爱钻牛角尖，总是假设别人是恶意的，总感觉到自己被攻击。这样戴着有色眼镜看世界，也容易对别人横挑鼻子竖挑眼，觉得同事取悦上司也是在和他作对，内心充满嫉妒和愤怒。

职场嫉妒是不可避免的，只要有人的地方就会有嫉妒。那么，当我们遭人嫉妒时，该怎么办？

化妒火为同情。作为一名成功的白领女性，在工作中就可能会有女人妒忌你，尤其是那些年纪比你大、资历比你深的女同事，会嫉妒你的晋升。但是，请先别生气，先别痛心，千万不要以为她们的情绪是针对你，要理解她们失意的心情。同时，你要多编造或挤出自己生活中的不如意，告诉她们你是多么地苦恼或不幸。让她们觉得你其实也不容易，不如她们幸福。而且切忌张扬，应谦和地夹起尾巴做人，以此唤起妒忌者心理的平衡，从而和睦相处。

每个同事都有优点和长处，一些值得赞美的地方，比如她的工作能力、文笔、口才等方面。直接赞美对方的发式、着装、脸色等，刚开始感觉就有些别扭，但一点点习惯后就会逐渐自然起来。

同事之间冲突不断，是因为过于计较自己的利益，老是争求种种的"好处"，时间长了难免惹起同事们的反感。而且这种做法总在有意或无意之中伤害了同事，最后，使自己变得孤立。其实，这些小东西未必能带给你多少好处，反而弄得身心疲惫，同事失和，真可谓是得不偿失。如果那些细小利益不大会影响前程，就可以多一些谦让，甚至与其他人共同分享一笔奖金或是一项殊荣等，这种豁达的处世态度无疑会赢得同事的好感，也会增添你的人格魅力，便于顺利开展工作。

和成功的人在一起，你也能成功；与智者同行，你会不同凡响；与高人为伍，你就能登上巅峰。

小心办公室恋情

不要在办公室宣扬自己的爱情，一旦过了头，就会因为分心而直接给工作打了折扣，就会因为其他同事的渲染而变色。办公室是一个特殊的环境，发生恋情的双方，身份的定义应该是"同事"而非其他。当这一层关系被模糊化或错位后，麻烦就出现了。

职场中，很多人会选择同事作为恋爱对象，但情场的得意也往往会换来职场的失意。最终结果可能是，即使你工作勤勤恳恳得像只老黄牛，你的老板也会怀疑你的上班时间是不是都在谈恋爱。别抱怨老板的胡乱猜疑，你也要替他想一想。有的公司有这样的规定——不允许发生办公室恋情，一旦被高层获悉，其中一方，要么主动辞职，要么被公司解雇。

毕业后小张在深圳一家集团公司担任培训主管。那时，由于他的勤奋能干，颇得上司的赏识。当时部门正在招一个招聘专员，应女友的要求，他满怀信心地把她推荐给上司。起初，上司非常高兴，但一听说是他女友时，态度就发生了转变，并找了一些理由推托。开始时，小张想不通，事后，他才知道，公司不允许恋人在同一个部门。

日复一日，在办公室里朝夕相对、情投意合，继而发生微妙的感情，这种现象，是极为普遍的。只不过，有些人会选择暗中往来，发展"地下情"，把感情尽量低调处理。而有些人则十分高调，毫无顾虑地把感情明晰化，公开场合，也尽情显露"恩爱"之情。这两种态度都不能简单地说错与对，但相对而言，我们更容易接受前者——爱情本来是两个人之间的事情，可以在私底下随意表达爱意。但是，当爱情成了同事之间的另一种关系时，如何把它处理好，不影响工作，则需要当事人谨慎处置，平衡工作与感情。

公司某部门经理40岁左右，离异单身，在深圳有车有房，也算过得比较潇洒。他有一个比较漂亮的助理，刚毕业一年，做事认真，深受他关注。此后，彼此关系进一步发展，开始时常常下班后一起去逛公园、吃饭，继而一同出差，直至两人同居。这件事在公司传开了，老板怕影响公司的风气和该部门的办事效率，便要求经理辞职。

"兔子不吃窝边草"，同事最好只做同事，如果有非分举动，麻烦就多了。

将你带离困境的未必是朋友

职场中有同事愿意倾听你的烦恼，能给你一些帮助，甚至将你带离困境，可他们未必是你的朋友。有的只是想利用你，一旦你没有利用的价值，便推开你。工作中不能只凭一时意气评价一个人，更不要将对人的喜恶长期装在头脑里，作为与别人相处的依据。正所谓，世上没有永恒的敌人，也没有永恒的朋友，只有永恒的利益。

在这个欲望膨胀的时代，在这个尔虞我诈的职场中，我们都渴望能多几个真心朋友，少几个钩心斗角的敌人。但谁是你的朋友，谁是你的敌人？凭一时得失来判断，到头来却看走了眼。人们常认为，给自己带来帮助和利益的人就是自己的朋友，谨记他们的知遇之恩；将曾经给自己带来伤害的，相互抵触的人当成敌人，处处与其为敌，到头来却发现是一场误会。下面这则寓言就说明了这一道理：

> 小鸟想要去南方过冬。冬天的天气太冷了，小鸟一下就冻僵了，从天上掉了下来，跌在一大片农田里，没法动弹。这时来了一头母牛，拉了一泡屎在它身上。冻僵的小鸟躺在牛粪堆里，发现牛粪真是太温暖了。它躺在那儿，又暖和又开心，哼起了歌。一只路过的猫听到了小鸟的歌声，便跑过来看个究竟，发现了躲在牛粪中的小鸟，把它叼出来，并将它给吃了！

这正说明：不是每个在你身上拉屎的都是你的敌人，不是每个把你从屎堆中拉出来的都是你的朋友。而且要记住，当你陷入深深的粪堆当中（身陷困境）时，请保持安静！

工作中，我们往往只看表面，将太多精力用在防范一些不相干的人身上。平时，如果哪位同事批评了你的工作，或者因为无意中给你造成一些困难，你可能就会将他钉在敌人的木桩上，借机报复，怨越结越深。一些同事给过你一些关照，给过你一些机会，倾听你的烦恼，或者感觉相处得不错，你常常会把这些人当成你的朋友，可到最后别人出卖了你，利用了你，你却浑然不觉。

以下是一个公司培训经理在这方面的真实感受。

> "我主要负责培训相关工作，很单调，没什么技术含量可言。只有一个下属，还很不愿意配合工作，存在冲突，常因为一些小事与我争吵。我整天苦恼得要命，一直想跳槽，或者换个部门。这时，我结识了品质部门的上司。在他的帮助下，我顺利逃离了苦海，跳到另一个部门。对于他的帮助，我铭记在心，工作上也不遗余力地为其效劳，同他在一条战线上跟别人争斗。但慢慢地，我觉得他始终防我防得很深，重要工作从不让我插手，每天都找一些琐事来敷衍我。我的工作都要经过他的检查，报告做好发给他后，他再署名发给上面的高层。部门经理很想提拔我，他始终不同意，不想让我飞出他的控制。这时我才明白，我被他利用了。而对于我的发展空间，他一直限制得死死的，真是有苦难言啊。"

通过上述案例，我们可以看出，职场中不能只凭表面来判断一个人的好坏。有时候，一些同事跟你较劲，跟你工作上不太配合，似乎有意为难，这可能是出于他的性格问题，而非他本意。有时候，一些同事给你惹来一些麻烦，也可能是一场误会，不必斤斤计较。许多人常认为，帮助过自己的人就是朋友，伤害过自己的人就是敌人，界限明确。但实际上，将你带入困境的未必是敌人，将你带出困境的也未必是朋友。路遥知马力，日久见人心。

利益一致的时候，我们就能成为朋友；利益不同时，我们可能会成为敌人。

第七章　年轻人一定要懂得的职场礼仪

如何写求职信

求职信即为求职而写的自我推荐信。这封信写得如何，可能会决定你是否能顺利得到一份工作，因此，要明确其中的礼仪规划。

一般来说，收信人应是公司的决策者。要特别注意此人的姓名和职务，书写要准确，万万马虎不得，因为他们第一眼从信件中接触到的就是称呼。良好的第一印象对这份求职信件的最终效果有着直接影响，必须谨慎小心。

写求职信时，未必对用人单位有关人员的姓名熟悉，所以在求职信件中可如此称谓，如"某某公司负责人"、"某某公司经理"，也可称"尊敬的先生（女士）"等。求职信的目的在于求职，带有"私"事公办的意味，因而称呼要求严肃谨慎，不能有奉承之意，以免有给人"套近乎"或者阿谀、唐突之嫌，一定要注意礼貌。

在此之后，要写应酬语，起开场白的作用，这是必不可少的礼仪。问候语可长可短，即使短到"您好"两字，也不能省略。

求职信的正文内容一般包括下列内容。

（1）个人情况。

（2）应聘职位。

（3）优势条件。

（4）深入了解的渴望。

（5）精心选择自己满意的照片附上。

正文从信笺的第二行开始写，前面空两格。书信的内容尽管各不相同，写法也多种多样，但都要以内容清楚、叙事准确、文辞通畅、字迹工整为原则，此外要注意检查一下，不要写错别字。书写要简明扼要，但要突出重点，介绍特长要明确详细。

结尾要附上祝福和问候，虽然只几个字，但表示写信人对收信人的祝愿、钦敬，有不可忽视的礼仪作用。此外注意祝福语的写作规范，一般分两行书写，上一行前空两格，下一行顶格。祝颂语可以是如"此致"、"敬礼"、"祝您工作顺利"之类，也可以另辟蹊径，即景生情，传递自己的美好祝福。

最后，不要忘记署名和日期，为表示礼貌，在名字之前加上相应的"求职者"或"您未来的部下"等。

求职信写得如何，可能会决定你是否能顺利得到一份工作。

求职电话须注意

求职电话，多是从招聘广告上看到的，根据其刊登的电话号码和联系人姓名，询问招聘的具体细节。专家认为，求职电话打得好，可以留下良好的印象，起到"先声夺人"的效应。打求职电话时要注意以下几点。

首先，要确认求职电话的必要性。一些招聘启事十分模糊，有时让人莫名其妙，为了探个究竟，就需要打电话确认一下。但是，如果招聘启事中的应聘要求、岗位说明、薪资等均较为详细，或者标注有“请将个人简历发至……”或“谢绝来电”等要求时，就不必打电话了，否则会弄巧成拙。

其次，打电话之前应先做好适当的准备，设想一下对方可能要问的问题。有些公司在电话中就进行第一关口试，合格后才进入面试。如果没有充分的准备，把事情想得太轻松，结果就可能让人失望。另外，打电话时周围的环境应该是安静的，这样双方讲话才能听得更清楚，不要边走路边打。

再次，要注意打求职电话的时间。一般来说，在上班后半小时左右是比较合适的，这有利于强化记忆和印象。此外，在以下时间内不要打电话，如早上刚上班时、临下班前半小时、午休时间。

第四，谈吐要礼貌，说话要真诚。电话接通后，应有礼貌地问清对方单位的名称，说出要找的人的姓名或部门，如果对方就是受话人，必须先礼貌问候；如果对方不是要找的受话人，应有礼貌地请求对方去传呼受话人并致谢。通话结束时，应该礼貌地说声“再见”。注意语气，也是对对方表示尊重，听到对方把话筒放下，再把电话挂掉。在谈话过程中，给人留下开朗、活泼、朝气蓬勃的印象，不过不能夸夸其谈，应把握好“度”。

第五，通话内容简洁，突出重点。一般在电话中只需询问一些重要问题，招聘启事是否还有效，简要介绍自己的情况，如果招聘单位有意向面试，可约好见面的时间、地点，且记准记清。过于冗长的谈话，不仅会影响对方的工作、浪费对方的时间，也影响他人使用电话，并给人留下犹豫不决的印象。

求职电话打得好，可以留下良好的印象，起到“先声夺人”的效应。

面试须注意的礼仪

面试礼仪是面试成功的重要法宝之一，面试时彬彬有礼，会给主考官留下良好的第一印象。而第一印象的好坏决定了求职者的去留，因此，刚毕业的大学生要学习一些面试礼仪知识。

1. 求职者要做到知己知彼

求职面试时，首先想方设法熟悉面试公司的具体情况，要尽可能详细地分析公司现状，最好能有自己的独到见解，以便给面试官留下深刻印象。

其次，给自己一个准确的定位，认真谨慎地选择求职岗位，仔细考虑你在该公司应聘什么样的岗位才有利于个人价值的实现。这些问题想通了才能提高面试成功的几率。

2. 面试的仪表礼仪

仪容要整洁。主要指面部，尤其是要注意局部卫生，如眼角、耳后、脖子等易被人们忽略的地方。男士需要刮干净胡须，避免异味，要勤洗澡，不抽烟，面试前不吃大蒜等有强烈异味的东西，以免口气熏人。如果是女士，着淡妆，将面部稍做修饰，做到清新、淡雅，精神饱满。

发型要适宜。发型符合自身的性格，也要与自身的服饰相配。面试时，对发型总的要求是端庄、文雅、自然，避免太前卫、太另类的发型，同时还要考虑自己应聘的职位，比如，秘书要端庄、文雅，营销人员要干练，与机器打交道则要求短发或盘发。若是长发，在面试时，切忌让头发遮住脸庞，以免面试人员辨认不清。男士的发型也应以短发为主，做到前不覆额，侧不遮耳，后不及领。

着装要得体。面试的着装贵在得体大方。首先，着装要整洁。只要把衣服洗得干净、熨烫平整即可。其次，要简洁大方。避免过于繁琐、花哨，如色彩鲜艳的刺绣、叮当作响的配饰等。女士求职服装一般以西装、套裙为宜，而男士则可以身穿清爽的衬衣、平整的夹克或西服。第三，着装的颜色选择要适宜。避免色彩斑斓，应该选择柔和的颜色，这样的颜色具有亲和力，考虑到应聘的职位，选择不同的色系。最后，还要注意与服饰搭配的其他饰物，不宜佩戴一走动就发出响声的饰物。配饰一定要与服装统一，切忌穿类似拖鞋的后敞口鞋，皮鞋要干净明亮。

3. 面试的举止礼仪

举止主要指站和坐两方面，一个人的举止透露出这个人的修养和内涵。所以举止礼仪很有必要加以注意。

面试时的站姿，务必做到站得端正、稳重、自然、亲切。做到上身正直，头正目平，面带微笑，微收下颌，肩平挺胸，直腰收腹，两臂自然下垂，两腿并直。女士两脚可并拢。站立时，全身不够端正、双脚叉开过大、双脚随意乱动、无精打采、自由散漫等姿势，都是必须防止的。

面试时的坐姿，特别指就座和坐定。入座时要轻而缓，走到座位前转身，轻稳地坐下，避免动静过大。女士应用手把裙子向前拢一下。坐下后，上身保持挺直，头部端正，注视着面试官。坐稳后，身子一般只占座位的2/3。两手掌心向下，叠放在两腿之上，两腿自然弯曲，小腿与地面基本垂直，两脚平落地面，两膝之间保持适当的距离。男子以松开一掌或两拳为宜，女子两膝两脚并拢为好。最主要的是要自然放松，面带微笑。面试过程中，不可仰头靠在座位背上或低头注视地面；身体不可前仰后仰或歪向一侧；双手保持自然不可随意摆动，双腿不宜敞开过大，更不要将小腿放在大腿上晃动。

面试时的手势。防止一些小动作的出现，比如折纸、转笔，这样会显得很不严肃，分散对方的注意力。不要乱摸头发、耳朵，这可能让面试官认为你之前没有做好个人卫生。用手捂嘴说话是一种紧张的表现，应尽量避免。

4. 面试时的一些细节

准时赴约。守时是一种美德，迟到则是责任心缺失的表现，而且常被看做是一种不礼貌、对主考官不尊重的行为。所以，一般最好提前10分钟到场，这样不仅可以熟悉一下周围的环境，而且有时间让自己调整心态，稳定情绪，以避免仓促上阵。

尊重接待人员。到达面试地点后，应主动向接待人员问好，服从接待人员的统一安排。需知，有些单位对你的考核就是从这一刻开始的。

重视见面礼仪。进门时应先敲门，即使房门虚掩，也要礼貌地轻轻叩击两三下，得到允许后，轻轻推门而进，然后顺手将门再轻轻地关上，整个过程尽量不要弄出大的声音，以显示个人良好的习惯。在进入面试室后，应首先向各位面试官问好，当对方说"请坐"时，一定要说"谢谢"，然后才能在指定的位置坐下，并保持良好的坐姿。

注意保持良好的表情。面试时，保持自信、大方、从容的微笑，这能让你显得更加优秀，同时也会为你赢得对方的好感和信赖。另外，面试时的目光也很重要，应自信坦然地注视着对方，不可游移不定，左顾右盼，让人怀疑你的诚意。

把握告退的时机。面试官有意结束面试时，要适时起身告辞，面含表示谢意的笑容，离开房间时务必轻轻带上门。出场时，勿忘向接待人员道谢、告辞。

最好试后致信道谢。面试结束后，为使面试方深化印象或弥补面试时的失误，最好再给面试官写封感谢信，篇幅要短，一方面致谢，另一方面可重申对该单位的向往之情。

5. 面试时的谈话礼仪

面试时，除了向面试官出示个人简历和一些相关的专业证书等的书面材料，最主要的还是当场对话。因此，面试时的谈话礼仪至关重要。

面试时应注意礼貌用语的使用。如，称呼应聘方，要使用尊称"贵"，称"贵公司"，也可以直呼"我们公司"。另外，"请"、"谢谢"等敬语要常挂在口，少说或不说口头禅，更忌出言不逊，甚至造成人格侵犯。

紧扣主题。有的人面对面试官的提问时，急于展示自己，口若悬河、滔滔不绝地说了半天，以致掺杂诸多无关话题，最终偏离了面试问题。因此被认为讲话不得要领，逻辑思路不明晰。另外，回答任何问题时都应准确客观，不可编造谎言，夸夸其谈，炫耀自己，这只能使面试官心生反感。在回答问题时，切记对方问什么答什么，问多少答多少，尤为忌讳的是问少答多、问多答少。

最好用普通话进行交谈。普通话水平的高低直接关系个人形象，应尽量做到发音准确，吐字清楚，语速适中，语调不宜过高，但声音也不宜太小。

交谈时态度要诚恳、谦逊，避免给人咄咄逼人的印象，如果自己需提出要求，也应尽量使用不卑不亢、商量协商的语气，而不要狂妄自大。

切忌中途打断考官的谈话，随意插话，造成喧宾夺主这是极不礼貌的行为。

注意聆听他人。面试官说话时，一定要用心倾听，不要东张西望，显出一副漠不关心的姿态。

面试礼仪是面试成功的重要法宝之一，面试时彬彬有礼，会给主考官留下良好的第一印象。

初入职场的注意事项

二十几岁的年轻人，大多刚刚走向工作岗位，人生的角色发生了重大的变化，这是一个人开始走向独立和成熟的标志，同时也是一种艰辛的转变。要适应这种转变，让自己顺利开启职场的成功之门，就必须熟悉职场的礼仪，做到胸有成竹。

1. 办公室仪容礼仪

在工作期间，最好穿工作装，即便企业没有统一配发工作装，也不能穿着太随意。

(1)对男士的要求。衣、裤袋口整理服帖，不要塞东西使口袋鼓胀，否则会破坏服装的整体形象。衬衣袖口可长出西装外套0.5～1厘米，但不能过长，不然会显得局促而缚手束脚。衬衣领口整洁，纽扣扣好；领带要平整、端正；裤子要烫直，折痕清晰。裤型不紧不松，合身妥帖，长及鞋面。鞋不能破损，鞋面要擦亮，不要留有碰擦损痕。鞋底与鞋侧均要保持清洁。

男士的发型要大方，头发长短适中，干净整洁，无汗味，没头屑，不抹过多的发胶。脸上皮肤不要太干涩或油光。养成经常剃须的好习惯。手要清洗干净，指甲剪短并精心修理，手指头没有多余的手指死皮。

(2)对女士的要求。穿商务套装显得干练，是女士的首选。如果穿齐膝一步裙，裙子不要太短、太紧或太长、太宽松。领口整洁，衬衣领口不能太复杂、花哨，可佩戴精致的小饰品，如点状耳环、细项链等，不要佩戴太夸张太突出的饰品。鞋的款式大方简洁，没有过多装饰，保持鞋面洁净。

工作期间宜化淡妆、施薄粉、描轻眉、唇浅红。头发应保持干净整洁，不要过多使用发胶，发型大方、得体，前发不要遮眼遮脸。指甲精心修理，造型不要太过怪异，不能留太长的指甲，可用白色或粉色的指甲油。

2. 工作期间的礼仪

(1)积极诚恳地去工作。诚恳踏实地工作能弥补职场新人在其他方面的不足。在工作岗位上，即使对自己的本职工作有些力不从心，也要全力以赴，如此才能赢得上司和同事的认可和尊重。工作一段时间后，刚入职场的新鲜感褪去，枯燥单调感袭来。这时，要保持积极的心态，主动热情地完成工作任务，而不能在别人的驱使下被动地工作。一个合格的新职员，在工作中不但要有持之以恒的决心，也要有后来居上的雄心，只有这样才能在众多职员中脱颖而出。

(2)从一点一滴做起。刚刚步入职场，你可能只能做一些诸如打电话、打印文件之类的琐碎小事。在这期间，你可能感觉不到自己能力的提高，但是你要明白，几乎所有人都要经历这个阶段，这个阶段是卧薪尝胆的过程，更是追求成功的起点。一屋不扫何以扫天下，在职场，只有从一点一滴做起，才能在以后的发展中步步高升。

(3)不断提高自己的素养。想要在职场中立于不败之地，就要依靠自己的勤奋和智慧。多要向身边的人学习，挖掘自己的潜力，不断汲取前进的力量，努力提高自己的素养，这样才能在职场中游刃有余。

(4)切忌道听途说。面对职场中的小道消息要学会谨慎处理，最好远离那些喜欢谈论别人是非的人。面对流言蜚语,要学会独立思考,不能添油加醋。不要参与职场中的钩心斗角,做好本职工作,得到上司和同事们的认可才是关键。

3. 初入职场的礼仪禁忌

很多职场新人,不能很好地和同事相处,无法快速融入企业环境,给自己的工作带来了诸多困扰。以下一些礼仪禁忌可能是造成这种困扰的主要原因。

(1)唯我独尊。现在的社会鼓励个性发展,但是企业强调的是团队精神和严格的工作纪律。很多工作都需要用集体的智慧和力量去完成,企业需要的是团队的默契配合,而不是个人的独秀乃至个人英雄主义。无论你多么优秀,没有伙伴的配合和支持,成功是不可想象的。所以,不要把自己孤立起来,封闭自己只会堵死前进的路。

(2)假装"成熟"。很多职场新人,生怕别人小瞧自己,说自己是新手;还有的人以为到了一个全新的环境,没有人了解自己的过去,可以把自己的瑕疵掩盖起来。事实上,缺点是掩盖不了的,比如你在人际交往中是否有经验上的欠缺,会在工作中体现出来。你越想掩盖,就越容易暴露自己的短处,如果不能有意识地弥补这些不足,必将受其掣肘。所以,不要假装"成熟",而应正视自己的缺点,针对性地对其进行改进,反而能深受其益。

(3)自视清高。初入职场,来到完全不同的环境,之前的"精英"意识还有待现实的检验,学历、奖状未必就是可靠的资本。摒弃偏见以平常心看待工作和同事。要时刻问自己"你可以为团队做什么贡献?"而不是总急于表现自己。另外,高学历带来高期望,一旦达不到企业的期望,带来的会是更大的失望。还有,不要看不起学历比你低的同事,而应该秉着"先来者为师"的态度,多向他们请教,学习他们比自己高明的地方,有益无害。

(4)只对自己人礼貌。一些职场新人本来认识、熟悉的同事就少,为了尽快拉近和他们的关系,常常对他们表现得谦恭有礼,而对公司其他不认识的同事则"视而不见",这是很失礼的。这不利于公司的团结,从礼仪的角度讲,所有人都是平等的同事关系,应该对他们一视同仁,对所有的人都以礼相待。

(5)看高不看低。一些职场新人觉得,老板和上司才是掌握自己命运的人,只要和他们搞好关系,自己就前途广阔,其他人尤其是职位比自己低的人则无关痛痒。殊不知,这种想法会让你成为孤家寡人。事实上,你身边的每个人都可能成为你事业上的贵人。

(6)让老板或上司提重物。跟老板或上司出门洽谈业务时,提重物的活你要尽量代劳,男女同事一起出行,男士们应该表现出绅士风度,帮女士提提东西,开关车门,这些贴心的举手之劳,将会为你赢得更多人缘。

(7)使用公共设施缺乏公共观念。公司里的一切公共设施都是为了方便大家,以提高工作效率,比如电话、传真、复印机等,要特别注意爱惜保护它们。不要在工作时间里聊天,以免影响他人工作,也不要利用单位的公共设施办自己的私事。

(8)随便挪用他人东西。未经许可随意挪用他人物品,事后又不打招呼的行为,是非常失礼且缺乏教养的。这会给同事留下特别不好的印象,会让人产生防范心理。

(9)偷听别人讲话。这在任何时候都是极其不礼貌的行为,尤其是在办公室。两眼紧盯打电话的人,竖着耳朵听,会使自己的形象大打折扣,而如果偷听的内容涉及商业信息,还可能使你惹上大麻烦。别人在打电话或聊天时,最好暂时回避一下。如果想要学习同事的办事技巧,可以另找机会当面求询,偷听电话绝对是最低级的手段。

(10)对同事的客人表现冷漠。无论是谁的客人,只要踏进了你办公室的门,就是你的客人,而你就是主人。做主人的,冷着脸把客人推掉,或不认识就不加理睬,都是有失风度和有违教养的。

岗位走向工作是一个人开始走向独立和成熟的标志,同时也是一种艰辛的转变。

职场称呼须知道

职场称呼妥帖，不仅可以增进人际关系，而且可以提升自己在他人心中的形象，反之却会为人际交往设障。对称呼的巧妙用心，会为职场带来不少乐趣，也缩短了人与人之间的距离。事实上，这也是许多职场中人迅速打开局面，积攒人气的职场催化剂。

1. 职务性称呼

以交往对象的职务相称，以示身份有别、敬意有加，这是一种最常见的称呼方式。可以直接称职务；也可以在职务前加上姓氏；当然还可以在职务前加上姓名。此种称呼适用于极其正式的场合。

2. 职称性称呼

对于具有职称者，尤其是具有高级职称者，在工作中宜直接以其职称相称。称职称时可以只称职称；在姓氏后加上职称，在姓名后加上职称。用于比较正式的场合。

3. 行业性称呼

依对方所从事行业称呼。对于从事某些特定行业的人，可直接称呼对方的职业，如（老师、医生、会计、律师等），也可以在职业前加上姓氏、姓名。

4. 性别性称呼

对于商业、服务业的从业者，一般约定俗成地按性别的不同分别称呼“小姐”、“女士”和“先生”。

5. 姓名性称呼

直接称呼对方姓名，一般限于同事、熟人之间。

对称呼的巧妙用心，会为职场带来不少乐趣，也缩短了人与人之间的距离。

职场会议礼仪

在召开会议前、会议中和会议后应注意一些事项，即会议礼仪，因为在这种高度聚焦的场合，稍有不慎，会严重损害自己和单位的形象。

1. 会前礼仪

首先会议开始之前应该了解会议的时间、地点、与会人员、讨论的问题等，做好必要的会议准备；其次，穿着整洁、仪表大方会让你显得很得体，女士尤其要注意选择端正、素雅的发型，并且化淡妆，不要使用香气过于浓烈的化妆品。另外，最好准时或者提前一点入场，进出有序，依会议安排落座。

2. 会议座次礼仪

一是环绕式。即不设立主席台，座椅、沙发、茶几摆放在会场周围，没有明确具体的座次尊卑，与会者在入场后自由就座。

二是散座式。室外举行的茶话会常用散座式排位。它的座椅、沙发、茶几四处自由地组合，甚至可依与会者个人要求而随意安置。如此容易形成一种宽松、惬意的社交环境。

三是圆桌式。即在会场上摆放圆桌，与会者在周围自由就座。圆桌式排位又分下面两种形式：一是人数较少时，仅在会场中央安放一张大型的椭圆形会议桌，而请全体与会者在周围就座。二是在人数很多的情况下在会场上安放数张圆桌，请与会者自由组合。

四是主席式。即在会场上，主持人、主人和主宾被有意识地安排在一起就座。

要注意的是，如果参加一个排定座位的会议，最好等导引将自己引导到座位上去。通常离会议门口最远的桌子为主席位。主席两边是为参加公司会议的客人和拜访者准备的座位或是给高级管理人员、助理坐的，以便能接受指示、协助主席完成在会议中需要做的事情。另外，一般情况下，业务会议不应区分性别，不应安排男女相对而坐。

3. 保持安静

开会是工作的一部分，也要体现职业素养和工作态度，体现对发言者和与会者的尊重。所以，开会期间要保持安静，不要交头接耳，不要擅自离席，尽力保持认真听讲的姿态。应极力避免瞌睡、心不在焉、接打电话、来回走动以及和邻座交头接耳等行为，这些都是非常不礼貌的。

4. 适时鼓掌的礼仪

公司内部工作会议的主要内容是研讨业务、制订计划和发展规划，不可能像看演出那么精彩。但是，鼓掌作为一种礼节，是对发言者的认可、鼓励和赞赏，恰到好处的鼓掌是会议的润滑剂。鼓掌的时机一般在发言者有较长时间的停顿，发言出现高潮，发言结束三个时段。切忌乱鼓掌，甚至鼓倒掌，更不要在鼓掌时伴以吼叫、吹口哨、跺脚和喧哗起哄等行为，这些都是极其失礼的。

最后，还要注意以下事项：发言时不可长篇大论，滔滔不绝（原则上以 3 分钟为限）；不能从头到尾沉默到底；不要尽畅谈一些期待性的预测；不能做人身攻击；不要随便打断别人的发言；不要不懂装懂，胡言乱语；不可对发言者吹毛求疵等，这些都是要尽力避免的失礼行为。

在召开会议前、会议中和会议后应注意一些事项，即会议礼仪，因为在这种高度聚焦的场合，稍有不慎，会严重损害自己和单位的形象。

注重办公室形象礼仪

在同事面前以一个良好的形象出现，不但可以突出自身品位、修养，还可以增加个人魅力，获得他人好感。因此，一定要注意办公室形象礼仪。

1. 表里如一

一个人要由内而外，表里如一。人们尊重内外一致的人，唾弃两面三刀、心口不一的人。要做到这一点，需要注意下面几个方面。

（1）调节心情，保持身心健康平衡，养成良好的生活习惯。

（2）安分守己，坚持原则。

（3）不断地给自己“充电”，独立思考，不从众。

（4）态度真诚，礼貌周到。

（5）熟悉礼仪，进退有节。

2. 用幽默展现真实的自己

职场内部，同事和领导更欢迎开朗、热情幽默的人。因此，在日常的言谈中，适当地使用一些幽默的话语，能让你迅速打开交际局面，使气氛轻松、活跃、融洽。在出现意见有分歧的难堪场面时，幽默、诙谐可在很大程度上缓解紧张的气氛，使朋友、同事摆脱窘境或消除敌意。此外，幽默是含蓄地拒绝对方要求或进行善意批评的一大法宝。

3. 多使用谦称

谦虚的态度最容易被他人接受，可以用“敝公司”、“本公司”、“本店”或“我们”作为谦称来指代自己的公司。用姓加职务称呼公司同事，如“张经理”、“李科长”、“王秘书”、“赵主任”等。无论在什么场合，多使用一些谦称对自己没有任何坏处。要知道，人际交往中最受欢迎的称呼就是谦称。

值得注意的是，一定不要将职务搞错，如果你是公司的新职员，对某些同事的称呼不是很了解，可以向资历较深的老同事请教。平时遇到人事变动，同事和上级的头衔可能会更改，对此也要多加留心，否则会容易得罪人。

4. 求人帮忙礼为先

求人帮忙时，要事先了解当时的情况和对方的情绪，仔细斟酌所求之事别人是否能替你办到，会不会令对方感到为难。求人帮忙时还要充分考虑事情的性质，所求之事只是简简单单的公事，不妨直截了当地告诉同事。如果所求之事需要与其他部门合作才能办成，此时一定要请示自己的上司，得到批准后再去实施。如果是私事，切勿强人所难，一定要考虑对方是否有能力帮你解决，不要增加他人的负担，以免出现尴尬的场面。请他人帮忙时，务必把所托之事说清楚，把详细资料交到对方手上。许多人认为求人办事难，其实，只要找对人，加之遵守一定的礼仪规范，求人办事也可变成一件容易的事。请求别人办事时，态度要平和，不卑不亢，不要唯唯诺诺、点头哈腰。

5. 巧妙拒绝，礼仪开路

“不”虽然好写，发音也简单，但并不容易说出口，许多人认为拒绝别人，一般都会使人感到失望。的确如此，但该拒绝时还是应该果断地说“不”，只是要讲究一定的方式方法，注重礼仪的运用。态度一定不能过于生硬，语气一定要柔和，语言一定要婉转，否则会伤害求人者的自尊心。

（1）拒绝非本部门同事的请求。本公司其他部门的人求你帮忙是工作中常发生的事，如果你无法答应对方的请求，可以说：“对不起，我真的是没有空，手头还有很多事情等着处理，不能为你效劳我感到非常抱歉。”如果对方所托之事是公事且需要多人合作才能完成，这种情况下就可以直接向对方说明：“很抱歉，我无权处理这件事情，请与我们领导协商吧！”这样一来，对方既不会觉得没面子，也不会对你产生什么负面的看法。

（2）拒绝他人时注意应有的礼仪。回绝时切忌面无表情，语言粗鲁，口气生硬。不要在没有听完对方请求的情况下就断然拒绝，对方等待你的回答时，不要让人空等或使用模糊性语言搪塞。要掌握拒绝时的相关礼仪，以免被认为是没有修养。

6. 办公室的礼仪禁忌

除了家之外，办公室可能是人们停留时间最长的地方。所以，也应该像爱护自己的家一样爱护办公室。但是，办公室成员和家人又是有区别的。因此，要注意一些办公室礼仪方面的禁忌，不要因为失礼而破坏良好的同事关系。

（1）忌在办公室内大声说笑。在办公室聊天、谈论工作以外的事情常被认为是失礼的行为，如果你说到高兴处，肆无忌惮地又说又笑，甚至手舞足蹈，必然会影响到那些正在埋头工作的同事，这很容易招致其他人的反感。

（2）忌同事之间咬耳朵。大家一般认为，咬耳朵必定是什么见不得人的事情。在众目睽睽之下与同伴耳语是很不礼貌的事，耳语常看作是对在场其他人士不信任和防范的行为，不但会招致别人的注视，而且对你的教养也有损害。

（3）忌对同事的私事说长道短。每个人都厌恶自己的隐私被别人说三道四，饶舌是一种缺乏风度教养的行为。若在社交场合说长道短，揭人隐私，必定会惹人反感，让人“敬而远之”。

（4）忌喋喋不休地讨论自己的健康状况。只有你的亲朋好友才会对你的健康检查或过敏症感兴趣。不要无休止地谈论自己的身体情况，也不要追问他人的健康状况。有严重疾病的人，如癌症、动脉硬化、关节炎等，通常不希望自己成为谈话的焦点。

（5）忌不合时宜地谈论有争议性的话题。在不清楚对方立场的情况下应谨慎地避免谈及一些具有争论性的敏感话题，如宗教、政治、党派等，这容易引起双方抬杠或对立僵持的状况。

（6）忌表情苦闷。表现出你的风度，即使你今天的心情非常低落，也尽量保持微笑。没有人愿意看你的苦瓜脸。你低落的情绪，无疑会给办公室蒙上一层灰霾的色彩。

（7）忌办公桌杂乱无章。保持办公桌整洁，尽量少放一些与办公无关的物品。不要在办公桌上摆放随身听、食物、镜子、化妆品等太多私人物品。更不要超范围将文具、文件放到邻桌。此外，办公桌下面也不要摆放无用的物品，并且要经常进行清理，将自己的物品摆到办公桌旁边的过道更是非常无礼的表现。

（8）忌在办公室闲聊。工作时，不要和同事闲聊与工作无关的事情。在盥洗室、开水房、吸烟室等非办公区域,也不能凑在一起闲聊,这种闲聊等同于怠工。尽量放小说话的声音,不能影响办公室中其他人的工作。

(9)忌在办公室吸烟。在不允许吸烟的场所千万不要吸烟。在可以吸烟的区域,首先要征得他人的同意才可吸烟。另外,要注意环境,不能随手乱弹烟灰、扔烟头,不小心弄脏东西应当立刻清洁,免得给别人造成麻烦。

(10)忌谈论东西的价钱。不要炫耀自己的物品,也不要追问别人衣服和饰物的价钱,这都是不礼貌的行为。

(11)忌谈过时的主题。避免谈论那些会使人在心里想"又来了"的话题。

(12)忌说没有品位的笑话。无聊的笑话让话语者显得没有品位和情趣,且常说无聊笑话的人会被贴上缺乏自信和无能的标签,因为他们只有用这种方式才能吸引别人的注意力。

(13)忌传播别人的谣言。工作中常有很多机会散布对他人前途不利的谣言,谣言止于智者,请记住:无论是添油加醋,还是这些内容可能都是真的,一旦说出口都会对他人造成伤害。

在同事面前以一个良好的形象出现,不但可以突出自身品位、修养,还可以增加个人魅力,获得他人好感。

接打电话也有礼仪

电话是现代通讯的主要工具,它具有传递信息迅速、使用方便、效率高的特点,所以被推广到各个领域。一个人工作能力的强弱可以从他对电话礼仪的掌握程度得到体现。

1. 打电话的礼仪要诀

(1)时间。上午 8:00~11:30、下午 2:30~5:30 是打电话的最佳时机。除非有紧急事件,否则尽量选择最佳时机打电话,以免打扰别人休息。同时,还应注意各个国家和地区的时间差,以便选择合适的时间进行电话联系。

(2)文明性语言。在电话交流中,语言是表情达意、增进感情的载体,文明得体的语言能够突显出一个人的文化修养与素质,因此要特别注意文明性语言的使用。与对方通话时,要彬彬有礼、热情大方。如不小心打错电话,不要一惊一乍,抱怨生厌,然后"啪"地挂掉电话。这时,应该及时向对方真诚地道歉:"非常抱歉,我打错电话了,请您见谅。"然后,再挂掉电话。如果态度生硬,没有礼貌地挂掉电话,会被认为不懂礼貌。

(3)致告别语。电话交流结束以后,接听者要等打电话一方首先提出告别语。如果对方是长辈、上级、贵宾或女性,应等对方挂掉电话以后,再将话筒放下。否则,对方会觉得你不懂得礼仪。

(4)语气与情绪。在电话交谈过程中,一个人的语气、语调可以传送细致微妙的情感。不要让不良情绪影响打电话的效果。打电话前应调整好情绪,切忌急躁、烦恼、不安,否则会影响对方的情绪,进而产生不舒服的感觉。保持良好的心情,这样即使对方看不见你,也会被你欢快的语调所感染,对你形成一种极佳的印象。由于面部表情会影响声音的变化,所以即使在电话中,也要抱着"对方看着我"的心态去应对。

(5)控制打电话的时间。提前打好腹稿,打电话时,以最短的时间表达你想传达的意思,整个过程中要保持轻松、友善的态度,然后礼貌地结束。电话交谈所持续的时间以 3~5 分钟为宜。如果此次谈话需要的时间较长,应先征询对方的意见,确定对方方便才步入正题,否则需另约时间。

(6)环境因素。不要在嘈杂的环境中打电话。旁人的说笑声、吃东西的声音还有其他嘈杂的声音不仅会影响倾听效果,更会令接电话者产生厌烦的情绪。

(7)求人办事,要承担电话费。如果你需要求某人帮你办事,请将电话打过去,主动承担电话费。例如,身在北京的你打电话给上海的一个朋友请其帮忙,他刚好没有时间或不在,这时你应该另选时间打电话，而不能要求对方给你回电话。有求于人还让对方承担电话费，是很不适宜的。

2. 接电话的注意事项

(1)铃响即接。随着现代社会工作节奏越来越快，业务越来越繁忙，一个办公桌上摆着两部电话是很常见的，一般要在电话响过三声后准确迅速地拿起听筒接听。电话铃声响一声大约3秒钟，若长时间无人接电话，对方久等容易产生厌烦。即便电话离自己很远，听到电话铃声后，如果此时附近没有其他人，也应该用最快的速度拿起听筒。如果电话铃声响过五声才拿起话筒，应该先向对方道歉。否则只是“喂”了一声，对方会感到十分不满，而且怀疑你的工作效率，只会留下恶劣的印象。

(2)准备好笔和本。如果有重要事务或电话号码需要记录，而身边没有纸笔时不但会耽误时间、工作，而且会让对方觉得你业务水平不足。所以应在电话机旁准备本子和笔，以免需要时现场翻找，耽误时间。

(3)口齿清晰。口齿清晰、言语简洁是接听电话的基本要求。嘴里不能含东西，也不可一边接电话一边吃东西，这会让对方觉得你不重视他。谈到人名、地名、数字或重要的句子时，应放慢速度，最好向对方确认，必要时重复一遍，方便对方记录。倘若对方向你询问一些一时不好解答的事情，可以婉转地转移话题或另约时间，以免说错话或得罪人。

(4)接听电话要专注。接听电话时，要全神贯注地倾听。不要一边看电视、报纸、杂志一边接电话，这样会让你错过一些重要的信息。当你再次询问对方的讲话内容时，对方会认为你是有意怠慢他，对他不够尊重。

(5)殷勤转接。当对方要找的人是自己的同事时，应让对方稍候，然后迅速地帮对方找接话人。如所找之人不在时，不要直接挂掉电话，应向其说明情况，请对方稍后再拨。如对方需要，可代为传达信息，并准确做好记录。如对方不愿意留言，应即时结束对话，切勿刨根究底，以免失礼于人或引起不必要的麻烦。

如果发现对方拨错了电话，不要显出不耐烦或责怪的语气，而应向其解释，告之本单位或本人是谁。可能时，不妨告诉对方所要找的正确号码或予以其他帮助。

掌握电话礼仪是一个出色职业人的必备技能。

转接电话有学问

工作中常需要替别人转接电话。转接电话看似是为别人提供帮助，但如果不注意礼仪，随性而为，可能会适得其反，好心做坏事，甚至招致别人的怨言。所以，帮人转接电话也要注意礼仪。

1. 转接电话的基本礼仪

(1)接电话的语言要始终如一。有的人接电话时很客气，会留意自己的语言：“您好，请问您找哪位?”一放下电话找人时，就变成了“嘿，小王，一个大妈找你”、“有个外地口音的家伙找你”。记住前后务必要用同样客气的方式叫人，可尽量用手捂住话筒让对方听不到，但是最好不要这么做。

(2)转接要迅速，需要让对方长时间等候时，一定要说明。如果对方要找的人不在，要及时告诉对方。不要一面让人等着，一面撂下电话就找人聊天，把找人的事忘个一干二净。

(3)不要一转再转。最好帮对方直接转接或者直接把对方要找的人找来，没有条件的话，可以告诉对方一个能直接接通或者很容易转接到的电话号码，不要一转再转。这样既耽误时间，又容易误事。

(4)如果对方要找的人不在，应尽量做好电话记录。比如什么人、什么时间打的电话，要说什么事情(当然，如果对方不方便透露，也不要追问)，对方有什么要求(比如一回来马上回电话，还是直接到什么地方办什么事情等)。很多人经常忘了记录,或者记录不完整,能够转达的信息很有限,容易耽误他人的事情。

(5)在确认对方的姓名时,要尽量用褒义词语,如,某人姓孙,可以问:“是孙中山的孙吗?”不要用习惯用语,更不能用含贬义的词语,如,“您是张冠李戴的张吗?”这些都会引起对方的不快。

(6)转接电话时,你经常不能确认对方的身份及其与要找的人的关系。这时如果对方要求你告诉他要找的人的电话,在未经要找的人的同意时,不能将他的电话号码告诉对方。否则可能严重干扰到要接电话者的工作或生活。

(7)如果对方要找的人不在,你可以请对方隔一段时间或改天再打,或者想法子为对方做补救措施。

(8)如果转接不当,导致断线,应该在对方再次打来时说明情况并道歉致意。

(9)帮别人转接了电话,无论什么情况,都不要胡乱猜测打电话者和接电话者之间的关系,更不要捕风捉影,散布闲话,否则既显得没有教养,还会破坏正常的人际关系。

2. 转接电话的禁忌

(1)大声招呼别人接电话。无论要找的是同一个办公室的同事还是其他办公室的同事,在转接电话时都不要大声招呼对方接电话。否则,既会让接电话者难堪,也会影响其他人的工作。这是很失礼的行为。

(2)把电话里的情况描述给要接电话的人听。有的人会同要接电话的人说:“是个小姑娘,声音娇滴滴的,是你对象?”这是不礼貌的。一方面对方既然在,接了电话自然知晓是什么人找他,另一方面,你这样的描述和询问本身就是对别人隐私的干涉,容易造成别人的反感。

(3)审问打电话的人。有些人在接听电话时喜欢对对方严加审问:“你是谁?你是哪个单位的?你跟他什么关系?你怎么知道这里的电话的?”问这些与你无关的问题,是非常没有礼貌的。

(4)主观臆测,传播小道消息。有些人喜欢在转接电话后猜测打电话人与要找的人的关系、打电话来的缘由,不仅自己猜测,还将自己的想法告诉给其他同事,最后传得人人皆知,闹得沸沸扬扬。这种做法缺乏道德,是礼仪中的大忌。

3. 电话洽谈的礼仪要求

掌握了电话礼仪,可以扩大人际关系,塑造自身形象,进而让自己成为一名优秀的职业人,获得老板的重视、赢得晋升机会。电话洽谈时应注意以下几个方面的礼仪。

(1)控制时间。没有人喜欢接又长又啰唆的电话。所以,在电话洽谈时,一般不超过15分钟,必须迅速地进入正题,以免对方产生不耐烦心理,影响工作质量。一般情况下,简单地自我介绍后,就应该立刻切入主题。

(2)扬己之长。电话销售时,要将自家商品或服务内容作一个简短而生动的介绍,将最吸引人的内容在最短的时间里传达给对方,让对方了解到该产品或服务与众不同的地方。特别要注意,不要贬低别人的商品,这很可能适得其反。

(3)时刻掌握主动权。让对方牵着鼻子走是电话洽谈的大忌,这会让自己处于一个非常被动的局面。要有随机应变的能力,当事情朝着对自己不利的方向发展时,应寻找恰当的理由挂断电话,以免造成不必要的麻烦。如果对方逼迫你就某一问题做出答复时,你可以告诉他,等到见面时必定给他一个合理的答复,争取回旋的时间和机会。

(4)不轻言放弃。电话洽谈本身的难度决定了其较低的成功率,如果第一次没有成功,不要轻易放弃,继续和对方约定下次洽谈的时间,不要急于求成,更不能丧失商谈的勇气。

(5)避免敏感问题。政治问题、个人隐私、宗教信仰等比较敏感的问题不宜出现在电话洽谈中,不要为抬高自己而贬损其他人,也不要说一些毫无边际阿谀奉承的话。

4. 接打手机的礼仪

手机响了,应该立即接起。接打手机,应先报自己的姓名。正与人谈话而非得接听手机的话,请说:“对不起,我先接个电话。”

为方便他人和自己，尽量不要关机，也不要不接听电话。不宜在狭窄的公共场所（如电梯、人行道）打手机。

在聚会时应关机或调整手机为静音状态，尤其注意不要接打电话。但如果拒接打进来的电话是非常失礼的，这时可以在接电话后小声说明自己正在忙，等会给对方打过去。

逢年过节给亲朋好友发短信祝福时，最好根据所发送人的特点，编写有个性的短信，不宜一味地群发流行短信。

手机开机时就要随身携带，把手机放在能随手拿到的地方。千万不要手机响了，翻箱倒柜、遍寻不着，最后好不容易找到了，对方也挂断了。

自己的手机自己接，不要让家人、朋友当接线员，更不要无事生非替别人接手机。信号不强时，最多“喂”三次就请放弃，不要“喂”起来没完没了。

在以下场合请保持手机关机：

开会；听音乐；上医院；乘飞机；图书馆内；演讲；典礼仪式。

铃声要与场合相适宜。成年人不宜用搞怪的铃声，否则容易造成尴尬。手机铃声的音量调到自己能听见为宜。

开车时打手机必须装上免提。

在没有得到对方许可的情况下，不要用手机进行拍照，这不仅是非常不礼貌的，还侵犯了他人隐私权。

更改号码时应在第一时间以各种方式让朋友知晓。

转接电话如果不注意礼仪，随性而为，可能会适得其反，好心做坏事，甚至招致别人的怨言。

如何与同事相处

身在职场，与同事相处得如何，是融洽、和谐，还是经常发生摩擦，这会直接关系到自己工作和事业的进步与发展。

1. 尊重同事

相互尊重是处理好任何一种人际关系的基础。工作中也应时刻记住，要给同事以足够的尊重，给同事的个人喜好和习惯以足够的空间。同事关系不同于亲友关系，亲友之间一时的失礼，还可再打亲情牌，而同事之间的关系是以工作为纽带的，一旦失礼，创伤难以愈合。

处理好同事之间的关系，尊重是很重要的。不在背后议论同事的隐私，这也是尊重同事的表现。每个人都有隐私，隐私与个人的名誉密切相关。在私底下讨论别人的事情，会损害他人的名誉，双方的关系也会朝着不好的方向发展。

2. 金钱往来清楚

在工作期间，可能要向同事借钱、借物，不管借的内容如何，都要尽快还清，如果所借金额较大，应该主动提出给对方打张借条，使双方之间能更加信任。如果所借钱物不能及时归还，一定要特意说清楚。在物质利益方面，千万不要妄图占同事的便宜，否则会大大降低自己在同事心目中的地位，对以后的工作也没有好处。

3. 学会帮助

无论是在生活上，还是在工作中，倘若同事有难，最好及时地询问，并且尽力提供帮助。同事有困难，一般会第一时间求助亲朋好友，但作为同事，应主动问讯。对力所能及的事情应尽力帮忙，这样会增进双方之间的感情，使关系更加融洽。所以，当同事有难，千万不要吝惜自己对别人的关心。

4. 学会主动道歉

工作中同事相处时间一长，误会在所难免。如果出现误会，最好主动言和，征得对方的谅解；对双方的误会应主动说明，切不可小肚鸡肠，耿耿于怀。只有以真诚之心对待同事，同事才会更信任你。

5. 用幽默缓解尴尬

在工作期间，有时会出现一些尴尬的气氛，双方也都不是很轻松，这时候幽默的言辞能发挥独特的作用。想让幽默化解工作中的尴尬气氛，也需要恰到好处，不要做出伤害对方的事情。

身在职场，一定要与同事好好处理关系，只有与同事和睦相处，才能顺利开展工作。工作不同于生活，同事不同于朋友，在与同事发展友谊时尤其要谨慎，有几类人不能加深交往。

（1）被上司视为“眼中钉”者

当你进入一家公司以后，随着对公司的进一步熟悉，也会认识各种类型的同事。但是如果你发现上司将某个或某些人视为“眼中钉”，那么你一定要小心行事，不要与这样的人走得太近，否则，你也可能会受到牵连。不过，你不与之深交，也不宜故意给他们难堪，只需要保持适当的距离即可。

（2）爱占小便宜者

有的人特别爱占别人好处，他们总以为“顺手牵羊不算偷”。公司里的一些小东西，如签字笔、打印纸以及其他的办公文具等，他们就随手拿走。虽然这些文具物品对整个公司来说微不足道，但一旦被老板知晓，这些人绝不会有好下场，甚至会身败名裂，更谈不上在公司站稳。这种爱占小便宜的行为看起来问题不严重，但公司一旦有较严重的事件发生，上司就可能怀疑到这种人身上，所以身在职场，一定要学着保护自己，离这些人远一些为好。

（3）交浅言深者

倘若你刚进公司，可以通过工作上的需要和平时的闲谈来拉近与同事之间的距离，这无论是对你还是对你的同事，都能接受。但是与一种人交往一定要小心：刚认识你不久，便与你称兄道弟，有时甚至把他的苦衷和委屈也向你倾诉。可不要被他的言语所骗，这种人可能对你另有所图。

（4）喜欢搬弄是非的人

进入职场以后，随着时间的推移，你会遇到这种人，喜欢搬弄是非，整天挖空心思探寻他人的隐私，说上司对他的不好，哪个同事有外遇，等等。这种人在工作上马马虎虎，但却热衷于同事间的事情，有时也会挑拨你和同事间的感情。当你和同事真的发生不愉快时，他就只站在旁边静观其变，甚至拍手称快。

（5）经常传播小道消息者

若刚进新公司，你会发现有些人显得十分活跃，经常散播一些谣言，制造紧张的气氛。比如“公司面临破产”、“公司债务如何庞大”等，这些话不仅让同事们很不安心，还会影响大家的工作效率。公司领导对这种人更是深恶痛绝，如果要裁员，他们肯定是第一批的。所以，要与他们保持一定距离。

学会与人交际的礼仪和知识，处理好同事关系，营造融洽的职场氛围有助于提高工作效率。

如何与上司相处

作为职场新人，一定要把与上司的关系处理好，很多职场新人都为此伤透脑筋。其实，和上级处起来也比较简单，上下级之间只要以礼仪为桥梁，和睦、友好相处将不是一件困难的事情。

1. 尊重你的上司

在与上司交往的过程中，还是需要在一些礼节上下些功夫的。即使你的上司在能力、经验等各方面都不如你，也不要当面指责，更不要辱骂他。若对公司有意见一定要及时说出来，最好待之以礼，心有不服也不能当众羞辱上司，此举只会让你看起来不成熟，没有规矩，不懂礼节。

当众辱骂上司不但会让你的形象扫地，对以后的发展也无益。如果你的上司是那种不记前仇的君子，还好一些，只要当面道过歉，他原谅了你，就不会有什么事。如果你的上司是那种心胸狭窄的人，看起来他不记你的仇，实际上却会对你打击报复，处处找茬儿，那你的发展会很受阻。

退一步说，倘若你真把上司拉下马，这对你也未必是一件好事。因为你的所作所为全部被其他人看在眼里，从而认为你是一个"不懂得礼节、好斗、善斗"的人；除非你可以给他们足够的好处，否则别人都会防着你，因为他们怕不小心也被你斗倒。而更严重的是，你把上司"赶走"了，上级可不一定会重用你，因为你上司的下场就是他们的前车之鉴。他们怕和你接近，怕你也会给他恶果子吃，如此一来，唯一的道路就是辞职走人。如果你认识不到自己的缺点，相信到哪个单位都会吃亏。

如果你年轻气盛，不小心骂了上司，又不想离开公司，那么赶快向对方道歉，这是唯一能弥补的措施。虽然不一定有用，但不去道歉，后果是很糟糕的，辞职是你唯一的选择。

2. 和上司打招呼

与上司见面时，首先应热情主动地与上司打招呼，要微笑并主动大方，不要表情夸张或忸怩作态，更不要等上司来跟你说话，否则领导会觉得你很自大、目中无人。

如果当你想与上司打招呼时，正好上司在跟别人讨论，没有时间回答你的问候，你应该向上司微笑点头以示敬意。打招呼和相互客套不一样，打招呼比较简短，如"早上好"、"您好"、"您早"就已足够。不要拉开长谈的架势，倘若对方没有重要工作等着处理还好，如果对方急着做某事而你却喋喋不休地说起来没完没了，自然会招人厌烦，也扭曲了打招呼的实质。打招呼时最好不要问："您干什么去？您去哪里？"这种打招呼是不尊重他人隐私的。

3. 握手

与上司握手时，不可先伸手去握手，一定要等上级伸手后你再去迎合；要保持好握手时间，也不能过于用力，要让领导掌握时间和力度。工作中，和领导行握手之礼的时间并不固定，因此，一定要时刻保持右手干净。

不论上司是男性还是女性，欲和你行握手之礼，都要以十分之热情保持。你可以用双手与上级握手，但异性之间这样做不合适。

4. 各司其职

社会客观地赋予下属与上级这两者以不同的社会地位，因此各自做好分内的事，尤其是作为下属的职场新人，在工作上，不可越权。如果越权严重，就会导致上级领导的意图无法得到贯彻，不仅与上司的关系会恶化，也影响了与同事的关系。如果下级替代了上级，对其他同事的情绪也不利，影响工作秩序，妨碍领导职能的发挥，严重者会使一个单位出现混乱局面。下级一定要做事把握尺度，凡事不越位，各司其职，才能与领导和谐相处。

5. 正式场合使用正式称呼

下级对上级的称呼也很有讲究，正式场合还需要使用正式称呼。对上级的称呼应该严肃、认真，倘若你是新入职的员工，还不十分清楚各位领导的职务、姓名，在称呼领导前应向资深人士请教，他们一般都会告诉你的。

在正式场合，万不可使用简称，如对"王处长"称其为"王处"，对"张局长"称其为"张局"等，这样是不尊重领导的表现。在上级面前称呼同事或好朋友时，应该称其先生、小姐或直接称呼其名字，不能称"哥儿们"、"老兄"、"小鬼"等。当然，改称外号更是要不得的。

6. 做好本职工作，为上级出谋划策

倘若你想受到领导的欣赏，首先要做的就是出色地完成本职工作。对于一些简单的琐事，更要如期完成。否则，领导可能会把你看成是无能、愚蠢、懒惰之辈，这对以后的工作开展是很不利的。除了分内工作，也要把上司的参谋员做好。在日常的工作中，你要主动为领导排忧解难，积极地向领导提出建议。当领导遇到难处时，你若能体会到领导的处境，理解其难处，领导会被你感动。这样，上级既不会忘记"患难之交"，又认为你是他的"高参"。倘若上级青睐你，对你自己日后的升迁大有帮助。

7. 掌握与上级谈话的技巧

在与上级交谈的时候，除了要遵循一般礼节外，也要结合一下时空，你要弄清楚谈话的场所、时机以及谈话的背景，同时也要洞察领导的情绪，只有这样才能博得上级的欢心。下级在与上级谈话时应该时刻注意以下几点。

（1）选择好的时间、地点。同领导交谈，一定要把时间、地点安排好，使交谈时思想专注，心安气静。可以选择在办公室交流工作中较为严肃的内容，而与领导走在路上却只能谈一些简短的事情，因为时间有限。

（2）把自己真正想说的说出来，不绕弯子。说话要直爽，以最简洁的语言表达自己想要说的内容，别让领导很费解。

（3）运用适当的肢体语言。在上下级交谈时，可以适当地用手、眼、头的动作及面部表情表达言外之意，传达内心之情，效果会更佳。但是要把握尺度，肢体语言不宜过多、过大。

（4）与上级交谈时，不能沉默。上下级交流时，要有问必答，否则，会使气氛沉闷、压抑，领导也对你有意见，难免产生误解。

（5）保持自己的人格。下级与上级交谈时，要保持自己的尊严，即使有害怕心慌的心理，也要镇定。同时，要认真听上级说，不能心不在焉，更不要随意插话或打断讲话。

上下级之间只要以礼仪为桥梁，和睦、友好相处将不是一件困难的事情。

辞职须知

辞职只是从一个公司到另一个公司，不是决裂，要注意应有的礼仪，拿出你的风度，即使临走前，也要保持好形象。

1. 提前通知公司

一般情况下，公司在雇佣你的时候就会在劳动合同中约定，如果你要辞职，要提前半个月或者一个月通知公司，最好给公司以足够多的时间考虑。即使缺少硬性规定，你也应该提前几天告诉公司，以免你突然辞职导致公司职位空缺，给公司带来损失。让公司早点知道你要辞职，一方面可保证工作能继续有效干下去，另一方面公司也有时间补充相关的人员，尽量减小因为辞职而给公司带来的影响。这是基本的礼貌。

2. 辞职信不可缺

任何一个员工的辞职，对老板来说都是值得反思的事情，他最想知道的、最想看到的也是你的辞职理由。但是，有些真话说出来反而很伤人，不但让老板难堪，也会伤及自己，还不如写封辞职信，找一些别的理由，如“我要去进修”、“家里有事情要处理”等。当然，可以将不入眼的缺点提出，但是一定要切记，说法要委婉，更不要指名道姓，就事论事就足够了。

辞职信的格式一定要正确恰当，正确的格式如下：

标题。在申请书第一行正中写上“辞职申请书”。标题要醒目，字体稍大。

称呼。要求在标题下一行顶格处写接受辞职申请的单位组织或领导人的名称或姓名，随后跟上冒号。

正文。正文是申请书的主要部分，一般由三部分组成。

首先，要提出申请辞职的内容，直接明了。

其次，说明辞职原因。该项内容要求将自己有关辞职的详细情况一一列举出来，但要注意内容的单一性和完整性，要有逻辑。

最后，要写明自己提出辞职申请的决心和个人的具体要求，希望领导帮助解决的事情等。

结尾。写致敬话语,如“此致”、“敬礼”等。

落款。辞职申请的落款要求写上辞职人的姓名及提出辞职申请的具体日期。

另外,不管公司如何不好,你一定要记着感激他对你的培养以及同事给予的帮助,因为这家单位终究还是培养了你。

3. 站好最后一班岗

在提出辞职或者递交辞职信后,需一段时间才会有答复。别忘了,在这段时间里,你还是公司的员工,你需要站好自己的最后一班岗。很多人认为自己不再干了,以后和这个公司没关系了,就放松自己,马虎应付。这样单位对你的好印象也不再有,可能把你之前的功劳都抹杀掉。

此外,别以为马上要离开,有些话就可以说出来了,于是大倒苦水,宣泄长期积压的怨气。这是相当没脑子的做法,也是不礼貌的。明智的做法是,管好自己的舌头,控制好自己的情绪,不要抱怨,更不要炫耀。何况这些话如果传到当事人的耳朵里,也会让当事人很生气,为自己树敌一片。

还要注意,尽量清楚地交接自己手中正在使用的公物,不带走任何物品,你只拿走属于你的私人用品和你本人的名片,名片夹都无需拿。

4. 做一回好老师

从提出辞职后到和接替你的人交接工作,短则几天,长则一个月左右,甚至还会更久。在这段时间内,你需要把自己负责的工作交代得一清二楚。对于接替你的人,你要大方一些,做一回好老师,带带新人。你在职期间,有一定工作经验和资源,如果你带走这些资源,一方面可能会使新人无法开展工作,另一方面原单位也会很不放心。如果你主动把工作资源留下来,即使只是一小部分,单位对你也会有好印象。

另外,如果有必要,你还可以把工作职位说明和工作经验以文件的形式留给新人,使他能在短时间内熟悉业务,他会特别感动的。

5. 与原单位保持联系

有的人辞职了,觉得已无牵挂,于是断绝了和原单位的一切联系,这种做法是不妥当的。尽管你辞职了,但大家关系不错,所以经常打个电话或写封电子邮件回原单位,与老同事、老领导们叙叙旧,是一件惬意的事。再说,世界这么小,以后碰面,甚至合作的机会都是有的。另外,倘若在新单位有困难,也可以向老领导、老同事们请教,对自己也是很有帮助的。如果原单位需要你帮忙,你也尽量献出微薄之力,这样,你就会为自己赢得好声誉。

辞职也需要礼仪,临走前要保持好形象,站好最后一班岗。

第五篇 财富篇

第一章　树立正确的金钱观

自由需要物质基础

罗曼·罗兰曾说:“人不能光靠感情生活,人还要靠钱生活。”金钱是人立足社会的基本条件,没有钱,你将会失去做人的基本自由。

美国作家泰勒·希克斯在书中写道,金钱可以使人们在 12 个方面生活得更美好,即物质财富、娱乐、教育、旅游、医疗、朋友、退休后经济保障、更强的信心、更充分地享受生活、更自由地表达自我、提供从事公益事业的机会、激发你取得更大成就。

事实上,人类社会发展的过程也表明,金钱对任何社会、任何人都是重要的;金钱是有益的,它使人们能够做很多有益的事。个人在创造财富的同时,也在为他人和社会做着贡献。

随着现代社会的不断发展,人们对物质享受的要求日益提高,现实生活中,每个人都承认,金钱不是万能的,但没有钱却又是万万不能的。谁都想有宽敞的房屋、时髦的家具、现代化的电器、新款的汽车等,而这些都需要用金钱去购买。人们的消费是永无止境的,当你拥有了自己渴望得到的东西时,你会渴望得到更好的东西。

再没有比金钱更可以让人安心的东西了。或者银行里有存款,或者保险柜里存放着热门股票,无论那些对富人持批评态度的人怎样辩解,金钱的确能增强通过正当渠道赚钱的人的自信心。想想吧,只要你的钞票够多,你就可以周游世界,买任何钱能买到的东西。

随着一个人财富的增长,他的自信心也会随之增强,也就是“财大气粗”。拿破仑·希尔说:“钱好比人的第六感官,缺少了它,就不能充分调动其他的五个感官。”说出了金钱对于消除贫穷感的作用。

拿破仑·希尔还指出:“口袋里有钱,银行里有存款,会使你更轻松自在,你不必担心别人如何看你。如果有人不喜欢你,没关系,你可以找到新的朋友。你不必为几百块钱的开销而操心,你可以潇洒地逛市场,自由进出酒店。”

如果你渴望自由,如果你渴望表现自我,大可把追求金钱作为动力,这种动力也是强有力的刺激源。许多不以挣钱为目的的失败者会批判追求金钱的人,说他们是自私的。但不能否认的是,金钱是世界前进的原动力之一。

鲁迅先生曾说："我们有钱的时候，用几个钱不算什么，直到没有钱，一个钱都有它的意味。"诚然，一个人活在世界上，不能只想着赚钱，可囊中空空如也，也很难拥有思想的时间和空间。

用金钱制造快乐

现实生活中，没有钱寸步难行，然而有钱却不知如何合理消费，也是不行的。只有用钱来制造快乐时，才能使钱发挥自己的作用。正如托尔斯泰所言："财富就像粪尿一样，堆积时会发出臭味，散布时可使土地变得肥沃。"

安妮和弗兰克有5个孩子，经济拮据，而全家人在假日一定会去滑雪。为此他们要购置7副滑雪板、7双长靴、7副撑杆及每人的滑雪衫，还有别的开销。邻居们都认为安妮和弗兰克一家简直是疯子。

十几年后，邻居偶遇安妮，她的孩子们都已各自成了家。"当然，我们那时日子清贫，"安妮说，"但最近，一个儿子在来信中说，他怎么也忘不了小时候滑雪时的快乐。"

精明人往往精打细算地生活，虽然事事顾全了，但生活总觉无趣；而聪明人会把钱花在自己喜好的事情上，如果难以做到兼顾的话，他们先顾及重要的方面，而在其他的方面缩减一下。

有些人在把钱花在那些能为家庭和自己的生活增加乐趣的事情上时，总是犹犹豫豫，只想着攒钱备荒而错失了生活的许多美好。其实，他们这是只知紧摸手中的麻雀，而忘了逮野地里的孔雀。

正如托尔斯泰所说的那样："钱只有在使用时，才会产生它的价值，如果放着不用，就根本毫无意义。"要让金钱为你所用，而不要做守财奴，这样的人生才是快乐的。只要有眼光，看准了那些能使你幸福的东西，就应用金钱去获取它，因为只有当金钱能使你获得幸福时，它才是最有价值的。

正如托尔斯泰所言："财富就像粪尿一样，堆积时会发出臭味，散布时可使土地变得肥沃。"

享受金钱带来的幸福

金钱并不是唯一能够满足心灵的东西，虽然它能为心灵的满足提供一些途径，但在现实生活中，你却不能只顾享受金钱而不去享受生活。片面享受金钱只会使人堕落，而享受金钱带来的幸福却能够让人身心满足。片面享受金钱会使自己的生活主题只有"金钱"两个字，整天为金钱所困惑，为金钱痛苦难过，生活成为围绕一张钞票而上演的闹剧。懂得享受生活的人不在乎自己有多少金钱，问题在于自己能否处处感悟到生活。享受金钱带来的幸福的人会感觉人生是无限美好的，生活也越过越有意思。

美国石油大王洛克菲勒出身贫寒，在他创业初期，人人夸奖他年轻有为。当黄金像流出的火山岩浆一样进入他的腰包时，他变得贪婪、冷酷，深受其害的宾夕法尼亚州油田附近的居民对他深恶痛绝。有的受害者做了他的木偶像，亲手将"他"处以极刑，无数充满憎恶和诅咒的威胁信涌进他的办公室，甚至兄弟们也开始讨厌他，而特意将亲属的遗骨从洛克菲勒家族的墓地迁出，说："在洛克菲勒支配下的土地内，我的亲人变得像个木乃伊。"

由于洛克菲勒为金钱操劳过度，身体状况很差。医师们终于向他宣告了一个可怕的事实：以他身体的现状，最多可以活够50岁，并建议他必须改变拼命赚钱的生活状态，他必须在金钱、烦恼、生命三者中选择其一。这时，离死不远的洛克菲勒开始觉悟到贪婪的魔鬼牵制了他的身心，他听从了医师的劝告，退休回家。他开始学打高尔夫球，去剧院看喜剧，和邻居聊天，经过一段时间的反省，他开始考虑如何让更多人受益于他的财富。

于是，他在1901年设立了“洛克菲勒医药研究所”、1903年成立了“教育普及会”、1913年设立了“洛克菲勒基金会”、1918年成立了“洛克菲勒夫人纪念基金会”。他后半生不再是守财奴，他喜爱滑冰、骑自行车与打高尔夫球。到了90岁，他依旧身心健康，日子过得很愉快。

他于1937年逝世，享年98岁。他死时，只剩下一张标准石油公司的股票，因为那是第一号，其他的产业都在生前捐掉或分赠给继承者了。

对待金钱必须要拿得起、放得下，赚钱是为了活着，但活着不等于赚钱。假如人活着只把追逐金钱作为人生唯一的目标和宗旨，那么人也就变得可悲，人将会被自己所制造出来的这种工具捆绑起来，被生活所遗弃。

金钱并不是唯一能够满足心灵的东西，虽然它能为心灵的满足提供一些途径，但在现实生活中，你却不能只顾享受金钱而不去享受生活。

树立正确的金钱观

观念会左右人的行为。若想年轻有为，必须拥有正确的金钱观。

时代在发展，社会在变迁，不同的时期对成功也有不同的定义。但是，只要人类存在，成功者就有存在的意义——成功者必须做大事，挣大钱。只是，社会的进步对成功者提出了更高的要求。

为什么有些人一辈子为金钱焦虑？为什么有的人一辈子面朝黄土背朝天，到头来还不能解决自己的温饱问题？为什么有的人挣到的钱总是不多？为什么有的人总是担心损失金钱而害怕投资？

下面，我们比较几组关系。

1. 资产与负债

想在年轻时成功的人士必须对自己资产和负债状况认知清晰，这样的人才有可能成为成功的创业者。我们可以把资产和负债放在更宽广的范围去思考，赋予它更多的内涵和外延，如情感、道德、心态、健康、社会责任等。总之，要让自己处在比较宽松的环境中去创造更多的财富。

2. 职业与事业

(1)你的职业通常是为别人打工，工作是为了金钱。换句话说，你正在关注别人的事业，你的事业不是你的职业。

(2)你的事业是你不需要到场也能给你带来现金，你的职业是你必须亲自去做，以此得到报酬的工作。

(3)不懂事业和职业的不同，是你财务知识贫乏的具体表现之一。

3. 投资与消费

(1)投资与消费是财富增加和减少的重要方面。穷者的消费是财富减少，而富者却能将消费变成投资。

(2)投资和消费能够转化，有时富人的消费反而是一种投资，而穷者的投资则变成了一种消费。

(3)穷者对微小的消费也斤斤计较，表明他们对金钱恐惧。而富人敢于大胆地、合理地消费，因为他们懂得转化。

4. 梦想与手段

(1)梦想是成功的第一步，但如果人只有梦想却没有手段，那所有的梦想都只能是幻想、空想或妄想。

(2)手段的重要性是显而易见的，但所有的手段都必须以正确的思想做引导，才能结出善意的硕果。每个人都有梦想，但很多人无法实现自己的梦想，更多的人则是缺乏实现梦想的手段。要想过河，必须有多种交通工具，否则，过河只能是一种美好的空想。

5. 赚钱之道在于积累

不少人都有这样的愿望，总梦想有朝一日能财源滚滚，出人头地。但大多数人终其一生，却难以梦想成真。原因是什么呢？因为有些人赚钱太心急，小钱看不上，大钱赚不到，不懂得小溪汇集在一起能积聚成大海的道理。

日本明治时代有名的船舶大王河村瑞贤，他年轻时终日无所事事，后来生活日见拮据，他想："我不能这样贫穷下去，我要拥有自己的事业。"于是，他拿出少许钱给乞丐，叫他们到处去拾人家丢掉的生菜，然后便宜卖给一些清贫的劳工。当他开始做这项生意时，不少人讥笑他、讽刺他，甚至有的朋友拒绝与他来往。但河村并不在乎，他拼命地干，认定这些"小钱"是他事业的全部基础。没过几年，他投资船舶业，成了著名的船舶大王。

有一个外省来的补鞋匠，从几毛钱的缝缝补补做起，却也有数万元的年收入。这不起眼的生意，虽然挣的都是小钱，却可积少成多。

正是由于他们这种细致、认真，不耻于赚"小钱"的做法，才让他们财源广进。这对我们来说，值得学习。如果我们抓住身边的小钱，不让赚钱的机会从身边溜走，莫以利大而为之、莫以利小而不为，由小钱到大钱，必有一日会拥有大钱的。

观念会左右人的行为。若想年轻有为，必须拥有正确的金钱观。

一定要有银行账户

拿破仑·希尔说："存钱对于所有的人而言，都是成功的基本条件之一。但是，没有存钱的人更关注自己应该如何去存钱。"

养成储蓄的习惯，并不会限制你赚钱的才能。相反，这样做，不仅使你赚得的钱都很好地存起来，而且会给你带来更多的机会，你的观察力、自信心、想象力也会因此而大增。

债务被人们称为无情的主人。贫穷的力量足以将希望和自信一举毁灭，如果再加上一个债务，那么，任何人都将生活在阴暗中。

身上负有债务的人，很难完美地做完事情，也很难得到人们的尊重。因此，许多生命中的远大目标也就无从实现了。

拿破仑·希尔有位朋友月收入大约1.2万美元，他的妻子喜欢社交活动，经常冒充收入2万美元的家庭。结果，他们月月透支，他的孩子也将乱花钱的习惯从母亲那继承过来。现在，孩子该上大学了，但家庭债务沉重，读大学已成为希望渺茫的事，子女与父亲的争吵也就不在话下了，整个家庭处于混乱状态。

许多年轻人在结婚之前就背上了沉重的债务包袱，并且，他们对怎样解除债务并没有充分的考虑。当新婚的甜蜜感消失后，夫妻二人就会受到物质匮乏的威胁。这种感觉不断增强，最常见的结果就是二人只好分手。

背负一身债务的人，自然无心致力于他的理想和志愿。结果，随着时间的消逝，在意识中开始产生了对自己有种种限制的思想，使自己为恐惧所包围，永远也难以破墙而出。

"仔细想想，你的家人和你是否欠别人。然后，决心将所有欠的东西都还清。"这是一条非常诚恳的建议。许多人都有这种经历，很多很棒的机会就因为债务而白白地溜走了。

很少被债务缠身的人往往能清醒地面对自己的现实。但对那些背负债务的人来说，债务就如同泥浆一般，让受害者一步步地陷入沼泽。

如果一个人要想改变负债的状况，同时不再害怕贫穷，他应该如此：

（1）改掉借钱购物的毛病。

（2）还清债务。

在解除债务的后顾之忧后，你的意识习惯就会得到改变，你就会渐渐走向成功。你要把固定收入按比例存到银行，哪怕只有一块钱，贵在坚持。不久之后，你将体会到储蓄的乐趣。

“花钱”的习惯必须用“储蓄”的习惯来代替，才能争取财政的自主独立。但仅仅中止一种不良习惯还是不行的，因为你不知道它何时再出现，除非它在你的思想意识中彻底消除。

假如你一直渴望经济自主，而贫穷也被你克服，并且用储蓄的习惯取代了它，那么积累起一大笔财富也并非什么难事。

有条残酷的真理：一个人在物欲横流的社会里，如同沙粒一样渺小，随时会被大风吹走，除非他能躲在金钱之后。

对天才而言，他的天分能够带给他很多机会。但事实上，如果没有钱帮助他展现天赋，所谓的天才只是一个空洞的称谓而已。

爱迪生是世界上最伟大的发明家之一，但假如他没有节俭的习惯，也没有高超的存钱能力，也许没有人会注意到他，世界上也许就没了许多发明创造。俗话说：“人不理财，财不理你。”如何有效地利用每一分钱？如何及时地把握每一个投资机会？答案就是开源节流。

所谓开源，便是争取资金收入；所谓节流，便是有计划地消费。成功的理财可以增加收入，减少不必要的支出，从而提高生活水平，使你走上富裕的道路。利用理财致富是人人办得到的，也是每个人应该去做的。

拿破仑·希尔说：“存钱对于所有的人而言，都是成功的基本条件之一。但是，没有存钱的人更关注自己应该如何去存钱。”

勤劳致富

如果我们一生都勤奋努力，我们就不会忍饥挨饿。

勤劳是好运之母，上帝愿把一切赐予勤劳者。有了辛勤的耕耘，便有日后的硕果累累。理查德曾说，一鸟在手胜过两鸟在林，一个今天强于两个明天。

假如你有心成就一番事业，就不要再拖到明天，你应当从现在开始行动。理查德说，当你做一个仆人时，被主人抓住你偷懒，你难道不感觉羞愧吗？当你作自己的主人时，你是否为自己的懒惰而愧疚万分呢？当有那么多事情需要你为你自己、为家庭、为国家去做的时候，你就需要只争朝夕，不要让快要落山的太阳对你说：“总见你懒洋洋地躺在那儿。”

理查德在书中提到：“要时常利用手中的工具去劳作，如果伐木工的斧子都生锈了，你可以想象他是一个多么懒惰的人。”时刻都要牢记，在口袋里待着的猫，什么时候也逮不住老鼠。

你的一生有许多事情等着你来做，即使你身体柔弱，但只要你能够坚持不懈地去做，终能成功。水滴石穿，飞瀑之下必有深潭。一只老鼠靠着耐心不停地咬着缆绳，最终也能把缆绳咬断。人不停地推打，能够把一棵巨大的栎树推倒。

如果一个人真的想拥有自在轻松的生活，他就应该把宝贵的时间充分利用起来。不珍惜每一分钟的人，会浪费许多生命。真正的轻松自在，只有在做一切有用的事的时候才能够体验到。勤快的人能够体验到它，而懒惰的人则没有机会体会。因此，我们可以十分肯定地说，轻松自在的人生和懒惰的人生，不是一回事。

说实在的，你究竟是觉得懒惰使你感到更愉快呢，还是辛勤劳作使你感到更愉快呢？肯定选后者。正如理查德所言，麻烦来自游手好闲。俗话说得好，心闲生余事，手闲惹是非。勤劳的人在劳动中体会到了真正的快乐，也为社会做出了贡献，自然能够赢得人们的敬重，有一个理想的归宿。

树扎根稳固之后方可枝繁叶茂，家在一处安定下来才能兴旺富裕。常言道，搬三次家，等于失一次火。勤快地照顾好你的小店，如此便无日常生活的后顾之忧。如果你想做生意的话，就认真地去做吧！

寻求他人照顾的愿望，如果强于寻求知识的愿望，受害的就是我们自己。对雇工的所作所为视而不见，主人的钱包会永远地瘪下去。过分地依赖和相信别人，最终只能导致自己受制于人。因此，一个人的自我努力会让自己受益无穷。理查德称，知识属于勤学者，财富属于勤劳者，力量属于勇敢者，天堂属于高尚者。

另外，理查德忠告人们，无论做什么都要三思而行，切忌鲁莽行事，哪怕事情微小，也应该如此。这是因为，有些时候一个小小的疏忽，足以让人追悔莫及。他说："亲爱的朋友，每时每刻都要清楚地意识到，一个人首先要勤奋，所谓的成功者，哪一个不是兢兢业业的勤奋者呢？但还要记住，要想发家致富，要想确保我们的勤奋能够换来更大的成功，还需要节俭。如果只知收获，却不知道节俭，他的一生就等于一直绕着磨盘转，最终辞别于世时，其价值甚至还不如磨盘磨出的谷物碎片。在现实生活中，很多人原本可以积累许多财富，可就是由于他们不知节俭，挥霍无度，最终还是一贫如洗。"理查德在另外一本年鉴中写道："如果你想发家致富，那么在收获时就不会忘记节俭。忘却节俭，很容易导致入不敷出。"

如果我们一生都勤奋努力，我们就不会忍饥挨饿。

取之有道，用之有节

金钱既可用于正道之上，也可用来犯罪，一切看你如何利用。在用它来满足基本的生活消费后，还可用来做一些慈善事业。

牧师盖茨先生是老洛克菲勒最亲密的朋友。在老洛克菲勒晚年时，他一直劝导洛克菲勒将财产捐给慈善机构。老洛克菲勒把上亿美元巨款捐给了学校、医院、研究所等机构，并组成了庞大的慈善机构。老洛克菲勒虽然进行了一些捐款、投资，但相比之下如何赚钱更为吸引他，如何更好地掌握和运用赚钱这项艺术，是他生命最大的动力，也是唯一的追求。

这样一来，小洛克菲勒就得到并紧紧地抓住了为世界服务行善的机会。小洛克菲勒回忆道："盖茨在此间充当了创造家和理想家，我则是一名推销员——抓住一切时机向我父亲推销的中间人。"

小洛克菲勒趁父亲心情好的时候提出各种建议，通常情况下，他父亲都会答应的。老洛克菲勒在 12 年间，把 4 亿多美元的巨款注入他的四大慈善机构：普通教育委员会，劳拉·斯佩尔曼·洛克菲勒纪念基金会，洛克菲勒基金会和医学研究所。

在这些机构中，小洛克菲勒是具体的执行人和操作人。

他要一边主持摸底工作，一边寻找合适的人才来管理机构。

1901 年，在慈善事业家罗伯特·奥格登的邀请下，小洛克菲勒同另外 50 位有名之士对南方的黑人学校做了一次历史性的考察。归来后，他就把建立普通教育委员会的建议通过邮信告诉了父亲。两个星期后，父亲汇给他 1000 万美元，以后又陆续捐赠了 3200 万美元。到 1921 年，捐款额已达到 1.29 亿美元之多。

盖茨凭牧师的神圣灵感和商业敏锐性，在洛克菲勒基金会成立后，就预料到它将在全世界范围内产生巨大影响。

1914 年，在社会和商业的大背景下，盖茨计划在中国北京建立一些具有现代化水平的医院。于是，协和医学院和协和医院落成了。小洛克菲勒称这是“亚洲第一流的医院”，并亲自出席了落成典礼。这为无数中国人民带来了好处和方便。

1909 年，卖淫问题成为纽约州长竞选的一个重头戏。小洛克菲勒着手组建并负责一个委员会，专门调查有关卖淫的生意。他将全部的精力都投入到他接受的任务中，整日忙于工作，一份详尽的调查报告在几个月后出台了。报告指出应有一个专门的委员会来解决这个问题，但这个建议被纽约市长拒绝了。于是，小洛克菲勒决定自己承担这个任务。

他于 1911 年投资 50 多万美元建立了社会卫生局，派出弗莱克斯纳到欧洲去考察美国与欧洲娼妓问题的区别，是社会卫生局的第一个任务。洛克菲勒基金会广泛的捐赠范围，是难以计算的，这是一个高效率地造福人类的超级慈善机构。

实际上也是这样，美国的卫生、教育和福利事业在 20 世纪发展时，洛克菲勒家族功不可没。1937 年，美国政府的法律规定资产在 500 万美元以上的遗产征收 10% 的遗产税，第二年又把 1000 万元及以上的遗产税增至 20%。但尽管如此，20 年间里，小洛克菲勒还是在父亲那得到了 5 亿多美元的财产，这和老洛克菲勒捐给慈善机构的数目没什么差别。最后，洛克菲勒只留给自己可以消遣的 2000 万元的股票。

小洛克菲勒继承了这笔巨额财产，一生用之不尽。但他从不以自己是这笔财产的主人自居，他只是把自己当成一名管家，对得起他的良心。他从大学毕业后的近 50 年的时间里，都是父亲的好帮手。后来，他凭自己对慈善事业的热情和宽大的胸怀，又为它投入了 8 亿多美元，用途都是造福人类。他说：“健康的生活奥秘就是无私的给予……金钱除了能做坏事外，还能用来建设社会生活。”在他所赞助的各项慈善事业中，所涉及的领域是广阔而深远的，而且，每次都是深思熟虑的结果。

洛克菲勒家族的烙印遍布 20 世纪前 50 年的美国各个行业，每一个新开辟的事业中都能找到。老洛克菲勒说：“我相信，人并不是因为有了钱就能得到幸福，而真正体会到幸福只能是来自于帮助别人而得到的那种感觉。”但他的儿子真正做到这点——小洛克菲勒，对他而言，人生的职责就是一种无偿的赠予。

金钱既可用于正道之上，也可用来犯罪，一切看你如何利用。

第二章　年轻人如何赚取第一桶金

挣到第一桶金

第一桶金对年轻的投资者非常重要，就如同投资人的一颗财富种子，它将是财富增长的起点。如果你与第一桶金无缘，你的投资可能会报废。因此，年轻人应该积累并好好打理第一桶金。

那么，什么是第一桶金呢？对于年轻人来说，积累第一桶金主要表现在两个方面，第一就是积累资金，第二则指的是个人经验和人脉关系的积累。现在的年轻人很热情，也有知识，但缺少经验与金钱。大多数人没有社会背景，没有家庭雄厚的资金支持，那么年轻人如何走好掘金之路呢？

很显然，对于经验上的“第一桶金”，你可以通过工作，依靠各种历练去获得，那金钱上的第一桶金呢？第一，平时要注意理财；第二，要学会投资。

大多数人的第一桶金，都要依靠个人的理财来实现。现代社会的压力使这些需求只有从个人生活、家庭事业出发，通过合理理财才能得到满足，因为理财已经渗入生活的点滴细微处。虽然理财很艰难，但你可以富裕一辈子。

美国学者托马斯·史丹利对上万名百万富翁做了调查。他发现，其中84%的富翁都是从储蓄和省钱开始的，大约70%的富翁工作55小时/周，仍然抽时间进行理财规划。而且，这些富翁一年的生活花费不足总财产的7%，即使没有工作收入、坐吃山空，也能平均撑12年。

如果你想积累"第一桶金"，就应该审视自己的收入，约束自己的支出。可惜的是，很多年轻人不但没有储蓄的好习惯，反倒养成了拖欠信用卡债务的恶习，结果，人生并非始于零，而是始于负数。没有"第一桶金"的财富种子，又怎么可能进行投资呢？

因此，从现在开始，除了赚钱，你还要存钱、省钱，努力累积"第一桶金"。如果你想把钱省下来，记账是必需的，以弥补自己的财务漏洞。而存钱则要学会寻找较高的储蓄率，找到高获利的投资工具是一个好办法，你应该像富翁一样经常逛银行，搜集理财情报等，为日后的投资打基础。

开始理财越早越好，当有了一些积蓄，你就可以投资了。不过，开始的时候，实体投资要尽量避免，为什么呢？

如果你去询问有经验的长者，他们会告诉你："年轻人的第一桶金最好不要投资实体。"因为年轻人往往没有很多积蓄，这就必然导致投资规模会很小，更重要的一点就是，年轻人缺乏管理、经营知识，所以他们投资的项目在与同类成熟行业的竞争中必然失败。年轻人一旦实体投资失败，结果多是血本无归，这对刚刚有些积蓄的年轻人是巨大的打击。

因此，最初别尝试做老板，你可以尝试一些股票、基金投资，也可以炒炒房产，或者到银行办理一些投资。这类投资不怎么受投资金额限制，钱少可以少投，钱多则可以多投，只要自己把握好止损点，不至于孤注一掷或失败后倾家荡产。

建议资金不雄厚、尚在积累本金的年轻人，可以投资基金。为什么说投资应从买基金开始呢？因为许多投资工具是有投资门槛的，所以我们不得不将投资成本作部分"牺牲"，先借用基金公司专家的投资能力，来累积日后自己理财投资的本金。

举例来说。股票交易市场中最低要买1000股的股票，但是有很多市场前景看好、绩优的股票则一股就是上千元、上万元，这使得许多刚理财而想要投资股市的人望而却步。虽然股票也有市值很低的，但这些股票下跌的可能性比较大，变成"垃圾股"或者"仙股"，让你赚不到股息。

基金则可避免以上尴尬情况，它面额较小，门槛较低，同时，风险没有股票高，因为基金本身就趋于回避风险。它收益比股票稳定，费用与风险也不是很高，另外，基金还可以有效利用投资专家的知识，使你把人生的第一桶金运用好。

总而言之，有很多投资机会，但积累"原始资本"并不容易，你应该重视"第一桶金"的积累。现在很多年轻人没有"第一桶金"的概念，或者认为"第一桶金"太少而失去兴趣，要赚就赚大钱。如果你怀有"不是0，就是100万"的想法，那么你的"第一桶金"永远积累不起来。1000块不多，1元钱也不少，二十几岁的年轻人应从现在开始存钱、省钱，然后进行积累型投资，力争使自己的财富基础奠定起来。

第一桶金对年轻的投资者非常重要，就如同投资人的一颗财富种子，它将是财富增长的起点。

克制消费欲

要投资，想致富，积累"原始资本"是关键，既然要积累，当然要想办法控制消费。如果你的消费控制不住，工资一到手就花掉，那么资本积累只能成为空谈。所以，投资之前，你先要控制住无休止的消费欲望。

可是，在我们周围，很多年轻人都在不停地消费，似乎没有存钱的概念。我们常被"清仓大减价"、"免年费信用卡"等广告诱导，将积累"原始资本"的机会一次又一次错过。

事实上,大多数年轻人对金钱缺乏足够认识,没有隐患意识,眼前只有享受和消费,而把积累资金的重要性完全忽略。我们常听说“负翁”、“FLY 一族”、“月光族”等名词,“用明天的钱,圆今天的梦”,这句广告语已经成为年轻人举债消费的理由。如今,25~30 岁的人,已经成为消费大军的主力。

2004 年 4 月,奢华品牌阿玛尼的第 30 家店在上海外滩开办,同样奢华的杰尼亚的旗舰店也在外滩 18 号开业。同年年底,手工制作皮鞋与箱包的知名的意大利品牌托德斯的总裁宣布,将在全球建立 70 家直营店,其中中国内地大城市有 20 家。

而全球第一大奢侈品集团——法国 LVMH 集团对外公布,在美国、中国和日本该集团产品销售额已占集团总销售额的62%,该集团旗下的“路易威登”连锁箱包店已在中国开设了 15 家分店。

顶级汽车品牌宾利,2002 年进入中日市场,至今创造了三项纪录:总销售量亚太地区第一、销售增幅全球第一、宾利 728 的销售量全球第一。

据统计,大陆奢侈品市场约有 20 亿美元价值,成为全球第 6 大奢侈品市场。那么,究竟是谁在消费这些奢侈品呢?

关于这个问题,意大利顶级品牌艾特罗总裁表示,25 岁至 30 岁的大陆年轻人是主要的奢侈品消费者。而登喜路亚太区行政总裁在接受国内媒体采访时,也说:“以登喜路为例,中国大陆的消费最低年龄大约比欧美国家低 5 岁,大概只有 25 岁。”

如今,因为年轻人追求奢侈消费,贷款消费也成为一种潮流。尽管这一切都在推动经济的发展,但是财富却在消费的过程中越来越多地集中到少数人手中,不断拉大贫富差距,销蚀中间阶层的力量。很多中产阶级、金领、白领在消费过程中,个人经济变得拮据。

王小姐是个年轻的海归,回国后做白领一年多,在她身上可以看到年轻人所标榜的生活追求。

她因为舍不得父母,所以放弃了英国月薪两千英镑的工作。回到国内,她就职于一家上海国企,月薪 5000 元,几乎月光。她说:“这可能受父母的影响,要有大宗花费了才开始攒钱。”工作是为了满足欲望,她深受母亲有钱就花的观念影响。在英国读书的时候,她曾为买一个施华洛士奇的胸针给母亲,打了两个礼拜的工。当然,她也为自己的旅费和购物欲望而积极打工。

在国外学习期间,压力不是很大,因此她的工作更多是玩票的心态,消费不太谨慎,特别的困难也没有出现。自从正式工作以后,情况就变了。

由于每月消费很大,经济上就有了一些压力。房租每月 1000 元,交际娱乐交通费大约 1000 元,剩下的悉数奉献在自己想买的物品或旅游上,这样一来,几乎没有剩余。她既不存款也不打算买房,虽然有工作了,父母还常问她钱够不够用。

王小姐是时尚、高低消费并存的代表,安于享受本身收入的水准。她在这个城市月薪多少钱都能过下去,待收入高时,她会更加疯狂地享受奢侈品。拥有金融与经济硕士学位的她,善用所学并投资股票,可是,尽管获利颇丰,但对消费的欲望无法控制,因此没有什么积蓄。临近 30 岁时,她仍没有什么进展,只好找了一个金龟婿,靠老公养活。后来,她的婚姻出现了问题,虽然得到一笔离婚费用,可是习惯消费的她已经根本不知道如何把握自己的财富了。于是,她的生活一直徘徊于拮据之中。

如果消费毫无节制的话,将会导致贫穷,毁掉美好的人生。消费必须把握原则,你要学会节约,要有投资智慧,要为购买随着时间的流逝而渐渐散发气质和品位的产品不断努力。要杜绝冲动购物,不停消费。投资之前,你必须有所积累,这样才会有钱投资,而要有所积累,就必须埋葬无休止的消费欲望。

强制储蓄是克制消费的重要办法,12 张存单储蓄法就是保证你的月工资被有效储蓄的方法,具体操作如下:你可以将 50% 的月薪都定时按照 1 年定期存入银行,这样一年下来,你就有 12 张一年期的存单,到期日分别相差 1 个月。有急用时,就可以支取到期期限最近的存单,让其他存单继续吃定期的利息。

要投资,想致富,积累"原始资本"是关键,既然要积累,当然要想办法控制消费。

了解工资性收入

有的人认为,赚钱是上班的目的。这种想法是正确的。不过,如果你想要成为富翁,这反而是一种极其幼稚的想法。你必须让自己的思想升级,改变那种老掉牙的观念,认识到"上班的真正目的不是为了赚钱,而是为了攒钱投资"的道理。

我们知道,对于大多数普通人来说,仅凭上班是很难过上富裕生活的,既然如此,上班又是为了什么呢?

投资者的目光需长远,绝不能仅为眼前的好日子而上班。对于成功的投资者而言,上班工作是为了积累财富种子,也就是积累投资的"第一桶金",赚钱并非唯一目的。

如果你上班的目的只是单纯地赚钱,那么你就很容易陷入过度消费的漩涡之中。就拿买房来说吧,对于上班族而言,上班的目的之一是买房。但不可否认,有些人是把买房作为投资来做,绝大部分人购房不是为了过好日子。换句话说,多数人购房仅仅是为了消费,而上班赚钱只是为了实现这项消费的一种方式。

显然,不应该把上班当成实现个人消费的方式。尤其对年轻人来说,把上班当成赚钱消费,而不是积累本金的手段,就更不妥了。如果梦想拥有财富,你就必须学会把上班变成攒钱的手段。只有把钱攒下来,积累出本金,你才有机会投资赚钱。

对于大部分上班族和年轻人来说,攒钱是十分重要的。如果你想要和钱打交道,并利用钱去获得更多的钱,就要注重平时的积累。其实,很多成功的富豪都是从积累第一桶金开始的,即便他们成功之后,攒钱的习惯依然保持。

比尔·盖茨和一位朋友一同前往希尔顿饭店开会,由于去晚了,以至找不到车位。他的朋友建议在贵宾车位停车。

可是比尔·盖茨不同意:"噢,要花 12 美元,价钱太高。"

"我掏钱。"他的朋友说。

"那不合适,"比尔·盖茨坚持道,"他们超值收费。"

由于比尔·盖茨的固执,汽车最终没停在贵宾车位上。

为什么比尔·盖茨不愿多花几元钱将车停在贵宾车位呢?

原因很简单,作为一位商业天才,比尔·盖茨深知攒钱的重要性,更知道不审慎花钱会侵蚀财富。一个人只有用好他的每一分钱,才能做到事业有成,生活幸福。

既然世界首富都积极攒钱,年轻人更应该如此,上班族们本来就没有多少钱,如果盲目消费,没有资金积累,就算挣的钱再多,也不会富有。年轻的朋友们,当你有了一份工作,别总想着赚钱,更要懂得攒钱。

王永庆是中国台湾著名富豪,他曾说:"赚来的钱不是你的,只有攒下来的钱,才真正属于你。"这是积累投资本金的正确思想。

汉托和乔吉娜夫妇 1960 年从古巴到美国留学,那个时候,他们两人钱财不多,生活很困苦。1966 年,他们大学毕业之后便做了记者。尽管薪水可以糊口,但他们并没有安于现状,把挣的钱都消费掉。他们决定致富,节省每一分钱。

他们的生活很节俭,买打折商品,还经常从报纸上剪折价券去买便宜货,上班带盒饭。他们把大部分收入存入银行,由于当时银行储蓄是按复利计算的,所以夫妇俩每月按时去银行存钱。

1987 年，他们拿出积蓄中的 1250 美元投入了共同基金，8 年之后，他们就成了百万富翁。

不错，投资是一种“花钱”的方式，但是，它能让“钱”生“钱”。同样是花钱，如果你选择投资，显然比迫不及待享受生活的花钱方式好得多。

我们都知道投资能够实现财富的急剧膨胀，可是，使财富膨胀的机会在哪里呢？你是否能抓得住？如果你总是一味挥霍，如果你一贫如洗，那么，即便你眼前有财富膨胀的机会，你也将无能为力。

趁年轻还能上班，多积累财富，为自己的投资事业收集财富种子。别沉浸于眼前的好日子，更别为了享受而胡乱消费，这样你会把财富增长的好机会丢掉。作为年轻人，你需要积累，上班不仅是为了赚钱，更应该为了投资而攒钱。

投资者的目光需长远，绝不能仅为眼前的好日子而上班。

每天花 1 分钟记账

你知道自己的财富是怎样流失的吗？这样的情况很常见：薪水刚刚领到手里，没几天就寥寥无几了；本来计划好投资一个项目，取钱的时候却发现账户根本没有多少钱……你的钱在不知不觉中消失了，怎么花的你却不记得。其实，在财富世界中，隐藏着一个又一个的黑洞，如果你不注意，自己的财富很容易丢失。

那么，那些可恶的黑洞怎样找到并堵上呢？其实很简单，只要你学会记账就可以了。本着“及时发现，及时清理”的原则，记录下自己的收支状况，你就可以随时堵住财富消失的黑洞了。

记账，能够让我们掌握每天的现金流量，可以随时跟踪赚的钱流往何处，有助于我们弄清自己的财务收支状况以及漏洞。

为什么有人记账之后，每个月还是坐吃山空，“月光”依旧呢？问题在于他们没有“预算”的概念，也就是说，虽然每一笔开销都作了记录，但是他们不知道盈亏状况，等到透支了才发现严重性，却为时已晚。因此，记账不是要你将收支状况机械地记下来，而要抓住数字背后隐藏的信息：

在“收入”部分，多数上班族的收入来源有限，除固定薪水之外，并没有过多的利息或额外的收入。若发现对某项收入过分依赖，请慎重筹划风险防御机制，避免主要收入中断时，无法维系正常生活。

在“支出”部分，最好统计衣、食、住、行等开销的比重，对超额款项定期检讨。

因此，不仅要记账，还要分析财务记录，并做好预算。在这里，必须强调一下积累财富的黄金定律：“收入－存款＝支出。”唯有事先做好预算，预扣存款项目，将开支进行严格控制，才能创造盈余，积累自己的财富。如果你不太自觉，可以每天将可支配的收入按照项目放在不同的信封中，花完了就不准挪用其他资金，这样的话消费就可以严格地控制住了。

养成记账的好习惯，学会制定个人财务预算，将钱财的使用进行合理安排，才能让我们在理财世界中找准方向和坐标。记录现金流量，可分析家庭或个人现金流入与流出的变化，让我们随时知悉投资成效、可动用的资金余额等，帮助我们控管实现理财计划的资金是否能够顺利到位。为了更清楚地记账，将资金的来龙去脉把握得更清楚，你还可以整合现有账户，用不同的银行账户区分生活费用和投资账户，这样可以让财务计划更加清晰。

“凡走过必留下痕迹”，将经济状况记得清楚，例如日常的开销、市场演变，甚至是投资标准的涨跌，其效果便如指引方向的罗盘，有助于你调整方向，实现成功。

通常，我们记账者记流水账，按照时间、花费、项目逐一登记。如果你觉得这样做比较麻烦，没有多余的时间逐笔记录也没关系，只要统计大的项目，也会具有同样的效果。如果觉得家庭收支簿写起来比较麻烦，不好整理，你可以借助网络上简易记账的软件。

为了避免忘记支出项目，平常消费的时候，要索取发票、收据。此外，银行扣缴单据、借贷收据、捐款、刷卡签单及存提款单据等，都是记账的重要凭证。

记账并非易事。有人认为花就花了，没必要那么麻烦，更多的年轻人记两天的账就浮躁了，根本无法持之以恒。这样是不行的。坚持记账才会产生效果，养成良好的记账习惯，才有资格去研究投资工具。只要肯花时间，把自己的财务状况数字化、表格化，不仅可以轻松得知财务状况，未来也可以更好地得到规划。

记账，能够让我们掌握每天的现金流量，可以随时跟踪赚的钱流往何处，有助于我们弄清自己的财务收支状况以及漏洞。

适当地“啃老”

除了养成良好的记账习惯及储蓄习惯之外，父母亲友可以帮年轻人实现“第一桶金”。虽然依靠自己逐渐积累也能获得财富种子，但是，时间较漫长。基于“早投资早受益”的原则，越早获得“第一桶金”越好，因为时间和机会不等人。如果你有投资计划，并且找到了好的投资项目，但是手上没有资金，那就赶紧寻求父母亲友的帮助，让他们资助一下，不要让赚钱的机会白白溜走。这个时候，“啃老”不仅有理，而且还有利。

二十几岁的年轻人，离校不久，工作时间不长，即便有所积蓄，也很有限。凭着时间的消耗去赚取第一桶金，是比较艰苦的，最为重要的是好的投资机会也容易错过。

刘先生，27岁，研究生毕业两年，他后悔错过了一次好的投资机会。他说：“2006到2007年是股市黄金时期，我特别关注。当时，我刚从学校出来不久，就进行了一些小投资，虽然也有赚头，但是因为本小，没能博得大利，很可惜。”

“很多胆大的同学当时纷纷找父母要钱投资股票，我没有跟风。后来我很后悔，因为我的同学们都赚了大钱。事实上，我的父母也能拿出资金来让我投资，我只是羞于开口。因此，我与他们拉开了很大的距离，我的人生落后了。”

对于年轻人来说，最重要的是机会。如果投资机会来了，你发现了它，但却因为资金问题错过了，那将很可惜。

因此，如果你发现了投资机会，不要犹豫，让父母亲友帮助你。“啃老”有什么关系？啃法最重要。如果你不是白吃白喝、挥霍无度，而是用于投资、去抓机会，“啃老”就是可行的。

刚考上大学时，黄小姐有些郁闷，因为她就读的大学在大城市的郊区，除了学校的建筑具有现代感之外，附近的民房都很低矮，而且，交通条件也不好。

就在她烦恼的时候，听说本市要重点开发郊区。黄小姐非常高兴，她把消息告诉了父亲，并希望父亲帮她在大学附近买下一处民居。

父亲开始觉得很荒谬，对于这样的投资，他并不相信年纪轻轻又没有社会经验的女儿。不过，黄小姐用自己的分析说服了父亲。

为了得到父亲的资助，黄小姐特别调查分析几年来市政府对该地区的政策变化以及该市的经济情况。她主要说了三点：第一，人口大量涌入城市，城市需要扩张；第二，该地区连接该市与另一市，两市在经济上已经有了很多合作项目；第三，就算买下了地皮之后，该地区没有开发，也不会贬值，因为当时的房价很低。

父亲听了她的分析，研究了调查资料，答应了她的要求。于是，黄小姐顺利地得到了20万元的资金，并如愿以偿地买下了一处100多平方米的民居。

过了两年，该地区真的成了该市的重点开发区。大三的时候，黄小姐就获得了100多万元的补偿以及一套两居的商品房。

很多人觉得这样的“意外”不可思议，然而，事情就是如此简单。事实上，很多赚大钱的机会都非常“意外”。你能否抓住这样的机会呢？

致富机会一旦来临，应当赶紧动手，如果没有资金，那就寻求父母亲友的帮助。对于大多数二十几岁的年轻人来说，手头不会有太多钱，如果一味地想着慢慢积累资金，一些好机会可能会错过。所以，一旦面对好机会，就别犹豫了，让父母亲友替你出钱，如果能够迅速致富的话，就不要担心啃老。

除了养成良好的记账习惯及储蓄习惯之外，父母亲友可以帮年轻人实现“第一桶金”。

借贷也是一种攒钱方法

荀子说：“假舆马者，非利足也，而致千里；假舟楫者，非能水也，而绝江河。君子性非异也，善假于物也。”这里的“假”字，是“借、利用”的意思。借与利用是投资者必须要懂的。也许有人感到奇怪：“借”和投资有什么关系呢？实际上，有很大关系。获得资本的最快方式就是“借”。对于年轻的投资者，应该首选借钱投资。要想早一点跨入富人行列，获得财务自由，就要早一点投资，获得人生的第一桶金。借可以解决资金问题。年轻人应该让自己成为一个善“借”高手。

二十几岁的洛维格并不富裕，一直在探求生财之道。老油轮是其唯一的财产，有一天，洛维格将破旧的油轮改装一新，一家大石油公司包租了他的油轮。然后，洛维格带着租约合同向银行贷款，借助大石油公司的良好信誉，洛维格贷到一大笔钱，每月的利息与油轮的租金正好相抵。拿到贷款后的洛维格，立即购买了一艘新的货轮，经过改装后，又把新油轮承包给石油公司。以新油轮的包租金为抵押，银行又贷给他更大一笔钱，他接着买了一艘吨位更大的新船，然后又把它包出去……就像滚雪球一样，洛维格买下一艘艘的油轮，分别出租。一笔笔贷款还清后，油轮完全归他所有。后来，洛维格的生意越做越大，成为美国的“船王”。

“借鸡生蛋”是洛维格的财富秘诀，他巧妙利用银行的贷款，成为闻名世界的大富豪。

在这个商业社会中，“借鸡生蛋”的事情司空见惯，但凡杰出的商人和投资家都善于这么做。

1993年新浪网的创始者王志东向四通融资500万元港币，创办了四通利方。后来，四通利方与华渊网合并，更名为新浪。1999年，新浪在国际上融资2500万美元，后来，又向戴尔电脑和软银等融资6000万美元。2000年，新浪上市纳斯达克，是融资实现了这一切。

什么是“融资”？说白了就是“大规模地借钱”。这个社会，就是一个“借钱”来生存、发展的社会。

当你把钱存入银行，银行等于“借”你的钱去投资了，然后付给你极低的利息；当你的信用卡透支时，就等于你消费了从银行借的钱，如果延时还款，你就需要为此向银行支付利息。

需要扩大规划的企业急需资金而资金又不够时，它就需要向银行或者股民借。这就有了银行贷款和股市融资。

由此可见，很多投资者不可避免地接触并且选择的融资方式是“借鸡生蛋”。事实上，这个方式很适合本金不足的年轻人，前提是你有没有信用。

以下几点是借钱投资的建议：

(1)恪守信用，人们不会借钱给不守信用的人。俗话说：“有借有还，再借不难。”

(2)要有良好的心态，把借钱投资当做一件光荣的事。有些人对于借钱投资，觉得很可耻，这大可不必。在这个世界上，只有会借钱的人才会成为理财高手，再大的老板也要借钱，因为资金不可能总是很充裕。华人首富李嘉诚特别喜欢去银行借钱，因为借了钱后可以赚更多的钱。而那些银行也非常愿意将钱借给李嘉诚，因为实惠又安全。

(3)不管借谁的钱都要付利息。因为你借钱是为了赚更多的钱，所以必须付利息。而人是趋利的，再好的关系，如果你不付利息，那他下次就不会借给你了。

(4)借钱的利息不能太高。对于一个年轻人来说，最好月利率10‰，利率太高你负担不起，利率太低你也很难借到钱。当然，如果你能够得到无息贷款，那就更好了。

(5)化整为零，提高借钱效率。如果你想要借10万元，最好借多次，这样才会好借。

(6)最好向不会喂“鸡”的人“借鸡”。借鸡生蛋要看对象，最好向那些只会将钱存到银行的人借。你想想，既然你能借钱投资获利，人家为什么借钱给你，而不自己去投资呢？如果对方有能力自己投资，向他借钱很难。

二十几岁的年轻人，没有太多积蓄，投资力量比较弱，如果想早一点抓住投资机会，就要学会“借鸡生蛋”，这则诀窍所有人都要学。

买车不是投资

在生活中，多数人还用旧标准审视一个人的身价：是否拥有车子、房子。于是，年轻人也赶起时髦，好不容易存点钱，买车成了首要目标。但是细细研究，买车有其限制条件，并非任何人都适合将其当做理财项目，如果规划错误，买车会在很大程度上消减你的财产。为什么呢？

购买汽车，属于无法累积的“消费财”，而非“资本财”。支付之后，对财富的累积不但没有正面的增值效果，反而会随着时间的推移，必须支出一些维修款项，使得总支出增大，这就是消费财的特点。

还有，新车的价值每年都会折旧，另外，各类税金(例如牌照税、燃料税等)、罚单、停车费用、油钱、车险，这些支出，会让你在车款之外，每月都要另外负担千元之多。

对于年轻人来说，如果没有必要，不应随意购置汽车。如果买车很必要，也应全面考虑，千万不能让买车成为单纯的消费。

每个人都要从买车认清投资与消费的不同。

小明和小张是同学，毕业5年后，都积累了20万元的储蓄，二人也都想到了买车。不同的是，小明将车作为代步工具，而搞运输是小张买车的目的。结果，多年之后，小张成了一个身价几百万的小老板，小明却依然干着忙碌的工作，他的车子因为折旧，价值跌了一半。

这两个人是同样的学历，基本具备同样的社会经验，为何二者的财富有这么大的差距？

投资是小张买车的目的，现金虽然移转成了物品，但实际上并没有单纯地消耗掉，而是创造了价值。

小明花钱买车则属于消费，车跟房子不一样，房子可以增值，但车子却要折旧。

如果你一定要买车，那就要在购买车子前，将以下问题想清楚：

(1)你的经济能力足够吗？车子是奢侈品，你花在车子上的额外支出很多，买来后要支付燃料费、保险费、修理费、保养费、停车费、违规罚款等费用，所有的总支出至少要高出乘坐大众交通工具费用的10倍。

(2)虚荣感是你买车的原因吗？如果是这样的话，那就太不划算了。事实上，现在买车的炫耀效果已经大打折扣。在以前一辆进口车索价数十万元的年代，拥有车子的确象征尊贵的地位，但是如今车子价位不一，有些昂贵的名车买个二手的，价钱也不高了。如果你只是为了炫耀，那你必然会感到失望。

(3)你的支出多吗？人的一生总会有很多支出项目，例如养老退休、子女教育、医疗保险等，除非你是真正财务自由的有钱人，或者有营业方面的考虑，对于一般的工薪阶层，购买车子的时候要思虑再三。

其实，交通工具对我们来说，便利性是其最重要的功能，而事实上现在打车、搭乘大众运输工具都可以，并没有必要拥有私车。何必因为购买车子而加重自己的负担，甚至浪费自己的第一桶金呢？

孟先生平时乘公交上班，尽管同事们都劝他买辆车，但他毫无此意，并且说："不同的人对买车的看法不一样。在我看来，买车就是浪费钱。不只是那些支出的钱被浪费掉了，更重要的是，浪费了钱生钱的机会。假如用20万买辆车，15年之后，只剩5万价值，而如果将20万用于投资，按10%的回报率算，15年后，我就可以得到80多万。"

因此，年轻的朋友们，如果你拥有了第一桶金，买车不是第一需求，而应该把这桶金变成资本去投资获利。

总的来说，汽车可以鼓励自己省吃俭用，却不适合社会新人当成拥有资金后首先要满足的标的，除非你的考虑比较特殊，例如投资或经营方面的需求，否则从投资报酬率的角度来看，你还不如把相同的资金投入到报酬率较高的产品中去，比如股票、基金等。

购买汽车，属于无法累积的"消费财"，而非"资本财"。

留出投资的后备金

做投资就怕满仓操作，不怕重仓出击。可是，年轻人胆子大，满仓操作在他们看来很平常。这种投资手法，很多投资高手都不采用，因为一旦溃败，你千辛万苦积累的第一桶金就有可能蒸发掉，如此一来，东山再起几乎不可能。因此，一定要留下投资的后备金。

在投资过程中，有这样一个公式：高仓位 = 高收益 = 高风险。可是，很多人只注意到高仓位 = 高收益，而没有看到高仓位 = 高风险。

谁都不否认，追求利益是投资的最终目的，正是因为证券投资存在较高的收益，人们才去投资证券，即便知道高收益必然伴随高风险也在所不惜。再高的收益率也要以本金为基础，要是本金都没了，那你还拿什么去投资？难道再一次辛辛苦苦地积累吗？

所以，进入投资领域，尽量不要满仓操作，保本很重要，要为自己留下再投资的后备金。

尽管赚钱是投资的目的，但保存实力最重要。在投资市场中拼杀，无数的教训都给了我们这样的忠告——"剩者为王"。一时的输赢并不重要，只要还有后备金总有东山再起的机会，只有活下来，才有资格谈论以后的投资计划。如果持仓过重，或满仓操作，可能坚持不到价格回升就已经出局了，因此绝对不要做"成败在此一举"、"放手一搏"的蠢事。

在股评中，常常听到一些"专家"说，某某股票庄家已介入，将要大幅上升，应"满仓"介入。所以，不是散户发明了满仓操作，而是机构大户发明的。作为一个散户投资人，如果你对这些机构大户充满好感，显然是愚蠢的。如果你听信股评专家的说法，满仓出击，与待宰的羔羊无异。

不要进行满仓操作。打仗最忌全线出击，要有一、二、三梯队。情况不明时，你想操作，可以先试一下，来个火力侦察，如果不行就赶快退出。手中保持一定的现金，就好像有了预备队，在变幻多端的股市，留一分小心还是必要的。

对于一般散户来说，既不空仓，也不满仓，手里有压仓筹码，把心态放平，进可攻，退可守。

将本金的80%投入股市已经是大胆的做法了，对于股票的仓位操作，全线最好不要超过50%。基金比股票风险小，如果能长期持有，可以满仓；如果短期持有，还是不要满仓为好，仓位保持60%即可。至于像期货这样的高风险投资，更需要将自己的仓位控制住。

郑先生投入股市几年，对于大盘指数的感觉自以为良好，于是，便对股指期货跃跃欲试。由于股指期货相比指数基金具有保证金放大机制，可以数倍地赚钱，郑先生很向往。

2007 年，他参加了某期货公司举办的股指期货仿真交易比赛。在这次模拟大赛中，他有了不少的收获。

在比赛中，郑先生得到虚拟资金 100 万，当时沪深 300 指数大约在 3700 点的位置。刚开始的时候，他接受了公司的建议，先学习，后行动，保证金控制严格。

在 5 月 15 日，他买入了 2 手仿真 0706 合约，成交价格在 4120 元，按当时 7% 的保证金比例，每手投入保证金约 18.54 万元，没有超出总资产金的 40%。

随后，沪深 300 指数持续上升，到了 23 日，涨至 3939 点，而郑先生所买的两手仿真合约价格也相应地大幅度上涨，平均获利近 15 万元。一下子入账 30 万元，郑先生信心饱满。他想："100 万资金可以买到 5 手，当时若是多买 2 手，就能多赚 30 万，太可惜了。"

郑先生随之放弃了 40% 的资金控制要求，他认为要抓住好机会，不能让资金闲置，现在的资金加上前期盈利约有 130 万元，多买几手完全是可以的。于是，在 5 月 24 日，他又加买了 3 手。此时，他共投入约 99.3 万元保证金，占总资金比例 80% 左右。在 5 月 29 日，随着指数继续走高，郑先生的 5 手仿真合约共获利近 160 万元。

此时郑先生自信行至巅峰，他毅然决定将此前累积的盈利继续加仓。当日，他再次买入 4 手，保证金超过了 90% 的总资金。

尽管已经非常危险，但郑先生却窃喜自己的操作。

没想到的是当夜出现了可怕的利空消息。第二天，沪深 300 指数大跌了 281 点，仿真 0706 合约大幅跳水。郑先生一下子变成了蓝色账户，被要求追加保证金约 50 万元。

其实，这时他可以进行止损操作，只要果断将所有多单平掉，账面资金依然能够保证在 180 万元左右。但他认为，这种状况会很短暂，指数很快就会止跌回稳。

然而，6 月 1 日至 3 日，沪深 300 指数连续大幅下挫，累计最大跌幅超过 700 点，郑先生终于傻眼了。

经过这次模拟操作，郑先生感慨："我从来没想过资金管理这么重要，这次经历让我懂得了这个道理，如果盲目满仓操作，可能会被任何一次回调打得一败涂地。"

俗话说："留得青山在，不怕没柴烧。"年轻的投资者们，一定不要有投机取向。有远大的志向没错，但别寄希望于一夜暴富，不要将本钱搭进去。记住一句忠告：就算天塌下来，也要将翻本的资金留出来！

做投资就怕满仓操作，不怕重仓出击。

别做输不起的买卖

投资之前，你必须估量自己的风险承受能力，尤其是对自己的投资本金和将要投资的标的进行一番认真的考察。精明的商人会计算自己的承受能力，他会放弃输不起的投资，其实，投资也是一样。

赢得起、输不起是对风险控制能力的表现。在赢的时候，投资信心暴涨，恨不得一次就赚个盆满钵满，而输的时候，对风险控制不了，以至于一次危机就可能输掉全部。

郎咸平是著名经济学家，在他的著作《标本》中，认为大部分国内地产上市公司资产负债率过高，风险极大，遇到危机崩溃的风险很大，属于典型的"赢得起，输不起"。

大多数房地产公司确实如此，表面上风风光光赚钱，名头响当当，但是通常它们有很高的贷款额度，一旦出现危机，仅仅靠信用的力量，根本无法承担风险。很显然，最放心的生意是能够独立承担风险的生意。

长期投资中要想成功，享受“复利”带来的快乐，就要避免风险，不至于中途被“消灭”。如果你无法承担风险，一拳就被击倒，那投资就等于将本钱浪费掉。所以，你必须以自己的本金作为出发点，去思考如何投资，并规划自己的投资方向。

有的投资风险很大，如果你的本金较少，就不适合介入。因为一旦出现高风险，最容易吞没小资本，这就好比是一滴水进入大海，一点残渣都不会剩下。

年轻人最好不要投资“权证”、“股指期货”、“股票型票据”和“股票型债券”之类的金融衍生品。有些人长时间才积累了“第一桶金”，毕竟那是自己的血汗钱，对于他们来说，最好的投资方式应该是优质公司的普通股或基金。

如果你不能准确地预估风险，也无法确知自身有多大的承受能力，你可以先试一下。不过，在投资尝试的过程中，一定要严格控制资金准入量，开始的时候不要超过20%的本金，即便决定要进入该投资领域，也要将投入资金控制在50%以内。

控制风险还取决于个人的止损力度。如果你不能果断止损，那么即便本金很雄厚，市场也会吞吃你的本金。因此，在投资之前，你必须为自己设置止损点，并且严格执行。就蚀本而言，最好控制在35%的本金，如果你的本金损失达到一半，不要停留赶紧撤退。

做投资虽然为了获得更大的收益，但心态不能是一夜暴富。事实证明，能够一夜暴富的属于极少数，即使侥幸成功，终有一天会被陷进去。你要找到适合自己的投资，既要赢得起，也要输得起。

对于积累“第一桶金”的年轻人而言，首选保本的投资产品。从总体来说，保本产品目的是规避通胀风险，实现保值，收益高于银行储蓄。国内银行目前销售的保本理财产品，大多为投资国债、信贷资产、央票的产品。这些产品大部分为固定收益产品，还有少部分是浮动收益类的保本产品。

当然，选择保本产品，并非将其他投资方式拒绝，事实上，为了以后的投资，你必须对多种投资方式加以了解，并从中选出适合自己进行本金增值的投资工具，比如股票、基金等。

总而言之，在二十几岁的时候，投资一定要做能够输得起的。如果你还处在积累第一桶金的时期，最好选择保本产品，当然，如果想提高掘金的速度，并获得更多的投资经验，还可以选择一些风险较低的其他投资方式，比如长期持有优质公司的普通股，或者基金。对于一些高风险的投资工具，比如期货、权证等，年轻人本金有限，最好不要涉足。

赢得起、输不起是对风险控制能力差的表现。

第三章 准备充分再投资

投资习惯决定竞争力

在投资领域中，要想生存就必须有良好的投资习惯，否则，全凭运气，很难做好投资。投资不是赌博，也不是买彩票，而是博弈的智慧。为了赢利这一最终目的，我们必须培养一套适合自己的良好的赚钱习惯。

有这样一个故事：

在20世纪80年代，两个小伙子移民到美国，进入同一家工厂打工，周薪5美元。每天到了午餐的时候，甲出去买吃的，而乙则总是吃着自己从家里带来的便当。

20年过去了，甲仍然在这家工厂打工，周薪已经涨到15美元。而乙呢，已经做了老板，拥有了一家属于自己的麦当劳餐厅。

当有人问乙成功的秘诀时，他说："当初我只是每月把别人吃麦当劳的钱，凑足100块后，拿去买麦当劳的股票。因为我想，既然那么多人去吃麦当劳，那麦当劳必定是赚钱的，而麦当劳赚钱，其股票一定会涨。于是，我坚持了20多年并将这家店买下。"

一个好的投资习惯会改变人的一生！

显然，乙的投资习惯是坚持买麦当劳的股票，并且坚持了20年。这个习惯恰恰和巴菲特有着类似的投资理念。对于投资，他们坚持了一辈子，于是，他们都成功了。

培养良好而正确的投资习惯是跨进投资界的第一步。有句话说得好："习惯决定成败，细节决定未来。"想要成功进行投资，就必须首先养成下面这些最基本的投资习惯：

1. 保住本金是前提

有经验的投资者最重要的事是保住本金，这是投资策略的基石。失败的投资者错就错在将"赚大钱"作为唯一目标。结果，他们常常连本钱都保不住。

2. 努力规避风险

真正的投资大师厌恶风险，可是有很多年轻人却一直信奉"只有冒大险才能赚大钱"的错误观点。

3. 省一分钱等于赚一块钱，对于税后利益要看重

有经验的投资者憎恨缴纳税款和其他交易成本，因此，他们总是巧妙安排，缴纳最少的税额。他们很少做快进快出的投资，因为高频率的操作会增加手续费用，投资成本也会提高。而那些失败的投资者忽视或不重视交易成本，总喜欢快进快出的短期操作，期待一朝暴富，结果将应得的利益稀释。

4. 术业有专攻，只投资你所精通的领域

成功的投资者只对擅长的领域进行投资，而有些年轻的投资者，由于对自己的性格特点以及投资行为缺乏深刻的自我认知和判断理解，很少认识到他所擅长的领域中有盈余机会，由此导致投资行为的失败。

5. 只做符合你标准的投资

成功的投资者从来不做不符合自己标准的投资，他们可以很轻松地对任何事情说"不"。然而，缺乏经验的投资者因为标准不明确，或者采纳了别人的标准，从而无法克制欲望，很难对自己说"不"。

6. 调查要靠自己

有经验的投资者会不断寻找符合自己标准的新的投资机会，调查积极而独立。他们一般只愿意听取那些自己有充分理由去尊重的投资家或分析家的意见。经常遭遇失败的投资者总是寻找那种能够迅速致富的"好"机会，喜欢跟着"热点消息"走。因此，缺乏独立思考，以至于盲目地听从某个"专家"的建议。投资一定要自己去调查，自己去思考。

7. 无事可做的时候什么也不做

投资要有无限的耐心，投资大师找不到符合自己标准的投资机会时，他会耐心等待机会的到来。而失败的投资者则任何时候都蠢蠢欲动，有时没有准备就仓促行动。

8. 在做出决定后即刻行动

失败的投资者迟疑不决，对自己的决定常常怀疑。如果你已经有了自己的投资标准，比如止损点，标准，立场就不能轻易改变。

9. 承认并立即纠正自己的错误

有经验的投资者知道自己也会犯错，在发现错误的时候，他会即刻纠正它们，因此很少遭受损失。而那些失败的投资者对投资不忍心放弃，总是想逆势操作，靠运气来发财，结果常常遭受巨大的损失。

10. 在错误中积累经验

你应该把错误看成学习的机会，如果你不愿在某一投资工具上持有较长的时间，就应该将投资方法改进，别总寻找“快速药”。真正的投资者都是随着经验的积累才会有越来越多的回报，他们之所以能用更少的时间赚更多的钱，是因为已经“交过了学费”。失败的投资者很少在实践中学习，也很少吸取教训，很容易重蹈覆辙，直到输个精光。

11. 永不谈论你正在做的事

投资大师几乎不告诉别人他正做的事情，也没兴趣了解别人的评价。而没有经验的投资者总在谈论他当前的投资，根据其他人的观点而不是现实的变化来“检验”他的决策。

12. 不管你有多少钱，少花点

要做真正有收获的投资人，永远坚持勤俭的习惯。投资大师都知道，他花的钱一定要少于赚的钱。

13. 投资即生命

投资大师 24 小时不离投资，而有些人只是抱着玩玩看的态度去投资，没有尽全力努力实现他的投资目标，在这种心态影响下，如何能够变成一个成功的投资者呢？

以上这些投资习惯是成为一名合格的投资人的基本习惯，如果你想在投资界立足，就应该着手培养自己的投资习惯，而其中，理性思考又是最为重要的。在投资过程中，很多人愿意接受那些流传甚广的关于投资的陈词滥调，自己却不思考，因为没有思考的习惯，于是便让无知和潮流支配自己。

有个投资者和几位朋友在一起吃饭，在去洗手间的空档，无意中听到里面有人谈论股票，听上去像是某家上市公司的董事长和他的朋友，他们讨论的是某只股票的庄家要在 20 天之内拉高到 30 元以上……

当天下午，他就把手头上的股票全部抛出，而立即买入了听来的“热点”。结果大家发现，他此后再也不谈股票了，也不轻易相信别人说的了，每天都在研究上市公司的资料。有人很奇怪，问他怎么了，他语重心长地说：“除了自己，谁也不能相信。”

迷信，大多数投资者都存在着这样的毛病。迷信权威预测、迷信大风险才有大回报、迷信内幕消息，这是外行投资者最容易产生的不良习惯。正是因为这些习惯，让很多投资者走上了错误的投资道路。所以，千万不能养成这样的不良习惯。作为一个理智的投资者，你应该学会自己去对各种投资观念进行梳理，对于投资养成有自己想法的习惯。

在投资领域中，要想生存就必须有良好的投资习惯，否则，全凭运气，很难做好投资。

言行举止要向富人看齐

如果成为富豪是你的梦想，那么，就请尽早养成富豪的习惯，从二十几岁开始让自己的言行举止向富豪们看齐。富豪到底有哪些习惯是年轻人需要学习的呢？

首要的一点，就是要有合理的消费习惯。在新生代富豪当中，有 90% 的人都开着进口豪华车，只有个别富豪开的是中档轿车。原因在哪里呢？也许有些人认为这是“炫富”，如果你这样简单地认为，那就错了。

江先生说：“事实上，我也不想显得如此张扬，以我现在的年龄，我很想开简单的休闲车，但是我不能，这并不是奢侈，而是因为需要，也是没有办法的。”

江先生年近 40 岁，大专毕业之后，向亲戚朋友借了 8 万元，经营饰品的批发。经过十多年的打拼，资本已经到了数百万，于是将公司搬至北京，做起了进出口贸易。对于贸易商而言，信息与财富的价值相当，江先生也不例外。他利用各种途径获取信息，以建立更多的人脉。然而，最初他遇到了尴尬——

“我去参加高尔夫聚会，没去几次我就发现人家完全没有认为我是自己人。比如，有时候专门躲着我背地里举办聚会，我始终不明白怎么会这样。最终，我主动放弃了这种聚会活动。不久后，我才知道了原因，原来是因为轿车。”

于是，江先生便卖了跟了自己六年的国产轿车，换了一部最新型的高档车，等他再参加聚会时，发现有人主动和他聊天了。

江先生说：“我并不认为将我拒之门外的那些人就是坏人，无论是哪个社会，哪个阶层，哪个聚会都存在‘只属于我们的圈子’，所以要想融入圈子里面，你就必须认同这个圈子追求的价值观，如果你对他们的理想和目标不认可的话，那你最好还是别进入。因为并不是他们需要我，而是我想跟他们结为商业伙伴。”

很显然，江先生的观点是正确的，他在聚会中认识了韩国和日本的贸易商，直到现在，他的饰品贸易发展势头保持得非常好。

你想要投资成功，就要进入真正的投资圈子，这样你才能获取足够的信息并学习到更多的投资经验，也有助于你获取投资机会。而要进入圈子，你就需要学会“奢华”的消费，这是融入富人圈子的第一步。

你必须明白，虽然富豪们开着豪华的高档车，但并不代表他们都是奢侈浪费的，除了商业战略上必要的开销之外，他们力求节俭、合理消费。

罗先生原来是一位外科医生，靠投资房地产而成为千万富翁，尽管他身价千万，但还是保持着朴素的风格。他说：“如果买一套豪华公寓，为了跟公寓的豪华相匹配，那你就必须购置豪华的家具，做豪华的装修，这样一来，一套房子足以改变你的生活。但我并没有如此做，并不是因为我没有钱，正是因为有钱，我就必须更加节约。”

而靠投资基金赚了巨额财产的宋先生说：“富豪们开的都是豪华的高档车，我也包括其中。但我发现一个现象非常有趣，那些开着豪华车的年轻人当中，有2/3都不是富人，而是司机，于是富豪为了将自己跟司机区分开来，所以在购车的时候会选择比最高档的豪华车稍低一个档次的车。”

很显然，要做富豪，要有合理的消费习惯。必要的时候绝对不要吝啬钱，但是非必要的开支，就必须尽力节省。富豪消费的时候，即使购入奢侈品，也会厉行节约。

如果你想成为富人，就要学习富人的习惯，据调查，有90%以上的新富豪都不吸烟。

经营大型健身俱乐部的陆先生说：“我不吸烟的最主要的原因是考虑到了商业礼仪问题，我向商业伙伴展现一个不吸烟、在任何时候都充满活力、洁净的形象，而且如果把积累起来的烟钱投资出去，这笔数目也不小呀。”

美国有研究显示，吸烟者的平均财产远少于非吸烟者，非吸烟者的平均财产比一天吸一包烟以下的吸烟者的财产多50%，比一天吸一包烟以上的吸烟者的财产多一倍。而一位外资基金经理梁先生对吸烟行为有更加独到的看法，他说：“从某种意义上来讲，吸烟者是被烟统治的人，但是若成为资本世界中的王者，你就不能成为被统治者，而应该成为统治者。”

总之，年轻人要锻炼自制力，养成合理消费的习惯，言行举止向富人看齐。富人大多在生活中节约朴素，在业务上大度，乐意花大钱去购买高档轿车，为的是进入赚钱的圈子，和更多的富豪交流。

如果你能站到富人的高度，去对待你的生活和投资，你将会逐渐成为富人。

跟上投资时代的大趋势

观察当今经济的发展态势，无论是全球化的货币贬值，还是国内的物价飙升，都预示着现在的社会已经步入了通货膨胀时代，而通胀时代表明储蓄保值时代已经过去和投资理财时代的来临。很明显，把钱存进银行已经不能保值了，投资才是正道。

一直以来，工薪阶层对待金钱的处理方式都差不多。因为过去投资渠道少得可怜，投资对很多人来说还是一个非常陌生的概念。如果兜里有了盈余，人们基本上都会选择把钱存入银行。

然而，随着通货膨胀时代的到来，虽然在外汇市场上，人民币一直在强劲升值，但是不要高兴得太早，你最直接的感受是所有东西都在涨价，尽管不断加息，但与高速的通货膨胀相比，银行仍然是“负利息”。在这种情况下，把资金存进银行等于把自己的财富投入通货膨胀的巨兽之口。

例如，如果一个人有 100 万元现金资产而不进行任何投资，假设通货膨胀率为 3% 的情况下，30 年后这笔钱的实际购买力只相当于现在的 40 万元，而实际情况往往会严重得多。看看，这就是通货膨胀的力量，它会一点一点吞蚀我们的财富。

美国从 1900 年到 2000 年，仅 100 年时间货币就贬值为原来的 1/540。而在中国，经过不到 30 年的时间，因为受到通货膨胀的影响，1 元人民币的购买力只有原来的 1/30。所以，为了抵御通货膨胀对财富的影响，投资理财就变得非常重要，让财富的增长速度超过通货膨胀的速度，这样才能保证财富的绝对值不会缩水。

那么，我们该如何应对通货膨胀呢？从这个意义上说，投资显然要比储蓄强得多。关于这一点，很多人很早就作出了选择。某著名门户网站调查“CPI 上涨，你的资金投向哪里”显示：58% 选择股市和基金，25% 选择投资楼市，只有 13% 的人选择银行储蓄，排在最后。

当然，也有好多人为了避免风险，不愿意进行投资。例如，对待股市，他们从不愿涉足，天真地以为“不炒股就没风险”、“股市涨跌与我没关系”。而实际上，股市是社会经济体制的组成部分，其影响力已经渗透到了经济领域的方方面面。可以说，股市与我们每一个人都息息相关，不管你炒不炒股，乐不乐意，你都和股市存在着各种关系。当股市上涨的时候，不投资的人不能享受到收益，反而会在无形中受损；当股市崩盘时，不投资的也有可能受到间接的冲击。

通过投资赚钱的人，可以很轻松地买房、买车、买名牌商品，轻易提高生活水平。而那些置身“市外”的人，生存空间却逐步受到挤压，生活质量也在一点一点地下降。

一些没有进行投资的人，认为自己没炒股票，市场情况如何和自己一点儿关系都没有。这是对投资错误的认识，其实一旦股市大跌，城门失火，必然殃及池鱼，任何人都会受到它的冲击。

美国 1929 年股市大崩盘以后，控股公司体系和投资信托相继崩溃，借贷能力大幅度降低，导致大量公司倒闭，工作岗位大量减少，从而导致大量失业人口的产生。到 1933 年，几乎 1/4 的劳动力失业。持续了近 10 年的经济低潮，严重影响了人们的生活水平。可见，不投资并不能保证你不受市场的影响。

无论你是出于对自身财富安全的考虑，还是为了提高生活水平的质量，你都应该对投资有所了解。我们要对投资有清醒的认识，眼光更要放长远，学会用投资来为自己的财富人生开辟道路，因为现在是一个投资的时代。

与过去相比较，现在有了很多的投资渠道，各种投资品种也逐步成熟。有人不喜欢长期的投资产品，而现在有些理财产品的周期仅为 7 天，非常方便。对于年轻人来说，也许资金不充足，但又想进行高增长的投资，定投的基金产品就非常的适合。

总而言之，作为年轻人，你要把眼光放高一点，早一点抓住投资的机遇。现在 CPI 大幅下降的影响已表现在居民的生活当中。短期看来，我们的生活成本似乎降低了，购买力增强了。但是长期看来，一些隐忧并不会消失，比如，就业机会、收入、消费力等是否会不同程度地下降。对此，我们要保持乐观的心态，将目光放长远，千万不要被眼前的现象所困扰，轻易下“买理财产品不如去银行存款”的片面结论。

当然，投资还要把资金安全问题考虑其中。综合比较下来，最好应该选择持有低风险的安全资产，包括基金、优质房产、黄金、银行理财产品等。

把钱存进银行已经不能保值了，投资才是正道。

以宏观经济做投资

投资不是想到什么就投什么，必须了解其中的一些规律，尤其是做长期投资的人，必须懂得宏观经济。投资不能坐井观天，掌握当前经济发展趋势相当重要。事实上，有很多人不敢投资，就是因为不能充分把握宏观经济。

冷先生是一个工薪阶层，他觉得自己有很大的压力，因为他在北京这座大城市生活。他大学毕业近 10 年了，但到目前为止依旧没有实力。虽然手上有 30 多万的存款，但是家里有两岁的小孩，近 70 岁的老人。月收入虽然 6000 元左右，可又很不稳定，最关键的是，他的妻子一直找不到工作。

妻子想要有一套自己的房子，于是就建议他首付 30 多万买个二手房，贷款 60 万，但他担心房价跌下来会背上一身贷款，而每月还款 3500 元左右，将给家庭带来长期的巨大压力，因此冷先生一直犹豫不决。

但冷先生最担心的是当今经济的发展趋势，他怕出现像日本那样的大崩溃，或者通货膨胀使手里的 30 多万变得一文不值。这样的话，自己十几年的辛勤工作算是白干了，变得一无所有。因此，他去咨询有关专家，想从他们那里获得帮助。

理财专家并不建议他马上买房，也不希望他把钱存入银行，而是建议他把钱投入股市。可是冷先生对股市很不信任，没有采纳理财专家提出的建议，结果白白错过了 2008 年的牛市。

很明显，冷先生就是因为不了解宏观经济，而不能做出决定，最可惜的是，他错过了一次赚钱的好机会。

了解经济形势，对投资理财有很大的帮助。年轻人多关注一下国家的经济形势有益无害，千万不要让自己需要时才发现没有这方面的知识。

那么，如何能够充分了解宏观经济呢？

首先，我们必须要先了解那些常见的量化指标。在国际上，通用的量化宏观经济的指标是 GDP，也就是国内生产总值。GDP 在教科书中是这样定义的：一年当中一国生产的最终产品和提供劳务的总值。GDP 增长了，说明经济出现了增长，反之则说明经济衰退。

投资者关注 GDP，但还是要把最终的目光落在证券市场上。因此，我们看 GDP，可以先看一个比值，也就是沪深两个证券市场的总市值与 GDP 之间的比值。这一比值，一般被称做证券化率。它是衡量一个国家证券市场发展程度的重要指标，同时对股市投资价值也有很重要的参考意义。

沃伦·巴菲特认为，如果要选择一个指标来估测任何时间市场的发展水平，证券化率可能是最好的指标，当该比值上升到前所未有的水准时，就等于提出了警示。如果证券化率降到 70% ~80% 的区间，就比较适合买入，但如果证券化率逼近 200% 时你再买入，就会导致危险。

股神的话是有据可循的。美国股市在 2000 年崩盘的时候，上市公司总市值约占 GDP 的 190%。日本股市 1990 年初崩溃时，上市公司总市值也占到 GDP 的 180%。

中国 GDP 的增长可以分为以下几种类型：

第一种是 GDP 持续高速增长，其增长率一直稳定在 10% 左右。在这种情况下，伴随总体经济成长，企业经营环境不断改善，上市公司利润持续上升，投资的风险也变得越来越低。同时，个人收入不断增加，对股票也有更多的需求，从而上市公司的股票得到全面升值，使得价格上扬。中国的证券市场全面火爆，与中国的GDP持续增长有很大的关系。

第二种是GDP增长率保持在6%～8%，在这种情况下证券市场则将呈平稳渐升的态势。

第三种是GDP在6%以下，甚至出现负增长，这时证券市场将可能会出现持续缓慢下跌的趋势。

因此，在你进行投资之前，就应该对宏观经济的量化指标——GDP有所了解。宏观经济影响股市，股市也对宏观经济产生影响，因为股市下跌会导致企业融资额减少，从而影响投资；还会影响消费者信心，由于股民资产缩水，其消费的欲望必然降低，航空、房地产、汽车等一大批行业将因此受到影响。这样一来，宏观经济将会变得越发紧张。

除GDP之外，还有其他一些量化指标，比如CPI，即消费者物价指数，它反映了通货膨胀的情况，也常替代通胀率使用。CPI持续下行，超过3个月，则预示当前物价水平下降较大，经济发展态势不太乐观。此时对于股市上涨有很大的压力，但商业类股票相对于工业制造业类的股票更有投资价值，所以经济情况再糟糕，去商场买东西还是少不了的。

而PPI，即生产资料物价指数，它反映了工厂原料成本的高低，PPI高则工厂成本高，导致出厂价格升高，继而导致销售价格上行，带动CPI上行。因此CPI相对于PPI会有一些滞后。PPI如果持续下行，则说明原材料需求不足，价格较低，经济运行情况不太理想。

除了刚介绍的几个量化指标，还有诸如PMI(制造业采购经理人指数)、BDI(波罗的海航运综合指数，也是干散货航运指数)等指数，都在一定程度上反映了宏观经济的走势。

宏观经济是投资者必须懂的一门学问，包括对一些重要的宏观经济数据都要在心中牢记，如央行利率水平、出口退税情况、行业振兴数据等。总之，股市可能短期内偏离经济，但长期看，股市一定遵循宏观经济的发展态势。

有诗云："不畏浮云遮望眼，只缘身在最高层。"当你站在宏观经济的最高点，把握了经济形势时，就可以达到拨开云雾、看清真相的境界，自然收益良多。

了解市场是重要前提

在黄金大牛市来临之前，为什么会有人选择退出？而在经济大萧条预言不断之时，为何有人敢大胆入市呢？作为想要成为投资者的年轻人，你知道何时进场、何时出场吗？关键在于是否能弄懂景气循环的秘密。

什么是景气循环？简而言之，就是经济景气状况呈周期性循环变动的情况。如果你曾经观察过金融市场，就会发现，景气有高潮也有低潮，显示为好与坏的交替。景气循环的过程可以分为扩张和衰退两个阶段，又可再细分为复苏、繁荣、衰退、不景气四个阶段，包括40个月、11年、20年、50年不等。

对于投资者而言，当景气由谷底上升到高峰的"景气扩张期"时，此时投资获利可能性较大；相反，景气由高峰下降到谷底的"收缩期"，想要获利则变得困难。每次的景气循环，都会让某些产业受创，也会让某些产业受惠。对任何投资者来说，都应该仔细研究与选择，而不是盲目跟风。

聪明的投资者，要善于掌握循环的机会，而不是受其限制。

然而，在复杂的经济态势面前，景气循环也十分复杂，并非清晰可辨。那么，我们应该怎样看清景气循环的情况，并通过它赚钱呢？这是所有投资者需要学习的一课，连"股神"巴菲特也不例外。

2008年是全球财富蒸发年，巴菲特交出40多年来最糟的成绩单，获利同比前一年下降了62%。他说："因为我在投资过程中犯下了一些错误，致使公司第4季净利骤减96%，创下历年最糟纪录。"巴菲特是众所公认的"股神"，但是由于对景气问题的错误判断，一样铩羽而归。

然而，在台湾却有人充分把握了景气趋势而守住了财富，那就是知名的"总干事"黄国华。

他从2007年次贷风暴爆发、9月美联储降息等一连串事件中,得到了空头即将来临的结论,于是在2007年底时把手头股票全部抛出。

同样一年中,股神与总干事的境遇大不相同,其关键就在于是否能够判断景气走向。如果你能看清景气循环状况,然后顺着景气循环加码或减码,就能比别人获得更多利益。问题是,你看得清吗?

很显然,要求一般投资者掌握数十种专业的景气相关指标,这是不大可能的。而且,官方公布的相关指标相对来说要滞后很多,你若等到官方认定高峰已经出现再减码的话,市场已经跌掉好几千点了。因此,我们有必要掌握一些简单方法,把握市场的景气走向。

其实,要认清复杂的景气循环情况并不难,有一些简单观测指标可以用来分析,如果你学会运用这些指标,就能够掌握景气走向的规律。

在我们日常生活中,有许多简易指标,同时,股市也有不少讯号,都可以帮助我们掌握景气方向。

股市暗淡无光是景气循环的一个窗口,在股市中有著名的"擦鞋童理论",即如果连擦鞋童都开始谈股票时,就是要赶快卖出股票的时候。有一个富有经验的投资人,则用以下几个重要讯号来判断股市动向与景气趋势:

(1)饭店或是高档餐厅,股市收盘后的下午茶时段,座位是否紧张?

(2)业余投资者收益是否很多?

(3)是不是频繁上架相关畅销书?

(4)是不是有很多人参加股市、基金讲座?

如果以上问题的答案肯定的比例比较大,那你就要开始警惕,这表明市场十分景气,最要紧的是,股市已经存在过热迹象,要做好随时退出的打算。

除了直接观察股市情况,还有日常生活看得到的另类景气现象,也有助于我们有益投资的参考。

(1)口红、裙子、发型、男性内裤等商品的消费情况。市场景气好不好,女性的消费力表现得非常明显。景气好时,女性会大肆采买服饰与高档保养品;不景气时,她们的消费能力下降,只好转买口红,让自己的气色好看一些。

而短裙象征炫耀,长裙象征低调。走在大街上,女性裙子越长,愈代表经济衰退。因为不景气时,女性不敢太招摇。但是,女性发型与此相比刚好相反,剪短发是不景气的讯号,因为短发利落、好打理,经济不景气时,女性倾向于将精力放在规划经济当中。

男性内裤一般来说销路比较稳定,但不景气时,男性会比较长时间才购买新内裤,使内裤销路大跌。而且,不景气时,不愿意选择单一颜色的内裤,而是选择鲜艳的内裤,变点新花样,调整自己的心态。

(2)看房市动态,可以通过观察夹报广告的多少以及店铺空置率的多少了解景气状况。房市是百业火车头,翻开报纸如果看到大量房屋预售广告,以及一堆夹报广告的时候,代表房市大好、百业兴盛。如果市场景气,消费者就会充满信心,而创业者则会勇于投资开店,这时,你很难看到店铺长期空置。

(3)看富人动向。富人喜爱顶级葡萄酒、名画。有人便以按照顶级葡萄酒的每月交易价格变动所编制的"红酒指数"作为景气指标,而拍卖所的冷热状况也可显示景气的情况。例如2007年11月,苏富比拍卖凡·高名画,如果没有人拍下,第二天苏富比股价就在纽约股市受重挫,因为连梵高名画都没有人敢接手,说明富人们开始犹豫了。当富人不再热烈追求各种奢侈品时,往往表明景气即将出现衰退了。

讲了这么多简单的"景气指标观察法",下面我们来看如何根据景气循环来判断是否投资或是退出:

(1)当市场处于繁荣期时,由于需求增加,消费积极,外销良好,企业利润不断增长,失业率降低,人们有强烈的投资意愿。此时,适合投资成长型的标的,比如股票、股票型基金、房地产等。

（2）当市场处于衰退期时，由于需求逐渐萎缩，消费减少，企业利润也随之降低，经济增长停滞，房地产和股市由高档向下调整。这时，政府通常采取货币政策降息等措施，刺激市场繁荣。不过，在降息后的宽松资金环境下，股市的繁荣也只是短暂的。此时，投资者必须考虑离场。

（3）当市场处于复苏期时，物价上涨率处于低档，当有逐渐增多的企业宣布获利改善。这时进场是一个不错的选择。

（4）当市场处于萧条期时，生产指数停滞，出口衰退，企业处于低迷期，失业率提高。这时，应该保持耐心，冷静地观察景气走势，严格控制投资的额度，避免投资太多。

通过景气循环情况来决定进场或出场，这是一个非常重要的投资方法，当然，你也不能寄希望于寻找所谓的“最佳出场时点”和“最佳入场时点”，专家也不见得能把握好这些。如果你断定市场将会出现不景气，最好的出场方式就是——当股价还在高位，市场仍在上涨时，就开始慢慢地、逐步地分批兑现出场；而不是等到市场下跌时再恐慌性抛售。虽然这样你可能卖不到最高点，但是有比较大的几率会赚钱，关键是高位被套的风险大大降低了。

我们一生至少会遇到 10 至 20 次景气循环，要想把握住机会，那就早一点学会景气循环观察法，尽量去把握投资进场和出场的时机。

了解最适合自己的投资工具

既然我们要增加自己的财富，就应该学会投资，投资就要选择合适的投资工具。不仅如此，你还需要了解、研究投资工具，然后掌握使用它。其实，我们可以形象地比喻你和投资工具的关系：选择投资工具，就如同选择恋人；而了解、研究并运用投资工具，就好比你与恋人谈恋爱。你要想成功地进行投资，就必须选择最适合你的投资工具。

你如果要投资，首先要找到适合自己的投资工具。可是，投资工具有很多，包括定存、股票、基金、期货等。

有人说，现在的利率太低，把钱用来定存的人是傻瓜，因为收益太低，无法创造丰厚的利息收入。也有人说，股票难赚，风险和赌博一样，实在太大。

然而，虽然定存利率低，但如果你有 2 亿元，每个月的利息就已经足以支付生活开支了。股票确实比较难赚钱，难就难在选股上，但是你如果精通于选股，投资报酬率绝对比基金高。

为什么同样的工具，人们对它的感觉不同呢？问题在于你是否真的了解自己追求的目标。比如那些认为定存收益低的人，追求的是高回报；而说股票像赌博的人，则追求安全、低风险。

其实，投资工具无所谓哪个好哪个不好，关键是自己适合哪一个。你需要的是最适合你的投资工具，而不是那些看起来比较能赚钱的。

那么，该如何选择最适合你的工具呢？

首先，你要对自己有所认识。比如你的空闲时间有多少、资金有多少、风险承受力有多大等。

有的投资工具需要投入很多的时间去观察分析，譬如股票、期货，如果你的空闲时间比较多，可以选择这类投资工具。

有的投资工具只需要投入少量的时间就能掌握精要，譬如基金、结构式商品、房地产证券化商品等。如果你空闲的时间比较少，这类投资工具更适合你。

有的投资工具风险小，虽然回报率比较低，但是比较安全，比如债券等。如果你的风险承受能力比较低，则可以选择这类投资工具。

其次，你要明确自己的目标。比如你追求高回报，就可以选择股票、股票型基金以及期货等工具。

总而言之，选择一种最适合你的投资工具才是最重要的。

白先生今年27岁，家住杭州，他是一个办公室职员，每月收入比较稳定，大约有7000元，此外还有近10万元的存款，然而，尽管手上有这么一笔资金，他却没有考虑过投资，一直把钱放在银行里。可是，工作了6个多年头，他发现自己的财富增长非常慢，于是便有了投资的念头。他希望通过投资，能够让自己的财富价值更快地增长。

刚开始的时候，他选择了股票投资。可是，没有多久，他就发现了问题——不是亏钱，而是他根本没有时间，即便他可以通过掌上电脑来随时查看股市行情，并且买卖股票，但是，他根本没有精力去打理。经过一段时间的股票投资，虽然他从股市中赚了一点钱，但是耽误了工作，工资收入受到了影响。

权衡之下，白先生认为自己不能放弃工作而专门炒股，因为他是一个审慎的人。于是，白先生便逐渐退出了股票市场。

不过，白先生并没有就此放弃投资，他选择了第二个投资工具，也是他后来一直坚持的投资工具——基金投资。他把手上的基金投资分成两部分，35%的股票型基金，45%的债券型基金，还有一些是人民币理财产品。另外，他还买了几份保险。

如今，白先生不再烦恼了，既不耽误工作，还能快乐地投资。他投资的产品每年的回报率都很稳定，这让他更加放心了。

面对各式各样的结构与标的不同的投资工具，选择最适合你的才是上策。如果你只依据投资报酬率的高低来决定投资标的的好坏，那可能会给你造成生活或工作上的问题。即便没有这些问题，一味地追求高回报率，而选择不恰当的投资工具，也会让你铩羽而归。

以购买基金为例，大多数投资者只会一窝蜂地盲目抢进，广告上说什么好，他们就买什么。这些盲目的投资者因为根本不了解基金，仅仅怀着撞大运的心理去跟风，又怎么能成功呢？这就好比找对象，你根本就不了解对方，面没见过，话也没说过，只是听媒人说好，你就决定结婚，这样的婚姻能和谐吗？可想而知，你冒的风险有多大。

当你选择投资工具的时候，一定要谨慎，请记住：世界上的美女帅哥很多，不是选择长得好看的结婚就幸福，门当户对、投缘、相处愉快才重要。

另外，还要提醒年轻朋友，与投资工具交往要把握“自由恋爱”这个原则。相处时，假使你发现自己的“八字”与选择的投资工具个性不合，还是早分为妙，不要等到变成怨偶，相看两相厌，否则损失最大的就是你自己。

选择一种最适合你的投资工具才是最重要的。

投资最好站在自己较熟悉的领域起跑

年轻人刚开始投资的时候，需要格外注意，别去投资自己陌生的领域。比如你对科技板块不懂，就不要买科技股。选择较熟悉的领域去投资，才是真正聪明的投资人。尤其是刚刚起步的时候，熟悉的领域相对来说则比较容易成功。

投资最重要、最关键之处在于，保持尽可能高的确定性。也就是说，当你投资的时候，要做到不赔钱，那该怎么做呢？很显然，你要选择自己很懂的投资对象、很熟的投资领域。你从一些大众渠道得到的所谓内幕消息，很可能是谣言，跟风是一种不明智的做法。

有个长期居住日本的年轻人，2000年东南亚金融危机以前，投资者投资情绪高涨，他自然也受到了感染，于是，从来没有进入过股市、对股市根本就不了解的他，听从一个银行朋友的提议，买了当时最热门的银行股。然而，金融危机的出现，日本银行首当其冲，他一下子就损失了一半的财产。于是，他慌乱地退出股市，再也不敢进行任何投资了。

2008年，中国股市进入牛市，作为中国人的他再次心动，但是前几年投资所造成的阴影，一直萦绕在心头。

他不知道该怎么办，他说："我很想进入股市，但是我怕被深度套牢，成为交接棒的最后一棒；可是不买吧，股价又在不断上涨，前几天看好的一只股票，涨了40%，可惜我没有买。"

事实上，很多投资者心里都会有这样的疑虑。

其实，你又何必执著于股票、基金等投资领域呢，投资的工具多式多样，为什么不投资自己熟悉的领域呢？优先投资已知的领域、谨慎投资未知的领域，这是投资大师们的经验，无论是巴菲特还是索罗斯，他们都把精力集中在自己熟悉的领域。如果你不懂投资，那么就从自己熟悉的领域开始吧。

在娱乐界中，有很多艺人都有自己的投资，不过，也有很多人因为盲目跟风而造成了亏损。有鉴于此，演员何润东总结了自己的一套投资心得，他坚定地投资自己感兴趣的领域，而且对不熟悉的投资领域敬而远之，哪怕是在当年的牛市中也是如此。

有人问他："为何不进军股票呢？"他说："作为艺人，工作几乎满档，一年几乎有360天都在工作，如此忙碌不可能有那么多时间和精力做各种投资。更何况我对炒股票和买基金并不感兴趣，想要在这方面发展很困难。"

有人觉得他错过了股票牛市实在可惜，他说："没有兴趣就没有了动力，没有了动力何来的专注？没有专注注定做什么都不会成功。与其强行上马投资失误，还不如让比我强的人来做。"

不买股票，并不表示他对投资不感兴趣，事实上，他也有自己的投资方向——炒楼。

何润东对于买房很有研究，他有一套自己的选房策略：

第一，房屋是否占据稀缺的资源。占据着城市中一方珍贵的土地，拥有一片稀有且无法复制的资源，房子的价值和升值前景也大。稀缺资源可以是城市核心商务地带，也可以是市区板块的森林绿地。

第二，是否拥有便捷舒适的环境。房子必须为业主提供较好的居住舒适感，这包括项目周边设施以及是否拥有完备的生活配套设施。

第三，是否有合理的空间布局。不仅要居住宽敞、使用功能齐全，在楼层、采光和布局等方面都应满足居住者的需求。

第四，质量是否值得信任。质量包括房屋的建筑质量、装修质量乃至社区内的配套设施，还有物业和配套服务之类的相似服务。

具备了相应的投资知识以后，何润东开始了自己的房产投资，他很早就关注长江实业在北京推出的第一个别墅项目，不过，在一期别墅推出之后，他很敏锐地感觉到，"户型不够大气"、"售价也太过高昂"，而且"别墅的外立面给人感觉比较旧，给人感觉似乎不是新建的"。

何润东认为，不一定是高端楼盘才可能成为高价房，只有品质好的楼盘才能成为"看涨型"房产，才值得投资。2007年底开始，房市价格不断降低，北京有很多被称做"高端住宅"的物业，降价幅度高达20%至40%。对此，何润东说："持续下跌一年之后，其实有70%的豪宅已经露出了价值真面目。"

因为他对房子的品质有非常严格的要求，他认为不能盲目抄底豪宅。如果你觉得何润东在房产投资上比较谨慎，就认为他在投资方面比较保守，那你就错了。事实上，何润东投资也喜欢冒险，但是，仅仅是在特别熟悉的领域。

2009年3月，何润东投资偶像剧《泡沫之夏》，投资金额超过1100万人民币。第一次当制作人就投资千万，又是第一次将内地小说引进台湾拍成电视剧，这对于何润东来说是冒了非常大的风险的。

有人对何润东说："你投资影视剧真是大手笔，很多人都认为风险实在太大。"他回答说：

"在熟悉的圈子中,又是自己比较容易把握的项目,适当地用高风险博取高回报,我觉得可以一试。"

在熟悉的领域投资,才能降低风险,同时,获利的机会才会大大增加。因此年轻人开始投资的时候,最好立足于自己熟悉的领域。

投资也需要帮手

如果你不是专职的投资人,却想投资,最好能有擅长这方面的人作为帮手,尤其是刚刚开始的时候。如果你像只"无头苍蝇"在市场中乱撞,没有人帮你,你是不会有太大收益的。在进行投资之前,首先要去寻找能帮你赚大钱的理财经理。

大家都知道,比尔·盖茨赚钱的速度堪称吓人,他仅用13年就积累了富可敌国的庞大资产,那么他的投资秘方在哪里呢?他又是如何打理这份巨额资产的呢?

比尔·盖茨虽然是顶尖级电脑奇才,但对理财方面的具体操作并不是很精通。事实上,为了不让理财事务耗费自己太多精力,他特别为自己聘请了"管家"。1994年,比尔·盖茨在微软股票之外的财产已超过4亿美元,他聘请了年仅33岁的劳森作为投资经理,并对劳森说:"微软股价如果持续上升,就可以用更多的钱进行其他投资。"

除了50亿美元的私人投资组合外,劳森还是比尔·盖茨捐资成立的两个基金的投资管理人。在劳森的悉心打理下,这两个基金的每年捐税额已经超过了名列《财富》500家中的后几家公司的净收入。

看看,世界首富投资理财,尚且离不开理财经理,何况是二十多岁刚刚涉足投资场的年轻人呢?

尽管我们可以通过各种渠道学习投资理财的知识,但是每个人遇见的问题并不一样,不同的家庭或个人财务状况有异,因此不同的人群投资理财也应该根据各人特点而定。你不能套用别人的投资方案,而应该找一个专业的理财师为你量身定做一套"投资方案"。多借助专家团队的力量,才能在投资过程中充分把握。

可是,当你听到一个又一个理财专家、理财大师的建议时,不免觉得有些尴尬——现金很有限,时间又紧迫,这么多理财建议,哪位专家的更有价值?事实上,并不是所有的理财经理都适合你,只有能帮你赚钱的才是你需要的。

第一,想要找到合适的理财经理,自己的心态要摆好。如果你直接要对方给你推荐股票或者基金,那么产品推销员就足够了,而不是理财经理。理财经理的作用,有点类似于医生,他会综合了解你的经济状况,然后提供更加合理化的理财投资建议。

第二,选择理财经理,可以看一下他们的证件。现在的基金经理都"持证上岗",虽然那只是一张薄薄的证书,不能说明什么问题,但至少表明他的专业知识已经受到发证单位的认可。但你要注意,目前理财行业有各类资格证书,并且各种证书的含金量也不相同,像注册金融理财师、特许金融分析师属于国际公认的高含金量证书,可信度是比较高的。当然,可能会掺杂一些假证件。由于国内理财经理行业规范尚未成型,证书获得途径的难易不同,一般人往往看不出之中有什么样的差异。更为重要的是,证书不代表能力,是否拥有资格证书只是其中一个条件而已。

第三,听其言,观其行。你要判断一个理财经理是否合格,有以下三个方面需要关注:一是专业知识;二是职业口碑;三是过往业绩。从有没有资格证书能够清楚其专业,而通过对方的客户反馈,则能够认清其职业口碑。正所谓:"纸上谈兵不如久经沙场。"过往业绩可以通过对方在金融领域的从业年限来看。

由于历史包袱和体制原因,现在的理财经理水平参差不齐。2008年,某些外资银行被大量客户投诉,直接原因是产品严重受损,但是许多间接原因在于理财经理长期不与客户沟通,不告知产品收益情况，甚至欺骗客户将产品卖出。所以，你要擦亮眼睛，认真挑选那些尽职尽责的理财经理。但必须时刻记住这一点：好的理财经理不是投资“专家”，而是控制投资风险的“好管家”。

有的人选择理财经理，往往看重对方的业绩考核，但对其余指标并不重视。其实，业绩考核仅仅是职业能力的一个方面，要全面考察理财经理的职业能力，你还必须了解对方的客户投诉率、客户满意度、对银行规则的遵守度、对专业职守等硬指标的考试、产品销售的准确性等多种指标。

那么，什么样的理财经理才能称为优秀的理财经理呢？

经验丰富的投资者认为，专业知识和行业经验是优秀理财经理必备的前提条件。一个经验丰富的理财经理，专业知识越丰富越好，其中包括税务、财务规划、会计等知识，以及对外汇、股票、基金、保险、私募、结构性产品、债券等多种投资工具的掌握。具备越多的专业知识，他才越能为客户提供全面而科学的理财规划。

除了专业知识之外，优秀的理财经理还必须要有以下几个素质：贴心诚实的服务；良好的沟通协调能力；充分了解客户需求；稳定的从业心态。

当然，最优秀的理财经理不见得就是你需要的，某银行理财专家谢先生说：“找理财经理不一定要最好的，而是要找那些适合自己的。在专业上，每个理财经理各有偏重，有的理财经理对基金比较熟悉，有的理财经理则对人民币业务很有研究。因此，投资者要根据自己的实际需求选择合适的理财经理。另外，理财经理的理财风格对客户而言也显得非常重要。如果你在理财上属于敢于冒险的人，能够承受较大的风险，在选择时，就可以与投资风格大胆的理财师合作，这样的合作才会和谐。”

如果你想要获得良好的投资效果，那么找一个适合你的理财经理，往往会得到意想不到的效果。

第四章　年轻人安排资产配置的秘诀

如何优化资产配置

我们在看影视作品时，经常会有这样的场面出现：双方把所有的筹码全推了出去，一决生死。一切都那么豪气干云、惊心动魄，让人倍感刺激。但提醒你一点，这是赌博，是虚构的情节，和现实中的投资不一样。在此，必须强调，投资不是赌博，在投资场上，更不能有赌博的心态。

有的人很喜欢集中资金买某只绩优股，这就是一种赌博心态的体现。投资市场是千变万化的，没有什么投资是万无一失的，所有的投资者都应该明白：并不是每一次投资都能赚钱，股神也做不到如此。如果你抱定某只股票，或者只有一种投资方式，最后很有可能赔了夫人又折兵。换言之，专注，在某种意义上并不适合投资场合。

在投资界，有这样一句至理名言：“不要把所有的鸡蛋放在一个篮子里！”这可是投资者赚钱的秘技之一，这句话体现了投资的资产配置问题。

在莎士比亚的著名剧作《威尼斯商人》中，安东尼奥告诉他的老友，其实他并没有忧虑货物，他说：“不，相信我，我的命运，我的买卖的成败并不完全寄托在一艘船上，更不是倚赖着一处地方；我的全部财产，更不会因为一年盈亏受到影响，所以我的货物并不能使我忧愁。”

在这里，我们能看见一股闪烁动人的光芒——“分散投资”的思想。很明显，安东尼奥分散投资的思想降低了投资的风险系数。因此，投资的时候，别把所有的资金集中于一个项目中。事实上，正常做股票投资的人，很少会冒孤注一掷的风险。即使是股神，也无法保证每次都能在最佳时期买入最好的投资标，关键在于资产配置。

当然，资产配置不仅在于降低风险，分散投资思想也不等同于资产配置，不过，分散投资是资产配置的一个基本原则，或者说是资产配置的重要模型之一。这一思想不仅适用于投资，在生活理财方面同样如此。

即便你的资金不多，也没有关系，你的投资组合做得好了，通过稳健的资产配置，不仅可以保证正常生活，还能够优化投资的资本，也比较容易创造收益。比如，可将每月收入采取“三三三”分配的原则，即1/3作为日常生活的支出；1/3进行定期定额投资开放式基金；最后1/3用于储蓄以备不时之需。

专注于资产配置的优化，是稳坐钓鱼台的投资法门，只要你的资产配置合理，就一定能够获益。

张先生26岁，研究生毕业之后，就在一家设计研究院工作，月薪约7000元，加上年终奖金和节日补贴等其他收入，每年约有10万元的收入。

虽然张先生工作时间不长，没有太多积蓄，但其父母均已退休，家庭经济较宽裕，因此，在经济上暂时还没有负担。前期他尝试了股市投资，基本上没有获得收益，后来，他买来理财书籍研究投资，为自己的投资进行了规划：(1)预计4至5年后结婚，需要准备购房首付款和购车款约30万元。(2)撤出股市资金，配置适合基金。

他认为，为了未来的购房、购车，乃至更长远的子女教育、退休养老等，必须趁年轻时候就开始积累资金。

于是，张先生统计了自己日常开支，每月大概为2000至2600元，分析这些开支，他发现，自己在吃喝娱乐方面比较随意，如果严格要求自己的话，每月2000元已经足够日常消费了。

接着，他把剩下的5000元薪水进行了规划，从股市中撤出了大部分股金，只留了一小部分，这是因为他觉得自己经验不足，在股市亏损的几率比较高；另一方面，他这个年龄段，最重要的是干好本职工作，争取成为行业精英，积极寻求升职或抓住获取更高收入的机会。

他把余下的的薪，分别买了债券、基金，另外，他还给自己补充了商业意外险以及其他一些相应的疾病、定期寿险等方面的商业保险。

经过一番规划之后，张先生发现自己的生活开始发生改变。首先，他对工作更加投入，而不再整天惦记着“做生意”、“发财”；其次，他的生活更加有条理了；第三，他发现自己渐渐没有了乱花钱的习惯。

过了5年之后，他结婚了，此时他不仅有了房子、车子，而且还拥有丰厚的存款。

现在很多年轻人，花钱比较随意，对于日常开支缺乏控制，以至于常常沦为“月光族”，如果没有任何改变的话，那就谈不上投资了。因此，资产配置的第一步，就是把日常生活开支控制在月收入的33%之内，如此才有可能较快地积累财富。

要有合理的资金配额。一般而言，年轻人的投资期限很长，愿意把较多的资产投资于股票。从经验方面出发，债券的比重应与你的年龄相当。比如，你今年如果25岁，那你最好持有25%左右的债券，以此类推，其余的资金可投资股票。但要注意的是，你还必须配置一定的资产于高流动的品种，关键时候可以随时取用，一般建议预留3到6个月的生活开支。

在选择债券基金时，中期类的投资比较合适，因为它们在获得收益的同时又不会有太大的利率或信用风险。同时，还能参与长期类投资，这样，年轻的投资者可以做到更高质量的分散化投资。

在配置资产的时候，应尽可能地以低成本构建组合。由于年轻的投资者初始投入不大，减少成本就显得非常重要。因此，在挑选投资产品时，一定要考虑各项可能发生的费用，首选费用较低的理财产品。

学习构建一个相对平衡的投资组合，分散风险，我们的投资生活才能顺风顺水！在生活中，要注意资产配置，日常消费、储蓄、投资应该合理搭配；在投资中，要分散投资，将风险分散。在投资收益中，几乎94%依赖于其合理的资产配置，因此你应该做一个资产的合理配置者。

投资不是赌博，在投资场上，更不能有赌博的心态。

妙用投资组合

学投资，就要学习资产配置，既然要讲资产配置，就必须知道怎样进行投资组合，也就是说，在投资的过程中不能“单恋一枝花”。如果我们将资产配置的视野放得更宽一些，也会有更多的选择，这样我们就可以通过投资组合，来满足我们投资的多方需求。

投资者不能把所有资金集中在一种投资上，而应该将资金分成若干部分，分别选择不同的投资工具，在不同的领域里投资。

单调的投资方式，并不能给你带来更多的财富，风险却变得很大。这也是我们强调资产配置的一个原因。根据一项针对美国 82 支退休基金、投资总额超过千亿美元的 10 年投资绩效调查发现，决定基金长期投资绩效的关键并不在于选择投资标的和进场时机，达 91% 的基金经理人认为真正决定投资成败的是“投资组合”。

我们知道，要选好投资标的和进场时机，相对来说并不容易，对于二十几岁的年轻投资人来说，要想真正把握这两点，也存在着很大的困难。因此，了解投资组合与如何做好投资组合，对年轻的投资者而言就显得非常重要。

随着经济社会的发展，投资方式越来越多，为我们的投资生活增添了很多机会，作为新时代的年轻人，何必局限在一个投资产品中呢？

请记住，切忌固执己见地只投资一个品种，随势变动投资对象才能赚大钱。

你应该明白，就算是市场环境相同的时候，投资工具不同，其风险程度也不同，有时甚至截然相反。如果你只做一种投资，局面往往是要么大赚，要么大赔，需要承受很大风险。

我们可以假设，如果你的全部资金用于储蓄投资或股票投资，当国家银行利率上调的时候，储蓄存款收益率高，风险很小，而股票市场将要面临股价狂跌的风险，收益率会变得特别低，甚至还会成为负数。而当银行利率下调的时候，储蓄投资收益率低，风险加大；但是，此时的股票市场则会因股价大幅上涨，收益率达到前所未有的高度。

很显然，只进行一种投资，你将面临着高风险，而如果你将资金分别投资于储蓄和股票，利率上升时，储蓄获利会抵消股票投资上的损失；利率下降时，股票投资上的收益又会弥补储蓄上的损失。如此形成投资组合，使得投资风险降低，保持收益的稳定。

这就是投资组合的好处，其目的在于分散风险，稳定收益。

许多人盲目地跟着市场、他人去投资，哪只股票涨幅居前，就追买哪只，毫不考虑资金安全问题。对于年轻人，在入市之前，应该好好学一学投资组合课程，规划自己的投资。

股票市场不景气，就投资黄金；黄金市场不理想，那就买基金——这是投资的窍门所在。你不能让钱闲下来，要看市场形势去投资，别抓住一个项目不放。现在的投资赚钱的地方有很多，既然机会那么多，干吗非要只投那一个？

当然，讲投资组合，并不代表任意组合，在你的投资组合当中，一定要有核心投资。比如投资组合为“股票 - 债券 - 基金”，专注于股票投资，这样核心投资就是股票。

另外，在一个投资项目中也有组合。比如股票投资中，有“核心—卫星”的投资策略，又比如，买基金的时候，你可以在主动型、偏股票型、平衡型等多种基金中选择，或者选择适合自己的、业绩稳定的优秀基金公司的基金构成组合型的投资。

对于年轻人来说，在组合中可以多一些风险性的投资，比如，45% 的股票、35% 的基金、20% 的储蓄。股票组合中 25% 的资金可以炒短线，20% 的资金则长期持有优质增长股；在你的基金组合中，用 10% 投资债券基金和货币基金，用 15% 投资业绩表现出色的卫星基金，从而得到较高收益。这样的组合，既可以有效地避免市场风险，以免投资血本无归，又可以让你在投资中积累丰富的经验。

事实上，通过投资组合来投资，要比单纯地盯着一个投资工具好很多。例如，一个股票占 40%、国债占 40%、定期存款占 20% 的投资组合，在 1996 至 2003 年这 8 年中，平均年回报率可以高达 9.07%，远远高于完全投资中定期存款；同时，其风险程度要远远小于 100% 投资于股票。

当然,现在的投资种类繁多,不仅有股票、基金和储蓄,还包括保险、房产、黄金、珠宝、古玩、艺术收藏品等,这类投资手段都很不错。你可以根据自己的喜好和兴趣特长去规划投资组合。总之,不要把资金都集中在一个品种上,而要通过投资组合,随势变动投资对象。

在投资的过程中不能“单恋一枝花”。

投资三要素

作为一个投资者,关于产品的三要素,要有一定的了解。投资的三要素,包括风险、收益和流动性。当你要做投资的时候,面对你的投资对象,以下三点必须深入考虑:收益如何?风险有多大?流动性有没有问题?

很明显,投资肯定要考虑收益。事实上,大多数人参与投资,第一个想法就是获得丰厚的收益。没有收益的话,谁还投资?虽然有很多投资产品属于保值产品,但若没有一定的收益,来抵偿通货膨胀带来的损失,也未必能够达到保值的目的。因此,在投资过程中,必定会考虑到收益问题。

然而,很多时候,由于过分追求收益,很多人忽略了投资风险,认为“高风险有高收益,只有冒险才能获得高报酬”,这种做法不值得学习。

实际上,对于投资人而言,首先要考虑的是投资风险。而我们主张在投资过程中进行资产配置、整理投资组合,其目的是为了分散风险,获得稳定的收入。

我们经常可以看到理财专家给投资者提出建议时,会根据你的投资属性或年纪,将股金在股市和债市中合理分配。例如,年轻人不妨持有股票七成、债券三成,上了年纪的人就要改成股票三成、债券七成,这就是根据投资属性或年龄差异对资产进行合理配置的例子。

可以这么说,决定投资配置比例是出于风险的考虑。虽然投资的报酬率与投资风险是呈正向关系的,但是我们绝不能忽略投资的风险。

没错,高报酬率说明承受的风险也高。比如期货、权证等投资工具,都具有高报酬的特点,同时它们也具有相当高的风险;股票与偏股型基金的风险性也是偏高的,它们报酬也很高;而风险性最低的是债券、定存基金和储蓄类投资工具,它们的收益也就比较低了。

但如果我们只考虑投资的报酬高低,而不考虑投资风险,即使是牛市,其风险也是很大的。当风险成为现实,发生下跌的时候,大多数人是无法承受的。

顾先生的投资生涯开始于2007年,当时是春节,他到一位朋友家玩,在闲聊时,朋友向他谈及股票,信心满满地说:“现在这种形势,1个月赚20%～30%绝对没问题。”

顾先生听了,十分动心。于是,他回家之后,心中打起了算盘:要是将买房的25万元投入股市,1个月赚20%,只需半年时间就能入手一套很好的商品房了。

抱着这样的想法,顾先生在朋友的帮助下,迫不及待地拿出了10万资金进军股市,准备大赚一笔。

一个星期之后,顾先生果真净赚了23%。预期一个月赚20%的目标,竟如此容易就实现了,心里别提有多高兴了。于是,第二个星期,他把手里剩下的15万元全部投入股市。他先后购买了大唐发电、巴士股份、南山铝业、大秦铁路、格力电器等股票。牛市的各个股票暴涨,5月28日,他的股票市值已经突破50万。

正当顾先生兴高采烈的时候,股票市场出现了一些变化。50多万的数字只保持了两天,突然股市出现跌盘,到了5月30日收市的时候,他的股票市值只有37万了。接着连续几天出现了5个大跌,股票接连跌停到了6月7日,他的账面上只剩15万元!

看到这样的情况,顾先生几乎要晕过去。损失了将近一半的资金,顾先生很心疼,特别想把损失补回来。然而,虽然股市后来又出现了反弹,但是他手中的股票并没有涨。结果到了2008年,他的账户上仅剩下9万元,买房计划也泡汤了。

在投资过程中,盲目地追求高报酬、高收益,忽视风险,有可能带来巨大的损失。即便是牛市,风险也会存在。有的投资者被胜利冲昏了头脑,忘记了风险的存在,而盲目地冒进,以至于对操作把握不到位,最终赔个一塌糊涂,实在是令人惋惜。

年轻人进入投资领域,要克制贪利之心,不能只看见丰厚收益而忽视了风险,在做资产配置的时候,要结合实际情况,衡量投资风险。虽然你的年龄小、负担轻、风险承受能力较强,可以进行积极投资,但并不是说你能随便投资,尤其是一些上有高堂、下有妻儿的上班族,更需要稳健投资。

除了收益与风险之外,在资产配置与投资组合中,也必须考虑资金的流动性。虽然我们说手上的资金不能闲置,但也不能全部投出去。生活中难免会遇到一些突发状况,还必须有一笔应急资金作为调度,甚至有时候你还需要将投资资金调出来应急。因此,在资产配置中,应该考虑到投资资金的流动性。

根据资金需要,有不同期限产品可供选择。一部分可以长期持有,而另外的一部分则可作为短期投资,期限越短越好,最好比货币基金回款快,现在银行拥有的超短期理财产品有1天、3天和7天的。有的银行还推出了“周末理财”产品,理财期3天,周四发售、周五下午3点半销售结束,当天起息,三天之后到期,这是专为股民量身定做的流动性投资产品,既可以避免资金闲置,同时还能让资金升值。

总之,作为投资人,投资三要素是我们所必须了解的。在投资过程中,我们不仅要兼顾风险与收益,还应该考虑资金的流动性因素。不同的投资产品有不同的风险、收益和流动性,你可以根据自己的需要和实际情况综合考虑,进行选择。

投资的三要素,包括风险、收益和流动性。

适度分散投资

在投资过程中,到底是集中火力比较威猛,还是散弹打鸟比较有效?针对这个疑问,很多人都有不同的见解。不过,关于这一问题的争论大多属于形而上的,作为刚刚开始投资的年轻人,应该结合自己的实际状况,这才是正确的投资思想。

对于经验不足的年轻人来说,重要的还是保护资金。由于你没有足够的投资经验帮助你发现机会、抓住机会,和经验丰富的投资者相比,你的投资将面临更大的风险。这个时候,首先要考虑的是如何减少风险,所以,对于年轻人来说,散弹打鸟显然更适合。

在钓鱼的时候,常常能看见一个垂钓者伺弄着好几根钓竿,这样即便一处鱼饵没被咬钩,在其他几个钓竿上也会有收获。垂钓者这样做,目的在于分散投入风险,保证收益。

其实,不仅钓鱼如此,投资也是同样的道理。常听人说:“不要把所有鸡蛋放在同一个篮子里。”这句话在投资场上可谓老生常谈。尽管巴菲特不同意这句话,他说:“投资应该像马克·吐温建议的,把所有鸡蛋放在同一个篮子里,小心翼翼地保护好它。”不过,这是对具有丰富经验的投资老手而言,事实上年轻投资者不具备这样的本事。

年轻的投资者不能依靠直觉进行投资,因为缺乏经验的直觉并不可靠,你需要的是更加安全的投资法门;孤注一掷并不适合你,应该选择的是分散投资,因为从风险管理的角度来看,适度分散能够把风险也分散,使收益趋于稳定。

举例来说吧:有个人现有资金25000元,他准备进行投资。现有五个投资方向供选择,这五种投资方向收益率各不相同,有+15%、+5%、0%、-5%、-15%,但是投资人并不能确切地知道这5种投资方向分别属于何种报酬率，这个时候，他该如何选择投资组合呢？

假设他只投其中一个方向，那么他只有2/5的机会获利，却有3/5的几率不赚钱；要是押中了0%的投资方向，他还能保住本金；但是万一押进了-5%、-15%这两种投资方向，就赔钱了。

这种做法是赌博而不是投资。如果你选择这样的方式投资，那么你还不如去掷骰子赌大小，因为那至少有1/2的几率获利。真正的投资者对于赌博是不屑的。

那个人很聪明，他没有成为一个赌博者，冒险只选择其中一个方向，而是把资金分成5等份，分别投资于5个项目。这样的话，5种不同报酬率的投资方向都有5000元的投资。若持有这些投资项目长达20年，这样会获得多少回报呢？

单看报酬率，你也许会嗤之以鼻，认为他得不到任何回报。可是，事实却并非如此。按报酬率计算，他能获得10万元的回报总额，是最初投资额的4倍！也就是说，实际上他的投资获得了7.29%的年度回报率！

这样的结果一定让人很吃惊吧。若论单个投资，你会觉得这个投资组合简直糟透了，因为在5个投资项目当中，有两个是一直在赔钱的，还有一个20年始终没有动静。在这样的情况下，还有赚钱的机会吗？

不错，这就是分散投资思想在资产配置中的妙处。在进行分散投资时，只要一部分投资取得佳绩便足够了，而不必全部的投资都有出色的表现。这样做在避免风险的同时，还能够保证你的收益。

分散投资绝对经得起时间考验。如果你只买了一只股票，一旦选错则赔个精光；但是如果你买的是20只，不太可能每只股票都涨停，但也不太可能每只都大跌。正所谓“东方不亮西方亮”，在涨跌互相抵消之后，哪怕是赔钱也只是小数目，不至于伤筋断骨。很显然，把全部的钱押在一只股票上的风险，比分散投资在20只股票上的风险要高得多。

2000年初，全球网络、电讯、科技股崩盘非常严重，很多上市公司的股价下跌超过了95%，像雅虎、亚马逊，都跌到快没影了。如果你当时把资金全都集中在网络、电讯、科技股上，可以想象后果有多严重。

投资和赌博不一样，对于年轻人来说，不仅没有经验，也缺乏理论指导，不适合集中火力猛攻的投资方式，最好是进行分散投资。再次提醒一句，保护好自己的资金，别把所有的鸡蛋放在一个篮子里，以防打水漂。

对于经验不足的年轻人来说，重要的还是保护资金。

“傻瓜投资术”

几乎所有的投资者都知道，在市场面临下跌时，应该进场。但是，实际操作中，真有信心做到的就微乎其微了。很少投资者能够在市场下跌的时候买进，这可能出于谨慎的考虑，但更多是因为内心存在的不确定性与恐惧情绪所致。其实，完全没有必要这样，既然你害怕损失，那就不妨采取定期定额加码买进的方式进行投资，充分把握资金的投入，这样既可以保证资金安全，同时又不会错过良好的投资机会。

关于逢低买进，也就是我们常说的“抄底”，有这样一个故事。

在全球经济危机时，有个美国老太太没有职业，也没有养老金，年纪大了，生活没有保障，便自己支了个擦皮鞋的摊子，借此获得微薄的收入。她挣来的小钱，除了正常的生活开销，余下的都积攒了下来。几年后，竟然也有了一笔资金，大约有500美元。开始她不知道如何处理这些钱是好，后来因为常在证券交易所门前擦皮鞋，看惯了股民的疯狂与沮丧，心里也想着投身股市。她没有丰富的股市投资经验，甚至对于股票一点了解也没有，然而，这个老太太进入股市却赚钱了，而且赚得很稳当。

那么，她究竟是怎么做到的呢？有人很疑惑，便跑去问她。她回答说："其实很简单。当大厅门可罗雀的时候，股价比较低，我就买股票；当交易所人满为患的时候，股价高了，就把股票都抛出去。"

不会吧，方法竟然如此简单？对，就这么简单，逢低多买进，逢高多卖出。能不能赚钱，在于有没有胆识！

巴菲特有一句经典的话："投资就是在别人恐惧的时候贪婪，在别人贪婪的时候恐惧！"其实，这与老太太的投资方法有很多类似的地方，只不过老太太的方法太简单了，让大家不屑一顾，而巴菲特的做法则太深奥了，致使大家都不敢去尝试。

抄底是每个人都想做的事，但实际上很少有人能够做好。事实上，抄底是一件很难的事情，也有很大的风险。不过，你可以通过逢低加码的方式进行投资，这样可以降低风险，减少损失，同时又能提高定期定额投资报酬率。

逢低加码的投资方式，虽然比较简单、"傻瓜"，但也不是那么容易就能用好的，首先心理障碍就是一道高门槛。有很多人担心风险太大，宁愿跟风走，也不敢逢低加码买进，结果机会白白溜走。其实，市场逢低之时，大可大胆出手。

在实际操作上，逢低加码的投资有以下几个窍门：

(1)逢低加码有两个步骤：首先，你要考虑 3 件事，把握好何时出手。第一，投资标的前景是否良好。第二，股票市场下跌是否已逐渐量缩且稳。第三，投资者对市场气氛是不是比较悲观。如果投资标的前景良好，股市已经逐渐平稳，市场气氛也不再悲观，此时就是出手的机会了。

其次，正确选择加码的方式，同时考虑投入多少资金合适。加码买入和迅速买入不同，是采取数次扣款的方式，逐步买入股票，这样可以降低风险、减少损失。投资人可以一次提高扣款金额，也可改变每月扣款次数，取决于个人财务状况。

(2)基本面不坏，套牢不停扣，用时间换取反弹。当市场形势不理想的时候，定期定额投资同样也有被套牢的风险。当你看到报酬率连着几个月都是负值的时候，心里也许非常担心。那么，你应该继续扣款，还是转移市场呢？如果所投资的产业或区域的股市下跌，基本面未转坏，投资人应该持续扣款，加码买进。反之，假如基本面已经转坏了，你应该考虑把手上的资金转移到其他地方。

(3)借重资产配置，稳定投资绩效。逢低加码首先在于合理的资产配置，逢低加码就好比步步为营、主动出击的部队，而合理的资产配置相当于稳定的大后方。资产配置方面做得好了，打有准备之仗，才会有稳定的收获。首先，你必须了解投资属性，从自己的实际情况出发选择投资工具；其次，设定投资目标，包括收益目标和止损目标；第三，考虑风险承受能力。随着时间推移，可调整较稳健的组合，减轻加码码数。

(4)设置停利点，获利才能锁住。设立停利点，如果有了获利就选择出场，这样可以确保投资战果。当然，把停利点设在哪个位置，需要你对经济基本面和市场的最新动态有较清晰明确的了解。如果不设置停利点，长期定期定额投资的结果可能是"愈陷愈深"，因此，投资时要引起注意的是，逢低加码虽然"傻瓜"，但却是一个非常好的方法。

(5)月初扣款，获得比月中、月底更高的报酬。加码买进的扣款时间也要纳入考虑，或许你没想到，选择月初开始扣款要比月中、月底扣款多赚 1 到 2 个百分点！其主要原因在于月初股市通常处于低点，月底因投资法人做账关系而处于高点。虽然这笔资金不算什么，但至少可以减少一些手续费等投资成本。

你善于利用逢低加码的方式投资，能大大提高投资效率，自然回报率也会提高。可惜的是，现实生活中绝大多数人都无法摆脱"追涨杀跌"的怪圈，当市场已经触底时失去了加码的勇气和继续坚持的耐心，铩羽而归也就不足为奇了。追涨杀跌很容易，买低卖高就依靠智慧和勇气了，不过报酬也很丰硕。股市不会每天都涨，也不会永远下跌，年轻的投资者们要学会在股市逢低的时候酌量加码，抓住低位入场长线赚钱的机会。

巴菲特有一句经典的话："投资就是在别人恐惧的时候贪婪，在别人贪婪的时候恐惧！"

投资需要"三心二意"

由于市场行情起起伏伏、变化万端，详细的走势很难把握清楚，对于投资者来说，唯有做好资产配置，再结合正确的投资方法，才可能在投资中获得成功。作为一个年轻人，刚开始投资的时候，就必须要认真培养一些习惯，其中最为重要的是"三心二意"。投资中所说的"三心二意"别有意义，"三心"指的是信心、恒心和耐心，"二意"指的是意图和意志。

1. 投资人要有"信心"

信心不是盲目跟风，也不是盲目的乐观，而是相信景气虽有周期和循环，但是市场总体的发展趋势是向上的。源于对市场的信心，你相信人们仍然会在早上起床时穿上衣服，生产衣服的公司能给股东们带来利益。你相信社会是发展的，老企业终将衰退，朝气蓬勃的新企业将取而代之。在你选择进入投资领域时，就不要把简单的事情复杂化，你之所以投资，就在于你信心满满。如果你对某一只股票或基金不抱有任何希望，那就尽早撤出投资，以免遭受损失。

随着经济结构的调整，中国经济会不断地呈增长趋势。"大局观"告诉我们，尽管21世纪以来，中国股市发生过多次剧烈的下跌，每次下跌都有足够理由使人相信"世界末日"就要来临，但是持有股票还是比持有债券的收益率高。如果你没有投资信心，想要获益就很困难。做投资就要有信心，就像相信明天太阳一定还会升起一样。

2. 投资人要有"恒心"

有的人对投资三天打鱼两天晒网，这样对积累财富一点好处也没有。投资要持之以恒，不能中断，定期定额扣款，从低档开始多累积份额，这样才能获得回报。如果时不时中断投资，不仅无法获得回报，也不能积累经验。投资不是兴之所至的事情，应该定期定额地进行。"定期定额"投资法是长期投资最好和最成功的方法，建议投资者充分利用。

3. 投资人还要有"耐心"

投资大师彼得·林奇有一句很有名的话："股票投资和减肥一样，结果取决于耐心。"减肥需要一步一步来，违背常规过快瘦身可能会引发各种不良反应，甚至遗留疾病隐患。古人曰"欲速则不达"，如果你缺乏长期的耐心，买几只股票就想成为富翁，还是赶早打消这样的念头吧。沉稳以对，耐心等待行情来临，你会发现时间是投资人最好的朋友。

4. 投资人必须"意图明确"

投资绝非毫无目的或是心血来潮，而应有明确的目标或步骤，这样才能事半功倍、进退自如。假设你投资的目的是为了养老，那么你就需要买一些回报率比较稳定、风险较小的投资产品。大多数年轻人不仅仅是为了养老这一个目的，多半都是为了赚上一笔不菲的财富，既然你的意图是这样的，风险性投资更适合你。

在投资过程中，意图明确非常重要，怕就怕举棋不定，一会儿觉得自己不应该买股票，应该买债券，一会儿又觉得债券收益不行，还是基金好。如果意图不明确，那么你的投资注定是失败的，因为你根本没有时间去思考你的投资，更无法合理配置资产。

5. 投资人必须"意志坚定"

关于这一点，每个人都明白。事实上不仅投资需要意志坚定，做任何事情都需要。在投资过程中，千万不能因为短线市场波动或是情绪性因素，而变动已经设置好的计划。如果你的投资计划已经开展，就要坚持让它贯彻下去，该追加就追加，该止损就止损，该跑路就赶紧跑路，绝不可有太多犹豫。投资人必须坚定地执行投资计划，向理财目标迈进，坚持不懈，相信财富就在未来不远处等着你。

以上5点，就是投资时的“三心二意”。可别轻视了这5点，在投资过程中，我们要注重资产配置，“三心二意”非常重要。要是没有信心，你怎么迈出投资的第一步？要是没有恒心，又怎么能坚持到最后？要是没有耐心，你怎么能够等到收获的那一天？如果你没有明确投资意图又如何确定自己的投资方向？如果你的意志不够坚定，你又怎么能全心全意地贯彻投资计划，稳定获利呢？因此，投资必须“三心二意”。

投资中所说的“三心二意”别有意义，“三心”指的是信心、恒心和耐心，“二意”指的是意图和意志。

投资跟着年龄走

伴随岁月的流逝、年龄的增长，人的风险承受能力也会随着下降，在这样的情况下，人会变得保守起来。显然，不同的人生阶段，有不同的境遇和生活状态，投资组合也相应不同。换句话说，投资要伴随着年龄发生变化。

虽然我们常在证券公司营业部里看到白发苍苍的老人，但不见得他们有较高的风险承受能力。事实上，很多老人进入风险投资市场是想让自己有更多的退休金，然而，常见的结果却是一旦股市重挫，养老钱化为乌有。但是他们做不到年轻人这样，重新奋斗，从头再来，一点一滴积累资金。

作为年轻人，你是幸运的。有多少老人感叹：“年轻真好！”年轻人不惧怕摔倒，因为他有机会重新站起来。虽然年轻的你没有足够多的资金进行投资，但是你的优势在于可以多尝试几次。最起码在年轻的时候开始投资，就算失败了，也有很多站起来的机会。你可以在投资组合中配置较高比例的流动性好的风险类产品，因为你承受风险能力较强。

对于年轻人的投资组合，建议以股票、基金为主。年轻人没有足够丰富的资金，而且处于资金积累期，才刚刚开始尝试投资，不适合进入期货、权证等高风险市场。同时，年轻人没有太多的家庭压力，应该有积极的投资态度，不适合保值型投资。因此，年轻人比较适合在股票、基金等投资领域进行奋斗。

年轻人在进行资产配置的时候，首先要清楚自己处在哪一个人生阶段，而不在于拥有多少资产。不同的人生阶段，有着不一样的理财目标。如果你刚刚步入社会，主要是工作压力较大，几乎不存在生活压力，这个时候，你就可以关注投资，并尽量做一些积累型的投资；到了工作已经比较稳定时，你就可以采取一些进取型的投资；若是到了结婚阶段，则要考虑购房计划，就应该更加谨慎地投资。

在不同的人生阶段，配置的内容也要有相应的变化，这不仅是资产配置的原则，也是资产配置的意义。关于年轻人的资产配置，要注意把握好下面三个步骤：

1. 依照个人的风险属性与规划需求，对自己的资产类别进行设定

判断自己在投资方面是属于保守型、稳健型还是积极型，根据自己的年纪和风险属性对资产进行合理配置，年纪较轻、负担较少、资产较多的人，风险承受能力也较强；反之，资产配置就要更稳健一些。

2. 确定资产配置中各资产类别的投资比率

风险承受能力比较强的人，适合操作股票甚至期货、权证等投资品；对于风险承受能力比较低的人来说，最好选择债券、定存等方式进行理财。如果你的风险承受力比较低，千万不能冒险进行高风险投资，以免影响自己的正常生活。

3. 定时检视投资效果，并调整资产配置的内容

长期投资不代表什么都没有变动，没有什么投资可以稳赚不赔，人生在不同阶段的规划也会不同。投资在不同的环境也应有不同的变动，不断检视和调整自己的资产组合，能够保证自己的资产配置更加合理，从而取得更加良好的效果。

如果你觉得以上三个步骤做起来比较麻烦的话，提供一个简单的方法，可以让你迅速得出自己的资产配置比例。因为人的风险承受能力伴随着年龄变化而不同，因此在投资组合上，有人得出一条非常简单易行的“投资100法则”，可以帮助我们确定风险资产在个人资产中的配置比例。以下是具体计算公式：

风险资产比例=(100－年龄)×1%

举个例子，若是你25岁，就可以将75%的资产投资于风险较高的投资工具上。而到了50岁，你投资于风险较高的投资工具上的资产应该降到50%。

总的来说，随着年龄的增长，风险承受度也随着下降。年轻人的风险承受能力比较高，可以选择风险性较高的投资工具。对于家境比较好的年轻人，可以通过父母的帮助，筹集一些资本，进行高风险投资，比如期货、权证；但是对于家境一般的年轻人来说，则可以用自己的积累，投资于股票和基金，从而获得更多的回报。随着年龄的增长，婚前婚后的投资配置都会有所不同，这些问题都要引起注意。

不同的人生阶段，有不同的境遇和生活状态，投资组合也相应不同。

第五章　年轻人勿让没钱成为理财借口

月光族的悲哀

有这样一句俚语：“有钱王八坐上席，落魄凤凰不如鸡。”它很讽刺地体现了有钱和没钱之间的地位差别。在这个“有钱能使鬼推磨，没钱反被鬼折磨”的年代，“贫穷”在大多数小老百姓心中埋下了阴影。

民众领到的薪水数目不变，购买力却降低，加薪幅度远不及物价增长速度，沉重的生活负担落在肩头，资产累积变得越来越困难。于是，月光族成了悲哀的代名词。

能够供自己自由支配的钱越来越少了，想要由贫转富越来越难，但这绝对不是自我放逐的借口。很多年轻人抱着“今朝有酒今朝醉”的态度，觉得不论多努力还是不能致富，那努力又有什么用呢！

在越艰难的环境，反倒越要拼命。既然没有钱，就先不要妄想获得太高的报酬率，不要想一下子成为富翁。先求稳，再求好，而求稳其实很简单，就是老生常谈的“开源节流”罢了！

“节流”比“开源”更重要，好比开水龙头，不管有多大的水流量，万一出水口更大，你还是无法累积水源，尤其是在这样一个失业率不断增加的时代，上班族要靠开源来增加收入越来越难。根据统计，一般民营企业的生命周期平均为6到7年，连当老板的都泥菩萨过江——自身难保了，更何况是打工的呢！

所以我们一方面起码要稳定工作，要有固定所得，不要频繁跳槽。另一方面，量入为出，减少消费，控管支出，掌握现金流量，认为实在需要再购买，行有余力再去开拓财源。

在这个“有钱能使鬼推磨，没钱反被鬼折磨”的年代，“贫穷”在大多数小老百姓心中埋下了阴影。

节流的意义

“大富由天，小富由俭”，今天储蓄的成绩，决定了你明天的生活质量。

现代人身上的担子很重，房贷、车贷、教育、医疗、养老，林林总总，包罗万象，不要说那些奢侈的欲望了，仅仅是起码的生活所需，都常常会把工薪族压迫到连头都抬不起来。

有一句名言和大家分享：“集腋成裘，积沙成塔”，要想人生富贵，就别忽略任何芝麻小事，也不能小看了分文小钱，涓滴可汇成大海。

汽车大王亨利·福特有次应邀赴宴，在掏口袋时，不小心掉了个硬币，他急忙蹲下在地毯上寻找，身边的人觉得非常奇怪，他为什么要介意一枚小小的硬币？亨利·福特面带微笑，认真地回答道：“正是靠着这一枚一枚的积累，我才能拥有今日的财富。”

你也许不知道富豪经商的秘诀，但是绝对可以学习他们的节俭，推荐给大家一个公式：“收入减存款等于支出。”当你有薪资收入时，首先扣掉准备要存的钱，数目不拘，200元不嫌少，1000元不嫌多，剩下的金额，才是你本月用来支出的。坚持控制预算的观念以及记账的做法，长期下来，你就能在不知不觉中积累大笔的财产。“节流”的具体做法有二：

第一步：控制支出，有的支出有急迫性，但有的完全是浪费。控制支出项目，有助于不乱花钱，总的来说，支出包含以下几个方面：

1. 固定支出

包括房租、房贷、人寿保险、汽车保险、房屋保险、税金、子女学费等，这些开销为维持日常生活，很难避免和减轻。

2. 非固定开支

衣食、水电煤气、电话费、上网费、交通费，每月金额的多少不大一样，这些开销虽然必要，但是同性质项目可能用替代的东西，例如上班，出租车与乘公交车的花费就不一样；外食与自己带便当，其降低支出效果也是不一样的。

3. 弹性开支

大多数意指交际应酬或者娱乐等临时开销，如果能把这笔花费省下来，对“节流”肯定有很大帮助。在不降低生活质量的前提下，这部分开销应尽量减少。

4. 目标性开支或其他开支

为达到短期的特定消费目标而增列的消费项目，目的性较强。例如换购家具、旅行费用等，因为短时间无法备妥，需要较长时间的准备，以储蓄的方法满足。

第二步：储蓄存款。

经营之神王永庆说：“赚的一块钱不是自己的，只有存起来的钱才是自己的。”在这不确定的年代，落袋为安才真正让人心安，积累存款到达一定数量之后，通过复利用钱滚钱方能使本钱做大。

“大富由天，小富由俭”，今天储蓄的成绩，决定了你明天的生活质量。

开源的意义

要遇到赚大钱的机会非常困难，多数人终其一生都遇不到。所幸日常生活当中，靠辛勤劳动赚小钱的机会随处可见，就看你愿不愿意找。

开源的财务项目不外乎兼职所得、资本利得与额外收入。

1. 兼职所得

根据调查，上班族中三成的人做着兼职，而尚未兼职的上班族中，也有高达八成的人有这样的打算，兼职的项目从网络销售到计时的服务业、程序设计、翻译写稿、宠物照顾等，种类相当多，甚至连出租车司机也会在车上贩卖商品，一个月也会有一千多块的额外收入。

2. 资本利得

资本利得也就是操作投资工具获得的收益，对还不太知道该怎么理财的朋友来说，不妨购买那些进驻全球型的股票基金。或者通过零存整付，慢慢储蓄，同时还可以领取高于活期的利息。

3. 额外收入

年终奖金、彩票等的中奖奖金等属于额外收入，不要因为是额外收入就随便乱用，反而更应该珍惜这得来不易的财富。要想成为有钱人，就得正财、偏财都顾好。

要遇到赚大钱的机会非常困难，多数人终其一生都遇不到。

小钱变大钱

对于小钱，你所要做的，就是不要急于将每次收到的小钱花出去。大钱与小钱的最大分别，在于理财方式的选择上。钱越少，能够选择的方式越有限。钱少的时候，理财相对比较困难，相反，花钱的诱惑倒是非常大。因此只有不断积累小钱，你才有可能把小钱变成大钱。当你对小钱投资都熟练时，对于大钱投资肯定也更有把握了！

导致“口袋空空没有钱”有很多方面的原因，如果你想要有钱，就应该尽量接近聚财的地方，研究招财的信息，培养爱钱的习惯。

你只有爱钱才会有钱，才知道应该珍惜钱。

第六章　年轻人慎对“负债”

谁造成了债务危机

很多人以为债务只要在掌握之中，只需按原计划就能清偿完毕。不过正所谓“天有不测风云”，有很多因素都会带来财务危机，稍有不慎，就有可能陷入高负债的循环噩梦。避免财务危机的最佳方式，就是严格控制支出，同时为意外支出或重大生活事件做好准备。

有6项造成个人重大财务危机的相关事件，只要发生了其中一件或多件，便会使负债超出掌握范围。

1. 生活及消费超过收入

倘若不对各项支出作记录，就会很容易使消费支出超过收入，甚至可能超过很多。特别是分期付款项目，因为化整为零的分期付款方式，会让很多人误以为每个月只有几千元的支出，还不至于超过每月的薪资所得，但是到了结算时，才发现过度的分期消费已经耗尽我们的收入。因此，消费的长期积累，即使是一笔小额的每月支出款项，都有可能在财务上带来严重危机。

2. 失业

突然失业往往会打断原来设定好的还款计划，让我们的生活面临沉重的压力。找一份工作往往要一些时日，如果能够事先知道公司将要裁员或倒闭，则应严格控制支出和消费。假使转换跑道之后，必须接受一份薪水不如以前的工作，则应调整个人支出以配合新的薪资水平，制定一个切实可行的计划，以清偿在失业期间产生的负债。不论你目前的职场环境稳定与否，许多理财专家建议至少要有三个月薪水的储蓄，作为临时应急所需。

3. 离婚

通常离婚代表支出增加，家庭薪资降低。离婚本身就需要很多的支出，例如法律费用、搬家支出及无数其他支出。此外，也许必须负起配偶的债务，例如，税、汽车贷款或其他有责任共同负担的项目。

4. 额外的健康或医疗支出

意外总在意料之外发生，不论你是否购买了保险，都有可能因为紧急危难而必须支付一大笔金钱。不少人变成卡奴，便是因为在临时医疗方面的需求，由于手边现金不够，只好借助信用卡。

5. 额外的家庭支出

车辆故障、电器损坏或屋顶突然漏水等各种生活琐事的支出，同样很可能使你财务紧缩。

6. 不良的理财建议或诈骗行为

对于财务支出的错误选择以及不必要的消费，这些行为都会给财务带来问题。还有近年来猖狂的诈骗集团，更让许多人辛苦累积的财产顿时化为乌有。

有很多因素都会带来财务危机，稍有不慎，就有可能陷入高负债的循环噩梦。

看看你是否陷入危机

卡债、房贷等消费性贷款已经让你负担重重了吗？你的债务支出是否超过负荷？大多数人处理债务的方法都是账单来几张，就缴纳多少还款，完全不清楚负债比例。债务负担是指一个人有多少欠款，通常用以显示一个人是否享有安全的信贷额度。

放款人会根据贷款人的负债与收入比率，将收入和支出进行比较，以分析贷款人是否欠债过多。负债与收入比率可反映出在正常情况下一般人的财务状况如何。

有一个简单计算负债与收入比率的方法。

请把你每月的除住房以外的开支加和，然后用这个费用除以月收入，便可得出你的每月非住房负债/收入比率。

下面举个例子来说明：

每月总收入是 10000 元

每月有 2000 元的欠债（包括信用卡账单、汽油、汽车分期付款等）

2000 元 ÷ 10000 元 = 20%

所以你的负债/收入比率为 20%。

假如你的非住房总负债占总收入的 10% 或以下，你的财务状况便十分良好。假如你的非住房总负债是 10% 到 20% 之间，你便很有可能获得信贷，但当你的总负债接近 20%，你便很有必要减轻债务负担了。

除了利用负债与收入比率能够看出负债比率是否太高，根据发卡组织 VISA 的研究，他们还提出“28/36 定律”，也就是每月的家居总负债应该在月总收入的 28% 以内。而总负债，包括住房及其他所有费用，应控制在 36% 以内。换句话说，如果您个人或家庭目前的负债比例已经高达 40%，就已经超过了警戒线，你必须赶紧检视债务状况，及时调整各项支出。

债务负担是指一个人有多少欠款，通常用以显示一个人是否享有安全的信贷额度。

欠债一定要还

如果你已经开始对自己的财务状况存疑，便可能在财务上遇到了困难。如果每月的消费大于收入，累积的账款将会迅速增加。如果没有事先为一些额外支出做好相应的储蓄，比如房屋装修、健康问题、汽车故障，你就有可能欠下大笔债务。常见的财务困难症状包括：只付最低应缴金额、迟缴账款或忘了还款。

为了防止上述窘境发生，我们平时就要对负债情况有充分的了解。

如果真的想偿清债务，可以从以下 3 个方面着手：

(1)立即停止不必要的消费，并开始偿还欠款。

(2)清楚了解并坦承造成负债的原因，并着手改变理财方法。

(3)设立可执行的目标并尽全力去实现。

如果你已经开始对自己的财务状况存疑，便可能在财务上遇到了困难。

聪明管理负债的妙招

每天坚持进行 10 个步骤，可让你轻松进行负债管理，充分把握个人财务：

1. 控制消费

当你在评估个人收支状况，为远离负债做计划时，请先停止不必要的消费。例如：放弃购买昂贵的奢侈品，或是外出时减少消费，只带够用的少许现金即可，不要把信用卡或现金卡带在身上，或试着带便当上班或上学。

2. 对个人财务进行评估

减轻债务的第一步是了解自己目前的资产与债务状况，判断目前的剩余负债总额。虽然面对个人尚未清偿的负债很困难，但这却是做好财务管理的必要步骤。

3. 设定目标

设定一个大目标，例如在三年内结清所有未清偿款项，然后再细化为一些小目标，帮助自己达到最终目标。甚至也可以请家人参与，相互鼓励直至目标达成。

4. 制订个人财富管理计划

根据所设定的目标订下相应的计划，作出清偿款项与收入比例电子表格及债务目标电子表格，可对你每月消费设定目标提供一些帮助。例如：水电费、菜钱、医疗费用、家庭开销及交通费用等，努力控制花费在预算范围之内，节省下来的部分主要将用于还债，但也要为紧急事件留一些存款。

5. 追踪消费支出

彻底执行负债管理的计划，对每一项支出都详细记录，便可以找出各种省钱方式。每个月还款越多，就能越快还清欠款。

6. 先偿还利息最高的借款

不管借款数目多大，每个人的未清偿款项都会随利息增加而迅速扩大。因此，务必确定先偿还利息最高的借款。

7. 对利息和逾期滞纳金要心中有数

熟知所有债务的利息及逾期滞纳金。尽可能避免逾期滞纳金，以确保个人未清偿款项不会随时间推移而增加，并寻找更低利率的机会。

8. 缴款高于最低应缴金额

每次还款额度都要比最低应缴金额高一些，这是负债管理关键的一步。尤其对于信用卡未清偿款项特别重要，也适用于偿还其他贷款。

9. 建立奖励措施

找出实现目标的动机，可以请第三人监督你的还款进度，如果一切顺利甚至提前完成，可以适度奖励一下自己。

10. 保持耐心

个人负债的累积并不是在短时间内造成的，所以请了解不可能在短时间内结清所有未清偿款项。要有耐心，并记住远离债务将改变未来的生活，最后所有的辛苦都是值得的。

每天坚持进行10个步骤，可让你轻松进行负债管理，充分把握个人财务。

买车不是轻松事

购买车子之前，一些问题一定要深思熟虑。

1. 你的经济能力够强吗？

车子是奢侈品，花在车子上的额外支出很多，买来后要支付燃料费、保险费、停车费、保养费、修理费、违规罚款等各方面的费用，将所有的总支出平均在你使用车子的时间上，会惊讶地发现这样的费用，居然比搭乘大众运输工具几乎要高出10倍。

2. 你买车的原因只是因为虚荣心吗？

在一辆进口车索价数十万元的年代，拥有车子的确能体现出身份，但是近来各种价位的车子都可以买得到，高贵的名车也可以用二手价买到。如果你只是为了炫耀，车子恐怕已经没有那么好的效果了。

3. 买车之后，你会有更多安全吗？

尤其是男人，总是把车子当成自己的第二生命，买车之后，不免担心会不会遭窃、车体会不会被刮花，随时都在担心车子的保养情况。其次，马路如虎口，就算你不犯人，又怎么能保证其他人不犯你呢？

4. 你没有其他必要支出了吗？

人的一生总会有很多支出项目等待着，例如养老退休、子女教育、医疗保险等，既然你还有那么多项目需要去支出，又何必为了一时的方便，把资金投入完全不存在增值可能性的车子中呢？除非你是真正财务自由的有钱人，或者有营业方面的考虑，一般的工薪阶层，还是建议购买车子要三思而后行。

购买车子之前，一些问题一定要深思熟虑。

怎么省钱怎么“坐”

交通工具对我们来说，最重要的在于其便利性，所以租车、搭乘大众运输工具，都可以满足这方面的需求，拥有自己的车并不是必要的。现在分析一下租车与搭车的优劣，请各位朋友好好思考一下，自己适合哪一种交通方式。

1. 租车

这是最奢侈的一种办法，除了一个月上千元的租车费用之外，不少租车公司还要押金，加上汽油、停车、违规罚款、过路过桥费等，一个月下来，少则一两千元，多的甚至需要四五千元。所以，租车顶多可以满足短期用车的需要，唯一好处就是不必保养车子，只要付钱给租车公司，用银子交换便利性。

2. 搭车

搭乘地铁或公交车，和租车、买车相比较是最方便的，保养车辆与其他税金支出，都与自己无关，完全没有必要为这一大堆琐事担忧，相对的可以节省很多支出。缺点就是你想搭车的时候，除非是出租车，不然需要花时间等待，这方面的时间成本仍得考虑进去。

租车、搭车各有利弊，但是从经济学的角度来说，交通只需最低的成本。

第六篇 生活情感篇

第一章　生活可以简朴但不能粗糙

忙，不是理由

我们时常可以听到这样的抱怨：“工作太忙，我哪还有时间修边幅、忙打扮啊！”“不是我不想有副好形象，实在是因为太忙啊……”很多人都把工作排在生活第一位，只要工作做好了，一切就都好了。殊不知，这样做会得不偿失。

1962年，在英国伦敦著名贵族举办的一个豪华宴会上，一位男士独领风骚。他优雅的举止、迷人的言谈，不但令在场的所有女士心动不已，而且男士们也对他抱有极大的兴趣和好感。他此行的收获颇多，不仅签下了40多单生意，还找到了终身伴侣。这名男子就是英国著名的房地产新秀柯马·伊鲁斯，他凭借自己出众的社交礼仪与形象，征服了整个伦敦的上流社会，随后，金钱和好运都被他收入囊中。

可在12年前，柯马·伊鲁斯并不是这个样子。那时的柯马·伊鲁斯还是个无名小卒，为了扩大生意，他千方百计弄到了一张商行聚会的邀请信，想混进去拓展客户源。可一进入装饰得金碧辉煌的大厅，他大吃一惊，男士们个个西装革履、彬彬有礼，女士们个个华衣锦服、温文尔雅，柯马·伊鲁斯低头看看自己，大胶鞋，乱发，满身脏乱，让他看上去像个乞丐。有几位女士过来，故意将酒洒在他身上，把他当成了侍从。没人相信他是一个生意人，他请一个认识他的人作证时，那个人也因为面子问题佯装和他不相识，说他是路边的鞋匠，于是他被当成小混混给赶了出去。

怒火平息之后，柯马·伊鲁斯开始反思自己的遭遇。后来，他参加了一个礼仪培训班，并高薪聘请了私人形象顾问。

若没有当年的经历，想必柯马·伊鲁斯也不会为此有所改变，更不会因此得到更多。忙不是任由自己邋遢的理由，不是时间不够，而是懒得动手。一个人连自己的形象都不愿意去打理，那么这个人还会在意什么呢？

邋遢的形象会给别人做事不认真、三心二意、拖泥带水的坏印象，很难让人产生信任感。以下故事中的张先生对此也深有体会。

张先生是一家企业的董事长兼总经理，因为工作忙碌，他常常不修边幅。

一次，因为外商来得匆忙，张先生没来得及换衬衣，旧衬衣的领口部分有些污渍，有点花哨的领带还系歪了，领带、衬衣与西服的样式搭配也不和谐。他还把许多杂物塞在口袋里，弄得鼓鼓囊囊的，裤子的裤线不明显，鞋面上还落有灰尘和水渍。

外商是法国巴黎某公司的总经理，他的穿着整洁、高雅、完美。当外商与张先生碰面时，这个法国人望着张先生的服饰，脸上露出一丝惊诧。虽然翻译小姐解释说，因为老板刚从车间出来，没时间换衣服，但在后来的谈判过程中，外商仍不留情面地说："我对贵公司的经营实力表示怀疑，总裁代表企业，然而，总经理先生的衣着却给人一种陈旧、落后的感觉。在我们看来，因为忙而不修边幅是一种借口。从这一点上我可以推断这个企业不太注重产品的形象设计……"

张先生听了这一番话，顿感羞惭，没想到由于自己的衣着因小失大了。

一个成功者，展现在他人面前的应该是自信、尊严又有能力的形象。它不仅仅能让别人赏心悦目，而且也能让自己感觉更好。它让你不仅对自己的言谈举止、行为方式等有了更高的要求，而且还会主动提升自己的内涵，那些以忙为借口而不修边幅的人只会让自己失去更多。

邋遢的形象会给别人做事不认真、三心二意、拖泥带水的坏印象，很难让人产生信任感。

人靠衣装马靠鞍

在这个世界上，只有一件东西具有超常的价值，那就是一个人的魅力，而魅力会最直接地表现在你的外在。

西方有句俗语："你就是你所穿的！"这是有历史渊源的。在远古时代，服装最基本的功能是御寒；在阶级社会里，它的最大功能是自我展示和表现成就。这也是为什么很多成功人士愿意花费大量的时间和金钱打造自己外观魅力的原因。你的形象在无声地帮助你交流、沟通，传递你的信息，告诉人们你的各种信息：社会地位、个性、教养、品位、职业、收入、发展前途，等等。

可以说，形象是一个人通往成功的入场券，这并不夸张。常言道，"人靠衣装马靠鞍"，你的"外包装"不仅在视觉上传递出你所专属的社会阶层，而且它能够帮助你建立自信。在大部分社交场所，你要显得与氛围和谐，就必须包装得像这个阶层的人。那些看起来优雅高贵的名人，他们对于形象格外注重。

虽然我们提倡生活简朴，但拒绝生活得粗糙。即使我们的收入并不高，身份也并非权贵，可是在有限的能力下适当地为自己构建良好外在形象，不失为一个提高自身素质的方法。

我们不妨想一想自己身边的人，那些形象出众、气质不凡的人，自然会更吸引我们的注意，更让我们信任。而对于那些衣衫不整的人，我们往往会对其能力和品位有所怀疑。富有魅力的形象，在一遍一遍地向你周围的人们传递着这样一个信息："此人是一个重要人物，他很可靠、可信，有能力，因此不可小视。我们都应该尊重他、仰慕他、信赖他。"而且人们似乎也会屈从这种暗示，你也许什么都没做，就已经在别人的心中获得了一定的好感和信任。

所以说，形象对生活、事业有着重要的影响。例如在我们的工作中，假使去面试或者见客户时，我们没有一个良好的外在形象，对方就会对我们有一个消极判断，也不愿意接纳我们，庄重而有品位的着装就能够让我们在最短时间里赢得他人的欣赏和信任。

形象对个人具有特别的影响力，是每个人向世界展示自我的窗口，向社会宣传自我的广告，向别人介绍自我的名片。别人从我们的形象中形成第一印象，这个印象又影响着他们对待我们的方式。

做钱的主人

人赚钱是为了活着，但赚钱不是唯一目的。假如人活着只把追逐金钱作为人生唯一的目标和动力源泉，那人会变得很可怜，因为这样的人生已被金钱所奴役。

清朝山西太原有一个商人，生意越做越红火，虽然请了好几名账房先生，但还是他自己算总账。钱的进项又多又大，他天天从早晨打算盘到深更半夜，累得腰酸背痛头昏眼花。夜晚上床后又想着明天的生意，一想到成堆白花花的银子他就兴奋激动。这样，白天和晚上都休息不好，商人患上了严重的失眠症。

他隔壁靠做豆腐买卖的小两口，每天清早起来磨豆浆、做豆腐，说说笑笑，快快活活，甜甜蜜蜜。墙这边的商人想来想去，摇头叹息，既羡慕又嫉妒这对穷夫妻。他的太太也说："老爷，我们要这么多银子有什么用，整天又累又担心，还不如隔壁那对穷夫妻，人家活得多开心啊！"

自己不如穷邻居生活得轻松洒脱，商人早就意识到了，等太太话一落音便说："他们是穷才这样开心，富起来他们就不能了，我能让他们很快就不笑了。"说着，翻下床去钱柜里抓了几把金子和银子，扔到了邻居豆腐房的院子里。

边唱歌边做豆腐的夫妻，忽然听到院子里"扑通"、"扑通"地响，提灯一照，只见是闪闪的金子和白花花的银子，便连忙放下豆子，把金银慌忙捡回来。他们心情紧张极了，不知该把这些财富藏在哪里才好，房里和院里都不安全。从此，再也听不到他们说笑唱歌了。商人和他太太开玩笑说："你看！他们再笑不起来、唱不起来了吧！早该让他们尝尝富有的滋味。"

这个故事很幽默，难道拥有金钱就真的要以牺牲快乐为代价吗？其实也不是，只要把握好对待金钱的尺度，会挣钱，但不为金钱所累，得失都从容，真正的幸福就会来临。

利奥·罗斯顿是美国最胖的好莱坞影星。1936年，在英国演出时，突发心肌衰竭被送进汤普森急救中心。抢救人员用了最好的药，动用了最先进的设备，他还是去世了。临终前，罗斯顿绝望地喃喃自语："你的身躯很庞大，但你的生命仅需要一颗心脏！"罗斯顿的这句话，使在场的哈登院长深受触动。为了表达对罗斯顿的悼念之情，同时也为了提醒体重超常的人，院长在医院大楼上刻上了罗斯顿的遗言。

1983年，一位叫默尔的美国人也因心肌衰竭住了进来。他是位石油大亨，他的公司因两伊战争陷入危机。为了使公司好转，他不停地往来于欧美之间，最后旧病复发，不得不住院。

他将医院的整层楼都包下了，增设了五部电话和两部传真机。当时的《泰晤士报》是这样报道的：汤普森——美洲的石油中心。

默尔的心脏手术很成功，一个月后就出院了，不过他没回美国。苏格兰乡下有一栋别墅，是他10年前买下的，那里成为他的居所。1998年，汤普森医院百年庆典，邀请他参加。记者问他卖掉公司的原因，他指了指医院大楼上的那一行金字。后来人们在默尔的一本传记中发现了这么一句话："富裕和肥胖一样，只不过是获得超过自己需要的东西罢了。"

有人说，这的确有一定的道理。除了金钱，人的一生中还有许多值得去追求的事物。如果一个人把赚钱当做生命的全部，那他容易成为金钱的奴隶。

人赚钱是为了活着，但赚钱不是唯一目的。财富和金钱并非人生的全部。

别纠结于琐碎

生活中仿佛再也没有晴朗的天，吃饭不香，喝酒没味，工作没劲，事业无心，游戏也毫无趣味。这一切，只因为我们陷入了细小的忧烦之中。

吉布林娶了维尔蒙的一个女孩子,他在维尔蒙的布拉陀布罗造了一间很漂亮的房子,定居在那里,准备度过余生。他的舅爷比提·巴里斯特成了吉布林最好的朋友,他们两个工作游戏都在一起。后来,吉布林从巴里斯特手里买了一点地,事先协议好,巴里斯特可以每一季在那块地上割草。有一天,巴里斯特发现吉布林将一个花园开在那片草地,便生起气来,暴跳如雷,吉布林也反唇相讥,两个人从此闹僵。

几天之后,吉布林骑着他的脚踏车出去游玩时,他的舅爷突然驾着一部马车从路的那边转过来,吉布林被他逼下车子。吉布林为此将巴里斯特告了官,巴里斯特被抓了起来。接下去是一场很热闹的官司,大城市里的记者都挤到了这个小镇上,仍然没解决这个事情。

因为这次争吵,吉布林和他的妻子永远离开了这个家。然而,这一切的忧虑和争吵,起因却很小。

皮瑞克里斯在2400年前说过:“来吧,各位！我们在小事情上浪费太多时间了。”一点也不错,我们的确是这样的。

爱默生·傅斯狄克博士曾经讲述了森林里的一个“巨人”在战争中怎么样得胜、怎么样失败的故事。

在科罗拉多州长山的山坡上,一棵大树的残躯躺在那里。自然学家告诉我们,它曾经有400多年的历史。初发芽的时候,哥伦布刚在美洲登陆;美国出现第一批移民时,它才长了一半大。在它漫长的生命里,闪电曾击中它14次;四百年来,无数的狂风暴雨侵袭过它,它都能战胜。但是在最后,它却因为一小队甲壳虫倒在地上。那些甲虫从根部往里面咬,渐渐伤了它的元气。它们虽然很小,但攻击得时间很长。这样一个森林里的巨人,岁月不曾使它枯萎,闪电未将它击倒,狂风暴雨没有伤着它,却因一小队可以用大拇指跟食指就捏死的小甲虫而终于倒了下来。

森林中的那棵身经百战的大树和我们很像,不是吗?我们也经历过生命中无数狂风暴雨和闪电的打击,都撑过来了。然而,微小的甲虫咬噬了我们的心。

几年以前,一位朋友去了怀俄明州的提顿国家公园。同行的是怀俄明州公路局局长查尔斯·西费德。他们本来要一起参观洛克菲勒坐落在公园里的一栋房子,可是他坐的那部车子转错了一个弯,迷了路。等到达那座房子的时候,其他车子已到了1个小时。西费德先生没有开那座大门的钥匙,所以他们在那个又热又有好多蚊子的森林里等了一个小时,直到拿钥匙的朋友到达后才打开大门。那里的蚊子多得可以让人发疯,可是它们没有办法赢过查尔斯·西费德。利用等待的时间,他折下一段白杨树枝,做成一根小笛子,朋友到达这里时,他不是忙着赶蚊子,而是正在吹笛。那根小笛子成了一个纪念品,纪念一个知道如何不理会小事的人。

要解除忧虑与烦恼,不要让一些应放弃和忘记的小事扰乱内心。

人常常被困在有名和无名的忧烦之中,忧烦一旦出现,人生就没有了欢乐。

恐惧是一道虚掩着的门

信心的敌人是恐惧不安、忧虑、妒忌、愤怒,胆怯都是恐惧的变种。幸福与能力被它剥夺,它使人变为懦夫,使人失败,流于卑贱。

恐惧能败坏人的胃口,减少人的生理与精神的活力,人的健康也会遭到破坏。它能打破人的希望,磨掉人的潜能,使人的心力柔弱,甚至一事无成。

许多人对于一切事情,都十分恐惧。他们怕风,怕受寒;他们吃东西时怕有毒;经营商业时怕蚀本；他们怕舆论；他们怕贫穷，怕失败，怕收获不佳；他们怕雷电，怕暴风。“怕”充满了他们的生命。

创造力及大无畏的精神足以被恐惧摧残；它足以磨灭个性，使人的精神机能衰退。大事业在恐惧的心情下是不可做成的，一旦怀有恐惧的心理、不祥的预感，任何事情都不会有效率。恐惧表现出人的无能与胆怯。

最坏的一种恐惧，是常常预感到有不幸的事情。这种不祥的预感，会笼罩着一个人的生命，像云雾笼罩着爆发以前的火山一样。这类恐惧很多人都有过，他们常常想到不幸的来临，如要丧财失位，要遭遇不测。假使儿女离开家中，他们就会想到儿女遭遇种种的灾祸——火车出轨、轮船沉没——他们总往最坏的方面想。

有一个人，从小就害怕自己会患上疾病，时常为一种绝不会在他身上发生的疾病而苦恼。如果他受了些风寒，便断定风寒病要来侵袭；如果他的喉咙有些痛，就认为是扁桃体发炎了，担心食物无法下咽；如果他在畅饮后心头有些悸动，就惶惶然以为患上严重的心脏病了。世界上像他这种神经过敏的可笑之人，还有很多。

恐惧是最有害于人的东西，对人类无益处，所以，我们要如同抛弃不良行为一样把恐惧这个恶魔从我们的生活中赶走。

对于消除恐惧来说，最有效的是人们精神上的天然解毒药。那解毒药是什么呢？就是勇敢的精神、正确的思想、自信的观念和乐观的态度。不要等恐惧的思想深深侵入你的脑髓后，才使用这解毒药。一旦你先用勇敢的精神、正确的思想、自信的观念和乐观的态度填充了你的头脑，就无法接受恐惧的思想。

当你心中有不祥预感，忧虑时，切不可纵容它们，使其滋长蔓延。你应当立即转换你的思想，去想与思想相反的事情。如果你正为自己的软弱、准备不周、可能的事业失败而恐惧，那么你就得将你的思想立即改变。你要确信你是多么坚强、多么有能力、多么有把握，并且已经做好了充分准备。唯有抱着这种思想的人，才能步步向前，出人头地。

地位、声望、财富、鲜花……这些美好的东西只能赋予勇敢的人。一个被恐惧控制的人是无法成功的，因为他不敢尝试新事物，不敢争取自己渴望的东西，成功自然也不会属于他。胆怯、逃避一点用也没有，只有直面恐惧，才能战胜恐惧。鲁迅先生曾说：“人生的旅途，前途很远，也很暗。然而不要怕，只有不怕的人的面前才有路。”只有直面恐惧，不怕冒险，恐惧才会消失，成功才会来临。

恐惧有时候就像是一道虚掩着的门。如果你拿出天不怕地不怕、敢于直面恐惧的勇气来，那么再强大的恐怖之神也会在你的强势面前自然消退，再遥不可及的成功也会成为你的猎物。

不让心态老去

心态的衰老是最可怕的，如果你二十几岁就有一颗衰老的心，那会比你有一个衰老的身体还要可悲。没有什么可以挡得住你前进的脚步，擦亮你的眼睛，希望就在前方，一切都皆有可能。

一个刚入寺院的小沙弥，觉得寺院生活过于冷清，有了轻生的念头。这一天，他独自一人走上了寺院后面的悬崖，就在他紧闭双眼，准备纵身跳下时，肩膀被一只大手抓住了。他转身一看，原来是寺院的老方丈。

小沙弥的眼泪马上流了出来，他如实告诉方丈，自己已看破红尘，想用死来解决。

老方丈摇摇头，对小沙弥说：“不对，你还拥有很多东西，你先看看你的手背上有什么？”

小沙弥抬手看了看，讷讷地说：“什么也没有啊！”

“没有眼泪吗？”老方丈语气沉重地说。

小沙弥眨眨眼睛，又是热泪纵横。

老方丈又说：“看看你的手心有什么了。”

小沙弥又摊开双手，对着自己的手心看了一阵，不无疑惑地说："还是什么也没有。"

老方丈呵呵一笑，对小沙弥说："一缕阳光不是在你手心吗？"

小沙弥怔了一下，似乎有所领悟，脸上也泛起丝丝笑容。

只要心中留下一片阳光，纵使周围是无边的黑暗和寒冷，你的内心也会温暖明亮。掬一把阳光，掌心就会托着整个太阳，魅力四射。生活中处处有令人感到幸福的地方，就像小沙弥一样，手背上是泪水，手心却是阳光。而我们总是看到手背上的泪水，心里的阳光却不曾看到，所以人生充满了苦涩。不妨将手心打开，给自己捧起一把阳光吧！

"二战"后，很多国家都经历了经济危机，在美国一座曾经繁华的城市里，有一条人来人往的街道，一个盲乞丐每天都在街边坐着。他脸上总是充满笑容，每当感觉到有人走近时，他就会友好地跟他们打招呼。所有人都感到很奇怪，为什么那位盲乞丐每天都如此快乐，他难道不为乞讨不到更多的钱忧愁，不为自己的境况悲伤吗？有人猜想那个乞丐并非凡人，所以无忧无虑，也有人说，他可能是跑出疯人院的精神病患者。

终于有一天，一个年轻的小伙子抑制不住自己的好奇心，上前去询问盲乞丐开心的原因。盲乞丐开心地笑了，他说："因为无论怎么样，我每天都能看到从东方升起的太阳，我看到世界是光明的，所以就无比的快乐。"小伙子很不解，又问道："您分明是个盲人，能看见太阳升起吗？"那老人捋捋长须，说："孩子，难道双目失明就无法看到这世上的阳光了吗？"

人生究竟快乐与否不在于外部环境如何，内心才是影响人的根源。我们如果总是让自己的内心充满悲伤，那么，纵使阳光再多，我们也会视而不见。

爱若是生命的原动力，觉悟就是生命的源头，而生命就是阳光。寻找自己的阳光是活着的动力。

生命的传达形式不同，就有了不同的人生境界。生命里确实承受不起太多的阴影，在生命停泊的港湾，让我们一起邀请阳光走进来，寻找属于自己的阳光，成为最阳光的人。

时刻保持年轻的心态，生命才会充满希望。

别让生活充满忧虑

很多时候，忙碌占据了我们的生活，巨大的生活压力，让我们变得忧心忡忡。

凯瑟女士的脾气很坏，很急躁，生活节奏很紧张。每个礼拜，她要从在圣马特奥的家乘公共汽车到旧金山去买东西。买东西时她也很发愁——也许自己的丈夫又把电熨斗放在熨衣板上了；房子也许被烧着了；也许她的女佣人跑了，丢下了孩子们；也许孩子们骑着自行车出去，被汽车撞了。她买东西的时候，发愁也会使她直冒冷汗，然后冲出店去，搭上公共汽车回家，一切在她眼里都不完美。她的丈夫因受不了她的坏脾气而与她离了婚，但她仍然每天感到很紧张。

律师杰克是她的第二任丈夫——一个很平静、事事能够加以分析的人，从来没有为任何事情忧虑过。

杰克使凯瑟消除紧张的方法就是概率。每次凯瑟神情紧张或焦虑的时候，他就会对她说："不要慌，让我们好好地想一想……你到底担心什么呢？让我们看一看事情发生的概率，看看这种事情是不是有可能会发生。"

有一次，他们去一个农场度假，在经过一条土路时，碰到了一场很可怕的暴风雨。汽车一直往下滑，根本控制不住，凯瑟紧张地想他们一定会滑到路边的沟里去，可是杰克一直不停地对凯瑟说："我现在开得很慢，不会出什么事的。即使汽车滑进了路边的沟里，根据概率，我们也不会受伤。”他的镇定使她平静下来。

有一年夏天，他们到加拿大洛基山区的图坎山谷去露营。一天晚上，他们在海拔七千英尺的地方扎营帐，突然遇到暴风雨。他们的帐篷是用绳子绑在一个木制的平台上的，摇晃的帐篷发出尖厉的声音。凯瑟每一分钟都在想：我们的帐篷会被吹垮了，吹到天上去。杰克对吓坏的凯瑟不停地说着：“我说，亲爱的，我们有好几个印第安向导，这些人了解这里的一切。他们在这些山地里扎营都60年了，这个营帐在这里也很多年了，到现在还没有被吹掉。根据发生的概率来看，大风不会吹掉我们的帐篷。即使被吹掉，我们还有另一个营帐可以躲避，所以不要紧张。”凯瑟放松了心情，而且后半夜睡得非常熟。

忧虑破坏了我们的心情，而且会影响到我们的身体健康；忧虑会让一个女人老得更快，皮肤长斑点、溃烂和粉刺；忧虑减弱人的抵抗力，缩短人的寿命。那么，面对忧虑，我们当如何应对呢？

(1)看清事实。

(2)分析事实。

(3)达成决定，然后依决定行事。

亚里士多德教给我们这个方法，他也使用过。我们如果想解决那些逼迫我们、使我们仿佛日夜生活在地狱的问题，这些是必须用到的。弄清事实是很重要的，只有弄清事实我们才能明智地解决问题，不至于在混乱中摸索。

当我们忧虑的时候，往往情绪激动。不过，以下两个方法，一定会使我们受益的。

(1)在搜集各种事实证据的时候，假设是为别人搜集的，这样既可以保持冷静而超然的态度，也可使自己的情绪得到控制。

(2)在试着搜集造成忧虑的各种事实证据时，也要搜集美好的事实证据。然后写下两方面的事实，你就会发现，真理就在这两个极端之间。

生活中我们会有很多次低谷，忧虑也许会成为生命中一时难以承受之重。要去除这沉重，达观安然和平静处世是两剂良药。

将快乐变成习惯

电视台节目主持人将一个著名老人作为特约嘉宾邀请来参加活动，她的讲话完全没有经过特别的准备，更没有经过任何排练。她的话与她的个性是完全一致的，精神状态极好，容光焕发，非常快乐。她毫不掩饰自己想说的，而且思维敏捷。她的机智幽默，让听众捧腹大笑，受到大家的欢迎。

这次节目，大家对老人印象深刻，而且她也和其他人一样感到特别兴奋。

最后，节目主持人问这位老人快乐的秘诀：“你一定有什么让自己快乐的秘密。”

“不，没有，”老人回答说，“我没有秘诀。每天早上起床的时候，我只有两种可能的选择：快乐与不快乐，你想我会选择什么呢？当然，我会选择快乐，这就是所谓的秘密。”

道理很简单，行动却并非易事。我们常常会因为生活中的种种不幸而感到悲哀，甚至长久不能从中抽出身来。

露西莉一直过着繁忙的生活，在亚利桑那大学学风琴，在城里开了一间语言学校，还在她所住的沙漠柳牧场上教授音乐欣赏。她不断地参加大宴、小酌、舞会或在星光下骑马。有一天早上她的心脏病发作，整个人都垮下来了。“你得躺在床上静养一年。”医生对她说。医生居然没有鼓励她，让她相信还能够健壮起来。

在床上躺一年，做一个废人，也许还会死掉。她简直吓坏了，不知道事情发生的原因是什么，可是她还是遵照医生的话躺在床上。艺术家鲁道夫先生是她的一个邻居，他对露西莉说：

"你现在觉得要在床上躺一年是一大悲剧，事实并非如此。你在思想上的成长，会比你这大半辈子以来多得多。"

她平静了下来，打算用新的价值观念充实自己。她看过很多能启发人思想的书，有一天她听到一个无线电新闻评论员说："你只能谈你知道的事情。"

这一类的话她听过多次，可是现在才真正深入她的心里。她决心只想那些她希望能赖以生活的思想——快乐而健康的思想。早晨醒来第一件事，她就强迫自己想一些她应该感激涕零的事情：她没有痛苦，她的小女儿很可爱；她的眼睛看得见，耳朵听得到收音机里播着的优美音乐，有时间看书，吃得很好，朋友们也都不错；她非常高兴，每天来看她的人多到要使医生挂上一个牌子说，只许一个客人进入病房，而且只许在某几个钟点里。

从那时到现在9年时间了，露西莉过着既丰富又很幸福的生活。她非常感激能在床上度过那一年，那是她在亚利桑那州度过的最有价值也是最快乐的日子。她现在还保持着当年养成的那种每天早上算算自己的得意事有多少的习惯，这是她最珍贵的财产。

对于我们每一个人来说也是如此，如果你告诉自己事事不顺，没有什么事情可以让自己满意，那么，你不会开心。但是，如果你对自己说："事情进展良好，生活也不错，所以，我选择开心。"那么，你肯定就会快乐起来。

有人说："困苦人的日子都是愁苦，而心中欢畅者，则常享丰筵。"这告诫世人要设法培养愉快之心，并习惯于幸福。这样，生活就好像一连串的欢宴。

不论是幸运或不幸的事，占决定地位的往往是惯性的想法。

不要无止境地追求物质

法国杰出的启蒙哲学家卢梭认为现代人拥有过于旺盛的物欲，他说："10岁被点心、20岁被恋人、30岁被快乐、40岁被野心、50岁被贪婪所俘虏。人何时才能把睿智当做唯一追求呢？"

托尔斯泰说："欲望越小，人生就越幸福。"这句话哲理深刻，更是人生宝贵经验的写照。

小石洞容易被塞满，而浩瀚无垠的大海则永远难以满足。从人们的习性来看，并非所有的事都是越大越好，人的欲望越大，就会变得越贪婪，灾祸就容易降临。古往今来，被难填的欲壑所葬送的贪婪者，多得不可计数。

从前，有一个穷人想得到一块土地，地主告诉他，你从这里往外跑，跑一段就插个旗杆，只要你在太阳落山前赶回来，你就可以得到插上旗杆的土地。于是那人就不要命地跑，太阳偏西了还不知足。太阳落山前，他是跑回来了，但已精疲力竭，摔了个跟头就再也站不起来了。有人挖了个坑，就地埋了他。牧师在给这个人做祈祷的时候说："一个人就需要这点土地。"

这名死者，正像《伊索寓言》里的一个故事所说："有些人因为贪婪，想得到更多的东西，却失去了现在的拥有。"

"人心不足蛇吞象"，当人们陷入永无止境的物质追求时，便会失去最高贵的追求，即对精神自由的占有。

有位老总将"自由人"印在名片上。有人问他何故要给自己加上这么个头衔，他说："我现在离了婚，了无牵挂，在公司里我说了算，在外面可以随心所欲。"他的话语刚落，包里的手机就响了。他掏出手机听了一会儿，脸色骤变，向他人匆匆告辞说："有人把我告了，我得马上到工商局去一趟。"

其实，一个人自由不自由，不在于生活中的随心所欲，而在于精神是否自由。这位老总虽然有权有钱，可以随心所欲，但并非自由。

有位哲人曾经说过这句名言："人的自由并不仅仅在于做他愿意做的事，还在于永远不做他不愿做的事。"这句话提醒人们，任何自由都是有限度的、有规则的。有了行为的不自由，才能有真正的精神自由。

精神自由的人，大多能慎物节缘，自甘平淡，心境超然宁静。做起事来，不慌不忙，不躁不乱，井然有序。外界变化时他却不惊不惧，不愠不怒，不暴不躁。面对物质引诱，心不动，手不痒。没有小事烦恼，没有功名利禄的拖累，活得轻松，过得自在。白天知足常乐，夜里睡觉安宁，走路感觉踏实，回首往事时没有遗憾。人体的神经系统常处于一种稳定、平衡、有规律的正常状态。心灵的最大舒展就在于此。我们再看看那些拒绝平淡者，他们管不住自己的物欲，有的掉了脑袋，有的当了囚犯，有的整天心惊胆战，心里的自由早已不知去向。

事实上，人对精神和对物质的追求都是无止境的。但是一旦脱离前者，后者就只会是一种虚空、堕落，物质上无止境的追求，其结果是对精神自由无止境的否定。

在追名逐利唯恐不及的现代社会中，一颗庸俗的心不会停止对物质的追求。

别对生命讨价还价

如今50岁的老王在一家拉链厂做工，收入仅600元，但5年前的老王可不是这样子的。当时做小本生意的老王，和老婆在社会上到处兼职，每月算下来，怎么说收入也能达到7000多。老王和妻子不仅有20多万元的存款，还买了2套房子，由于老婆身体不是很好，他们没有孩子，所以没有经济问题，很富足，他们还计划着再买辆车子就可以安享晚年了。可是天有不测风云。

2004年，老王的妻子被检测出有癌症，一家人东奔西走地求医，病还是没有治好。2006年，下葬了妻子的老王成了一个无家可归的人。因为看病，老王不仅花掉了所有的积蓄，还借款10来万元，被迫卖掉了一套房产。如今的老王再没有年轻时的闯劲了，经别人介绍，他来到了这个拉链厂，靠做些简单的活来维持生计，而剩下的那套房也被租了出去以补贴家用。每当提起生活的改变，老王就感慨："健康胜于一切啊！"

的确，别人都羡慕他以前的生活，但是因为老婆的一场病，他什么都没有了，别人反而可怜他。事实上，像老王这样的人不在少数。如果我们拼命挣钱，不投资健康，就可能成为第二个老王。

对于生命来说，每个人都是弱不禁风的，谁都经不起病魔的折腾。只有看好你的身体，才能有更多的精力去享受人生的美好。

保持健康的必要条件是营养均衡。脂肪类食物会增加体内的疲劳感，不可多食，但也不可不食。大脑运转必需脂类，缺乏脂类将影响思维，因此应适量食用。维生素要广泛摄入，当人处于亚健康状态时，体内自由基衰老速度会加快，维生素A能促进糖蛋白的合成，细胞膜表面的蛋白主要是糖蛋白，免疫球蛋白也是糖蛋白。如果维生素A摄入不足，呼吸道上皮细胞缺乏抵抗力，人就更容易患病。维生素C可以起到很好的抗氧化作用，抗击自由基。此外，微量元素锌、硒、维生素B1、维生素B2等多种元素都影响人体的非特异性免疫功能。日常还应多补充钙质，钙可以安神，稳定情绪。

加强自我运动，不仅可以提高人体对疾病的抵抗能力，还可以使心情得到放松。可以制订一个锻炼计划，通过慢跑、骑车、打球等，释放情绪，使自由基少受侵害。在平时，能不吸烟尽量不吸烟，吸烟时人体血管容易发生痉挛，会使局部器官营养素、血液和氧气供给减少，尤其是呼吸道黏膜得不到氧气和养料供给，会影响抗病能力。少喝酒有益健康，而嗜酒、醉酒、酗酒会降低人体免疫功能，必须严格限制。还有就是睡眠要充足，睡眠应占人类生活的1/3时间，它是帮你和亚健康说再见的重要利器。

很多时候身体上的健康还受心理健康的影响，如果一个人生病了，但是他的心态很好的话，病情减轻的速度就比那些苦大仇深的人要快得多。人在社会上生存，烦恼是不可避免的，要应付各种挑战，就必须通过心理调节，学会平衡内心。

健康的人往往劳逸适度，人体生物钟正常运转是健康的保证，而生物钟“错点”就是亚健康的开始。所以要保持健康就不能让身心一直处于劳累状态，每周至少要远离喧嚣的都市一次。因为郊外空气中，负离子浓度较高，神经系统可以受到调节。

很多人终其一生都是在给医院打工，用健康换金钱和地位。前半生拿命换钱，后半生拿钱换命。这样看来，我们莫不如在年轻的时候就注意休息，保持身体健康。只有健康的身体，才是我们享受幸福的最基本保障。

年轻人总以为自己正是身强体壮的好时候，所以健康问题不用担心，殊不知年纪大了以后所患的疾病都是年轻时埋下的。我们一定要投资健康。

一见如故要谨慎

有的年轻男女初次见面，便一见钟情，甚至在完全不了解对方背景的情况下，便定了终身。虽然一见钟情并不一定是坏事，但当一个陌生人短时间内向你示好时，你要经过理性的、慎重的考虑后，再做出具体决定。

德军准备发动进一步的侵略，这次的目标是S国的一个重要城市。若此次大功告成，希特勒称霸全球的野心会进一步膨胀。这一次的行动计划是在绝对机密的情况下制订的，世界上最高明的间谍都毫无办法获得一丁点儿情报。

一天，德军最高作战部机要秘书查理，在小酒吧中邂逅年轻漂亮的女画家丽莎小姐。对艺术狂热的查理与女画家大有相见恨晚之意，两人从喜爱的画家到绘画流派都十分相似，甚至在生活中都有很多相同的细节。两天之后，两人便坠入爱河，女画家丽莎表示将把自己的爱和艺术都献给查理。

共同的理想和兴趣让两人几乎毫无秘密，从人生到爱情、从生活到工作，所有的隔阂对他们来说，都不复存在。

战斗开始后，德军受到了重创。原来，对方很清楚地知道德军的行动计划。

不久之后，军事法庭对机要秘书查理进行了审判——他把最高机密泄漏给了S国女特工——也就是称为丽莎小姐的女画家。

我们与人交往时可能不会遇到特工，但一见钟情的爱情还是要谨慎，不要轻易做出决定。

自己最可靠

从前一位远近闻名的木匠家里着火了，当他赶回家时，原先那幢建造精美的房子已经化为灰烬。他沉默不语，继而迅速地跑进废墟中找着什么，人们对此感到很惊奇，不知道他到底要干什么。过了一会儿，他从废墟中拣出一柄斧子，自言自语地说：“我将要用自己的双手和斧头再造一座房子。”众人听后，无不佩服。

自己的房子要靠自己的双手建造，靠自己才是真正的出路。

大仲马得知儿子发出的稿件总是被退回，便对小仲马说：“如果你能在寄稿时，随稿给编辑先生们附上一封短信，说‘我是大仲马的儿子’，或许情况就会好多了。”

小仲马说：“不，我不想坐在你肩头上摘苹果，那样摘来的苹果没有味道。”

年轻的小仲马不但拒绝以父亲的盛名来为自己的发展铺路，而且不露声色地给自己取了十几个其他姓氏的笔名，以避免那些编辑先生们发现他与大仲马的父子关系。

面对一张张退稿笺，小仲马没有沮丧，一直坚持不懈地默默创作自己的作品。他的长篇小说《茶花女》寄出后，终于以其绝妙的构思和精彩的文笔打动了一位编辑。这位知名编辑曾和大仲马有着多年的书信来往。他看到信封上面与大仲马的地址相同，怀疑是大仲马另取的笔名，但作品的风格却和大仲马的迥然不同。怀着兴奋和激动之情，他乘车造访了大仲马家。

令他吃惊的是，《茶花女》这部伟大作品的作者竟是大仲马的一个毫无名气的儿子小仲马。“您为何不在稿子上署上您的真实姓名呢？”老编辑疑惑地问小仲马。小仲马说：“我只想拥有真实的高度。”

老编辑对小仲马的独立和自强感叹不已。

《茶花女》面世之后，法国文坛书评家一致认为这部作品的价值大大超越了大仲马的代表作《基度山伯爵》，小仲马一时声名鹊起。

天上下雨地上滑，自己跌倒自己爬。锻炼意志和力量，就要像小仲马一样有自助自立精神，而不是来自他人的影响力，也不能依赖他人。

人生在世，既不能像春天的蚯蚓、秋天的蛇一样软骨头，也不能像风雨中的落花柳絮，找不到根基，而是要自立自强。

自立自强是打开成功之门的钥匙，也是力量的源泉。力量是任何一个有远大志向的人的目标，而模仿和依靠他人产生的只有卑微和软弱。力量是自发的，不依赖他人。坐在健身房里让别人替我们练习，是无法增强自己肌肉的力量的。依靠他人的习惯能破坏独立自主的能力，如果你依靠他人，那么你就会一直软弱，也不会有独创力。做人，要么独立自主，要么埋葬雄心壮志，一辈子老老实实做个普通人。

作为年轻人，最重要的是原动力，而不是依靠。如果你能摆脱一分依赖，就多了一分自主，也就向自由的生活前进了一步，向成功的目标迈进了一大步。

你来到这个世上，怀揣着梦想不停地追逐前行，你可能会得到许多人热心的帮助，可是你一定不能形成依赖心理。自己要充满自信，因为这个世界上只有自己的双手最可信赖，唯一可以依靠的是自己。

学会独立行走

人应该是独立的。独立行走，帮助人走出动物界而成为万物之灵。当你跨进青春之门的时候，你就具备了一定的独立意识，但对他人的依赖习惯常常困扰着自己。依赖，是心理断乳期的最大障碍。随着身心的发展，你一方面比以前获得了更大的自由，另一方面却担负起比以前更多的责任。面对这些责任，有些人感到胆怯，无法跨越对别人依赖的心理习惯。依赖别人，往往会丧失自己的主宰，以致不能形成自己独立的人格。

如果不勤于动脑思考遇到的问题，人云亦云，或者赶时髦，盲目从众，那么你就失去了自我，失去了本应属于自己独立自理的机会。

孩子适当依赖父母亲，乃是成长的必需，但如果事事依赖，时时依赖，失去独立自强的精神，过着“衣来伸手，饭来张口”的生活，悲剧往往由此而生。

大自然不断地发展着，它遵循严格公平的准则，没有谁能撒娇依赖。人类的生存也是如此，若是以一种撒娇依赖的态度，最终会品尝到自己酿成的苦果。

过分地依赖之心，往往是一个人的人格缺陷。小时候父母包办过多，没有独立行动，吃饭、穿衣及日常起居没有较早地自理而让别人侍候,总是绕着妈妈的围裙转,不敢离开,于是直接形成了依赖心理。

有依赖心理的人,凡事都依靠别人、追随别人、求助别人,没有自恃之心,不敢相信自己的判断和主张,不能自己决断。在家中依赖父母、爱人;在外面依赖同事、上司;不敢发挥创造来表现自己,害怕独立。这种人的人格不成熟、不健全,仍然停留在童稚阶段。

有依赖心理的人,不能依靠自己的力量做事,更无从谈起操纵和把握自己的命运,他的命运只能被别人操纵。当他拥有可以利用的价值时,人家才会利用他;如果他的利用价值消失了,或者已经被利用过了,就会被无情地抛弃。只因为有依赖心的人太软弱无能,他的心目中只能相信别人,不敢相信自己,其自信更不如他人。

要克服依赖心理,下面有几招非常有效:

第一招:要充分认识到依赖心理的危害。要纠正长期形成的依赖习惯,就要提高自己的动手能力,多向独立性强的人学习,不要什么事情都指望别人,遇到问题要做出独立的选择和正确的判断,加强自主性和创造性。面对问题学会独立思考。独立的人格要求独立的思维能力。

第二招:要在生活中树立自信、勇于行动。自己能做的事一定要自己做,自己没做过的事要锻炼做,正确地评价自己。

第三招:丰富自己的生活,培养独立的生活能力。在学校中主动要求担任一些班级工作,以增强主人翁意识。创造机会去面对问题,能够自主思考、独立解决困难,增强自己独立的信心。

第四招:学习他人的独立性。多与独立性较强的人交往,观察他们是如何独立处理自己的一些问题的,向他们学习。一些身边的好榜样可以激发我们的独立意识,改掉依赖这一不良性格。

有依赖心的人注定可怜地漂泊,做事四处碰壁,不被信任,不受欢迎,遭人鄙视。怎样避免依赖呢?不妨照着下面的建议去做:

人,要靠自己活着,而且必须靠自己活着。在人生的不同阶段,努力做到最好的自立水平,拥有与之相适应的自立精神,这是当代人在社会上独立生存的根本。一个缺乏独立自主个性和自立能力的人,生活尚且自顾不暇,还能谈发展成功吗?即使你的家庭环境所提供的“先赋地位”高于常人,你也必须脚踏实地,从头爬起,以平生之力练就自立自行的能力。因为不管怎样你终将独自步入社会,参与竞争,面对比校园生活要复杂得多的生存环境,随时会遭遇或陷入你无法预料的难题与处境。你必须得靠顽强的自立精神克服困难,坚持前进。

善于驾驭自我命运的人,是最幸福的人。在生活道路上,你需要独立抉择,不要总是让别人推着走,不要总是听凭他人摆布,而要做自己命运的主人,调控自己的情感,做自我的主宰。

自主的人,能立于世,开创自己的事业,得到他人的认同。勇于驾驭自己的命运,控制自己,规范自己的情感,自主地对待求学、择业、择友,这是成功的要义。要克服依赖性,绝不由人操控自己的命运,让别人推着前行。

你的一切成功,一切造就,全部出于自己的行为和思考。

第二章　年轻人每天都要有个好心情

学会调整情绪

有些人快乐,有些人痛苦,这种快乐和痛苦就是情绪。那些充满智慧的人都可以主宰自己的性情,驾驭自己的心灵。有一种拥有化学性心灵的人,即善于调适自己情绪的人,总是能从愤怒中走出来,消解苦闷,如同化学反应中的酸碱中和。

我们的愤怒和苦闷很奇怪。对于懂得调适自己情绪的人而言，它们可以渐渐地淡下去，直至消失；对于不懂得调适自己情绪的人而言，越控制它们，它们就越像一匹未驯的野马。所谓的酸碱中和反应，即是懂得调适自己情绪的人的调适结果；所谓未驯的野马，即是错误地对化学反应进行了操作，酸碱搭配不当或者错溶什么别的液体，结果是酸的越酸，碱的越碱。

情绪往往开始于维护情感主体的自尊和利益，不对事物做复杂、深远和智谋的考虑，这样的结果，常使自己处境不利或为他人所利用。本来，情感与智谋就已距离很远了，情绪更是情感的最表面部分，最浮躁部分。以情绪做事，谈何理智？不理智，能有胜算吗？

但是，我们在工作、学习、待人接物中，常由情绪控制，头脑一发热，愿意做任何蠢事。因一句无甚利害的话，我们便可能与人打斗，甚至拼命；因别人给我们的一点假仁假义，而心肠顿软，动摇根本原则；还有很多因情绪的浮躁、简单、不理智等犯的过错，大则失国失天下，小则误人误己误事。事后冷静下来，自己也很后悔。这都是因为情绪的躁动和亢奋，蒙蔽了人的心智所为。

楚汉之争时，项羽将刘邦父亲五花大绑陈于阵前，并扬言杀刘公，煮成肉羹而食。项羽意在让刘邦受不了亲情刺激，在父情、天伦压力下，自缚投降。刘邦很有智慧，没有为情所蒙蔽，他的大感情战胜了私情，用理智战胜情绪。他以项羽曾和自己结为兄弟之由，认定己父就是项父，如果项某愿杀其父，剁成肉羹，愿与之分享。刘邦的超然心境和不凡举动，令项羽深感意外，以至无策回应，只能潦草收回此招。

诸葛亮七擒七纵孟获之战中，孟获深受情绪所使，他不能胜于诸葛亮，非命也，实人力和心智不及也。诸葛亮大军压境，孟获弹丸之王，不思智谋应对，反以帝王自居，轻视敌人，结果一战即败，完全不是对手。孟获一战既败，应该坐下慎思，再出敌招，却认为是一时倒霉，再战必胜。再战，当然又是一败涂地。几次战斗过后，把个孟获气得浑身颤抖。又一次对阵，只见诸葛亮远远地坐着，摇着羽毛扇，身边并无军士战将，只有些文臣谋士之类。孟获不及深想，便纵马飞身上前，欲直取诸葛亮首级。可想，孟获已被诸葛亮气成什么样子了，也可知孟获已被一己情绪折腾成什么样子了。结果，眼看将及诸葛亮时，却连人带马坠入陷阱之中，又被生擒。孟获败给诸葛亮，除去其他各种原因，其生性爽直、缺乏脑筋、为情绪蒙蔽，当也是一个重要的因素。

在生活中有很多的人也许言行正常，但是，却会在内心深处埋藏着对曾经伤害过自己的人的仇恨，虽然并没有因为自制力酿成大祸，但那份埋藏的仇恨却像一匹小兽撕咬着他的心，很苦也很累。仇恨并非解决问题的唯一方式，有时候，我们不妨换一种角度来考虑问题。以下是控制情绪和调适情绪的经验之谈。

在各种遭遇和不幸面前，应保持冷静的思考和稳定的情绪，分析和判断要尽量客观。

培养自己多方面的兴趣与爱好，如书法、绘画、下棋、养花、集邮、听音乐、跳舞、打太极拳等，从事这些活动，可以修身养性，陶冶情操。

对自己要有自知之明，遇事量力而行，不要好胜逞能而去做力不从心的事，只做自己力所能及的事。

情绪误人误事，不胜枚举。一般心性敏感的人、头脑简单的人、年轻的人，易成为情绪的奴隶，头脑容易发热。问一问你自己，你的头脑爱发热吗？你爱情绪冲动吗？检查一下你自己曾经因此做过哪些错事、犯傻的事，以此警示自己的未来。

在各种遭遇和不幸面前，应保持冷静的思考和稳定的情绪，分析和判断要尽量客观。

情绪影响心理

研究表明，强烈的情绪反应会使人们的正常思维受到阻断，持久而炽热的情绪则能激发人们无限的潜能去完成某些工作。生活中你肯定经历过：在情绪好、心情爽的时候，思路开阔、思维敏捷，拥有较高的学习和工作效率;而在情绪低沉、心情抑郁的时候,则思路阻塞、操作迟缓,学习工作效率低。也就是说,人的认知和行为会受情绪左右,具体表现在如下几方面:

1. 情绪影响人的心理动机

人的心理动机受情绪影响,可以激励人的行为,改变人的行为效率。积极的情绪可以提高人们的行为效率,加强心理动机;消极的情绪则会阻碍降低人的行为效率,使人的心理动机减弱。一定的情绪兴奋度能使人保持最好的状态,发挥最高的行为效率。

2. 情绪影响人的智力活动

情绪明显影响人的记忆和思维活动。人们往往更容易记住那些自己喜欢的事物,而记忆不喜欢的东西则比较吃力;人在高兴时思维会很敏捷,思路也很开阔,而悲观抑郁时会感到思维迟钝。

3. 情绪影响人际信息交流

情绪不仅仅存在于一个人的内心,它还可以传递给他人,而成为人际信息交流的一种重要形式和手段。

人的情绪通常表现为一定形式,主要有面部表情、身体动作和言语声调变化三种形式。人们高兴时眉开眼笑,手脚活跃,讲起话来神采飞扬;发怒时横眉立目,握紧拳头,大声吼叫;悲哀、悔恨、失望时则语言哽咽、顿足捶胸、垂头丧气……所有这些信号都有特定意义,可以传达给别人并使他人作出相应反馈。人们通过细微甚至难以觉察的情绪信号来传递和获取信息,并在此基础上进行下一步的交流。

人的情绪通常表现为一定形式,主要有面部表情、身体动作和言语声调变化三种形式。

如何处理不良情绪

美国德克萨斯州立大学的史密斯教授,曾经做过一个实验,研究受测者情绪的变化及其个人生理心理状态。他在实验报告中指出:一般人的情绪如果处于恐惧、愤怒、焦虑的情况下,会有一种来自脑下腺的激素分泌出来刺激肾上腺,受测者的心理状态也会受到影响。在这种情况下,受测者极易产生胃部胀痛、口干、心跳加速等生理现象。这种情形如果持续进行,就容易引起高血压、心脏病或胃溃疡等后遗症。

管理自己的情绪,不但有益身心健康,还可以提高工作效能。心理学大师告诉我们,管理情绪,始于处理不当情绪,主要包括化解愤怒、缓和性急、消除紧张、革除悲观、排遣厌倦五个领域。

1. 如何化解愤怒

我们的不良情绪是如何产生的?挫折、太累、被批评,伤到我们自尊,而愤怒令我们失去理智、引发冲突、做出错误决定。这是处理愤怒的基本原则“stop - think - do”。你不妨使用纸笔,将下面问题与答案记下来:我现在碰到什么难题?我正在或正想做什么?这样做有益吗?我真正想要做的是什么?我该怎么做?

不良情绪导泻法:我们的行为一定要对事不对人;将自己的感受说出来,而不是批评对方;注意时机的适当性;要把握恰当的语言及肢体语言。另外,要注重倾诉给可靠而恰当的人。

搁置法:告诉自己,改天再谈;暂时放下它,以后再处理这些情绪。

2. 如何缓和性急

性急就是压力和情绪不稳定的表现。性急的人容易使自己的健康受损,也会失去定力,失去理智。在生活中稍不如意都可以让我们心乱如麻,不愿意与他人交谈,或者对一般的生活情趣觉得难耐,或者对未完成的事局促难安;还有一些争强好胜的人输不起,易激怒。

消除性急的方法:多给自己留一些时间,或割舍行程表中部分项目;向自己低语,安抚心里头毛躁的孩子;哼一首曲子;稍做休息。这些可以帮助你平静内心。

3. 如何消除紧张

忙碌和竞争使我们紧张。紧张时身体会出现异常反应:肌肉绷紧,手心发汗、血液化学平衡失调。因此要注意你的整体身心作用,你的行动、身体反应、感受、思想在交互作用影响,使紧张影响你的身心和情绪。当你紧张时,你可以通过这样的方法改善自己的心理:净化法——静坐;运动法——松弛技术。

4. 如何革除悲观

事实上我们的悲观源于不恰当的思考习惯。碰到挫折,能区别思考的人、表现乐观,不能区别思考的人则表现悲观。

面对挫折时,乐观者认为那是外在的、特定的、暂时的原因;而悲观者则认为那是永久的、一般的、内在的原因。面对顺境时,乐观者与悲观者拥有相反的思考模式。乐观者如有隔仓的船;悲观者如没有隔仓的船,容易在受训时不停地进水而沉没。

要时时在心里提醒自己,看问题要乐观,凡事都有它积极的一面,找到事物中对你有益或者有所启发的东西。

5. 如何排遣厌倦

长期承受压力使我们产生厌倦,你可以改变自己的环境和观念,保持一个好心情。

空虚也是厌倦的原因。应该拟订新目标或新的蓝图,或从事物中看出新的意义,与积极的人交朋友,保持温暖的人际关系。

年轻人要有不断把自身情绪提升到有益于个人进步和社会发展的高度。

情绪是能够主动地调控的,你可以试着用理智来驾驭情绪,渐渐使情绪成熟起来。

生活中的细节决定成败

有人总认为要办事就要不拘小节,否则就会被小节拖累,这是不妥当的想法。注意小节是对事情的周密安排,这样的人很负责任。比如,要接待一位客人,可能就要从接客人用的车到路上谈些什么,安排在哪个酒店,甚至他喜欢抽什么烟,都要全面考虑,只有这样才可能给客人留下较好的印象。

初次和别人见面要注意细节,因为它决定是否能给人留下较好的第一印象。在生活中会经常碰到这种情况,如和客户谈生意、和新朋友见面、招聘面试等。我们常会遇到一些人,由于一些微不足道的坏习惯使别人不欢迎他们,以至在社交办事上大打折扣。

今天,很少有年轻人注意细节,他们将轻浮视为洒脱,将放荡不羁视为追求个性。这种错误的认识,使他们在社交办事时处处碰壁。

有个人在公司里上班、下班,与人见面从来不打招呼,对面来人了,装作没看见。他获得了一点成绩,更加我行我素、旁若无人;当他失败时,别人不会给他安慰和帮助,大家对他的评语竟是:"活该"、"应有此报",多么令人心寒的结局。如果他平时能放下自己那副趾高气扬、不可一世的派头,多与周围的人沟通,又怎么会落得如此狼狈的下场呢?

沟通很重要。虽然与人沟通感情的最初阶段只是打招呼,但不能忘记,心与心之间的轴要想系上轮带,就要从陌生到认识再到熟悉,首先刺激感情,然后沟通和交流就变容易了。连最简单的"您好"、"再见"等日常的招呼也不会的人,是不会成为成功人士的。人生活在社会上,还得受社会环境的制约和诱导,不可能不与周围的人接触,你不拘小节,周围的人不会也不拘小节。

除了和人第一次见面要注意小节之外,和长辈、领导在一起更要注意小节。见了面,微笑着主动打招呼,这是起码的规矩。当你有急事要进领导办公室,一定要敲门。当你和领导的观点有分歧，当面争论是最不理智的，如果觉得一定要阐明你的观点，也要恳求领导给你机会，单独找时间说明，千万不能当着众人的面“直言”。如果你被领导“误会”，也得学会忍耐，不要当面顶撞，最好是事后单独说明。另外，如果跟着领导出外应酬，不能过于张扬，随时要将自己的位置摆正。在平时，即使领导对你很好，很随和，甚至经常和你勾肩搭背，你也千万不能冲动，不能反过来也勾肩搭背，尤其是有外人时。领导和你亲近是显示他的平易近人，同时又希望得到你的尊敬，所以你最好让领导主动和你亲近，切莫没大没小地和领导亲近。任何时候、任何情况下都不要让领导感觉你不尊重他。

朋友之间最容易不拘小节，虽然和朋友在一起可以随便些，但也绝不能太肆无忌惮，当你不拘小节到让他感觉你对他不尊重，那就过分了。假如你自以为和朋友关系好，随便拿他的东西用也无需打个招呼，很可能哪一次朋友就生气了。当别人借朋友的东西，你替他做主答应或拒绝，这些行为都不妥当。随意看朋友的日记和信件那就更失礼了。

总之，我们做任何事都先考虑一下，自己的做法会不会使他人受到妨碍，是不是不尊重对方，那么许多小节问题就都能注意到了。

在交往时，言行举止与人的内心世界联系在一起，因此不能忽视个人的所言所行。因为这些言行可能会使对方产生对你的好恶，交往成败也在一定程度上受到影响。尤其应该注意的是，尽量不要使对方感到不高兴。所谓“严于律己，宽以待人”，我们总要时时反省、检视自己的举止言行，虽然只是一些小节，只有平时稍加注意才会使别人对你的好感增强。

人生活在社会上，会受到环境的制约和诱导，你不可能不接触周围的人，只有注意细节，众人才会尊敬你。

疏忽细节代价惨重

所有的意外，都是由疏忽细节引起的，而习惯性的自信，却是罪魁祸首。世间因为“不小心”而造成生命的损失、人体的伤害和财产的损失不可估量。铁轨上的小小裂痕，或是车轮上的一些毛病，会使火车颠覆，伤及许多生命。因为随便扔一根燃着的火柴、一个香烟头，结果竟然星星之火得以燎原，焚毁了镇上的所有房屋。人们往往注意大事却疏忽细节，但谁知道忽视细节才是罪魁祸首。

有人开车手艺不错，已有多年驾龄，但他开车时总是有各种小动作，比如点根烟，换 CD，和骑车的熟人打个招呼等。他听不进旁人的劝告，反而说：“我艺高人胆大，没事。”结果有一次，他在一座立交桥上连人带车从桥上冲了出去，原因很简单：在高速急转弯的同时，他伸手去扶了一下快要倒的矿泉水瓶。

不要忽视那些潜伏着危险的不良习惯，不要觉得你的本事大，别人眼中的危险事对你而言没有什么大不了的。总有一天，它就会找上你的门，你也会被这些坏习惯拖累。因为一些看似极微小的事情，却有可能造成重大事件。

在工作中，精确与对工作的忠诚是并存的。一个员工有做事精确的良好习惯，要远远胜过他的聪明和专长。

为什么有些人总是不断犯错误呢？究其原因，或是由于不仔细观察，或是由于思想的不缜密，或是因为缺少足够的理智，或是因为行动的粗劣。

任何事业都需要绝对的正确和精细，有了这种资本，自然会受到器重，得到信任。

在我们这个物质文明高度发达和社会生活安定的时代，人们不需要为最基本的生存问题而发愁。然而，任何人也不能保证在风和日丽的春天，不会响起晴空霹雳。因此，我们时时要有忧患意识，做到“居安思危，有备无患”。

如果每一个人都能全身心地投入到工作中，人人都能谨慎小心地工作，那么不但生命的丧失、身体的损伤、金钱的损失可以比现在大大地减少，而且人们的道德水平和精神文明也会有一个极大的提升。

因疏忽而造成的大灾祸，后果往往是触目惊心的！

幽默是快乐的源泉

在人际交往中，幽默是心灵与心灵之间生产并传递快乐火花的天使。拥有幽默就拥有爱和友谊，凡具有幽默感的人，所到之处，总是充满欢声笑语。在无法避免的冲突中，幽默感不强的人就面临考验，是拍案而起、横眉怒目，还是忍气吞声？充满幽默感的人即使到了针锋相对之时，也不像平常人那样让心灵被怒火烧得扭曲起来，而是仍然保持幽雅而智慧的平静。

遇到生活中的难题，如能加点幽默，就有可能很快得到解决。因为幽默是一种才华，是一种力量，它是人类面对共同的生活困境而创造出来的一种文明。它以愉悦的方式和智慧的方法体现人类的真诚、大方和善良的心灵。它是追求向上者希望处理好人际关系不可缺少的东西，也是大家借以减轻自己工作和生活压力所必须依靠的“拐杖”。

具有幽默感的人，都具有一种优于常人且乐观自信的人格，能自在地感受到自己的力量，同时独立应付任何困境。

有一次，英国作家狄更斯正在一个湖边钓鱼，一个陌生人走到他跟前问：“先生，您是在钓鱼吗？”

“是的，”狄更斯毫不迟疑地答道，“今天，我钓了半天，没见一条鱼；可是昨天，也是在这个地方，却钓起了15条鱼！”

“是吗？”陌生人问，“那您知道我是谁吗？我专门巡检在这里偷偷钓鱼的人，这一带湖口是禁止钓鱼的！”

说着，那陌生人从口袋里掏出一本罚单，要为狄更斯开罚单。见此情景，狄更斯忙反问道：“那么，先生，您知道我是谁吗？”

在陌生人十分惊讶、迷惑不解之时，狄更斯直言不讳地说：“我是作家狄更斯，你不能罚我的款，因为虚构故事是我的职业。”

一个心胸狭隘、冷漠的人是不会有幽默感的。幽默者要品德高尚，心宽气朗，对人充满热情。许多的哲人，他们在与人讲话、谈心时，言谈话语之中时常流露出幽默感，让人感到十分愉悦和亲切，这是因为他们具有乐观的精神和高尚的情趣。

说话幽默是一个人生活态度的反映，是对自身能力充满自信的表现。一个人只有对自己的前景充满希望，他的脸上才能绽放轻松、愉快的笑容，即使暂时处于逆境，他们仍对生活充满信心。在生活中发掘幽默，用快乐来抚平生活留下的伤痕。在那些整天皱着眉头的人看来，生活充满了痛苦、绝望，快乐不过是一时虚幻，像这样的人，他们的谈吐怎么会有幽默可言呢？

生活中应用幽默缓解矛盾、调节情绪，保持心理处于相对平衡状态。

幽默可以使愁眉苦脸者笑逐颜开，也可以使泪水盈眶者破涕为笑；可以为懒惰者带来辛勤奋斗的活力，也可以为勤奋者驱散疲惫；可以使孤僻者发现生活的情趣，也可以使欢乐者更愉悦。

幽默不仅是一种人生态度，也是一种为人处世的的艺术。

幽默是成功者的技能

有幽默感，这在过去也许对一个人并不重要，但是在当今社会却是对人极高的赞赏。因为它不仅表示受赞美者的随和、可亲，能为严肃凝滞的气氛带来轻松活力，更表明这个人拥有高度的智慧、自信与适应环境的能力。

一个社会不能没有幽默。有人形象地说：“没有幽默感的语言是一篇乏味公文，没有幽默感的人是一尊冰冷的雕像，没有幽默感的家庭是一间清冷的旅店，而没有幽默感的社会是不可想象的。”

幽默可能发生在社会生活的每一方面，每一个角落，每一个人的身上。受过良好教育的人，可能会有受过教育的幽默方式；中产阶层的人，可以有中产阶层的幽默方式；哪怕是斗大字不识一箩的人，也可以有他们独特的幽默方式。可以说，幽默是一个不限于性别、不拘于年龄、与社会地位无关、并不受教育程度影响，人人皆可为之的社会现象。正因为幽默在我们的社会生活中这样普遍，它才被人们所忽视。同样，只有当人们生活在一个缺少幽默的社会环境中，他们才会感到幽默的魅力，感到幽默在生活中的重要作用。

幽默是智慧的产物，不仅能反映一个人的情绪智力的高低，还可促进个人身心健康。蕴藏着人生哲理、妙趣横生、妙语连珠的幽默，使人思想乐观、心情愉快、意志坚定、注意力集中、记忆力提高。

幽默是一个人聪明才学、灵感智慧在语言表达中的闪现，是一种能抓住可笑或诙谐想象的能力，是对社会上的种种不和谐、不尽情理的荒谬现象、偏颇、弊端、矛盾实质的揭示和对某些反常规言行的描述。幽默语言可以使我们紧张的内心放松下来，化作轻松的一笑。在沟通中，幽默语言如同润滑剂，可有效地降低人际交往过程中的“摩擦系数”，化解冲突和矛盾，并能使我们轻松而有效地摆脱沟通中可能遇到的困境。

在社交中，谈吐幽默的人往往更容易取胜，缺乏幽默感的人往往会遭受失败。在交际场合，幽默的语言极易迅速打开交际局面，使气氛轻松、活跃、融洽。在出现矛盾冲突的尴尬场面时，幽默、诙谐便可成为紧张情境中的缓冲剂，使朋友、同事摆脱窘境或通过沟通，消除误会。此外，幽默、诙谐的语言还可以用来含蓄地拒绝对方的要求，或向朋友提出一种善意的批评。

一次，伟大的生物学家达尔文应邀参加一个宴会。宴会上，他恰好和一位年轻美貌的女士并排坐在一起。

“达尔文先生，”坐在旁边的美人带着戏谑的口吻向科学家提出疑问，“你的进化论断言，人类是由猴子变来的，我也属于您的论断之列吗？”

“那当然！”达尔文微笑地看了她一眼，彬彬有礼地答道。

“我像猴子吗？”美人用略带嘲弄的语气说。

“不过，您不是由普通的猴子变来的，而是由长得非常漂亮的猴子变来的。”

在这里，达尔文用机智的语言揭露了这位美貌夫人的无知和自命不凡，善意地进行了批评。

友善的幽默能表达人与人之间的真诚友爱，能帮助人们进行心灵上的沟通，拉近人与人之间的距离，填平人与人之间的鸿沟，是建立良好的人际关系不可缺少的东西。特别当一个人要表达内心的不满时，如果能使用幽默的语言，别人听起来会更轻松且易于理解。当一个人需要把别人的态度从否定改变到肯定时，幽默具有很强的说服力。

幽默感是人的一种高尚的气质，体现其文明程度。

不要被欲望掩埋

黄石公说：“杜绝不良嗜好，禁止非分欲望，这样可以免除各种牵累。”又说：“最痛苦的缺点，莫过于欲求太多。”修身养性、为人处世、保身养生之道，其宗旨在于节制嗜欲，减少思虑，弃除烦躁，杜绝尘劳，省精保神，炼性全真。寥寥数语，做起来却不容易，真可谓知易行难。然而它的基本功夫，也是最初的入门要诀，全在“平淡”二字。

在一个到处充满了诱惑的灯红酒绿的世界里，欲望是可卡因、是美酒，而平淡是矿泉水、是清茶。安守平淡的生活，并且能保持心态平淡来对待生活中的诱惑和干扰，让自己的灵魂安然入梦，于别人是湖泊一样的宁静，于自己是云朵一样的轻松。

安守平淡，并不是不求进取，也不是碌碌无为、放弃追求，而是以一种平常的心态来安然对待人生。诸葛亮说：“非淡泊无以明志，非宁静无以致远。”只有选择一种恬淡寡欲的生活方式，心境才能冷静、思虑才能悠远。平淡，能使人心静如古井，少受灾难。

人要学会自我节制。“节制和劳动是人类的两个真正的医生。”法国启蒙思想家卢梭如是说。卢梭先生不愧是一位伟大的哲学家，他能把节制和劳动这两个看起来普通而又毫无联系的词汇放在一起，其见地之深，实在令人叹服。

孩子不懂事，需要大人节制，而大人则要自我节制。六合之内的万事万物，都是作为过程而存在的，其本身都有一个度，超过这个度，就走向反面。无论是家庭内的关系，人与人之间的关系，个人与社会的关系，节制都是最佳的调节剂。事实证明，人世间的恩怨烦恼，甚至悲剧，无一不是由于缺乏节制造成的。无论人或物，在节制的调节之下，方能呈现最佳状态。因此，必须学会节制。

明代的大才子唐伯虎写过一首打油诗：“争名争利几时休，早起迟睡不自由。骑着毛驴思骏马，官居宰相望王侯。”人是充满各种欲望的动物，在这一点上，和动物区别不大。但人又是具有一定自我节制能力的动物。节制欲望首先要内心知足，事能知足心常惬。知足欲淡，虽凡亦仙。世界上哪里有什么神仙？能知足就是神仙。佛家说，乐土就在觉悟中，就是叫你知足。面对名利不可患得患失，否则将永远和烦恼相伴。

我们只需要专注自己的目标，专心去做自己的工作和事情，不要被其他的诱惑转移了注意力，打破了内心的平静。要记住，对欲望无节的满足，有时候会毁掉你一生的幸福。

在这个复杂多变、充满诱惑的社会中，人们的成功与其自制力是成正比关系的。

战胜诱惑

公元14世纪，雷力德三世在比利时登上帝王宝座。他执政之后，心思没有用在治理国家上，而是广招天下各种菜系的顶级厨师进宫，为他做各种美食菜肴，以满足他的口腹之欲。

雷力德三世追求各种美味珍馐可以说达到无以复加的地步，他把所有的精力全部放在品尝美食上。有些臣工为了讨他的欢心，绞尽脑汁，挖空心思，把各种精美的食物献给雷力德三世。雷力德三世时时吃，顿顿吃，天天吃，吃得膘肥体胖，最后他的体重超常人数倍。由于他一门心思都在美食上，导致朝政荒废，官员腐败，民不聊生，百姓怨声载道。

他的弟弟爱德华曾多次劝谏哥哥不要这样，都被无理地训斥，导致两个人的矛盾不断升级。最后爱德华率人发动政变，把雷力德三世赶下皇位。

雷力德三世虽然成为阶下囚，帝王待遇并没有变，爱德华为其建了一座豪华的宫殿。这宫殿和正常的宫殿相差无几，只不过门窗比其他宫殿略小一些，门窗没有装锁，殿外也无人看守，肥胖的雷力德三世可以在里面自由活动。但他要走出这座宫殿的条件只有一个——减肥，减掉身上的赘肉，以便身体能挤出门口。

爱德华把哥哥关进去后，向天下承诺：如果哥哥能从那座宫殿走出来，自己就会把皇位让出，把君位还给他。爱德华依然让原来那些厨师想尽一切办法给他做精美的食物，甚至比原来有过之而无不及，然后悉数端给雷力德三世品尝，满足他所有的要求。

雷力德三世开始得知弟弟对天下人的许诺时，曾经高兴过，认为弟弟在政治上还是太幼稚了，不就是一个减肥吗？那有何难？如是自己一天不吃或天天少吃，半个月内自己完全可以跨出这道时刻敞开的门。可是，美味出现他眼前时，他又抑制不住想吃的欲望，于是在心里对自己说：就吃这一顿，下次不吃了；减肥是需要时日的，也不差这一顿，吃了也不会有什么太大的影响。就这样，每一次他都毫无节制地大吃大喝，吃完这顿想吃下顿，对各种美食来者不拒。

几个月后，雷力德三世的体重不但未减，反而增加不少，比以前更肥胖了。

这时，对雷力德三世减肥抱有希望的人发现减肥对于他是不可能的，便通过各种渠道劝说他停止进食或者少进食，出来以后，恢复王位再吃也不晚。没想到雷力德三世对此视而不见，充耳不闻，他对外面的世界已经没有兴趣了。

本想一个月就能走出无人看守的宫殿的雷力德三世，在那里整整住了10年，直到爱德华战死，他才得以出来。然而，这时的雷力德三世已经百病缠身，不到一年就一命呜呼了。

人们都会觉得雷力德三世非常可笑、弱智，仿佛自己绝对不会这样做。事实上，很多人正一直这样做，而且像雷力德三世一样，只是我们毫无察觉罢了。

我们每天都被许多事物诱惑着，其中一个诱惑是看电视或者上网。我们谁会把看电视、上网当成一种罪过？恐怕没有人。打开电视和上网冲浪成为我们生活中必不可少的一部分，甚至无法想象，没有电视，没有网络，我们的生活将是什么样。

每一天下班之后，或者节假日，我们就习惯性地打开电视或电脑，几个小时都坐在那里，甚至是通宵，影响了第二天的工作质量。我们也在第二天恨恨地对天赌咒发誓，今天再也不要看那么久电视，上那么久网，然而，到了晚上，依旧看电视或者上网。

看电视或上网会产生快乐甚至是快感，让我们深陷其中无法自拔，明知道这样会浪费我们宝贵的时间，会耽误学习、工作，甚至会透支健康，可是我们依然乐此不疲。它们对我们来说，就像雷力德三世宫殿里的美食，我们难以拒绝，甚至也没想过拒绝。

电视、网络，就是让我们在一张大网中堕落。它们就像电子鸦片，腐蚀我们的肉体和灵魂，微笑着掠夺我们的生活，电视和网络上的内容再精彩，也不是我们的真实生活。我们所扮演的角色在现实生活中，在社会舞台上。

出现在我们身边的诱惑还有很多很多，我们都非常清楚自己想要什么，想干什么，想去哪里，可是面对这些诱惑，依然驻足。在这个世界上，因为没有战胜眼前诱惑而导致灭顶之灾的人，数不胜数。对于一个有着七情六欲的人来说，每一次拒绝都很难，因为它能带给我们巨大的快乐和快感。

有的年轻人会说，这个世界让我们很无奈，精神无助，我们需要精神寄托。我们已经走得很累，活得很辛苦，只有在电视和网络上，才能让自己稍作停留。

天地中的我们不要当一名看客，而是要成为精彩剧情的主角。

我们的精彩，在人生的舞台上，不在虚拟的世界里。

有一颗快乐的心

在每个人的一生中，总会遇上挫折，都不可避免地要经历凄风苦雨。面对艰难困苦，保持一种好的心态，将直接影响你的人生航行。

无论错在自己，还是过在别人，一定要对人怀以宽恕之道。困难总会过去，只要不从怨恨出发，不被负面情绪左右，就不会产生偏见，误入歧途，或一时冲动破坏大局，或抑郁消沉，振作不起来。

心情上的长期苦闷、忧郁往往伴着多愁善感，深刻腐蚀着人的精神。日子一长，心情就像5月的梅雨天，愁闷不开，使人有招架不住的感觉。凑巧，此时如果发生一些不顺心的事情，或者工作量突然加大，往往导致精神痛苦，情绪低落，失去应付任何挫折、恐惧的能力。

其实把握你内心力量的，不在于别人而在于你自己。世上没有不快乐的人，只有不肯快乐的心。你必须掌握好自己的心态，对它下达命令，让它快乐起来。无论遇到什么困境都要明朗、愉快、有希望，勇敢地掌握好自己的心灵航船。

苦与乐并非两种境况，全在人的心境分别，这就看人主观上对待人生的态度如何。在困苦的逆境中能把握方向不屈奋斗，常常可以感受奋斗时心灵中的愉悦，这种喜悦才是人生的真正乐趣。如果在得意时骄纵狂妄，往往会种下日后祸患的根苗，以至酿成日后的惨剧。人生应抱定随遇而安的态度，事情来了就用心去做好，事情过去之后马上恢复内心的平静，如此才能保持自己的本然真性不至失去。我们生活快乐或痛苦，并非完全取决于事物本身，在更大程度上取决于你自己，取决于你对事物的认知态度。

《小窗幽记》中说："眉上几分愁，且去观棋酌酒；心中多少乐，只来种竹浇花。"如果眉间有几分愁情，不如去品酒观棋；心中若有几分快乐，不如去种竹浇花。

人如果懂得生活的情趣，就可以在一些平凡而琐碎的事中获得快乐。种竹浇花的情趣，并不次于与知交共游的快乐。竹有闲情，花有神态，万物各有生机，都是要用心去感知的。对于懂得快乐的人而言，天地之间没有不快乐的。

拥有一个不错的心情很容易，也许你身边人的一个祝福、一个赞美、一个微笑、一个眼神就可以让你欢乐一整天。你所快乐的不是很伟大的事情，它们大多数来自于你的周围，来自于一些微不足道的小事。这些小小的欢乐就构成了你的大部分生活。世人在不停地寻找生活的意义，找寻一种能让自己安心的伟大成就，其实你的快乐就在生活之中。

珍爱你身边的每个人，学会和他们相处，学会分享他们的欢乐和悲哀，你的生活就会更加美好。

很多人询问那些饱受磨难的人是否总是感到痛苦和悲伤，有的人答道："不是的，倒是很快乐，甚至今天我还有时因回忆它而快乐。"为什么呢？这是因为他从内心赢得了磨难，他从磨难中得到了生活的启示，他为此而快乐。

好的心情会给生命注入活力，使人从痛苦、贫困、难堪等情境中升华出来。虽然我们每一个人的人生际遇不同，但是命运对每一个人都是公平的。有时天上会乌云满天，但更多时候会满天繁星，就看你能不能磨炼出一颗坚强公平的心。有一颗快乐的心，就能够获得快乐的源泉。

因此，在我们人生的旅途中，无论遭遇什么困难和痛苦，只要学会从不同的角度去比较，就会觉得没有什么放不下。保持乐观的心态，用愉快的心情迎接每一天。

快乐的心情不但使人感受到朝气蓬勃和旷达安适，同时也使头脑思维更加清醒。

快乐创造法

快乐有时需要我们自己去寻找、创造，以下六种办法可以寻找创造快乐：

1. 精神胜利法

这是一种有益身心健康的心理防卫机制。职场、情场失意时，因经济上得不到合理对待而伤感时，无端遭到不公正的对待时，因生理缺陷遭到嘲笑而郁郁寡欢时，不妨用阿 Q 的精神胜利法自我调节，营造一个祥和、豁达、坦然的心理氛围。

2. 难得糊涂法

这是心理环境免遭侵蚀的保护膜。对一些无关痛痒的情况不较真，无疑能提高心理的承受能力，避免不必要的精神痛楚和心理困惑。如此就可处乱不惊，遇烦不忧，以恬淡平和的心境对待生活中的各种紧张事件。

3. 随遇而安法

这是心理防卫机制中一种合理反应。使自己逐渐有强大的适应能力，遇事总能满足，烦恼就少，心理压力就小。生老病死，各种灾难会出人意料地出现，用随遇而安的心境去对待生活，你的快乐也会多起来。

4. 幽默人生法

这种方法可有效调节心理环境。当你受到挫折或处于尴尬紧张的境况时，可用幽默化解困境，维持心态平衡。幽默还可使你更受人们欢迎，使沉重的心境变得豁达、开朗。

5. 宣泄积郁法

心理学家认为，宣泄是人的一种正常的心理和生理需要。你悲伤抑郁时，不妨与异性朋友倾诉；也可以通过热线电话等向主持人和听众倾诉；做运动也很不错；或在空旷的原野上大声喊叫，既有新鲜的空气呼吸，又能宣泄积郁。

6. 音乐冥想法

当你出现焦虑、抑郁、紧张等不良心理情绪时，不妨试着做一次“心理按摩”，冥想各种平和舒缓的轻音乐。

当然，创造快乐的方法有很多，重要的是我们在生活中、工作中，要有一种平和、坦然的心理。

快乐有时需要我们自己去寻找、创造。

每天都有好心情

当我们渴望自己每天都有一个好心情的时候，是否尝试过清晨起床之时给自己一个对美好心情的期盼来鼓舞和激励自己呢？这确实是一个非常不错的主意，当我们每一天都坚持做下去，养成这一习惯的时候，我们会发现我们的心情越来越好，我们的幸福感也越来越强烈。

有一位名人说：“穷苦人的日子都是愁苦，心中欢畅者，则常享丰筵。”这句话是要告诉世人设法培养愉快之心，并把它当成一种习惯。那么，生活将如同享受一次快乐的宴会。

一般而言，习惯是生活的累积，通过培养是可以形成的，因此人人都掌握有创造愉快的心情的力量。

养成心情愉快的习惯，主要依靠自己理性的力量。首先，你必须拟订一份有关心情愉快的想法的清单，然后，每天不停地思考这些想法，其间若有不愉快的念头产生，你得立即停止，并将之设法摒除，把它换成快乐的想法。此外，在每天早晨下床之前，不妨先在床上舒畅地想一想，然后静静地把所有快乐的念头在脑海中重复思考一遍，同时在脑中描绘出一幅今天可能遇到的快乐。久而久之，无论发生什么事，这种想法都将对你产生积极的效用，让你能够面对任何事，甚至能够将困难与不幸转为快乐。相反地，倘若你一再对自己说：“事情不会进行得顺利。”那么，你便是在生产使自己不愉快的感觉，而所有关于“不愉快”的形成因素，无论大小，都将围绕着你。

以前，有一位不幸的人，每天早晨他总是一边吃饭一边对他太太说：“今天看来又是不愉快的一天。”虽然他的本意并非如此，只不过是一句唠叨而已。然而，一切情况都很糟糕。其实，会有这种情况发生并不令人奇怪，因为心中已经预设了不快乐的程序，那一天的心情肯定会受到潜意识的影响，所有的事情也许会办得很不顺。

因此，一天开始时，在心中种下美好希望是件相当重要的事。只有这样，许多事物才可能有美好的发展。

一天开始时，在心中种下美好希望是件相当重要的事。

积极的心态不能少

积极心态会积极地云寻找解决问题的方法，最终得到积极的结果；积极的结果又会正向强化积极的情绪，如此良性循环，人也就变得更加积极。

山姆失业了。他是出乎意料被辞退的，老板也没有说出一二三来，唯一的理由是公司的政策有变化，不再需要他了。而且更悲惨的是，就在几个月以前，另一家公司还想以优厚的条件将他挖走，山姆告诉老板时老板极力地挽留他说："我们更需要你！而且，我们会给你一个更好的前景。"

现在山姆却落到了如此天地，他是非常痛苦和难受的。一种不被人需要、被人拒绝以及不安全的情绪一直缠绕着他，他很彷徨，自尊心深受打击。一个原本能干的山姆变得消沉沮丧、愤世嫉俗。在这种心境下，找到新工作变得很难。

有一天，山姆无意中翻出《积极思考的力量》这本书。看过一遍后，开始思考，他目前这种状况是否存在一些积极的因素呢？他发现了自己很多的负面情绪，这些负面因素是他一蹶不振的主要原因。他也意识到，要保持思考的积极性，自己首先必须做到一点——排除消极的情绪。

没错！这是他目前最需要改变的。于是他尽快转变心态，摒除消极的情绪，代之以积极的思想，使自己心灵复苏。一旦他开始相信所发生的一切事情都确有其因之后，他对老板不再怀有仇恨。他认为，如果自己身为老板，也会这样做。他这样想了以后，思维方式就转变了，他很快又找到了自己的工作。

人之可贵，贵在有思想。所以，当遭受意外时，要保持好上进的心态，积极地面对，积极地行动起来。

在困难面前，逃避不是办法，只有鼓起勇气，积极地调整心态，克服困难才是最重要的。在这种情况下，往往能发挥出意想不到的智慧和内在潜力，因此效果也会比较好。

以下是积极心态者的特征：

(1)保持乐观态度。

(2)即使是在最艰难的时刻都能鼓励自己。

(3)尽量使自己时刻高兴。

(4)从不自我设限，因而能达到无限的成就。

(5)整天都生活在正面情绪当中，让人生充满笑声与乐观。

(6)总是积极地寻求解决问题的方法，因此他会一直充满希望。

积极心态对事物永远都能找到积极的解释，也会积极地去找到解决的途径和方法，最终得到积极的结果。

第三章　年轻人要有反哺之心

报得三春晖

孝顺父母是中华民族的传统美德，是每个人心中的良知，多少人为自己没有机会侍奉父母而抱憾终身。

老舍先生在《我的母亲》一文中写道:“生命是母亲给的,我之能长大成人,是母亲血汗灌养的。我之能成为一个不十分坏的人,是母亲感化的。我的性格、习惯,是母亲传给我的。她一世未曾享过一天福,临终前吃的还是粗粮。唉,还说什么呢?心痛!心痛!”

季羡林先生在《我的母亲》一文中写道:“我永久的悔就是:不该离开故乡,离开母亲。”季先生的家在“鲁西北一个极端贫困的村庄”。他家里一贫如洗,离开家几年后的一天,已成为清华学子的他,突然接到母亲去世的噩耗,匆忙赶回家,但见到的只有母亲的棺材。他伏在土炕上哭了整整一夜,直到天明。季羡林先生在文章中写道:“我后悔,我真后悔,我千不该、万不该离开了母亲。”

前几年去世的萧乾先生在回忆母亲时说:“就在我领到第一个月工资的那一天,妈妈含着我用自己劳动挣来的钱买的一点儿果汁,就与世长辞了。我哭天喊地,她想睁开眼皮再看我一眼,但她连那点儿力气也没有了。”

世上有些东西可以弥补,但更多的只能留下遗憾。老舍、季羡林、萧乾三位先生在事业上可以说几乎都达到了其所涉足领域的顶点,可是他们在回忆父母的时候都伤痛于“子欲养而亲不待”,内心里深藏下了永久的遗憾。

有一名演员在电视台做访谈节目时说,年幼时,邀宠恃爱顶撞父母;成年后,为事业拼搏,疏忽了父母;年富时,事业有成,可他们却都已离世。说着,他在亿万电视观众面前,泣不成声,泪如雨下。

我们每个人都可能心有遗憾,当我们有一天站在父母的墓前,咀嚼着“子欲养而亲不待”的悲哀时,是如此凄凉,如此无奈。

我们总以为自己还年轻,总相信来日方长,认为“船”到桥头自然直,相信机会多多。可是我们忘了,忘了时间的残酷,忘了人生的短暂,忘了生命的脆弱,忘了人世间充满着偶然和不测。它们都是无法挽回和弥补的!它们都将永远触痛你的心灵伤口,然而,一切为时已晚!

孝敬父母,我们不要等,父母的要求并不高,我们能常回家看看,常问候他们,陪陪他们,他们就会很高兴了。

随着历史的发展,虽然孝行的伦理原则重新被人们重视,但以自由和平等为基础的孝行更为时代所需要和提倡。为人处世中凡嫌弃父母的逆子,必将受到人们的谴责;凡是孝敬父母的孝子,必将受到人们的赞扬。

孝顺父母是中华民族的传统美德。

孝顺永远是第一位的

生活中我们最感激的应该是父母,父母是一本大书,并不是所有人都读得懂的,我们要用心去爱他们。

作为子女,孝顺永远是第一位的。父母抚养子女不求回报,为此可能占用了自己一生中最美好的时光。这样对你无私的人,试问这个世界上还有谁能够做到?虽然父母不求回报,但是为人子女必须报答。这不仅是出于自己的孝心,也是为下一代做好榜样。

古时候有一对夫妇,上有老母,下有幼子。夫妇二人嫌弃老母亲,于是找了一个箩筐,将他们的老母亲弃之荒郊野外。然而往回走时,儿子拉着父亲的手说他要拿回箩筐。父亲问为什么,儿子回答说:“等你们老了,我再用它把你们抬过来。”父亲不禁心生懊悔,赶紧把自己的老母亲接了回去。

孝顺并不等于愚孝,要合乎人情事理。

曾子是个很孝顺的人，有一次他的父亲不知道因为什么缘故拿起大棒打他，曾子始终默默忍受不动。父亲当时处在盛怒之中，一顿狂打，把曾子打昏了过去。没有想到曾子醒来的第一句话是：“父亲大人，您没有受伤吧？”父亲很是感动。曾子因此以孝顺闻于乡里。后来他跑去见他的老师孔子，但孔子吩咐人拦住他，不让他相见。曾子觉得很奇怪，后来见到孔子，就请教老师不见自己的缘故。孔子骂曾子太愚蠢了，曾子大为不解。孔子说：“以前舜跟父亲住一起的时候，他的父亲很不喜欢他，又受到舜的继母调唆，经常打舜。如果父亲用小棒打舜，舜还能承受。如果父亲用大棒子打舜，舜就立即跑开了，等到父亲的怒气消了以后才回来。真正的孝道应该是这样的。你的父亲当时正在盛怒之下，用那么大的棒子打你，你居然还愚蠢地站在那里一动不动。如果你被你的父亲打死了，就尽到了孝道吗？错，其实你使你父亲沦为了杀人凶手。”

在家庭中，要多与父母沟通，多向父母请教。或许我们自以为见解透彻，见过的世面比父母要广得多，因此很少向父母请教。其实，父母对待孩子就像种树一样，在小的时候，一定通过各种规矩来保证小树能茁壮成长，等到长大了以后，父母就开始放松要求，最终任其独立成长。这种境地的变化会让很多父母心中形成落差。在这个时候，我们经常向父母讨教一些为人处世的道理，让父母觉得我们很需要他们，他们心中会很宽慰的。聪明的人都不会在父母面前显示自己的聪明，而是谦恭地相处。没有什么比告诉父母“自己还很需要他们”更让他们欣慰。

父母年纪大了，往往喜欢唠唠叨叨，许多人都很厌烦。其实我们设身处地想一想，父母之所以如此，是因为他们牵挂已经独立的子女，担心子女过得不好，出于一片爱心才会说许多。作为子女应该多多理解和体谅父母，即使他们说得不对，自己不爱听，也不要表现出来，而应该考虑到父母的本心，对父母表达感激。

作为子女，我们要明白父母的辛苦，要学会感恩。

养老未必孝

也许在竞争激烈的现代社会，你不得不离开父母，外出创业；不得不奔波忙碌，很少回家。但是，对于在家乡的父母，千万不要认为借邮局之手汇上一笔人民币就算是尽了孝心了。孝不仅仅是养活父母，更是一种发自内心的真挚情感。

有一个70多岁的老者，背驼得厉害，但他风雨无阻，每天都到图书馆的报刊阅览室里坐着。不仅如此，在一天天的日子里，他总是第一个进去，最后一个走。

有时读者都走完了，他也不走，阅览室管理员对这个读者烦恼不已。

那个老读者每次来到阅览室，东翻翻，西看看，看上去毫无目的，纯粹是来消磨时光的，管理员们都对他没有好感。但有一天一个偶然的事件，让一位管理员从此改变了对老头的看法。

一天下班后回家的路上，管理员的同事突然问她：“你母亲是不是被聘为我老婆那个商场的监督员了？”

管理员愕然：“没听母亲说过呀。”

同事说：“我的老婆在某商场当营业员，每天迎来的第一个顾客常常是你母亲。老人什么也不买，却挨个看柜台，还要问这问那。时间一长，大家都以为她是商场领导雇的监督员，是来监督他们工作的。营业员们就对老人很戒备，心里也很反感。”

听同事说完，这位管理员直接去了母亲那里。管理员把同事所说的事情一说，问母亲是否真的做了商场的监督员，母亲矢口否认：“没有这回事呀！一定是人家认错了，我就是闲逛而已。”

于是，管理员开始数落母亲。

管理员的母亲长叹了一声，伤感地说："我们这些老人成天到晚只是一个人，寂寞了，逛逛商店，消磨一下时间，慢慢地就成了习惯，一天不去就觉得不得劲儿。要不，你要我干什么呢……"母亲说到这里，垂下花白的头，眼角淌下两行泪水。

就在这一刹那，管理员突然感到心里酸酸的。母亲有一儿两女，因为诸多原因，他们很少来看她，逢年过节的不是寄点东西，就是寄钱。如今她真正懂得了，母亲最需要的是排解寂寞和孤独呀！那天管理员没有回家住，而是陪母亲好好地聊了聊天。

第二天早上，管理员上班很早，驼背老人仍然在阅览室的门前等候。此时，她心中突然涌起一股柔情，她再也没有用从前的那种眼光来看这个老人。

管理员面带微笑，对老人说："早啊大爷，这么早就过来啦，快请进吧。"

父母希望的是儿女能常回家看看，陪他们说说聊聊，让他们看得见、摸得着。

孝，绝不仅仅是在经济上满足父母的需要。

微笑面对父母的错

国学大师钱穆先生说，家人相处时，应当兼顾情义，尤其是做子女的，要以不冒犯父母为前提。如果对父母无情，则必陷于大不义的境地。懂得了这些，即使父母犯了过错，也就没有什么怨言了。

晚饭过后，母亲忙着繁杂的家务活。刚上五年级的女儿大声嚷嚷道："妈妈，问您一个问题，您的心愿是什么？"

母亲先是一愣，而后笑笑答道："心愿很多，跟你说没用。"

女儿执拗地要求："你就说说吧，我有用的。"

母亲看女儿似乎很认真，就回答说："好吧，就说给你听听。第一，希望你努力学习，保持好成绩；第二，希望你听话，不让大人操心；第三，希望你高考时考上名校；第四……"

女儿打断母亲的话："哎，妈妈，您不要总是说对我的期望，还是讲你自己的心愿吧！"

母亲很享受地一一列数，沉浸在对美好未来的种种设想之中："我嘛——一是希望身体健康，青春长驻；二是希望工作顺利，每天开心；三是希望家庭和睦，美满幸福；四是……"

女儿再次打断母亲的话："妈妈，您说的这些又大又空，说点实际的吧，比如您想要……"

母亲好像猛然发现了什么似的，又气又笑地说："我就知道你跟我玩心眼儿，一定是老师留了关于心愿的作文题目，你没有思路就来我这里挖材料对不对？实话告诉你吧，我的心愿多着呢！我想要别墅，我想要小桥车，我想要高档时装。看，我的手袋坏了，还想要一只真皮手袋，这些够不够实际？这些你都能满足我吗？跟你说顶什么用？好了，心愿说完了，你去写作业吧。"

女儿快快地回房了。母亲觉得还意犹未尽，又推开女儿的房门，却看见女儿正在写作业，串串泪珠滚落，不停地用手背擦着。母亲的无名火又上来了，提大嗓门，吼道："你还觉得挺委屈是不是？你故意气我是不是？"

女儿解释："妈妈，我不是……"

"还敢顶嘴！告诉你，9点钟之前必须写完这篇作文，否则罚你！"母亲很威严地命令着，一扭身"嘭"地把门关上。

第二天吃过晚饭后，女儿照例进屋写作业，母亲照例重复着每日必做的家务。

蓦然间，她发现茶几上多了一束鲜花，鲜花旁放了一个包装袋，上面留着一片小纸条，纸条上面写着：妈妈，今天是您的生日，我用节省下来的零花钱和压岁钱给您买了一只真皮手袋。

您高兴,就是我最大的心愿。想给您一份惊喜却不小心惹您生气的孩子。

母亲的手颤抖了,坐在沙发上愣住了,说不出一句话。

人们常常会说:天下无不是之父母。这句话太过武断了,圣贤都会犯错,何况身为普通人的父母呢?

孔子曾经讲过,为人子女者对待父母的缺点,最初是需要委婉地提出,发现父母的缺点不劝说是不对的,但应注意劝说的态度要温和。如果明知道父母的缺点和过错却不进行规劝,则不能称为孝子。

但是,子女规劝父母,但父母没有接受又怎么办呢?孔子接下来说,在这种情况下,仍要对父母表示恭顺,虽然为父母不能改正错误和缺点而内心担忧,然而内心却不能怀怨。

我们的父母,有时候并不是都很崇高,但如何能够让他们远离小人的习气而靠近君子的行为呢?这就要劝谏他们放弃不好的行为习惯,即使是说服不了,那么照样要对他们恭敬行孝,任劳任怨。因为他们毕竟是父母,绝不能因为他们不明白道义而有过失就不行孝道;否则,自己连孝都做不到,又怎么去规劝父母注重行为道义呢?也许在自己的孝心感召和耐心劝说下,父母会真正认识到错误而加以改进。

我们的父母,有时候并不是都很完美。

第四章 年轻人要学会经营自己的情感

学会以退为进

有一次,诗人吉罗姆爵士遇见了美丽的吉耶玛夫人,立刻就喜欢上她并坠入情网。和他同行的朋友皮埃爵士,也爱上另外一位贵妇维妮塔。相处一段时间后,爱人之间发生了一些矛盾。有一天,皮埃与维妮塔为了一件小事而争吵起来,且争吵得很厉害。维妮塔一怒之下,离开了皮埃。于是,他向吉罗姆求援,希望能帮助他们和好如初。当时,吉罗姆已离开城堡,等他回来的时候,皮埃和维妮塔已经和解了,而且爱更强烈了。

吉罗姆对此很是迷惑。皮埃告诉他:"爱情是一种奇怪的东西,争执越激烈,就会持续得越长久,和解后的爱情更强烈。"

吉罗姆也想体会一下此种感觉。于是,他假装对吉耶玛夫人大发脾气,也不再写动人的情诗给她,并且未说一声就到外面流荡去了。

摸不着头脑的吉耶玛派人去找吉罗姆,吉罗姆毫不客气地把使者赶走了。这样一来,吉耶玛反而更加热烈地追求他,不断地派人送上自己写的求爱信,还亲自来看望他。但是,吉罗姆都以粗暴的言辞和威胁的手段赶走了吉耶玛。最后,吉耶玛绝望了,决心与他分手,发誓再也不和他见面了。

分别之后,吉罗姆才体会到思念对方的滋味,他发疯般地写温情的诗歌乞求和好,为自己的所作所为作解释,希望吉耶玛能原谅自己。经过百般恳求之后,他终于取得了吉耶玛的宽恕。但为了惩罚他的过错和对自己造成的伤害,她命令吉罗姆送她一篇描述他悲惨状况的诗篇,不仅如此,还必须剥下右手小指的指甲送给她以示惩罚。

吉罗姆满足了吉耶玛的要求,他们俩和好如初了。吉耶玛越追求吉罗姆,他就越拒绝她,因为她太容易上手了，没有了幻想的余地，窒息了他的情感。直到她终于停止追逐他，吉罗姆才开始思念她，意识到自己离不开对方。

在恋爱中，如果懂得进退规则，就能赢得美好的爱情。不过，无论进还是退，都要把握好尺度。否则，就会事与愿违。

距离产生美感

小英与才貌双全的江涛相爱了。他们酷爱诗文，常常在狄金森、拜伦、马雅可夫斯基的诗行中一起行走，不久就进入热恋期。

一次，他们跑到武夷山，在大自然的景色中捕捉灵感。他们乘上木排，穿过九曲十八道弯，荡漾在青山绿水之间。当听完艄公叙说玉女峰和大王峰恋爱的传说后，他们紧紧地相拥。

上岸后，小英仔细回味江涛的诗，觉得字里行间缺乏开阔的意境，缺乏人情味，心中顿觉有了一道阴影。以后接触的日子里，小英越发觉得江涛"心胸狭隘、不会关心他人"，热情逐渐退去了，心冷了下来，想和他分手。江涛没有阻止她，小英随后去了西部支教。

一年后他们再次见面，都发现对方更完美、更具魅力了。他们重归于好，而且彼此爱得更炽热、更深沉。

恋爱时，应该把握好恋爱双方的空间距离，要考虑到双方彼此的关系和客观环境的因素，过近不好，过远也收不到好的效果。

婚姻本该是人间天堂

婚姻直接关系到我们后半辈子的人生如何度过。选择对了，生活会美好得如同天堂；选择错了，即使家财万贯、事业有成，生活也会充满灰色，毫无生机。

有一个40岁的男人一直独身，他曾经有过两段婚姻：前妻改嫁了，深爱着的续弦又死于车祸。但是，两任妻子都留下了一本日记，锁在衣橱抽屉里。他一直想看看两本日记中写了些什么，却始终不忍看，以免伤心。

终于，夜深人静，长夜无眠，被无边的寂寞和孤独淹没的他忐忑不安地翻出了两本日记。

他先拿出前妻的日记。翻开发黄的第一页，前妻潦草不羁的字迹便映入眼帘：我真羡慕张姐有一个精明强干能赚钱的好丈夫。可我老公却不善言辞、不懂得交际。他一下班就往家里钻，做些毫无意义的事儿，总是婆婆妈妈的。每次我吃鱼的时候，他都得说3遍以上的"别卡住"。唉，我怎么找了这么一个没有前途、平庸无才的男人！

第二页：昨天是情人节，张姐的丈夫给她买了一大束鲜花和一件昂贵的大衣。我回家和老公提起这事，他根本不知道哪天是情人节，更不用说礼物了。这么多年来，没有一次主动地给我一件礼物，我好一点的衣服和首饰，都是自己开口向他要钱买的，想想真是悲哀呀！

第三页：我和他冷战了两天，他竟然不知道原因。前天晚上，我终于不想冷战了，想和他聊聊天亲热亲热，可他非要我先睡，自己却背过脸看书去了。真是不明情趣的呆子啊！再这样下去，我就找别的男人去了！

第四页：今天我和他大吵了一架。他在我这儿总是傻傻的，对邻居的女人却是一脸媚态，竟然帮她提菜！我也不客气了，明天陈哥约我唱歌，我去定了……

男人看到这里，就再也看不下去了。以前吵架的恶俗语言又来咬噬他的心，使他仿佛又回到了那地狱般的日子。他愤然扔掉日记,"呼哧呼哧"地喘着粗气,尽量让心绪尽快平复下来。

情绪终于稳定了下来,他又拿起另一本日记翻看。淡淡的藕荷色纸面上,娟秀的字迹鲜活地跳跃在眼前:很多朋友的丈夫虽有钱有势,但一天到晚不回家,花天酒地,妻子只能无奈地独守空房。而我老公却是大智隐于无形,淡泊浮华功名,安享月白风清。他对我关怀备至,体贴入微,就连我吃鱼,也得再三叮咛"别卡住"。在我们温暖可亲的家里,荡漾着似海如渊的爱。这份深情挚爱,无法用金钱衡量。

第二页:昨天夜里,我感动得哭了。因为我发现,老公白天很累反而让我先睡,而他则背对着我看书。其实,他早已又困又累,根本没有精神看书。但是他知道,如果白天很累,自己晚上睡觉就会打呼噜。他是怕我睡不着,因此才骗我先睡的!如果我不是装着先睡了,可能永远也发现不了这个秘密。老公对我的爱,体贴而又无微不至!

第三页:今天,我又感受到了老公无处不在的爱。前几天,他冒着酷暑,给邻家妹子修车。就在丈夫出远门的这几天里,和我发生过口角的邻家妹子,竟处处关照我。幸亏她的帮忙,我犯了阑尾炎才被及时送到医院。老公的爱,提前贷给我了……

看着看着,男人的视线模糊了,不禁泪如雨下。他抱着爱妻用过的枕头,沉醉在以往的美好岁月中睡去了,仿佛自己回到了往昔的天堂。

没多久,朋友看他生活无依,就劝他说:"尊夫人已经走3年了,你也该重新组个家了。听说你前妻现在也是一个人,她有意和你复婚,你们俩不如重新开始吧!"没等说完,男人就把头摇得像拨浪鼓:"不,不,我只和理解我的女人生活,那才是天堂啊。"朋友无奈地说:"尊夫人一定是懂你的,但已经走了,哪儿还有天堂啊?"男人却说:"懂我的女人即使走了,留给我的回忆也是天堂啊!"

婚姻,并不都像我们想象中那样沉闷,缺乏激情的亮色。的确,有些人过着灰暗的婚姻生活,可那是因为没有选对人。同样的橘树,长在南方能结出汁多味甜的果实,长在北方却变得又苦又干。人也是这样,对某个人来说满是缺点的对象,对另一个人来说却可能正是最理想的,因此很难用理性来解释。

同样的橘树,长在南方能结出汁多味甜的果实,长在北方却变得又苦又干。

婚姻必须忠诚

忠诚是婚姻稳定的基础。婚姻很需要忠诚,如果不能忠诚对待就没有美好的婚姻生活,甚至会失去婚姻。如果没有忠诚,就永远也不会有真爱,永远也不会幸福。

当结婚的新鲜感过去后,夫妻间的日常生活充满单调乏味的气息,一些男人渐渐变得不安分起来,看着外边摇曳多姿的"野花"不禁心生艳羡之意。都说"家花没有野花香",但很多艳丽的"野花"都是既有"刺"又有"毒"的,一不小心就会刺伤你。

年轻企业家南永民风度潇洒,被人称为"儒商"。在外人看来,他就是一个幸运儿,拥有别人为之不停奋斗的成功事业,还有一位善于持家的妻子和活泼可爱的儿子。此时,南永民觉得自己是当之无愧的主角。当他频频在宾馆、酒店和歌厅里展示自己的魅力、表现自己时,他完全没有意识到,"克星"悄悄地接近了他。

有一年夏天,他在酒吧与以伴舞为生的洪霞邂逅。26岁的洪霞打扮得十分娇艳,她早听说过南永民的大名。如今,竟能邂逅如此名士,她心中一动:能找这样的男人托付一生,今后也能过上锦衣玉食的生活了。想到此处,洪霞不禁向他投去一个意味深长的微笑。

这一切,南永民都看在眼里,他会意地回以微笑。南永民是不会轻易放过任何一个机会的，何况这个女人在他面前主动献媚。

第二天坐在办公室，他不由自主地打电话给洪霞。

当天下午，他们一起来到本地最高档的大酒店，打保龄球、游泳，然后去吃西餐。当暮色渐渐降临的时候，他们住进一间套房。那一夜，洪霞极尽温柔，曲意逢迎着这位能够改变她命运的男人；南永民则用自己宽厚的臂膀拥抱着洪霞。与爱妻结婚八年，可这些年的欢爱，也比不上这一夜的刺激和浪漫！

从这天起，南永民就包下了这间摆设齐全的高档套房，经常来这里与洪霞幽会。南永民并没有忘记自己的结发妻子。他能走到今天这一步，妻子的功劳是必不可少的。为了弥补心中的歉疚，他大把大把地把钱给妻子和她的亲属，反正他有的是钱，用此而换来了一些“自由”，经常夜不归宿。洪霞为了讨得南永民的欢心，用尽浑身解数，显得格外可爱和善解人意。

南永民拜倒在她的石榴裙下而难以自拔，他要从洪霞的身上寻求更多情欲上的刺激。他为她花钱如流水，洪霞得到了南永民的钱并不满足，她还想从情人升为有名分的妻子。于是，她经常打扮得花枝招展地在公开场合出现，挑明自己是南永民的情人。南永民有时也会气恼，但他没有勇气推开千娇百媚的洪霞。后来，他前思后想，他和妻子之间已经没有爱情可言了，不如了结了。2002 年 5 月的一天，南永民终于结束了自己的婚姻。

洪霞是一个挥霍无度、爱慕虚荣的女人，她经常不经南永民的同意就到公司借钱，而且一借就是几万。她甚至在和南永民筹划结婚时还与他人私通，并经常当着南永民的面给她过去的相好打电话，言语肉麻，令人不忍相闻。

此时，南永民已不再喜欢洪霞，剩下的只有厌恶和愤恨。他对洪霞说：“你是个贱人，以前的事我们一笔勾销。以后，我们各走各的路。”

洪霞听完后，说：“好啊，南永民，你现在想抛弃我，没那么容易！”洪霞一边说着，一边猛地扑上去，在南永民脸上又咬又抓，南永民又气又怒，摔门而去。

南永民摸着脸上的伤痕，羞愤难当。此时他才明白，洪霞绝不是自己想要的那种女人，他开始后悔当初不该对不起妻子。

不久，南永民和洪霞两人领取了结婚证。在张罗此事时，洪霞小题大做，对南永民随意发火肆意谩骂。无名的怒火已燃于南永民的心中，但他却不动声色地按照自己事先谋划好的方案一步步实施，他要尽快解脱。

在婚礼后的第三天傍晚，他谎称有位同学要来拜访自己，让洪霞跟他一起去接机。但汽车并没有开上高速路，而是开进了一条人迹稀少的岔道里。南永民用准备好的斧头砍死了洪霞，并把她装进袋子里埋了起来。

法网恢恢，疏而不漏。两个星期后，南永民伴着人们的一片叹息和议论被带上了警车。婚外情确实能让人满足一时的快感和新鲜，但往往是愉悦伴着苦涩，满足伴着重负，甜蜜伴着厌倦。婚外情的男人常常在获得一份短暂快乐的同时，也引来无穷的后患，醒悟时已经太迟了。

其实，生活中很多男人都是“喜新不厌旧”，他们出轨并不是为了离开自己的家，只是单纯地想找“刺激”，然而最后往往都是妻离子散，名誉受损。要想经营好自己的婚姻，就要对婚姻忠诚地守护。

如果没有忠诚，就永远也不会有真爱，永远也不会幸福。

大声说爱你

中国人向来是含蓄而内敛的，对越是亲近的人，就越不会主动沟通彼此的情感，还总以为对方会知道自己的心意。结果，常常因此被心爱的人误解。其实，爱要经常说出口。

结婚两年多了，刘娜娜越来越觉得婚姻像一杯淡而无味的白开水，每天重复着毫无变化的日子。这看似完美的婚姻生活并非刘娜娜渴望得到的，她渐渐地对丰北平失望了。每当看到年轻夫妻在马路上牵着手散步，看到情侣嬉笑打闹，她的眼圈就会红起来。她也曾几次问丰北平是否还爱她，丰北平每次都是含糊其辞，问烦了就说："你烦不烦呀！婚都结了，还问这个干吗！"刘娜娜想：肯定是不再爱我了，他一定嫌弃我了！这样两个人在一起还有什么意义？不如散了吧！于是，在一天下班后，她把一份离婚协议书放在茶几上，然后就回到父母家里。丰北平惊呆了，因为他从来不觉得两人之间存在不可能解决的矛盾，为了一句"爱不爱"的话就要离婚，至于吗？

丰北平的想法代表了很多已婚男人的想法，他们觉得婚姻生活就是平平淡淡地过日子，不打不闹，婚姻就算是幸福的了。但他们并不了解妻子的感受，女人通常都是渴望浪漫的。有了爱情，她们才会觉得幸福，她们是宁愿坐在自行车后座上笑，也不愿坐在奔驰座上哭的。不理解女人的他们不知道，让妻子感到幸福的方法很简单：每天对她轻轻地说一遍"我爱你"！

爱情是传说，又是生活，需要两个人用心去体验、去感觉，才能酿造出美丽的幸福。

大余和小童原本感情很好，但小童生完孩子之后，他们便开始分床睡的日子。白天工作已经很辛苦了，晚上还要应付小孩子，渐渐地，两个人的沟通也变少了。"我有个郑重的要求。"小童首先意识到了他们的关系已经危机四伏，一天，她突然对大余说。"你有什么要求？看你一本正经的样子。"大余漫不经心地问。"每天抱我一分钟，好吗？"大余看了小童一眼，笑着说："都老夫老妻的了，有这个必要吗？""我提出了这个要求，说明我认为十分重要。你发出了这样的疑问，就证明更有必要。"小童坚持着说。

"情在心里，何必表达。"大余回答道。"你不表达爱我，我们就不可能结婚。"小童有点不满地说道。"当初是当初，我们的爱已经很深了。"大余解释说。"不表达未必就是深沉，表达了未必就是矫饰。"小童仍然坚持。两个人因此而吵了起来，最后，为了能早点平息这场战争，上床安息，大余妥协了。

他走到床边，抱了妻子一分钟，笑道："你这个家伙真虚荣！""每个女人都会对爱情虚荣。"她说。此后每一天，他都会找时间拥抱她，有时是一分钟，有时是10分钟，有时甚至是一个或几个小时。渐渐地，两人的关系充满了一种新的和谐。每当拥抱在一起时，虽然两人常常什么话也不说，但是，这种沉默与以前未拥抱时的沉默是两种完全不同的感觉。终于有一天，小童要去上海出差。临上火车前，她对大余说："你现在可以暂时自由了。""我会想抱你的。"大余笑道。果然，她到上海的第二天就听到大余在电话里异常温柔地说："我想念那一分钟的拥抱了。"顿时，她的眼睛里闪出幸福的泪花。

的确，两个相亲相爱的情侣，在激情飞越的碰撞之后，婚姻就会质朴得如同一块石头。人们常常以"平平淡淡才是真"为借口，逃避对长久以来所爱的人的麻木和粗糙，却不明白如果我们用心去经营、去表达，那曾让我们激情四射的爱情怎么会变得越来越冷呢？

其实，很多时候爱情一直在围绕着我们，只是生活的平淡让我们渐渐遗忘了它的存在。爱得久了、倦怠了，以为生活中只有单调和乏味，但其实只要大声喊出你心中的爱，你的生活就会重新恢复生机。

婚姻是一首乐曲，有的人把它演奏得激情盎然，心潮澎湃，但也有人把它演奏得枯燥无味，刺耳难听；婚姻是一幅画，有的人把它描绘得五颜六色，丰富多彩，但也有人把它画得毫无生机，死气沉沉。其实，婚姻的质量完全取决于你，关键在于你怎么去理解它、把握它。

其实，爱要常常说出口，不论是老婆还是老公，他们很想听到，不过是羞于表达罢了。相信他们每次听到或想起时，心口总会感到暖暖的。

爱情是传说，又是生活，需要两个人用心去体验、去感觉，才能酿造出美丽的幸福。

平淡的婚姻也精彩

世界上并不缺少美，而是缺少发现美的眼睛。如果你用挑剔、不知足的态度来看待平淡婚姻，你的婚姻真的会变得乏味；如果你善于发现平淡中所蕴含的幸福和乐趣，你的婚姻会多彩得恰似魔术师手中的万花筒。

有一对夫妻曾经是发小，时间久了，婚姻便有了一种沉闷与压抑。妻子知道丈夫体贴，明白他有一颗善良的心，可还是感到不满。后来，女人实在无法忍受这样平淡的婚姻了，就想离开他。她说，我讨厌生活像死水一样平静。男人没有答话，只是说："那就让老天来决定吧。如果今晚下雨，就是上天安排我们在一起。"女人答应了。

到了晚上，她刚睡下，就听到雨水打到窗外的声音。女人吃了一惊，真的下雨了？她起身走到窗前，玻璃上正淌着水，夜空却晴朗地闪着星光！她爬上楼顶，天啊！他正在楼上一勺一勺地往下浇水。女人心里一动，从后面把男人紧紧地抱住。

这对夫妻很幸运，尽管他们在平淡的婚姻中产生了危机，却在最后关头发现了平淡之中的亮色，打开了一扇心窗。

但是，这样的例子终究极少。在"闪离"现象引起社会关注的今天，一对夫妻的离婚理由显得那么"典型"而又"不可思议"。他们谈恋爱的时间不短，婚前也相互了解且恩爱。可一旦进入婚姻，生活中的小矛盾不断发生，令他们伤透脑筋。

最为典型的，就是在家务问题上。比如做饭吧，她连家常菜也做不好；洗衣服吧，她总是洗不干净丈夫的衬衣领；收拾房间呢，她不能打扫整洁。而到了丈夫的眼里，这些缺点又被无限地放大，慢慢地失去了耐心。在妻子看来，这些事并不是女人的本分，丈夫也应该动手帮忙，他不但不做，还对自己指指点点，太过分了。

终于有一天，丈夫因妻子烧糊了菜而怒道："你连个圆白菜都炒不好，我怎么娶了你这么蠢的女人！"妻子很生气，摔掉锅与家什，掉头就回了娘家。没多久，两人就协议离婚了。

如果说爱情是燃烧的激情之火，婚姻就是平淡的细水长流。深陷于爱情旋涡的人，连吵架都可能是情趣；而处在婚姻状态之下，平淡的锅碗瓢盆都有可能带来严重伤害。为什么？因为平淡能扼杀最初的激情。它不能支持火焰的燃烧，但是它可以滴水穿石，静悄悄地、无声无息地将幸福注入生活的每一个角落。

而生活本身，就是由细水长流的日子串成的。即使爱情烟花缩放得再绚烂，也不可能在天空中永恒地燃烧，我们必然会由爱情走向婚姻，在平淡中寻找一生一世的幸福。这几年，"经营婚姻"的说法非常流行，也从一个平实的视角看清了婚姻的本真。"执子之手，与子偕老"，需要的是在平淡生活中发现乐趣。只要善于发现、善于领悟，生活就将变成截然不同的模样。

小张和小赵是经别人介绍而走到一起的，顺其自然地走进了婚姻。婚后第三天，丈夫小张就跑到单位加班。他很敬业，甚至可以夜以继日地拼命工作，连续几天几夜不回家。而妻子小赵呢，是个老师，带毕业班，事情繁多而又琐碎，也经常晚归。两虽然生活在一个家里，却为了各自的事业而少有交流，就像两个陀螺一样，在不同的圈子里高速旋转着。

终于，妻子送走了一届毕业班，有了空闲的日子。有了空的她重新审视自己的生活，审视自己的婚姻，她开始迷茫，不知道在他心中自己的分量，她似乎不记得他说过爱她。这个问号在心里越来越大，终于对她的丈夫问道："你爱不爱我？"

丈夫说当然爱，不然怎么会结婚。妻子不满意这个答案，追问他为什么不说出口。丈夫说，他不知道怎么说。于是，妻子拿出写好的离婚协议。丈夫愣了。丈夫顿了顿说："那我们去旅游吧，我们都没有度蜜月，我亏欠你太多。"

他们去了黄山，阴雨的天气好似他们阴郁的心情一样。走在盘旋的山道上，她发现他总是走在外侧，就问他为什么。丈夫说路太滑，担心山边的栏杆不结实，怕妻子不小心跌下去。

她的心终于感受到了那份温暖，回家就把那份离婚协议撕掉了。

其实，想要经营自己的婚姻，就不能只在这种关键的时刻才用心去感受，而要将这种发现幸福的本事贯穿到生活的每一天。平淡的生活真的乏味么？在懂得幸福真谛的人眼里，平淡的日子才是最大的幸福源泉。

比起爱情，婚姻没有太多的轰轰烈烈惊天动地，有的是像流水一样清澈甘甜叮咚作响；没有太多的海誓山盟花前月下，有的是双目相对而心中自明的默契……在陌生的人群中，在迷失和彷徨之间，相爱的人却始终安详而从容，因为彼此都知道冥冥中自有那双手，可以紧紧地握住自己，陪自己走过所有的阴天和艳阳天，走到天荒地老。

执子之手，与子偕老。这是一种并坐川上、四目注视岁月流逝的感觉，也是一种见证岁月、见证感情的感觉。伤心难过时，有人倾听你的诉苦，不会对你的闲言感到不耐烦；生病时，有人端茶递水地细心照顾，不会嫌弃你麻烦；渐渐老去时，那个人依旧在你左右，不会厌恶你的老弱蹒跚。这就是平淡的幸福，就是婚姻的真谛。

"执子之手，与子偕老"，需要的是在平淡生活中发现乐趣。

信任是爱情的基石

爱情的基础是信任，如果你不信任你的另一半，你就永远也不可能真正地得到它。

人们对爱情常常怀有恐惧，总担心对方不是真的爱自己，于是想尽办法考验对方，希望证明自己是对方的最爱。这是很无聊且危险的行为，有时候它甚至会断送一生的幸福。

白伟常对洪艳说："我会永远爱你！"洪艳拥抱着白伟，觉得自己是世界上最幸福的女人。但在内心里，洪艳对白伟很不放心。白伟高大帅气，因为工作关系常会接触到一些年轻女孩，洪艳非常担忧白伟会抛弃自己。有一天，洪艳的远房表妹来找她，说自己分到了未来姐夫的厂里。洪艳觉得，这是一个考验白伟对自己是否真爱的时机。于是，她就请求表妹装作不认识她，然后主动追求白伟，看他是否动心，表妹决定帮她这个忙。一段时间后，表妹跑来找洪艳，告诉她白伟真的很可靠，自己百般追求，他都严肃地拒绝了，洪艳终于松了口气。正当二人说笑时，门突然被推开了，白伟站在门外，怒气冲冲。白伟宣布和洪艳分手，洪艳哭得死去活来，她知道自己有点过分，可这都是因为爱他啊！白伟恨恨地同朋友谈道："洪艳根本没有资格这么做，她的做法简直就是污辱我，我永远也不可能再原谅她！"

一对爱侣竟然因为无谓又无聊的试验游戏而分手，我们能说白伟太过于小肚鸡肠吗？不！无论是谁遇到这种情况，内心都会难过。洪艳的做法可以理解，却无法让人原谅，她不信任爱人，也轻视了爱情。要记住，爱情是不能够试验的，只能真诚地守护它，不相信爱情的人，注定会伤害到自己。

女人都希望自己在爱人心目中的地位是独一无二的，因此常来折腾一番。许多女人肯定问过："如果我和你母亲一同落水，你先救谁？"

杨雅也问过丈夫这个问题："哄一哄我也好嘛！"她满脸哀求，一心渴望。

婚后第一个春节，她去婆婆家过年。客车突然失控，冲进了大河。刺骨的河水顺着车厢缝隙挤压进来。她吓呆了。

他是冷静的，迅速砸破车窗，顶着寒冷而湍急的水流蹿向水面……

他竟然自顾逃命！

杨雅不会水。车内的水位不断上升，她只是坐在那里流泪，觉得心好痛。

等她醒来时发现躺在他的怀里。他满含歉意:"吓着你了吧。我必须先弄明白沉车位置和水深。上来的时候,你挣扎得好凶。"

"我一直想着你问过我的一个问题,现在回答你:如果你落水了,我会来救你,说不出先救谁,但你一定会先我而上岸,除非……"

不要总试图拿自己与他的母亲比较,不要总怀疑他的真心,不要以世人皆难的问题来考验疼爱你的人,因为它会深深地刺痛爱人的心。试想一下,如果不是那一场惊险的车祸,杨雅是不是就要因为爱人没有通过考验而遗憾、猜疑一辈子呢!每一个男人在生活中不一定都有机会证明自己的真心,如果为了一个荒谬的考验,就对爱人心生芥蒂,那么这实在是一件令人遗憾的事。

爱情的基础就是信任,不要用所谓的游戏去考验你的爱情,爱情是要用爱心感应的。

婚姻贵在责任

你在选择婚姻的同时,也就选择了责任,必须为婚姻负责。在婚姻中,双方都必然要有牺牲,每个人都要为家庭尽自己的责任。如果夫妻双方或一方只想得到,而不愿付出,不肯承担责任,那么他们的婚姻一定不会长久和幸福。

其实,当初是妻子主动追求杨大明的。杨大明大学毕业后,分配到一个工厂当技术员,而妻子是一家医院的护士。

婚后的一段时光,是杨大明最怀念的幸福和睦生活。现在,7 年过去了,杨大明渐渐地对婚姻产生了厌倦。

刚有了儿子的时候,生活缺少了最初的浪漫。妻子身上的女性的柔情就开始减退,她厌烦所有的家务事,而且不再做了,杨大明只好独自承担家里的一切。一次,杨大明发烧躺在床上。妻子下班回来后,杨大明想要她去接幼儿园的儿子。她却说:"你以为你病了就了不起了,我才下班,累得筋疲力尽了,还是你去吧。"杨大明说她太不体恤自己。妻子便闹起来,用杨大明婚前的誓言质问他:"你不是说心甘情愿给我当牛做马吗?是不是把我骗到手后就反悔了?"杨大明怕邻居们听到,只好一声不吭。见杨大明沉默,妻子以为他觉得自己有道理,闹得更起劲了。

渐渐地,妻子总是看杨大明满身的缺点,说她这位同学的老公如何会赚钱,说她那位同事的丈夫怎样有能耐,就杨大明像一根木头似的,没个活心眼。杨大明见妻子贬低自己时不避讳,背地里对她说:"你对我有意见就直接跟我说,不要当着儿子面讲,免得对儿子有影响。"她竟话里带刺说:"你还挺有自尊的嘛,要让儿子敬佩你,你就拿出实际行动来不就得了,言教不如身教嘛。"

因为买房子,他们欠了债,杨大明无奈投资了一位朋友办的电脑公司。教学、科研、兼职,还有一摊子家务事,觉得身心俱疲。

而妻子觉得杨大明是缺乏责任感的男人,对家庭漠不关心。他似乎认为女人做家务是天经地义的事,从不分担。孩子没出生前,自己还能应付得过来。可现在得照顾孩子,医院的事儿还有一大堆等她处理。她是个女人不是超人,杨大明凭什么不帮她分担?另外,杨大明眼光不长远,儿子一天天长大了,花钱的地方也越来越多了。房子还要还贷款,杨大明却还守着自己的"死工资",不想办法多挣点钱。她觉得,嫁给杨大明太不明智了。

"公说公有理,婆说婆有理",经营这个家庭时,其实他们都犯了一个错误:婚姻应该由两个人共同经营,而他们却只要求对方承担维护家庭幸福的责任。一对男女结为合法夫妻后,就要懂得婚姻中存在着第三方而绝非只有两方。第一方是男方,第二方是女方,第三方是婚姻,即"我们"。不少问题都要从"我们"的角度去考虑,这样才能幸福长久。

有一对夫妻,丈夫是公务员,妻子是银行职员。妻子很想在职场上更进一步,于是决定辞职继续考研。丈夫非常支持妻子的决定,主动提出晚两年再要孩子,并承担了所有的家务活,无微不至地照顾妻子。看到他一下班就满头大汗地去买菜,邻居忍不住问他是否觉得自己太吃亏了？他愣了一下,想了一会便认真地说:“没什么吃亏的呀！我们是夫妻,互相付出是应该的。如果整天计较谁付出得多,那还叫过日子吗？再说我刚上班那会儿,整天为学校的事情奔波,家里的大事小事都是她操心,她也从来没有抱怨过一声啊！”

一个家庭如果想美满幸福,夫妻双方应共同努力,不要总跟对方比谁牺牲得多,不要推诿也不要塞责。对于家务活一类的琐事,如果你有空了就多承担一些,爱人会把你所做的看在眼里。

现在,不少年轻的夫妻对家庭缺乏责任感:你不爱做家务我也不做;丈夫半夜回家,妻子一斗气就彻夜不归;你跟我动嘴,我就跟你动手……闹到最后,女的哭泣,男的叹气,然后再一起哀叹“婚姻是爱情的坟墓”！其实,如果两个人都能积极承担对家庭的责任,又怎么会走到这步田地。

爱情是一件浪漫的事,婚姻是一件实在的事。一对相信天荒地老的男女,应该用爱组成一个家庭,共同经历生活中的风雨坎坷,因为婚姻就是琐碎中的幸福。

为婚姻增添情趣

婚姻生活过太久,也会变质的。所以,我们必须时常给婚姻保鲜。为了使婚姻增添情趣,就要在共同的生活中去做一个有心人,要在平淡的日子里,善于发现对方的心理需求,在对方需要的时候制造出一种气氛,一份惊喜,一些安慰。

一对男女向上帝哭诉自己的婚姻太枯燥:“上帝,您允诺给我们的甜蜜、幸福在哪里啊？我们的生活除了柴米油盐,就是洗洗涮涮,日复一日平淡得没有味道。如果爱一个人就是这样的,那我们情愿不爱！”“无知的人类啊！”上帝叹息了,“婚姻是要靠自己经营的,爱一个人时,你应想方设法让对方更快乐、幸福。这一点只有你们自己能做到！”

是的,想要远离枯燥、得到浪漫的婚姻不是件难事,只需要你以这样的态度来定位它。

人们常会发现恋爱中培养出的感情,很快就会被平淡的生活消磨得面目全非,这是因为恋爱与现实生活的具体、琐碎是不相关的。婚姻很少和浪漫相随,倒是和穿衣、吃饭、睡觉、数钱等如影随形。如果我们不学会为生活增添情趣,那爱情就真的很难天长地久。

婚后,早晨起来得准备两个人的早餐。如果有了孩子,你还得为孩子准备吃穿。然后,送孩子上幼儿园,还要计划晚餐吃什么。家里时常会缺这缺那,得去张罗。有用钱的地方,碰到手头拮据,得四方筹措。居家过日子,油盐酱醋,吃穿住行,缺一样都不行。有时候,琐事令你厌倦,甚至使你心灰意冷,无精打采。此时,你恐怕没有谈论感情的兴趣了！

现在有的人在刚结婚时,对婚姻生活感觉新鲜,对家庭生活很有热情,俗语说就是很有“心气儿”。但日子久了,这种“心气儿”就没了,总觉得今天像是昨天的翻版,明日仍是今日的写照。人一旦失去了对生活的新鲜感,就会变得机械,甚至麻木。报纸杂志家庭生活专栏,经常有这样的题目:《生活的激情哪里去了》、《机械、公式似的日子使人麻木》等。在这种心态下,本来平淡的日子就会变得枯燥,过得提不起精神来。实际上,生活虽然平淡,但仍然能够在平淡中过出情趣,这取决于我们对生活的态度。

热恋了3年才迈入婚姻殿堂的小李和小王,婚后生活日渐平淡,有时两人一天也说不上几句话。有一天,同事向小李推荐一本关于婚姻生活的书,他这才知道婚姻是需要保鲜的。回到家时,妻子正在厨房炒菜。望着妻子的背影,小李走上前去从背后抱住了她。妻子僵了一下,轻轻挣开他。晚饭时,妻子的眼神充满好奇。有一天,小李加班很晚才到家。妻子正在气头上，坐在沙发上等他。看到妻子要发火，小李居然脱口就说了一句“我爱你”！妻子愣了半天，突然哭了，然后感叹地说：“好久都没有听到这句话了！”从那以后，两人的关系有了很大的改善，家里又充满欢声笑语。

小李很高兴，他决定再接再厉，重拾昔日的幸福。情人节那一天，小李故意早早出门，装出一副什么都不记得的样子。中午，他让花店送去了一大束红玫瑰，并附上了“爱你到永远”的字条，自己在妻子公司门口等待。没一会儿，手机就响了：“花是你送的吧！同事们都很羡慕！不过你坏死了，早上还装成什么都不知道的样子！”“呵呵，这才叫惊喜呢！嗯，就让你同事更羡慕你一下吧，马上跟你们领导请假，咱们一起去吃大餐，我在你们公司门口呢！”妻子一听，高兴地对着电话大叫了一声“我爱你”，便挂断电话！

我们要像故事中的小李那样，为对方制造一些浪漫的惊喜，保证让婚姻鲜活起来。生活中的一些夫妻，也很懂得从平实的生活中寻找情趣。有的夫妻在周末抛开一切家务，一家人到郊外踏青，放松身心；有的夫妻在感觉需要调节情绪时，选择短时间的分居，重新感受一下一个人的生活；有的夫妻在节假日里，或将孩子给父母照顾，俩人外出旅游数日，共同享受一下闲暇和轻松。这些方式，只要对于调剂单调的生活有益处，都是可取的。

但生活中，有的人完全把自己局限于生活的琐事，有意无意地挤掉了可以生存和发展的一些情调。妻子的生日到了，丈夫兴冲冲地买了一束鲜花献上，可妻子却怪丈夫买花太贵，责怪丈夫不如花钱去买一些肉食蔬菜。一句责怪的话，就可能浇灭丈夫的热情，浇灭已经营造出的一点浪漫。此类事情虽小，可如果接二连三地出现的话，丈夫哪还有兴致再去搞这种制造情趣的“游戏”呢？

只要用心去经营婚姻就不会感到枯燥无味，以积极的姿态去面对生活，挖掘生活的乐趣，这样才能使婚姻更幸福，让日子常过常新。

过去的就过去吧

尽管都市男女的性意识已日渐开放，但这样的情景经常发生：不少女孩子婚前十分真诚地向男友表白：“我们已经快结婚了，如果说过去没怎样是骗人的，但是……”“没关系，我爱的是现在的你，对你的过去并不在乎。”听了这些话，女孩子完全放心了，便全盘托出了。此时，他们离分手往往也不远了。

当然，我们会看到很多女孩子对男朋友的过去不愿追究，认为只要关系断了就无伤大雅，同时也认为男友对自己的性经历也不会在意。这其实是大错特错，男人对这事特别关心。自己的女人，她的过去，特别是她过去的性经历，是内心最脆弱的地方，轻易碰不得的。

慧和成原定于9月份举行婚礼，没想到，一个突发事件就乱了他们的计划。

6月8日，是他们相识的纪念日。成在某情侣餐厅订了浪漫的烛光晚餐，希望给心爱的女友一份意外的惊喜。鲜花、烛光、大餐、浪漫的灯光，小提琴演奏，一切完美极了。慧感动地紧紧抱着成，她为男友的精心安排而感动不已。正当他们准备享受这一切时，意外发生了。一对衣着贵气的情侣，挽着手从他们身边经过，那位男士突然停了下来，怔怔地看向慧，慧大惊失色，呆坐在椅子上，终于，那位男士向慧伸出了手：“好久不见，你还好吗？”慧没有伸手，只是面无表情地点了点头。男士身边的美丽女子显然发现了两人之间的微妙关系，她冷冷地打量了慧几眼，扯着男友从餐厅离开了。成觉得自己的心像要裂开了一样，浪漫的气氛顿时全无。

一桌晚餐两人都没吃，结了账就回家了。慧呆呆地坐在沙发上，成坐在对面看着她。“他是谁？”成终于打破了沉默。慧突然用双手捂着脸哭了起来。原来那个男士叫坤，是慧的初恋男友，慧甚至曾堕过一次胎。慧爱坤至深，但对方却背叛了她。因此，大学毕业后，慧就来到这所北方城市工作，想离坤远一点，没想到两人会在这里碰面。听完慧的讲述，成抱着头一言不发,看着成的样子,慧内心充满不安。“成,请你相信我,我已经不爱他了,我爱的是你啊!我知道以前是我错了,但我一定会补偿你的!你会原谅我的,对吧!”成疲倦地从沙发上站了起来:“给我点时间吧!让我一个人静一静。”成不顾慧的阻挡,夺门而出。看着成的背影,慧绝望了,她知道两个人已经结束了。一个月后,他们解除了婚约。朋友劝成说:“你那么爱慧,这件事不要计较了。”成苦笑着说:“你让我怎么想开啊!不是你女朋友,你当然说得轻松。知道吗?在我眼里慧是一个完美的女孩,没想到……”

有许多恋人登记结婚后,不满一个月便提出离婚,构成短期婚姻。调查显示,短期婚姻的原因大多是婚后一方不能忍受对方的部分经历,便提出离婚。正如所有女人都不会永远不在乎男友的过去一样,更没有一个男人不在乎女友的过去。著名日本现代作家高见顺的小说《生命树》里有这样一段情节:某酒吧女招待交上了一个男友,此人千方百计得知到她过去曾有过一个情人,并被其割破了脸。于是,当此人夜里梦见她与旧情人同床共眠,便粗鲁地摇醒她并质问道:“你一直都在想着他,他一定有什么特别之处吸引你!”这个女招待伤心地说:“他只不过割破了我一块脸皮,但是,你比他更残忍!”

一个好女孩可以嫁给一个有过去的男人,而一个男人却不会娶一个有着不堪的过去而现在却非常好的女人。男人的思想里面包含着一个社会公认的想法:男人所娶的妻子必须在过去、现在以至将来都是纯洁的。很多人认为,这是由于男人太不成熟,心理承受能力太弱,其实不是。社会对男人的角色要求太高,人们不停地用“坚强、持久”来要求男人,无论是在事业上、感情上,还是家庭上,甚至床榻上。实际上,男人也有脆弱的一面,也需要关怀和爱护。在情感上,也有一些固有的传统观念。男人的平均寿命要比女人短,也许就是因为男人这方面的思想负担太重、压力太大的缘故。

不可否认,现在的社会风气日渐开放,人们的思想观念也改变许多。但任何一个人都不想另一半有一个不光彩的过去,即使不明说,心里也会留下阴影。所以,为了现在的幸福,就千万别让你的过去影响两人之间的感情。

每个人都有过去,也很在意他人的过去,特别是恋人、夫妻之间。如果你的过去跟现在的他(她)没有关系,那最好选择不说,否则,过去肯定会影响你的现在。

第五章 年轻人一定要懂得的生活礼仪

请柬礼仪

请柬是人们举行吉庆活动或聚会时,为表示对受邀客人的重视和尊重,专门向邀请对象发出的邀请文书。一份得体的请柬会让被邀请者对活动充满期待,也会让被邀请者更加向往。请柬中的礼仪应关注以下几个方面的事宜。

1. 书写请柬的礼仪

请柬中应必不可少以下部分:标题、称呼、正文、结尾及落款和时间。

(1)标题

在请柬的封面上写的“请柬”(请帖)二字就是标题。一份好的请柬应对标题进行一些艺术加工,可用美术体的文字,请柬表面的文字可使用烫金,可以有图案装饰等。需要说明的是,通常请柬已按照书信格式印制好,使用者从正文填起即可。封面也已直接印上了名称“请柬”或“请帖”字样。

(2)称呼

要顶格写出受邀者的姓名全称,如“某某先生”、“某某单位”等,称呼后加上冒号。如果受邀请的人地位尊贵或辈分较高,在称呼之前可以加上“尊敬的”。

(3)正文

请柬的正文要写清活动内容,如婚礼、寿诞,写明活动的时间、地点、方式。如果是请人观看表演则应该将入场券附上。若有其他要求也需注明,如“请准备发言”、“请准备致辞”等。

在正文语言上也要注意,除了要求简洁、明确外,语言应大方得体而不失热情。由于文字容量有限,还要表达邀请人的一片诚心,这就要在请柬语言上做足工夫。

第一,请柬文字尽量用口语,简明易懂,同时要尽量用新的、活的语言。雅致的文言词语有时也可以使用,不过要用得恰到好处。

第二,请柬的语言要通顺明白,不要为了表面华丽而堆砌辞藻,这样会显得俗套。

第三,请柬的语言要讲究文字优美。请柬是礼仪交往的媒介,大方、得体的请柬语言让人心情舒畅,而乏味的语言则会使受邀请人感到很不舒服。

(4)结尾

结尾处空两格写上“敬请”、“恭候”等字样,下一行写明“敬请光临”、“敬请莅临”字样,这是礼节性结束语或问候语。

(5)落款

请柬的最后应落款,内容包括:邀请者(单位或个人)的名称和发柬日期。

2. 发送请柬的礼仪

请柬的作用主要是表明邀请者对受邀者的热情态度,同时也表明邀请者对这次活动的郑重态度,所以,邀请者需要及时准确地把请柬送出。一定注意不能托人转递,转递请柬是对受邀者的不尊重。请柬如果是放入信封当面递送,要注意信封不能封口,否则会造成既邀客又拒客的误会。

请柬要在合适的场合发送。一般说来,举行重大的活动,受邀者为宾客,才发送请柬。寻常聚会,活动性质较轻松,或者频繁的例行聚会,对方也不作为客人参加时,发送请柬则是不必要的。

凡属比较隆重的喜庆活动,邀请客人均以请柬为准,口头招呼易顾此失彼,还会造成误会。

在选择请柬的款式时,要根据活动的性质,选择不同的质地及图案。请柬是邀请宾客用的,所以在款式设计上,应十分注重其艺术性,一帧精美的请柬会使人感到快乐和亲切。

请柬是人们举行吉庆活动或聚会时,为表示对受邀客人的重视和尊重,专门向邀请对象发出的邀请文书。

书信礼仪

书信是日常生活中一种人与人之间交流的工具,其特点是表情达意准确、流畅、详细;表现形式极为讲究,礼仪性很强。合乎礼仪的书信应包含以下几个方面。

1. 书信的格式要求

书信开头顶格写称呼,后加冒号,称呼应遵循长幼有序、礼貌待人的原则,选择得体的称呼。

问候语要单独成行,以示礼貌,比如“展信佳”、“见字如面”、“节日好”等。然后另起一行空两格开始正式进入正文的写作。一般情况下,内容结束后要写上一句敬语“此致”、“敬礼”,应该注意的是,敬语可以有两种不同的书写方式:一种是“此致”二字紧接内容后,“敬礼”则需另起一行,顶格写;另一种是“此致”二字另起一行空两格,“敬礼”再另起一行,顶格写。敬语之后在书信右下角写清署名和日期,署名应写在敬语后另起一行靠右位置。如果书信较正式,要署上全名以示庄重、严肃;如果写给亲朋好友,可用昵称或只写名字。

注意,写信时要使用文明性语言,态度真挚、语言诚恳。

2. 信封的礼仪要求

书写信封时，左上方 6 个小方格中书写对方的邮编，寄信人的邮编写在右下角。信封上第一条横线上，填写收信人的地址，中间一条横线写清收信人姓名，有时，姓名后要注上“启”或“亲启”。最后一条横线上写寄信人的详细地址。另外，在书写收信人及发信人地址时，要准确完整，不能使用昵称或简称，这样才能确保书信顺利送达。信封封口时一般使用胶水，不宜用胶布、订书钉或其他方式封口。邮票应牢固地贴于信封右上角。

3. 信笺的选择

当前，信笺的式样层出不穷，单就颜色来讲，无论是白色、乳色、蓝色，还是彩色镶边的都可以使用。当然这仅限于日常生活中的书信往来，商务活动中的信笺不能使用太过花哨的。

4. 信纸的折叠

信纸如何装入信封也有具体礼仪。首先要将信笺三等分，然后纵向折叠，最后再将其横折，并令其两端一高一低，以示谦恭。

折叠信笺时，把收信人的姓名露在外面，可以让收信人感受到重视。

信笺折好以后，将其装入全部写好的信封中，注意一定要将信笺推至信封的底端，距离封口大约 1 厘米即可，防止收信人撕坏信件。

5. 收信礼仪

收到他人来信，最好尽快回复，快速回信是对对方的尊重，也是做人应该具备的一种美德。注意，撕拆信件时要小心，确保信件完好，这是收信时最应该做到的礼仪。

书信的内容虽然包含不多，但其礼仪却不少，大至信的具体内容，小到信封的格式，均不能忽视。否则，会因为小小一封信而给对方留下不讲礼仪的印象。

书信是日常生活中一种人与人之间交流的工具，其特点是表情达意准确、流畅、详细；表现形式极为讲究，礼仪性很强。

婚庆礼仪

日常生活中，被邀请出席婚礼，说明受邀者和新人或新人家庭的关系不错。所以，了解一下基本的礼仪，既是对新人的尊重，也能为婚礼增添喜庆、欢快的气氛。

1. 仪表形象

参加婚礼前，男士要做好自身的清洁工作，刮净胡须、剪好鼻毛，女士则可以化个淡妆，不宜浓妆艳抹地参加婚礼。

服饰上要适合正式场合，避免鲜艳的颜色，不宜穿着过于漂亮，过于高档，以免抢了新郎或新娘的风头。休闲中带点正装的服饰是不错的选择，太正式太休闲都不宜。颜色和款式不要和新人“撞衫”。出席婚礼避免穿黑色，以免让新人感觉晦气。男士一般穿西装、长裤，穿西装必须打领带。穿深色套装时，应注意搭配深色袜子深色皮鞋。但如果自己不是婚礼上的重要角色，长裤、T 恤、皮鞋就可以了。女士以穿套装为宜，着装的艳丽程度切记不能超过新娘。忌穿着和新娘婚纱相近的礼服，颜色应以喜庆、浪漫的紫色、粉色、酒红、米色等为宜。

2. 行为举止

收到请柬后要在婚礼举办日的两三天前积极主动和新人联系，确定自己当日是否能出席，有几个人一同去，以利于主人安排席位。

婚礼进行中不要大声喧哗，座位离音响设备近的来宾应暂时关闭手机，避免因辐射对婚礼所用音响造成影响。

不要经常在婚礼现场穿梭，以免对他人造成干扰或碰掉音响等的连线，影响拍摄效果。

如果带小孩参加婚礼，则要时刻注意小孩的行为，不要让其乱跑。

使用陶瓷玻璃器具时要小心，婚礼上打碎东西是不吉利的。

应积极参与婚礼中的互动内容，在气氛热烈的时候，应该报以热烈的掌声。不管是游戏还是敬酒，一定要掌握分寸，不要勉强，不能有伤风化，也不能过分为难新郎、新娘，使其失颜面。

婚宴上注意吃有吃相、喝有喝相，保持基本的风度。喝酒也要有节制，有分寸，不能灌人酒，防止酒后失态的事发生。新人敬酒或敬烟时，一定要说祝福的话，比如，早生贵子、白头到老等。

离开的时候，尽量跟新人打个招呼，但如果新人十分忙碌则不必特意打扰。

3. 选择礼品

婚礼上的馈赠要尽可能符合新人的性格、爱好、需求等，选择合情合理的礼物，才不会失礼。

(1)贺函贺电。远方的亲友结婚，不能亲自前往祝贺，可以用这种方式表达祝贺之情，贺函可随附礼金或邮寄礼品。贺函应注意保证新人婚礼之前收到；贺电可以用喜庆电报拍发，最好是在婚礼的当天让新人收到；邮寄的礼品也应保证新人婚前收到。

(2)赠送现金。赠送现金，送礼者取送方便，受礼者得其实惠。礼金应使用红包包装完备，不要拿赤裸裸的人民币。不论多寡，习惯上用双数。8、4 是婚礼的忌讳，4 是忌讳数字，8 则是有“别”的意思。礼金多少要考虑两人关系的亲疏程度、当地的收入水平、同时参加婚礼的其他人的礼金多少以及上次对方给你赠礼的多少等因素。赠送礼金要选择时机，最好在出席前送上。但如果自己经济比较拮据，就不必为了朋友的婚礼而导致自己入不敷出。假如你打算带家眷去喝喜酒，记得多添一点礼金，以免给别人留下贪小便宜的坏印象。

(3)赠送实物。实用品比如家具、家电、装饰品等实物适合亲密友人、家人之间。在购买以前，应该先了解一下对方所需，避免无用，重复消费。其他可送的实物也很多，诸如影集、纪念册、工艺品、丝绣品等。

(4)新闻贺礼。在某种媒体上刊一段贺语，播几句贺词，表达自己对新人的深深祝福，既时尚又有新意，适合追求潮流的年轻人。诸如“今日成云雨，明日共天涯”、“珠联璧合，永结同心”、“句句祝福，声声叮咛，只愿你俩幸福到永远”等，贺语除了让新人体会到深切的祝福外，也是一种艺术的享受。

了解一下基本的礼仪，既是对新人的尊重，也能为婚礼增添喜庆、欢快的气氛。

寿宴礼仪

每个人都特别关注自己出生的日子，无论是年轻人过生日举行生日会，还是老年人举办寿宴，你都要知道一些礼仪常识，以免失礼。为老年人祝寿而办的寿宴，对礼仪的要求更高。

1. 年轻人的生日聚会礼仪

如果在家中举办生日晚会，应事先装饰房间。晚会开始前，主人应站立在门口迎接客人，并对每位客人说：“感谢光临。”应邀参加的客人应按照时间到达，给寿星赠送礼物，礼物可根据生日主人的爱好或需要进行挑选，鲜花是一个安全的选择。客人到齐后，生日晚会即可宣布开始。

生日聚会少不了生日蛋糕和生日蜡烛。蛋糕上插的生日蜡烛一定要同生日主人的年龄相对应。20 岁以下可用 1 支蜡烛代表 1 岁，比如 5 岁则插 5 支。20 岁以上者，可用 1 支大蜡烛代表 10 岁，稍小的蜡烛代表 1 岁来表示。

蜡烛要提前固定在蜡烛托上，再插在蛋糕上面，为了安全最好不要径直插在生日蛋糕上。

一般生日聚会采取以下程序：

首先，点燃生日蜡烛，来宾向生日主人致祝词，祝福主人生日快乐，并向他敬酒，生日主人应向来宾致答谢词。

其次，众人齐声唱《祝你生日快乐》歌，主人在众人歌声中把点燃的生日蜡烛全部吹灭，来宾用掌声来烘托喜庆气氛。接着，由主人掌刀切分生日蛋糕，分给在场的人。

再次，应来宾的强烈要求，生日主人第一个表演节目，然后共同表演些活泼轻快的节目或举行舞会助兴。客人无要事不要中途离去。

聚会结束后，主人应将来宾送至门外，感谢大家出席聚会。

要是寄生日贺卡的话，应在生日晚会之前寄达。

2. 老年人的寿辰礼

在社会交往过程中，中老年人最注重的就是60大寿、80大寿、90大寿，寿宴的隆重程度也依顺序相应扩大。60岁是花甲大寿，80岁的寿宴要比60岁大寿隆重得多，俗称“庆八十”；90岁大寿的场面就更大了，实际上做寿都在逢九那年举行，因为“九”听起来是“久”的谐音，寓意延年益寿。

寿宴一般是由子女或亲戚朋友出面举办。为老人做寿目的有二：其一，为表达儿女对老人的一片孝心；其二，可以促使亲朋好友和睦相处。举办前必须做好准备工作，例如：确定邀请对象，印制邀请函，采买、布置宴会物品，置办酒席等。被邀请者在参加庆寿活动前也应该有所准备，空手前往庆贺十分失礼。一般情况下，都要准备一份寿礼，如寿糕、寿桃、寿面、寿联、寿幛等。

寿宴一般在家中举办，在寿堂中用红纸或红绸剪一个“寿”字贴在寿堂正中，两旁挂上寿联。这些准备工作在寿宴的前一天就要开始准备。庆寿的头一天晚上应该由儿女媳婿设宴庆寿，这叫做“暖寿”，次日，再由到场的其他亲朋为老人祝寿。

寿宴当天，宾客应该先向“寿星”道贺，并奉上贺礼，说一些吉祥、讨福的祝贺话。行完拜礼后，大开寿宴，饮寿酒，吃寿面。

每个人都特别关注自己出生的日子，无论是年轻人过生日举行生日会，还是老年人举办寿宴，你都要知道一些礼仪常识，以免失礼。

待客礼仪

对于怎样待客，许多人早已略知一二，可怎样招待好客人，人们却未必可以做到十全十美。为了在待客中体现出自身的礼仪修养，要注意如下几个方面。

1. 做好事前准备

在客人到来之前，主人应将家里打扫得干净整洁，打扮要得体，事先准备好水果、点心、饮料、烟酒、菜肴等。盛大而郑重的宴请活动，如婚礼、寿诞等，还要以电话或邀请函的形式，邀请贵宾出席，并确定好宴会的地点、时间、座次。

2. 迎客礼仪

在客人到达前，主人应提前站在门口迎宾，最好不要坐在屋子里等待客人自己登门，这是不礼貌的。如果是夫妇俩一同在门外迎接客人，应该让女主人在前。如果有客人突然临门，要热情相待。倘若客人在预定时间前到达，恰巧室内还没有清理干净，应及时停止打扫房间，因为打扫有逐客之意。如客人带有行李、礼品，主人应快步接下礼品，并致谢。与客人见面后，应热情地打招呼。如果客人是老、幼、病、残、孕者，出于礼貌还应该上前搀扶，进入室内后主人应该把客人安排在最佳位置上，对于初次到访的客人，还应向其做简要的介绍。待客之仪是关键，在迎接客人的这一过程中，作为主人不能表现出不耐烦、厌恶的神情，应随时保持真挚的笑容，让宾客感觉到自己很受欢迎。

3. 座次安排礼仪

（1）以右为上。如果房间中的座位是并列式的，右侧座次较尊贵，应留给来宾，以左侧为下，应归主人自己座。

（2）居中为上。如果来宾较少，而主人家里接待人员较多的时候，可以请来宾坐在中央，主人家的人员以一定的方式围坐在来宾的两侧或者四周，以示对来宾的亲切和重视。

(3)佳座为上。长沙发优于单人沙发,沙发优于椅子,位置较高的优于位置低的,宽大舒适的座椅优于狭小而不舒适的座椅。待客中佳座应留给来宾就座。

4. 敬烟、上茶的礼仪

如果来客是男士,一般情况下,落座后马上敬烟。为来宾敬烟时要注意,不要用手直接拿烟嘴,而应该打开烟盒,弹出几支让客人自取,以防来客介意卫生问题。敬烟时不能忘了敬火,若主人也会吸,应遵先客人后主人的次序。

主人给客人点烟时要注意,一只火柴至多点两支烟。用打火机,点完两支烟后应熄灭一下,点烟的过程中忌讳连点三次。

茶道礼仪是一门学问,有很多讲究。冲泡茶前一定要将茶具清洁干净,如果一次要冲泡多杯茶时应将茶杯一字儿排开,本着“浅茶满酒”的原则,茶占杯子的2/3即可。奉茶时,应双手捧上放在客人的右手上方,尊长者先敬。对有杯耳的杯子,通常是用一只手抓住杯耳,另一只手托住杯底,把茶水送给客人,随之说声:“请您用茶”或“请喝茶”。一定不要直接用手捏杯口往客人面前送,这样敬茶对喝茶者不尊重。

5. 陪客礼仪

客人就座,烟、茶、糖果敬过之后,不应该将客人晾在一边,而应该及时与之交谈或打开电视机供客人消遣、娱乐。如果主人实在有难以脱身的其他事处理,应该安排一个身份相当的人代其照顾客人。

6. 宴请宾客礼仪

常见的家庭请客有三种形式:正式宴会、便宴、家宴,前两种比较适宜在饭店举办,而后者最好在家里举办。正式宴会还要考虑座次安排、食物的种类。而家宴虽然对座位安排也有一定的讲究,但没有正式宴会那么刻板,对食物的要求也比较宽松,一般由女主人亲自下厨料理,不过品味应照顾客人喜好。

上菜时要有一定的顺序:冷盘——凉菜,热菜——主菜,甜菜——点心,点心上完后佐以汤。把握好上菜时机,出现空盘或餐盘堆积都不适宜;在上最后一道菜时,应暗示宴会已接近尾声。

摆菜时应注意:“鸡不献头,鸭不献尾,鱼不献背”,这是指将鸡头、鸭尾、鳍朝向主宾不礼貌,这源于我国传统的习惯。

准备酒水时,应考虑到性别,有些女士不能饮酒,则可以用饮料代替,不要强行对女士敬酒,如果男士不能饮酒,则不可用饮料代替。斟酒顺序一般按顺时针方向依次斟起,对席位中较尊贵的领导或长辈,应先为他们斟酒,最好不要使酒杯离席。

一般的家宴对待客礼仪要求不是很多,因为拜访者大多是熟人。但熟人之间也要讲礼仪,以免出现不愉快的场面,不利于促进感情。但对初次拜访者,还应以正规的待客礼仪招待对方,避免造成对拜访者的不礼貌。

7. 送客礼仪

为了表达与客人间的深厚感情,客人临行前,应该主动问候宾客家中亲人,并请其帮忙转达问候。你可以这样说:“请代我向你的家人问好,祝他们工作顺心,心想事成。”根据关系亲密程度,还可以赠送一些特产或纪念品。

客人有意离开时,主人应该真诚地挽留,无论双方是多年的朋友,还是一般性的业务往来,主人都应该亲自相送。将客人送出门后再回家,千万不要在客人还没走远的时候,就转身回房,这是十分不礼貌的,如果客人礼貌性地回首与你再次道别,却看不到你,内心里多少会产生些想法。

对于远来之客,为尽地主之谊,在送别前应为客人预订好适宜的交通工具,并派专车将客人送往机场或车站。客人乘坐的交通工具未离开时,主人不能离开,即使有很重要的事情,也不能走,以免客人产生误会,造成不好的印象。

对于怎样待客,许多人早已略知一二,可怎样招待好客人,人们却未必可以做到十全十美。

馈赠礼仪

生活中,馈赠礼品因为能产生促进友情、减少隔阂、促进交往的作用,越来越受到人们的重视。懂得馈赠的礼仪,不但可以发挥礼品应有的作用,还可以增进彼此的感情。

1. 馈赠礼品的原则

(1)要投其所好。在馈赠礼品的时候,一定要根据接受者的爱好、特色,选择礼品。由于民族、生活习惯、生活经历、宗教信仰以及性格、爱好的不同,不同的人对相同的礼品可以产生截然不同的感受,因此,送礼要把握投其所好的原则。只有这样,才能让受礼者感到愉快,从而发挥礼物的最大作用。

(2)要注意礼品的轻重。在选择礼品的时候,要根据场合和受礼者的身份选择恰当的礼品。一般来讲,礼品的档次往往是衡量交往人的诚意和情感浓烈程度的重要标志。礼品太重会给自己的经济状况带来负担,礼品过轻会让受礼者难以接受,而且受礼者还有可能认为送礼者轻视自己,不但达不到馈赠的目的,还损伤原有的感情。

当我们偿还欠下的人情债时,既要注意以轻礼寓重情,又要入乡随俗地根据馈赠目的和自己的经济实力,选择得体、恰当的礼品。总之,除非是有特殊目的的馈赠,其他馈赠礼物的贵贱厚薄都应以受礼者的愉悦为目的。

(3)要有效用性。礼品也是物品,在日常生活中应该具有使用价值。针对不同的受礼者选择效用性不同的礼品。对于生活状况一般的受礼者而言,食品、水果和现金更具有实用性。对于生活水平较高的人来说,人们则倾向于选择艺术价值和纪念价值高的物品。对于外宾来说,送有中国特色的礼品几乎是不二选择,比如:丝织品、龙井茶、茅台酒等。

礼品不但要让受礼者欣然接收,还要注意礼品的厚薄,同时具有较强的实用性也是一个考量标准。

2. 注意馈赠的时机

在送礼的时候,也要注意馈赠的时间。一般说来,时间贵在及时,超前或滞后都达不到馈赠的目的,当然,还要具体问题具体分析。

(1)传统的节日。春节、中秋节等,都可以成为馈赠礼品的最佳时间,在中国的传统节日赠送礼品也会让受礼者倍感亲切。

(2)企业开业庆典。出席企业开张活动时,应该赠送花篮、牌匾或室内装饰品以示祝贺。选择装饰性强的花篮,在花篮的绸带上写上祝贺之语和赠送单位的名称。

(3)喜庆之日。当他人职位晋升、庆祝生日、庆祝孩子满月等喜庆之日,应该考虑备送礼品以示庆贺。

(4)感谢他人。接受了别人的有力帮助,事后可送些礼品以回报感恩,当以后再需要他人帮忙时也更易获得帮助。

3. 馈赠时的礼仪

(1)注意礼品的包装。精美的礼品包装可以提升礼品的档次,同时显示出赠礼人的文化艺术品位。对受礼者来说,精致的包装可以使其感受到受重视。礼品上如果写有价钱和标签,务必撕除清理干净。但如果礼品是家用电器类的,在赠送礼品的时候把发票和保修单一起交给受礼者,利于受礼者享受保修服务。

(2)注意馈赠的场合。如果只给单个人送礼,不必选在公众场合,在受礼者的家里是最好的。只有精神褒奖类的礼物,如锦旗、牌匾等才可在众人面前赠送。企业庆典时,也应该在公共场合,送礼起到捧场的作用。

(3)注意馈赠时的态度和动作。送礼者赠送时应大方有致,面带微笑,并伴有礼节性的语言,这样受礼者才不会产生尴尬感。

4. 馈赠的禁忌

在馈赠礼品时,有一些忌讳务必引起注意,否则不但会让馈赠失去作用,还可能给受礼者留下不好的印象。

给老人送礼物时不能送“钟”，给夫妻或恋人不能送“梨”，这是由于“钟”与“终”、“梨”与“离”是谐音，不吉利的谐音礼物，在馈赠的过程中要切忌。

在馈赠礼品时，千万不要转送自己收到的礼物，如果让受礼者知道这件礼物不是专门买给他的，受礼者会产生不满，甚至与你断绝往来。

在选择礼品时，不要直接询问受礼者心意。一方面，可能他要求的会超出你的预算。另一方面，你即使照着他的意思去买，受礼者可能会认为你不够用心。

生活中，馈赠礼品因为能产生促进友情、减少隔阂、促进交往的作用，越来越受到人们的重视。

探望病人的礼仪

人在生病时，需要亲友之间的关爱与照应。当得知朋友或亲友生病后，应前去探望。病人生病时，情绪一般不会很高，有很多礼仪需要注意，无论是言谈举止、衣着、神情还是携带的物品都有讲究。

1. 寻找恰当的探视时间

生活中，许多人一旦得知亲朋好友生病了，想迅速探望、安慰，这种心情可以理解。但是，探病需要选择恰当的时间。探望伤病者并不是越早越好，时间选择不好，反而会增加病人和家属的负担。例如：病人的病情很严重，刚刚做完手术需要静养，家属都在为病人的康复而发愁，此时前往探望，就属时机不对，因为，病人无法体会到你的盛情，家属也没精力招待来访者。

一般情况下，尽可能先了解病人的病情，从而确定恰当的时机。可以向已经探望过的人了解，也可先打电话询问家属病情。倘若这两种方法都不能得知病人的病情，还可以到医院询问护理人员，然后确定比较恰当的探望时间。

一天中比较好的探视时间是上午 10：00 ~ 11：00，下午 2：00 ~ 4：00，最好不要选择清晨、中午、傍晚、深夜或饭前饭后，因为这些时间应供病人休息、吃饭用。探望病人时，逗留时间不宜过长，一般把握在 20 分钟之内。若病人恢复状况良好，并且有较强兴致希望与人交谈，那么探望者可与之多交谈一会儿。如果病人的病情还处在静养阶段，探视者应在表达问候后及时离开。

探望病人时，还要注重着装，过于艳丽、花哨、时髦的衣服尽量不要穿，女性探病时，还要注意不能浓妆艳抹，着装大方、得体即可。因为，病人在生病期间往往有某种心理倾向，总感觉自己是受害者，如果你穿着华丽，打扮得非常时髦，会对病人的心理产生消极的冲击，这对病人的身体康复没有任何好处。

到医院探望病人时，应遵守医院的规章制度，在医院许可的时间内探视。进入病房要先敲门，让病人觉得自己仍然受人尊重。进入病房时，寻找恰当的位置坐下，如果有人站在床前容易让病人产生紧张感。进入病房以后，看到不洁净的物品，如血迹等，不要面露厌恶，那样会让病人心里不好受。要像平时见面一样亲切地与病人握手见礼，这样做既可以告诉病人他的病已经好多了，又可以传送自己对病人的祝福，但是并不是每位病人都非握不可，可以依据病人病情确定。不管病人的病情有多么严重，也不能在他面前流露哀伤的神情，更不能对着病人流泪，即使你知道病人很快就要去见“马克思”，也不应面露戚色，而应多加鼓励。与病人说话时，要看着对方的眼睛说话，这样病人可以感受到你的真诚。病人在生病期间，最希望得到他人的鼓励，适当地说些鼓励的话，会使病人对自己的恢复更有信心。

2. 探病时的言谈

与病人交谈时，要专注地看着对方，仔细倾听，适时应答。如果病人病情较轻，可多让病人讲话，并探问病人的感觉和需要，不要过多追问病人具体病情，尤其是对重病号，应该避开病情，以积极轻松的话题为主。说话要坦诚，不能吞吞吐吐或与他人小声交谈，也不宜提供一些旁门偏方，这些会增加病人的心理负担，对自己病情估计过重，而不利于病体恢复。与病人交谈的目的是解除病人的孤独感，分担病人身体上的痛苦和精神上的担忧，表达自己对病人的关心和鼓励。不要问病人："你怎么啦?"最好问："你今天感觉好多了吧?"要有分寸地用乐观的话鼓励病人。在谈话过程中，应主动避开消极信息，比如说什么"咱单位老张突然就没了，你可要多保重，"等等。在探望过程中，也应照顾到病人家属的情绪，帮助做力所能及的事。对于需要长期治疗休养的病人，应经常去探视并告知最近单位状况，让他们感受到别人的关心和问候，从而对康复产生积极影响。

3. 探望病人带礼品的礼仪

探望、慰问病人是一种礼节性的行为，应随身携带恰当的礼品，如鲜花、滋补品、饮料、食品等，会使病人心神快慰、提高信心，有助于病人早日战胜病魔。探望病人时选择礼品可以参考以下几点。

(1)探望患高血压、冠心病、胆囊炎、肾炎和高烧病人时，可携带营养高且不油腻的食物，如新鲜水果、水果罐头和果汁饮料等。过于油腻的食物不恰当，如红烧肉、鸡汤等。

(2)探望糖尿病病人、水肿病人，应送糖分少的食品，如无糖奶粉、肉松、鸡蛋、猕猴桃等。不宜送苹果、香蕉等糖分过高的水果。

(3)探望气管炎、肺水肿、肺结核等呼吸道发生问题的病人，可送利于清肺、润肺的食品，如核桃、蜂蜜、银耳和梨等。

(4)探望贫血病人、孕妇、产妇等，所送物品应以营养为主，如红糖、鸡蛋、鲜虾、奶制品和豆制品等。

(5)探望术后未恢复的病人，可送营养丰富、易消化、含钙质较多的肉骨头汤、鸡蛋、奶粉和鱼等。

人在生病时，需要亲友之间的关爱与照应。

吊慰礼仪

生老病死，人之常情。一旦亲友过世，都会举行最隆重的丧葬礼。哀悼亲友时应注意的礼节就是丧葬礼仪，吊慰礼仪既是对死者的尊重，又是对死者家属的安慰。

1. 参加丧礼的服饰要求

参加丧礼时，要注意服装礼仪。穿着应以大方、素淡为主，切忌艳丽。吊慰死者前应将项链、耳饰取下来，女士应注重自己的妆容，切忌浓妆，着正规的丧服、深色的套装或连衣裙等。刚丧偶的妇人应该穿着朴素深色的衣服。年轻男士、接待员以及抬棺人员，最好穿深色西装配上白衬衫、黑领带，脚穿黑色皮鞋，这样才与整体环境相协调。

2. 进行吊丧的注意事项

当得知亲朋好友去世的消息后，无论交情深浅，一定要表示自己的哀悼之情，即使自己有事无法参加丧礼，也应以书信表示慰问或托人代为慰问，知道亲朋去世而不表态是严重失礼。参加追悼会时，一般可单独或几个人赠送花圈、花篮表示哀思。

丧礼举行时，一定要如期到达。到达以后，在签名簿上写下自己的名字并领取相应的佩戴物品，轻声走进丧礼会场，给死者上香，鞠躬。行礼完毕以后，不应立即离开丧礼会场，还应由衷地劝慰死者家属节哀。安慰失去亲人者时要注意方式、方法，不要一味劝慰家属不要哭。哭能将死者家属内心的痛苦宣泄出来，缓解因亲人去世造成的情绪波动。如果多数人一起行礼，此时可委派一个人当主祭者，其他人陪同上香、献花、鞠躬。行礼后，一起安慰死者家属。行礼全部结束以后，要尽快离开现场，以免给家属带来不必要的麻烦。

丧礼祭品的样式主要体现对死者的哀思，选择时应该慎重，比较恰当的有花篮、挽幛、挽联、花圈等。为了表达对死者的尊敬，挽幛和挽联的内容可以由自己书写，一定注意用词得体、谨慎，特别是挽联。另外，现在以礼金为奠仪，已经成为约定俗成的礼节，也是最实用、最方便的祭奠方式。这样既告慰了死者，又帮助了生者，可谓一举两得。

吊丧时，应表示沉痛哀悼之情，态度再诚恳，感情也应稍沉重，切不可随随便便，给人一种漫不经心的感觉，这既对死者不恭又使生者难堪。在丧礼上嬉笑、打闹等是对死者的不敬、对家属的无礼，是十分失礼的行为。失去亲人的人，能够在亲朋安慰中平复心情，不要因为丧礼结束，就认为心意已经达到了。不时地关心与帮助一下失去亲人的人，是对生者的最大关怀，会让他们对你感激不尽的。要多陪他们聊天，约他们一起外出散心，尽量避免提及死者，从而达到重新振作精神的目的。

哀悼亲友时应注意的礼节就是丧葬礼仪，吊慰礼仪既是对死者的尊重，又是对死者家属的安慰。

旅游观光礼仪

旅游观光是一项高雅的活动，注重观光礼仪可以营造更好的旅游氛围。旅游者在旅游中应该注意以下几点礼仪。

1. 行为检点，不要乱涂乱画

作为一名游览者，面对风景秀丽的自然风光、历史文化底蕴深厚的文物古迹、别具一格的人文景观，除了为之自豪、赞叹外，还应该保护这些旅游资源。因为爱护公共财物，热爱祖国的大好河山，是对游览者的基本要求。

2. 跟团游玩一定要守时

如果是跟团旅游，首先要注意的就是守时，应避免全车人等你。否则，延误了时间不说，最重要的是破坏了旅游的气氛，影响了大家出游的好心情。

3. 维护环境卫生

外出旅游时，大多数游客会随身携带一些零食或常用物品，在吃、用这些物品时，务必要注意环境卫生，如不乱扔饮料瓶、罐、盖，将制造的垃圾随手带走等。

在旅游景点野餐结束时，一定要将现场打扫干净，将吃剩的食品垃圾等及时带走；在旅游点的隐蔽角落大小便，是不符合观光礼仪的行为；在安静、祥和的旅游气氛中，不宜大声喧哗，肆意嬉笑打闹；当导游或讲解人员解说旅游景点的来历时，要仔细倾听，不应刻意刁难，纠缠不休。

4. 游客间互相帮助

旅游观光中，游客来往不断，彼此间要相互照顾、互相帮助，态度和善地对待他人。当行至曲折幽径处或小桥、山头时，在注意自身安全的同时，最好对需要帮助的人提供帮助。不要抢路、拥挤，在他人遇到困难时，可以主动提供力所能及的帮助。休息时，不能一人独占长椅，如躺在椅子上、趴在椅子上或将物品摆在椅子上。拍照留念时，景点中的其他游客需要帮助，应主动、热情地为其提供服务，在影点拍照留念时，不要拥挤，有秩序地留念。注意拍照的时间不要过长，以免影响他人。

5. 注意言谈举止

旅游景点的人员很杂，五湖四海、各个民族的人都可能相聚一处。可由于地方习俗不同，在行为、语言、风俗、服饰等方面存在着诸多差异，这就要求人们在观光时，不要过分强调自己的要求和情趣，以免影响他人；不要过分固执己见而否定他人；不要伤害他人的宗教感情及民族感情；不要不分尊卑，没大没小。

6. 看人也要注意方法

如果在欧洲国家旅游，那么街头金发碧眼的美女也是旅游的一个重要景点。当你走在街头上，遇到了美女，拼命盯住别人看是非常失礼的。比如，在巴黎街头，浪漫的男女青年经常在这里拥抱、轻吻，在当地人眼中不值得大惊小怪，所以他们会匆匆地走过或者会心一笑。如果你站在那里眼盯着不放，还用手指指点点，就是非常失礼的行为了。

7. 宾馆住宿

在旅游期间可能要在宾馆住宿，旅客要注意控制自己的音量，以免影响其他客人。对服务员要以礼相待，对他们所提供的服务要表示感谢，文明有礼地在宾馆居住。

如果到国外旅游，了解当地人的禁忌是十分必要的，要入乡随俗，入境问禁，做到心中有数。下面是一些国家的忌讳事项，到了这些国家以后，也可以向当地人询问，减少因不懂忌讳造成的尴尬，让旅游更加愉快。

（1）在西方国家，“13”这个数字代表不祥，所以西方国家的人会在任何场合避开“13”。楼层中的 12 上面便是 14，在排次序时，第 12 位后面紧接着是第 14 位，每月 13 号，西方人都感到惴惴不安，生怕自己会遇到不祥的事。

（2）在印度、尼泊尔、缅甸等国，人们十分崇拜牛，在他们眼中，牛既可以耕地，牛乳还可以食用。在古时候，牛还是计算财富的手段，湿婆大神的坐骑也是一头牛。在这些国家里，不允许鞭笞伤害牛，不能役使牛，更不能宰杀牛吃肉；每年还要举行祭牛仪式；在公共场合遇到“神牛”，行人、车辆要回避、绕行，尼泊尔政府将牛定为“国兽”，谁若伤害、鞭打它，是要被罚款并追究法律责任的。所以，在这些国家旅游时要特别注意，对牛也要像对人一样尊敬。

（3）千万别弄碎玻璃器皿。如果去匈牙利旅游，不论是住店，还是用餐，千万别弄碎玻璃器皿，如果有人不小心，打碎了玻璃器皿，就会被看做是不祥之人，就成了不受欢迎的人。所以，我们认为的“碎碎平安”不被匈牙利人所接受。

（4）如果去中东旅游，那么吃饭和接拿东西，只能用右手。因为这些国家的人一般是用左手洗澡、上卫生间，因此他们认为左手较脏，所以用左手接拿食品是对主人最大的不礼貌。

（5）女人上街必须戴耳环。如果去西班牙旅游，上街佩戴耳环是女人的必需。如果没有戴耳环，就会像裸体逛街一样怪异，会被人看做是“异类”。

（6）如果去日本旅游，在吃饭的时候就要注意了，日本人的餐桌礼仪注重用筷八忌。第一，舔筷。在用餐的时候，用舌头舔筷子是十分不礼貌的。第二，移筷。动一个菜后又动一个菜，只吃菜不吃饭。第三，迷筷。手拿筷子，不知道自己吃什么，四处找寻。第四，扭筷。扭转筷子，用舌头舔上面的饭粒。第五，插筷。把筷子插入饭菜之中。第六，掏筷。将菜从中间掏开，扒弄着吃。第七，跨筷。把筷子横跨在碗、盘上。第八，剔筷。将筷子当做牙签剔牙，这是很不雅的举止。

旅游观光是一项高雅的活动，注重观光礼仪可以营造更好的旅游氛围。

夫妻之间的礼仪

夫妻之间的相处之道，既是一项技术也是一门艺术。夫妻之礼在古代已经完善成型，虽说男女有尊卑之别，但其相处礼仪之道，还有相当的借鉴价值。

1. 以礼相待

夫妻之间要以礼相待。颐指气使、我行我素是对夫妻关系的极大伤害，家庭生活中，即使是日常琐事也要举案齐眉，互谅互敬。在外国，出门是讲究吻别礼的。当然，我国没有亲吻的习惯，但至少分别时应主动告别。回来时要亲切问候，道一声“辛苦了”，这样的问候虽然很朴素，却能营造温馨、相爱的氛围。

2. 善于平衡各种关系

有些女人一旦做了妈妈，就将自己所有的爱都倾注到孩子身上，放弃收拾打扮自己的习惯。其实，夫妻感情的融洽、家庭气氛的和谐才能为孩子成长营造良好环境。作为家庭核心的夫妻双方，首先要学会协调平衡各种关系。家庭之爱，也应在家人中平均、平衡。

3. 记住特别的日子

尤其是女性，对自己的生日等特别的日子特别在意，此时一束鲜花、一件小礼品都会令妻子激动不已，忙碌的生活也会因对方的一句“辛苦”、一件精心准备的礼物而变得多彩多姿。男人要是能记住这些日子并对妻子有所表示，一定可以为生活增添更多幸福。

4. 外出时带点礼品回来

如今的男人都整日忙于工作，很多女人基本处于天天孤独在家的状态。但如果男人心中有妻子，时常为妻子准备礼物，相信作为后勤保障的妻子，也就会毫无怨言、心甘情愿了。当你去外地出差时，购买一套衣裙、一件保养品或一件工艺品就会换来妻子更多的感动与体贴，这绝对物超所值。

5. 多一点赞赏

人人都有自尊，夸奖和鼓励能满足对方的虚荣心，夫妻间互相鼓励很重要。彼此都有优点，当妻子有什么成绩，丈夫就应该真诚地赞美几句，效果不可估量。如在妻子化妆时，问你“好不好看，漂不漂亮”时，你可以真心地赞叹几句，相信你很快就可以收到这一句良言的回报。

6. 相互谦让

选择电视节目，妻子偏好电视剧，丈夫喜欢看篮球，如果能把两个“我”融合在一起，相互谦让，照顾各自的兴趣，就会使对方体会到互谅互让、尊重、理解，夫妻关系就会变得密切和谐。

7. 遇事多商量，注意生活细节

夫妻之间应相互信任。不论是有关整个家庭的规划，还是个人工作上的困惑与计划，都应两个人共同协商。很多人在婚后就毫不介意自己的外形，看上去很邋遢，以为打扮只是年轻时为吸引异性的事。其实，随时整饰自己的仪容，既是对对方的爱，也使自己在各种场合中更加自信，更容易有出色的表现。

8. 家务劳动共同承担

丈夫不应该认为妻子应包干所有家务，而作为妻子也不应该娇气，把自己能做的事都推给丈夫。对家务事可以做出不同的分工，这样可以“男女搭配，干活不累”。

9. 正确对待配偶的旧恋人问题

有旧恋人是很正常的事，如果没有，倒是有几分不正常。而与旧恋人的关系有时可能成为新婚夫妻争斗的焦点，轻则醋意大发，重则连哭带闹。其实根本不必如此，应相信缘分，难道你一个新欢还让对方忘不了旧爱吗？婚姻需要坦诚，但对于旧情，夫妻间应允许对方拥有个人的独立和自由，留一些双方个性发展回旋的余地。

10. 经济问题透明化

家中钱物归谁保管其实无所谓，关键是双方应对理财有共同认识，切不可一方独揽大权。家庭重大消费需夫妻双方协商、讨论，共同拍板，家庭生活开支提高透明度，使双方都有责任花好钱、理好财。

11. 夫妻相处的禁忌

作为妻子，一忌醋，二忌泼。“醋”者分不清轻重，疑神疑鬼，总是毫无根据地怀疑丈夫对自己不忠。如果老公回来晚了，轻则细细盘查，重则严刑逼供。与这样的女人生活在一起，任何男人都会累。生活中泼辣的女人往往缺乏耐心，肝火旺盛，夫妻间细小琐碎的问题都有可能成为其暴跳如雷的导火索，泼辣过多则失却温柔之美。作为妻子，如果既缺乏温柔之美，又缺乏善良之德，很难被丈夫长久喜爱。

作为丈夫，一忌霸道，二忌粗心。有些男人喜欢在妻子面前过于“大男人”，对待妻子“说一是一，说二是二”，态度蛮横。有些男人粗心大意，对妻子的健康不闻不问，从不关注妻子身心状态，习惯衣来伸手、饭来张口的生活，对妻子为家庭的付出没有丝毫感恩。在现代这种快节奏的生活中，女性除了工作和料理家务之外，更需要丈夫的关爱与鼓励。很多女人正是由于得不到丈夫的关心，久而久之，与丈夫分道扬镳的。作为丈夫，应该学会与妻子平等相待，积极主动地减轻妻子的负担。

夫妻之间的相处之道，既是一项技术也是一门艺术。

婆媳相处的礼仪

“清官难断家务事”，婆媳关系可以称得上家庭中最棘手的关系。在婆媳矛盾的背后，隐伏着母子之爱和夫妻之爱的竞争，这种竞争往往是能量巨大的。要想使婆媳之间和睦相处，就应该遵循一些婆媳相处的礼仪。

1. 把双方当做最亲的人看待

媳妇对婆婆的称呼要亲切，应自然大方地称呼“妈”。媳妇的一声“妈”，可以暖遍婆婆的全身，讨得婆婆心花怒放。婆媳相处，彼此间都应持一种宽松的心态，不要有见外心理。如果婆婆认为媳妇是外人，难以与之真心实意地相处；媳妇认为自己嫁的是丈夫不是婆婆，婆婆是另外一层，这样处处设防，就会为日后的各种矛盾埋下地雷。由于种种原因，婆媳间总会存有一定的差异。婆媳双方要体谅对方，约束自身。

2. 不要勉强对方

婆婆不能要求媳妇完全按自己的一套行事，媳妇也不能期望婆婆完全认可自己的意志，互相不要强求，这样做可以避免不少矛盾和冲突。要善于替对方考虑，不要互相指责。如婆婆要媳妇去做的事，媳妇一时未能做到或做好，婆婆最好不要盲目指责，而应多体谅媳妇，家务多，工作忙，可以提醒媳妇下次多注意。媳妇上班，婆婆照看孩子，如果孩子碰伤了，生病了，媳妇应体谅婆婆年事已高，碰伤了孙子已经很难过，不要为此埋怨婆婆。婆媳双方都能为对方考虑，许多矛盾就不会发生了。婆媳间难免发生一些不快之事，这时应保持平和的心态，不要盲目争吵，也要避免背后说三道四，引发矛盾冲突。

3. 尊重婆婆

不要对公公和婆婆的私生活指手画脚。不在婆婆面前对丈夫使性子或埋怨丈夫，指使丈夫，那样等同于指责婆婆没教育好丈夫。切忌当着婆婆的面向丈夫诉苦，这样只能是让丈夫难做，让婆婆难堪，自己也不会有好结果。对待婆家和娘家一视同仁，尤其在年节关头应该兼顾两头，不能光往娘家跑。婆媳间有了隔阂，媳妇不能动不动以跑回娘家为要挟，作为媳妇应该主动打招呼。记住婆婆的生日，买她喜欢的生日礼物。

在婆媳矛盾的背后，隐伏着母子之爱和夫妻之爱的竞争，这种竞争往往是能量巨大的。

对父母的礼仪

孝敬父母是中华民族的优良传统。父母在子女的成长过程中付出了大量的心血和劳动，做子女的理应孝敬父母，感恩于父母多年的养育之恩。对子女来说，正确处理好与父母的关系，可谓人生的一件大事。处理不当，就可能造成父子、母女反目成仇的终生遗憾。孝敬父母应该做到以下几个方面。

1. 尊敬父母

子女对待父母，应当以敬重为先，对父母说话态度恭敬，守规矩，不要任性，别动不动使性子。对于父母的批评与教导，子女应虚心接受，无论从哪方面讲，父母对子女都是发自内心关爱的。明白了这一点，即使言词有些偏差，做子女的也应该理解父母，切不可故意顶撞，甚至恶语伤人，或是不屑一听、扬长而去。

2. 不让父母担心

在家里的时候，如果你有事情要出去，一定要出发前告知父母，不管你去的地方远近，一定要讲明我到哪个地方去，什么时候回来，好让父母知晓行踪。在特殊情况下，不能按时回家时，要及时与父母电话沟通，绝对不能让父母为自己的安危担惊受怕。

3. 与父母沟通

与父母沟通时，既要有对长辈的尊敬，又要有对平辈的真诚、坦率。发生争执时，要先想想自己在这件事情上有没有做得不好或者是不对的地方，倘若是因为自己而造成的问题，要及早反省，改正错误。如果是父母有什么不对的地方，不要不顾态度地一味指责，要坐下来与父母沟通一下，相信父母也会接受你的看法。而且在解决问题时双方都要冷静，彼此指责、互相埋怨解决不了问题。

4. 不干涉父母的事

父母有自己的社交、人情和思想感情，子女不应对父母过多干涉。尤其是在遇到丧偶或再婚问题时，子女应为父母以后的生活幸福考虑，理解支持，不能粗暴干涉，棒打老鸳鸯。

5. 问候父母

在家庭生活里，子女对父母及时的关切的问候，是关心体贴父母的表现，也传达了晚辈对长辈的牵挂之情。

每天起床后的第一声问候不能省略。“爸妈，早上好！”或“早安，爸妈！”睡觉前，也别忘了向父母说，“妈，睡个好觉！”“爸，多注意休息，少熬夜。”

每逢父母亲的生日或母亲节、父亲节时，应送上自己力所能及的礼品，献上深切的祝福：“爸，祝您工作顺利、事业成功！”“妈，祝您母亲节快乐，永远年轻漂亮”等，这些问候语会让父母感到快乐和安慰。

逢年过节时，在向同学、亲友祝福的同时，也要多问候自己的爸妈。每个人都应向父母说上一声：“爸、妈，新年好！”融洽的家庭关系可以为节日增添更多温馨，让父母享受到生活的美好，品味到儿女对其的问候与关心。

当父母生病的时候，除悉心照顾，更应注意关注他们的心理，如多问候：“好好休息，很快就会好的。”“妈，您想吃点什么？家里有我呢，您就放心吧！”用自己对父母的爱缓解父母的病痛，减轻他们的心理压力，从而利于父母病情的好转。

父母在子女的成长过程中付出了大量的心血和劳动，做子女的理应孝敬父母，感恩于父母多年的养育之恩。

对岳父母的礼仪

民间有句话叫“女婿如半子”。掌握和岳父母的相处礼仪，不仅可以与岳父母友好相处，还能起到沟通感情、融化心理隔阂的作用。

1. 执半子之礼

岳父母花了半辈子心血把女儿抚养成人，之后嫁与你做媳妇，成了你们家的人，这也是一种大恩大德，女婿应心怀感激多加报答。女婿对岳父母尊敬、孝顺，妻子才能对公婆孝顺，和公婆和睦相处。丈夫处理不好与岳父母的关系，妻子同公婆的关系又怎么可能好呢？

2. 跟岳父母交谈的礼仪

与岳父母交谈要恭敬，但不必变得唯唯诺诺。在岳父母面前要“多听少说”，当他们找寻时事政治或其他问题来试探你的看法时，也万不可过多“挥毫激情”。因为上了年纪的人对一切事物的看法早有定论，很难因为讨论而改变，假使你的看法与他刚好吻合，那算你运气好，否则一场争辩在所难免。最好的方法还是尽量认同岳父母的看法，再说出自己的看法。

许多情况下，没有一个上了年纪的人愿意长时间地听一个年轻人滔滔不绝，也很少有上了年纪的人只喜欢听自己唠叨，那就要求你见机行事而对症下药了。

与岳父母谈话，当双方观点不一致时，万万不可冲动地去驳斥。要做到不看僧面看佛面，不看佛面还要看妻面，要看在对方是老人的面上而礼让三分。

3. 嘴甜但不多嘴

评论女婿的依据，就是看女婿嘴的含糖量高不高。嘴甜的女婿更受岳父母待见，岳父母在外人面前也有面子；女婿嘴拙，可能被岳父母误会，也易被别人奚落你缺少家教，岳父母脸上也无光。所以，嘴甜是一个优秀女婿的必备素质。

嘴甜，不等于“多嘴”。多嘴是指女婿经常干涉岳父母家的各项事宜，这是女婿的一个大忌。作为“外戚”还是不要干涉“朝政”好，干涉岳父母家的“朝政”会产生不好的影响。女婿要博得岳父母的喜爱，与妻子家的兄弟姐妹也要搞好关系，必须明确岳父母可以好好管理自己家的事，妻子没有权力干涉，作为女婿更无权支使妻子回娘家谋求钱物。

4. 在岳父母面前夸妻子

经常夸奖自己的妻子，这是女婿与岳父母和睦相处的又一个秘诀。在岳父母面前夸奖妻子，多次表达对妻子的关爱，夫妻关系十分融洽等，只有这样岳父母对女儿的未来才放心满意。在岳父母看来，女儿身上的优点都是自己言传身教的结果，看起来你在夸妻子，实际上也夸奖了岳父母教女有方，夸他们遗传基因优良。另外，还要想到，在岳父母前褒奖妻子，不是你的需要，而是岳父母的需要，是你妻子的需要，是和岳父母友好相处的捷径。

5. 赡养岳父母

赡养父母是法律赋予子女的义务，因而，身为丈夫有义务替妻子尽责。周末有时间要多到岳父母家去探望，遇到节日、生日，买点礼品前去祝贺，这些都可以让岳父母高兴。人都有老的时候，不失时机地把岳父母请到家住几天，尽尽孝道，非但可以取悦岳父母，妻子也会高兴，可以促进夫妻之间的感情。

掌握和岳父母的相处礼仪，不仅可以与岳父母友好相处，还能起到沟通感情、融化心理隔阂的作用。

邻居间相处的礼仪

俗话说：“远亲不如近邻，隔壁不如对门。”邻居对于我们来说，是家庭生活与社会生活之间的“纽带”。邻里关系具有多面性和琐碎性的特点，这样就注定了邻里之间关系的密切。因此我们在与邻居交往时，一定要注意与邻里之间的礼仪，建立和谐友好互助的关系，这样会使我们的生活更加美满。

1. 多沟通

现代社会，邻居之间的亲密关系被较少的交流阻隔，缺乏沟通。有些是因为曾经闹过矛盾，从此井水不犯河水，更多的是因为没有时间，不好意思主动开口，而导致邻里之间交往沟通很少。因此，保持邻里之间的关系，就要加强邻里之间的交往。如果应邀去串门，应当选取恰当得体的时间。如能约好具体的时间，那当然好。不然，就要避开人家的吃饭时间和休息时间。值得注意的是，所谓善于交往不等同于串更多的门。人们的生活节奏正在加快，你的过多拜访可能会造成邻里困扰。在交往中，注意不要打扰对方正常的生活秩序。

2. 互帮互助

邻居有了困难要主动去帮助，即使帮助不大也有助于增进彼此感情。日后，一旦你有了困难，邻居也会鼎力相助。切不可“各人自扫门前雪，不管他人瓦上霜”，让“邻里”关系名存实亡。当邻居外出旅行时，帮他们看管报纸和信件，也可以帮他们浇浇花草。

3. 友好协商

协商是邻里间交往的基本方式之一，既表示对邻居的尊重，又可以减少很多误会。如家里要装修等一些特殊事情可能影响到邻居，则应提前主动告知，主动协商，看邻居有什么意见或可以协商接受的办法。

4. 相互理解

长期紧邻而居，邻居间难免会发生各种磕碰和不愉快。这时要严于律己，宽以待人。由某些生活琐事引起的干扰和麻烦，应该通过有效沟通来解决。属于自己的问题，要知错能改；已经造成不好结果的，应寻求谅解并予以补偿。

5. 主动问候

主动与邻居打招呼问好是最基本的礼仪。见面主动招呼邻居，就等于打开了一扇通往和睦生活的大门。邻里碰面，我们不妨第一个开口，简单的一句“早上好”就能开启邻里间的友好交往，许多问题就迎刃而解了。“上班啊！”“最近很忙吗？”“正在搬家呀，有什么需要帮忙的尽管开口！”“您好，我是新来的邻居，希望今后多多关照。”……这些简单而温馨的话语会温暖他们的心灵。

6. 注意生活细节

如今人情薄，墙体更薄。如果稍不注意，就会对隔壁邻居产生干扰。在邻居休息的时间里，不要喧哗吵闹或移动家具；不要将废弃的污水垃圾等物品从阳台直接倒下；在阳台上浇花或晾晒衣物，要注意是否会干扰楼下的邻里等。

7. 不传播是非

邻里之间常常见面，来友送客、吵架等，大家都彼此了解清楚。有些人爱看热闹，谁家有了什么事，他们就不遗余力地打听传播。邻里交际往往是广泛的交往，有些邻居会把别人家的事情传来传去。要避免这种现象，不要在背后传播是非，自己也不去打听邻居家的私事。

8. 劝架不评理

邻里关系处得好，彼此之间会亲密无间，但关系再亲密，也不要干涉人家的家务事。邻居夫妻吵架，无论哪方有理，劝架者切忌评论对错，只能劝说，让双方冷静下来。切不能站在一方立场上帮助他或她和另一方争吵，尤其是人格上的评价更不可取。第三者插足是道德败坏，可要是第三者插嘴也是对夫妻矛盾的消极影响。

俗话说：“远亲不如近邻，隔壁不如对门。”邻居对于我们来说，是家庭生活与社会生活之间的“纽带”。

第六章　年轻人生活中的心理技巧

心理健康的十项标准

心理健康的概念是随着时代的变迁，在社会文化的影响下产生的。心理学家对心理健康的概念有以下几种说法：

1. 安全感十足

能够适应现实社会的发展，具有勇气面对困难，如果惶惶不可终日，人便会很快衰老。抑郁、焦虑等心理，会引起消化系统功能的失调，甚至诱发病变。

2. 充分了解自己,能恰如其分地评价自己

如果勉强自己去做能力所不能及的工作,就会显得力不从心。超负荷的工作,甚至会给健康带来危害。

3. 生活理想和目标切合实际

社会生产发展水平与物质生活条件总是有一定限度的,如果生活目标及理想过高,必然会导致心理挫折感,对身心健康不利。

4. 不脱离外界环境

人具有多层次的心理需求,与外界环境接触,一方面可以丰富精神生活,另一方面可以及时调整自己的行为,更好地适应环境。

5. 保持和谐健全的人格

个性中的能力、兴趣、性格与气质等各种心理特征必须和谐而统一,以便个性能量得到充分发挥。

6. 善于总结前人经验

现代社会知识更新很快,为了适应新的形势,只有不断地学习,生活和工作才能得心应手,少走弯路。

7. 能处理好人际关系

人际关系中,正面负面的关系都有,而人际关系的协调与否,对人的心理健康有很大的影响。

8. 适度的情绪发泄和控制

人有喜怒哀乐等不同的情绪体验。消极的情绪必须释放,才能保持心理的平衡,但要把握分寸,控制情绪。否则,既影响自己的生活,又产生了人际矛盾,不利于健康。

9. 有限度地发挥自己的才能与兴趣爱好

在不违背集体利益的前提下,充分发挥自己的才能,满足自己的兴趣爱好。

10. 能恰当满足个人需求

在不违背社会道德规范的前提下,一定程度地满足个人的基本需求。当然,必须合情合理又合法,不然会受到良心的谴责、舆论的压力乃至法律的制裁,更无益于心理健康。

心理健康的概念是随着时代的变迁,在社会文化的影响下产生的。

关注心理亚健康

心理状态正常并不意味着心理健康,身体健康的人也会有各种异常的心理,由于时间短、程度轻,所以还不能称之为心理疾病,可算做心理亚健康状态。

常见的心理亚健康表现如下:

(1)疲劳感的产生大多是有原因的,持续时间较短,不伴有明显的睡眠和情绪改变,经过良好的休息和适当的娱乐即可消除。

(2)焦虑是人们一种适应特定环境的反应方式。但正常的焦虑反应常有其现实原因,如面临高考,并随着事过境迁而得到缓解。

(3)在妇女和儿童身上常会出现类似歇斯底里的现象。有些女性故意和丈夫吵架大喊大叫、撕衣毁物、痛打小孩,甚至威胁自杀;儿童伴有幻想性谎言、白日梦的表现,把自己幻想的内容当成现实。这是中枢神经系统发育不充分、不成熟所导致的。

(4)一些脑力劳动者有强迫现象,特别是办事认真的人反复思考一些自己都意识到没有必要的事,如是不是得罪了某个人,担心没有锁好门。但持续时间不长,不影响生活、工作。

(5)恐慌和对立。比如站在一些很高但很安全的地方时仍会出现恐慌感,有时也联想到会不会往下跳,甚至于想到跳下去是什么情景。这种想法如果很快能终止,属正常现象。

(6)疑病现象。将轻微的不适想象为重大疾病,反复检查,特别是当亲友、邻居、同事因某病英年早逝和意外死亡后容易出现。但检查如排除相关疾病后对医生的劝告可以接受，属正常现象。

(7)偏执和自我牵挂。自我牵挂倾向每个人都会有，即假想外界事物对自己影射着的某种消极影响。如走进办公室时，人们停止谈话，便怀疑他们议论的是自己。这种现象通常是一带而过性的，而且经过片刻的疑虑便会回过神来，其性质和内容与当时的处境联系紧密。

(8)错觉。正常人在恐惧紧张、光线暗淡及期待等心理状态下可出现错觉，但经重复验证后可迅速纠正。成语“草木皆兵”、“杯弓蛇影”等形容的都是错觉。

(9)幻觉。迫切期待时，有些人可听到叩门声、呼唤声。经过确认后，自己意识到是幻觉现象，医学上称之为心因性幻觉。

(10)自言自语。独处时有的人会自言自语甚至边说边笑，但能选择场合，自我控制，属正常现象。

了解自己的心理

随着现代生活方式的转变，生活节奏的加快，一些人的盲目行为增多。加之过分追求短期效益，因而失败的几率较高，内心失去平衡，心理问题便有可能产生。心理专家认为：“一个人的心理状态常常直接影响他的人生观、价值观，以及他具体的行为。因而从某种意义上讲，心理卫生比生理卫生更重要。”

从理论上讲，通过自我调节，一般的心理问题都可以得到缓解，每个人都可以用多种形式自我放松，缓和自身的心理压力，排解心理障碍。面对“心病”，重要的是你怎样看待它，并以正确的心态去对待它。虽然我们找心理医生看病还不能像治疗感冒那样平常，但提高自己的心理素养，学会心理适应，学会自我调节，学会自助，每个人都可以在心理疾患发展的过程中成为自己的“心理医生”。

调节心理压力有以下几种方式：

首先要掌握一定的心理学知识，正视其产生的原因；其次，能够冷静清醒地分析问题的因果关系，安排相应的措施，对人对己都要负责任；另外，恰当地评价自我调节的能力，选择适当时机就医；最后一点，也是日常生活中最关键的一点，就是树立正确的人生观和处世观，以及睿智的思想，避免走入心理误区。

具体的方法如下：

1. 加强自身修养，遇事泰然处之

要清醒地认识到任何事都不会一帆风顺，应当养成乐观、豁达的个性，平静地接受外界出现的种种变化，并对自己的生活和工作节奏进行调整，主动地避免因外界变化而产生的心理冲击。事实上，那些拥有宽广胸怀、遇事想得开的人是不会受到灰色心理疾病困扰的。

2. 合理安排生活，培养多种兴趣

无聊的人常会胡思乱想，所以要合理地安排工作与生活。适度紧张有序的工作可以减少心理上的失落感，令生活更加充实，而充实的生活对抑郁心理有改善作用。同时，要培养多种兴趣。生活丰富多彩就能驱散不健康的情绪，生命的活力可以得到增强，令人生更有意义。最好是学会一门艺术，无论唱歌弹琴、写作绘画、集邮藏币，都会使你进入一种新的境界，产生新的追求，从中寻找乐趣。

3. 尽力寻找情绪体验的机会

一是在你的事业上用心，时时不忘创新，做出新的成绩，跃上新的台阶；再者要关心他人，与亲朋、同事同甘共苦，无论悲欢离合，都能调节心理，使人头脑清醒，心胸开阔；三是多参加公益活动，乐善好施，造福子孙。

4. 保护心理宁静

面对大量的信息不要焦急烦躁、紧张不安。保持心情宁静，学会吸收现代科学信息的方法，提高应变能力。最后，拓宽获取它们的可行途径，并选择一个最佳方案行动，进而减轻个人的心理负担，达到事半功倍的效果。

5. 变换恶性生活环境

一个人生活的环境缺乏竞争，不求有功但求无过，过于安逸反而更易引发心理失衡。而新的环境,新的工作、生活,可激发人的潜能与活力,以达到心境的变换,使自己始终保持健康向上的心理,避免心理失衡。

6. 正确认识自己与社会的关系

要根据社会的要求,对自己的意识和行为进行不断的调整,使之更符合社会规范,正确对待个人得失,摆正个人与社会、个人与集体的关系。这样,就可以减少心理失衡。

心理专家认为:"一个人的心理状态常常直接影响他的人生观、价值观,以及他具体的行为。因而从某种意义上讲,心理卫生比生理卫生更重要。"

你决定别人如何看你

一个人生存于世,心不死很重要。心不死,精神将是旺盛的,不死的心会燃烧明天,照亮今天。一个思想不腐的人精神永远都是活跃的、生动的、前进的。不管我们的人生之路多么阴沉黑暗,我们绝不能容许自己有所动摇。

若你过低地评价自我,当你和别人打交道时,别指望对方会尊重你。因为人们通常不会尊重一个为自己设下牢笼的人。自我评价过低的人,很难成功。他的成就不会超过他的期望。如果你期望自己能成功,如果想有一番自己的事业,如果对自己的工作有更大的抱负,那么,与自我贬低和不严格要求自己的人相比,你会更胜一筹。

如果你认为自己生不逢时,认为自己不能像别人一样成功,那么,你根本无法克服各种前进道路上的障碍。不断贬低自我,总认为自己是不会成功的人,会给人们留下相应的印象,因为常常是你认为自己怎么样,在别人看来你也就是那样了。

你如何评价自己,自己的能力、地位、重要性和社会角色,都会在你的表情上,你的行为举止、言谈交往中显现出来。如果你感觉自己非常平庸,那你就会有相应平庸的表现。如果你不尊重你自己,你会在脸上体现出这种不尊重。如果你自我感觉欠佳,那么,除了愈来愈糟外,你还能奢求什么呢?还能期待什么呢?

有位公司董事长,每次召开董事会时总是蹑手蹑脚的,就好像自己是一个无足轻重的人,仿佛他不能胜任董事长。他经常感到奇怪,在董事会中,为什么自己说话没有一点分量,为什么在董事会其他成员眼中威信那么低,甚至很少享有起码的尊重?这位董事长没有意识到,是他给自己贴上了无能的标签,是他总把自己装扮成一个无足轻重的人,是他让自己在别人眼里缺乏自信和自尊,如此种种,别人怎能尊重他?

为什么你要哭哭啼啼做人家的跟屁虫,畏首畏尾地追随别人呢?为什么你总是亦步亦趋地去模仿别人,而不敢求助于你本身的灵魂或思想呢?如果你清醒地认识自己的价值,如果你对未来充满信心,那么,你终将会取得丰硕的成果。

不管我们的人生之路多么阴沉黑暗,我们绝不能容许自己有所动摇。

自卑感人人都有

阿德勒是著名的奥地利心理学家,他认为:"自卑感并非什么坏的情感,或是变态的征兆。相反,它是每个人在追求更加优越的地位和完美的人生过程中难以避免的一种心理反应。关键在于如何对待这种自卑,是像孩子那样以此为借口选择逃避,事事依赖他人,还是勇敢地克服和超越自卑,走向成功的人生?”

在现代社会变化剧烈而竞争残酷的状况下,任何人都难免有自卑的时候,尤其是当昔日不如自己的人,如今却优越地站在面前时,人的心理会严重地失衡,那种自卑感更是难以忍受。

自卑感谁都会有,但不同的人可能有不同的选择——第一种人自惭形秽,被自卑所压倒,在消沉中委靡不振,陷入抑郁的情绪而不能自拔,形成恶性的“自卑情结”。第二种人因此而产生强烈的反抗情绪,急于改变自卑的地位,不顾他人的利益,极端自私,产生狂热的自我“优越情结”。由于他缺乏社会责任感和合作精神,同时过分妨碍他人,结局往往是失败的。第三种人是上述两者的中间型,他敢于克服和超越、能正视自己的自卑,懂得人是社会的动物,人与人之间既有冲突也有合作,而需要在合作中达成自我的成功,兼顾他人的利益。这是一种理性的健康的优越人格。这样的人才会无往不胜,如鱼得水。

因此对于一个自卑者,如何克服他的自卑心理有着重要的人生意义。

自信打败自卑

在心理学中,性格上的缺陷体现为自卑。自卑,即一个人对自己的能力、品质等作出偏低的评价,总觉得自己不如人,悲观失望,丧失信心等。在社交中,自卑者孤立、离群,抑制自信心和荣誉感。受到旁人的嘲笑、轻视或侮辱时,这种自卑心理会大大加强,甚至以畸形的形式,表现出嫉妒、暴怒、自欺欺人。自卑是一种低劣的、消极的心理状态,是成功的巨大障碍。自卑的人往往都是失败的俘虏、被轻视的对象,严重的自卑心理会令一个人颓废落伍、心灵扭曲。

征服畏惧,战胜自卑,不能止于幻想,夸夸其谈,而必须付诸实践。建立自信最快、最有效的方法,就是做自己担心的事,直到获得成功。

1. 挑前面的位子坐

各种形式的聚会中,各种类型的课堂上,人们总是先选后面的座位,大部分占据后排座位的人,都希望自己不会“太显眼”。而缺乏信心就是他们怕受人注目的原因。

坐在前面能建立信心。因为敢在人前,敢为人先,敢于将自己置于众目睽睽之下,就必须有足够的勇气和胆量。久而久之,便习惯成自然,自卑也就在潜移默化中变为自信。另外,坐在显眼的位置,就会放大自己在领导及老师视野中的比例,出现的频率也会大大增加,起到强化自己的作用。不妨试试,从现在开始就尽量往前坐。

2. 正视别人

眼睛是心灵的窗口,眼神会透露出性格信息,传递出微妙的情感。不敢正视别人,意味着自卑、胆怯、恐惧;躲避别人的眼神,表现出的便是阴暗、不坦荡。正视别人等于告诉对方:“我非常尊重、喜欢你;我是诚实的,光明正大的。”因此,正视别人,是积极心态的反映,是自信的象征,更是个人魅力的体现。

3. 改变行走的姿势与速度

许多心理学家认为,人们行走的姿势、步伐直接关系到其心理状态。懒散的姿势、缓慢的步伐是情绪低落的表现,反映的是对自己、对工作以及对别人的不愉快。倘若仔细观察就会发现,身体动作体现的是心理活动。那些受打击、被排斥的人,走路都拖拖拉拉,缺乏自信。反过来,改变行走的姿势与速度,可以调整心境。要表现出超凡的信心,走起路来应比一般人快。将走路速度加快,向世界宣告:“我要到一个重要的地方,去做很重要的事情。”昂首挺胸,步伐敏捷,会给人带来明朗的心境,会使自卑逃遁,自信陡生。

4. 敢于当众发言

面对大庭广众讲话,需要巨大的勇气和胆量,是培养、锻炼自信的重要途径。在我们周围,有很多天资颇高、思路敏锐的人，却无法发挥他们的长处参与讨论。其实不是他们不想参与，而是缺乏信心。

在公众场合，沉默寡言的人都认为："我的意见也许没什么价值，一旦说出来，别人可能会觉得很愚蠢，我最好什么也别说。而且，别人懂得比我多，我并不想让他们知道我是这么无知。"这些人常常安慰自己："等下一次再发言。"可是他们很清楚自己是无法实现这个诺言的。每次的沉默寡言，都体现了缺乏自信，都会使他愈来愈丧失自信。

从积极的角度来看，发言可以使信心增加。不论是参加什么性质的会议，每次都要主动发言。有许多原本木讷或者口吃的人，都是通过练习当众讲话而更加自信。

5. 恰到好处地用力握手

握手的方式也能将自身的秘密透露给别人。比如，许多人为了掩饰自己的缺点，握手的时候故意过分用力以示傲慢，其实是虚张声势。挤压式的握手方法，则是为了补偿其信心的缺乏。这种人的举动非常极端，以致无法让人相信他是一个真正有信心的人。安稳而不过分用力，适度地与对方握手，则是表示："我是生气勃勃、稳扎稳打的。"这才是代表着自信的握手方式。

6. 放大自己最得意的照片

热爱自己是获得幸福生活的先决条件，而讨厌自己则会感到生活非常痛苦。热爱自己的方式多种多样，其中之一就是利用自己的照片。

你的影集里收藏的照片中可以找到许多不同的自我。当你看到最不喜欢的表情时，可能会被一种低沉的情绪和寂寞所压制。这时，你就该另辟蹊径，找出最中意的照片，把它们放大后装入金边相框里，然后挂在屋中最显眼的地方。

每天都去欣赏，你就会获得有益的启示。把你最得意的照片挑选出来，每当你看到它时，便会出现一个明快、健康的自我，就会觉得信心百倍、干劲冲天，敢于向一切困难挑战。

所以说，与其注意电影明星的广告，不如认真地欣赏自我。

征服畏惧，战胜自卑，不能止于幻想，夸夸其谈，而必须付诸实践。建立自信最快、最有效的方法，就是做自己担心的事，直到获得成功。

虚荣心是什么？

18 世纪的著名诗人威廉·科贝特在他的《乡间行》中，曾这样描述资产阶级追求时髦的心态："摆上几把招眼的坐椅和一个沙发，挂起镶有金框的版画六七幅，装满小说的旋转书柜……许许多多的酒瓶酒杯和各种餐具以及甜食刀具……最糟的是客厅，还有地毯和拉铃！"这种热烈的攀比氛围和景象，生活在今天的我们恐怕是再熟悉不过了。

荀子说："人生而有欲。"有欲无欲是生命与非生命的分界。欲是生命的本质，所以说，人的欲望是天生的。但凡是生命，都属于一种群体，有群体便有差异与不同，便会产生嫉妒和攀比，于是便产生了虚荣心。所以说，虚荣心总是与攀比、嫉妒、追求等相伴而生的。

有人把虚荣心的表现分为以下 14 个方面。

(1)喜欢谈论有名的朋友亲戚或以与名人交往为荣。

(2)热衷于时髦服装，倾倒于外国的奢侈品。

(3)行事购物喜摆阔。

(4)海阔天空，不懂装懂。

(5)期待于一夜成名。

(6)对名著、影片只求夸夸其谈，一知半解。

(7)好表现自己，尤其想在大庭广众面前表现自己。

(8)好掩盖自己的不足。

(9)面对表扬沾沾自喜。

(10)面对批评耿耿于怀。

(11)内心冷淡,表面热情,讨好别人。

(12)找对象过分追求门第长相。

(13)婚礼摆阔气、讲排场。

(14)面子第一。

虚荣心理,危害极大。其一是妨碍道德品质的优化,不自觉地会有自私、虚伪、欺骗等不良行为表现。其二是故步自封、盲目自满,缺乏自知之明,阻碍进步成长。其三是导致情感的畸变。由于虚荣会令人心理负担加重,需求过多过高,自身条件和现实生活都不可能使虚荣心得到满足,因此,愤懑压抑、怨天尤人等负面情感逐渐滋生、积累,最终导致情感的畸变和人格的变态。虚荣心过重不仅不利于学习、进步和人际关系,而且对人的心理、生理的正常发育,都会造成极大的危害。

欲是生命的本质,所以说,人的欲望是天生的。

你容易产生虚荣心理吗?

虚荣心理的产生及其强弱与个体思想修养、心理品质有着直接的关系。除此之外,还受个体所处的生活环境及社会文化传统的左右。

1. 自尊心过强的人易产生虚荣心理

维护自尊是每个人都有的行为,每个人都喜欢听恭维、赞扬的话,这在一定程度上是人本性的显现。如果一个人的自尊心过于强烈,期望获得重视、尊重和赞扬,而自身又缺乏过人之处,其实力不足以令人称道时,则不得不寻求其他手段,如借用外在的、表面的,甚至是他人的荣光来弥补或替代自己实力的不足,以满足自尊。在此过程中,虚荣心理的产生在所难免。

2. 私心过重的人容易产生虚荣心理

私心过重的人会把个人利益放在首位,总希望自己时时处处胜过别人、超过别人。为了达到这一目的,常常煞费苦心地借用虚假的荣誉来掩饰个人的缺陷和不足,以抬高自己,显示自己的"过人之处"。

3. 缺乏自信的人容易产生虚荣心理

虚荣心理的产生往往是那些缺乏自信、自卑感强烈的人一种自我心理调节方式。这些人,为了缓解或摆脱焦虑和压力,试图通过各种自我心理调适方式,包括借用外在的荣耀来弥补自己的不足,以缩小自己与别人的差距,进而赢得他人的重视和尊敬,虚荣心便由此而生。

虚荣心理的产生及其强弱与个体思想修养、心理品质有着直接的关系。

战胜虚荣的方法

战胜虚荣心理有以下 4 个技巧:

1. 改变认知,认识到虚荣心的危害

虚荣心强的人,在思想上难免会有自私、欺诈、虚伪等因素,这与谦虚谨慎、光明磊落、不图虚名等美德是格格不入的。虚荣的人做好事是为了得到表扬,为此沾沾自喜,甚至不惜弄虚作假。他们想方设法遮掩自己的不足，不喜欢也不善于取长补短。虚荣的人外强中干，不敢袒露自己的心扉，造成心理负担过重。虚荣在现实中只能满足一时，长期的虚荣会滋生不健康的情绪因素。

2. 端正自己的人生观与价值观

不能脱离社会现实的需要，必须把对自身价值的认识建立在社会责任感上，正确理解权力、地位、荣誉的内涵和人格自尊的定义。

3. 摆脱从众的心理困境

从众行为既是积极的，又是消极的。对社会上的一种良好时尚，就要大力宣传，使人们从善如流，从众行为便会发生。如果社会上的一些歪风邪气肆意泛滥，也会造成一种压力，使一些意志薄弱者随波逐流。虚荣心理可以说是消极的从众行为所带来的恶化和扩展。例如，社会上流行吃喝讲排场，玩乐讲高档，住房讲宽敞。在生活方式上落伍的人为免遭他人讥讽，不管自己条件如何，盲目跟风，打肿脸充胖子，弄得劳民伤财，负债累累，这完全是一种自欺欺人的做法。所以我们头脑要清醒，面对现实，实事求是，从自己的实际出发去处理问题，摆脱从众心理。

4. 调整心理需要

需要是生理的和社会的要求在人脑中的反映，是人基本的活动动力。人有对饮食、休息、睡眠、性等维持有机体和延续种族相关的生理需要，有对美、认识、交往、劳动、道德等的社会需要，有对空气、水、书籍、服装等的物质需要，有对认识、创造、交际等的精神需要。人的一生就是在不断满足需要中度过的。可人与动物不同，马克思指出："饥饿总是饥饿，但是用刀叉吃熟肉来解除的饥饿不同于用手、指甲和牙齿啃生肉来解除的饥饿。"在特定的条件，有些需要是合理的，有些则不是。对一名中学生来说，对正常营养的要求是合理的，而不顾实际摆阔的需要就是不合理的。对符合学生身份、干净整洁的服装的需要是合理的，而为了赶时髦，过分关注容貌而去穿金戴银、浓妆艳抹的需要就是不合理的。要学会知足常乐，多思多得，以实现自我的心理平衡。

法国哲学家柏格森说："一切恶行都围绕虚荣心而生，目的都是为了满足虚荣心。"他的话虽然未必全对，但至少反映了真实的生活。让我们用实事求是的武器，去战胜虚荣心理吧！

如何调控情绪

良好的情绪是生活、学习、事业的内驱力，而不良、消极的情绪则会对身心健康、人际交往不利。因而，不断把自身情绪提升到有益于个人进步和社会发展的高度，是十分必要的。主动调控自己的情绪，你可以试着用理智来驾驭情绪，使自己逐渐成熟起来。

消极、不良情绪出现时，不妨试一试以下几种调控方法：

1. 注意转移，避免刺激

感到愤怒、忧伤、悲伤时，人的大脑皮层常会出现一个强烈的兴奋波，如果能有意识地调控和抑制大脑的兴奋过程，使兴奋波转换为平和状态，则可以恢复心理的平衡，使自己从消极情绪中解脱出来。例如，当自己苦闷、烦恼时，抛开苦闷的事不想，有意识地听听音乐、看看电视、翻翻画册、读读小说等，转移注意力。这样就可以把消极情绪转移到积极情绪上，淡化乃至忘却烦闷。再如，碰到难事先放一放，让自己的思维自由畅想，到幻想世界中去遨游；也可以和别人聊聊，免得在难解的事上钻牛角尖，给自己带来无端的烦恼。这样随着事过境迁，能心平气和地解决难题，化解矛盾。

2. 理智控制，自我降温

理智控制是指用意志和素养来缓解、抑制消极情绪的发生。自我降温是指努力使激怒的情绪降至平和的抑制状态。就是说，聪明的人可以及时意识到自己情绪的变化，当怒起心头时，察觉到不妥，应尽快地让自己冷静，主动控制自己的情绪，用理智减轻自己的怒气，使情绪保持稳定。林则徐把写有"制怒"的条幅挂在自己房内，那是为了提醒自己及时控制情绪；俄国著名作家屠格涅夫劝人吵架前，先在嘴里转十圈舌头，就是这个道理。

“牢骚太盛防肠断，风物常宜放眼量。”心理学家鼓励人们将消极情绪的困扰降到最低，要有正常健康的反应情绪，做到遇到忧愁而能自解，身居逆境而能超脱，这样才可以把消极情绪排除掉，有益于身心健康。

拥有“情绪温度计”

据悉，某村陈、黄两家邻居，因为一块晒麦场而发生争执，陈将黄家麦子一脚踢开，黄一气之下捡起砖块将陈打得头破血流，因伤势严重，黄被依法判刑18个月。当问及他犯罪动机时，他却只简单地回答：“我咽不下这口气！”现实生活中，因不制怒走上犯罪道路的例子屡见不鲜。如有的街坊邻居，为一只鸡鸭、一寸地基乃至一句闲话，动辄吵嘴打架，非要闹个明白。俗话说“小事是大事的源头”，小不忍则乱大谋，打架斗殴无赢家，往往两败俱伤，给家庭带来不幸，增添不安定的社会因素。居家过日子，邻里之间，难免结点疙瘩，碰了肩膀踩了脚。这些小事，只要彼此谦让谅解，心胸开阔些，自然烟消雾散。但遗憾的是，一些人心胸狭窄，为鸡毛蒜皮的事斤斤计较，动怒争气，大打出手，酿成悲剧，后悔晚矣。

自己怒火上头，一时难掩，该怎么办？建议你从生理来改变心理：

首先要闭上嘴，因为生气时舌头就好比一把利剑，容易刺伤人；

接着深呼吸，恢复心跳、血压的平稳状态；

或者离开现场找个安静的环境，避免让事情更糟；

盛怒时，跑去照镜子，看见自己滑稽的生气样子，忍不住扑哧笑出来就会好很多。

此外，注意记录自己的情绪，并写下动怒的原因，这种训练有助于自我察觉、控制怒气。

第一，将情绪温度计分为10分，将一天分为七段落。例如一早抢停车位失败，还没进办公室就在电梯前和部门经理吵架，那就只给自己2分。

第二，了解自己一天情绪的起伏变化后，接着自问原因，并就此解释。例如，为什么给8分？喔，原来下午3点，很高兴听到窗外小鸟吱吱叫。专家曾经要求参加情绪管理的成员忠实地记录自己的情绪，结果发现每天的情绪波动受周遭环境的影响非常大。记录久了，察觉力也变得非常敏锐，“即使生活中很细微的情绪飘过，也不放过”。

专家强调，建立自己的情绪温度计，对于生气的原因和时段就会更清晰。一旦接近情绪高温期，可以赶紧做准备，例如事先给同事打预防针，免得被无名火“烫伤”。

察觉情绪，建立自己的情绪温度计，学习理智地从大局看待人生的挫折，才能真正掌控自己的情绪。

不以物喜很难

某单位一个年轻人日子过得安分守己。有一天，他突然得到通知，一位从未听说过的远房亲戚在国外去世了，临终指定他为遗产继承人。

那是一个珠宝商店，价值万金。年轻人欣喜若狂，开始忙碌着为出国做种种准备。待到一切就绪，即将动身，他又得到通知，商店被大火烧毁了，珠宝也丧失殆尽。

年轻人空欢喜一场，重返机关上班。从此，他像变了个人似的，整日愁眉不展，逢人便诉说自己的不幸。

“那可是一笔很大的财产啊，我一辈子都挣不到。”他说。

“你不是和从前一样，没损失什么吗？”他的一个同事问道。

“这么一大笔财产，怎能没什么损失呀？”年轻人心疼得叫起来。

“一个你没有去过的城市，有一个你从未见过的商店遭了火灾，这与你有什么关系呢？”这个人看得很开。

不久以后，年轻人因为抑郁症去世了。

不以物喜，不以己悲，的确是很高的境界。

抑郁症如何治疗

俗话说“心病还须心药医”。抑郁症病人病前大都有一定的诱因，如挫折、遭受不幸等，同时伴随低落、抑郁的情绪产生悲观、失望和孤独、无助感。这些情况，一般来说可以用心理治疗，即“用心药来医”。根据国外近20年来的临床研究发现，抑郁症病人中有相当一部分经过心理治疗或多种治疗方法（合并药物）的处理或帮助可以得到治愈或缓解。

对抑郁症病人比较适合采用心理治疗。首先，它不会产生像药物治疗和电休克治疗所致的生理副反应，因此对那些不能用微电休克治疗的病人来说比较适用。第二，临床上约有10%～30%的难治性病人，即药物对这些人是没有作用的，可以合并心理治疗以取得效果。第三，抑郁症症状可以通过药物缓解，但停药后相当一部分病人仍会复发或在今后的生活中遇到挫折又会出现抑郁，而心理治疗可以让病人学会怎样面对以及适应挫折，调节自己的心理平衡，即所谓的“吃一堑，长一智”，使病人的心理、社会适应能力都得到提高。另外，药物和电休克的治疗效果在4～6周内出现，而心理治疗6～8周后才会出现效果，即它的疗效出现时间较慢，但疗效较稳定，不要因为2～4周未见疗效就放弃心理治疗。

根据不同的抑郁表现和临床医生的擅长方向，选择不同的方法进行心理治疗。这就像溃疡病的治疗，可以用西药、中药或外科手术治疗。如果病人一直是郁郁寡欢、悲悲切切，像《红楼梦》中的林黛玉一样，可以采用支持、安慰或心理动力学的治疗，着重消除自卑心理，提高自信。如果病人表现为不善交际，处理不好和领导、同事之间的关系，孤僻、退缩和与社会隔离，可以采用人际关系指导、社交技巧训练，帮助其学会如何与人交谈和交往，同时使其认识到人是社会性的，不可能离开社会，每日要与人打交道，从而提高病人的社会适应性和交往能力。如果病人因为家庭破裂、婚姻矛盾等出现了抑郁、悲观和绝望，可以考虑采取家庭关系咨询协调、夫妻指导，以及性心理等方面的心理治疗，解决处理婚姻和家庭问题，从而缓解抑郁症状。

抑郁症病人病前大都有一定的诱因，如挫折、遭受不幸等，同时伴随低落、抑郁的情绪产生悲观、失望和孤独、无助感。

抑郁症的自我调适

情绪低落，生理、心理方面的原因都有。对其中任何一种原因引起的情绪低落都应重视，即使是容易被忽视的因素，也会像麦秸一样，太重了也能将骆驼脊背压断的。

以下方法能帮助你预防和调适抑郁症：

注意睡眠、饮食和运动。我们不可忽视那些会诱发低落情绪的基本生理因素。如果你睡眠不佳，食欲不振，任其发展下去，你就很容易出现低落情绪，因为日常活动耗尽了你的精力，很快就会把你压垮。失眠是低落情绪常见的结果，反过来它又很容易引发抑郁症。在抑郁症发作期间，你很难直接解决失眠,因为你需要集中精力对付抑郁症。因此养成良好的睡眠习惯很重要。

明确你的价值和目标。检查一下你的人生目标和价值,思考一下自己是如何生活的。反复出现低落情绪的一个重要原因是你实际做的事情不同于你所看重的事。这种不相称本身表现得并不明显,都表现为莫名的抑郁情绪。

举一个简单的例子。

表面看起来很成功的马六,在大学时成绩不错,取得学位之后,他加入一个大企业。他挣了很多钱,却患上了抑郁症,寻求专家帮助,通过心理治疗才弄清,原来他在乎的并不是自己的成就。渴望他的工作能对别人有更加直接的利益,才是他的人生价值。于是他开始寻求别的职业。有一个职务能让他应用自己的财务专业知识为社会服务,虽然这个职务薪水不多,他还是毅然接受了,因为他相信工作中的乐趣来源于对工作的热爱。他获得了这个职务,两年之后,虽然情绪仍然时有起伏,但病情却得到了改善。

写一份个人目标和价值的说明书,它能帮助你评价目前的工作和个人生活是否符合你的价值观。如果不是的话,它能帮助你找出最有利于改善抑郁症的方案。

别浮躁,把心境调平和些

荀子是我国古代大思想家,他在《劝学》中说,蚯蚓没有锋利的爪牙、强壮的筋骨,却可以吃到地面上的黄土,也能够喝到地下的水,就是因为它用心专一。螃蟹有八个脚和两个大钳子,但是它不靠蛇鳝的洞穴,就无处寄居,原因就是它浮躁而不专心。

现代生活变化太快,昨天还是潮流,如今已过时。快节奏生活,快节奏工作,人们把“时间就是金钱”挂在嘴边上,因而变得越来越浮躁。

由于浮躁,大学生刚毕业就希望自己一年就挣到100万元,可一年后一个正当的工作也没找到。

由于浮躁,遍地都是假冒伪劣产品、盗版书刊。

由于浮躁,一般企业虽然有不错的前期势头,刚发展到了几千万资产,就要多元化经营;刚挣到了几个亿,就誓要几年之内进军世界500强。于是就盲目扩张,耳根发硬,头脑发热,听不进别人的意见,看不到企业经营中的风险。

西方有句名言:“罗马不是一天建成的。”脚踏实地,克服浮躁心理,方有可能成就大事。

浮躁的特点

浮躁指轻浮、轻率、急躁,做事无恒心,见异思迁,不安分,成天无所事事,总想投机取巧,脾气大。浮躁是如今常见的一种病态心理表现。其具有以下特征:

1. 心神不宁

面对社会的急剧变化,不知所为,心里无底,对前途无信心。

2. 焦躁不安

表现为一种情绪上的急躁心态,急功近利。在与他人的攀比之中,更显出一种焦虑的心情。

3. 盲从、冒险

由于焦躁不安,情绪取代理智,便会盲从行事。行动之前缺乏思考,只要能赚到钱,即使是违法乱纪的事情也会做。这种病态心理也是当前犯罪违纪事件增多的一个重要原因。

浮躁指轻浮、轻率、急躁,做事无恒心,见异思迁,不安分,成天无所事事,总想投机取巧,脾气大。

浮躁心理对少年无益

浮躁心理是当前一种常见的青少年通病,表现为行动盲目,缺乏思考和计划,做事心神不定,缺乏恒心和毅力,不能脚踏实地,见异思迁,急于求成。有的孩子看到歌星挣大钱,就想当歌星;看到企业家神气,又想当企业家,但又不肯努力去实现自己的理想。还有的孩子有一大堆的兴趣、爱好,干什么事都没有长性,今天学绘画,明天学电脑,三天打鱼两天晒网,忽冷忽热,最终难成大事。

孩子浮躁心理的产生主要有以下几种原因:

1. 家长的影响

在社会变迁日新月异的形势下,不少家长对矛盾的心理无法适从,表现出患得患失、心神不安、急功近利,由此产生急躁,这种心理往往会影响到子女。

2. 与遗传有关

心理学的研究表明,神经类型不平衡的人容易急躁、沉不住气,做事易冲动,注意力易分散。

3. 意志品质薄弱

有的父母一味地灌输孩子知识,却不知培养孩子坚定的意志品质,因而造成有的孩子学习怕苦怕累,做事缺乏恒心,急躁冒进。

针对孩子浮躁的心理,父母应指导孩子注意以下问题:

1. 教育孩子立长志,而不是常立志,这点十分有助于防止孩子浮躁心理的滋生和蔓延

帮助孩子立志的父母,要注意两点:一是立志要扬长避短。有的孩子立志经常不考虑自己的条件,而是凭心血来潮,或看到社会上什么挣大钱,就想做什么工作。这种立志者多数是要受挫的,父母应该告诫孩子,从自身出发确立目标,才有希望成功,千万不要赶时髦。二是立志要专一。俗话说"无志者常立志,有志者立长志"。父母要教育孩子志不在于"立"而在于"恒"的道理,要防止孩子"常立志而事未成"。

2. 重视孩子的行为习惯

一是教育孩子在做事前先思考,后行动。比方出门旅行,要先决定目的地与路线;演讲时先把讲稿准备好再上台。父母要引导孩子在做事之前,经常问自己这样一些问题:"为什么做? 希望什么结果? 最好怎样做?"并在纸上写下具体答案使目的明确,言行、手段具体化。二是要求孩子做事情要有始有终。踏踏实实,不焦躁,不虚浮,不能一下做成的事就一点儿一点儿分开做,积少成多,最后即可达到目标。

3. 有针对性地"磨炼"

父母可以采取一些措施,"磨炼"孩子浮躁的心理。如指导孩子练习书法、学习绘画、弹琴、解乱绳结、下棋等,以锻炼孩子的韧性和耐心。此外,还要指导孩子对自己的浮躁情绪加以控制。例如,做事时,孩子可用语言进行自我暗示,"不要急,否则会坏事。""不要这山看着那山高,这样会一事无成。""坚持就是胜利。"只要孩子坚持不断地进行心理上的练习,就会慢慢把浮躁的毛病改掉。

4. 用榜样教育孩子

身教重于言教,父母首先要做好榜样,改掉浮躁的毛病,为孩子树立勤奋努力、脚踏实地工作的良好形象。其次,鼓励孩子用榜样如发明家、劳动模范、革命前辈、科学家、文艺作品中的优秀人物以及周围的一些同学的优良品质来对照检查自己,督促自己把浮躁的毛病改掉,教育培养其坚忍不拔、勤奋不息的优良品质。

浮躁心理是当前一种常见的青少年通病，表现为行动盲目，缺乏思考和计划，做事心神不定，缺乏恒心和毅力，不能脚踏实地，见异思迁，急于求成。

自我调适浮躁

浮躁心理自己可以调适。

在攀比时要知己知彼，有比较才有鉴别，获得自我认识的一种主要方式就是比较。比较要得法，否则就无法去比，不然会得到虚假的结论。知己知彼才能知道是否具有可比性，以免心理失衡，产生心神不定、无所适从的感觉。

自我暗示。自我暗示是一种简捷实用的控制情绪的好方法。例如你可这样暗示自己：无论面对怎样的处境，总有一种选择是比较好的，我要用理智来控制自己，决不让情绪来主导我的行动。只要控制好自己的情绪，就是一个快乐的人，一个无往而不胜的人。

开拓当中要有务实精神，要实事求是，做好每一件事情。

遇事要善于思考，从实际出发考虑问题，不能跟着感觉走。命运应掌握在自己手里，道路就在脚下，切实地做一个实在的人。

笑对逆境

遇到困境要用微笑来对待，用豁达的心态面对我们遭遇到的一切打击，那么，所有的困境和打击都会在我们的微笑前迎刃而解。

> 有这样一个故事。一个穷苦的妇人在百货店里，带着一个约4岁的男孩闲逛。走到一架照相机旁，孩子拉着妈妈的手说："妈妈，我们一起照相吧。"妈妈弯下腰，把孩子额前的头发拢在一旁，很慈祥地说："你的衣服太旧了，不要照了。"孩子沉默了片刻，抬起头来说："可是，妈妈，我仍会面带微笑的。"

听完这个故事，我们已被那个小男孩感动了。试问一下，如果在生活中，我们像小男孩那样贫穷、衣衫褴褛，甚至一无所有，我们会像他一样从容、坦然、开怀地微笑吗？我们相信，在这个世界上，没有任何一样东西能比一个灿烂的微笑打动人心。

无论我们身处何方，无论我们身兼何职，无论我们遇到了怎样的困境或遭到了多么大的挫折和打击，都要微笑着接受。那么，一切的不幸和困惑都会屈服在我们的微笑之下。人类最简单、最易懂的语言就是微笑，它能消除人与人之间的隔阂，化解人与人之间的坚冰。一个微笑便可以抚慰自己的心灵，让生活充满了阳光雨露。

既然我们知道挫折、困境，甚至不幸的遭遇都是人生中难免的，那我们为什么不能坦然乐观地去面对这一切，始终微笑着呢？自强不息是我们生命中蕴含着的不可阻挡的力量，这种力量会让我们遇到的一切困难如轻烟一般随风飘散，然后彻底地消失。

记住：尽量消除或减少悲观、消极的情绪，每天都努力在你生活的周围去寻找让我们开心和快乐的事情。

沙漠里的星星

一切问题都不是我们所想象的那样糟，关键在于我们对它抱以什么样的态度，没有什么解决不了的。

第二次世界大战期间，一位英国妇女玛莉随她的军官丈夫驻防在北非的埃及，他们住在靠近沙漠的营地里，条件非常差。

他们居住的木屋总是闷热难当，即使阴凉的地方气温也有30多度，狂风裹挟着沙土总是呼呼地吹个不停。军营里没有几个家属，周围住的土著民又不会英语，生活毫无色彩，日子实在难熬。而且丈夫经常外出执行任务，这让一个人在家的玛莉总是感到非常寂寞。

她给远在祖国的父亲写信倾诉，多少流露出要回家的意思。很快她便收到了父亲的回信，信中写了这么一句话："有两名罪犯透过监狱的窗户向外望，一个看到的是高墙和铁窗，一个看到的是月亮和星星。"

父亲的信玛莉看了又看，想了又想，觉得父亲说得很对。"好吧！"她振作起精神，"我这就去寻找月亮和星星。"于是她走到屋外，和邻近的土著黑人交朋友，并请他们教她烹饪当地的食品，用泥土做成陶器。刚开始交往并不容易，但他们很快就热情地接受了她，玛莉也开始融入其中，渐渐地迷上了这里的风土人情。

不久之后，玛莉还开始研究起了自己曾经讨厌的沙漠。很快，沙漠在她眼中成了神奇迷人的地方。她经常在土著民的帮助下到沙漠的深处探险，听当地人讲沙漠的特点，还让远在伦敦的亲友帮她寄来了所有可以找到的有关沙漠的著作，认真地阅读。她还将自己对沙漠取得的点滴知识记录了下来，生活因此变得充实，甚至有些忙碌了。

第二次世界大战结束后，由于不断在非洲、中东的沙漠发现石油，人们对沙漠的认识和兴趣都大增，玛莉因为她的知识成为了英国知名的沙漠专家。

几十年后，当有人向玛莉问起事业成功的经验时，她总会提及有关月亮、星星的事情。她说："是父亲教给了我对生活的态度，这种态度激励了我的生活和事业，使我终身受用。"

一切问题都不是我们所想象的那样糟，关键在于我们对它抱以什么样的态度，没有什么解决不了的。

在希望中前行

有希望目标也就不远了，每天给自己一个目标，给自己一点信心。希望是什么？是引爆生命潜能的导火索，是激发生命激情的催化剂，每天都有目标相伴，我们也会朝气蓬勃，激昂澎湃，哪里有空哀嚎、抱怨，将生命浪费在一些无聊的琐事上？生命是有限的，但希望是无限的，每天要尽量鼓励自己，有一个希望，我们就能够拥有一个丰富多彩的人生。

当法国被战争的浓浓硝烟笼罩的时候，一群艺术家住在一个破烂的房间里，他们中有音乐家、作家、诗人，还有画家。贫穷的人们挤在一栋房子里相互帮助着，而冬天的寒冷和疾病缠绕着他们。在每天面包和水都岌岌可危的日子里，能扛得住的人不多，隔不多久，就有人被抬出这栋破房子。在房子对面的矮墙上曾爬满了常春藤，可冬天的风夺去了鲜活的生命。

在房子最下一层一个房间里有两位姑娘，她们极可能是未来巴黎舞台上的舞蹈家，但现在她们中的一位因疾病来袭已经躺在床上很久了。缺乏食物的人们更无力承担医药费用，在早晨，病床上的姑娘对自己的同伴说："在对面的矮墙上，我可以看见上面还有五片树叶，只要还剩一片树叶，我就会看到下一个春天的来临。"姑娘了解自己的病情已十分严重，医生也很苦恼。每一天,姑娘睁开双眼去看对面矮墙上的树叶。狂风吹过,树叶一一掉落,到了第三天,只有一片树叶残留在墙上了。

她的伙伴心急如焚,来到同一栋楼的老画家那儿,请求他去帮帮忙,把那片树叶务必留在墙上。同样一贫如洗的画家对那位好心的姑娘说:“风太大,树叶也很脆弱,一定会掉的,我也没有办法,冰天雪地的又怎么去想办法呢?”大家都充满悲伤地等待着明天,希望姑娘能活到明天。第二天早上,姑娘睁开双眼,疲惫而又欣喜地说:“我就知道还会有一片绿色的树叶悬挂在枯萎的藤蔓上。”

她不知道那是老画家晚上提着灯,赶在天亮前在矮墙上画上了一片绿叶,给了她一个希望。

希望可以打开你通往理想的大道,它是我们能够拥有的最高贵的情绪。希望可以给我们的生活带来光明、热情和奇迹,犹如黑暗中的明灯,成为我们生命中永远不疲倦的动力。希望是我们解读内心困惑、阅读情感的中心环节,永远不能被抛弃,因为它能带领我们冲破一切艰难、挫折,告诉我们付出的一切辛酸和泪水都是值得的。

希望还是我们快乐的源泉。它赐予我们无限的激情和能量,蕴含着无穷的机会、变化、快乐和成就,假如希望无声无息地流走,就迅速变成失望和绝望。当我们拥有希望时就要准备去容忍失望,这样即便是失落后我们还能重拾希望和信心。假如希望被挫折挡路,转为失望,那么绝望的心理就开始不再追寻出现的转机,对其他事物也失去兴趣。这对任何人都是危险的。

有希望目标也就不远了,每天给自己一个目标,给自己一点信心。

明天是新的一天

如果今天你难以自制地陷入悲观的情绪中,那就一定要把明天过好,也许明天会更好。但是现实终究很残酷,今天的困难也可能难以克服,这都是正常现象,只要坚信“明天会更好”,心里永远对未来有信心,就没什么克服不了的。迈向成功的道路有很多,锲而不舍的人终将会有收获。

当你相信自己将有光明的前景时,你的精神会很振奋,生命也便呈现出新的意义。所有的压力都被你视为动力,那些困难、险境也无非是黎明之前短暂的黑暗,它们在你强大的信心和勇气面前渐渐失去了威风,你会慢慢以打败他们为乐。因为你知道,战胜它们之后,你将更加坚强,更加成熟,收获会更多。希望,给了你前进的动力和信心。

希望会让你变得更加乐观。一个积极思考者常会有意识地使自己保持心情愉悦。你希望快乐,便会找到快乐。你寻找什么,便会发现什么。这正是保持快乐的法则之一。

希望让我们的未来越来越近,它让我们期待着明天的生活会做出一些改变或有一些事情的发生,我们会因此而投入精力。所以希望不仅反映了对现状改变的期盼,也暗示着我们的内心对现状的不满。我们对生活中的许多事情满怀期待。我们渴望父母身体健康永远快乐;希望我们的爱情天长地久;希望工作一切顺利。无论我们的期望是积极的还是消极的,都包含了对未来、对明天变化的愿望和期待。

在你的个人经历中也一定有这样的情况:你对大塞车很讨厌,但是你忍受了,因为你必须工作,才能使家人过上好的生活。你或许不喜欢每天花十几个小时全神贯注地阅读课本,然而你却这么做了,因为你有很多考试要去应付,从而使你的前途更加光明。为了能够和孩子们一起度过周末下午,你没有社交场合。为了在足球队争得一席之地,你加强体育训练。你节省下来原本可以花在自己身上的钱,却要买昂贵礼物送人。

我们都会把时间、金钱、注意力以及精力投注在一件事情上,但在做这件事情时并不一定都感到愉快，有些反而会使人心情低落，有的甚至让人感到非常痛苦。但不管怎样，我们接受了这些痛苦，因为我们清楚，这些痛苦将把我们指引到更崇高的未来，相信我们的未来还有希望。

如果今天你难以自制地陷入悲观的情绪中，那就一定要把明天过好，也许明天会更好。

成败在你心中

人脑会充斥多种潜意识，就有如电脑程序，直接影响这种机制运作的结果。如果你在潜意识中认为自己很失败，你会不断地在自己内心的“屏幕”上看到一个无精打采的自我，听到“我不长进、没有出息”这一类的负面信息，之后会有自卑、无奈等不良情绪出现，而后你在现实生活中便注定会失败。

相反，倘若你内心就觉得你会成功，你会不断地在你内心的“屏幕”上见到一个意气风发、神清气爽的自我，听到“你做得很好，但你会做得更好”这一类的激励信息，然后感受到喜悦、自尊、快慰与卓越，那么你一定会成功。

有一个大家非常熟悉的故事：

两人相约一起赶赴考场，路上他们遇到了一支出殡的队伍。看到那一口黑乎乎的棺材，其中一个秀才顿时感觉不妙，心凉了半截，心想：完了，真触霉头，赶考的日子居然碰到个倒霉的棺材。于是，心情一落千丈，走进考场，脑海一直出现那个场景，结果，文思枯竭，果然名落孙山。

而另一个秀才虽看到棺材时心里也“咯噔”了一下，但转念一想：棺材，那不就是有“官”又有“财”吗？好兆头，应该是说我有好运，一定高中。于是大喜，情绪高涨，走进考场，文思如泉涌，一举高中。

回到家里，两人都认为“棺材”的预言很对。

著名心理学家艾利斯说：“人的情绪主要根源于自己的信念以及他对生活情境的评价与解释的不同。一个人怎样想就会有怎样的结果。”第一个秀才未中举，是他因为情绪不好而使头脑不好使，另一个秀才之所以金榜题名，是因为看到令他感到“好兆头”的棺材而情绪高涨。

现实生活中，有人面对挑战会担心害怕，也有人会因为挑战巨人而使自己快速成为巨人；有人面对失败会一蹶不振而选择自杀，也有人会因为战胜失败而成就一番更大的事业；有人会因为受不了上司的严厉而跳槽走人，也有人会因为“严师出高徒”而使自己能胜任更复杂的工作，晋升到高位；有的人因业绩不好而不断抱怨公司，抱怨顾客，也有人因为产品卖不出去而创造出大受市场欢迎的新产品与新服务。

所有的一切都验证了艾利斯的理论，也正如叔本华所言：“事物是客观的，对人影响几乎为零。人们仅是被动地接受对事物的看法。”

没有不可能

“最大的成功”总是保留给具有“我能把事情做得更好”的态度的人。

面对困难，你真正需要做到的是学会思考，认真积极地思考。积极思考有着超人的能量，任何一种困境我们都可以通过积极的思考来解决。

实际上，人的一生中会遇到很多的问题，只要静下心来认真思考，就会找到解决方法。

马丁博士小的时候,学校里有一位令他难忘的好老师。他常常会突然无缘无故地停下讲课,走到黑板前写下两个好大好大的字:不能。然后转过头来,笑问全班同学:“我们该怎么办?”同学们就会高高兴兴地对他说:“把‘不’字去掉。”老师拿起黑板擦,把“不”字擦掉,“能”就出现在黑板上了。

生活中这种教育是我们必需的,每个人都要让自己记住,把“不”字去掉,就只剩下“能”了。如果“不能”这个词在心中扎根,就会让我们觉得做什么都注定失败。

倘若你总是对自己说“能”,把消极思想所带来的灰尘污垢去掉,每天都以清醒的头脑开始新的一天,这种积极情绪的积累一定会带给你成功的。

18 岁的克鲁斯在报纸上看到招聘启事,恰巧符合他的工作需求。第 2 天早上,当他准时前往应征地点时,发现已有 20 个人等着应聘。如果换成另一个意志薄弱、内心自卑的男孩,可能会因此而打退堂鼓,但克鲁斯并没有那么做。

克鲁斯认为自己应该动动脑筋,运用智慧想办法解决困难。他不让自己想不好的事情,而是认真用脑子去想,于是,一个点子出现了!

克鲁斯取出一张纸,写了几行字,然后走到秘书桌前,很有礼貌地说:“小姐,请你把这张便条交给老板,这件事很重要,谢谢你!”

老板打开纸条,笑了起来。上面是这样写的:“先生,我排在 21 位。请不要在见到我之前做出任何决定。”

克鲁斯如愿以偿地进入了这家公司。

你不认为克鲁斯应该得到这份工作吗?像他这样会思考的男孩无论到什么地方都一定会有所作为。虽然他年纪很轻,但他会想会思考,他已经有能力在短时间内,抓住问题的核心,然后全力解决它,并尽力做好。

要想成功,养成积极思考的习惯很重要。人必须调整心态,直到将否定思考转变成肯定思考为止。

应该遗忘的:我办不到;我试试看;我没法了;我早就应该;可以如此;有一天;如果;但是;问题;困难;压力;担心;不可能的。

应该记住的:我办得到;我将这样做;我希望这样做;我会这样做;我的目标;今天;下一次;我了解;机会;挑战;动力;兴趣;可能的。

有张有弛,忙里偷闲

泰戈尔在《飞鸟集》中写道:“休息之隶属于工作,正如眼睑之隶属于眼睛。”“不会休息的人就不会工作,只有休息好了,才能更好地工作,才会有更好的生活。”我们崇拜陈景润,但我们不赞成他那种不顾一切、废寝忘食,以致英年早逝的遗憾人生。

人生就像登山,目的并不是登山,而应着重于攀登中的观赏、感受与互动,如果忽略了沿途风光,登山的乐趣会少很多。人们最美的理想、最大的希望便是过上幸福生活,而幸福生活是一个过程,不是忙碌一生后才能到达的一个顶点。

古人云:“一张一弛,乃文武之道。”生活节奏不要太快,应该忙中有闲。人生就像条弦,太松了,不会有好的曲子,太紧了,容易断,只有松紧合适,优雅的曲子才会弹出来。

俗话说:“磨刀不误砍柴工。”娱乐休闲与工作不是水火不容的。工作时要聚精会神,高效运转;放松时就放松,不想工作,不要总是牵肠挂肚,去钓鱼、去登山、去观海,想干啥就干啥。

其次就是工作休闲应该搭配得当,千万不可忙的时候特别累,闲的时候又太闲。可以隔三差五地安排一个小节目,比如雨中散步、周末郊游等。适时地忙里偷闲,可以让人从烦躁、疲惫中及时摆脱,让精力充沛以应付以后的工作。

泰戈尔在《飞鸟集》中写道："休息之隶属于工作，正如眼睑之隶属于眼睛。"

让运动放松心情

运动到底有什么好处？很多人都知道运动可以加速血液循环，增加机体免疫力等。但你是否知道，运动亦可以解忧。

许多人可能对此持怀疑态度，因为大部分人都觉得，运动在心情好的时候才会做，生气烦恼的时候哪有闲心去运动啊？但事实就是如此，由不得你不信。运动可使你暂时不去想沮丧的事，并产生快感。看过外国影片《阿甘正传》的朋友都知道，阿甘喜欢的女人走掉后，他便开始跑步，天天不停地跑，虽然阿甘自己说他跑步没有理由，就是想跑，实际上跑步减轻了他的沮丧情绪，而也正是他跑步的执著精神感动了女友，使其回心转意和他重归于好。

所以，心情好的时候可以参加运动，作为休闲娱乐活动，而心情烦闷的时候也可以去运动，可以放松心情。让自己快乐起来的方法很多，同样，运动也有很多方式。跑步、钓鱼、登山、骑马……只要你喜欢，什么都可以。

此外，运动就是运动，要抱有单一的目的，就像电影《阿甘正传》里的阿甘那样，想跑就跑，不是为了引起谁的关注，也不为得一些奖励。比如说没事时去打篮球，最好把它看成是一项休闲活动，打球本身并不是目的，不要太看重比赛结果，否则便会平添许多烦恼，达不到放松的目的。因为若是将目光集中在输赢上的话，那一点小小的失败都会让人产生挫折感，如此一来，运动反而成为紧张疲倦的诱因，达不到休闲娱乐的效果。

运动可使你暂时不去想沮丧的事，并产生快感。

教你几招放松疗法

放松疗法又被形象地称为松弛方法，它是一种通过训练有意识地控制自身的心理生理活动、降低唤醒水平、改变机体紊乱功能的心理治疗方法。实践表明，心理生理的放松，均有利于身心健康，还有治愈病症的效果。

事实上，人们很久以前就在使用放松的方式来养生颐寿。像我国的气功、印度的瑜伽术、日本的坐禅，都有放松身心的功效。

放松疗法认为一个人的心情反应包含"情绪"与"躯体"两部分，假如能改变"躯体"的反应，情绪也会变的。至于躯体的反应，除了受自主神经系统控制的"内分泌"系统的反应不宜随意操纵外，受随意神经系统控制的"肌肉"反应，是可以由人自身的意念控制的。也就是说，经由人的意识可以把"肌肉"控制下来，再将"情绪"控制住，使其不再紧张，建立轻松的心情状态。在日常生活中，当人们心情紧张时，不仅情绪不好，心情很糟，连身体各部分的肌肉也变得紧张僵硬；若是人的紧张情绪过去了，肌肉还是僵硬，即可通过按摩、沐浴、睡眠等方式让其松弛。基于这一原理，"放松疗法"的过程就是通过一定训练，使人能随意地把自己的全身肌肉放松，从而保持心情舒畅。

下面介绍一些具体的方法：

深呼吸。除了正常生活所需外，吐纳之法还可以清醒头脑，熨平纷乱的思绪。所以当你因压力太大而心跳加快时，尝试使身心放松下来，做几个深呼吸。进行深呼吸，能增加血液中的氧，对心情很有益处。用胸部快速浅呼吸只能导致心跳加快，肌肉紧张，会增加压力感。最合适的呼吸是要保持腰带宽松，双手扶下腹，均匀平缓深呼吸。篮球运动员在投罚球前都会做一个深呼吸，目的正是放松身心。

想象。听起来很新鲜，其实研究证明想象能有效减轻压力。例如把自己想象成正在享受热水沐浴，在草地漫步，虽然没有看见，但却闻到兰花香，踩着鹅卵石在没膝深的溪水中探行，想象海水一遍一遍地拍打沙滩。要注意想象一些声音、景象、气味等细节。

自我按摩。按摩属中国气功的分支之一，全身保健按摩是活动全身的皮肤。穴位按摩是手指点按几个穴位，其中有印堂、风池、太阳、内关、外关、足三里和涌泉，还有肩和颈部。按摩时再加上深呼吸进行意念循环。

气功。气功是中国很早就有的一门学问，是意念、动作、呼吸相结合的功夫，我们可以曲膝马步蹲裆，上体笔直，吸气，双手缓缓往上举，平肩，呼气时双手慢慢放下，多做几次。

放松疗法认为一个人的心情反应包含“情绪”与“躯体”两部分，假如能改变“躯体”的反应，情绪也会变的。

从另一面看问题

在公车上被急急忙忙跑上车的乘客狠狠踩了一脚，你怒不可遏，刚想发作，对方说了一声“对不起”，你忽然想起上次不小心踩了一位时髦姑娘的脚，结果遭她一通臭骂……于是你想到，眼前这位乘客真的是不小心……

如果我们能从另一个角度看人，缺点也可能变为优点。一个固执的人，你可以把他看成一个信念坚定的人；一个吝啬的人，你可以认为他很节俭很会过日子；一个城府深的人，你可以把他看成一个能深谋远虑的人；一个自大的人，你可以把他看成一个自信心强的人；脾气很暴躁的人，你可以把他看成是一个感情丰富的人。

拥有好情绪，学会从不同角度审视问题。如果你总觉得你对社会、对他人付出很多，而没有得到回报，那就多想想过去他人的优点和好的方面。

安徒生有一则名为《老头子总是不会错》的童话故事：

> 一对农村老夫妇生活很清贫，有一天他们想把家中唯一值点钱的一匹马拉到市场上去换点更有用的东西。老头赶着马去了集市，他先与人换得一头母牛，又用母牛去换了一只羊，再用羊换来一只肥鹅，又把鹅换了母鸡，最后用母鸡交换了一袋子烂苹果。
>
> 在每次交换中，他总想着让老伴高兴一把。
>
> 当他扛着大袋子来到一家小酒店歇息时，遇上两个英国人。闲聊中他谈了自己赶集的经过，两个英国人听后哈哈大笑，说他回去准得挨老婆子一顿揍。老头子对其置以否认，英国人就用一袋金币打赌，二人便跟随老头回了家。
>
> 老太婆看见老头从集市回到家，非常高兴，她兴奋地听着老头子讲赶集的经过。每听老头子讲到用一种东西换了另一种东西时，她都发自内心地表示出对老头的钦佩。
>
> 她嘴里不时地说着：“哦，我们有牛奶了！”
>
> “羊奶味道也很好。”
>
> “哦，鹅毛多漂亮！”
>
> “哦，我们有鸡蛋吃了！”
>
> 最后听到老头子背回一袋已经开始腐烂的苹果时，她也没有发火，大声说：“我们今晚就可以吃到苹果馅饼了！”
>
> 结果，英国人的一袋金币输给了老头。

老太太的心很宽，她知道老头是为了给自己一个惊喜，所以并不责怪他得到的东西一次比一次少，而是从积极的一面考虑，对失去的东西并不太在意，而只考虑得到了什么。

淡泊，就是恬淡清心，不被世俗之物牵绊，能看清身外之物，不要总想着“我付出了那么多，我将会得到多少”这类问题。一个人身心疲惫，情绪波动，往往会锱铢必较，总是计算利益得失。若是心态平和，把是是非非、纷纷扰扰看作人生必要的心理锻炼，那么，任何人想打倒你都很困难，哪里还有什么挫折、失败和种种负面情绪呢？

拥有好情绪，学会从不同角度审视问题。

别把别人眼光太当回事

你是不是曾经因为别人一个冷漠的眼神或嘲弄的表情而抑郁一整天？别人的评价、好恶左右着你的情绪，你甚至为他们的脸色而惶恐不已？其实他们的脸没那么重要，倘若你注意到了就是有，你若无心注意它就无，就这么简单。别人的表情，多是别人的情绪反映，与你无关。小王今天一脸不高兴，那是因为他与父母发生了矛盾，在怄气，与说话的眼神根本没有关系。这类脸色，与你何干呢？你看出别人脸色很不好，情绪不对，觉得可能是自己说错话了，可人家其实根本就没有注意到你。你这不是在自寻烦恼吗？

小全认为自己是个善良的男孩，但他又总为自己的善良而苦恼。

小全最怕别人向他借东西，并不是他不大方，自己的东西舍不得借人。相反，他内心是非常想把自己的东西借给别人用的，但若别人问他要东西的话，他总担心别人从自己的表情、语言看出一丝不悦——尽管他绝没这种意思。

小全最怕的事情，是自己日常的言行举止，在表情上，他老担心自己脸上会露出清高、骄纵的神色；走路时，他老怕头抬高、腰挺直，给人造成一种傲气的感觉；说话时，他怕自己说话犯错，得罪、伤害了别人；甚至他遇到什么高兴的事，也不敢表露在脸上，怕别人认为自己是洋洋自得。小全这样感叹道：“我很看重身边同事的脸色，要以他们的脸色情况办事，生怕引起别人一点儿反感和不快。”

随着各种事的性质不同及心理经历的酸甜苦辣，人的表情上总会有喜怒哀乐的表现。对此，你看到也罢，看不到也罢，那是他们自己的情绪体验，就如同我们的日常呼吸，与别人无关。

故事中的小全可以这样对自己说：“你有不高兴的时候，我也会有。人人都是平等的。”这样一来，小全就把自己完全摆在了与对方人格平等、身份平等、心理平等的位置上，于是，可以使情绪平复下来，有利于理智地思考和行动。如果对方的不良情绪确是自己言行失当所致，那就主动改正；如果对方的“脸色”部分有理，那就部分改正；如果对方毫无道理地给人“脸色”，那就更不用理会。这种坦然的人格立场，也是自身力量的体现，久而久之，给人脸色看的人，也就自觉没趣，脸色也就悄然隐匿了。你也会变得更有自信，更加坦然。

随着各种事的性质不同及心理经历的酸甜苦辣，人的表情上总会有喜怒哀乐的表现。

心灵束缚最可怕

她的相貌很丑，据说，她刚被医生接生出来时，连医生都吓得大叫起来。长大后，谁见了她都说她是这个世界上最丑的女人了，连亲戚都避着她，大人小孩没有一个愿意接近她的，爱她的人更是少之又少。

在她的记忆里，只有母亲对她不离不弃，可是母亲在她15岁那年就得病死了。她一生唯一能做的事，就是整日躲在母亲为自己开辟的那个不大的花园里摆弄那些花草。

直到有一天，人们惊讶地发现，她花园的花都很好看，比上电视的那些名贵花卉还要漂亮许多。于是，有人有意要购买这些花，可是她不卖，因为她不相信他们真的喜欢那些花。

不久，邻居从报上得知省里要举办花卉大赛，有丰厚奖金，便第一时间让她知道了，劝说她去参赛，并且断言，她一定能够获大奖。

她被说动了，当她带着她的花出现在比赛现场的时候，会场被震惊了，那些花太漂亮了！而这个女人的脸上也散发着动人的光彩。女人鼓起勇气微笑着把花赠送给观众，那一瞬间她无比幸福快乐。在人们的盛赞中，她已经忘记了自己丑陋的脸……

我们之所以对很多事情缩手缩脚，大部分是出自人们对事情所采取的态度。对事情感到恐惧的人只要改变内在的态度，由恐惧改向奋斗，那么事情就会朝积极的方向发展，而且这种改变会带来令人兴奋鼓舞的益处。当遭遇无法避免的事情时，如果我们以愉悦的心情来面对它，它的刺会脱落，只剩下光鲜亮丽的花树。很多时候，我们只是被自卑心理束缚，而并不是我们面对的压力有多大。解开你的心灵枷锁，负面情绪会离你而去。哪怕困难真的来了，也不要承认它们有多恶劣，不要管它的力量有多强大。将你的注意力转移到别处，这样做了以后，它们就没有那么凶神恶煞了。既然它们的益处或坏处是由你的内心决定的，所以改变对自己的看法就能改变命运。

有一个孩子，他的老师认为他是“一个愚笨的、昏庸的蠢货”。这个孩子常在他的石板上画画，他到处观察，倾听每个人说话，他常提出一些不可能的问题，因此其他同学都叫他“笨蛋”，他的成绩也确实经常是全班最后一名。这个孩子就是托马斯·爱迪生。当你阅读爱迪生的传记时，你会得到莫大的信心。爱迪生上小学的全部时间不超过三个月，他的老师和同学都异口同声地说：他太笨了。

如果爱迪生相信了老师和同学的话，也认为自己没有学习的天赋，觉得自己确实很笨，那么我们就失去了一位伟大的发明家。可幸运的是，爱迪生没有相信他们的话，而保持了积极的心态，最终获得巨大成就。因为他的母亲信任他并给予他鼓励，这使他积极乐观地看待自己，用积极的心态去发明创造有益于整个人类的新鲜事物，最终取得举世瞩目的成就。

每个人都会遇到一些无法回避又难以解决的事情，因此会有负面情绪出现；每个人身上都有很多难以修补的遗憾，但要注意的是不要让自己沉浸在里面，你要相信自己并不像别人所说的那么糟糕。

敞开心灵，你可以拥有快乐，只要你愿意，就会得到快乐。